EN 1992-2 设计指南
Eurocode 2：混凝土结构设计

第2部分：混凝土桥梁

[英]C. R. 亨迪
[英]D. A. 史密斯

欧洲结构设计标准译审委员会 **组织翻译**

徐腾飞　胡志坚　冀　伟　勾红叶　**译**

董延峰　鞠秀颖　张盱贵　**一审**

李元松　**二审**

人民交通出版社股份有限公司

北　京

Translation from the English language original, by arrangement with Thomas Telford Ltd.

图书在版编目(CIP)数据

EN 1992-2 设计指南 Eurocode 2:混凝土结构设计. 第 2 部分 :混凝土桥梁 / (英) C. R. 亨迪, (英) D. A. 史密斯著 ; 徐腾飞等译. — 北京 : 人民交通出版社股份有限公司, 2020. 4

ISBN 978-7-114-16212-1

Ⅰ. ①E… Ⅱ. ①C… ②D… ③徐… Ⅲ. ①混凝土结构—结构设计—建筑规范—欧洲 Ⅳ. ①TU370. 4

中国版本图书馆 CIP 数据核字(2019)第 295758 号

著作权合同登记号:图字 01-2019-7818

EN 1992-2 Sheji Zhinan Eurocode 2:Hunningtu Jiegou Sheji Di 2 Bufen:Hunningtu Qiaoliang

书　　名:EN 1992-2 设计指南　Eurocode 2:混凝土结构设计　第 2 部分:混凝土桥梁
著 作 者: [英]C. R. 亨迪　[英]D. A. 史密斯
译　　者: 徐腾飞　胡志坚　冀　伟　勾红叶
总 策 划: 朱伽林　韩　敏　孙　玺
责任编辑: 钱　堃　李　晴　李学会
责任校对: 刘　芹
责任印制: 张　凯
出版发行: 人民交通出版社股份有限公司
地　　址: (100011)北京市朝阳区安定门外外馆斜街 3 号
网　　址: http://www.ccpress.com.cn
销售电话: (010)59757973
总 经 销: 人民交通出版社股份有限公司发行部
经　　销: 各地新华书店
印　　刷: 北京虎彩文化传播有限公司
开　　本: 880 × 1230　1/16
印　　张: 25.25
字　　数: 657 千
版　　次: 2020 年 4 月　第 1 版
印　　次: 2020 年 6 月　第 2 次印刷
书　　号: ISBN 978-7-114-16212-1
定　　价: 1900.00 元
(有印刷、装订质量问题的图书,由本公司负责调换)

出 版 说 明

包括本设计指南在内的欧洲结构设计标准(Eurocodes)及其英国附件、法国附件和配套设计指南的中文版,是2018年国家出版基金项目"土木工程欧洲规范翻译与比较研究出版工程(一期)"的成果。

在对欧洲结构设计标准及其相关文本组织翻译出版过程中,考虑到标准的特殊性、用户基础和应用程度,我们在力求翻译准确性的基础上,还遵循了一致性和有限性原则。在此,特就有关事项作如下说明:

1. 本设计指南中文版根据托马斯·特尔福德有限公司(Thomas Telford Ltd.)提供的英文版进行翻译,仅供参考之用,如有异议,请以原版为准。

2. 中文版的排版规则原则上遵照外文原版。

3. Eurocode(s)是个组合再造词。本设计指南及相关标准范围内,Eurocodes特指一系列共10部欧洲标准(EN 1990 ~ EN 1999),旨在为房屋建筑和构筑物及建筑产品的设计提供通用方法;Eurocode与某一数字连用时,特指EN 1990 ~ EN 1999中的某一部,例如,Eurocode 8指EN 1998结构抗震设计。经专家组研究,确定Eurocode(s)宜翻译为"欧洲结构设计标准",但为了表意明确并兼顾专业技术人员用语习惯,在正文翻译中保留Eurocode(s)不译。

4. 书中所有的插图、表格、公式的编排以及与正文的对应关系等与外文原版保持一致。

5. 书中所有的条款序号、括号、函数符号、单位等用法,如无明显错误,与外文原版保持一致。

6. 在不影响阅读的情况下书中涉及的插图均使用英文原版插图,仅对图中文字进行必要的翻译和处理;对部分影响使用的英文原版插图进行重绘。

7. 书中涉及的人名、地名、组织机构名称以及参考文献等均保留外文原文。

特别致谢

本标准的译审由以下单位和人员完成。西南交通大学的徐腾飞、武汉理工大学的胡志坚、兰州交通大学的冀伟、西南交通大学的勾红叶承担了主译工作,中国路桥工程有限责任公司的董延峰、鞠秀颖、张朝贵和武汉工程大学的李元松承担了主审工作。他(她)们分别为本标准的翻译工作付出了大量精力。在此谨向上述单位和人员表示感谢!

出 版 说 明

包括本设计指南在内的欧洲结构设计标准(Eurocodes)及其英国附件、法国附件和配套设计指南的中文版,是2018年国家出版基金项目"土木工程欧洲规范翻译与比较研究出版工程(一期)"的成果。

在对欧洲结构设计标准及其相关文本组织翻译出版过程中,考虑到标准的特殊性、用户基础和应用程度,我们在力求翻译准确性的基础上,还遵循了一致性和有限性原则。在此,特就有关事项作如下说明:

1. 本设计指南中文版根据托马斯·特尔福德有限公司(Thomas Telford Ltd.)提供的英文版进行翻译,仅供参考之用,如有异议,请以原版为准。

2. 中文版的排版规则原则上遵照外文原版。

3. Eurocode(s)是个组合再造词。本设计指南及相关标准范围内,Eurocodes特指一系列共10部欧洲标准(EN 1990 ~ EN 1999),旨在为房屋建筑和构筑物及建筑产品的设计提供通用方法;Eurocode与某一数字连用时,特指EN 1990 ~ EN 1999中的某一部,例如,Eurocode 8指EN 1998结构抗震设计。经专家组研究,确定Eurocode(s)宜翻译为"欧洲结构设计标准",但为了表意明确并兼顾专业技术人员用语习惯,在正文翻译中保留Eurocode(s)不译。

4. 书中所有的插图、表格、公式的编排以及与正文的对应关系等与外文原版保持一致。

5. 书中所有的条款序号、括号、函数符号、单位等用法,如无明显错误,与外文原版保持一致。

6. 在不影响阅读的情况下书中涉及的插图均使用英文原版插图,仅对图中文字进行必要的翻译和处理;对部分影响使用的英文原版插图进行重绘。

7. 书中涉及的人名、地名、组织机构名称以及参考文献等均保留外文原文。

特别致谢

本标准的译审由以下单位和人员完成。西南交通大学的徐腾飞、武汉理工大学的胡志坚、兰州交通大学的冀伟、西南交通大学的勾红叶承担了主译工作,中国路桥工程有限责任公司的董延峰、鞠秀颖、张朝贵和武汉工程大学的李元松承担了主审工作。他(她)们分别为本标准的翻译工作付出了大量精力。在此谨向上述单位和人员表示感谢!

欧洲结构设计标准译审委员会

欧洲结构设计标准译审委员会总体组

组　　长：余顺新（中交第二公路勘察设计研究院有限公司）

成　　员：（按姓氏笔画排序）

王敬烨（中国铁建国际集团有限公司）

车　轶（大连理工大学）

卢树盛［长江岩土工程总公司（武汉）］

吕大刚（哈尔滨工业大学）

任青阳（重庆交通大学）

刘　宁（中交第一公路勘察设计研究院有限公司）

宋　婕（中国建筑标准设计研究院）

李　顺（天津水泥工业设计研究院有限公司）

李亚东（西南交通大学）

李志明（中冶建筑研究总院有限公司）

李雪峰［上海市城市建设设计研究总院（集团）有限公司］

张　寒（中国建筑科学研究院有限公司）

张春华（中交第二公路勘察设计研究院有限公司）

狄　谨（重庆大学）

胡大琳（长安大学）

姚海冬（中国路桥工程有限责任公司）

徐晓明（航天建筑设计研究院有限公司）

郭　伟（中国建筑标准设计研究院）

郭余庆（中国天辰工程有限公司）

黄　侨（东南大学）

谢亚宁（中设设计集团股份有限公司）

秘　　书：李　喆（人民交通出版社股份有限公司）

卢俊丽（人民交通出版社股份有限公司）

Eurocode 设计指南系列

Eurocode 设计指南:结构设计基础 EN 1990 (第 2 版). H. 古尔班尼西亚, J. -A. 卡尔加罗, M. 霍利基. 彭君义,郭骞,译. ISBN 978-7-114-16202-2. 2020 年 4 月出版.

Eurocode 1 设计指南:桥梁上的作用 EN 1991-2, EN 1991-1-1、-1-3 至 -1-7 和 EN 1990 附录 A2. J. -A. 卡尔加罗, M. 楚米, H. 古尔班尼西亚. 任青阳,刘浪,译. ISBN 978-7-114-16210-7. 2020 年 4 月出版.

EN 1991-1-4 设计指南 Eurocode 1:结构上的作用 第 1-4 部分:一般作用——风荷载. N. 库克. 管青海,都浩,译. ISBN 978-7-114-16203-9. 2020 年 4 月出版.

EN 1992-1-1 和 EN 1992-1-2 设计指南 Eurocode 2:混凝土结构设计 一般规定、房屋建筑规定和结构防火设计. A. W. 毕比, R. S. 纳拉亚南. 李元松,孙莉,刘波,译. ISBN 978-7-114-16211-4. 2020 年 4 月出版.

EN 1992-2 设计指南 Eurocode 2:混凝土结构设计 第 2 部分:混凝土桥梁. C. R. 亨迪, D. A. 史密斯. 徐腾飞,胡志坚,冀伟,勾红叶,译. ISBN 978-7-114-16212-1. 2020 年 4 月出版.

Eurocode 3 设计指南:房屋建筑钢结构设计 EN 1993-1-1, -1-3 和 -1-8(第 2 版). L. 加德纳, D. A. 内瑟科特. 王敬烨,黄羿,译. ISBN 978-7-114-16213-8. 2020 年 4 月出版.

EN 1993-2 设计指南 Eurocode 3:钢结构设计 第 2 部分:钢结构桥梁. C. R. 亨迪, C. J. 墨菲. 常江,贺君,蒋银龙,译. ISBN 978-7-114-16204-6. 2020 年 4 月出版.

Eurocode 4 设计指南:钢与混凝土组合结构设计 EN 1994-1-1(第 2 版). 罗杰·P. 约翰逊. 赵灿晖,占玉林,译. ISBN 978-7-114-16205-3. 2020 年 4 月出版.

EN 1994-2 设计指南 Eurocode 4:钢与混凝土组合结构设计 第 2 部分:一般规定和桥梁规定. C. R. 亨迪,罗杰·P. 约翰逊. 狄谨,秦凤江,徐骁青,译. ISBN 978-7-114-16206-0. 2020 年 4 月出版.

Eurocode 5 设计指南:房屋建筑木结构设计 EN 1995-1-1. 杰克·波蒂厄斯,彼得·罗斯. 杨会峰,凌志彬,译. ISBN 978-7-114-16214-5. 2020 年 4 月出版.

EN 1997-1 设计指南 Eurocode 7:岩土工程设计 第 1 部分:一般规定. R. 费兰克, C. 鲍德温, R. 德里斯科尔, M. 卡瓦达斯, N. 克富布斯·奥维森, T. 奥尔, B. 舒伯纳. 张寒,等,译. ISBN 978-7-114-16215-2. 2020 年 4 月出版.

Eurocode 8 设计指南:桥梁抗震设计 EN 1998-2. 巴兹尔·科里亚斯,麦克·N. 法迪斯,阿兰·派克. 卫璞,王巍,徐良晋,译. ISBN 978-7-114-16217-6. 2020 年 4 月出版.

EN 1998-1 和 EN 1998-5 设计指南 Eurocode 8:结构抗震设计:一般规定、地震作用、房屋建筑规定、基础和支挡结构. 麦克·法迪斯, E. 卡瓦略, A. 尔纳斯海, E. 费西奥利, P. 平托, A. 普鲁米尔. 沈文爱,译. ISBN 978-7-114-16216-9. 2020 年 4 月出版.

前言

本指南的宗旨和目标

本指南旨在为 EN 1992-2 的用户提供相关指导与条款解释,并介绍一些实际桥梁设计案例。本书覆盖了工程中典型的混凝土桥梁,并解释了 EN 1992-2 与其他 Eurocodes 的相互关系。

EN 1992-2 的使用需要广泛参考其他 Eurocodes 中的相关条文,不能单独使用。其格式基于 EN 1992-1-1设计并基本遵循相同的条款编号规则。它指出了 EN 1992-1-1 中与桥梁设计相关的条款,并针对桥梁设计补充了更为详细的条款。因此,仅编写针对 EN 1992-2 的指南是不够的,所以本指南也包含了 EN 1992-1-1 需要在桥梁设计中使用的部分内容。

此外,本书也提供了相关的背景资料与参考文献,以便于 Eurocode 2 的用户更好地理解相关条款的来源与设置该条款的目的。

本指南的编排

EN 1992-2 包括前言、13 个章和 17 个附录。本指南的前言,对应 EN 1992-2 的前言,第 1 ~ 10 章对应于 EN 1992-2 中第 1 ~ 10 章,附录 A ~ Q 对应于 EN 1992-2 的附录 A ~ Q。

指南总体上遵循 EN 1992-2 的章节编号及副标题,以便用户能按章节找到对应的标准条款。本指南也遵循 EN 1992-2 的格式,必要时减少了副标题。由于需要使用多个 Eurocode 中的内容,实际设计时,查找所需信息是一项艰巨的任务。因此,必要时本指南还增设了一些附加章节,以将个别构件(如桩帽)的相关设计规定整合在一起。本指南在附加章节中还增加了其他小节。

Eurocode 的以下部分需要与 Eurocode 2 一起使用:

EN 1990:结构设计基础

EN 1991:结构上的作用

EN 1997:岩土工程设计

EN 1998:结构抗震设计

hENs:与混凝土结构相关的建筑产品

EN 13670:混凝土结构施工

这些标准通常在典型混凝土桥梁设计时需要,但对它们的讨论通常超出了本指南的范围。

在本指南中,对 Eurocode 2 的引用使用缩写“EC2” 代指 EN 1992,比如 EC2-1-1 代指 EN 1992-1-1。文中提及的条款编号,则以 EC2 的有关部分编号作为前缀,因此:

- 2-2/条款 6.3.2(6) 表示 EC2-2 中条款 6.3.2(6);
- 2-1-1/条款 6.2.5(1)表示 EC2-1-1 中条款 6.2.5(1);

- 2-2/式(7.22) 表示 EC2-2 中式(7.22);
- 2-1-1/式(7.8)表示 EC2-1-1 中式(7.8)。

注意,与本系列的其他指南不同,EN 1992-2 中条款本身也以“2-2”作为前缀。需要引用 Eurocode 2 的其他部分的地方太多了,不这样编写的话会很混乱。

如果指南中提出了附加公式,则在章节的每个小节内按顺序对其进行编号,例如,附加小节 6.1 中的第 3 个附加式,编为式(D6.1-3)。其他附加图形和表格遵循相同的编写规则。例如,6.4 中的第 2 个附加图编号为图 6.4-2。

致谢

克里斯·亨迪(Chris Hendy)衷心感谢妻子温迪(Wendy)和两个孩子彼得·埃德温·亨迪(Peter Edwin Hendy)和马修·菲利普·亨迪(Matthew Philip Hendy),感谢他们的耐心和宽容,让他能潜心完成书稿。

戴维·史密斯(David Smith)衷心感谢妻子埃玛(Emma),在准备本指南的过程中,她表现出了无限的耐心。感谢儿子威廉·托马斯(William Thomas)、布雷恩(Brian)、罗莎琳德·拉尔夫-沃德(Rosalind Ruffell-Ward)始终如一的支持。

感谢雇主阿特金斯(Atkins)公司,感谢其为本指南的编写提供的设施和时间。感谢保罗(Paul)博士和登顿(Denton)博士对本指南的有益评论。

克里斯·亨迪(Chris Hendy)

戴维·史密斯(David Smith)

目录

引言

在 EN 1992-2 的规定条款之前是引言，其中大部分是所有 Eurocodes 所共有的。本引言包括下列条款：

- Eurocode 项目的背景；
- Eurocodes 的地位和应用领域；
- 执行 Eurocodes 的国家标准；
- Eurocodes 和产品统一技术规范之间的联系；
- 有关 EN 1992-2 的更多具体信息；
- EN 1992-2 国家附件。

关于通用文本的指导意见在《Eurocode 设计指南：结构设计基础 EN 1990》[1] 的概述中给出，本指南中只给出了与 EN 1992-2 使用者相关的背景信息。

每个国家标准机构都有责任将 Eurocode 的各部分整合到国家标准当中。执行 Eurocode 的国家标准应包括 CEN 出版的 Eurocode（包括所有附录）的全部文本，其出版的引言部分可加上国家版的书名页和国家前言，也可加上国家附件。

每本 Eurocode 都承认国家监管当局有权自行选择与安全问题相关的参数取值。各国自行选择的数值、类别或方法被称为国家定义参数（NDPs）。在前言中列出了 EN 1992-2 中出现这些情况的条款。

NDPs 在相关条款后以注的形式出现。这些注给出了推荐值。用户希望 CEN 的大多数成员国对建议值进行具体说明，因为在起草过程中进行的许多校准研究都假定使用这些值。本指南使用了推荐值，因为撰写本文时英国国家附件还未出版。在可能采用不同数值的地方，本指南中也进行了评论。

每个国家附件将提供或交叉引用相关国家的 NDPs。此外，国家附件只包含下列内容：

- 关于使用资料性附录的决定；
- 引用非矛盾性补充信息以帮助用户使用 Eurocode。

这套 Eurocodes 将取代英国桥梁标准 BS 5400，该英国标准将于 2010 年初废止（这是 BSI 作为 CEN 成员需要接受的条件），因为该标准是一个“与欧洲标准冲突的国家标准”。

有关 EN 1992-2 的附加信息

EN 1992-2 的附加信息强调该标准将与其他 Eurocodes 配套使用。EN 1992-2 包括许多对 EN 1992-1-1 的交叉引用，该附加信息不会重复在 EN 1992 其他部分出现的内容。EN 1992-2 中的条款或段落修改了 EN 1992-1-1 中的条款或段落，所使用的条款或段落编号通过在其编号上增加 100 来重新编号。例如，如果在 EN 1992-2 中对 EN 1992-1-1 中的条款（3）进行修改，则改为条款（103）。本指南试图独立于混凝土桥梁设计标准，因此必要时对 EN 1992 的其他部分进行了评论。

前言列出了 EN 1992-2 中允许国家自行选择的条款。除此之外,对在其他标准中存在的 NDPs 进行了交叉引用。如果要按照 Eurocodes 设计,则必须遵循该标准中的规定。

在 EN 1992-2 中,第 1 ~ 13 章(实际上是第 1 ~ 12 章与第 113,因为 EN 1992-1-1 中不存在第 13 章)是规范性的。在其 17 个附录中,只有附录 C 是"规范性的",因为在其他附录中可以使用备选方法(具有争议性的是附录 C,它定义了适用于 Eurocodes 的钢筋,有观点认为该附录不应该出现在 Eurocode 2 中,因为它与产品标准中包含的内容有关)。国家附件可以在相关国家将资料性引用文件定义为规范性引用文件,此国家附件的内容在该国家是规范性的,而在其他地方不是规范性的。上文提到的"非矛盾性补充信息"包括,例如基于 BS 5400 的规定处理的问题,在欧洲标准中没有相应的规定。每个国家都可以这么做,因此桥梁设计的某些方面仍将取决于建造地点。

第 1 章　总则

本章涉及 EN 1992-2《Eurocode 2 混凝土结构设计 第 2 部分：混凝土桥梁——结构设计与细则》的总体内容。本章所述内容参见 EN 1992-2 第 1 章中以下条款：

- 适用范围　*条款 1.1*
- 规范性引用文件　*条款 1.2*
- 假定　*条款 1.3*
- 原则性规定和应用性规定之间的区别　*条款 1.4*
- 定义　*条款 1.5*
- 符号　*条款 1.6*

1.1　适用范围

1.1.1　Eurocode 2 的适用范围

EN 1992 的适用范围在 2-2/条款 1.1.1 中列出，具体还可参考 2-1-1/条款 1.1.1。EN 1992 应结合 EN 1990 使用。EN 1990《Eurocode：结构设计基础》，是 Eurocode体系的首要文件，包含附录 A2“桥梁应用”。***2-1-1/条款 1.1.1(2)*** 强调 Eurocodes 主要涉及结构性能，不考虑其他要求，例如热绝缘和隔音。 ***2-1-1/条款 1.1.1(2)***

验证适用性和可靠性的基础是分项系数法。EN 1990 推荐了荷载系数的值，并给出了可能出现的各种作用组合。组合的值和组合的选择根据项目所在国的国家附件确定。

2-1-1/条款 1.1.1(3)P 指出 Eurocode 的以下部分需与 Eurocode 2 一起使用： ***2-1-1/条款 1.1.1(3)P***

EN 1990：　结构设计基础

EN 1991：　结构上的作用

EN 1997：　岩土工程设计

EN 1998：　结构抗震设计

hENs：　与混凝土结构相关的建筑产品

EN 13670：混凝土结构施工

典型的混凝土桥梁设计通常需要以上这些标准，但对它们的讨论通常超出了本指南的范围。这些标准补充了 2-2/条款 1.2 中给出的规范性引用文件。Eurocodes关注设计而非施工，但对工艺和材料标准提出了最低要求以确保其假定的设计有效。在此背景下 2-1-1/条款 1.1.1(3) P 涵盖欧洲混凝土产品标准和混

2-1-1/条款 1.1.1(4)P

凝土结构的施工标准。***2-1-1/条款1.1.1(4)P*** 列出了 EC2 的其他部分。

EN 1992 未引用的一个标准是 EN 15050:预制混凝土桥梁构件。在编写 EN 1992-2时,EN 15050 正处于起草和修订阶段,但其范围和内容与预制混凝土桥梁设计有关。在审查 prEN 15050:2004 时,其内容包含了如下标准:

- 与预制混凝土桥梁有关的定义;
- 关于 EN 1992 未涵盖结构的资料性设计指南(例如剪力键);
- 交叉引用 EN 1992 中的设计要求(例如纵向剪切);
- 与 EN 1992-2 中规范性引用文件相同或相矛盾的资料性引用文件(例如剪力滞的有效宽度);
- 交叉引用 EN 13369:预制混凝土产品的通用规定;
- 成品检验和测试要求。

有评论认为 EN 15050 不应与 EN 1992 中的设计要求相矛盾或重复。如果 EN 15050 最终版本满足这一要求,设计人员可以遵循的规范性要求会很少,而 EN 15050 将保留对 EN 1992 中未涉及的问题的指导。

1.1.2 Eurocode 2 第 2 部分的适用范围

2-1-1/条款 1.1.2(4)P

EC2-2 涵盖了混凝土桥梁的结构设计。其格式基于 EN 1992-1-1 设计,其条款编号基本与 EN 1992-1-1 相同,如本指南前言所述。它确定了 EN 1992-1-1 的哪些部分与桥梁设计相关,哪些部分需要修改。它还增加了与桥梁相关的专门规定。重要的是,***2-1-1/条款1.1.2(4)P*** 指出,普通圆形钢筋不包含在本标准之内。

1.2 规范性引用文件

本指南的引用文件仅限于其他欧洲标准,这些标准是作为整体使用的。通常情况下,国际标准化组织(ISO)的标准仅在获得 EN ISO 正式命名后才能使用。如果针对设计和产品的国家标准与相关的欧洲标准矛盾,则该国家标准不适用。由于 Eurocodes 不会交叉引用国家标准,因此用欧洲标准或 ISO 标准替换国家产品标准的过程正在进行,此过程持续的时长与 Eurocodes 推行的时长相当。

在现有标准转换为 Eurocodes 和欧洲标准期间,其对应的欧洲标准或其他国家附件可能不完整。因此,设计人员应该考虑两套文件中设计理念和安全系数之间的差异。

在 2-1-1/条款 1.2 中提到的材料和产品标准中,Eurocode 2 在很大程度上依赖于 EN 206-1(关于混凝土的规格、性能、生产和合格标准)、EN 10080(用于钢筋混凝土的可焊接螺纹钢筋的技术交付条件和标准)和 EN 10138(预应力筋的标准和一般要求)。有关使用这些标准的进一步参考和指导可以参见第 3 章,该章对材料进行了讨论。

1.3 假定

假定在使用 EC 2-2 时遵循 EN 1990 的规定。此外,EC2-2 另做如下假定,其中部分重申了 EN 1990 的假定：

- 结构由具有资格和丰富经验的人员设计，由具有丰富技能和经验的人员施工；
- 建筑材料和产品按 Eurocode 2 或相关材料或产品规格中的详细规定使用；
- 在制造厂、工厂和施工现场提供充分的监督和质量控制；
- 结构会根据设计概要得到充分维护和使用；
- 符合 EN 13670 对施工和工序的要求。

在未对各自允许误差和施工人员要求进行认真比对的情况下，EC2-2 不适用于 EN 13670 适用范围之外的桥梁的设计。尤其是对施工误差较敏感的细长构件的设计。

1.4 原则性规定和应用性规定之间的区别

必须参考 EN 1990，以区分“原则性规定”和“应用性规定”。从本质上讲，“原则性规定”包括必须遵循的一般规定和要求，“应用性规定”是符合原则性规定的规定。但是，遵循原则性规定也可能有其他方式。比如在安全、适用性和耐久性方面证明这种方法等同于应用性规定，则该方法可以作为原则性规定的备选方法。然而，这就产生了一个问题，即这样的设计可能被认为不完全符合 Eurocodes 的要求。

EN 1990 要求原则性规定在段落编号旁边标注“P”。此外，原则性规定通常也可以通过在一个条款中使用“应”来识别，而应用性规定通常使用“可”，但条款中并不完全遵循这样的规律。

1.5 定义

本节内容参考 EN 1990 条款 1.5 中给出的定义，并进一步提供了特定桥梁的相关定义。

与英国标准相比，本指南使用的语言存在显著差异。这是因为在起草过程中使用英语作为基础语言，同时需要提高含义的准确性，并使文本便于翻译成欧洲其他语言。特别是：

- “作用”是指荷载或外加变形；
- “荷载效应”和“作用效应”具有相同的含义：任何由荷载引起的变形、内力或弯矩。

作用可进一步分为永久作用 G（例如静载、收缩和徐变），可变作用 Q（例如交通荷载、风荷载和温度荷载）和偶然作用 A。预应力 P 在大多数情况下被视为永久作用。

Eurocodes 用下标“k”表示任何参数的标准值。设计值（包括适当的分项系数)用下标"d"表示。应该指出的是,这种做法不同于目前英国在混凝土设计中的做法,英国标准中,为确保材料分项系数不会被遗漏,通常将其包含在公式中。因此,使用正确的参数、注意下标是非常重要的,以确保需要时在公式中包含材料分项系数。

1.6 符号

Eurocodes 中的符号均基于 ISO 标准 3898:1987。每个标准都具有自己的符号列表,应用于本标准之内。若某些符号具有多个含义,相应条款对符号的具体含义进行了说明。现行标准与英国以前的标准相比有一些重要的变化。例如,x-x 轴方向通常被定义为沿构件轴向,一般使用下标以区分标准值和设计值。对材料分项系数 γ 使用大写下标意味着给出的值允许使用两种不确定的类型,例如材料的特性和所用的抗力模型。

第 2 章　设计基础

本章的以下条款阐述了 EN 1992-2 第 2 章中所述的结构设计基础:

2.1　要求

2-1-1/条款2.1.1 参考了 EN 1990 关于混凝土桥梁设计过程的基本原则和要求。包括要考虑的极限状态和作用组合,以及每个极限状态下桥梁所需的性能。如果桥梁采用符合 EN 1991 的作用设计规定,满足 EN 1990 的极限状态作用系数、作用组合规定,满足 EN 1992 的承载力、耐久性和适用性设计规定,则认为该设计满足基本设计规定。 ***2-1-1/条款 2.1.1***

2-1-1/条款2.1.3 参考了 EN 1990 关于桥梁设计使用年限、耐久性和质量管理的规定。设计使用年限主要影响疲劳和耐久性要求的计算,例如混凝土保护层。后者将在本指南的第4 章中讨论。永久性桥梁在 EN 1990 中具有 100 年的设计使用年限。由于政治原因,为了与先前的国家设计标准保持一致,对于永久性使用的桥梁,英国可能会在 EN 1990 的国家附件中采用 120 年的设计使用年限。 ***2-1-1/条款 2.1.3***

2.2　极限状态设计原则

极限状态设计原则在 EN 1990 的第 3 章中给出。这些原则不只针对混凝土桥梁设计,其具体内容在参考文献 1 中进行了讨论。

2.3　基本变量

需考虑的作用

2-1-1/条款2.3.1.1(1) 参考了 EN 1991 中关于设计时需考虑的作用,并参考了 EN 1997 中由土压力和水压力引起的作用。这些参考资料中未涵盖的作用可能包含在项目具体设计要求中。 ***2-1-1/条款 2.3.1.1(1)***

2-1-1/条款 2.3.1.2(1)
2-1-1/条款 2.3.1.3(2)
2-1-1/条款 2.3.1.2(2)
2-1-1/条款 2.3.1.3(3)

2-1-1/条款 2.3.1.2 和 2-1-1/条款 2.3.1.3 分别涵盖热效应和不均匀沉降,这些都是“间接”作用。这些作用本质上是外加变形而不是外加力。外加变形的影响也必须始终在正常使用极限状态下进行检查,以限制挠度和开裂,参考 ***2-1-1/条款2.3.1.2(1)*** 和 ***2-1-1/条款2.3.1.3(2)***。对于承载能力极限状态,通常可以忽略间接作用(疲劳作用除外),因为超应力区域的屈服将抵消由外加变形产生的次生内力。但是,需要一定的延性和塑性转动能力才能释放这些次生内力,这在 ***2-1-1/条款2.3.1.2(2)*** 和 ***2-1-1/条款2.3.1.3(3)*** 中有说明。可以按照本指南 5.6.3.2的描述检查延性和塑性转动能力。此条款还指出,当间接作用“显著”时,需要考虑间接作用。给出的例子是当构件容易产生显著的二阶效应(特别细长的墩)或进行疲劳验算时。对于大多数桥梁而言,上述情况是在承载能力极限状态下唯一需要考虑间接作用的情况,前提是构件有足够的延性和转动承载力;在其他情况下可忽略间接作用。

上述讨论所涵盖的强制位移包括以下内容:

- 热效应-可变作用;
- 不均匀沉降-永久作用;
- 收缩-永久作用,由 2-1-1/条款 2.3.2.2 给出;
- 徐变-永久作用,由 2-1-1/条款 2.3.2.2 给出。

2-1-1/条款 2.3.1.4

预应力二阶效应的处理方法与上述强制位移的处理方法不同,因为试验表明二阶效应一直存在,直至构件发生显著转动而产生破坏。因此,***2-1-1/条款2.3.1.4***不包含与上述条款类似的规定,预应力的二阶效应在承载能力极限状态下不能被忽略。

材料特性和产品属性

2-1-1/条款 2.3.2.2(1)和(2)
2-1-1/条款 2.3.2.2(3)

2-1-1/条款2.3.2.2(1)和(2)分别涉及承载能力极限状态下对收缩和徐变的处理,并对上面讨论的热效应和沉降提出类似的要求。***2-1-1/条款2.3.2.2(3)***要求徐变变形及其影响基于准永久组合作用计算,而不考虑其他的设计组合。

几何数据

通常用于建模和截面分析的结构尺寸等于图纸上的尺寸。该规定的例外情况是:

(1)由于施工误差导致的构件缺陷。当与图纸尺寸的误差会产生额外效应时需考虑这类误差,例如在轴向荷载下细长柱中的附加弯矩(本指南 5.2 对缺陷进行了讨论)。

(2)轴向荷载偏心距。根据 2-1-1/条款 6.1(4),在梁柱设计中必须考虑轴向荷载的偏心距产生的最小弯矩,但这一弯矩不与缺陷产生的弯矩叠加。

2-1-1/条款 2.3.4.2(2)

(3)在没有永久套管情况下的灌注桩。这种桩的尺寸无法准确控制,因此 ***2-1-1/条款2.3.4.2(2)*** 规定了以下直径 d,用于在没有具体措施控制直径的情况下基于预期直径 d_{nom} 的计算:

若 $d_{nom} < 400mm$，则 $d = d_{nom} - 20mm$

若 $400mm \leqslant d_{nom} \leqslant 1000mm$，则 $d = 0.95d_{nom}$

若 $d_{nom} > 1000mm$，则 $d = d_{nom} - 50mm$

2.4　分项系数法验算

2.4.1　一般规定

2-1-1/条款2.4.1(1)引用了 EN 1990 第 6 章的确定分项系数的方法。该规定不限于混凝土桥梁的设计，在参考文献 1 中对该方法进行了讨论。 *2-1-1/条款 2.4.1(1)*

2.4.2　设计值

作用分项系数

EN 1990 及其附件 A2 中给出了桥梁作用的分项系数，以及作用组合规则。EC 2-1-1 在条款2.4.2.1～2.4.2.3 中进一步定义了用于计算收缩、预应力和疲劳荷载的混凝土桥梁的特定作用系数。给出的值可在国家附件中进行修改。推荐值见表 2.4-1，表中包括 2-1-1/条款 5.10.9 中正常使用极限状态下预应力的推荐值。设计中应使用这些值，除非在 EC 2-2 或国家附件中给出其他值。

作用分项系数的推荐值——可在国家附件中修改　　表 2.4-1

作用	ULS(不利)	ULS(有利)	SLS(不利)	SLS(有利)	疲劳
收缩	$\gamma_{SH} = 1.0$	0	1.0	0	1.0(如果不利)；0(如果有利)
整体预应力效应	$\gamma_{P,unfav} = 1.3$ (见注 1)	1.0(见注 4)	(见注 2)	(见注 2)	1.0
局部预应力效应	$\gamma_{P,unfav} = 1.2$ (见注 3)	1.0	(见注 2)	(见注 2)	1.0
疲劳荷载	—	—	—	—	1.0

注：1. 通常 ***2-1-1/条款2.4.2.2(1)***要求 $\gamma_{P,unfav}$ 用于承载能力极限状态下的预应力荷载。在***2-1-1/条款2.4.2.2(2)***中使用的 γ_P 涉及体外预应力构件的稳定性验算。在以前的英国标准中，γ_P 也用于检查预应力具有不利影响的其他情况（例如，悬垂的预应力筋对抗剪有不利影响），因此 $\gamma_{P,unfav}$ 代表松弛。 *2-1-1/条款 2.4.2.2(1)* *2-1-1/条款 2.4.2.2(2)*

2. 2-1-1/条款 5.10.9 给出了先张和后张以及有利和不利效应。

3. $\gamma_{P,unfav}$ 值不适用于锚固区的设计。对于体外后张拉桥，建议将钢筋的断裂荷载标准值作为极限设计荷载，如本指南 8.10.3 所述。

4. 该值适用于极限弯曲抗力计算中使用的预应力。对于体内后张拉，弯曲计算中使用的预应变应与设计预应力相对应，如本指南 6.1 所述。

材料系数

2-1-1/条款2.4.2.4规定了混凝土桥梁设计中使用的混凝土、钢筋和预应力筋的材料系数的具体值（见表 2.4-2），但可以在国家附件中进行修改。该条款规定的材料系数不含防火设计的内容。材料系数假定工艺符合 EN 13670-1 中的规定限值，并且钢筋、混凝土和预应力筋符合相关的欧洲标准。如果采取措施提高材料强度和/或增大材料尺寸，则可根据附录 A 使用折减的材料系数。 *2-1-1/条款 2.4.2.4*

材料系数的推荐值 表 2.4-2

设计状态	混凝土(γ_c)	钢筋(γ_s)	预应力筋(γ_s)
ULS(持久和短暂)	1.5[2]	1.15	1.15
ULS(偶然)	1.2[2]	1.0	1.0
疲劳	1.5	1.15	1.15
SLS	1.0[1]	1.0[1]	1.0[1]

2-1-1/条款 2.4.2.4(2) 注:1. 除非在特定条款中另有说明[***2-1-1/条款2.4.2.4(2)***]。

2-1-1/条款 2.4.2.5(2) 2. 对于没有永久套管的灌注桩,增加推荐系数 1.1[***2-1-1/条款2.4.2.5(2)***]。

2.4.3 作用组合

2-1-1/条款 2.4.3(1) 如 ***2-1-1/条款2.4.3(1)*** 注 1 所述,作用组合通常包含在 EN 1990 附件 A2 中,但疲劳组合在 2-2/条款 6.8.3 中有所规定。对于永久作用,例如自重,在计算特定作用效应时,通常可以将此作用作为整体,在结构中使用相应的不利或有利的分项系数。*2-1-1/条款 2.4.3(2)* 但是,如 ***2-1-1/条款2.4.3(2)*** 的注所述,可能会有例外的情形。EN 1990 条款 6.4.3.1(4)规定,当结构中不同部位的验算结果对永久作用的大小变化较为敏感时,应将其中的有利和不利部分作为单独作用来考虑。**注意**:这尤其适用于静力平衡和类似极限状态的验算。一种例外情形是,验算连续梁上支座的脱空时,每跨上施加的不利和有利作用值应分别考虑。这一方法同样适用于锚固螺栓。*2-1-1/条款 2.4.4* 这是 ***2-1-1/条款2.4.4*** 的基础,此条款要求在这种情况下需根据静力平衡的可靠性模式划分不利和有利区域。

2.5 试验辅助设计

理论上,EC 2 中的强度标准值是根据 EN 1990 的附录 D 得出的。EN 1990 允许两种计算强度设计值的方法。首先确定强度标准值 R_k,并使用适当的分项系数确定强度设计值 R_d,或者直接确定强度设计值。R_k 表示测试的概率分布中 5% 对应的分位值。在没有可使用信息的情况下确定产品的强度标准值,则必须使用其中一种方法。关于使用 EN 1990 的讨论超出了本指南的范围,在此不再进一步考虑。

2.6 基础的补充要求

尽管 2-1-1/条款 2.6 是专门针对基础部分的,但对大多数桥梁而言,在整个桥梁的设计中可能都需要考虑土体-结构相互作用的影响。*2-1-1/条款 2.6(1)P* 这在 ***2-1-1/条款2.6(1)P*** 中进行了说明。关于土体-结构相互作用的进一步讨论见本指南附录 G。*2-1-1/条款 2.6(2)* ***2-1-1/条款2.6(2)*** 建议当不均匀沉降产生“显著”影响时对其进行检验。本指南建议在各种情况下都要对不均匀沉降的影响进行验算,如 2-1-1/条款 2.3.1.3 所述。

第3章　材料

本章阐述了 EN 1992-2 第3章的以下条款所涉及的内容：

- 混凝土　　*条款3.1*
- 钢筋　　*条款3.2*
- 预应力筋　　*条款3.3*
- 预应力设备　　*条款3.4*

3.1　混凝土

3.1.1　一般规定

EC2 根据 EN 206-1 来确定混凝土的规格，包括性能的测试。2-2/第3章不包括轻集料混凝土。轻集料混凝土在2-1-1/第11章中涉及。

3.1.2　强度

混凝土的抗压强度

EC2 通过28d 龄期的圆柱试件抗压强度(f_{ck})和立方体抗压强度($f_{ck,cube}$)对混凝土的抗压强度划分等级。例如，强度等级 C40/50 表示圆柱试件抗压强度为 $40N/mm^2$、立方体试件抗压强度为 $50N/mm^2$ 的混凝土。然而，EC2 中的所有公式均使用圆柱体抗压强度表示。2-1-1/表3.1 即表3.1-1 提供了包括典型圆柱试件抗压强度的普通混凝土的材料特性。同级立方体抗压强度通常由 $f_{ck} \approx 0.8f_{ck,cube}$ 得出。抗压强度标准值f_{ck}被定义为，预计所有强度试验结果中有5%的试件抗压强度低于该值。

应该注意的是，EC 2-1-1 涵盖的混凝土强度显著高于 BS 5400，但 ***2-2/条款3.1.2(102)P*** 建议使用介于强度等级 C30/37 和 C70/85 之间的混凝土。国家附件可以修改这些限制。英国对计算抗剪强度采用了更严格的限值。这是因为 Regan 等[4] 进行的测试证明 $V_{Rd,c}$(见2-1-1/条款6.2.2)可能会明显偏大，除非在计算中限制f_{ck}的值，特别是在使用石灰石集料的情况下。　***2-2/条款 3.1.2(102)P***

2-1-1/条款3.1.2(6) 给出了一个表达式，用于估算混凝土的平均抗压强度随时间的变化。该式假定平均温度为20℃，且混凝土的养护依据 EN 12390 进行。　***2-1-1/条款 3.1.2(6)***

$$f_{cm}(t) = \beta_{cc}(t) f_{cm} \qquad 2\text{-}1\text{-}1/(3.1)$$

其中

$$\beta_{cc}(t) = e^{s\left[1-\left(\frac{28}{t}\right)^{0.5}\right]} \qquad 2\text{-}1\text{-}1/(3.2)$$

式中:$f_{cm}(t)$——在养护 td 时,混凝土的平均抗压强度;

f_{cm}——2-1-1/表 3.1 中给出的养护时间为混凝土 28d 平均抗压强度;

t——以天计的混凝土龄期;

s——取决于水泥型号的系数,对于快速硬化高强度水泥,$s=0.2$;对于正常和快速硬化高强度水泥,$s=0.25$;对于慢硬化水泥,$s=0.38$。

2-1-1/条款 3.1.2(5)

可以类似地根据 ***2-1-1/条款3.1.2(5)*** 估算龄期为 t_d 时的混凝土抗压强度标准值:

当 $3<t<28$d 时,　$f_{ck}(t)=f_{cm}(t)-8$　(D3.1-1)

当 $t\geq28$d 时,　$f_{ck}(t)=f_{ck}$　(D3.1-2)

条款 3.1.2(5) 和 3.1.2(6) 可用于估算达到特定强度所需的时间(例如达到规定强度的时间,以允许施加预应力或拆模)。同时,也允许通过测试来确定更精确的强度值,预制混凝土生产商一般会选择这种方案,以节省等待时间。这一条款也可用于通过龄期小于 28d 的样品的强度来预测该混凝土的 28d 强度,尽管最理想情况还是在 28d 进行测试以确保最终强度。2-1-1/条款 3.1.2(6) 明确规定,不得在 28d 后通过重新测试来证明不合格混凝土的合格性。

抗拉强度

2-1-1/条款 3.1.2(7)P

2-1-1/条款3.1.2(7)P 将混凝土抗拉强度定义为受拉荷载下达到的最高应力。2-1-1/表 3.1 中给出(在下文再现为表 3.1-1)平均轴向抗拉强度 f_{ctm} 和抗拉强度标准值的低分位值 $f_{ctk,0.05}$。在 EC2-2 中,有几处使用抗拉强度,此时拉伸硬化效应是非常重要的,包括:

- 2-2/条款 5.10.8(103):体外后张拉构件中预应力产生应变增量的计算(见本指南 5.10.8)。
- 2-2/条款 6.1(109):防止预应力构件中混凝土裂缝的脆性破坏。
- 2-1-1/条款 6.2.2(2):抗剪承载力。
- 2-1-1/条款 6.2.5(1):施工缝处截面的抗剪承载力。
- 2-1-1/条款 7.3.2:最小配筋面积规定。
- 2-1-1/条款 7.3.4:裂缝间加劲钢筋影响裂缝宽度的计算规定。
- 2-1-1/条款 8.4:钢筋锚固粘结强度规定。
- 2-1-1/条款 8.7:钢筋搭接规定。
- 2-1-1/条款 8.10.2:先张法构件的传力区域和粘结长度。

抗拉强度比抗压强度更容易变化,并且抗拉强度受集料的形状和纹理以及环境条件的影响要大于抗压强度。因此,当设计中抗拉强度的计算超出了相关规定时,需要引起注意。

混凝土的应力和应变特征(2-1-1/表 3.1)　　表 3.1-1

混凝土强度等级															公式/注释
f_{ck}(MPa)	12	16	20	25	30	35	40	45	50	55	60	70	80	90	
$f_{ck,cube}$(MPa)	15	20	25	30	37	45	50	55	60	67	75	85	95	105	
f_{cm}(MPa)	20	24	28	33	38	43	48	53	58	63	68	78	88	98	$f_{cm}=f_{ck}+8$(MPa)
f_{ctm}(MPa)	1.6	1.9	2.2	2.6	2.9	3.2	3.5	3.8	4.1	4.2	4.4	4.6	4.8	5.0	当强度等级≤C50/60 时,$f_{ctm}=0.30f_{ck}^{(2/3)}$≤C50/60 当强度等级>C50/60 时, $f_{ctm}=2.12\ln[1+(f_{cm}/10)]$
$f_{ctk,0.05}$(MPa)	1.1	1.3	1.5	1.8	2.0	2.2	2.5	2.7	2.9	3.0	3.1	3.2	3.4	3.5	$f_{ctk,0.05}=0.7f_{ctm}$(5%分位数)
$f_{ctk,0.95}$(MPa)	2.0	2.5	2.9	3.3	3.8	4.2	4.6	4.9	5.3	5.5	5.7	6.0	6.3	6.6	$f_{ctk,0.95}=1.3f_{ctm}$(95%分位数)
E_{cm}(GPa)	27	29	30	31	33	34	35	36	37	38	39	41	42	44	$E_{cm}=22(f_{cm}/10)^{0.3}$($f_{cm}$单位为 MPa)
ε_{c1}(‰)	1.8	1.9	2.0	2.1	2.2	2.25	2.3	2.4	2.45	2.5	2.6	2.7	2.8	2.8	ε_{c1}(‰)$=0.7f_{cm}^{0.31}<2.8$
ε_{cu1}(‰)	←→				3.5	←→				3.2	3.0	2.8	2.8	2.8	$f_{ck}<50$MPa 时, ε_{cu1}(‰) = 3.5 $f_{ck}\geq 50$MPa 时, ε_{cu1}(‰) = $2.8+27[(98-f_{cm})/100]^4$
ε_{c2}(‰)	←→				2.0	←→				2.2	2.3	2.4	2.5	2.6	$f_{ck}<50$MPa 时, ε_{c2}(‰) = 2.0 $f_{ck}\geq 50$MPa 时, ε_{c2}(‰) = $2.0+0.085(f_{ck}-50)^{0.53}$
ε_{cu2}(‰)	←→				3.5	←→				3.1	2.9	2.7	2.6	2.6	$f_{ck}<50$MPa 时, ε_{cu2}(‰) = 3.5 $f_{ck}\geq 50$MPa 时,ε_{cu2}(‰) = $2.6+35[(90-f_{ck})/100]^4$
n	←→				2.0	←→				1.75	1.6	1.45	1.4	1.4	$f_{ck}<50$MPa 时, n = 2.0 $f_{ck}\geq 50$MPa 时, n = $1.4+23.4[(90-f_{ck})/100]^4$
ε_{c3}(‰)	←→				1.75	←→				1.8	1.9	2.0	2.2	2.3	$f_{ck}<50$MPa 时, ε_{c3}(‰) = 1.75 $f_{ck}\geq 50$MPa 时, ε_{c3}(‰) = $1.75+0.55[(f_{ck}-50)/40]$
ε_{cu3}(‰)	←→				3.5	←→				3.1	2.9	2.7	2.6	2.6	$f_{ck}<50$MPa 时, ε_{cu3}(‰) = 3.5 $f_{ck}\geq 50$MPa 时, ε_{cu3}(‰) = $2.6-35[(90-f_{ck})/100]^4$

2-1-1/条款 3.1.2(9)

2-1-1/条款3.1.2(9)提供了一个表达式,用于估算龄期为 t_d时的平均抗拉强度$f_{ctm}(t)$:

$$f_{ctm}(t) = [\beta_{cc}(t)]^{\alpha} f_{ctm} \qquad 2\text{-}1\text{-}1/(3.4)$$

式中:$\beta_{cc}(t)$——如上文再现的 2-1-1/式(3.2)中所定义;

$f_{ctm}(t)$——龄期为 td 时的平均抗压强度(应该注意的是,龄期较小的混凝土的抗压强度所对应的抗拉强度小于 28d 龄期时的抗拉强度所对应的抗拉强度);

f_{ctm}——2-1-1/表 3.1 中给出的 28d 平均抗拉强度;

t——以天计的混凝土龄期;

α——t < 28d 时,α = 1.0;t 大于 28d 时,α = 2/3。

2-1-1/式(3.4)仅是近似值,因为影响强度增长速度的因素很多。如果需要更准确的试验数据,则应考虑根据实际暴露条件和构件尺寸的试验获得,如 2-1-1/条款 3.1.2(9)注中所述。

3.1.3　弹性变形

弹性模量的平均值 E_{cm}可以从 2-1-1/表 3.1 中获得,其基于以下关系:

$$E_{cm} = 22\left(\frac{f_{ck}+8}{10}\right)^{0.3} \qquad (D3.1\text{-}3)$$

其中,f_{ck}的单位是 MPa。石灰石和砂岩集料通常会导致更大的柔性,式(D3.1-3)得出的值应分别折减 10% 和 30% 。对于玄武岩集料,其值应增加 20% 。

式(D3.1-3)得出的 E_{cm}值是基于短期荷载的割线刚度,最大应力为 $0.4f_{cm}$,如图 3.1-2 所示。因此,在低应力状态下,响应可能略偏刚性,在较高应力状态下(在正常荷载条件下不太可能),响应可能略偏柔性。考虑到预测混凝土弹性模量的困难以及徐变对持续荷载作用下刚度的影响,在大多数普通桥梁设计中,从式(D3.1-3)获得的值将满足弹性分析的要求。在设计工作中,当结构不同部位由于不同的混凝土或不同材料而具有不同刚度,而这种刚度上的差异会对设计产生关键影响时,则可以通过试验确定更精确的刚度,或者可以对结构进行敏感度分析。

2-1-1/条款 3.1.3(1)

2-1-1/条款3.1.3(1)考虑了这些相关因素。

2-1-1/条款 3.1.3(3)

在***2-1-1/条款3.1.3(3)***中给出了估计弹性模量随时间变化的近似值(仅在龄期很早时施加荷载的情况下才需要计算)。

$$E_{cm}(t) = \left[\frac{f_{cm}(t)}{f_{cm}}\right]^{0.3} E_{cm} \qquad 2\text{-}1\text{-}1/(3.5)$$

其中 $E_{cm}(t)$和$f_{cm}(t)$是龄期为 t_d 时的值,E_{cm}和f_{cm}是龄期为 28d 时的试验值。

2-1-1/条款 3.1.3 中定义的混凝土的其他相关特性是:

- 无裂缝混凝土泊松比 = 0.2;
- 混凝土张拉出现裂缝时泊松比 = 0;
- 热膨胀系数 = 10×10^{-6}/℃。

3.1.4 徐变和收缩

3.1.4.1 徐变

混凝土徐变导致在持久荷载作用下变形不断增长并超过初始弹性响应，或者当截面保持恒定应变时，力从初始弹性值开始减小。徐变在预应力混凝土中尤为重要，因为受压混凝土的持续长期收缩会导致预应力降低。徐变对于分阶段施工的桥梁也很重要，因为长期徐变变形会导致结构内力的变化，这些变化完全来自施工工序的建模。本指南的附录 K 对此进行了更详细的讨论。本节中的徐变参数仅适用于普通混凝土。第 11 章给出了轻集料混凝土的补充要求。

2-1-1/条款3.1.4(1)P 指出混凝土的徐变取决于环境湿度、构件尺寸和混凝土成分。徐变也受到首次施加荷载时混凝土龄期的影响，并且与荷载的作用时间和荷载大小相关。 ***2-1-1/条款 3.1.4(1)P***

徐变变形通常与 2-1-1/式(3.6)中给出的徐变因子和弹性变形相关，使得在时间 $t=\infty$ 时的最终总徐变变形 $\varepsilon_{cc}(\infty, t_0)$ 与压应力常量 σ_c 的关系为：

$$\varepsilon_{cc}(\infty, t_0)=\phi(\infty, t_0)\frac{\sigma_c}{E_c} \qquad 2\text{-}1\text{-}1/(3.6)$$

其中 E_c 是切线模量，根据 ***2-1-1/条款3.1.4(2)*** 及 2-1-1/表 3.1 可得其值为 $1.05E_{cm}$。最终徐变系数 $\phi(\infty, t_0)$ 可以从 2-1-1/图 3.1 中得出，前提条件是混凝土在龄期为 t_0 时、第一次加载时不承受大于 $0.45f_{ck}(t_0)$ 的压应力，环境温度范围为 -40 ~ +40℃，平均相对湿度大于 40%。以下定义在 EC2 中用于徐变和收缩计算： ***2-1-1/条款 3.1.4(2)***

t_0——施加荷载时以天计的混凝土的龄期(d)；

h_0——理论尺寸(或有效厚度)，$h_0=2A_c/u$，其中 A_c 是混凝土横截面面积，u 是暴露于干燥环境部分的周长，当 h_0 沿着构件变化时，可以通过取最高应力截面处的值作为平均值来进行简化；

S——2-1-1/条款 3.1.2(6)确定的缓慢硬化水泥系数；

N——适用于 2-1-1/条款 3.1.2(6)规定的正常和快速硬化水泥；

R——适用于快速硬化的高强度水泥，如 2-1-1/条款 3.1.2(6)所述。

湿度范围为 40% ~100% 时，徐变率应根据 2-1-1/图 3.1a)和图 3.1b)中湿度分别为 50% 和 80% 的图表，通过内插法或外推法确定，或者直接根据 2-1-1/附录 B 直接计算。对于超出湿度和温度限值的情况，也可以使用 2-1-1/附录 B。在英国，通常的做法是在设计中使用 70% 的相对湿度。

2-1-1/附录 B 还提供了如何确定徐变应变随时间变化的方法，这是分阶段建造桥梁分析时所需要的。徐变随时间的变化由参数 $\beta_c(t, t_0)$ 决定，该参数从第一次加载时的 0.0 变化到无限时间处的 1.0，使得 $\phi_0=\phi(\infty, t_0)$，并且：

$$\phi(t,t_0)=\phi_0\cdot\beta_c(t, t_0)=\phi(\infty, t_0)\beta_c(t, t_0) \qquad 2\text{-}1\text{-}1/(B.1)$$

$$\beta_c(t, t_0) = \left(\frac{t - t_0}{\beta_H + t - t_0}\right)^{0.3} \quad 2\text{-}1\text{-}1/(B.7)$$

β_H 是一个系数,取决于相对湿度(RH,单位为%)、虚拟构件尺寸(h_0,单位为 mm)和抗压强度,计算如下:

当 $f_{cm} \leqslant 35$MPa 时,

$$\beta_H = 1.5[1 + (0.012RH)^{18}]h_0 + 250 \leqslant 1500 \quad 2\text{-}1\text{-}1/(B.8a)$$

当 $f_{cm} \geqslant 35$MPa 时,

$$\beta_H = 1.5[1 + (0.012RH)^{18}]h_0 + 250\left[\frac{35}{f_{cm}}\right]^{0.5} \leqslant 1500\left[\frac{35}{f_{cm}}\right]^{0.5} \quad 2\text{-}1\text{-}1/(B.8b)$$

2-1-1/式(B.7)也可以与 2-1-1/图 3.1 的简单图形方法结合使用,以确定徐变随时间的变化,而不用直接计算 2-1-1/附录 B 中的徐变系数。

使用 2-1-1/图 3.1 和 2-1-1/附录 B 来计算 $\phi(\infty, t_0)$ 的方法在实例 3.1-1 中进行了举例说明,上文重新使用了附录 B 中的相关公式。通过这种方法得到的徐变系数是平均值。如果结构对徐变特别敏感,那么允许徐变系数的变化是明智的。可能需要进行这种变化的情况见 2-2/附录 B,并且在本指南的附录 B 中也有讨论。

当混凝土在龄期 t_0 的压应力超过 $0.45f_{ck}(t_0)$ 时,非线性徐变会引起更大的徐变变形。非线性徐变经常发生在先张拉的预制梁中,该预制梁在早期受力,最初只有较小的静荷载。对于这种情况,在 ***2-1-1/条款3.1.4(4)*** 中给出了用于 2-1-1/式(3.6)的修正徐变系数:

2-1-1/条款 3.1.4(4)

$$\phi_k(\infty, t_0) = \phi(\infty, t_0)e^{[1.5(k_\sigma - 0.45)]} \quad 2\text{-}1\text{-}1/(3.7)$$

其中,k_σ 是应力强度比 $\sigma_c/f_{cm}(t_0)$;σ_c 是压应力;$f_{cm}(t_0)$ 是加载时的平均混凝土抗压强度。该等式存在瑕疵,因为其考虑的标准是基于 $f_{ck}(t_0)$ 得到的,而公式包含平均强度 $f_{cm}(t_0)$。这意味着对于 $0.45f_{ck}(t_0)$ 的混凝土应力,该公式实际上降低了徐变系数,这当然不是期望的效果。保守的方法是将 k_σ 重新定义为 $\sigma_c/f_{ck}(t_0)$。可以说,由于变形是基于材料平均特性得到的,作为非线性徐变最初的标准,$f_{ck}(t_0)$ 应该改为 $0.45f_{cm}(t_0)$,而不是大幅度修改公式,但是这里不提倡这种方法。

对于强度等级大于或等于 C55/67 的高强度混凝土,2-2/附录 B 给出了徐变计算的替代规定,其起草人认为这种计算方法比 EC2-1-1 中的方法更准确。然而,这种“更准确”的建议并未得到普遍接受。对含有或不含硅粉的混凝土分别进行处理,在硅粉混凝土中可以显著降低徐变应变。本指南附录 B 对此进行了进一步讨论。

实例3.1-1：桥墩 $\phi(\infty, t_0)$ 的计算

墙厚为500mm的空心矩形墩在龄期为30d时将桥面板施工的显著荷载作为首次加载。相对湿度为80%，混凝土强度等级为C40/50，水泥为普通硅酸盐水泥。根据2-1-1/图3.1和2-1-1/附录B计算徐变系数 $\phi(\infty, t_0)$。

由2-1-1/图3.1可知：

在图3.1-1所示的结构中，使用 $h_0 = 500\text{mm}$，确定 $\phi(\infty, t_0)$ 等于1.4。

(1)在 $t = 3\text{d}$ 时画水平线与曲线"N"相交。

(2)在 $\phi = 0$ 处画从交点到 x 轴的直线。

(3)在 $h_0 = 500\text{mm}$ 处画垂直线与C40/50曲线相交。

(4)从C40/50曲线画水平线与线条(2)相交。

(5)在(2)和(4)的交叉点的水平轴上读取系数 ϕ。

由2-1-1/附录B可知：

徐变系数 $\phi(t, t_0)$ 由2-1-1/式(B.1)计算：

$$\phi(t, t_0) = \phi_0 \cdot \beta_c(t, t_0) \qquad \text{2-1-1/(B.1)}$$

$\beta_c(t, t_0)$ 是描述随时间发生徐变的系数，并且在时间 $t = \infty$ 时，其等于1.0。因此总徐变可由2-1-1/式(B.2)中的 ϕ_0 给出：

$$\phi_0 = \phi_{RH} \cdot \beta(f_{cm}) \cdot \beta(t_0) \qquad \text{2-1-1/(B.2)}$$

ϕ_{RH} 是考虑相对湿度对徐变影响的系数。根据 f_{cm} 的大小给出两个表达式。

根据表3.1，$f_{cm} = f_{ck} + 8 = 40 + 8 = 48\text{MPa}$

对于 $f_{cm} > 35\text{MPa}$，ϕ_{RH} 由2-1-1/式(B.3b)给出：

$$\phi_{RH} = \left[1 + \frac{1 - RH/100}{0.1 \cdot \sqrt[3]{h_0}} \cdot \alpha_1\right] \cdot \alpha_2 \qquad \text{2-1-1/(B.3b)}$$

RH 是以百分比计的周围环境的相对湿度(%)，此处 $RH = 80\%$。

α_1、α_2 是考虑2-1-1/式(B.8c)的混凝土强度影响系数：

$$\alpha_1 = \left(\frac{35}{f_{cm}}\right)^{0.7} = \left(\frac{35}{48}\right)^{0.7} = 0.80$$

$$\alpha_2 = \left(\frac{35}{f_{cm}}\right)^{0.2} = \left(\frac{35}{48}\right)^{0.2} = 0.94 \qquad \text{2-1-1/(B.8c)}$$

由2-1-1/式(B.3b)得：

$$\phi_{RH} = 1 + \frac{1 - 80/100}{0.1 \times \sqrt[3]{500}} \times 0.80 \times 0.94 = 1.13$$

系数 $\beta(f_{cm})$ 考虑了混凝土强度对2-1-1/式(B.4)的名义徐变系数的影响。

$$\beta(f_{cm}) = \frac{16.8}{\sqrt{f_{cm}}} = \frac{16.8}{\sqrt{48}} = 2.42$$

根据 2-1-1/式(B.5),加载时混凝土的龄期对名义徐变系数的影响由系数 $\beta(t_0)$ 给出。对于龄期为 30d 的加载情况,可以得出:

$$\beta(t_0)=\frac{1}{0.1+t_0^{0.20}}=\frac{1}{0.1+30^{0.20}}=0.48$$

该表达式仅适用于正常或快速硬化的水泥 N[对于慢硬化或高强度水泥,2-1-1/式(B.5)需要根据 2-1-1/式(B.9)和式(B.10)修正加载时的龄期 t_0 进行修改]。

从 2-1-1/式(B.2)得到的最终徐变系数是:

$\phi(\infty,t_0)=\phi_0=1.13\times2.42\times0.8=1.31$

可将该值与上文 2-1-1/图 3.1b)中的 1.4 进行比较。

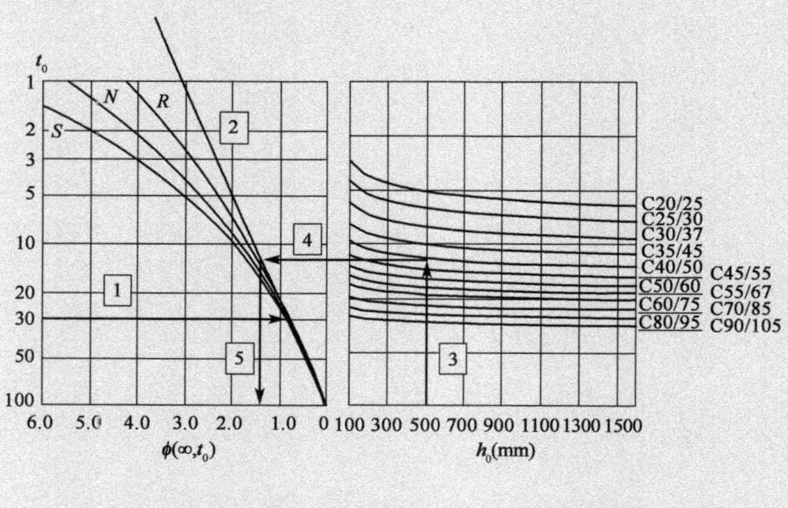

图 3.1-1 $\phi(\infty,t_0)$的确定(摘录自 2-1-1/图 3.1b)

3.1.4.2 收缩

2-1-1/条款 3.1.4(6)

2-1-1/条款3.1.4(6)将收缩分为两个部分。在混凝土水化和混凝土硬化期间发生自收缩而不损失水分,总应变仅取决于混凝土强度。因此,该自收缩过程的大部分过程相对快速地发生并且在几个月内基本完成。干燥收缩与水通过、流出混凝土部分的运动有关,因此其取决于相对湿度和有效截面厚度以及混凝土成分。干燥收缩发生的过程很慢,需要几年才能基本完成。总收缩率是这两个部分的总和。

收缩在预应力混凝土中尤为重要,因为混凝土的持续长期收缩会导致预应力降低,如本指南 5.10.6 所述。在计算收缩损失时,重要的是要考虑在混凝土的适用龄期施加预应力。在组合截面中,在不同龄期浇筑的横截面的构件之间的差异收缩,也可导致横截面中产生应力以及横截面由于弯曲受限而产生内力和弯矩。本指南的附录 K4.2 对此进行了讨论。本节中的收缩参数仅适用于普通混凝土。第 11 章给出了轻集料混凝土的补充要求。

干缩

干缩计算如下:

$$\varepsilon_{cd}(t)=\beta_{ds}(t,t_s)\cdot k_h\cdot \varepsilon_{cd,0} \qquad \text{2-1-1/(3.9)}$$

$\varepsilon_{cd,0}$是从 2-1-1/表 3.2（如下文表 3.1-2 所示）取得的标准干缩率，或者可以按照 2-1-1/附录 B 计算。

标准无限制干缩值 $\varepsilon_{cd,0}$（$\times 10^6$）　　表 3.1-2

$f_{ck}/f_{ck,cube}$(MPa)	相对湿度(%)					
	20	40	60	80	90	100
20/25	0.62	0.58	0.49	0.30	0.17	0
40/50	0.48	0.46	0.38	0.24	0.13	0
60/75	0.38	0.36	0.30	0.19	0.10	0
80/95	0.30	0.28	0.24	0.15	0.08	0
90/105	0.27	0.25	0.21	0.13	0.07	0

k_h 是一个系数，取决于 2-1-1/表 3.3 的理论尺寸 h_0（如表 3.1-3 所示）。

$$\beta_{ds}(t,t_s)=\frac{t-t_s}{(t-t_s)+0.04\sqrt{h_0^3}} \qquad \text{2-1-1/(3.10)}$$

$\beta_{ds}(t,t_s)$是计算收缩率随时间变化的一个系数（其中 t_s 是固化结束时混凝土的龄期），收缩完成时其值等于 1.0。所有时间均以天为单位。

2-1-1/式(3.9)中的 k_h 值　　表 3.1-3

h_0(mm)	k_h
100	1.0
200	0.85
300	0.75
≥500	0.70

自收缩

自收缩应变计算如下：

$$\varepsilon_{ca}(t)=\beta_{as}(t)\varepsilon_{ca}(\infty) \qquad \text{2-1-1/(3.11)}$$

其中：

$$\varepsilon_{ca}(\infty)=2.5(f_{ck}-10)\times 10^{-6} \qquad \text{2-1-1/(3.12)}$$

$$\beta_{as}(t)=1-e^{-0.2t^{0.5}} \qquad \text{2-1-1/(3.13)}$$

高强度混凝土的替代规定（C55/67 强度等级及以上）见 2-2/附录 B。

3.1.5　非线性结构分析中混凝土的应力-应变关系

当按照 2-2/条款 5.7 的规定使用非线性分析时，可以使用 2-1-1/图 3.2 中的短期混凝土应力与应变之间的关系，如图 3.1-2 所示。应力-应变关系如下。

$$\frac{\sigma_c}{f_{cm}}=\frac{k\eta-\eta^2}{1+(k-2)\eta} \qquad \text{2-1-1/(3.14)}$$

式中：η——$\eta=\varepsilon_c/\varepsilon_{c1}$；

ε_{c1}——基于 2-1-1/表 3.1 的峰值应力下的应变；

k——$k=1.05E_{cm}\times|\varepsilon_{c1}|/f_{cm}$。

2-2/条款 5.7 对桥梁进行极限状态下非线性分析时修正了上述曲线，使其与可靠性模式相适应。如本指南 5.7 所述,这实际上修改了 2-1-1/式(3.14)中 f_{cm} 的定义,如 2-1-1/表 3.1 中给出的那样。

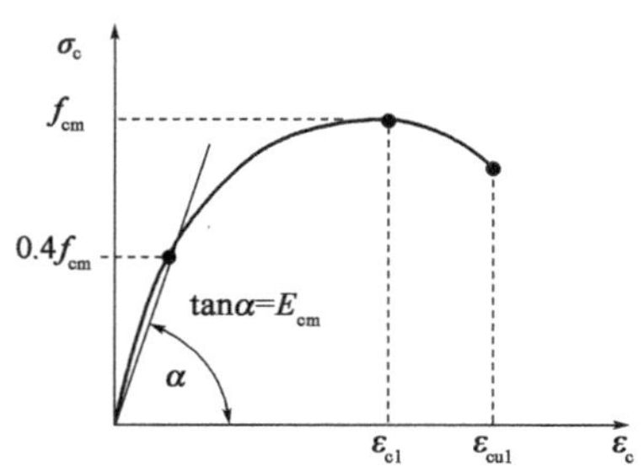

图 3.1-2　非线性结构分析的应力-应变关系

2-1-1/条款 3.1.5(2)

2-1-1/条款3.1.5(2)规定,可以应用其他理想化的应力-应变曲线,前提是它们“足以代表所考虑的混凝土的特性”。这可以理解为依据相应的关系,足以进行被检查构件的安全验证。这样处理,使得在降低刚度不利于结构安全的情形下,得到超出利用应力-应变关系分析取得设计值的应用范围。本指南 5.8.6 介绍细长桥墩设计内容时进一步讨论了这种方法,该方法的优势在于结构分析时,可直接验证截面的强度。2-2/条款 5.7 允许非线性分析时使用材料特性的设计值,同时提醒,当考虑强制位移时须慎用。因为在这种情况下,柔性更大时力的转移会被低估。在所有情况下,徐变可能会进一步改变应力-应变曲线。这将在5.8.6中讨论。

3.1.6　抗压强度设计值和抗拉强度设计值

通过将材料的分项安全系数与其标准值相结合,获得材料强度设计值。混凝土的抗压强度设计值由 ***2-2/条款3.1.6(101)P*** 定义如下:

2-2/条款 3.1.6(101)P

$$f_{cd}=\frac{\alpha_{cc}f_{ck}}{\gamma_c} \qquad \text{2-1-1/(3.15)}$$

式中:γ_c——混凝土分项系数;

α_{cc}——考虑了对抗压强度的长期影响和由荷载施加方式引起的不利效应的系数。

对于持久和短暂设计状况,混凝土的 γ_c 推荐值为 1.5,见本指南 2.4.2。

对于桥梁,2-1-1/式(3.15)中的 α_{cc} 的推荐值为 0.85,但主要用于 2-2/条款 6.1所涉及的抗弯和轴向力的计算。从某种意义上来说,α_{cc} 也可看作实际应力-应变关系的一个修正系数。在实际的应力-应变关系中,应力达到峰值 f_{ck} 以后逐渐减小直到出现破坏应变(类似于图 3.1-2 所示的情形)。而理想应力-应变关系曲线(图 3.1-3)呈现出抛物线与矩形组合的形状,即应力达到峰值后一直维持不变,直到产生破坏应变。因此,α_{cc} 有助于防止因忽略破坏应变出现之前应力下降的现实情况,而高估截面抗弯承载力。在抗剪计算中,α_{cc} 取 1.0(因为公式是基于试验的结果)。在 2-2/条款 6.9 有关薄膜结构的计算规定中,α_{cc} 也取 1.0,该式已含有 0.85 的系数，可直接用于抗压强度。在其他情况下，α_{cc} 的取值没有明确规定，但本指南各章节凡有涉及其取值处都有注释。另外，必须满足国家附件中有关 α_{cc} 的取值要求。

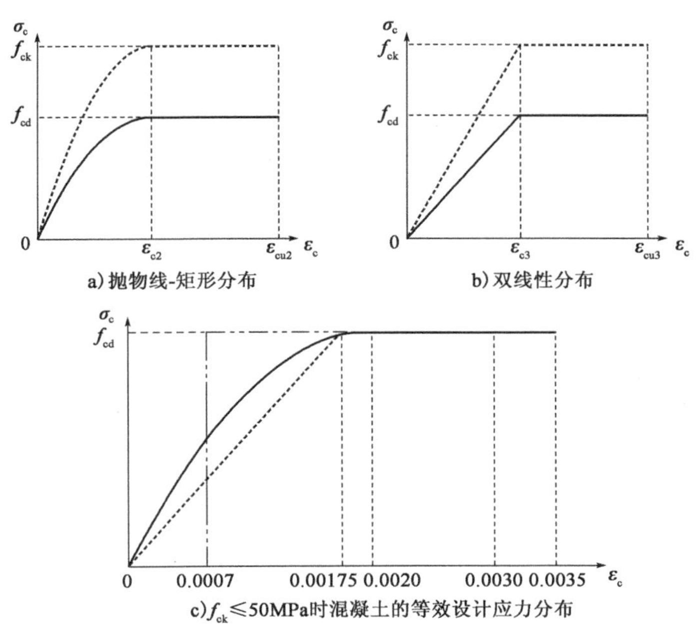

图 3.1-3　用于混凝土截面设计的应力-应变关系

混凝土的抗拉强度设计值在 ***2-2/条款3.1.6(102)P*** 中以类似的方式被定义： *2/2 条款 3.1.6(102)P*

$$f_{ctd}=\frac{\alpha_{ct}f_{ctk,0.05}}{\gamma_c} \qquad 2\text{-}1\text{-}1(3.16)$$

式中：α_{ct}——考虑长期效应对抗拉强度影响和加载方式不利影响的系数；

$f_{ctk,0.05}$——标准轴向抗拉强度，对于特定强度的混凝土，预计试验结果中 5% 试件的抗拉强度小于该值(见 2-1-1/表 3.1)。

对于桥梁，α_{ct} 的值推荐为 1.0。该值适用于抗剪设计，也应用于粘结计算，以免锚固长度和搭接长度比按英国标准 BS 5400 设计的更长。正如本指南 6.7 所讨论的情形，当使用由受压杆模型推导出的抗拉强度时，α_{ct} 取 0.85 更合适。

3.1.7　截面设计中的应力-应变关系

EC2 对用于整体分析(非线性分析)和横截面验算的应力-应变关系分别提出了不同的要求。前者在 3.1.5 中讨论过，讨论时也参考了本指南的其他部分。对于横截面设计，***2-1-1/条款3.1.7(1)、(2)和(3)*** 提供了 3 种应力-应变替代图：抛物线矩形、双线性和简化矩形分布图，如图 3.1-3 所示。它们仅用于承载能力极限状态(ULS)设计，不适用于正常使用极限状态(SLS)设计。 *2-1-1/条款 3.1.7(1)、(2)和(3)*

图 3.1-3 中的应力-应变图是使用 EC2 给出的以下表达式构建的：

抛物线-矩形图

当　$0\le\varepsilon_c\le\varepsilon_{c2}$ 时，$\sigma_c=f_{cd}\left[1-\left(1-\frac{\varepsilon_c}{\varepsilon_{c2}}\right)^n\right]$ 　2-1-1/(3.17)

当 $\varepsilon_{c2} \leqslant \varepsilon_{c} \leqslant \varepsilon_{cu2}$时， $\sigma_c = f_{cd}$ 2-1-1/(3.18)

式中：n——指数，见表 3.1；

ε_{c2}——达到最大强度时的应变(在 2-1-1/表 3.1 中定义)；

ε_{cu2}——极限应变(在 2-1-1/表 3.1 中定义)。

双线性图

ε_{c3}——达到最大强度时的应变(在 2-1-1/表 3.1 中定义)，即在使用f_{cd}设计值时对应的应变。

ε_{cu3}——极限应变(在 2-1-1/表 3.1 中定义)。

简化的矩形图

系数 λ 和 η 分别用于定义压缩区的有效高度和有效强度，其中：

当$f_{ck} \leqslant 50\text{MPa}$ 时， $\lambda = 0.8$ 2-1-1/(3.19)

当 $50\text{MPa} < f_{ck} \leqslant 90\text{MPa}$ 时， $\lambda = 0.8 - \dfrac{f_{ck} - 50}{400}$ 2-1-1/(3.20)

当$f_{ck} \leqslant 50\text{MPa}$ 时， $\eta = 1.0$ 2-1-1/(3.21)

当 $50\text{MPa} < f_{ck} \leqslant 90\text{MPa}$ 时， $\eta = 1.0 - \dfrac{f_{ck} - 50}{200}$ 2-1-1/(3.22)

表 3.1-4 比较了这 3 种理想化的压力模型，包括矩形压缩区域(从极端压缩纤维到中性轴)的平均应力以及受压面到受压区中心的距离。由 $\alpha_{cc} = 0.85$ 得出，该表可用于抗弯设计计算，如本指南 6.1 所述。在 6.1 提出的工作实例中显然可以看出，矩形曲线通常提供更大的抗弯能力，因为相同的弯矩在矩形曲线上对应的应力高度比其他两种曲线上的小。但是，无论采用哪种方法，这 3 种曲线所产生的抗弯承载力差别并不大。

$\alpha_{cc} = 0.85$ 的理想化应力区块比较 表 3.1-4

混凝土强度等级	抛物线-矩形图		双线性图		简化的矩形图	
	平均应力(MPa)	质心(压力合力点高度与中性轴高度之比)	平均应力(MPa)	质心(压力合力点高度与中性轴高度之比)	平均应力(MPa)	质心(压力合力点高度与中性轴高度之比)
C20	9.175	0.146	8.500	0.389	9.067	0.40
C25	11.468	0.416	10.625	0.389	11.333	0.40
C30	13.762	0.416	12.750	0.389	13.600	0.40
C35	16.056	0.416	14.875	0.389	15.867	0.40
C40	18.349	0.416	17.000	0.389	18.133	0.40
C45	20.643	0.416	19.125	0.389	20.400	0.40
C50	22.937	0.416	21.250	0.389	22.667	0.40
C55	23.194	0.393	22.098	0.374	23.930	0.39
C60	23.582	0.377	22.872	0.363	25.033	0.39

平均应力f_{av}和质心比β(压力合力点高度与受压区高度之比)由下式计算：

抛物线-矩形图

$$f_{av}=f_{cd}\left(1-\frac{1}{n+1}\frac{\varepsilon_{c2}}{\varepsilon_{cu2}}\right) \tag{D3.1-4}$$

$$\beta=1-\frac{\dfrac{\varepsilon_{cu2}^2}{2}-\dfrac{\varepsilon_{c2}^2}{(n+1)(n+2)}}{\varepsilon_{cu2}^2-\dfrac{\varepsilon_{cu2}\varepsilon_{c2}}{n+1}} \tag{D3.1-5}$$

双线性图

$$f_{av}=f_{cd}\left(1-0.5\frac{\varepsilon_{c3}}{\varepsilon_{cu3}}\right) \tag{D3.1-6}$$

$$\beta=1-\frac{\dfrac{\varepsilon_{cu3}^2}{2}-\dfrac{\varepsilon_{c3}^2}{6}}{\varepsilon_{cu3}^2-\dfrac{\varepsilon_{cu3}\varepsilon_{c3}}{2}} \tag{D3.1-7}$$

简化的矩形图

$$f_{av}=\lambda\eta f_{cd} \tag{D3.1-8}$$

$$\beta=\lambda/2 \tag{D3.1-9}$$

3.1.8 弯曲抗拉强度

2-1-1/条款3.1.8(1)认为弯曲抗拉强度平均值与轴向抗拉强度平均值、截面高度有关。平均弯曲抗拉强度$f_{ctm,fl}$应取2-1-1/表3.1中f_{ctm}与$(1.6-h/1000)f_{ctm}$两者中的较大值,其中h是以mm为单位的构件总高度。由于高应力梯度减小了潜在裂缝深度处的应力,从而提高了引起破裂所需的表面峰值应力,因此导致了浅梁或板(深度小于600mm)的抗拉强度有所提高。在EC2应用性规定中没有明确使用弯曲抗拉强度,但是如本指南5.10.8所述,在后张体外预应力体系中确定预应力筋应变的非线性分析时涉及到该指标。上述关系也适用于抗拉强度标准值。 ***2-1-1/条款 3.1.8(1)***

3.1.9 约束混凝土

在混凝土构件处于三向应力状态下,2-1-1/条款3.1.9允许提高抗压强度标准值和极限应变的限制。这种侧限约束可由箍筋或预应力提供,但是在标准中没有给出详细指导。如果采用箍筋提供侧限约束,约束后的强度建议参考试验结果确定,以保证所采用箍筋的几何形状能提供这种约束而不致使混凝土出现过早破坏。这条规定不考虑用于一般的受弯和受轴力构件的计算。主要用于集中力的作用情形,它也粗略地解释了局部受力区域抗力有所提高的现象,正是这些受力区域周围混凝土的抗拉强度提供了侧限,如本指南6.7所述。

3.2 钢筋

3.2.1 一般规定

2-1-1/条款3.2.1(1)P允许使用钢筋、螺纹钢条、焊接钢筋网或钢格构梁(用带肋钢筋制成)作为加劲材料。其中,钢筋在桥梁中的应用最为广泛,因此在后文 ***2-1-1/条款 3.2.1(1)P***

2-1-1/条款 3.2.1(2)P　*2-1-1/条款 3.2.1(3)P*

中提到的加劲材料专指钢筋。EC2 中钢筋的规格,包括性能(特征)检测试验、类别细分和生产方法等规定均参考 EN 10080。***2-1-1/条款3.2.1(2)P*** 指出,如果现场施工使材料性能(特征)发生改变,则须重新检验其性能(特征)是否达标。如果钢材的供应不符合 EN 10080 的规定,则按照 ***2-1-1/条款3.2.1(3)P*** 的要求,须检查其是否符合 2-1-1 条款3.2.2至条款 3.2.6 和附录 C 的要求。如 2-1-1/条款1.1.2所述,EN 1992 不涵盖光圆钢筋。

3.2.2　特性

2-1-1/条款 3.2.2(1)P

对设计人员来说最重要的钢筋特性就是钢筋的屈服强度标准值f_{yk}。但是,如 ***2-1-1/条款3.2.2(1)P*** 所述,必须具备许多其他特性值才能完全表示钢筋特性。这些特性值包括抗拉强度、延性、弯曲性、粘结特性、截面尺寸、公差和疲劳强度等。2-1-1/附录 C 提出了对材料特性的要求并将钢筋分为 3 个延性等级 A、B 和 C。EC2 中给出的规定假定符合附录 C,这一点在 ***2-1-1/条款3.2.2(2)P*** 中进行了阐述。它们仅适用于可焊接的螺纹钢筋(因此不能用于圆光钢筋)。***2-1-1/条款3.2.2(3)P*** 规定该规定也仅适用于屈服强度在 400 ~ 600MPa 之间的钢筋,尽管该上限是国家确定的参数。条款 3.2.2 的其他段落进一步参考 2-1-1/附录 C 提出了对性能的要求。

2-1-1/条款 3.2.2(2)P　*2-1-1/条款 3.2.2(3)P*

最常见的钢筋等级为f_{yk} = 500MPa。可焊接的螺纹钢筋的屈服强度和延性等级必须符合 EN 10080 的规定。对于屈服强度为 500MPa 和延性等级为 B 的钢筋,记为"B500B",其中"B500"指的是"钢筋"的屈服强度,第 2 个"B"为延性等级。

3.2.3　强度

标准屈服应力f_{yk}是通过将标准屈服荷载除以钢筋的横截面面积而获得的。或者,对于没有标明屈服应力的产品,可以使用 0.2% 极限应力$f_{0.2k}$代替屈服应力。本指南将 2-1-1/图 3.7 再现为图 3.2-1,其表示典型钢筋应力-应变曲线。

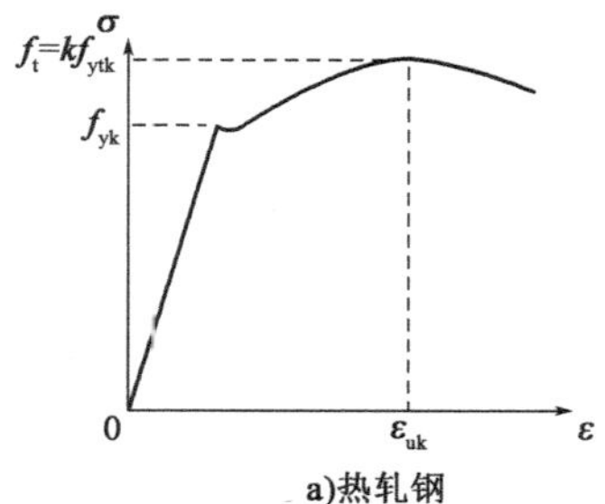

a)热轧钢

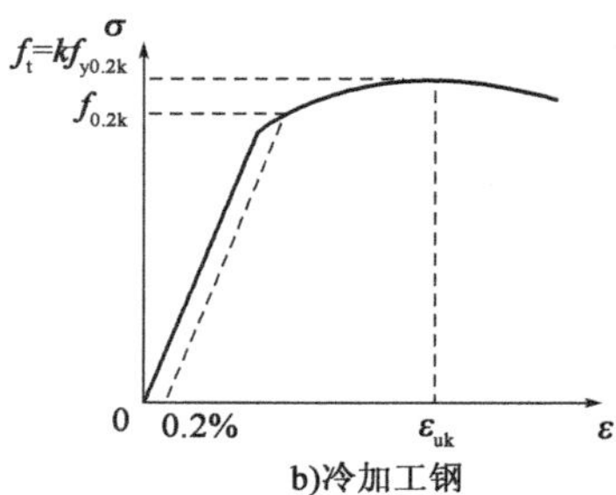

b)冷加工钢

图 3.2-1　典型钢筋应力-应变关系图

2-1-1/条款 C.2(1)P 规定$f_{y,max}$不得超过 1.3f_{yk}。由于延性通常随着屈服应力的增加而降低,因此在对延性要求很高的情形(例如抗震设计或塑性验证方法),确保实际屈服强度不会超过规定值非常重要。尽管延性由 2-2/条款 3.2.4 控制,但这可能是 2-1-1/条款 C.2(1)P 背后的原因。更可能的原因是考虑设计中出现超过承载力的情况，例如在抗震设计中，通常假定塑性铰在地面上可见的构件中形成，以便限制力传递到地下不可检测的构件中。因此，地上构件强度过高会导致地下产生更大的力，从而造成更大的破坏。

3.2.4　延性

2-2/条款3.2.4(101)P 规定钢筋应具有足够的延性，这一性质通过拉伸强度与屈服应力的比值$(f_t/f_y)_k$以及最大拉力的应变ε_{uk}来定义。最大拉力对应的应变不同于以前英国标准使用的断裂应变。Eurocode 选择用$(f_t/f_y)_k$和ε_{uk}来表示延性更加合理，因为其与稳定的塑性应变有关，此时结构仍然具有承载力。 ***2-2/条款 3.2.4(101)P***

在 2-1-1/附录 C 中定义了 3 种延性等级（A、B 和 C），延性等级从 A 增加到 C。延性要求被总结在表 3.2-1 中，并在本指南的附录 C 中得到了进一步讨论。2-2/条款 3.2.4(101)P 的注建议桥梁结构不使用延性等级为 A 的钢筋，尽管这可能在国家附件中有所变化。这个建议是针对桥梁的，因为在混凝土达到压缩破坏应变之前，截面越大的混凝土受弯时对钢筋的应变需求越大（在桥梁设计中经常使用）。如果使用 2-1-1/条款 3.2.7 中的理想化水平线段，则没有明确的要求在横截面设计中验算钢筋应变。同时应考虑到，在桥梁中提供更大的延性，以确保可以在整体分析中做出结构具有充分弹性的假设（见本指南 5.4）。具有 A 级延性钢筋的截面可能容易发生脆性弯曲失效，从而证明旋转能力非常低。通常只有钢筋网的延性是 A 级，因此这一限制对桥梁设计没有实际影响。

钢筋的延性等级　　表 3.2-1

等　　级	最大应力作用下的标准应变，ε_{uk}	k 的最小值，$k=(f_t/f_y)_k$
A	≥2.5%	≥1.05
B	≥5%	≥1.08
C	≥7.5%	≥1.15，<1.35

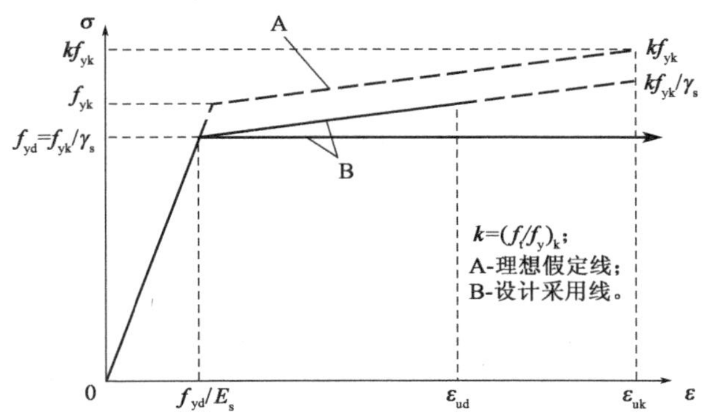

图 3.2-2　钢筋（拉伸和压缩）的理想化与设计应力-应变关系曲线

3.2.5　焊接

EN 1922 允许在 2-1-1/表 3.4 中规定的条件下进行钢筋的焊接（此处未复制此表）。只有直径大致相等的钢筋才允许相互焊接。如果所受的荷载主要不是静力荷载,即有疲劳荷载,则钢筋的焊接要求将更为严格,不过对受压钢筋的焊接要求要相对宽松一些。EN 10080 中定义了钢筋的焊接工艺。焊接钢筋的抗疲劳性能远低于非焊接钢筋的抗疲劳性能,因此应特别注意按照 2-2/条款 6.8 的要求验算焊接钢筋的疲劳特性,尽管所有的钢筋都须以这种方法进行检验。

3.2.6 疲劳

钢筋疲劳强度必须根据 EN 10080 进行检验。2-1-1/附录 C 提供了有关此类要求的进一步信息。

3.2.7 设计假定

2-1-1/条款 3.2.7(2)

对于横截面设计,***2-1-1/条款3.2.7(2)*** 允许使用两个可选的应力-应变关系,如 2-1-1/图 3.8 即如图 3.2-2 所示。假定的关系曲线可以在下面两种之中选择一种:

- 曲线上部倾斜,极限应变为 ε_{ud},在应变值为 ε_{uk} 时产生最大应力为 kf_{yk}/γ_s(在设计中无法达到);
- 上部水平分支,应力等于 f_{yd},无应变极限。

ε_{ud} 的值可以在国家附件中找到,建议取 $0.9\varepsilon_{uk}$。ε_{uk} 和 k 的值可以从 2-1-1/附录 C 中获得。材料分项系数在 2.4.2 中进行了讨论。对于持久和短暂设计状况,

2-1-1/条款 3.2.7(4)

钢筋 γ_s 的推荐值为 1.15。根据 ***2-1-1/条款3.2.7(4)***,弹性模量 E_s 的设计值可假定为 200GPa。

3.3 预应力筋

3.3.1 一般规定

EN 1992 依据 EN 10138 给出了混凝土结构中的预应力筋的规定,包括确认性能和生产方法的试验。EC2 允许使用钢丝、钢筋和钢绞线作为预应力筋。预应力筋通常由其强度、松弛等级和钢的横截面面积来规定。

预应力筋的松弛等级 表 3.3-1

等 级	预应力筋类型	ρ_{1000},20℃环境中 1000h 的松弛损失
1	普通松弛(钢丝或钢绞线)	8.0%
2	低松弛(钢丝或钢绞线)	2.5%
3	热轧钢筋	4%

3.3.2 性能

2-1-1/条款 3.3.2(1)P

2-1-1/条款3.3.2(1)P 参考了 EN 10138 中对预应力钢的一般规定的要求。其中第一部分提出了总体要求,第 2、3、4 部分分别针对钢丝、钢绞线和钢筋提出了要求。上述内容规定了预应力筋的命名规则。例如,EN 10138-3 中规定,直径

2-1-1/条款 3.3.2(4)P

为 15.7mm、由 7 股钢丝(S7)组成、极限抗拉强度为 1860MPa 的钢绞线应使用名称 Y1860S7-15.7。类似的名称可用于描述钢筋和钢丝。另外,***2-1-1/条款3.3.2(4)P***

基于钢筋的松弛性能规定了预应力筋的 3 个等级。这些等级以及根据 ***2-1-1/条款 3.3.2(6)*** 假定的松弛损失如表 3.3-1 所示。尽管使用“普通松弛水平”这个词来描述 1 级松弛水平，但大多数预应力筋松弛水平属于 2 级。 ***2-1-1/条款 3.3.2(6)***

钢筋应力的松弛量取决于时间、温度和应力水平。标准松弛试验确定在 20℃ 的温度下拉伸 1000h 后的应力值。1000h 松弛值可以从表 3.3-1 中获得，或者从制造商的数据或产品说明书中获得。2-1-1/条款 3.3.2(6) 中的列表值是基于初始应力为预应力筋实际测量拉伸强度的 70% 情况下的松弛值。

为了确定松弛损失，在 ***2-1-1/条款 3.3.2(7)*** 中提供了以下 3 个表达式： ***2-1-1/条款 3.3.2(7)***

1 级
$$\frac{\Delta\sigma_{pr}}{\sigma_{pi}}=5.39\rho_{1000}e^{6.7\mu}\left(\frac{t}{1000}\right)^{0.75(1-\mu)}\times10^{-5} \qquad \text{2-1-1/(3.28)}$$

2 级
$$\frac{\Delta\sigma_{pr}}{\sigma_{pi}}=0.66\rho_{1000}e^{9.1\mu}\left(\frac{t}{1000}\right)^{0.75(1-\mu)}\times10^{-5} \qquad \text{2-1-1/(3.29)}$$

3 级
$$\frac{\Delta\sigma_{pr}}{\sigma_{pi}}=1.98\rho_{1000}e^{8.0\mu}\left(\frac{t}{1000}\right)^{0.75(1-\mu)}\times10^{-5} \qquad \text{2-1-1/(3.30)}$$

式中：$\Delta\sigma_{pr}$——预应力损失的绝对值；

σ_{pi}——初始预应力的绝对值，作为在张拉和锚固（后张法）之后或在预张拉（先张法）之后立即通过减去直接损失而计算得到的施加到混凝土上的预应力值，见 5.104 和 5.10.5；

μ——$\mu=\sigma_{pi}/f_{pk}$；

f_{pk}——预应力筋抗拉强度标准值；

ρ_{1000}——从表 3.3-1 中获得的以百分比计的松弛损失值；

t——以小时计的张拉的时间。

2-1-1/条款 3.3.2(8) 允许使用上述方程估算松弛损失的长期（最终）值，时间为 500000h。笔者不清楚这些方程的出处。这些方程作为时间函数产生了奇怪的结果： ***2-1-1/条款 3.3.2(8)***

- 在 $t=1000$h 评估时，它们不会给出等于 ρ_{1000} 的损失。
- 它们被用于获得 500000h 的长期松弛值，即使这个方程可以用来预测更长时间的损失。

尽管如此，通过此方法计算得出的值是保守的，因此在设计时使用此方法是安全的。

松弛损失对应力水平随时间的变化很敏感，因此可以通过考虑同时在结构内发生的其他时变损失（例如徐变）来减少松弛损失。2-1-1/附录 D 给出了在这种情况下确定减少松弛损失的方法，本指南附录 D 对此方法进行了讨论。以前的英国标准是基于 1000h 的松弛损失设计而不考虑徐变和收缩的相互作用，附录 D 中的例子表明该松弛设计通常是取合理的近似值。

预应力结构要考虑的其他损失在 5.10 进行了详细讨论。

实例 3.3-1:低松弛预应力筋的松弛损失

预应力筋具有以下特性:

- 型号为 19 号、直径为 15.7mm 的低松弛钢绞线(2 级);
- 每根钢筋面积 $A_p = 19 \times 150 = 2850\text{mm}^2$;
- 钢筋的抗拉强度的标准值 $f_{pk} = 1860\text{MPa}$。

计算长期损失时,假定钢筋张拉至初始应力为 1339.2MPa(已考虑摩擦损失、楔形滑移和混凝土在应力过程中的弹性变形)。

由表 3.3-1 可知,对于低松弛钢筋 $\rho_{1000} = 2.5\%$。

对于长期松弛损失,t 应取为 500000h(约 57 年),$\mu = \sigma_{pi}/f_{pk} = 1339.2/1860 = 0.72$。因此,对于低松弛钢筋,由 2-1-1/式(3.29)可知:

$$\frac{\Delta\sigma_{pr}}{\sigma_{pi}} = 0.66\rho_{1000}e^{9.1\mu}\left(\frac{t}{1000}\right)^{0.75(1-\mu)} \times 10^{-5} = 0.66 \times 2.5 \times e^{(9.1\times0.72)} \times \left(\frac{500000}{1000}\right)^{0.75(1-0.72)} \times 10^{-5} = 0.043\text{,即 }4.3\%\text{。}$$

这种损失忽略由混凝土的徐变和收缩引起的钢筋应力的任何同步减少。

3.3.3 强度

用作预应力筋的高强度钢材不具有明显的屈服点,因此其相应的力学指标为试验应力而不是屈服应力。“$x\%$ 试验应力”是指达到此应力后卸载,钢筋内将留有 $x\%$ 的永久应变。

2-1-1/条款 3.3.3(1)P

2-1-1/条款3.3.3(1)P 使用的 0.1% 试验应力 $f_{p0.1k}$,其定义为 0.1% 试验荷载值除以横截面面积。类似地,抗拉强度的特定值 f_{pk} 是用轴向受拉最大荷载标准值除以横截面面积得到的。对于 EN 10138-3 的钢绞线,$f_{p0.1k}$ 通常为 f_{pk} 的 86%。对于钢丝和钢筋,$f_{p0.1k}$ 与 f_{pk} 之间的关系要离散一些。2-1-1/图 3.9 即图 3.3-1 给出了典型预应力筋的应力-应变曲线,其中 ε_{uk} 的定义为最大应力对应的应变。

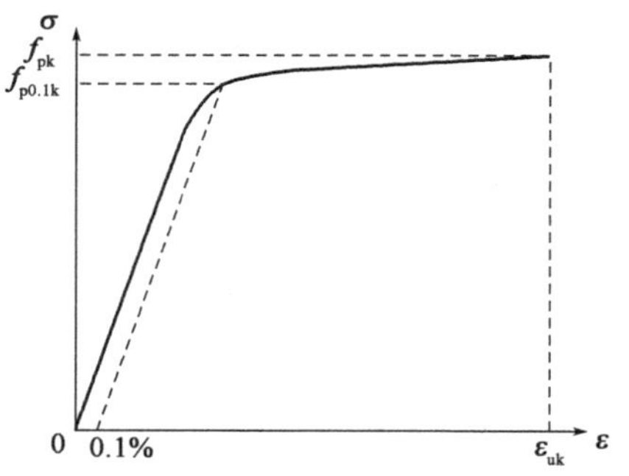

图 3.3-1 典型预应力筋的应力-应变曲线

3.3.4 延性

ε_{uk} 值符合 EN 10138 的相关规定并且 $f_{pk}/f_{p0.1k} \geq k$ 的预应力筋应具有足够的

延性。其中 k 是常数,可在国家附件中获得。k 的推荐值是 1.1。

3.3.5 疲劳

预应力筋的疲劳应力范围必须符合 EN 10138。有关预应力钢筋与 EC2 的疲劳设计要求的详细信息见 6.8。

3.3.6 设计假定

2-1-1/条款3.3.6(2)和***2-1-1/条款3.3.6(3)***假定钢丝和钢筋的弹性模量 E_p 的设计值为 205GPa,钢绞线的弹性模量 E_p 的设计值为 195GPa。E_p的值通常允许有 ±5% 的误差,因此现场张拉时,通常根据生产商产品说明书上提供的 E_p值检验其延伸量。 *2-1-1/条款 3.3.6(2)* *2-1-1/条款 3.3.6(3)*

预应力筋的弹性极限应力的设计值 f_{pd} 在***2-1-1/条款 3.3.6(6)***中定义为 $f_{p0.1k}/\gamma_s$,其中 γ_s 是分项系数。对于持久和短暂设计状况,预应力筋 γ 的推荐值为 1.15,见本指南 2.4.2。 *2-1-1/条款 3.3.6(6)*

对于横截面设计,***2-1-1/条款3.3.6(7)***允许使用两个可选的应力-应变关系,如 2-1-1/图 3.10 即如图 3.3-2 所示。这两种可选曲线为: *2-1-1/条款 3.3.6(7)*

- 曲线上部倾斜,极限应变为 ε_{ud},在应变 ε_{uk}处(无法达到)的最大应力为 $k \times f_{pk}/\gamma_s$。或者,如果已知,则可以基于实际的应力-应变关系进行设计;
- 曲线上部水平,极限应力等于 $f_{p0.1k}/\gamma_s$,无应变限制。

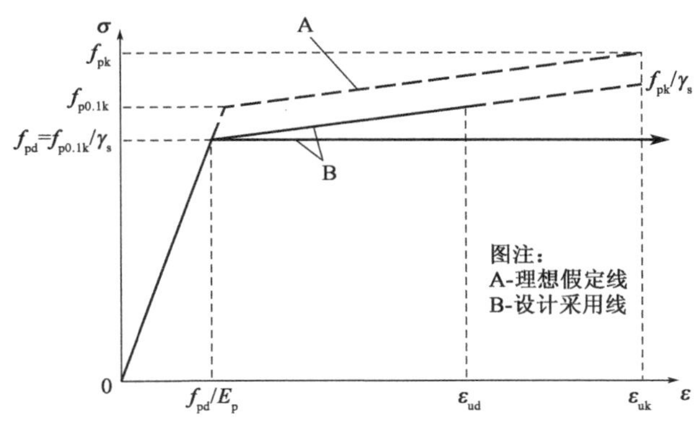

图 3.3-2 理想假定的与设计采用的预应力筋应力-应变关系曲线

2-1-1/条款 3.3.6(7)的注允许在国家附件中给出 ε_{ud} 的值,并建议取为 $0.9\varepsilon_{uk}$。当不能获得更准确的值时,其进一步建议允许将 ε_{ud} 和 $f_{p0.1k}/f_{pk}$ 的值分别取为 0.02 和 0.9。

3.4 预应力设备

3.4.1 锚固件和连接器

EC2 定义了在后张法施工中使用锚固件和连接器的规定。这些规定尤其与确保锚固件和连接器组件具有足够的强度、伸长率和疲劳特性以满足设计要求有关。由于锚固区和连接器的细部构造对设计人员而言是不可轻视的,因此在 8.10 中对其进行了详细讨论。

3.4.2 外部非粘结预应力筋

8.10 更详细地讨论了锚固区的细节。

第 4 章　耐久性与保护层

本章讨论了 EN 1992 第 4 章以下条款中所述的耐久性和钢筋保护层：

- 一般规定　*条款 4.1*
- 环境条件　*条款 4.2*
- 耐久性要求　*条款 4.3*
- 验算方法　*条款 4.4*

4.1　一般规定

桥梁必须具有足够的耐久性，以使其在整个设计使用年限中保持良好的使用性能。EN 1990 的 2.4 给出了以下一般要求：

在设计结构时，应充分考虑服役环境和预期的养护水平，以保证其在设计使用年限内的性能劣化不会使结构性能低于预期水平。

结构的设计方案、细部设计、施工中使用的建筑材料标准以及施工质量都会影响结构的耐久性。

近年来，许多国家的一些混凝土桥梁出现了耐久性问题，这些问题引发了对混凝土结构耐久性的广泛研究。因此，Eurocode 2 充分考虑了耐久性问题，以推广最低全生命周期造价的设计理念，而不是尽可能降低初始建造成本。

2-1-1/条款 4.1(1)P 重申了 EN 1990 中 2.4 的内容。其要求混凝土结构的设计、施工和运维应保证：结构在特定的服役环境下，不需要进行过多的不可预见的养护与维修，就可以在设计使用年限内保持足够的安全性、使用性、强度、稳定性以及可接受的外观质量。 ***2-1-1/条款 4.1(1)P***

2-1-1/条款 4.1(2)P 要求对结构的防护应充分考虑结构的预期用途、使用年限、维护计划和作用。对于桥梁而言，“预期用途”决定了可以施加在桥梁上的作用，进而可能确定桥梁中有可能出现的裂缝宽度。结构的使用年限也与结构防护密切相关，因为性能劣化——例如，钢筋的锈蚀过程——就是一个时间相关的函数。维护计划也很重要，当结构的劣化速度超过预期时，定期维护就是降低劣化速度的手段之一。***2-1-1/条款 4.1(3)P*** 重申了：结构防护中需要考虑的直接和间接作用以及环境条件。环境条件非常重要。举例而言，腐蚀环境可以大大加速钢筋锈蚀的发生。这些将在下面的 4.2 中讨论。 ***2-1-1/条款 4.1(2)P*** ***2-1-1/条款 4.1(3)P***

混凝土保护层可以保护钢筋免于锈蚀。一方面,保护层作为物理屏障隔绝钢筋与锈蚀环境,另一方面,混凝土保护层的碱性环境也可以阻碍锈蚀反应的发生。

2-1-1/条款 4.1(4)P

因此,如 ***2-1-1/条款4.1(4)P*** 所述,混凝土保护层的作用与其密度、质量与厚度密切相关。其中,密度和质量可以根据 EN 206-1 的配合比设计以及标准中的最小强度等级来控制。同时,2-2/条款 4.4 与相关条款说明指出钢筋所需的最小保护层厚度与保护层混凝土的强度等级相关。混凝土开裂也需要重视,因为它会导致混凝土保护层提供的物理屏障出现局部损坏。可以根据 2-2/条款 7.3,将裂缝宽度限制在一个可接受的水平。

在极端恶劣的环境中,也可以考虑使用环氧涂层钢筋、不锈钢钢筋、在混凝土表面设置涂层以抑制氯化物或二氧化碳的进入,或采用阴极保护。另外,同样重要的是,混凝土结构线形应保证排水畅通、避免积水。在后张法结构中,由于管道灌浆不完全或锚固区细部设计不合理,水分可能沿着管道进入混凝土并与预应力筋接触。《混凝土协会技术报告 TR47》[5]就这些问题给出了建议。不过,后张拉构件耐久性的细节设计,已经超出了本指南的范围。

2-1-1/条款 4.1(6)

2-1-1/条款4.1(6) 提醒设计人员,在某些应用场景中,第 4 章给出的规定可能并不足以保证结构耐久性,还需要其他补充规定。不过,这种情况在桥梁结构比较少见。

4.2 环境条件

2-1-1/条款 4.2(1)P

在 ***2-1-1/条款4.2(1)P*** 中暴露条件被定义为结构所暴露的化学条件、物理条件与力学作用。下列导致混凝土桥梁劣化的主要因素,应在设计阶段予以考虑。它们均有可能引起钢筋或预应力体系的锈蚀:

- 氯化物进入混凝土;
- 混凝土的碳化;
- 冻融破坏;
- 碱-硅反应;
- 来自硫酸盐的腐蚀;
- 酸性腐蚀;
- 浸出;
- 磨损。

2-1-1/条款 4.2(2)

2-1-1/条款4.2(2) 涉及了上述前 3 种因素,2-1-1/条款 4.2(3)涉及了其他因素,并在该条款下的条款说明中进行了讨论。基于 EN 206-1 相同的类别,2-1-1/表 4.1按"暴露等级"对环境条件进行了分类。为方便起见,此处将 2-1-1/表 4.1 复制为表 4.2-1 并且进行了扩展(以粗体显示)以纳入 EC2-2 中给出的额外分级建议(可能会因国家附录的不同而有所差异)。EN 1992-2 中的相关参考条款也在表中给出。应该注意的是,同一个环境条件可能属于多个等级,但对保护

层厚度有要求的只有 X0、XC、XD 和 XS 级。

2-1-1/表 4.1 中的暴露等级，包含 EN 1992-2 的建议　　表 4.2-1

等级符号	环境描述	暴露等级示例
1. 无腐蚀或侵蚀风险		
X0	对于没有钢筋或金属预埋件的混凝土：除冻融循环、磨损或化学侵蚀外的所有暴露。 对于有钢筋或金属预埋件的混凝土：非常干燥	空气湿度非常低的建筑室内混凝土
2. 碳化引起的侵蚀		
XC1	干燥或长期潮湿	空气湿度很低的建筑室内混凝土 长期浸没在水中的混凝土
XC2	潮湿，极少干燥	混凝土表面长期与水接触 多种基础
XC3	中等潮湿	空气湿度中等或很高的建筑室内混凝土 有避雨设施的外部混凝土，**包括远离行车道排水结构或漏水结构的中空桥梁内部** 受防水保护（根据国家要求批准）的表面，**包括桥面。EN 1992-2 条款 4.2(105) 涉及这部分**
XC4	干湿循环	表面接触水，不在 XC2 暴露等级范围内的混凝土
3. 氯化物引起的侵蚀		
XD1	中等潮湿	混凝土表面暴露于氯化物气体中
XD2	潮湿，极少干燥	游泳池 混凝土构件暴露在含氯化物的工业水中
XD3	干湿循环	桥梁部件暴露在含有氯化物的水雾中，包括在行车道上 6m 范围内（水平或竖直）使用除冰盐的表面（例如，女儿墙、墙和墩台）以及可能会发生腐蚀的表面（例如，墩台顶部伸缩缝位置）或暴露在行车道的排水/漏水结构下的混凝土表面。EN 1992-2 条款 4.2(106) 涉及 路面 停车场楼板

续上表

等级符号	环境描述	暴露等级示例
4. 海水中氯化物引起的侵蚀		
XS1	暴露于含盐空气中,但不与海水直接接触	靠近海岸或海岸结构
XS2	长期浸泡	海上结构的某些构件
XS3		海上结构的某些构件
5. 循环冻融侵蚀		
XF1		暴露于雨水和冰冻环境的竖直混凝土表面
XF1	中等水饱和度,不含除冰剂	暴露于冰冻和除冰气雾剂中的道路上的结构的竖直混凝土表面,包括距离行车道6m(水平或垂直)此外的使用除冰盐的混凝土表面 EN 1992-2 条款 4.2(106)涉及
XF3	水饱和度高,不含除冰剂	暴露在雨中和冰冻环境的水平混凝土表面
XF4	水饱和度高,不含除冰剂或海水	道路和桥面板暴露于除冰剂中 混凝土表面直接暴露于含除冰剂的水雾和冰冻环境中,**包括行车道6m范围内(水平或垂直)使用除冰盐的混凝土表面(例如,女儿墙、墙和墩台)和可能会暴露在行车道的排水/漏水结构下的混凝土表面。EN 1992-2 条款 4.2(106)涉及** 暴露于冰冻浪溅区的结构
6. 化学侵蚀		
XA1	具有轻微腐蚀性的化学环境(EN 206-1,表 2)	天然土壤和地下水
XA2	具有中等腐蚀性的化学环境(EN 206-1,表 2)	天然土壤和地下水
XA3	具有严重腐蚀性的化学环境(EN 206-1,表 2)	天然土壤和地下水

钢筋混凝土结构劣化的最常见和最严重的原因是钢筋的腐蚀。氯化物的进入是特别有害的。在正常情况下,混凝土的高碱性环境可以保护嵌入其中的钢结构免于锈蚀。然而,这种碱性环境提供的钝化保护会被氯离子所破坏,哪怕钢筋周围的混凝土碱性依然很高。这种锈蚀通常在局部发生,导致钢构件出现局部点蚀。氯离子的来源多种多样,包括道路上使用的化学除冰剂和海洋环境中的海水。氯化物渗透混凝土的速度主要取决于混凝土的密度和质量。

混凝土的碱性也可能因碳化而降低。这是由于大气中的二氧化碳与水泥基中的碱发生反应。碳化反应从混凝土表面开始，随着时间的推移，逐渐扩散到混凝土中，从而导致混凝土的碱性降低。当碳化反应到达钢筋所在的混凝土层时，钢筋就失去了混凝土的碱性保护。与氯离子侵入一样，高质量的混凝土的碳化速度较慢。

一旦钢筋表面的钝化层被侵蚀，如果周围又有足够的水分与氧气，那么钢筋的锈蚀反应就会持续进行下去。当混凝土潮湿时，氧气渗透受到抑制。在非常干燥的条件下，氧气水平足够，水分含量低。因此，干湿交替的构件腐蚀风险最大，这在 2-1-1/表 4.1 中反映为这些环境条件具有较高暴露等级，即碳化和氯化物引起的腐蚀暴露等级分别为 XC4 和 XD3。

含有饱和水的混凝土，在冻融循环的作用下，由于冰的体积膨胀，会引起混凝土表面剥落。为了让混凝土免于冻害，可以使用引气混凝土降低混凝土中水分饱和率，也可以使用高强混凝土以抵抗膨胀应力。

除了表 4.1-1 中详述的条件外，***2-1-1/条款 4.2(3)*** 要求设计人员额外考虑其他形式的病害。 ***2-1-1/条款 4.2(3)***

碱-硅反应是水泥基中的碱与集料中某些形式的二氧化硅之间的反应。该反应导致形成吸水性硅凝胶体，其吸收水分、发生膨胀并引起开裂。虽然碱集料反应产生的裂缝长度只有 50 ~ 70mm，不会扩展到构件表面；但其宽度可以达到几个毫米。这不仅会增加钢筋锈蚀的风险，也会导致混凝土抗压与抗拉强度的降低。为了避免碱集料反应，可以采取诸如：使用其他结构中在类似环境条件下表现良好的集料，使用低碱含量的水泥或抑制水的渗透等措施。

在水存在的条件下，硫酸根离子与水泥中的铝酸三钙成分反应，可能发生硫酸盐侵蚀。该反应会引起膨胀，导致开裂。考虑周围土壤中硫酸盐的来源，基础最易受到硫酸盐侵蚀，但可以采用低硫酸铝水泥（如硅酸盐水泥）来避免。

酸会腐蚀混凝土中的钙化合物，将它们转化为可溶性盐，这些盐可以被冲走。因此，酸对混凝土的影响是削弱混凝土表面强度并增加渗透性。高浓度的酸会严重损害混凝土，但相对低浓度的酸（例如酸雨）在典型的设计使用年限内对桥梁的影响很小。

软水浸出的影响与酸侵蚀类似。钙化合物可微溶于软水，如果混凝土持续暴露在流动的软水中，钙化合物则会随着时间浸出。这个浸出过程虽然很缓慢，但在桥梁与桥台的伸缩缝失效时，桥台上可观察到该现象。

2-1-1/条款 4.2(3) 也要求考虑混凝土的磨损。桥梁中混凝土的磨损可能是由于直接磨损（在英国不常见）或悬浮在流水中的沙子或砾石冲刷产生。最好通过指定高强混凝土和耐磨集料或通过在保护层上添加“牺牲厚度”来获得耐磨性[根据 2-2/条款 4.4.1.2(114) 和条款(115) 的规定]。

2-2/条款 4.2(104) 要求考虑水渗入空心结构内部的可能性。在有水进入的情况下，通常希望在低点处为空隙提供排水点，特别是当桥面板排水系统通过空心结构内部时。 ***2-2/条款 4.2(104)***

4.3　耐久性要求

为了在设计中充分考虑混凝土桥梁的耐久性,设计人员首先必须明确构件所处环境的侵蚀性,然后选择合适的材料并设计结构,使其能够在预期使用年限内可以抵抗环境侵蚀。***2-1-1/条款4.3(2)P*** 要求在设计的所有阶段都要考虑耐久性及其影响因素,包括结构理念、材料选择、细部设计、建造、质量控制、检测、验算和潜在使用特殊措施(如阴极保护或使用不锈钢)阶段。

2-1-1/条款 4.3(2)P

2-2/条款4.3(103) 要求体外预应力筋符合国家主管部门的要求。这可能包括对允许的体系类型的限制。通常有以下两种选择:

2-2/条款 4.3(103)

- 钢绞线位于充满水泥浆或油脂的管道内,或者
- 每束预应力钢绞线被分别包裹并在独立的灌浆管道内涂抹防腐油脂

后者的优点是易于释放钢绞线应力,并且能够移除和更换单根钢绞线。然而,实际上更换单根钢绞线是很困难的,而且通常只能用比原来横截面面积更小的钢绞线来更换。另一方面,当管道灌满浆体时,灌浆料可以提供碱性环境的钝化保护。因此前一种方式更常被采用。

4.4　验算方法

4.4.1　混凝土保护层厚度

4.4.1.1　一般规定

2-1-1/条款 4.4.1.1(1)P

2-1-1/条款 4.4.1.1(2)P

2-1-1/条款4.4.1.1(1)P 将保护层定义为钢筋表面距离最近混凝土表面的距离(包括拉筋、箍筋和表面钢筋)。这个定义对英国设计人员来说很熟悉。***2-1-1/条款4.4.1.1(2)P*** 进一步定义了名义保护层厚度c_{nom},其等于最小保护层厚度c_{min}(见 4.4.1.2)加上设计允许偏差 Δc_{dev}(见 4.4.1.3):

$$c_{nom} = c_{min} + \Delta c_{dev} \qquad 2\text{-}1\text{-}1/(4.1)$$

式中:c_{nom}——名义保护层厚度,应在图纸中被标明。

4.4.1.2　最小保护层厚度

EC2 中主要的耐久性条款是关于混凝土保护层厚度的规定,以防止钢筋腐蚀。除了耐久性方面,足够的混凝土保护层厚度对于保证粘结力的传递和提供足够的耐火性能(耐火对于桥梁设计而言意义不大)也是必不可少的,见 ***2-1-1/条款4.4.1.2(1)P***。满足耐久性和粘结要求的最小保护层厚度在 ***2-1-1/条款4.4.1.2(2)P*** 中通过以下表达式定义:

2-1-1/条款 4.4.1.2(1)P

2-1-1/条款 4.4.1.2(2)P

$$c_{min} = \max\{c_{min,b}; c_{min,dur} + \Delta c_{dur,\gamma} - \Delta c_{dur,st} - \Delta c_{dur,add}; 10\text{mm}\} \qquad 2\text{-}1\text{-}1/(4.2)$$

2-1-1/条款 4.4.1.2(3)

式中:$c_{min,b}$——满足粘结要求的最小保护层厚度,2-1-1/表 4.2 根据 ***2-1-1/条款4.4.1.2(3)*** 的规定给出了定义;2-1-1/第 8 章中的锚固和搭接要求假定已遵守这些最小值;

$c_{min,dur}$——满足耐久性要求的最小保护层厚度，钢筋或预应力筋的 $c_{min,dur}$ 分别见表 2-1-1/表 4.4N 和表 4.5N；这些表格可以在国家附件中修改；

$\Delta c_{dur,\gamma}$——附加安全值，***2-1-1/条款4.4.1.2(6)*** 中的推荐值为 0mm； ***2-1-1/条款 4.4.1.2(6)***

$\Delta c_{dur,st}$——使用不锈钢时的最小保护层厚度减少值，如果采用，应该用于所有的设计计算，包括粘结；***2-1-1/条款4.4.1.2(7)*** 中的推荐值为 0mm； ***2-1-1/条款 4.4.1.2(7)***

$\Delta c_{dur,add}$——使用附加防护时的最小保护层厚度减小值，可以包括混凝土表面或钢筋表面涂层（例如环氧涂层）；***2-1-1/条款4.4.1.2(8)*** 推荐取 0mm。 ***2-1-1/条款 4.4.1.2(8)***

与 ***2-1-1/条款4.4.1.2(5)*** 的耐久性要求对应的最小保护层厚度 $c_{min,dur}$，取决于 2-1-1/表 4.1 中的相关暴露等级和 2-1-1/表 4.3N 中相关的结构等级，此值在国家附件中可能有变化。2-1-1/附录 E 定义了混凝土的指示强度等级，这取决于所考虑构件在表 4.1-1 中的暴露等级。这些指示性强度是每个暴露等级的基础强度，也是必要的最小保护层厚度定义的依据。当使用更高强度等级的混凝土时，可以减少这些保护层厚度。对于 2-1-1/附录 E 中给出的不同暴露等级的指示性最小混凝土强度等级，EC2 建议设计使用年限为 50 年的结构等级为 S4。2-1-1/表 4.3N（可在国家附件中修改，并在此重现为表 4.4-1）包含对其他情况的结构等级的修改建议，包括： ***2-1-1/条款 4.4.1.2(5)***

- 设计使用年限为 100 年（涵盖桥梁，尽管 EN 1900 的英国国家附件可能规定桥梁设计使用年限为 120 年）；
- 提高混凝土强度等级的规定；
- 现场特殊质量控制的规定（虽然没有定义要求）；
- “板状构件”中考虑的特定钢筋的放置，可不受施工顺序或其他钢筋构造的限制。因为在使用固定长度的连接钢筋时，可能会发生不同钢筋层的相对位置被连接钢筋的长度所限制的情况。

建议的结构等级　　表 4.4-1

结构等级							
标准	暴露等级（取自 2-1-1/表 4.1）						
	X0	XC1	XC2/XC3	XC4	XD1	XD2/XS1	XD3/XS2/XS3
设计使用年限 100 年	提高 2 个等级	提高 2 个等级	提高 2 个等级	提高 2 个等级	提高 2 个等级	提高 2 个等级	提高 2 个等级
强度等级（见注 1、2）	≥C30/37 降低 1 个等级	≥C30/37 降低 1 个等级	≥C35/45 降低 1 个等级	≥C40/50 降低 1 个等级	≥C40/50 降低 1 个等级	≥C40/50 降低 1 个等级	≥C45/55 降低 1 个等级
几何构件板（钢筋位置不受施工过程影响）	降低 1 个等级	降低 1 个等级	降低 1 个等级	降低 1 个等级	降低 1 个等级	降低 1 个等级	降低 1 个等级

续上表

结构等级							
标准	暴露等级(取自 2-1-1/表 4.1)						
	X0	XC1	XC2/XC3	XC4	XD1	XD2/XS1	XD3/XS2/XS3
确保特殊质量控制	降低 1 个等级	降低 1 个等级	降低 1 个等级	降低 1 个等级	降低 1 个等级	降低 1 个等级	降低 1 个等级

注:1. 强度等级和水/水泥比率被认为具有相关性。这种相关性受国家标准的约束。可以考虑用于产生低渗透性的特殊化合物(水泥类型、w/c 值、精细填料)。
2. 如果施加的含气量超过 4%,则降低一个强度等级。

EC2-1-1 中的表 4.4N 和表 4.5N 分别给出了用于普通钢筋和预应力筋的 $c_{min,dur}$推荐值。表 4.4-2 和表 4.4-3 复制了这两个表格的数据,并且这些数据可以在国家附件中被修改。

2-2/条款 4.4.1.2(109)

当现浇混凝土与其他混凝土构件连接时,例如在施工缝处,***2-2/条款4.4.1.2(109)***允许减小普通钢筋的最小混凝土保护层厚度。如果混凝土强度等级至少为 C25/30,临时混凝土表面在室外环境的暴露时间小于 28d,并且界面粗糙,则该保护层厚度可以减小到满足粘结所需的最小值。

最小保护层厚度 c_{min}对耐久性的要求(钢筋)　　表 4.4-2

$c_{min,dur}$ 的环境要求							
暴露等级	结构等级(取自 2-1-1/表 4.1)						
	X0	XC1	XC2/XC3	XC4	XD1/XS1	XD2/XS2	XD3/XS3
S1	10	10	10	15	20	25	30
S2	10	10	15	20	25	30	35
S3	10	10	20	25	30	35	40
S4	10	15	25	30	35	40	45
S5	15	20	30	35	40	45	50
S6	20	25	35	40	45	50	55

耐久性对最小保护层厚度 $c_{min,dur}$的要求(预应力筋)　　表 4.4-3

$c_{min,dur}$ 的环境要求							
暴露等级	结构等级(取自 2-1-1/表 4.1)						
	X0	XC1	XC2/XC3	XC4	XD1/XS1	XD2/XS2	XD3/XS3
S1	10	15	20	25	30	35	40
S2	10	15	25	30	35	40	45
S3	10	20	30	35	40	45	50
S4	10	25	35	40	45	50	55
S5	15	30	40	45	50	55	60
S6	20	35	45	50	55	60	65

2-1-1/条款4.4.1.2(11)要求进一步增加浮露集料表面材料的最小保护层厚度，而***2-1-1/条款4.4.1.2(13)***规定了易磨损的混凝土表面的要求。***2-2/条款4.4.1.2(114)***和***2-2/条款4.4.1.2(115)***给出了公路桥梁裸露的混凝土桥面板和由流冰或固体漂流物引起的混凝土的磨损的相关具体规定。

2-1-1/条款 4.4.1.2(11)
2-1-1/条款 4.4.1.2(13)
2-2/条款 4.4.1.2(114)
2-2/条款 4.4.1.2(115)

4.4.1.3　设计允许偏差

在图纸中指定的实际保护层厚度c_{nom}，必须包括***2-1-1/条款4.4.1.3(1)P***中的允许误差(Δc_{dev})，以使$c_{nom}=c_{min}+\Delta c_{dev}$。建筑和桥梁的$\Delta c_{dev}$值可能在国家附件中给出，EC2 关于其的推荐值为 10mm。***2-1-1/条款4.4.1.3(3)***允许在能够精确测量保护层和没有不合格构件的情况下减小Δc_{dev}的推荐值，例如预制构件。该值可以在国家附录中再次被修改。当混凝土被浇注在粗糙表面上时(例如直接浇注在地面上)或者存在局部保护层厚度降低的表面特性时(例如拱肋)，***2-1-1/条款4.4.1.3(4)***给出了进一步要求。前者通常依据直接在土上浇筑垫层或灌注桩的规定而进行设计。

2-1-1/条款 4.4.1.3(1)P
2-1-1/条款 4.4.1.3(3)
2-1-1/条款 4.4.1.3(4)

实例 4.4-1：桥面板的保护层

有防水措施，设计使用年限为 100 年的混凝土桥面板，其混凝土强度等级为 C40/50，钢筋直径为 20mm，确定其保护层。

根据 EN 1992-1-1 表 4.1，暴露等级为 XC3，起始结构等级为 S4。根据 EN 1992-1-1表 4.3N，结构等级的以下补充规定适用：

- 设计年限为 100 年时，提高 2 个等级；
- 混凝土强度等级超过 C35/45，降低 1 个等级；
- 具有板状构件(如桥面板没有连接的情况)时，降低 1 个等级。

因此，最终的结构等级为 S4。从 EN 1992-1-1 表 4.4N 中得出暴露等级 XC3 和结构等级 S4 条件下：

$c_{min,dur}=25mm$

从粘结角度考虑，$c_{min,b}=20mm$(钢筋尺寸)

$$c_{min}=\max\{c_{min,b};c_{min,dur}+\Delta c_{dur,\gamma}-\Delta c_{dur,st}-\Delta c_{dur,add};10mm\}$$

$$=\max\{20;25+0-0-0;10\}=25mm$$

Δc_{dev}的推荐值是 10mm，所以：

$c_{nom}=c_{min}+\Delta c_{dev}=25+10=35mm$

第 5 章　结构分析

本章内容涉及 EN 1992-2 第 5 章的以下条款:

- 一般规定　*条款5.1*
- 几何缺陷　*条款5.2*
- 结构理想化处理　*条款5.3*
- 线弹性分析　*条款5.4*
- 有限重分布的线弹性分析　*条款5.5*
- 塑性分析　*条款5.6*
- 非线性分析　*条款5.7*
- 轴向荷载作用下的二阶效应分析　*条款5.8*
- 长细梁的侧向失稳　*条款5.9*
- 预应力构件和结构　*条款5.10*
- 一些特殊结构构件的分析　*条款5.11*

5.1　一般规定

2-1-1/条款 5.1.1(1)P

2-1-1/条款5.1.1(1)P 提醒我们,整体分析不可能涵盖所有相关的结构效应或真实性能,因此需要进行局部应力分析。典型例子包括梁格分析和桥面板分析,其中纵梁仅沿主梁轴线布置,没必要模拟局部荷载对板的影响。

2-1-1/条款 5.1.1(3)

2-1-1/条款 5.1.1(1)P 的注提出了板的有限元模型使用原则:EN 1992 的规定将截面抗力与内力和弯矩联系起来,但有限元模型不能直接给出应力产生的板内合力。在此情况下,要么在截面上对应力进行积分,以确定与构件一起使用的合力,要么根据构件的应力直接设计构件。***2-1-1/条款5.1.1(3)*** 参考附录 F 讨论了仅受平面应力作用构件设计方法。附录 LL 也提供了受平面外力和弯矩影响的构件设计方法。这两个附录给出的方法都是偏安全的,因为它们不考虑截面上的应力重分布,这与 EN 1992 第 6 章中的许多条款相对应。

2-1-1/条款 5.1.1(2)

2-1-1/条款5.1.1(2) 给出了可能需要进行局部应力分析的其他情况。在这些情况下,梁相似性能假定和平截面假定不成立。其示例说明了几种需进行局部应力分析的情形,包括任何几何形状不连续的情况,例如横截面上有开孔(洞)。通常可以根据 EN 1992-2 中 6.5 介绍的拉压杆模型进行局部应力分析。关于需进行局部应力分析的其他情形,完全或部分见于 EN 1992 其他应用性条款。比如,

2-1-1/条款6.2 中关于加强抗剪能力的规定包含了支座附近荷载作用限值，而 2-1-1/条款 6.7 包含了支座设计，2-2/附录 J 包含了后张拉锚固区的设计。

2-1-1/条款5.1.1(4)P 给出了一般原则，即必须对结构几何形状和力学性能进行"适当的"理想化处理，以适应所执行的特定设计验算。条款 5.2 和 5.3.2 与几何尺寸有关(包括缺陷和有效跨度)。力学性能与计算模型和截面特性的选择有关。例如，在承载能力极限状态下可以安全地使用无扭转格栅模拟斜板，但这种模型不适用于正常使用极限状态下裂缝宽度的检查，它无法模拟构件转角的顶部开裂。关于截面开裂和不开裂特性的选择在本指南 5.4 中讨论。5.3.2 还讨论了影响截面刚度的剪力滞效应。 ***2-1-1/条款 5.1.1(4)P***

2-1-1/条款5.1.1(5) 和 ***2-1-1/条款5.1.1(6)P*** 要求在设计中考虑施工阶段，其可能影响内部效应的最终分布。与时间相关的效应，例如分阶段施工桥梁中的徐变引起的弯矩重分布，也需要实际建模。2-2/附录 KK 讨论了徐变再分配的具体情况，***2-2/条款5.1.1(108)*** 将其称为"被认可的设计方法"。 ***2-1-1/条款 5.1.1(5)*** ***2-1-1/条款 5.1.1(6)P*** ***2-2/条款 5.1.1(108)***

2-1-1/条款5.1.1(7) 给出了可以使用的结构分析的一般说明，其中包括： ***2-1-1/条款 5.1.1(7)***

- 重分布和非重分布的线弹性分析；
- 塑性分析；
- 拉压杆模型(塑性分析的特例)；
- 非线性分析。

有关何时以及如何使用这些分析方法的指南，请参阅本指南中与 EC2 相关章节相对应的章节。

土体-结构相互作用是 2-1-1/条款 5.1.1(4)P 在应用中的一个特例，并由 ***2-1-1/条款5.1.2(1)P*** 涵盖。应该考虑土体-结构相互作用对分析产生重大影响的地方(通常是整体桥梁设计的情况)。***2-1-1/条款5.1.2(3)～(5)*** 还特别提到当桩与桩的中心距小于 3 倍桩径时，需要考虑并分析桩之间的相互作用。 ***2-1-1/条款 5.1.2(1)P*** ***2-1-1/条款 5.1.2(3)～(5)***

2-2/条款5.1.3(101)P 要求考虑所有可能的荷载组合和荷载位置，以便确定最重要的设计情况。这在桥梁设计中是常见的做法并且通常需要使用影响面积。该条款的注允许国家附件规定简化的荷载布置，以尽量减少需要考虑的布置数量。这一条款包含的内容是由建筑领域推动的，在当前的英国实践中进行了简化。因此，EC 2-2-1 中的等效说明为建筑提出了建议，但 EC 2-2 中对桥梁没有给出建议。根据条款 2.4.3 对荷载系数作出的评论也与确定荷载组合有关。 ***2-2/条款 5.1.3(101)P***

2-1-1/条款5.1.4 要求在桥梁设计中考虑二阶效应，对这些问题的规定比以前的英国标准中的情况更为正式。关于二阶效应的分析以及何时可以将其忽略的详细讨论见 5.8。 ***2-1-1/条款 5.1.4***

5.2　几何缺陷

5.2.1　一般规定(附加章节)

术语"几何缺陷"用于描述与中心线的偏差，可以在图纸上标出施工期间出现的偏差尺寸。这种偏差是不可避免的,因为所有施工工作只能在一定的误差标准下进行。***2-1-1/条款5.2(1)P*** 要求分析中考虑这种缺陷。该术语不适用于横截面尺寸误差(横截面尺寸误差在材料系数中单独计算),但适用于荷载位置。2-1-1/条款 6.1(4)给出横截面尺寸误差的最低要求。几何缺陷既可以用于整体结构,也可用于局部构件。

2-1-1/条款 5.2(1)P

几何缺陷会因轴向荷载的偏心距而产生附加弯矩。因此。当二阶效应对桥梁或结构的影响显著时,几何缺陷尤为重要。然而,***2-1-1/条款5.2(2)P*** 要求在即使依据 2-1-1/条款 5.8.2(6)可以忽略二阶效应的情况下,在承载能力极限状态也要考虑缺陷。对于短桥梁构件,由于缺陷引起的附加弯矩可以忽略不计,并且根据经验判断也可以忽略缺陷的影响。正常使用极限状态的验算不需要考虑缺陷的影响[***2-1-1/条款5.2(3)***]。

2-1-1/条款 5.2(2)P

2-1-1/条款5.2(3)

2-2/条款 5.2(104)

2-2/条款5.2(104) 规定,2-2/条款 5.2 中使用的缺陷值是假定施工工艺符合 EN 13670 中的误差等级 1 得到的。如果在施工期间使用其他级别的工艺,则应相应修改设计中使用的缺陷值。

通常,在建立计算模型时,缺陷可以被视为构件中的拱或角度偏差。EC2 通常使用角度偏差作为几何缺陷的简化处理,但是正弦拱能更好地反映弹性临界屈曲模式。因此,2-2/条款 2.5(106)规定拱的设计必须使用正弦曲线缺陷。与构件设计相关的缺陷类型取决于屈曲模式。当桥墩屈曲模式为无支撑侧移失稳时,考虑桥墩的倾斜缺陷即可满足要求,EC2 在 5.8 中将其描述为"无支撑"的情况。这是因为由缺陷产生的弯矩将与荷载下的附加挠度引起弯矩叠加。然而,当端部保持在适当位置时,整体倾斜不会在构件内产生屈曲,EC2 将其描述为"有支撑"情况。在后一种情况下,整个柱的倾斜不会在柱长度范围内引起任何弯矩。它会在约束处产生反力,这种类型的缺陷与构件端部的约束设计有关。因此对于有支撑构件的压屈分析,需要考虑其局部偏心。这说明需要根据分析的效应仔细选择缺陷类型。本指南 5.8 给出了"有支撑"和"无支撑"情况的进一步讨论,图 5.2-1 给出了两者的差异。

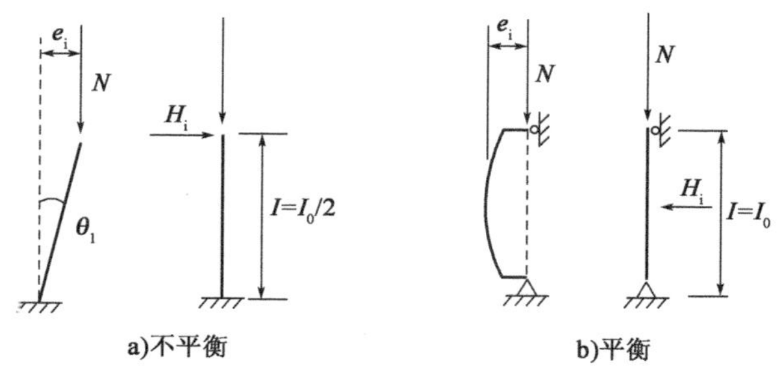

图 5.2-1　独立构件中几何缺陷的影响

2-1-1/条款 5.2(105)

2-2/条款5.2(105) 中对桥梁的基本倾角 θ_1 的定义如下:

$$\theta_1 = \theta_0 \alpha_h$$

式中：θ_0——角度偏差的基准值；

α_h——长度或高度的换算系数，其中：$\alpha_h = 2/\sqrt{l}$；$\alpha_h \leqslant 1$；

l——高度或长度单位为 m。

EC2-2 删除了 EC2-1-1 中给出的 α_h 的下限，以避免高桥墩中的过度缺陷。θ_0 是国家定义参数，推荐值是 1/200，这与之前在《模型 90》[6] 的模型中使用的参数值相同。

2-1-1/条款5.2(7) 允许通过在结构系统中直接建模或用等效力替换它们来考虑独立构件中的缺陷。后者是一种有用的替代方案，因为相同的模型可以适用于不同的缺陷，其缺点是在计算等效力之前必须先知道构件轴力。这可以用迭代方法解决。这些替代方案如图 5.2-1 所示，针对铰接端和悬臂端两种简单的情况。分别是： ***2-1-1/条款5.2(7)***

(a) 偏心距 e_i 的应用

对于缺陷偏心距，2-1-1/条款 5.2(7) 给出了如下公式：

$$e_i = \theta_1 l_0/2 \qquad \text{2-1-1/(5.2)}$$

式中：l_0——有效长度。

对于图 5.2-1a) 中的有支撑悬臂端，当 $l_0 = 2l$ 时，由 2-2/条款(5.101) 中的倾角直接计算出的顶部偏心距为 $e_i = \theta_1 l = \theta_1 l_0/2$，其中 $l_0 = 2l$（注意 $l_0 > 2l$ 用于具有刚性基础的悬臂桥墩，如本指南的 5.8.3 所述）

图 5.2-1b) 中的铰接支撑端的桥墩，部分再现于 2-1-1/图 5.1(a2)，其偏心距主要以端部偏心距为主，这与用偏角考虑几何缺陷的概念不一致。因此，另一种考虑几何缺陷的方法是根据两个角度偏差 θ_1，在一端铰接情况下，将缺陷作为屈曲半波长处的拐点，如图 5.2-2 所示。这与图 5.2-1b) 所示的等效力系一致。该方法也是 EC2-2 中针对拱形桥梁给出的附加指导的基础，下文中，偏差 $a = \theta_1 l/2$ 适用于最低对称模式。这种方法在实际应用中偏于不安全。

在有效长度小于构件的高度情况下，2-1-1/式(5.2) 可能使人产生误解，因为实际计算偏心距 e_i 时，应用大于屈曲半波长（l_0）的长度进行计算。对于两端固定的桥墩，这种解释如图 5.2-3 所示。尽管两端固接的有效长度是两端铰接有效长度的一半，但它与铰接情况具有相同的缺陷峰值。这说明在选择缺陷形式时需要由屈曲模态作为先导的必要性。

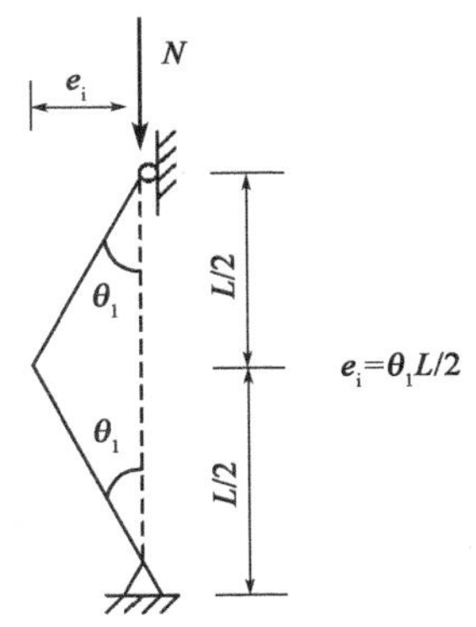

图 5.2-2　铰接端柱以角度偏差替代缺陷

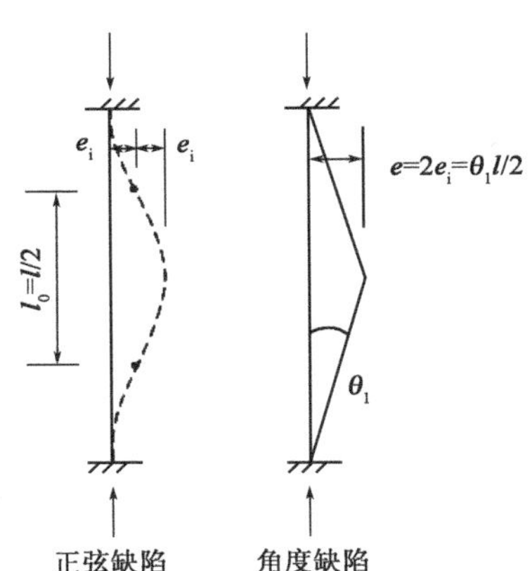

图 5.2-3　两端为固定端的桥墩的缺陷

(b)在给出最大弯矩的位置施加横向力 H_i

在 2-1-1/条款 5.2(7)中给出了以下适用于缺陷的公式:

对于无支撑构件(见图 5.1a1):$H_i = \theta_1 N$ 2-1-1/(5.3a)

对于有支撑构件(见图 5.1a2):$H_i = 2\theta_1 N$ 2-1-1/(5.3b)

式中:N——轴力。

如上所述,当缺陷以几何方式作为扭折或倾斜时,这些力直接等同于缺陷。

5.2.2 拱(附加章节)

2-2/条款 5.2(106)

2-2/条款5.2(106) 涵盖了在平面内和平面外屈曲的拱的缺陷。

平面内屈曲

对于以对称屈曲模式为关键模式的平面内屈曲情况,例如拱的扩展,必须应用 $a = \theta_1 L/2$ 的正弦缺陷,如图 5.2-4 所示。如上所述,对于拱,尽管该条款建议缺陷是正弦分布的,但应将实际屈曲模式理想化为由角度偏差 θ_1 构成的折线来推算其值。

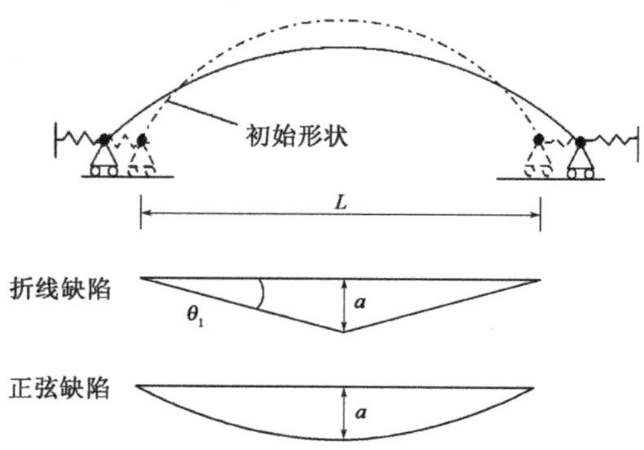

图 5.2-4 带有延伸基座的面内压屈的几何缺陷

如果拱形不显著延展,最低屈曲模式通常是反对称的,如图 5.2-5 所示。因此,在这种情况下,可以将缺陷模式简化为锯齿形,使用相同的基本角度偏差。屈曲模式相关的折减长度取 $L/2$。因此,缺陷会变为 $a = \theta_1 L/4$。再次强调,EC2 要求将缺陷按正弦分布。

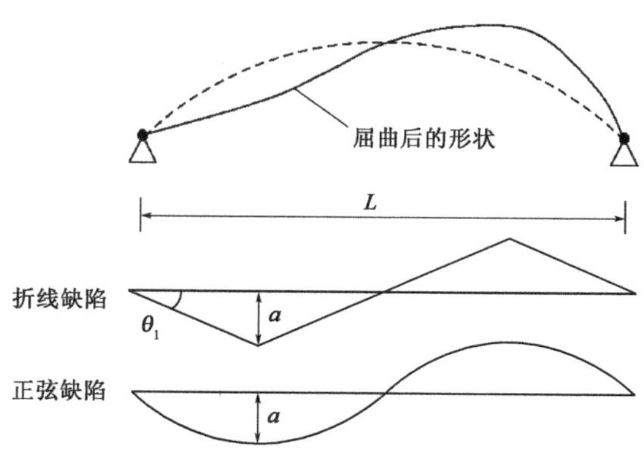

图 5.2-5 带有“固结”基座的面内压屈的缺陷

平面外屈曲

对于平面外屈曲，几何缺陷的形状与图 5.2-4 所示相同，只不过是在水平面内发生。

5.3　结构理想化处理

5.3.1　用于整体分析的结构模型

2-1-1/条款5.3.1(1)P 列出了典型构件，并提到 EC2 给出了涵盖各类构件设计的有关规定。虽然详细规定由 EN 1992-2 第 9 章中根据构件类型分别给出，但在第 6 章中有关承载力计算的规定，通常根据承载力类型，而不是根据构件类型给出。例如，2-2/条款 6.1 涵盖了弯曲和轴力组合作用下，截面设计的一般规定。这些规定同样适用于梁、板和柱的设计。 ***2-1-1/条款 5.3.1(P)***

2-1-1/条款5.3.1(3)、(4)、(5)和(7) 提供了梁、深梁、板和柱的定义。给出的定义是不言自明的，通常用于定义特定构件的详细信息和分析要求。例如，梁和深梁之间的区别对于选择验算方法和详细规定很有用。可以使用 2-2/条款 6.1 ~ 6.3 检查梁的弯曲、剪切和扭转，而 2-2/条款 6.5 中的拉压杆模型更适用于检查深梁。然而，在 EC2 中，受轴力的梁和柱，在截面承载力设计方面没有区别。不过，从第 9 章中选择合适的构造要求角度，对两者进行区别还是有必要。正如本指南 9.5 所述，为满足构造要求，有时将梁的一部分（例如箱梁的翼缘板）视为墙或柱处理是合适的。 ***2-1-1/条款 5.3.1(3)、(4)、(5)和(7)***

5.3.2　几何数据

5.3.2.1　翼缘有效宽度（所有极限状态）

在宽翼缘板中，平面内剪切柔性导致弯曲应力在翼缘宽度上不均匀分布。这种效应称为剪力滞效应。通过总横截面分析，发现邻近腹板的翼缘中应力比预期的要大，而远离腹板的翼缘中应力比预期的要小。这种剪力滞效应还会导致弯曲部分的刚度明显下降。确定应力的实际分布是一个复杂问题，理论上如果可以对钢筋和混凝土的实际行为进行模拟，则可以通过有限元分析（选择合适的单元）确定。对于不开裂混凝土，其力学行为相对简单，但随着混凝土的开裂和纵向钢筋的屈服，其力学性能会变得相当复杂，这两点都会引起横截面上应力重分布。横向钢筋影响内力分布的能力也与此相关。

2-1-1/条款5.3.2.1(1)P 通过使用小于实际可用宽度的翼缘有效宽度解释刚度损失和翼缘中应力局部增加。翼缘有效宽度的概念是人为定义的，但是与工程弯曲理论结合使用时，会使应力在整个减小的翼缘宽度上均匀分布，这种处理从力学意义上讲等效于腹板附近出现峰值的“真实情形”。由此可见，如果使用软件进行翼缘的有限元模拟，则会自动考虑剪力滞效应（精度取决于上文分析中指定的材料特性），因此不需要使用有效翼缘宽度。 ***2-1-1/条款 5.3.2.1(1)P***

如 ***2-1-1/条款5.3.2.1(1)P*** 建议，有效宽度的规定可用于“T”形梁以外的其他类似构件中的翼缘板,比如箱梁。对于许多典型桥梁,翼缘宽度减小的可能性不大,例如梁排列紧密的预制梁和桥面板。剪力滞的影响在剪力大的位置较大,该位置翼缘中的力急剧变化。因此,桥墩处翼缘截面的有效宽度将小于跨中区域翼缘截面的有效宽度。

2-1-1/条款 5.3.2.1(2) 和(3)

2-1-1/条款5.3.2.1(1)P 的注结合上述讨论因素指出,有效宽度是荷载类型和跨度(它影响沿梁的剪力分布)的函数,其特征由弯矩零点之间的距离体现。***2-1-1/条款5.3.2.1(2)和(3)*** 以及 2-1-1/图 5.2 和图 5.3(此处未用复制图重现),允许将有效宽度视为实际翼缘宽度和邻近位置主梁中弯矩零点之间的距离 l_0 的函数。该长度取决于实际荷载情况,给出近似值是为了避免设计人员针对每个载荷工况,分别确定 l_0 的值。板的总有效宽度如下:

$$b_{eff} = \sum b_{eff,i} + b_w \leq b \qquad 2\text{-}1\text{-}1/(5.7)$$

$$b_{eff,i} = 0.2b_i + 0.1l_0 \leq b_i \text{ 且} \leq 0.2l_0 \qquad 2\text{-}1\text{-}1/(5.7a)$$

式中,b 为特定腹板可用的总翼缘宽度;b_i 为从腹板的表面算起的腹板一侧的可用宽度。

2-1-1/式(5.7)和 2-1-1/式(5.7a)与 EN 1994-2 中的类似表达式不同,当跨度较短时,至少可以采用实际翼缘宽度的 20% 作为腹板每一侧宽度。2-1-1/条款 5.3.2.1(3)中对"T"或"梁"的引用仅用于描述在腹板的一侧或两侧带有翼缘的腹板,而不是为了限制这些形状的主梁的应用。

2-1-1/条款 5.3.2.1(2)的注给出使用 2-1-1/图 5.2 中长度比的限制是为了使跨内的弯矩分布符合在跨内有下垂弯矩和支撑处有拱起负弯矩的假定。简单的规定不适用于其他的情况,例如整个跨度的永久拱起。如果跨度或力矩分布不符合上述要求,则应计算实际力矩分布的弯矩零点之间的距离 l_0。这是一个迭代计算的过程,因为首先必须使用基于完整翼缘宽度的横截面特性进行分析,以确定可能的力矩分布。

相同的剪力滞有效宽度适用于正常使用极限状态和承载能力极限状态。这与之前的 BS 5400 设计规定不同,在 BS 5400 中,因为上面讨论的混凝土裂缝和钢筋屈服的影响允许应力在翼缘上重新分布,因此允许忽略承载力极限状态下的剪力滞效应。然而,EC2 在承载能力极限状态时的有效宽度是基于更接近弹性值的宽度确定的,从而避免了允许重分布效应带来的计算有效宽度的复杂性。这与 EN 1993-1-5 中钢筋翼缘在承载能力极限状态被允许考虑塑性以实现更大的有效宽度的方法不同。在承载能力极限状态和正常使用极限状态下使用相同有效宽度的做法在混凝土桥梁应用上通常没有特殊的意义,通常有效宽度与实际宽度相同。

2-1-1/条款 5.3.2.1(4)

对于整体分析,***2-1-1/条款5.3.2.1(4)*** 允许使用跨中截面特性代表整个梁的截面特性,通常使用实际的翼缘宽度作为有效宽度。在支座处和跨中分别采用实际的有效宽度,有利于降低支座截面刚度,从而降低支座负弯矩。当挠度的预测在施工过程中较为重要时,例如悬臂梁施工,可能需要更精确地计算有效宽度在整个跨度中的分布，以更准确地预测刚度。在截面设计中，必须使用待检查位置的实际有效宽度。

如果需要确定翼缘宽度的纵向应力分布，比如当检查翼缘中局部和整体效应的综合影响时，EN 1993-1-5/条款 3.2.2 中的公式可以用来估算应力。EN 1994-2 明确允许将这种方法用于钢筋-混凝土组合板的设计。需要这样计算的典型位置是支座主梁间的横隔板，此处桥面板在整体弯矩作用下处于受拉状态，而且还承受轮载产生的局部负弯矩。在此处，EN 1993-1-5 的公式发挥的作用很大，因为板中的最大局部效应通常发生在腹板间的桥面板的跨中，而此处的总体纵向应力最小。

2-1-1/条款 5.3.2.1 中的翼缘有效宽度不适用于轴向荷载的引入，例如斜拉桥预应力或锚固的轴向荷载。剪力滞的现象仍然适用于局部集中轴向荷载，但应力在整个截面上扩散的速率与弯矩曲线无关。在一个截面上应用集中轴向荷载时，必须对该力所作用的区域中的每个截面单独进行评估，见 2-1-1/条款 8.10.3。

实例 5.3-1：箱梁的有效翼缘宽度

箱梁的跨度布置和横截面如图 5.3-1 所示。计算主跨部分跨中处和支座处与外腹板作用的顶部翼缘有效宽度。

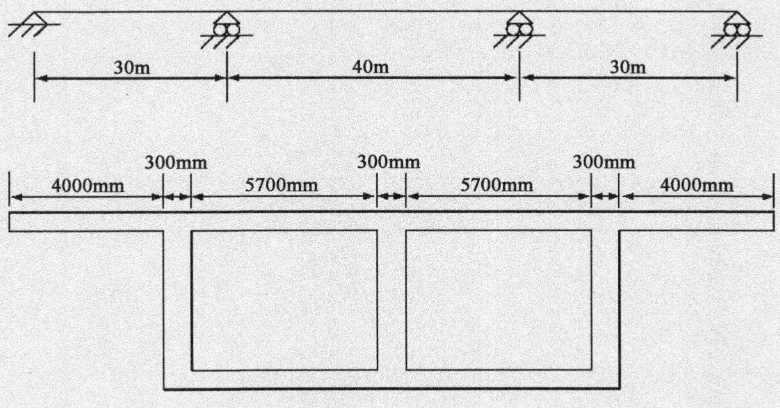

图 5.3-1　实例 5.3-1 的箱梁

首先考虑跨中：

从 2-1-1/图 5.2 可知，$l_0 = 0.7l_2 = 0.7 \times 40000 = 28000$m

从 2-1-1/式(5.7a)可知，悬臂部分的有效宽度由下式给出：

$b_{\mathrm{eff,i}} = 0.2b_{\mathrm{i}} + 0.1l_0 = 0.2 \times 4000 + 0.1 \times 28000 = 3600\mathrm{mm} < 0.2l_0 = 5600\mathrm{mm}$

同理，可计算腹板间翼缘板的有效宽度：

$$b_{\mathrm{eff,i}} = 0.2b_{\mathrm{i}} + 0.1l_0 = 0.2 \times \frac{5700}{2} + 0.1 \times 28000 = 3370\mathrm{mm} < 0.2l_0 = 5600\mathrm{mm}$$

但是此值大于腹板间实际净距的一半，即 5700/2 = 2850 mm，因此腹板间翼缘板的有效宽度应取为 2850mm。

最后,由 2-1-1/式(5.7)可知与外腹板作用的整个翼缘宽度为:

$b_{eff} = \sum b_{eff,i} + b_w = 3600 + 2850 + 300 = \mathbf{6750mm}$

这几乎是整个可用宽度。

在支座处:

从 2-1-1/图 5.2 可知,$l_0 = 0.15(l_1 + l_2) = 0.15 \times (30000 + 40000) = 10500$mm

从 2-1-1/式(5.7a)可知,悬臂部分的有效宽度为:

$b_{eff,i} = 0.2b_i + 0.1l_0 = 0.2 \times 4000 + 0.1 \times 10500 = 1850 < 0.2l_0 = 2100$m

类似的,与腹板相连的内翼缘的有效宽度为:

$$b_{eff,i} = 0.2b_i + 0.1l_0 = 0.2 \times \frac{5700}{2} + 0.1 \times 10500 = 1620\text{mm} < 0.2l_0 = 2100\text{mm}$$

最终,由 2-1-1/式(5.7)可知与外腹板作用的整个翼缘宽度为:

$b_{eff,i} = \sum b_{eff,i} + b_w = 1850 + 1620 + 300 = \mathbf{3770mm}$

此值仅占可用宽度 7150mm 的 53%,说明在宽翼缘和小跨距的支座处剪力滞现象很显著。

5.3.2.2　梁板的有效跨距

2-2/条款 5.3.2.2 给出了梁和板的有效跨度 l_{eff}的要求。示例在 2-1-1/图 5.4 中给出。与桥梁设计相关的主要情况是:

(i)梁和支撑构件形成一个整体

当水平构件和另一个垂直构件构成一个整体时,有效跨度一直延伸到垂直构件内的一个点,该点是从垂直构件边缘算起,取垂直构件厚度 t 的一半或水平构件深度 h 的一半中的较小值,如图 5.3-2a)和 b)所示。限制 $h/2$ 的目的在于在支撑构件较厚的情况下将反力中心保持在比较实际位置。例如,情况 a)和 b)分别可以应用于整体桥梁分析设计和箱梁桥的横向翼板设计。在这种情况下,***2-1-1/条款5.3.2.2(3)***及其注释规定,设计弯矩应视为垂直构件表面处的弯矩,但不应小于实际最大端弯矩的 65%。

2-1-1/条款 5.3.2.2(3)

(ii)支座上的梁

2-1-1/条款 5.3.2.2(2)

2-1-1/条款5.3.2.2(2)通常允许忽略支座的转动约束。这是大多数机械支座的一般假定,但设计人员需要进行判断。例如,明显不应忽略直线滑动支座提供的扭转约束。

2-2/条款 5.3.2.2(104)

有效跨径取支座中心距离,如图 5.3-2c)所示。然而,根据***2-2/条款5.3.2.2(104)***,由此得到的弯矩的峰值需要在支座处进行削峰处理。削减值为 $F_{Ed,sup}t/8$,其中 t 可以在国家附件中定义。2-2/条款 5.3.2.2(104)的注中的推荐值是"支座的宽度"。这是支座与桥板接触面在沿纵向跨度方向上的尺寸。$F_{Ed,sup}$是与所考虑工况下弯矩对应的支座反力。

上述 t 的定义用于支座与梁体的接触面为矩形的情形。当接触面为圆形时,用圆的直径取代 t 偏于不安全,为保持一致性,根据半圆形心的位置,弯矩的削减

幅度应为 $F_{\mathrm{Ed,sup}}D/3\pi$,其中 D 为接触圆的直径。接触圆的直径取为支座顶板尺寸与支座刚性部分边缘扩散后相应的尺寸,这两者中的较小值。为保持与 EN 1993-1-5/条款 3.2.3 的规定一致,建议按 1 : 1 扩展,尽管 BS 5400 第 3 分册[7]规定的扩散角(与竖直线)为 60°。

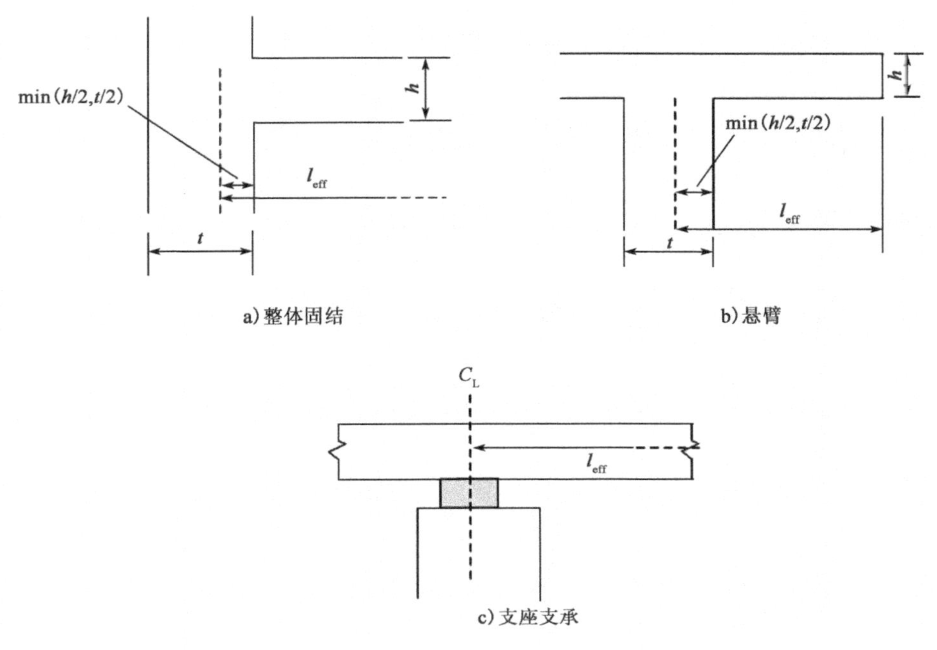

图 5.3-2　有效跨径示例

2-2/条款 5.3.2.2(104)的措辞与 2-1-1/条款 5.3.2.2(4)有所不同,目的在于阐明仅在分析中假定为点状支座的情况下才进行上述削峰处理。EC2-1-1 中的措辞以"无论采取何种分析方法……"开头,是不合适的,因为这意味着要建立更加细致的分析模型以考虑支承宽度的影响。

5.4　线弹性分析

线弹性分析是桥梁设计中最常用的技术,可用于根据 ***2-1-1/条款 5.4(1)*** 中的所有极限状态下作用效应的计算。 ***2-1-1/条款 5.4(1)***

2-1-1/条款 5.4(2) 允许线弹性分析基于以下假定:截面不开裂,应力-应变关系为线性和弹性模量取平均值。使用不开裂截面的线弹性分析,尽管与承载能力极限状态下截面以非线性方式受力的情况明显不同,但可通过塑性理论中的下限定理证明是合理的。这表明如果保持整体平衡,并且结构中任意点处应力都没有超过材料的屈服强度,就可以获取安全的下限抗力估计值。下限理论的运用需要结构具有一定的延性,以适应弯矩重分布过程中截面的峰值抗力,实践表明这不会给结构的安全带来问题。但是 EC2 在这方面的安全储备要求没有先前英国设 ***2-1-1/条款 5.4(2)***

计标准中的高,EC2 没有要求防止在钢筋混凝土和预应力筋混凝土截面设计中出现超筋破坏(这可能导致钢筋屈服前混凝土突然被压溃)。

不考虑开裂的线弹性分析与其他计算方法相比具有许多优点,包括整体分析之前不需要知道混凝土的配筋情况,并且叠加原理适用于各荷载工况下的分析结果。此外,塑性分析和考虑内力重分布的弹性分析只能用于承载能力极限状态,而正常使用极限状态设计必须采用线弹性分析法。作为替代方案,非线性分析可用于承载能力极限状态和正常使用极限状态计算,但各工况分析结果不能叠加。

不考虑开裂的弹性分析只能得到无数个可能解中的一个,这个解可以通过下限定理证明是合理的。但是,正如 2-2/条款 5.1 所要求的那样,模拟的力学行为必须符合实际情况(尤其是在正常使用极限状态下),因此有时考虑开裂截面可能更为合理。例如仅受纵向预应力桥梁的横向刚度计算,构件在纵向不存在开裂问题,但在横向却有开裂的风险。正如本指南 5.7 所述,非线性分析可以更理想地模拟结构真实的力学行为,因为它可以模拟材料的开裂及其他非线性响应。

如果存在显著的二阶效应(参见本指南 5.8),必须考虑非线性行为。线弹性分析只适用于通过放大内力和折减刚度的方法,以考虑混凝土开裂和徐变的影响的情形,如本指南 5.8.7 所述。

2-1-1/条款 5.4(3)

在承载能力极限状态下,***2-1-1/条款 5.4(3)*** 允许使用完全开裂截面特性分析包括来自温度、沉降和收缩变形的荷载。如本指南的 5.8.7 和 3.1.4 所述,徐变的影响也应该通过降低这些荷载工况下混凝土的有效模量来考虑。但是,应该注意的是,只要构件具有足够的延性,在承载能力极限状态下通常可以完全忽略这些影响,如本指南的 2.3 和 5.6 所述。

在正常使用极限状态下,2-1-1/条款 5.4(3)要求考虑“开裂的渐进演变”。如果结构的某些部位发生开裂,会使其余截面的弯矩增加,该弯矩介于使用完全开裂截面和完全不开裂截面求得的弯矩之间,这就要求采用非线性分析考虑拉伸硬化。虽然 5.7 对非线性分析进行了讨论,但并未涉及模拟整体分析中的拉伸硬化。抗拉标准强度取平均值还是较小值,取决于拉伸硬化效应起有利作用还是不利作用。拉伸硬化一般对结构起有利作用,例如在桥墩的二阶效应分析中就是如此。在这种情况下,抗拉强度取较小标准值是偏保守的。不过,在对体外后张桥梁的非线性分析中,非控制截面的开裂有利于增加预应力筋的应变,因此取用抗拉强度的平均值则是偏安全的,见本指南 5.10.8 的讨论。由于 2-1-1/条款 5.7(4)要求采用“实际”的材料特性,则在任何情况下都可以采用混凝土的抗拉强度平均值。

完全不开裂弹性分析一般是偏保守的(因为它不会引起远离最高应力区域,即有开裂风险区域弯矩的重分布),因此对于正常使用极限状态,不开裂弹性分析足以满足 2-1-1/条款 5.4(3)的要求。这也避免了对拉伸硬化的考虑。如果有显著的强迫变形，不开裂弹性分析使结构的响应更具有刚性，因此也会偏于保守。完全开裂分析并不保守。

5.5　有限重分布的线弹性分析

弹性分析可以获得与外加荷载相平衡的内力，以及弹性形变发生后结构发生的几何变化。结构中"真实的"弯矩可能与预测结果明显不同，因为桥梁的刚度不可能精确等于使用不开裂的总截面特性和混凝土平均弹性特性所计算的刚度。影响实际刚度的因素是材料特性的变化、混凝土的开裂情况和材料对于不同水平荷载的非线性响应。因此在实践中，即使设计中没有假定弯矩重分布，在结构接近承载能力极限状态时，实际桥梁中都会在不开裂截面弹性分析结果的基础上发生弯矩重分布。基于 5.4 中讨论的塑性下限定理，在弹性分析中忽略这种重新分布通常被证明是安全的。

根据 ***2-1-1/条款5.5(2)***，处于极限状态的桥梁，允许设计重新分配弹性分析的力矩，前提是施加的荷载和由此产生的力矩和剪切分布之间仍然保持平衡，见 ***2-1-1/条款5.5(3)***。同样遵循塑性下限定理，但也必须保证具有足够的延性(或转动能力)以允许这种情况发生。

2-1-1/条款 5.5(2)

2-1-1/条款 5.5(3)

在一定程度上，具有自由重新分配力矩的弹性分析可有效成为下限塑性分析，如 5.6 所述。

然而，2-2/条款 5.5(104) 中的重新分配的可能性受到截面的扭转能力的限制，其本身受到混凝土压缩破坏应变和钢筋拉伸破坏应变的限制。确定允许再分配数量的简化规则在 ***2-2/条款5.5(104)*** 中给出。它们取决于相对受压区高度。受压时具有相对小的混凝土受压高度的构件可在混凝土破坏时在钢筋中产生更大的应变，因此具有更大的曲率和旋转能力。如果使用简化规则，则无须检查旋转能力，如 5.6.3 所述。对于正常使用极限状态不用重新分配弯矩。

2-2 条款 5.5(104)

2-2/条款 5.5(104) 中的简化规则将配置 B 级或 C 级钢筋的构件的弯矩重分配比例限制为 15%(通过下面的参数 k_5 的推荐值)。这是房屋建筑中建议的最大重分配比例的一半。由于桥梁中通常遇到厚度较大的翼缘，其转动能力缺乏试验数据，从而减少了桥梁的重分配比例。因此，条款 5.5(104) 注 2 将 EN 1992-1-1 中允许的重分配应力的较大值用于实心板。对于重分配的弯矩与弹性分析弯矩的比率 δ 进行了以下限制：

当 $f_{ck} \leqslant 50\text{MPa}$ 时，　　$\delta \geqslant k_1 + k_2 x_u/d \geqslant k_5$　　2-2/(5.10a)

当 $f_{ck} > 50\text{MPa}$ 时，　　$\delta \geqslant k_3 + k_4 x_u/d \geqslant k_5$　　2-2/(5.10b)

式中：x_u——在重分布后的承载能力极限状态下的中性轴深度(通常对应该截面的极限力矩承载力)；

d——截面的有效深度;

$k_1 \sim k_5$——国家定义参数,其推荐值如下:$k_1=0.44$,$k_2=1.25(0.6+0.0014/\varepsilon_{cu2})$,$k_3=0.54$,$k_4=1.25(0.6+0.0014/\varepsilon_{cu2})$,$k_5=0.85$;

ε_{cu2}——混凝土极限压缩应变,对于$f_{ck} \leq 50$MPa 的混凝土,其值为 0.0035。

对于强度$f_{ck} \leq 50$MPa 的混凝土,进行 15% 再分配的限值是 $x_u/d=0.328$,而当 $x_u/d=0.448$ 时则不允许再分配。对重分配量的限制有助于正常使用极限状态下设计出令人满意的结构性能,此时结构的力学行为可能接近不开裂弹性分析的预期。在正常使用状态下,无需重新分配,但必须根据弹性分析进行进一步验算。实例 5.5-1 说明了 2-2/条款 5.5(104)的使用方法。

在下列情况下,对于没有按照 2-2/条款 5.5(104)检查转动能力的,不允许进行弯矩再分配:

- 配置 A 级钢筋的构件(被认为具有的延性不足)。2-2/条款 3.2.4 另建议 A 级钢筋不应用于桥梁。
- 相邻跨度比超过 2 的桥梁。
- 桥梁元件受到很大的压力。

对于常见的多梁式桥面构造,主梁纵向弯矩的重分布意味着由主梁的附加挠度引起的横向弯矩的变化。因此,重分布不能针对一片梁单独考虑。一种可行的方法是在桥面板中通过对主梁中间支座处施加强制位移,以实现主梁中所需的重新分布量。在这样的强制重分布作用下,如果桥面板横向应力超过了限值,原则上可以按本指南 5.6.3 所述方法验算横向构件的转动能力,使得横向附加弯矩自身得以重新分配。这需要进行迭代计算,并且需要在分析模型中引入塑性铰。

2-1-1/条款 5.5(1)P

2-1-1/条款5.5(1)P 要求考虑"设计中所有对弯矩重分配有影响的因素"。该条款没有给出应用规定,本指南建议,应将截面设计剪力取为重新分布前后剪力中的较大者。因为剪切破坏可能不是一种能满足弯矩重分配要求的、具有足够延性的失效机制。类似地,在下部结构设计中使用的支反力也应取重新分配前后反力中的较大值。在具有土体-结构相互作用的整体式桥梁设计中,也要注意弯矩重分布的影响,因为结构中重新分配引起的形变势必会引起土中应力的变化。

在以下特定情况下不允许重新分配弯矩:

2-2/条款 5.5(105)

- 无法确切计算实际转动能力的桥梁。例如曲线桥(其中弯矩的重分布可能导致扭矩增加和突然的脆性破坏)和类似的桥梁还有 ***2-2/条款5.5(105)*** 中指出的斜桥。

2-1-1/条款 5.5(6)

- 柱的设计方面,***2-1-1/条款5.5(6)*** 要求柱按不考虑重分布框架作用下的弹性弯矩进行设计。

实例 5.5-1：均布荷载下的双跨梁

现有一两跨混凝土连续箱梁桥，混凝土的圆柱体抗压强度标准值 f_{ck} = 40MPa，每跨承受的均布荷载为 W，根据弹性分析得到的弯矩如图 5.5-1 所示。在负弯矩区，钢筋提供的抗弯承载力为 0.113WL，相应的 $x_u/d = 0.35$。在正弯矩区的抗弯承载力为 0.080WL。试采用弯矩重分布验算该桥是否满足承载能力极限状态的要求。

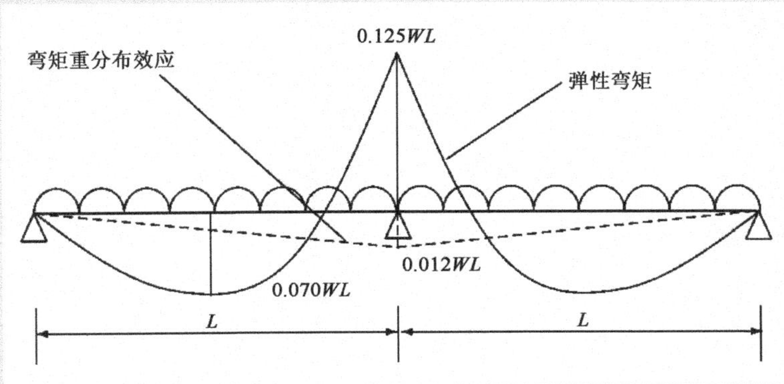

图 5.5-1　实例 5.5-1 的弯矩图

负弯矩区可能产生的最大重新分配弯矩由 2-2/式(5.10a)给出：

$\delta \geqslant k_1 + k_2 x_u/d = 0.44 + 1.25(0.6 + 0.0014/0.0035) \times 0.35 = 0.88$

为提供足够的抗弯能力，所需的重分布后的负弯矩与重分布前的负弯矩之比 = 0.113/0.125 = 0.90 ＞ 0.88，这说明弯矩重分布具有足够的安全储备。必须通过支座之间弯矩的线性变化来实现弯矩重新分配，如图 5.5-1 所示，并且必须验算增大后的跨中弯矩。支座处所需的弯矩折减量为 0.012WL，因此跨中最大弯矩约增大 50%。则最终的检查是：

重分布后的支座处弯矩 = 0.113WL，该值即为该截面的抗弯承载力。

重分布后的跨中弯矩 ≈ 0.070WL + 0.006WL = 0.076WL < 0.080WL。0.080WL 为跨中截面的抗弯承载力。因此，该桥满足承载能力极限状态的设计要求。如上所述，还应进行弯矩重分布前后的抗剪验算。

5.6　塑性分析

5.6.1　一般规定

2-2/条款 5.6.1(101)P 基于塑性分析的方法仅适用于承载能力极限状态的验算。塑性分析是弯矩重分布的极端情形，在这种情形下，弯矩按结构抵抗外力的能力强弱而分配。这要求桥梁必须有足够的转动变形能力，以允许产生假定的弯矩。***2-1-1/条款 5.6.1(2)P*** 将这一特点与转动能力验算联系起来。

2-2/条款 5-6-1(101)P

2-1-1/条款 5.6.1(2)P

与弯矩重新分配的方法一样，有必要保持内部作用效应和外部作用之间的平

2-1-1/条款 5.6.1(103)P

衡,以找出安全解。如果使用下限(静力)分析,则可以实现这一点。然而,***2-1-1/条款5.6.1(103)P*** 还允许基于假定破坏机制中的内力和外力功相等原理,使用上限(动态)分析法。有许多标准文本可供参考。此方法的常用示例是用于评估板的屈服曲线分析。当使用上限分析方法时,必须验证平衡条件,并且在假定机制中构件截面弯矩不超过其塑性抵抗弯矩(在这种情况下,已得到"实际"荷载的承载力),或者充分考虑破坏机理,通过最小破坏荷载确定接近真实情况的破坏荷载。前者不适用于板的分析,而后者需要丰富的经验才能实现。

通过 2-2/条款 5.6.1(101)P,国家主管部门可以进一步限制塑性方法的使用。大多数人可能将塑性分析仅限于偶然状况。桥梁设计中需要考虑的大量荷载工况并不适合用塑性理论进行分析,但是一些国家还是允许在桥面板的设计中使用塑性分析。考虑受压薄膜效应是充分利用桥面板材料特性的一种良好设计方法,还应注意的是正常使用状态可能会成为控制设计的关键。

5.6.2 梁、框架和平板的塑性分析

有如下两种方法可以确保桥梁具有使用塑性分析所需的转动能力。这些方法是:

2-1-1/条款 5.6.2(1)P

(1)不用直接检查转动能力的方法[***2-1-1/条款5.6.2(1)P*** 允许]

(2)直接检查转动能力的方法。

本节讨论第一种方法,而第二种方法将在 5.6.3 中讨论。

不用直接检查旋转能力的方法

2-2/条款 5.6.2(102)

如果截面的相对受压区高度都满足下式要求,则认为结构具有 ***2-2/条款 5.6.2(102)*** 要求的转动能力:

当$f_{ck} \leq 50$MPa 时, $x_u/d \leq 0.15$ (D5.6-1)

当$f_{ck} \geq 55$MPa 时, $x_u/d \leq 0.10$ (D5.6-2)

中间支座处与相邻跨中处的弯矩比须控制在 0.5 ~ 2 之间,对于桥梁结构,不能使用延性低的 A 级钢筋。如果满足上述标准,则在极限状态下可以忽略外加变形的影响,例如沉降和徐变,如本指南的 2.3 所述。

桥梁设计中对受压区高度的限制比 EC2-1-1 对建筑的规定更为严格,因为桥梁构件的高度一般较大,而且缺乏针对桥梁构件的相关试验数据。不过,对于实心板,可以采用 EC2-1-1 对受压区高度的限制:

当$f_{ck} \leq 50$MPa 时, $x_u/d \leq 0.25$ (D5.6-3)

当$f_{ck} \geq 55$MPa 时, $x_u/d \leq 0.15$ (D5.6-4)

5.6.3 转动能力

5.6.3.1 直接检查转动能力的塑性计算方法(附加章节)

如果不能满足 2-2/条款 5.6.2 的要求,则必须根据分析中得出的实际转动来

验算桥梁的塑性转动能力。2-2/条款 5.6.3 中的规定适用于连续梁和单向板。它们不能用于双向板的屈服线性分析。

塑性转动能力可通过将塑性曲率沿梁内钢筋应变超出初始屈服应变的长度 L_p 进行积分而得到。该塑性长度由初始屈服到最终破坏时截面弯矩之差（如图 5.6-1）以及剪切桁架作用引起的拉力变化确定，如本指南 6.2 所述（后者未在图 5.6-1 中示出，但是，转换法给出的钢筋屈服时梁的长度至少等于梁的有效高度）。塑性转动能力由下式计算：

$$\theta_{\mathrm{pl,d}} = \int_{-L_p/2}^{L_p/2} \frac{\Delta\varepsilon(a)}{d - x(a)} \mathrm{d}a \qquad \text{(D5. 6-5)}$$

式中：$\Delta\varepsilon(a)$——大于初始屈服应变的钢筋应变的平均值；

d——截面的有效高度；

$x(a)$——截面受压区的高度；

a——长度 L_p 内的纵向位置。

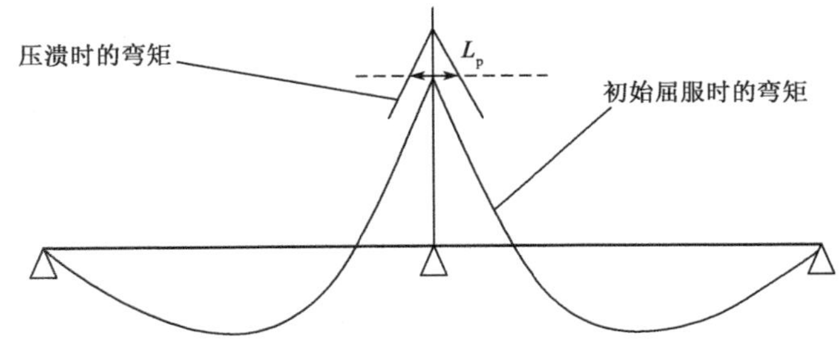

图 5.6-1　承受塑性变形的梁长

各个位置处的平均钢筋应变 $\Delta\varepsilon(a)$ 应包含拉伸硬化的影响，因为它将减小转动能力。参考文献 6 给出了考虑拉伸硬化效应对转动能力的影响的一种方法。

然而，***2-1-1/条款5.6.3(4)***指出，不需要按式（D5.6-5）进行积分，因为 2-1-1/图 5.6N 即图 5.6-2 给出了 $\theta_{\mathrm{pl,d}}$ 的简化值。该条款根据不同的钢筋延性和混凝土强度等级将塑性转动能力与 x_u/d 联系起来。这一方法是保守地基于塑性变形长度约为截面高度的 1.2 倍、剪跨比 $\lambda = 3.0$ 的假定条件提出的。

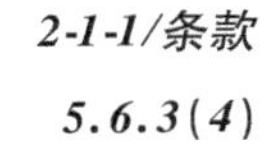

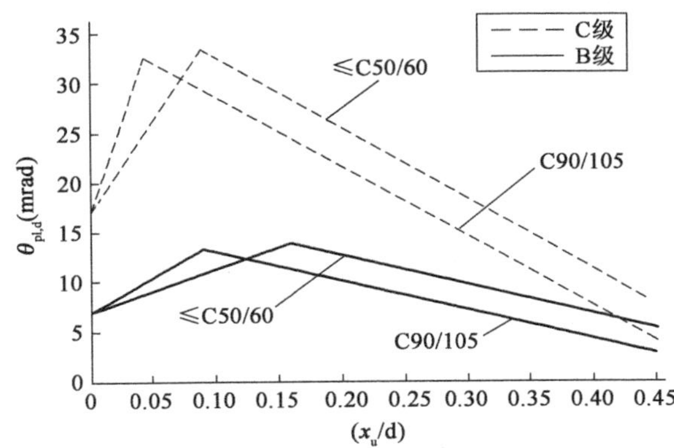

图 5.6-2　采用 B 级和 C 级钢筋的钢筋混凝土截面的容许塑性转角 $\theta_{\mathrm{pl,d}}$（$\lambda = 3.0$）

剪跨比本身可以衡量塑性区的长度。它被定义为重分布后弯矩最大值和零点之间的距离除以有效高度。弯矩最大值和零点之间的距离通常是跨度 L 的 15%。典型的连续梁的跨高比为 20,根据这两点假定可以算出相应的剪跨比为 3.0。2-1-1/图 5.6N 中使用的假定塑性长度与该剪切细长度有关。对于 λ 的其他值,需要乘以因子 $k_\lambda = \sqrt{\lambda/3}$ 来校正 2-1-1/图 5.6N 的塑性转动能力。对于中间混凝土强度等级,可以通过内插值法获得塑性转动能力。

截面最大曲率及相应的转动能力达到平衡时,钢筋和混凝土同时达到其破坏应变。这对应于图 6.5-2 中转动能力的最大值。当 x_u/d 的值较大时,钢筋屈服后不久混凝土失效,因此钢筋强度等级对于截面转动能力影响很小。当 x_u/d 较小时,钢筋在混凝土达到破坏应变之前就已经失效了。图 5.6-3 显示了各种失效情况下截面的应变分布。

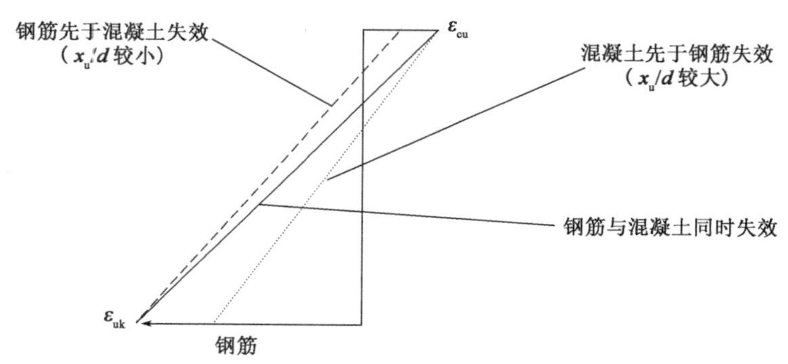

图 5.6-3 截面失效时可能出现的应变分布

2-2/条款 5.6.3(102)

2-2/条款5.6.3(102) 进一步对塑性铰位置处的截面受压区高度进行限制:

当 $f_{ck} \leqslant 50\text{MPa}$ 时, $x_u/d \leqslant 0.30$ (D5.6-6)

当 $f_{ck} \geqslant 55\text{MPa}$ 时, $x_u/d \leqslant 0.23$ (D5.6-7)

该规定同样比 EC2-1-1 相应的规定严格,其原因是桥梁结构的梁高较大。

2-1-1/条款 5.6.3(3)

必须将塑性转动能力与整体分析中得到的塑性铰处的实际转动进行比较。***2-1-1/条款5.6.3(3)*** 仅规定应使用材料的设计值计算转角。一种可能是使用弹性分析确定第一塑性铰形成的荷载比例 α(在塑性铰位置截面的弯矩即将超过该截面的弯矩抗力时),然后将剩余的荷载增量施加在带塑性铰的结构上去,其中认为塑性铰是铰节点,没有任何抗弯刚度。确定塑性转角 θ_s 的过程如图 5.6-4所示。

于是这就带来这样一个问题,即在均布荷载下,图 5-6 中桥梁尚未屈服的部分刚度如何取值。

如果按弹性理论采用毛截面特性,混凝土采用设计值,弹性模量 $E_{cd} = E_{cm}/\gamma_{cE}$[按 2-1-1/条款 5.8.6(3),取 $\gamma_{cE} = 1.2$],则这样将高估实际的刚度,因而低估塑性铰处的转角。一个合理的近似方法是使用完全开裂截面特性,混凝土仍取其设计值,弹性模量 $E_{cd} = E_{cm}/\gamma_{cE}$,钢筋的弹性模量取 E_s。这样仍然会高估应力最高区域(这里可能会形成新的塑性铰)的刚度,但是却会低估其余梁段的刚度。为了尽量降低这方面的非保守因素，最好基于2-1-1/图3.8中屈服段曲线为水平线的钢筋应力-应变曲线进行截面抗弯承载力计算。只有考虑材料的真实特性，才能通过非线性分析获得结构的真实力学性能。

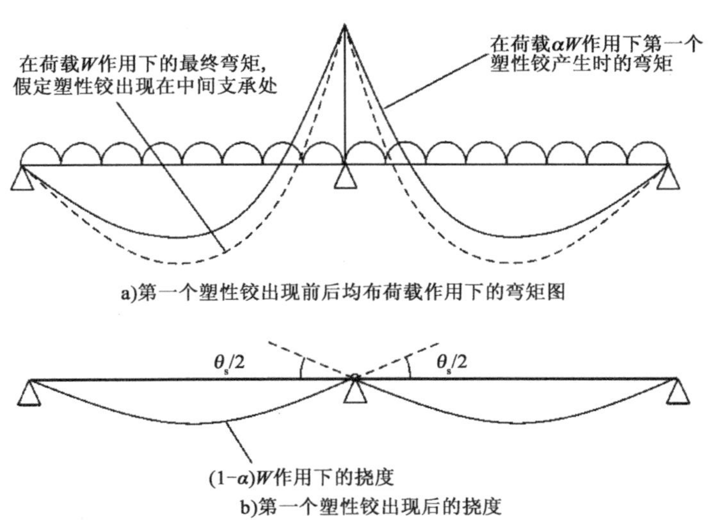

图5.6-4　两跨连续梁桥在均布荷载W作用下塑性铰处的转角

5.6.3.2　承载能力极限状态下忽略强制位移时转动能力的验算(附加章节)

当使用弹性分析时，必须进行类似的截面转动能力和塑性铰转角的计算，但是，如本指南2.3所述，在承载能力极限状态下应忽略强制位移的影响。例如，由沉降引起的转角可基于所产生的角度变化来验算，即：在需要验算转动能力的截面设定一个铰，将沉降作用于增设铰后的模型，按类似图5.6-4的方式进行验算。通常(例如，对于温差或差异收缩)，塑性转角可按图5.6-5所示由“自由”位移获得，或者通过将自由曲率作用于铰接支承模型求得。

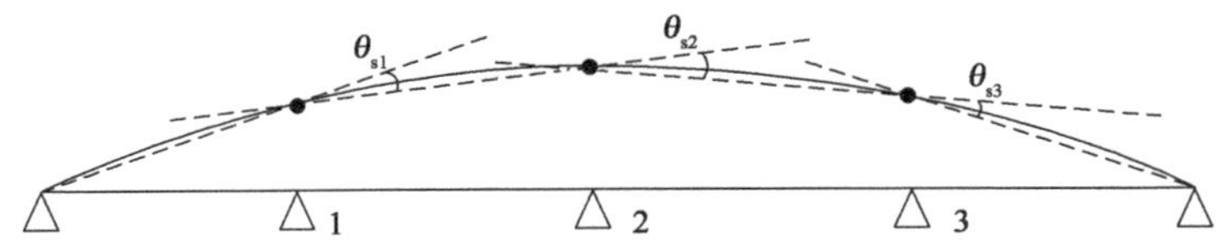

图5.6-5　强迫曲率(如温差引起的)引起的塑性转角

在以这种方式验算转动能力时，应该认识到即使进行弹性整体分析也需要对转动能力提出要求，参见本指南5.4。上述检查中，可能无法获得整体塑性转动能力，因此建议在塑性转动能力和由于外加变形引起的塑性转角之间留出裕量。通常，这些验算所要求的储备占总转动能力的比例较小，也容易通过检查。在英国，通常的做法是在承载能力极限状态下忽略外加变形，不对转动能力进行明确验算。但EC2更加谨慎，尤其是针对具有超筋特性的钢筋混凝土梁的设计没有给出任何限制。

如果满足式(D5.6-1)或式(D5.6-2)中的限制，则强制位移的影响可以忽略。

或者,可以使用2-2/式(5.10a)或2-2/式(5.10b)进行验算,仅需要减少15%的弯矩(或国家附件中规定的其他限制)。

5.6.4　拉压杆模型

使用拉压杆模型进行分析是应用塑性下限定理的一个特例。英国工程师并未普遍使用拉压杆模型,这主要是因为缺乏规范性的指南。当使用这种模型时,例如在箱梁桥的横隔板设计中,没有通用的方法用于验算受压构件和节点强度。EC2提供有关这些限制的指南,但它本身并不是完整的指导文件,因此可以参考相关文献,例如可参考文献8获得更多背景信息。应用EC2中的特定规定来确定节点和压杆中的压力限值通常比较困难,因此仍需进行工程判断。尽管如此,即使仅用于确定钢筋的位置和数量,使用拉压杆模型仍然非常有价值。

2-1-1/条款5.6.4给出了使用拉压杆模型的一般指导。除非EC2中的其他地方另有规定,否则拉压杆模型旨在用于非线性应变分布区域。这种例外情况包括6.2节中涉及的短剪跨梁的分析。在这种特殊的情况下,使用拉压杆规定优于使用基于试验的剪切规定,这会使得基于混凝土压溃时的抗剪承载力过于保守。

出现非线性应变分布的典型例子包括有集中荷载、转角、开口或其他不连续区域。这些区域通常被称为"D区域",其中D表示不连续性(discontinuity)、细部(detail)或干扰(disturbance)。在这些区域之外,应变分布是线性的,应力可以从传统的梁或桁架理论中得出,分别取决于混凝土是否有裂缝。这些区域被称为"B区域",B表示伯努利(Bernoulli)或梁(beam)。EN 1992也将它们称为"连续"区域。图5.6-6给出了几种典型的D区及其大致的延伸范围。拉压杆模型最好根据图5.6-6所示的B区的边界所产生的弹性应力流来建立,或者根据其他边界条件,例如整个结构体系都属于D区(如深梁)时根据支承反力来建立。***2-1-1/条款5.6.4(1)***指出拉压杆模型可同时用于连续和非连续区域。

2-1-1/条款 5.6.4(1)

拉压杆模型基于塑性下限定理确定,该定理指出只要整个结构处于平衡状态且各部分应力均未达到"屈服"值,那么任何可用来抵抗外加荷载的应力分布都是安全的。力的平衡是***2-1-1/条款5.6.4(3)***的基本要求。实际上,混凝土的延性有限,因此使用这种理念设计任意外力体系并不总是安全的。由于混凝土可以经受有限的塑性变形,外力的施加必须确保结构其他部位的应力达到假定的状态之前拉压杆不得超过变形极限。在设计实践中,满足此要求的最好办法是根据不开裂弹性分析得到的内力方向布置拉杆和压杆。为此,建议在建立拉压杆模型之前,用有限元模拟这个区域以获得弹性应力流。这是***2-1-1/条款5.6.4(5)***的基础。

2-1-1/条款 5.6.4(3)

2-1-1/条款 5.6.4(5)

在选择模型时尽量接近结构弹性行为模式的优点是,可以将相同的分析用于正常使用极限状态和承载能力极限状态。***2-1-1/条款5.6.4(2)***要求根据弹性理论确定压杆的方向。可根据钢筋尺寸或钢筋间距选择在正常使用极限状态下控制裂缝宽度使用的应力极限,如本指南的第7章中所述。

2-1-1/条款 5.6.4(2)

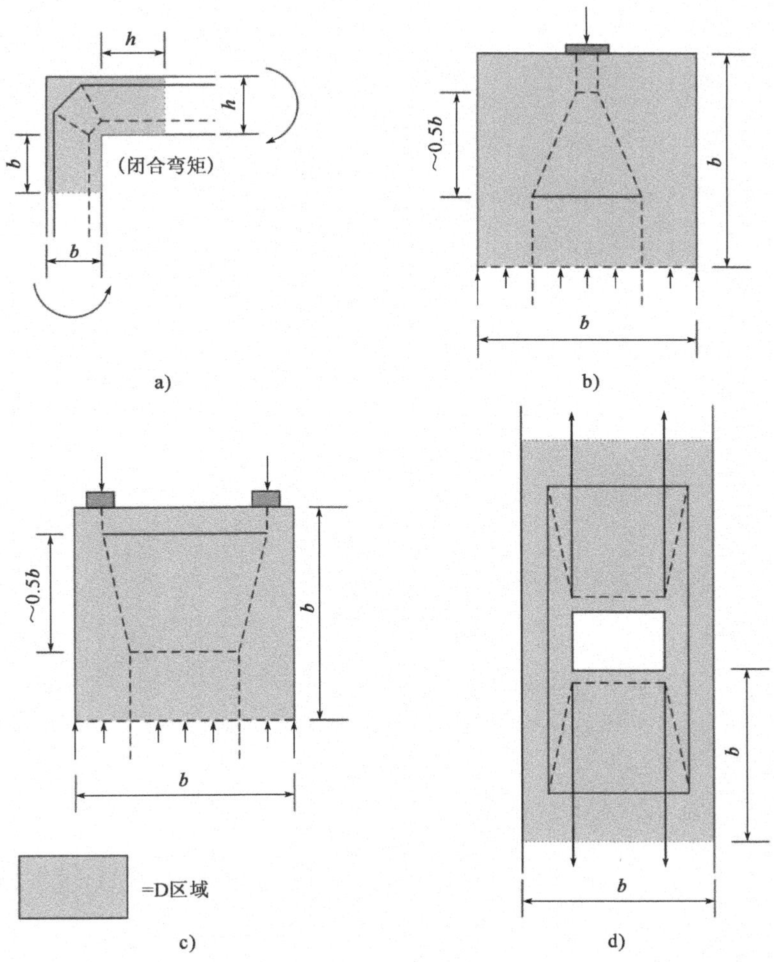

图 5.6-6　拉压杆模型和 D 区域范围示例

如果不遵循弹性力流,并过度依赖下限定理,就会高估承载力。例如素混凝土构件在很小宽度范围内承受竖直集中力作用,如果假定荷载在截面上不扩散,忽略产生的横向拉力,如图 6.5-1 所示,就会高估截面的抗力。本指南 6.7 特别就此问题进行了详细讨论。如果假定的压杆角度明显偏离弹性应力流,也会出现类似的问题,如 6.5.2 所述。

然而,经验表明,在承载力极限状态下并不总是必须严格遵循弹性应力流建立拉压杆模型。最明显的例子是钢筋混凝土抗剪钢筋设计中的桁架模型,模型中允许钢筋和压杆在中性轴位置处与竖直线呈 45°角的主应力方向之间有明显的偏离。一般情况下,拉压杆的方向应与弹性分析得到的主应力线一致,除非经验表明不需要这样做。

即使按照弹性应力流路径建立拉压杆模型,其杆件的布置方式也并不唯一。在选择最佳布置方案时,必须记住,真实结构中的荷载传递总是尽可能沿最小的内力和变形路径。由于钢筋比刚性的混凝土压杆更易变形,因此最佳模型将最小化拉杆的数量和长度。参考文献 8 给出了拉压杆模型的优化准则。该准则要求

模型的内部应变能$\sum F_i L_i \varepsilon_{mi}$最小,其中:

F_i——i 号拉杆或压杆中的轴力;

L_i——i 号拉杆或压杆的长度;

ε_{mi}——i 号拉杆或压杆中的平均应变。

混凝土压杆的应变能项通常可以忽略,因为混凝土压杆的应变远小于钢筋拉杆的应变。建立拉压杆模型的指导性意见:在高应力节点区域(如集中荷载附近),压杆与拉杆之间应形成约 60°的夹角,且不小于 45°。

节点的细部设计也很重要,关于细部设计的要求在 6.5.4 中给出,该要求也适用于受集中荷载的局部区域的设计,即使设计不是使用拉压杆模型进行分析的。

5.7 非线性分析

2-1-1/条款 5.7(1)

在 ***2-1-1/条款5.7(1)*** 中关于混凝土桥梁的非线性分析阐述了材料的非线性特性。这包括混凝土开裂和材料应力-应变曲线中非线性特性的影响。然后,使用这些材料特性进行分析,以保证结构的平衡和变形协调。这代表结构最真实的行为特征,前提是所假定的材料特性是真实的。非线性分析适用于承载能力极限状态和正常使用极限状态。非线性分析还可以模拟结构几何非线性响应的情形。非线性分析对二阶效应显著的构件设计非常重要,如本指南 5.8 所述。尤其对于细长构件(例如桥墩)的二阶效应计算,更能体现非线性分析的价值,因为一些简化的替代方案通常相当保守。此问题将在 5.8.6 讨论。

2-1-1/条款 5.7(4)P

2-1-1/条款5.7(4)P 要求分析中使用结构刚度的真实值,并考虑承载力模型中不确定性因素。最适合的刚度值是其平均值,因为平均值是从真实结构中得到的。如果结构分析时使用强度和刚度平均值,而不是其设计值,则局部截面设计与整体分析之间存在明显不协调。使用设计值是考虑用材料分项系数体现施工质量不良的影响。通常,这种不协调所造成的影响只是局部的,本身不太可能显著影响整个结构的力学行为,但会影响局部区域对整体分析得到的内力效应的抗力。***2-1-1/条款5.7(2)*** 对此作了说明,并要求验算局部控制截面的非弹性性能。

2-1-1/条款 5.7(2)

然而,对于栏的压屈,颇有争议的是,在控制截面处即使面积相对很小的"设计材料",都会显著地增加柱的变形,进而显著地增加控制截面的弯矩。因此在不同受力状况下选用材料特性时,需要仔细考量和进行经验性判断。

2-1-1/条款 5.7(3)

2-1-1/条款5.7(3) 通常允许对主要承受静荷载的结构忽略加载历史的影响,因此一个作用组合中的所有荷载可以同时施加。

5.7.1 承载能力极限状态法(附加章节)

2-2/条款 5.7(105)

2-2/条款5.7(105) 对用于承载能力极限状态下非线性分析的材料特性提出建议,并提供了一种安全验算模式。所提出的方法可以在国家附件中进行修改,主要使用钢筋的平均特性和混凝土参考强度等级 0.84f_{ck}。材料的应力-应变关系

由下面给出的强度等级，结合 2-1-1/条款 3.1.5 中混凝土非线性应力-应变关系（见图 3.2）、2-1-1/条款 3.2.7 中钢筋应力-应变关系曲线 A（见图 3.8）以及2-1-1/条款 3.3.6 中预应力筋应力-应变关系曲线 A（见图 3.10）共同确定：

与混凝土对应的 2-1-1/图 3.2 中：f_{cm}替换为 $1.1\gamma_s/\gamma_c f_{ck}$

与普通钢筋对应的 2-1-1/图 3.8 中：f_{yk}替换为 $1.1f_{yk}$，kf_{yk}替换为 $1.1kf_{yk}$

与预应力筋对应的 2-1-1/图 3.10 中：f_{pk}替换为 $1.1f_{pk}$

以上修正是必要的，因为这样可以使得材料特性与给定的验算模式协调，验算模式中用材料分项系数 $\gamma_{O'}$ 涵盖混凝土、普通钢筋和预应力筋。这一点可从下文中看出。

以上使用的钢筋破坏强度约等于其平均值，取 $f_{ym}=1.1f_{yk}$，而由于钢筋的承载能力极限状态设计值是 $f_{yd}=f_{yk}/1.15$，所以用于 $f_{ym}=1.1f_{yk}$ 的等效材料系数是 $\gamma_{O'}=1.1\times1.15=1.27$。对于混凝土失效，分析的参考强度取 $f_c=1.1\times(1.15/1.5)f_{ck}=0.843f_{ck}$，并且由于承载能力极限状态设计值为 $f_{cd}=f_{ck}/1.5$，所以 $f_{cd}=0.843f_{ck}$ 的等效材料系数为 $\gamma_{O'}=0.843\times1.5=\mathbf{1.27}$。因此，混凝土参考强度等级不是平均强度等级，而是使混凝土和钢筋可以使用相同材料分项系数的强度等级。

上述混凝土参考强度等级中不包含承载力计算所需的系数 α_{cc}。为了采用统一的总体安全系数并在承载力计算中包含 α_{cc}，必须在分析中也包含此系数。与此相反，这意味着f_{cm}应该用 2-1-1/图 3.2 中的 $1.1(\gamma_s/\gamma_c)\alpha_{cc}f_{ck}$ 替换。这一变化似乎已经多次得到 EC2-2 项目组的认可，但未在最终版文本中做出修改。

虽然没有说明，但是对于存在明显徐变的应力-应变曲线需要进一步修正。2-1-1/图 3.2（以及图 3.3 和图 3.4）的混凝土应力-应变曲线适用于短期荷载。徐变对长期荷载的响应更加具有韧性。为考虑长期荷载的影响，一种略显保守的做法是将混凝土应力-应变关系图中所有应变乘以系数 $(1+\varphi_{ef})$，φ_{ef}为本指南 5.8.4 讨论的有效徐变系数。这种处理很像将应力-应变曲线沿应变轴向进行了拉伸。

在结构分析过程中，如果某点达到极限强度（基于上述材料特性），此时的作用为最大荷载组合 $q_{ud}=\alpha_{Ud}(\gamma_G G+\gamma_Q Q)$，其中 $\gamma_G G+\gamma_Q Q$ 为设计作用组合，α_{Ud}是设计作用分项系数，则荷载的安全验算式为：

$$\gamma_G G+\gamma_Q Q\leqslant\frac{\alpha_{Ud}(\gamma_G G+\gamma_Q Q)}{\gamma_{O'}} \tag{D5.7-1}$$

EC2-2 将上述基于施加荷载的验算修正为基于内部作用与抗力的形式，其目的是：

（1）区分结构的上限曲线、线性曲线和下限曲线的力学行为。笼统地对荷载乘以总体安全系数是行不通的，因为它不能解释达到最终荷载的途径。

（2）分别针对内部作用和抗力引入模型的不确定性效应。

关于第二点,材料系数 $\gamma_{O'}$ 包含了分项系数 γ_{Rd},该系数考虑了承载力模型的不确定性和几何缺陷的不确定性,使得 $\gamma_{O'}=\gamma_{Rd}\gamma_O$。因此,EC2-2 提供以下安全验算式:

$$\gamma_{Rd}E(\gamma_G G+\gamma_Q Q)\leqslant R\left(\frac{q_{ud}}{\gamma_O}\right) \qquad \text{2-2/(5.102aN)}$$

其中 $R(q_{ud}/\gamma_O)$ 为材料抗力,对应于荷载组合 q_{ud}/γ_O;$E(\gamma_G G+\gamma_Q Q)$ 是作用 $\gamma_G G+\gamma_Q Q$ 设计组合下的内力。γ_G 和 γ_{Rd} 的推荐值分别是 1.2 和 1.06,$\gamma_{O'}=\gamma_{Rd}\gamma_O=1.06\times1.20=1.27$,因此对于钢筋和混凝土给出了相同的材料系数。

此时应注意、荷载因子 γ_Q 和 γ_G 本身包含分项系数 γ_{Sd},该分项系数表征由于结构建模的不确定性引起的误差,使得 $\gamma_Q=\gamma_{Sd}\gamma_q$,$\gamma_G=\gamma_{Sd}\gamma_g$。因此,在非线性分析中,可将分项系数 γ_{Sd} 应用于荷载本身,也可应用于其产生的效应。前者在 2-2/式(5.102aN)中体现,对于后者,本指南提供了以下不等式:

$$\gamma_{Rd}\gamma_{Sd}E(\gamma_g G+\gamma_q Q)\leqslant R\left(\frac{q_{ud}}{\gamma_O}\right) \qquad \text{2-2/(5.102cN)}$$

γ_{Sd} 的推荐值取为 1.15。

2-2/条款 5.7(105)允许使用 2-2/式(5.102aN)或 2-2/式(5.102cN)[或 2-2 中的第 3 个表达式下面的表达式(5.102bN)]。EN 1990 的条款 6.3.2 明确规定,当荷载所产生的效应增速比荷载本身更快时,系数 γ_{Sd} 应作用于荷载;当荷载效应增速比荷载本身更慢时,系数应作用于效应。因此,EN 1990 似乎表明这两个不等式都应该得到验证,尽管这似乎过于烦琐。

进行非线性分析和验证结构的基本程序如下:

(1)确定非线性分析中作用组合 q_{ud} 达到的最大值,该值对应于结构的某个区域达到极限强度 $R(q_{ud})$(基于材料特性)或二阶效应计算中出现失稳状态。

(2)将整体安全系数 γ_O 应用于结构极限承载力 $R(q_{ud})$ 以得到 $R(q_{ud}/\gamma_O)$。

(3)应用 2-2/式(2.105aN)或者 2-2/式(5.102cN)对整体安全进行验算。

具体如何在所有状况中应用这些不等式还是不够清晰明了,因此 2-2/附录 PP 试图说明它们的使用。当仅有一个荷载效应导致结构失效(标量组合——典型的例子是梁的纯弯曲)时,这种验算方法最为简单。另一种情况是几种荷载效应导致结构失效(矢量组合——典型的例子是柱承受弯矩和轴力)。这两种情形的安全验算将在后面进一步阐述,但应该注意到,通常设计人员并不清楚结构的哪个区域属于获得极限承载力 $R(q_{ud})$ 的重要部位。这使得我们更倾向于采用那些较为简明、较为常用且更能为实践所证实的分析方法。

最后加入 EN 1992-2 草案中的验算式:

$$E(\gamma_G G+\gamma_Q Q)\leqslant R\frac{q_{ud}}{\gamma_{O'}} \qquad \text{2-2/(5.102 bN)}$$

该式源于式(D5.7-1)的简化形式,在承载力侧只有一个安全系数,并且更易于解释和使用。但是,它不满足上述2-2/条款5.7(105)的第二项的要求。

应该注意的是,其他非线性分析方法也是可行的,包括使用平均特性值进行分析,然后使用整体分析结果进行逐截面验算,或者始终使用设计值进行验算。后者将在本节最后讨论。前者通常适用于正常使用极限状态分析。

5.7.2　标量组合(附加章节)

2-2/条款PP.1(101)涵盖了内力的标量组合。在图5.7-1中,以下限曲线为例解释了不等式的应用方法[除了更简单的2-2/式(5.102bN)]。上限曲线的方法与此类似。结构的某一区域在A点达到极限强度,这对应于B点的荷载组合。该荷载组合通过整体安全系数γ_O折减,在C点给出折减的荷载组合。这对应于D点内部荷载路径上的新点,该点定义了由E点给出的折减承载力。对于不等式2-2/式(5.102aN),E点处的承载力进一步通过γ_{Rd}折减后给出F点,该点对应于内力路径上的G点。G点对应于H点处的荷载组合最终的最大允许值,该值必须大于或等于荷载组合$\gamma_G G+\gamma_Q Q$的实际值。对于不等式2-2/式(5.102cN),E点处的承载力进一步通过$\gamma_{Rd}\gamma_{Sd}$减小,得到F点,该点对应于内力路径上的G点。G点对应于H点处的荷载组合最终的最大允许值,并且大于或等于荷载组合$\gamma_g G+\gamma_q Q$的实际值。 ***2-2/条款PP.1(101)***

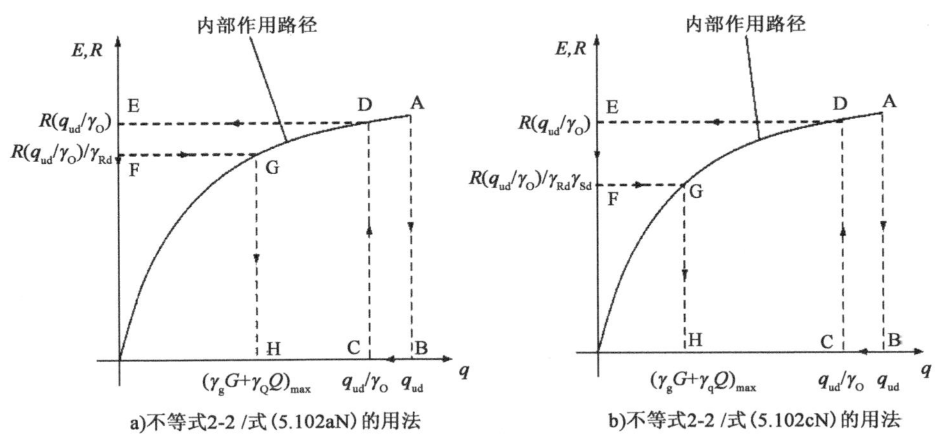

图5.7-1　标量组合在下限曲线力学行为下的安全验算格式

5.7.3　矢量组合(附加章节)

2-2/条款PP.1(102)涵盖了内力矢量组合。图5.7-2说明了上限曲线行为和不等式2-2/式(5.102aN)的应用方法。与下限曲线行为类似。在A点,结构的某一区域达到极限强度。对于简单的梁状结构,通过截面分析,可以使用与非线性分析相同的材料特性来构造破坏面a,该面定义了对应于M_{Ed}和N_{Ed}的所有组合的局部屈服。作用的荷载组合通过整体安全系数γ_O折减,使得内力随荷载路径减少而降低,直到B点给出折减后的内力。 ***2-2/条款PP.1(102)***

然后,考虑材料抗力模型不确定影响,将B点处M_{Ed}和N_{Ed}通过系数γ_{Rd}折减得到 C 点(通过使用系数 γ_{Rd} 对矢量长度 $\overline{OB}$ 进行折减)。C 点通常不在内力路径上,而实际设计破坏点必然位于这一路径上。为了确定内力路径上最大允许荷载组合的 D 点,有必要构造部分屈服面 b。该面具有和面 a 完全相同的形状,但是在所有位置上都按 $\overline{OC}/\overline{OC'}$ 比例进行缩减。D 点位于该面与内部荷载作用路径的交点。然后通过确保荷载组合 $\gamma_G G+\gamma_Q Q$ 的最大值位于屈服面 b 内来进行最终检验,即在 $\gamma_G G+\gamma_Q Q$ 的作用下未达到 D 点。相同的程序应用于不等式 2-2/式(5.102cN),其中用 $\gamma_{Rd}\gamma_{Sd}$ 替换 γ_{Rd},用 $\gamma_g G+\gamma_q Q$ 替换 $\gamma_G G+\gamma_Q Q$。

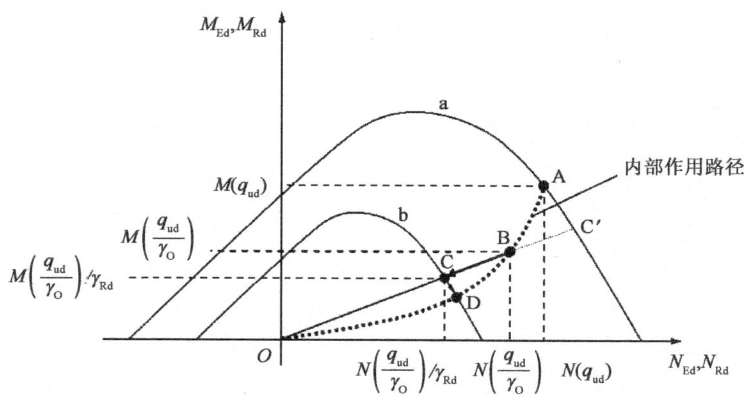

图 5.7-2 使用 2-2/式(5.102aN)对超线性型力学行为进行安全验算的图式

对于这种方法的主要批评是,当结构的某个区域中处于极限强度 $R_{(qud)}$ 状态的临界截面不易被识别时,设计人员不清楚应该如何应用这种方法。这种方法通常用于分析板,不适用于分析简单构件,比如单柱。应注意,该程序特别冗长。因此,在结构分析中直接使用设计值通常要简单得多,以便在分析中直接验算桥梁承载力。在二阶效应很显著情况下,如承载能力极限状态下细长桥墩设计,直接使用设计值会更加保守。然而,这种方法并不总是保守的,特别是在施加位移的正常使用极限状态下,因为结构响应是更加柔性的,如 2-2/条款 5.7(105)的注 2 所述。本指南 5.8.6 进一步讨论了整体分析中设计材料特性的使用。

5.7.4 正常使用极限状态的方法(附加章节)

对于正常使用极限状态下的整体分析,可以直接使用 2-1-1/图 3.2 中的应力-应变曲线,而无需按 2-2/条款 5.7(105)进行修正。徐变的影响可按 5.8.4 采用有效徐变系数 Φ_{ef},但 M_{0Ed} 应取适用于正常使用极限状态下的值。

5.8 轴向荷载作用下的二阶效应分析

5.8.1 二阶效应的定义和介绍

二阶效应是由轴力和横向荷载的挠度相互作用引起的附加作用效应。一阶挠度导致构件中产生附加弯矩,附加弯矩反过来又使挠度进一步增加。这种相互作用效应有时也被称为 P-Δ 效应,附加弯矩等于轴力与构件或系统挠度的乘积。二阶效应最简单的例子是轴力和水平力作用于悬臂桥墩,如图 5.8-1 所示。二阶效应可通过计入附加变形影响的二次分析计算。

二阶效应分析适用于“独立”构件[如图 5.8-1 或者图 5.8-2a)]和包含若干构件的整体桥梁[图 5.8-2b)]。EC2 涉及两类独立构件：

有支撑构件：这样的构件两端均无线位移，在两端有或无转动约束刚度。比如，端部为铰接的压杆。这种构件的有效压屈长度总是小于或者等于构件的实际长度。

无支撑构件：这样的构件一端可相对于另一端发生水平位移，在两端或者一端有约束转动的刚度，比如，上述悬臂式桥墩。这种构件的有效压屈长度总是大于或者等于构件的实际长度。

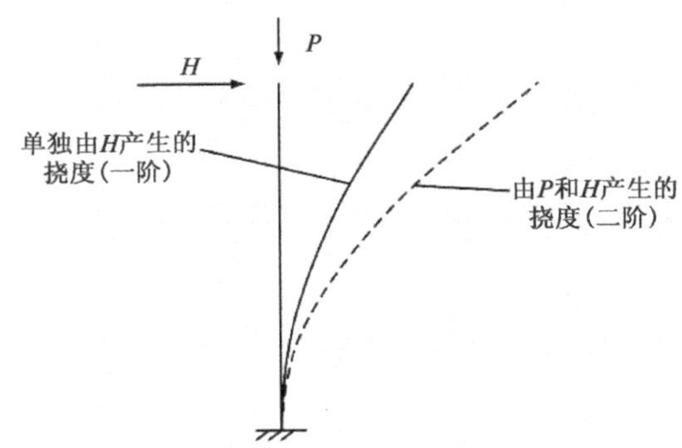

图 5.8-1　初始直立的桥墩在横向荷载作用下的挠度

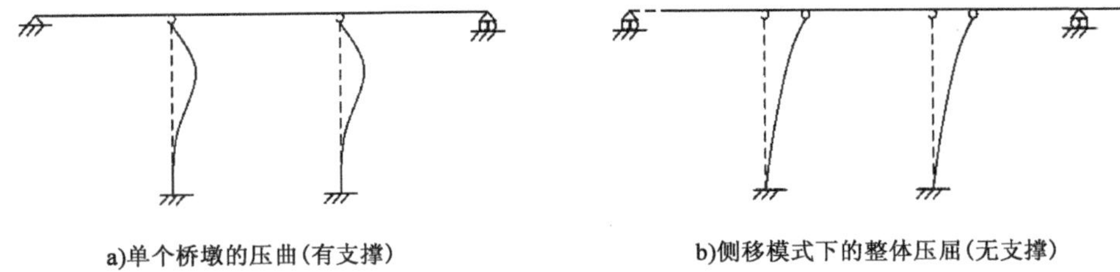

图 5.8-2　有支撑和无支撑构件的压屈模态

桥梁中的受压构件通常可以分解为多个等效的独立构件，它们或“有支撑”或“无支撑”，有着各自的有效长度和边界条件。这将在 5.8.3 进行讨论。

有些工程师可能不熟悉二阶分析方法，这是 Eurocodes 的默认分析方法。二阶分析方法的显著缺点是叠加原理不再适用，并且所有的作用必须与它们各自的荷载和组合系数一起作用于桥梁。所幸的是，大多数情况下不需要进行二阶分析，因为本章给出了替代方法，并且大多情况下二阶效应都很小，甚至可以被忽略。关于何时可以忽略二阶效应的规定在条款 5.8.2 和 5.8.3 中给出，并在下面讨论。

细长受压构件最容易受到二阶效应的影响(长细比的定义将在 5.8.3 中讨论)。长细比和二阶效应的大小与大家熟知的弹性屈曲理论有关。虽然弹性屈曲本身与实际设计没有直接关系，但它给出了对二阶效应很敏感的指标，可以用作从一阶分析结果确定二阶效应的参数，本指南 5.8.7 有所提及。

大多数结构分析软件都可以进行二阶效应分析。除叠加原理不再适用外，钢筋混凝土结构的抗弯刚度 EI 也不再是常数。对于给定的轴向荷载，由于混凝土的开裂和混凝土应力-应变响应是非线性的,*EI* 随着弯矩的增加而减小。这意味着钢筋混凝土构件的二阶效应分析具有几何非线性和材料非线性的双重特性。任何旨在分析二阶效应的方法都必须考虑这种双重非线性特性。后续章节将论述这些问题。

对于桥梁,通常受二阶效应影响的是细长桥墩。因此,本节中所有的算例都与细长桥墩有关。但是,相关条款同样适用于其他受显著轴向荷载的细长构件,例如斜拉桥的桥塔和桥面板。

5.8.2 一般规定

2-1-1/条款 5.8.2(2)P

在进行二阶效应分析时,重要的是确定结构的刚度。***2-1-1/条款5.8.2(2)P*** 要求分析考虑开裂、非线性材料特性和徐变的影响。这可以通过材料非线性分析(如5.8.6所讨论)或使用基于折减割线刚度的线性材料特性(如5.8.7所述)实现。必须按照5.2所述考虑几何缺陷,因为在轴向压力作用下,几何缺陷会产生附加一阶弯矩,进而产生附加二阶弯矩。

2-1-1/条款 5.8.2(3)P

还必须考虑土体-结构相互作用[***2-1-1/条款5.8.2(3)P***],考虑的内容与一阶分析类似。几乎没有专门用于桥梁整体分析的规定,但整体桥墩的长细比可按本指南5.8.3讨论的一般程序确定。

2-1-1/条款 5.8.2(4)P

2-1-1/条款5.8.2(4)P 要求"在可能发生变形的方向上考虑结构性能,必要时还要考虑双向弯曲"。在桥梁设计中,通常需要考虑两个正交方向上在给定作用组合下的变形,即使一个方向上的弯矩与另一方向上的弯矩相比可以忽略不计。

2-1-1/条款 5.8.2(5)P

与此相关的条款是 ***2-1-1/条款 5.8.2(5)P***,它要求按条款5.2考虑几何缺陷。2-1-1/条款5.8.9(2)指出,只需在一个方向(即最不利作用效应方向)上考虑几何缺陷,所以仅简单考虑几何缺陷时,不总需要进行双向受弯分析。

2-1-1/条款 5.8.2(6)

没有必要总是考虑二阶效应。如果二阶效应小于一阶效应的10%,***2-1-1/条款5.8.2(6)*** 允许忽略二阶效应。但这一条款对设计的帮助并不大,因为是否符合这个条件,必须先进行二阶分析。因此,2-1-1/条款5.8.3针对独立构件提出限制长细比的简化准则。这将在下面讨论。

5.8.3 二阶效应的简化准则

5.8.3.1 独立构件的长细比准则

如果使用简化方法确定二阶效应,而不是应用计算机程序进行非线性分析,则可以使用有效长度的概念确定长细比。然后,用长细比确定是否需要考虑二阶效应。根据2-1-1/条款5.8.3.2(1),长细比定义如下:

$$\lambda = l_0 / i \qquad \text{2-1-1/(5.14)}$$

式中:l_0——有效长度;

i——不开裂混凝土截面的回转半径。

2-1-1/条款 5.8.3.1(1)

2-1-1/条款5.8.3.1(1) 给出了简化准则,采用如下限制长细比 λ 的方式判断是否需要进行二阶分析:

$$\lambda \leqslant \lambda_{\lim} = 20A \cdot B \cdot C/\sqrt{n} \qquad \text{2-1-1/(5.13N)}$$

这种长细比限值可在国家附件中修改。$n = N_{Ed}/(A_c f_{cd})$是相应的法向力。轴力越大，n越大，截面越容易受到二阶效应的影响，相应的长细比限值就越小。可以取较大长细比限值的情况有如下几种：

- 徐变较小（因为此时受压构件中混凝土部分的刚度较大）；
- 配筋率较高（因为此时结构总体刚度受混凝土开裂的影响较小）；
- 一阶弯矩峰值出现的位置与二阶弯矩峰值出现的位置不同。

这些影响分别由A、B和C这3个系数解释，其中：

$$A = 1/(1 + 0.2\phi_{ef}) \qquad \text{(D5.8-1)}$$

其中，ϕ_{ef}为2-1-1/条款5.8.4定义的有效徐变系数。如果ϕ_{ef}未知，则A取0.7，大致相当于$\phi_{ef} = 2.0$。典型的情况是在混凝土龄期较短时加载，$\phi_{\infty} = 2.0$，并且荷载完全是准永久性的。因此，这是相当保守的。在任何情况下，A都不会对ϕ_{ef}中的实际变化非常敏感，因此，使用默认值0.7是合理的。

$$B = \sqrt{1 + 2\omega} \qquad \text{(D5.8-2)}$$

其中，$\omega = A_s f_{yd}/(A_c f_{cd})$是配筋率。如果$\omega$未知，$B$可取1.1，相当于$\omega = 0.1$。该值通常使用在长细比较大的柱子中，但与2-1-1/条款9.5.2(2)要求的实际最小配筋率相比略微宽松。

$$C = 1.7 - r_m \qquad \text{(D5.8-3)}$$

式中：r_m是弯矩比M_{01}/M_{02}，M_{01}和M_{02}分别为构件两端的一阶弯矩，且$|M_{02}| \geqslant |M_{01}|$。如果$r_m$未知，$C$取0.7，这相当于整个构件承受均匀弯矩的情况。如果存在横向荷载，C也取为0.7，其中一阶弯矩主要是由于几何缺陷或者构件缺少支撑所致，原因在本指南5.8.7解释。

在进行非线性分析或使用5.8.7和5.8.8的简化方法之前，通常使用2-1-1/式(5.13N)检查是否可以忽略这些影响。该公式的使用在实例5.8-2中说明。

5.8.3.2　独立构件的长细比和有效长度

2-1-1/条款5.8.3.2给出了独立构件有效长度的计算方法。独立构件的典型例子及其相应的有效长度，如2-1-1/图5.7即图5.8-3所示。图中包括：在其顶部具有自由滑动支座的桥墩[工况a)]；顶端有固定支座的桥墩，但是桥面板（通过其与其他构件连接）不提供平动约束[工况b)]；顶部带有固定支座（铰接）且通过桥面板与刚性桥台或刚度较大的桥墩相连的情形[工况c)]。

2-1-1/条款5.8.3.2(3)给出了独立构件有效长度的计算方法。独立构件的典型例子及其相应的有效长度，如2-1-1/图5.7即图5.8-3所示。图中包括：在其顶部具有自由滑动支座的桥墩[工况a)]；顶端有固定支座的桥墩，但是桥面板（通过其与其他构件连接）不提供平动约束[工况b)]；顶部带有固定支座（铰接）且通过桥面板与刚性桥台或刚度较大的桥墩相连的状况[工况c)]。　***2-1-1/条款5.8.3.2(3)***

$$l_0 = 0.5l\sqrt{\left(1 + \frac{k_1}{0.45 + k_1}\right) \cdot \left(1 + \frac{k_2}{0.45 + k_2}\right)} \qquad \text{2-1-1/(5.15)}$$

$$l_0 = l \times \max\left\{\sqrt{1 + 10 \cdot \frac{k_1 \cdot k_2}{k_1 + k_2}};\left(1 + \frac{k_1}{1 + k_1}\right) \cdot \left(1 + \frac{k_2}{1 + k_2}\right)\right\}$$

2-1-1/(5.16)

其中,k_1与k_2分别为构件端点 1 和端点 2 转动约束刚度,它们与构件自身的抗弯刚度有关,构件自身的抗弯刚度为:

$$k = (\theta/M) \cdot (EI/l)$$

式中:θ——弯矩 M 作用下约束的转角;

EI——受压构件的弯曲刚度,见下文讨论;

l——受压构件约束之间的净高。

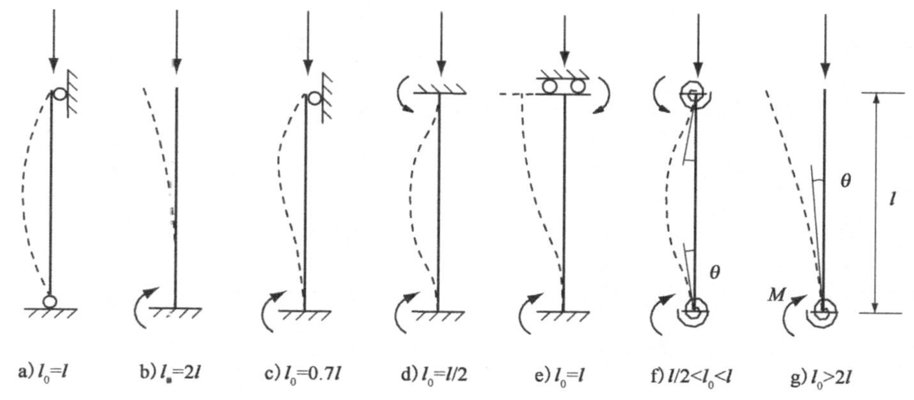

图 5.8-3　独立构件不同压曲模式和有效长度示例

2-1-1/式(5.16)可用于两端具有转动约束的无支撑构件。对 2-1-1 /式(5.16)的快速检查表明,一个构件的理论情况是一端固结($k_1 = k_2 = 0$),但在一端没有约束的情况下可以自由转动,如预期的那样,其有效长度 $l_0 = l$。

2-1-1/条款 5.8.3.2(5)

决定有效长度大小的重要因素是相对于受压构件自身抗弯刚度的约束刚度。因此,使用不开裂截面刚度 EI 对桥墩自身而言是保守的,因为约束刚度必须相对较大,以使压屈长度减小到给定值。这与 2-1-1/条款 5.8.3.2 (1) 中基于毛截面回转半径 i 的定义一致。但是,***2-1-1/条款5.8.3.2(5)***要求,如果截面开裂会显著影响约束提供给桥墩的整体刚度,那么在确定约束(例如钢筋混凝土桥墩的基础)刚度时,应考虑截面开裂的影响。不过对于桥墩,其整体刚度主要决定于地基土的刚度而不是钢筋混凝土构件的刚度。

2-1-1/条款 5.8.3.2(3)的注建议 $k \geqslant 0.1$。对于整体式桥梁或墩顶与桥面板连接在一起的桥梁,还必须考虑桥面板的开裂对刚度的影响。用于整体式结构桥墩的端部刚度可这样确定:将全桥模拟为平面刚架,将对应于压屈模态的变形施加给桥墩,计算桥面板与桥墩顶连接处产生的弯矩和转角。另外,下面介绍的弹性临界压屈分析法可直接确定有效长度。

应该注意的是,图 5.8-3 中的情形不允许横向无支撑构件在横向上有任何约束刚度。如果有明显的侧向约束,例如在整体式桥梁中一个桥墩的刚度远大于其他桥墩刚度时,忽略这种约束将非常保守,因为较柔的桥墩受到刚性桥墩的“支撑”作用。在这种情况下,计算机弹性临界压屈分析将得出有效长度的一个折减值(不过在许多情况下,通过检查可以看出桥墩是有支撑的)。

对于2-1-1/条款5.8.3.2中没有涵盖的情形,其有效长度可根据***2-1-1/条款5.8.3.2(6)***的第一条原则计算。对于变截面亦即截面刚度EI沿构件长度方向发生变化的情况,这种做法是必要的。具体计算步骤是:采用实际的变截面尺寸和荷载,利用弹性临界压屈理论,计算分析求出压屈荷载N_B。将构件混凝土考察截面视为不开裂截面,其余截面视为不裂截面(除非可看出确实是无开裂的)的做法偏保守。于是,有效长度可由下式计算: ***2-1-1/条款 5.8.3.2(6)***

$$l_0 = \pi\sqrt{EI/N_B} \qquad 2\text{-}1\text{-}1/(5.17)$$

其中,EI可以自由选取,但是根据2-1-1/式(5.14)计算长细比时,则必须使用协调的回转半径i和混凝土截面面积A_c。比较“合理”的EI应取压屈半波长度中间三分点处的实际截面刚度值。

对于整体式桥梁,或者刚度不同的桥墩与同一桥面板连接的桥梁,可推导其桥墩的有效长度计算式。在这种情况下,任一桥墩的压屈荷载及其有效长度也取决于其他桥墩的受力和几何尺寸。所有的桥墩可能共同朝一个方向偏移,与无支撑类似[图5.8-4b)],或者某一刚度较大的桥墩或桥台可能阻止其他桥墩的侧移,使其他桥墩表现为有支撑[图5.8-4a)]。此时,上述分析方法可求出精确的有效长度,具体做法为:给所有墩柱施加相同荷载,并按比例增大所有荷载,直至被考察的那个桥墩出现压屈,于是N_B可取为压屈构件的轴向荷载。

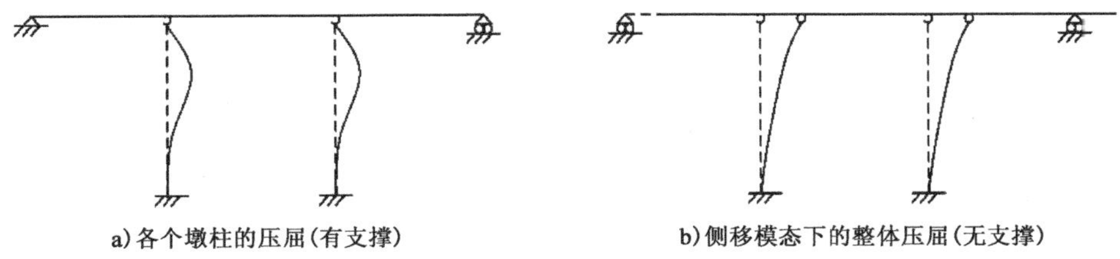

图5.8-4 典型的有支撑和无支撑的状况

最后,有效长度的近似值可以从表中获得,例如BS 5400第4分册[9]的表11所示。

实例5.8-1:悬臂桥墩的有效长度

顶部有自由滑动支座的桥墩,高为27.03m,其截面尺寸和配筋图(下一实例将用到)如图5.8-5和图5.8-6所示。桥墩基础的转动系数为6.976×10^{-9} rad/(kN·m)(即桩群和桩帽的转动刚度的倒数)。混凝土的短期弹性模量为$E_{cm}=35\times10^3$MPa。试计算短轴方向上的有效长度。

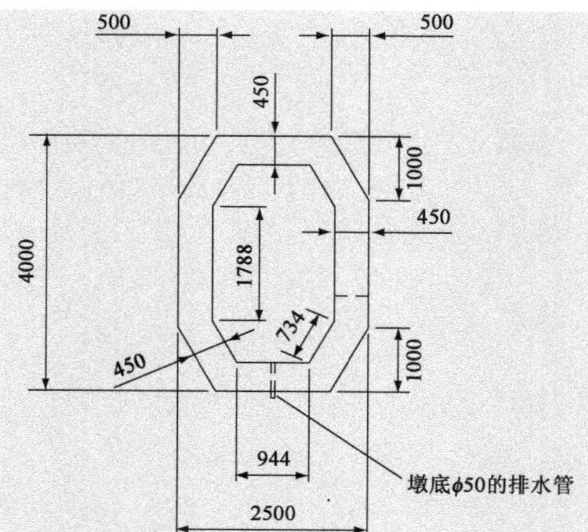

图 5.8-5　实例 5.8-1 桥墩的截面尺寸

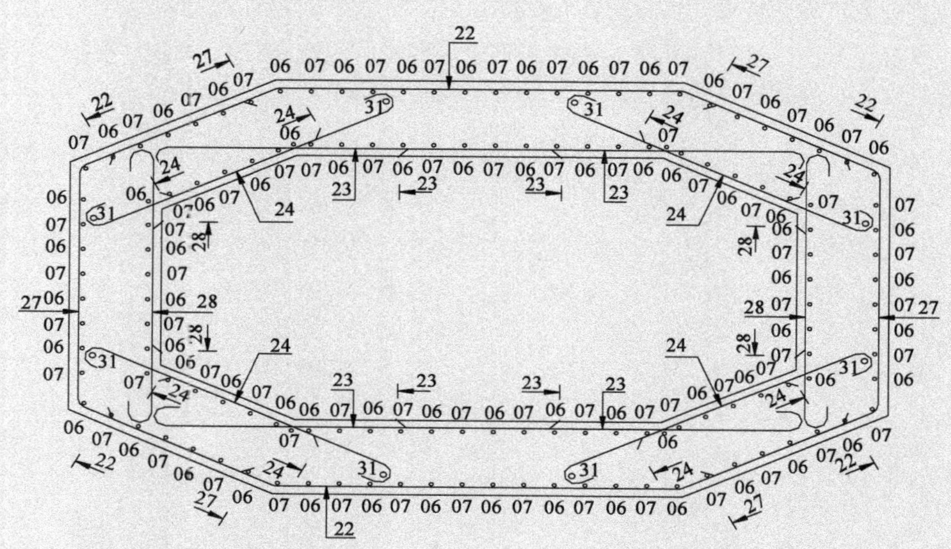

图 5.8-6　实例 5.8-1 中墩截面的配筋图

关于短轴的截面惯性矩 = 3.1774m^4,所以:

$$\frac{EI}{l}=\frac{35\times10^6\times3.1774}{27.03}=4.114\times10^6\text{kNm/rad}$$

在桥墩底部,$k_1=(\theta/M)\cdot(EI/l)=6.976\times10^{-9}\times4.114\times10^6=28.7\times10^{-3}$。该值小于 2-1-1/条款 5.8.3.2(3) 中给出的最小推荐值 0.1。但是,由于上述刚度是由土体的材料特性的下限和桩帽刚度计算得到的,因而 k 取刚度较大的计算值。

在桥墩顶部,没有约束,所以 $k_2=\infty$。

从 2-1-1/式(5.16)可知,有效长度如下:

$$l_0 = l \times \max\left[\sqrt{1+10\times\frac{0.0287\times\infty}{0.0287+\infty}};\left(1+\frac{0.0287}{1+0.0287}\right)\times\left(1+\frac{\infty}{1\times\infty}\right)\right]$$

$$= l \times \max[1.13;2.06]$$

$$= 2.06l$$

该值与完全固结支撑的计算长度 $2l$ 接近。

实例 5.8-2：桥墩的长细比验算

实例 5.8-1 中的桥墩混凝土圆柱体抗压强度为 40MPa，承受轴向荷载为 31867kN。计算短轴的长细比，以确定是否可忽略二阶效应。桥墩的有效长度取其实际高度的 2.1 倍。

关于短轴的截面惯性矩 $=3.1774\text{m}^4$，截面面积 $=4.47\text{m}^2$。长细比的限值由 2-1-1/式(5.13N)确定如下：

$$\lambda \leqslant \lambda_{\text{lim}} = 20A \cdot B \cdot C/\sqrt{n}$$

由于本实例中给出的轴力未区分是短期作用还是长期作用，因此按照前文讨论可保守地取 $A=0.7$。在此阶段由于截面配筋率未知，B 取推荐值 1.1。由于桥墩可自由侧移，属无支撑构件，无法根据桥墩两端的弯矩比计算 C，因此取 $C=0.7$（相当于两端无相对侧移的桥墩，取其两端弯矩相等）。

相应的法向力为：

$$n = N_{\text{Ed}}/(A_c f_{\text{cd}}) = \frac{31867\times10^3}{4.47\times10^6\times22.67} = 0.314$$

其中，$f_{\text{cd}} = \alpha_{\text{cc}} f_{\text{ck}}/\gamma_c = 0.85\times40/1.5 = 22.67\text{MPa}$。

因此，根据 2-1-1/式(5.13N)，$\lambda_{\text{lim}} = 20\times0.7\times1.1\times0.7/\sqrt{0.31} = 19.4$。桥墩横截面的回转半径 $i=0.84\text{m}$，有效长度 $l_0 = 2.1\times27.03 = 56.763\text{m}$，长细比 $\lambda = 56763/843 = 67.3 >> 19.4$。

因此，该桥墩不能忽略二阶效应。

5.8.4　徐变

如 3.1.4 所述，根据材料短期特性计算的挠度因徐变而增大。因此，***2-1-1/条款5.8.4(1)P*** 要求结构二阶分析应考虑徐变效应。为此，需针对不同的荷载条件采用不同的应力-应变关系。为克服这一困难，EN 1992-2 给出了采用有效徐变系数 ϕ_{ef} 乘以总设计荷载的一种简化公式，该式可以求出与准永久荷载作用相当的徐变变形，该变形就是徐变效应。有效徐变系数由 ***2-1-1/条款5.8.4(2)*** 给出： ***2-1-1/条款 5.8.4(1)P***

$$\phi_{\text{ef}} = \phi(\infty, t_0) M_{0\text{Eqp}}/M_{0\text{Ed}} \qquad \text{2-1-1/(5.19)}$$

2-1-1/条款 5.8.4(2)

式中：$\phi(\infty, t_0)$——根据 2-1-1/条款 3.1.4 确定的最终徐变系数；

$M_{0\text{Eqp}}$——在准永久组合(SLS)下的一阶弯矩；

$M_{0\text{Ed}}$——设计组合(ULS)下的一阶弯矩。

采用 SLS 下准永久荷载的弯矩值与 ULS 下设计作用的弯矩值似乎不符合逻

辑。因此建议采用同一作用组合计算两种弯矩,要么采用 SLS 条件下的,要么采用 ULS 条件下的。实例表明,如果所有的弯矩都由永久荷载引起,则由 2-1-1/式(5.19)将得出 $\phi_{ef} < \phi(\infty, t_0)$,这是不正确的。

按上述建议进行适当修正后,用 2-1-1/式(5.19)进行二阶效应分析一般是偏保守的。这是因为,活载引起的二阶弯矩增量将会比恒载引起的二阶弯矩增量更大,这种现象通常在轴力较大的状况中出现。因此,2-1-1/式(5.19)中的一阶弯矩比高估了恒载弯矩在破坏弯矩中的比例。为了避免这种保守倾向,2-1-1/条款 5.8.4(2)的注允许用二阶效应的弯矩比 M_{Eqp}/M_{Ed} 计算 ϕ_{ef},但这是一个迭代过程。

2-1-1/条款 5.8.4(4)

2-1-1/条款5.8.4(4) 允许忽略徐变,因此如果以下 3 个条件都满足,则使用短期混凝土特性:

$\phi(\infty, t_0) \leq 2$

$\lambda \leq 75$

$M_{0ed}/N_{Ed} \geq h$

式中,h 为弯曲平面中的横截面高度。

上述 3 个条件中,后两个条件在桥墩设计中不可能经常使用。因此通常需要考虑徐变,如上所述。2-1-1/条款 5.8.4(4)的注提示不应忽略徐变,如果 2-1-1/条款 5.8.3.1(1)中的机械配筋率 ω 小于 0.25,则考虑二阶效应。

2-2/条款 5.8.4(105)

2-2/条款5.8.4(105) 允许使用更精确的徐变算法,允许考虑单个荷载工况下的徐变变形,而不是用有效徐变因子乘以总作用组合,参考 2-2/附录 KK。对于轴向荷载作用下的二阶效应分析,这种方法的合理性尚未得到验证,其不足之处在于它需要将分析过程分解为若干阶段。

5.8.5 分析方法

2-1-1/条款 5.8.5(1)

2-1-1/条款5.8.5(1) 给出了 3 个考虑二阶效应的方法,分别是:

(1)按条款 5.8.6 进行非线性分析;

(2)按条款 5.8.7 基于放大一阶弯矩进行分析;

(3)按条款 5.8.8 基于最大预测曲率进行分析。

方法(1)给出了最小总弯矩,而方法(3)最简捷。对比方法(2)和(3),方法(2)通常给出较小的徐变系数(比如 $\phi_{ef} < 0.5$)或者较大的配筋率;但对于较大的徐变系数和正常的配筋率,方法(3)给出了较小的弯矩。

5.8.6 二阶非线性效应的一般分析方法

对于本指南 5.8.1 解释的原因,即轴向荷载作用下钢筋混凝土截面的二阶分析,必须真实模拟材料非线性以及几何非线性特性。

2-1-1/条款 5.8.6(1)P

2-1-1/条款5.8.6(1)P 提供了一种基于非线性分析的通用方法,该方法适用于以上两种非线性特性。

为了说明非线性对结构体系抗力的影响,最简单的例子为悬臂式桥墩,如图 5.8-1 所示。对于承受轴向荷载 N 的截面,可以确定其弯矩-曲率关系,并通过位移和曲率关系,得到构件的弯矩-挠度关系曲线。对于悬臂式桥墩,假定将固端最大弯矩作用于全构件高度,可得到近似的弯矩-挠度关系。这时,自由端的挠度为 $\Delta kL^2/2$,其中 k 为固端截面的曲率。由平衡条件可知,作用的总弯矩 $=M_0+N\Delta$,其中 M_0 为考虑了初始缺陷的一阶弯矩。绘制图5.8-7所示的桥墩抵抗弯矩-挠度曲线,并据此寻找满足平衡和变形协调条件的挠度。系统在稳定平衡点处达到平衡,如图5.8-7所示。

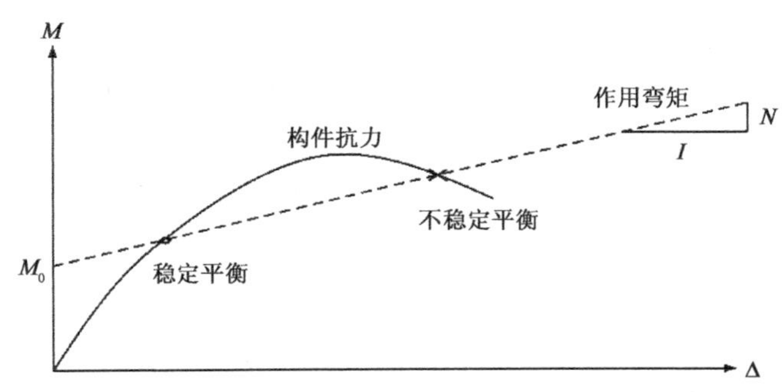

图5.8-7 一端固结一端自由的立柱的弯矩-挠度关系

结构分析软件可在构件长度范围内执行与上述类似的流程,因此,不需要上述近似的弯矩-挠度曲线。***2-1-1/条款5.8.6(6)*** 允许使用这种基于临界截面分析 ***2-1-1/条款5.8.6(6)*** 的近似方法。

虽然EC2在一般规定中说明了结构性能,但它没有解决分析中应该使用什么材料特性的问题。***2-1-1/条款5.8.6(2)P*** 仅规定混凝土和钢筋的应力-应变曲线 ***2-1-1/条款5.8.6(2)P*** 应适用于整体分析,并应考虑徐变。局部截面的抗力由材料强度的设计值控制,可以说,截面的整体行为与材料平均强度密切相关。如本指南5.7所述,EC2通常要求分析中使用真实刚度,这使得验算过程冗长复杂,该验算方法可用于二阶分析。2-2/条款5.7和 ***2-1-1/款5.8.6(3)*** 允许的备选方案是,在整个分析过程中 ***2-1-1/条款5.8.6(3)*** 使用材料特性的设计值,若分析达到平衡和协调,无需进一步的设计验算。当所有施加的荷载均为外力时,这种方法偏保守,因为计算挠度(以及 P-Δ 效应)由于隐含刚度的均匀折减而偏大。在这种情况下,忽略拉伸硬化也是保守的,见 ***2-1-1/条款5.8.6(5)***。该条款允许考虑拉伸硬化效应,但没有给出计入此影响 ***2-1-1/条款5.8.6(5)*** 的具体方法。

值得注意的是,忽略拉伸硬化并不总是安全的,尽管2-1-1/条款5.8.6(5)的注指出其是保守的。例如对于体外后张预应力梁的分析中,如果假定所有截面都不计入拉伸硬化的影响,则预应力筋中的拉力会偏大。

如果使用材料特性的设计值,则可以使用2-1-1/图3.2给出的混凝土[按2-1-1/条款5.8.6(3)对设计值进行修正]和2-1-1/图3.8给出的钢筋应力-应变关系。按 ***2-1-1/条款5.8.6(4)*** 将上述混凝土应力-应变关系图中所有的应变值乘以系数 ***2-1-1/条款5.8.6(4)*** $(1+\phi_{ef})$,此方法可考虑徐变的影响,其中 ϕ_{ef} 为5.8.4讨论的有效徐变系数。应采用与承载能力极限状态相关的设计作用组合进行分析。分析过程中,不要求对局部截面做进一步验算,因为这种分析可直接验算结构的强度和稳定性。不过,当有间接作用(强迫变形)存在时,需要谨慎,因为如不考虑 $P\text{-}\Delta$ 效应的折减,设计控制截面会因整体刚度变大而使承载力偏高。此时,应尝试进行敏感性分析。

不过,在 SLS 分析中,特别是强迫变形可能产生内力的情况下,应采用基于真实刚度的应力-应变关系曲线。因此应按本指南 5.7 针对 SLS 非线性分析的建议建模。

5.8.7 基于名义刚度的二阶效应分析

虽然弹性临界屈曲荷载或弯矩本身与钢筋混凝土的实际设计几乎没有直接关系,但它对二阶效应的敏感性分析具有指导意义,同时也可用于由一阶效应的分析结果确定二阶效应的参数。2-1-1/条款 5.8.7 给出的方法基于弹性理论,即铰接压杆中考虑了二阶效应的总弯矩可通过将一阶弯矩(包括初始缺陷引起的弯矩)乘以一个放大系数得到,该放大系数取决于桥墩中轴力和欧拉压屈荷载。一个最简单的例子是长度为 L 仅承受轴向荷载的铰接压杆,其初始正弦缺陷的最大位移为 a_0。欧拉压屈荷载由下式给出:

$$N_{\mathrm{B}} = \pi^2 EI/L^2 \qquad \text{(D5.8-4)}$$

(对于钢筋混凝土柱,EI 的确定方法由 2-1-1/条款 5.8.7.2 给出,本节稍后对其进行讨论。)

如果轴向荷载是 N_{Ed},则压杆的最终挠度为:

$$a = a_0 \cdot \left[\frac{1}{1-(N_{\mathrm{Ed}}/N_{\mathrm{B}})}\right] \qquad \text{(D5.8-5)}$$

(该式由简单的弹性理论通过求解方程 $EI[\mathrm{d}^2(v-v_0)/\mathrm{d}x^2]+N_{\mathrm{Ed}}v=0$ 得到,式中 v 为侧向位移,其值为柱高 x 的函数,且 $v_0=a_0\sin\pi x/L$。)考虑二阶效应最终弯矩的最大值 $M_{\mathrm{Ed}}=N_{\mathrm{Ed}}a$ 由下式给出:

$$M_{\mathrm{Ed}} = N_{\mathrm{Ed}} \cdot \left[\frac{a_0}{1-(N_{\mathrm{Ed}}/N_{\mathrm{B}})}\right] = M_{0\mathrm{Ed}}\left[\frac{1}{1-(N_{\mathrm{Ed}}/N_{\mathrm{B}})}\right] \qquad \text{(D5.8-6)}$$

其中,$M_{0\mathrm{Ed}}=N_{\mathrm{Ed}}a_0$ 是一阶弯矩。这里的放大系数为 $1/(1-N_{\mathrm{Ed}}/N_{\mathrm{B}})$,假定初始缺陷在压杆中按正弦分布。当铰接压杆在杆端弯矩或横向荷载作用下,也存在类似弯矩放大效应,只不过放大系数会随一阶弯矩的分布而略有变化。在弯矩均匀分布的情况下,上述放大系数偏不安全,但通常有足够的精度满足要求。

2-1-1/条款 5.8.7.3(1)

上述内容说明了 ***2-1-1/条款5.8.7.3(1)*** 的理论基础。该条款允许通过增大一阶弯矩(包含所有初始缺陷效应)确定桥梁或桥梁构件考虑二阶效应影响的总弯矩:

$$M_{\mathrm{Ed}} = M_{0\mathrm{Ed}} \times \left[1+\frac{\beta}{(N_{\mathrm{B}}/N_{\mathrm{Ed}})-1}\right] \qquad \text{2-1-1/(5.28)}$$

2-1-1/条款 5.8.7.3(2)

其中,$\beta=\pi^2/c_0$[见 ***2-1-1/条款5.8.7.3(2)***],$N_{\mathrm{B}}=\pi^2EI/l_0{}^2$,其中 l_0 为按 2-1-1/条款 5.8.3.2 确定的压屈有效长度。$M_{0\mathrm{Ed}}$ 为由一阶分析得到的设计弯矩,但它必须包含初始缺陷引起的弯矩($M_{0\mathrm{Ed}}$ 和 N_{Ed} 均为设计值,须计入所有的作用分项系数)。c_0 取决于弯矩分布,进而取决于柱的曲率。对于曲率均匀的压杆,$c_0=8$。对于曲率呈正弦分布的压杆，$c_0=\pi^2$，***2-1-1/条款5.8.7.3(4)*** 给出了弯矩计算式(D5.8-6)的简化形式： ***2-1-1/条款 5.8.7.3(4)***

$$M_{\mathrm{Ed}}=\frac{M_{\mathrm{Ed}}}{1-(N_{\mathrm{Ed}}/N_{\mathrm{B}})} \qquad 2\text{-}1\text{-}1/(5.30)$$

对于其他类型的弯矩分布图，2-1-1/条款 5.8.7.3(4)建议使用放大系数进行一种合理的近似计算。但是，当 $\beta=\pi^2/8$ 且弯矩呈均匀或接近均匀分布的情形，该方法是不安全的。如下所述，当两端一阶弯矩不相等时，而需使用等效均匀弯矩的情形，也应采用 $\beta=\pi^2/8$。

上述各式假定一阶弯矩峰值与 $P\text{-}\Delta$ 效应的弯矩峰值出现在同一截面。首先考虑有支撑柱的状况，当铰接压杆两端没有弯矩或有相等弯矩时，上述假定是成立的，但当两端有弯矩且弯矩不相等时，上述假定则不成立。因此对于后一种情况，用前述的放大系数在桥墩全高范围内放大一阶弯矩的做法将是保守的。***2-1-1/条款5.8.7.3(3)***（如 BS 5400 第 4 分册[9]）规定只有在柱的高度上没有横向荷载作用，且柱为有支撑的状况，才能使用等效一阶弯矩，该规定部分解决了保守性问题。不相等的一阶端部弯矩 M_{01} 和 M_{02} 会引起弯矩沿柱的高度发生线性变化，按 2-1-1/条款 5.8.8.2(2)的规定用等效一阶端部弯矩 M_{0e} 替代弯矩值： ***2-1-1/条款 5.8.7.3(3)***

当 $|M_{02}|>|M_{01}|$ 时，　$M_{0e}=0.6M_{02}+0.4M_{01}\geqslant 0.4M_{02}$ 　2-1-1/式(5.32)

如果弯矩在钢筋的同一侧产生拉力，则它们具有相同的符号，否则应该给出相反的符号。2-1-1/式(5.32)给出柱中截面的等效一阶弯矩，可以使用 2-1-1/式(5.28)放大，并用于柱的中部截面设计。如下所述，尽管没有明确说明，用于柱端设计的总弯矩不应小于 M_{02}。类似的，柱两端的配筋面积不同时，柱的两端设计弯矩应不小于一阶端部弯矩。

只有忽略缺陷时才能得到线性变化的弯矩，2-1-1/式(5.32)仅适用于弯矩的线性变化部分。但是，必须考虑初始缺陷时，2-1-1/式(5.28)的使用会变得有些混乱。因为该式在 $M_{0\mathrm{Ed}}$ 中计入了缺陷引起的一阶弯矩项。为此，建议将由线性变化的弯矩和缺陷引起的一阶效应分开考虑，且只对由线性变化的弯矩引起的一阶效应按 2-1-1/式(5.32)进行折减，这样总的有效一阶弯矩为：

$$M_{0\mathrm{Ed}}=M_{0\mathrm{Ed},1}+M_{0\mathrm{Ed},i} \qquad (\mathrm{D}5.8\text{-}7)$$

式中：$M_{0\mathrm{Ed},1}$——根据 2-1-1/式(5.32)计算的由线性变化的弯矩(但不包括缺陷)产生的有效一阶均匀弯矩；

$M_{0\mathrm{Ed},i}$——桥墩中部由缺陷引起的最大一阶弯矩。

由式(D5.8-7)求得的弯矩，可用于 2-1-1/式(5.28)求出构件中部考虑二阶效应的总设计效应。

实际上，对于有支撑柱，弯矩等于线性变化的一阶弯矩、缺陷引起的一阶弯矩和 $P\text{-}\Delta$ 效应产生的附加二阶弯矩的叠加，如图 5.8-8 所示(如果端部转动约束刚度为 0，则不会产生二阶端弯矩)。因此，有必要考虑如下 3 个设计位置。

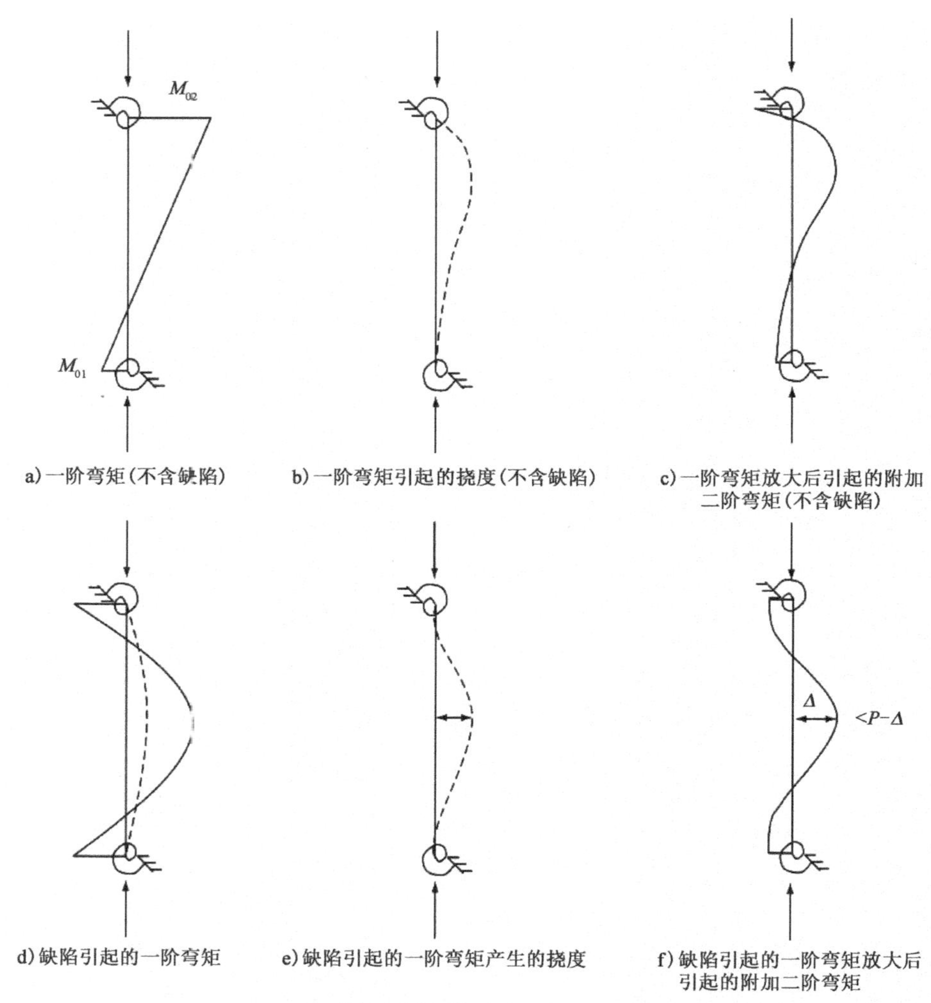

图 5.8-8　有端弯矩和缺陷的有支撑柱

(1)P-Δ 效应增加构件中部的一阶弯矩。总弯矩可近似地由式(D5.8-7)计算的等效一阶弯矩按 2-1-1/式(5.28)放大得到;

(2)P-Δ 效应降低一阶弯矩较大的那一端的弯矩,因此仅须在该端验算初始弯矩 M_{02},假定不计 P-Δ 效应或者缺陷的影响。

(3)P-Δ 效应增加一阶弯矩较小的那一端的弯矩,因此 M_{01} 加上缺陷引起的一阶效应后应予以放大。但是 EC2 和 BS 5400 第 4 分册[9]都没有给出此项验算的要求。在实践中,此项验算可能不会起控制作用。Cranston[10]的研究表明,这个弯矩将小于(1)和(2)中的弯矩。如果对该弯矩有特别验算要求,只能进行计算机二阶非线性分析。如果钢筋有截断,则需要特别谨慎。

对于无支撑柱(即可侧移)不应按 2-1-1/式(5.32)进行上述折减,尽管 EC2 没有明确指出。这可以通过最简单的悬臂桥墩的例子再一次说明,其固端最大一阶弯矩显然与 P-Δ 效应引起的峰值弯矩一致。在这种情况下,桥墩整个高度范围内的一阶弯矩都要按 2-1-1/式(5.28)进行放大。

这种考虑二阶效应的方法对于钢构件很直观,其中的 EI 直到屈服都可取为常数。对于混凝土结构，情况要复杂一些，因为混凝土的开裂具有显著的非线性，而且混凝土的应力-应变响应中也具有非线性特性。这就导致针对给定轴力的“EI”随弯矩的增大而减小，且并不唯一。***2-1-1/条款5.8.7.2(1)*** 通过为给定截面指定一个“名义刚度”EI 来克服这一困难，名义刚度取决于所有相关参数，诸如配筋率、轴向力、混凝土强度、徐变和长细比等： ***2-1-1/条款5.8.7.2(1)***

$$EI = K_c E_{cd} I_c + K_s E_s I_s \quad 2\text{-}1\text{-}1/(5.21)$$

式中：E_{cd}——混凝土弹性模量的设计值，即 2-1-1/条款 5.8.6(3) 中的 E_{cm}/γ_{cE}。γ_{cE}是国家定义参数，推荐值为 1.20；

I_c——混凝土毛截面的惯性矩；

E_s——钢筋弹性模量的设计值；

I_s——钢筋绕混凝土截面形心的惯性矩；

K_c——考虑开裂、混凝土材料非线性和徐变的系数；

K_s——钢筋的贡献系数，$K_s = 1.0$。

上述参数的确定见实例 5.8-3。

在这个计算方法中，构件整个高度范围内的 EI 只能取一个值。如果构件中有钢筋被截断，使用该方法需谨慎，因为这会影响使用上述 β 参数时假定的由率分布。如果钢筋按弯矩承载力包络图连续截断，β 值采用针对弯矩为常数时的 $\pi^2/8$ 则更为合适。由于二阶弯矩取决于截面的刚度，而截面的刚度自身又受其配筋面积影响，如果试图从初始计算假定的钢筋用量中节省钢筋，则按照 2-1-1/条款 5.8.7 所进行的计算将是一个迭代过程。

实例 5.8-3：根据 2-1-1/条款 8.7 的悬臂桥墩的检查

如图 5.8-9 所示，实例 5.8-1 的桥墩在承载能力极限状态下绕短轴承受 31867kN 的轴向荷载和 1366kN 的横向荷载。纵向主筋为 136 根直径为 32mm 的钢筋。在此荷载工况下，有效徐变系数 ϕ_{ef}为 1.0，$E_{cm} = 35 \times 10^3$MPa。试计算桥墩底部的最终弯矩。

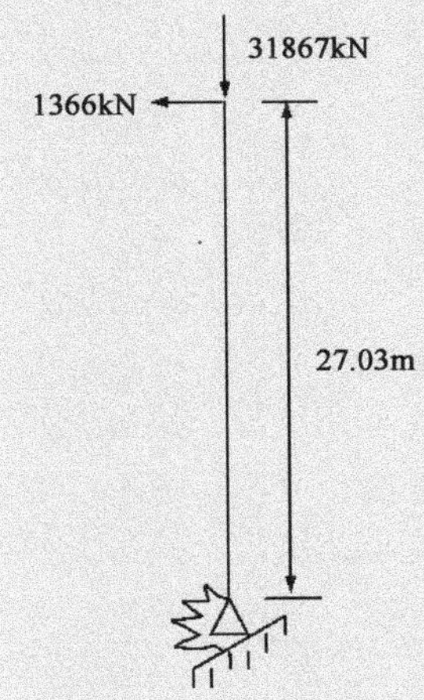

图 5.8-9　实例 5.8-3 中桥墩的荷载情况

首先计算混凝土截面的惯性矩和钢筋绕混凝土截面质心的惯性矩，它们分别为：

$I_c = 3.177\text{m}^4$

$I_s = 7.81 \times 10^{-2}\text{m}^4$

以上内容考虑了受压钢筋——有关受压钢筋的讨论见本指南 5.8.8。

系数 K_c 计算如下：

$$k_1 = \sqrt{\frac{f_{ck}}{20}} = \sqrt{\frac{40}{20}} = 1.41 \qquad \text{2-1-1/(5.23)}$$

$$k_2 = n \cdot \frac{\lambda}{170} = 0.314 \times \frac{67.3}{170} = 0.125 \leqslant 0.2 \quad \text{满足要求}$$

2-1-1/(5.24)

（n 和 λ 取自实例 5.8-2。）

$$K_c = \frac{k_1 \cdot k_2}{1 + \phi_{ef}} = \frac{1.41 \times 0.125}{1 + 1.0} = 0.088 (\text{对于 } \rho > 0.002)$$

2-1-1/(5.22)

混凝土弹性模量：

$$E_{cd} = E_{cm}/\gamma_{cE} = 35 \times 10^3/1.2 = 29.2 \times 10^3\text{MPa} \qquad \text{2-1-1/(5.20)}$$

钢筋的贡献系数：

$$K_s = 1.0 (\text{对于 } \rho > 0.002) \qquad \text{2-1-1/(5.22)}$$

由 2-1-1/式（5.21）可计算得到此墩的名义抗弯刚度为：

$$\begin{aligned} EI &= K_c E_{cd} I_c + K_s E_s I_s \\ &= 0.088 \times 29.2 \times 10^3 \times 3.177 \times 10^{12} + 1.0 \times 200 \times 10^3 \times 7.81 \times 10^{10} \\ &= 2.38 \times 10^{16}\text{mm}^2 \end{aligned}$$

由实例 5.8-2 可知，有效压屈长度 $l_0 = 2.1 \times 27.03 = 56.763\text{m}$，所以屈曲荷载：

$$N_B = \frac{\pi^2 EI}{l_0^2} = \frac{\pi^2 \times 2.38 \times 10^{16}}{56763^3} = 72903\text{kN}$$

墩顶的初始缺陷位移由 2-2/式（5.101）计算，即 $l \cdot \theta_i = l \cdot \theta_0 \cdot \alpha_h$，其中 $\alpha_h = 2/\sqrt{l} = 2/\sqrt{27.03} = 0.38$，$\theta_0$ 为国家定义参数，推荐值为 1/200。本例使用EN 1992-1-1 规定的$\alpha_h \geqslant 2/3$ 时对应的下限值，以考虑较大的施工误差，但EN 1992-2 中不存在这样的限值。于是：

$$l \cdot \theta_i = 27030 \cdot \frac{1}{200} \cdot \frac{2}{3} = 90\text{mm}$$

墩底的一阶弯矩 $M_{0Ed} = 1366 \times 27.030 + 31867 \times 0.09 = 39791\text{kN} \cdot \text{m}$。

由 2-1-1/式（5.28）可计算得到考虑二阶效应的最终弯矩：

$$M_{\mathrm{Ed}} = M_{0\mathrm{Ed}} \cdot \left(1 + \frac{\beta}{N_{\mathrm{B}}/N_{\mathrm{Ed}} - 1}\right)$$

对于近似正弦曲率，取 $\beta = 1$，根据 2-1-1/式(5.30)，上式简化为：

$$M_{\mathrm{Ed}} = \frac{M_{0\mathrm{Ed}}}{1 - N_{\mathrm{Ed}}/N_{\mathrm{B}}} = \frac{39791}{1 - 31867/72903} = 70691\mathrm{kN \cdot m}$$

本例中没有横向荷载引起长轴弯矩，故须单独验算初始缺陷引起的长轴弯矩。经检查，如果此桥墩在短轴方向上有足够的抗力，那么在长轴方向上也满足要求。本例中没有必要验算双向受弯，按照 2-1-1/条款 5.8.9(2)，只需要在一个方向上考虑初始缺陷引起的弯矩；因此，长轴方向上由初始缺陷引起的弯矩不会与上面所求得的短轴方向上的弯矩同时出现。如果在两个方向上都有一阶弯矩存在（大多数实际情况如此），则需按 2-1-1/条款 5.8.9 进行双向受弯计算。

5.8.8　基于名义曲率的方法

2-1-1/条款 5.8.8 的方法与 BS 5400 第 4 分册[9]中的柔性柱法基于相同的理论，均采用最大可能的曲率计算二阶弯矩。***2-1-1/条款 5.8.8.1(1)*** 指出，这种方法主要用于可从桥梁结构中隔离出来的构件，其边界条件可通过构件的有效长度表示。***2-1-1/条款 5.8.8.2(1)*** 的公式，考虑了初始缺陷影响的一阶弯矩与由最大附加挠度引起的弯矩相加的情况。（这与不考虑初始缺陷影响的 BS 5400 不同。）

2-1-1/条款 5.8.8.1(1)

2-1-1/条款 5.8.8.2(1)

$$M_{\mathrm{Ed}} = M_{0\mathrm{Ed}} + M_2 \qquad 2\text{-}1\text{-}1/(5.31)$$

式中：$M_{0\mathrm{Ed}}$——考虑了初始缺陷效应的一阶弯矩；

M_2——估算的（名义）二阶弯矩。

附加二阶弯矩由下式计算：

$$M_2 = N_{\mathrm{Ed}} e_2 \qquad 2\text{-}1\text{-}1/(5.33)$$

根据式 $e_2 = (1/r)l_0^2/c$，先将失效曲率 $1/r$ 代入其中计算 e_2，再按上式计算 M_2，其中，c 的定义与 2-1-1/条款 5.8.7 中 c_0 的定义不同，它取决于总曲率的形状，而不只是由一阶弯矩引起的曲率的形状。如本指南 5.8.7 所述，当曲率呈正弦分布时，$c = \pi^2$；当曲率呈均匀分布时，$c = 8$。

上述 c 的第二种取值对应的典型例子是墩柱：一端刚性固结，一端自由，高度为 L，有效长度 $l_0 = 2L$。对于曲率 $1/r$ 为常数的情形，可通过曲率的积分得到挠度：

$$\Delta = \int_0^L \int_0^x \left(\frac{1}{r}\right)\mathrm{d}x\mathrm{d}x = \left(\frac{1}{r}\right)L^2/2 \qquad (\mathrm{D5.8\text{-}8})$$

将 $c = 8l_0 = 2L$ 带入上述 e_2 的计算式，有：

$$e_2 = \left(\frac{1}{r}\right)l_0^2/c = \left(\frac{1}{r}\right)4L^2/8 = \left(\frac{1}{r}\right)L^2/2$$

与式（D5.8-8）的计算结果相同。

2-1-1/条款 5.8.8.2(4)

2-1-1/条款5.8.8.2(4)推荐 $c=\pi^2$,但是当钢筋根据弯矩包络图在适当位置处连续截断时,需谨慎。在这种情况下,弯矩为常数时,取 $c=8$ 更合适。

2-1-1/条款 5.8.8.3(1)

曲率 $1/r$ 的值取决于徐变和所施加的轴力大小。对于对称等截面(包括钢筋也对称布置)的构件,$1/r$ 可按 ***2-1-1/条款5.8.8.3(1)*** 确定:

$$\frac{1}{r}=K_{\mathrm{r}}K_{\phi}\frac{1}{r_0} \qquad \text{2-1-1/(5.34)}$$

式中:$1/r_0$——曲率基本值,下文将讨论;

K_{r}——取决于轴力的修正系数,下文将讨论;

K_{ϕ}——考虑徐变影响的修正系数,下文将讨论。

2-1-1/式(5.34)仅适用于截面对称且配筋对称的状况。要求配筋对称意味着在刚度计算中要考虑受压钢筋。2-1-1/条款 5.8.7.2(1)关于刚度的计算也要求考虑受压钢筋。该条款没有明确给出受压钢筋的详细设计标准,使其对截面刚度有所贡献。然而,以下条款给出了受压钢筋用于截面抗力计算的构造要求:

- 梁 2-1-1/条款 9.2.1.2(3)
- 柱 2-1-1/条款 9.5.3(6)
- 墙 2-1-1/条款 9.6.3(1)

以上这些要求在相关条款中得到了论述。柱的相关规定要求在验算外层受压钢筋抗力时,受压钢筋必须与架立筋连接才能考虑它们对抗力的贡献,但在刚度计算中就没有此项硬性要求。这种明显不一致是 EN 1992-1-1 条款 5.8.7 和条款 5.8.8 所提出的保守方法,与一般的非线性分析以及 EN 1994-2 中 6.7 针对组合柱采用的类似方法,之间基本原理不同的一种体现。如果专注受压钢筋的限制要求,则由式(D5.8-10)计算的曲率值将更加保守。

曲率 $1/r_0$ 的推导是基于钢筋对称布置的矩形截面梁,且受压钢筋与受拉钢筋屈服层之间的力臂为 $z=0.9d$,其中 d 为截面的有效高度(认为受拉钢筋与受压钢筋同时进入屈服状态)。因此,曲率由下式给出:

$$1/r_0=\frac{\varepsilon_{\mathrm{yd}}}{0.45d} \qquad \text{(D5.8-9)}$$

以上方法与 BS 5400 第 4 分册[9]的要求不同,在 BS 5400 第 4 分册[9]的相关要求中,曲率取自受拉钢筋屈服与受压混凝土被压溃时截面的变形状态。如果不考虑受压钢筋对混凝土的最终应变的削弱作用,则该方法与 BS 5400 第 4 分册[9]的分析方法的结果相近,因为:

(1)按 EC2 的要求,累加项中含有几何缺陷产生的弯矩;

(2)虽然截面上的应变差异比根据 BS 5400 第 4 分册[9]计算的小,但是这种差异发生在梁的浅层(而不是梁的全高)——这相应地增大了曲率。

2-1-1 条款 5.8.8.3(2)

当截面中钢筋沿高度方向非对称布置时,根据 ***2-1-1/条款5.8.8.3(2)***,将 d 取 $h/2+i_{\mathrm{s}}$,其中 i_{s} 为钢筋总截面的回转半径。此条款中的表达式仍然只适用于等截面,且截面和配筋(沿横截面方向)对称的情形。

对于配筋完全不对称的情况，EC2 没有给出规定。一种可行的办法是按照与文献[9]类似的方法计算曲率，即假定受拉钢筋的应变达到屈服值 ε_{yd}时，受压纤维的应变达到失效应变 ε_c，此时，截面曲率由下式近似计算：

$$1/r_0 = \frac{\varepsilon_{yd} + \varepsilon_c}{h} \qquad (D5.8\text{-}10)$$

其中，h 为弯曲方向上截面的高度（将其作为外层钢筋到截面另一侧的距离的一种近似）。混凝土应变可以保守地取 $\varepsilon_c = \varepsilon_{cu2}$。如果采用式（D5.8-10）计算曲率，则系数 K_r应取为 1.0。

K_r为轴力增长对曲率影响的系数，其值等于$(n_u - n)/(n_u - n_{bal}) \leqslant 1.0$。$n_u$为截面仅受轴力 N_u时的极限承载力，由 N_u除以 $A_c f_{cd}$得到。N_u的计算涉及钢筋的总面积 A_s，使得全截面的受压抗力 $N_u = A_c f_{cd} + A_s f_{yd}$。因此，***2-1-1/条款5.8.8.3(3)***给出下式： **2-1-1 条款 5.8.8.3(3)**

$$n_u = \frac{A_c f_{cd} + A_s f_{yd}}{A_c f_{cd}} = 1 + \frac{A_s f_{yd}}{A_c f_{cd}}$$

n_{bal}为轴向荷载的设计值除以 $A_c f_{cd}$得到的最大化的截面抗弯承载力，见图 5.8-10。

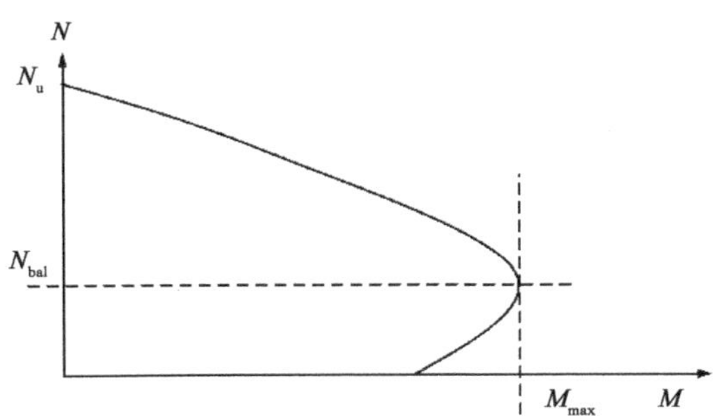

图 5.8-10 “平衡”截面的轴力

该条款允许所有对称截面的 n_{bal}取为 0.4。对于其他情形，该值可由截面分析得到。K_r总是可以保守地取为 1.0（即使当 $n < n_{bal}$，该值大于 1.0 也取 1.0），这种近似取值通常不会造成桥墩的设计不经济，除非压力非常大。

K_ϕ为考虑徐变影响的系数，由 ***2-1-1/条款5.8.8.3(4)***给出： **2-1-1/条款 5.8.8.3(4)**

$$K_\phi = 1 + \beta\phi_{ef} \geqslant 1.0 \qquad 2\text{-}1\text{-}1/(5.37)$$

式中：ϕ_{ef}——有效徐变系数，见 5.8.4；

$\beta = 0.35 + f_{ck}/200 - \lambda/150$，$\lambda$ 为长细比，见 5.8.3。

对于有支撑构件（即两端约束的构件），当其上无横向荷载作用时，弯矩线性变化部分的等效一阶弯矩根据 ***2-1-1/条款5.8.8.2(2)***确定。相关要求已在本指南 5.8.7 详细讨论。需要指出的是，最终一阶弯矩 M_{0Ed}应包含由 2-1-1/式(5.32)计算的被削减的等效弯矩和由初始缺陷造成的一阶弯矩。 **2-1-1/条款 5.8.8.2(2)**

实例 5.8-4:根据 2-1-1/条款 5.8.8 检查悬臂式桥墩

如图 5.8-9 所示,实例 5.8-1 的桥墩在承载能力极限状态下绕短轴承受 31867kN 的轴向荷载和 1366kN 的横向荷载。桥墩纵向布置有 136 根直径为 32mm 的钢筋,钢筋的屈服强度为 460MPa(小于 500 MPa 的标准要求)。在此荷载工况下,有效徐变系数 ϕ_{ef} 为 1.0,$E_{cm}=35\times10^3$ MPa。试计算桥墩基础的最终弯矩。

由于截面是对称的(截面的几何形状和钢筋),因此可以直接使用 2-1-1/条款 5.8.8 的方法,不用修改。钢筋的回转半径 i_s 为 845mm,因此由 2-1-1/式(5.35)可知有效高度 d:

$d=h/2+i_s=2500/2+845=2095\text{mm}$

(上述讨论包含抗压钢筋,见上文 5.8.8 关于抗压钢筋的讨论。)

由 2-1-1/式(5.34)计算曲率 $1/r_0$:

$$1/r_0=\frac{\varepsilon_{yd}}{0.45d}=\frac{400/200\times10^3}{0.45\times2095}=2.12\times10^{-6}\text{mm}^{-1}$$

由于相对轴向力 $n=0.314$(实例 5.8-2),小于 n_{bal},且 n 可以取 0.4;k_r 将大于 1,根据 2-1-1/式(5.36),取值为 1.0。

为了计算 k_ϕ,必须首先由实例 5.8-2 中的长细比 $\lambda=67.3$ 计算参数 β:

$$\beta=0.35+\frac{f_{ck}}{200}-\frac{\lambda}{150}=0.35+\frac{40}{200}-\frac{67.3}{150}=0.101$$

由 2-1-1/式(5.37)可知 $k_\phi=1+B_{\phi ef}=1+0.101\times1.0=1.101$。

根据 2-1-1/式(5.34),名义曲率为:

$1/r=K_r\cdot K_\phi\cdot1/r_0=1.0\times1.101\times2.12\times10^{-6}=2.33\times10^{-6}\text{mm}^{-1}$

屈曲 $l_0=2.1\times27.03=56.763\text{m}$,$c=\pi^2$ 的有效长度为曲率的正弦曲线分布。根据 2-1-1/式(5.33):

$e_2=(1/r)l_0^2/c=2.33\times10^{-6}\times56763^2/\pi^2=761\text{mm}$

$M_2=N_{Ed}e_2=31867\times0.761=24251\text{kN}\cdot\text{m}$

在桥墩顶部的初始缺陷位移由 2-2/式(5.101)可得,$l\cdot\theta_i=l\cdot\theta_0\cdot\alpha_h$,式中 $\alpha_h=2/\sqrt{l}=2/\sqrt{27.03}=0.38$,$\theta_0$ 为国家定义参数,其推荐值为 1/200。在本实例中,采用 EN 1992-1-1 中 $\alpha_h\geqslant2/3$ 时对应的下限值,以考虑更大的施工误差,但 EN 1992-2 中不存在这种限制。因此:

$$l\cdot\theta_i=27030\cdot\frac{1}{200}\cdot\frac{2}{3}=90\text{mm}$$

墩底的一阶弯矩 $M_{0Ed}=1366\times27.030+31867\times0.09=39791\text{kN}\cdot\text{m}$。

由 2-1-1/式(5.31)可算得考虑二阶效应的最终弯矩:

$M_{Ed} = M_{0Ed} + M_2 = 39791 + 24251 = \mathbf{64042kN \cdot m}$

在主轴方向上也需要对由初始缺陷引起的弯矩效应和名义二阶弯矩效应进行检查。也应该检查本指南 5.8.9 所述的双向抗弯承载力,但初始缺陷效应仅需检查一个方向。

5.8.9　双向受弯

如本指南 5.8.6 所述,使用非线性分析可以准确确定柱的长细比对双向受弯的影响。当使用简化方法时,2-1-1/条款 5.8.9 的规定适用。

本指南 5.8.7 和 5.8.8 描述的近似方法也可用于双向受弯的情况。首先采用上述方法,分别确定两个方向的二阶弯矩,包括缺陷引起的弯矩。***2-1-1/条款 5.8.9(2)*** 规定只需考虑一个方向的缺陷,但应选择方向,以确定最不利的整体效应。如果两个主要方向上的长细比的比值不超过 2,相对偏心距满足 2-1-1/式(5.38b)中的一个条件(此处未重述),***2-1-1/条款 5.8.9(3)*** 允许忽略弯矩之间的相互作用(即在每个方向上分别考虑弯曲)。如果不满足,必须组合两个方向上的弯矩(包括二阶效应),但是,仅需要考虑一个方向的缺陷,以便总体上产生最不利工况。在双向弯矩和轴向力作用下,截面设计可以使用本指南 6.1.4.4 讨论的应变相容性方法进行严格的截面分析,或可以使用 ***2-1-1/条款 5.8.9(4)*** 中提供的简单相互作用来完成。

2-1-1/条款 5.8.9(2)

2-1-1/条款 5.8.9(3)

2-1-1/条款 5.8.9(4)

当使用 2-1-1/条款 5.8.8 的方法时,鉴于该部分只能在一个弯曲平面上失效,没有明确说明是否应该同时考虑两个正交方向上的二阶弯矩 M_2。如果使用 5.8.7 的方法,两个方向上的一阶弯矩将被放大,但如果一阶弯矩(包括缺陷引起的弯矩)很小,则相同方向上的弯矩也会很小。然而,M_2 在两个方向上都很重要。

由上可知,只需在经验算表明为最不利荷载的方向上考虑 M_2。对于圆柱,可以将两个正交的弯矩进行矢量合成,于是就可以将原问题转化为考虑 M_2 在合成弯矩决定的主方向上发挥效应的问题。一般来说,建议将 M_2 同时计入正交的两个弯曲方向上去,这样做是保守的,BS 5400 第 4 分册[9] 的规定也是如此。应分别检查构件两个方向上的弯曲效应,如果不能满足 2-1-1/条款 5.8.9(3)的条件,则须考虑构件的双向弯曲效应(M_2 在两个方向上都要考虑,除非满足 2-1-1/条款 5.8.2(6)或 2-1-1/条款 5.8.3 所允许的条件,二阶效应在一个或者两个方向上是可以忽略的)。缺陷效应只需在一个方向上考虑。在许多情况下,M_2 在绕主轴方向上的弯曲不是非常显著,因为按照式(D5.8-9)计算出的曲率以及由此确定的名义二阶弯矩对较宽截面而言较小。

5.9　长细梁的侧向失稳

2-1-1/条款 5.9(1)P 要求设计者考虑细长混凝土梁的侧向失稳。侧向失稳包括梁在主轴弯矩作用下发生的侧向位移和扭转位移。无论在施工过程中,还是竣

2-1-1/条款 5.9(1)P

工状态,均需要考虑这种失稳工况,但是这种问题最可能在混凝土梁运输或架设过程中,梁未得到结构中其他构件(例如桥面板和横隔板)充分支撑之前出现。

2-1-1/条款 5.9(3)

2-1-1/条款5.9(3)规定了需满足的几何条件,如果设计满足这些几何条件就可以忽略上述侧向失稳带来的二阶效应。但是这些限制条款不适用于存在轴力(例如由于体外预应力产生的轴力)的情形,因为轴力会引起附加的二阶效应,如5.8 所述。通常,建议根据几何限制条件要求进行截面设计,以避免复杂的二阶效应分析验算。在实际桥梁设计中,梁的截面拟定(边梁与整体式护栏现浇在一起的状况除外)都要满足这些限制性条件。在边梁的几何形状不满足上述要求,又没有进行承载能力验算时,需要设计人员对此类边梁抵抗侧向失稳的能力做出经验判断。(对边梁的抗裂性能进行验算时也需谨慎。)

2-1-1/条款 5.9(2)

如果不满足 2-1-1/条款 5.9(3)的要求,则需进行二阶分析,以确定梁的侧向弯矩和扭矩。这种情况下必须考虑几何缺陷,***2-1-1/条款5.9(2)***规定,用 $l/300$ 的侧向位移模拟梁的几何缺陷,其中 l 为梁的总长度,此时,不需另外考虑扭转缺陷。任何支撑的作用,在侧向失稳分析中都应被考虑,无论是在桥面板上的连续支撑还是在横隔板处的不连续支撑。这种分析是复杂的,因为它必须同时考虑材料非线性和失稳状态的几何非线性特性,为此需要使用有限单元法建模(具有壳单元)分析。

2-1-1/条款 5.9(4)

EN 1992 没有对此类计算提供指导,对非线性分析的进一步讨论超出了本指南范围。模型标准 90[6]的 6.3.3.4 的注给出了细长梁设计的简化方法和其他相关参考信息。无论采用何种方法,支撑结构和约束装置的设计都应考虑扭矩的作用,见 ***2-1-1/条款5.9(4)***。

5.10 预应力构件和结构

5.10.1 一般规定

2-2/条款 5.10.1 给出了预应力混凝土构件和结构、先张拉和后张拉桥梁的具体规定;涉及最大允许预应力、预应力损失以及截面设计和整体分析中对预应力的处理;不包括锚固区的设计,这部分设计方法在 2-2/条款 8.10 介绍。本节规定非常适用于后张拉预应力构件,对于先张拉梁与桥面板形成组合截面的情况,需进一步说明,如下文及实例中所述。

2-1-1/条款 5.10.1(2)
2-1-1/条款 5.10.1(3)

2-1-1/条款5.10.1(2)允许将预应力的影响视为一种荷载或作为抗力的一部分,具体条款通常会明确说明使用哪种方法,因此几乎没有选择的机会。一般来说,预应力被视为一种作用[***2-1-1/条款5.10.1(3)***],在 EN 1990 中参与作用组合。例如,端部区域设计时,预应力被视为作用在该弹性区域上的作用力(见8.10),在构件适用性设计、无粘结预应力或者体外后张预应力体系的弯曲分析中,预应力均被视为一种作用。预应力效应通常等效为轴力和弯矩的组合。

对于粘结预应力构件的抗弯承载力,最方便的是将预应力作为抗力的一部分进行处理。***2-1-1/条款5.10.1(4)*** 要求根据预应力束在张拉后的附加强度，确定其对截面抗力的贡献。该条款旨在避免重复计算设计预应力的贡献，重复计算指预应力已被视为外荷载（即主预应力的等效弯矩和轴向力），而又要考虑对截面抗力的贡献。满足 2-1-1/条款 5.10.1(4) 要求最简单的办法是将预应力的二阶效应视为预应力荷载造成的，而略去其主效应。截面抗力设计中，考虑设计预应力贡献的方法是对预应力筋应力-应变关系曲线的原点作平移进行计算，平移量与预应力的设计值有关。与该预应力有关的初始应变被称为预应变。本指南 6.1 将进一步讨论这种方法。 ***2-1-1/条款5.10.1(4)***

2-1-1/条款5.10.1(5)P 要求避免由于预应力筋在弯曲时混凝土突然开裂失效引起预应力构件的脆性破坏。***2-2/条款5.10.1(106)*** 要求使用 2-2/条款 6.1(109) 中的一种方法来实现，该方法在本指南 6.1 讨论。对于英国设计人员来说，这是一种新的检查标准。该要求类似于钢筋混凝土构件中的最小配筋率。 ***2-1-1/条款 5.10.1(5)P*** ***2-2/条款 5.10.1(106)***

5.10.2　张拉过程中的预应力

5.10.2.1　最大应力

为了降低钢筋失效风险，EC2 定义了钢筋张拉过程和张拉之后的最大应力限值。避免应力处于预应力钢绞线应力-应变曲线的非线性区域，并确保钢筋不会发生过大的应力松弛。本节给出张拉过程应力限值，张拉后的限值在 2-2-1/条款 5.10.3 规定。

作用于预应力筋上的力 P_{max} 不应超过 ***2-1-1/条款5.10.2.1(1)*** 给出的限值： ***2-1-1/条款 5.10.2.1(1)P***

$$P_{max} = A_p \sigma_{p,max} \qquad \text{2-1-1/(5.41)}$$

其中，A_p 是预应力筋截面面积；$\sigma_{p,max}$ 为预应力筋最大应力，其被定义为 $k_1 f_{pk}$ 和 $k_2 f_{p0.1k}$ 中的较小值。f_{pk} 和 $f_{p0.1k}$ 分别是标准抗拉强度和 0.1% 屈服强度，如 3.3 所述。k_1 和 k_2 为国家定义参数，EC2 的推荐值分别为 0.8 和 0.9。值得注意的是，推荐的最大容许张拉应力（假定 f_{pk} 最小值等于 $1.1 f_{p0.1k}$，如 3.3.4 所述）略大于设计屈服强度（$0.88 f_{p0.1k}$ 或者 $0.90 f_{p0.1k}$，与 $\gamma_s = 1.15$ 时的设计容许值 $0.87 f_{p0.1k}$ 对比）。对于 EN 100138-3 中的预应力筋，通常 $f_{p0.1k} = 0.86 f_{pk}$，因此，第一个限值为 $0.93 f_{p0.1k}$，甚至更高。BS5400 第 4 分册[9]中出现了类似情况。

如果千斤顶的测量精度达到 ±5%，***2-1-1/条款5.10.2.1(2)*** 允许最大张拉力 P_{max} 调高至 $k_3 f_{pk}$。k_3 的值可在国家附件中给出，EC2 的推荐值为 0.95。该值不能用于设计，其目的是防止施工过程中不可预见因素引起的预应力不足，例如孔道摩阻和管道摆动等造成的预应力损失。（2-1-1/条款 5.10.3 要求现场检测张拉预应力和预应力筋伸长量，实践证明这是一种有效方法。）提高张拉力必须与预应力筋供应商协商确定，因为在预应力张拉过程中，提高张拉力会增大钢绞线失效的风险。 ***2-1-1/条款 5.10.2.1(2)***

5.10.2.2　混凝土应力限值

2-1-1/条款 5.10.2.2 给出了预应力混凝土的一些规定，以确保在预应力张拉过程中和结构使用年限内,避免混凝土的压溃和开裂。在锚固区,由于预应力随时间衰减,而混凝土强度随时间增加,出现混凝土压溃和开裂的风险主要是在预应力张拉初期。不过在无粘结和体外预应力构件中,在极限荷载条件下预应力有潜在增大的趋势,见本指南 5.10.8。

2-1-1/条款 5.10.2.2(1)P

2-1-1/条款 5.10.2.2(2)

在后张拉构件的设计中,将预应力视为相对较小锚固件的集中力直接作用于构件端部。集中力必然会在横截面上扩散,因而该区域混凝土处于高应力状态。本指南 8.10 进一步讨论了这种端部区域设计和构造要求。先张拉构件的传递长度也将在 8.10 中讨论。虽然 EC2-2 给出了锚固周围混凝土开裂的检查规定,但没有明确规定张拉梁中锚固板前混凝土的压溃和开裂的检查方法。***2-1-1/条款 5.10.2.2(1)P*** 要求避免上述局部受压破坏,因此,如之前英国标准中的规定,必须保证混凝土强度达到预应力筋供应商产品说明书中所提供的最小强度要求,这是 ***2-1-1/条款5.10.2.2(2)*** 的参考依据,也是“欧洲技术认证”(ETA)的基本要求。

2-1-1/条款 5.10.2.2(4)

如果预应力以阶梯式分步增加或没有达到 ETA 中假定的最大张拉力,***2-1-1/条款5.10.2.2(4)*** 允许中间过程中的最小混凝土强度有所降低,下降幅度以绝对最小值为基准。该值可在国家附件中规定,EC2 的推荐值为 ETA 所规定的完全张拉条件下要求的混凝土最小强度的 50%。***2-1-1/条款5.10.2.2(4)*** 推荐:当张拉力为 30% 时,混凝土必须具备 ETA 所要求的最小强度的 50%,当张拉力为 100% 时,混凝土必须具备 ETA 所要求的最小强度的 100%,中间张拉状态均按线性插值的办法取得。

2-1-1/条款 5.10.2.2(5)

远离锚固区的混凝土压应力也应受到限制,以防止出现耐久性设计中需要避免的纵向开裂。***2-1-1/条款5.10.2.2(5)*** 给出的压应力限值为 $0.6f_{ck}(t)$,其中 $f_{ck}(t)$ 是施加预应力时混凝土的标准抗压强度。该限值与 2-2/条款 7.2 中提供的限值一致,该条款用于防止处于腐蚀性环境中构件发生纵向开裂。在试验或经验表明不会发生纵向开裂的情况下,该限值在先张拉构件中可以调高[推荐值为 $0.7f_{ck}(t)$,可根据国家附件取值]。如果混凝土中的压应力在准永久组合作用下超过 $0.45f_{ck}(t)$,2-1-1/条款 5.10.2.2(5) 要求根据 3.1.4 的方法考虑非线性徐变的影响。

对张拉过程中混凝土抗拉应力的大小,尚未限定。2-2/条款 7.3 对正常使用极限状态下裂缝宽度限值起控制作用。2-2/表 7.101N 要求低压应力检查只需在离钢筋束 100mm 的位置处进行,在梁的顶层纤维附近此规定并不适用。裂缝宽度可根据 2-2/表 7.101N 进行验算,限值为 0.2mm。另外,各国附件对 2-2/表 7.101N进行了修正,为设计人员提供进一步的指导。还有其他形式的低压应力检查用以验算中间张拉状态中末端纤维层的强度,或者对允许出现拉应力的部位进行拉应力检验,BS 5400 第 4 分册[9]给出的限值为 1MPa。

5.10.3 预应力

在给定时间 t,至张拉端的距离 x 的状况下,平均预应力 $P_{m,t}(x)$ 等于施加于张拉端的最大作用力(P_{max})减去瞬时损失 $\Delta P_i(x)$ 和时变损失 ΔP_{c+s+r}:

$$P_{m,t}(x) = P_{max} - \Delta P_i(x) - \Delta P_{c+s+r} \quad (D5.10\text{-}1)$$

2-1-1/条款5.10.3(1)P 和 ***2-1-1/条款5.10.3(4)*** 都给出了上述定义。使用上述公式时需要谨慎,因为 EC2 定义的瞬时损失 $\Delta P_i(x)$ 是针对单根预应力筋,而定义长期损失值 ΔP_{c+s+r} 是针对构件中一组预应力筋。 ***2-1-1/条款 5.10.3(1)P*** ***2-1-1/条款5.10.3(4)***

无论初始张拉力多大,2-1-1/条款 5.10.3 定义了考虑瞬时(即 $t = t_0$ 时)损失效应的锚固(后张)或张拉(先张)后钢筋束中的最大容许应力。张拉后发生瞬时损失后的预应力由下式给出:

$$P_{m0}(x) = P_{max} - \Delta P_i(x) \quad (D5.10\text{-}2)$$

该值在任何情况下不应超过 ***2-1-1/条款5.10.3(2)*** 给出的限值。 ***2-1-1/条款 5.10.3(2)***

$$P_{m0}(x) = A_p \sigma_{pm0}(x) \quad 2\text{-}1\text{-}1/(5.43)$$

其中,$\sigma_{pm0}(x)$ 为张拉完成或放张瞬时预应力筋在 x 处的应力。2-1-1/条款 5.10.3(2)将 $\sigma_{pm0}(x)$ 限定为 $k_7 f_{pk}$ 和 $k_8 f_{p0.1k}$ 两者中的较小值,其中 f_{pk} 和 $f_{p0.1k}$ 分别为标准强度和 0.1% 屈服强度。k_7 和 k_8 为国家定义参数,EC2 的推荐值分别为 0.75 和 0.85。该值通常比之前英国桥梁设计中使用的值略高。对于性能符合 EN 10138-3 要求的预应力钢绞线,通常 $f_{p0.1k} = 0.86 f_{pk}$,因此,第二个值相对较小,即最大允许拉力为抗拉强度标准值的 73.1%。BS 5400 第 4 分册[9]中规定,张拉后钢筋中的拉力限值为抗拉强度标准值的 70%。

2-1-1/条款5.10.3(3) 要求在确定预应力瞬时损失 $\Delta P_i(x)$ 时,考虑下列损失分量: ***2-1-1/条款 5.10.3(3)***

- 由于混凝土的弹性变形引起的损失 ΔP_{el};
- 由于短期松弛引起的损失 ΔP_r(仅发生在先张构件中,因为放张后需要延迟一段时间预应力才稳定);
- 由于摩擦引起的损失 $\Delta P_\mu(x)$;
- 由于锚具变形(或者锚具内缩)引起的损失 ΔP_{sl}。

这些损失将在 5.10.4 和 5.10.5 中讨论。预应力时变损失记为 ΔP_{c+s+r},这是由于混凝土的徐变和收缩以及预应力钢的长期松弛造成的。时变损失将在5.10.6中讨论。

5.10.4 先张法预应力瞬时损失

2-1-1/条款5.10.4(1) 要求先张构件中考虑以下预应力损失: ***2-1-1/条款 5.10.4(1)***

(1)在张拉过程中,由弯曲摩擦引起的损失(例如按曲线布设的钢筋束或钢绞线)。摩擦损失的计算类似于 5.10.5 中讨论的体外后张拉预应力桥的计算。

(2)由于锚固设备中锚具内缩引起的损失。该损失与施工有关,设计人员常常不考虑此项损失。尽管如此,在内缩值已知的情况下,此项损失可采用与 5.10.5中所讨论的后张构件的锚具变形损失相同的方法计算。

(3)在钢筋预张和混凝土预压时间间隔内,由于预张钢筋的松弛所引起的损失。该项损失根据 2-1-1/条款 3.3.2 计算。

(4)放张完成时,预应力筋传递给混凝土的压力使得混凝土产生弹性压缩而造成的预应力损失。这种损失在截面面积为 A_p 的预应力筋中沿其纵向是变化的,可按下式近似计算:

$$\Delta P_{el}(x) = A_p \frac{E_p}{E_{cm}(t)} \sigma_c(x) \tag{D5.10-3}$$

其中,$\sigma_c(x)$ 为放张时与预应力筋邻近的混凝土应力。$E_p/E_{cm}(t)$ 为弹性模量比,分母为放张时对应龄期混凝土的弹性模量。此项损失在总损失中所占的比例比后张构件中的大,其原因将在下一节讨论。如果需要考虑放张期间混凝土应力的变化,与 2-1-1/式(5.46)类似,在式(D5.10-3)的右边项添加一个分母,此时徐变系数 Φ 为零。

$$\Delta P_{el}(x) = \frac{A_p \dfrac{E_p}{E_{cm}(t)} \sigma_c(x)}{1 + \dfrac{E_p}{E_{cm}(t)} \dfrac{A_p}{A_c}\left(1 + \dfrac{A_c}{I_c} z_{cp}^2\right)} \tag{D5.10-4}$$

其中,A_c 和 z_{cp} 的定义见 2-1-1/式(5.46)的注。式(D5.10-4)中,A_p 指一根钢筋或多根钢筋截面面积的近似值。对于多根钢筋的状况,$\sigma_c(x)$ 提取位置为钢筋总截面的形心。式中各参数的取值,应注意前后一致。

5.10.5 后张法预应力瞬时损失

5.10.5.1 混凝土瞬时变形引起的预应力损失

为了对分批张拉钢筋组中的弹性损失进行严格计算,必须单独考虑每根钢筋的应力变化情况,计算每根钢筋的张拉力损失必须考虑分批张拉的全过程。每根预应力筋中应力变化由其邻近混凝土中应变变化引起,这种混凝土应变在预应力筋方向上取平均值,混凝土应变变化又由前后相继的每根预应力筋的张拉力确定。对混凝土的应变使用平均值的原因是在分批张拉的全过程中,每根预应力筋与混凝土间都无粘结时,预应力筋应变的变化不受其周围混凝土的约束,与混凝土的应变变化不相等,因而预应力筋中张拉力的损失在其长度方向上是均匀分布的(不考虑摩阻效应)。通常,预应力筋因混凝土的弹性变形而产生的张拉力损失在其全长范围内是一个平均值。如果在后续预应力筋张拉前,已张拉的预应力筋已经与其周围的混凝土粘结在一起,那么已张拉钢筋中的预应力损失沿其长度方向就不再是均匀分布的,这是因为钢筋的应变变化必须与其周围的混凝土的应变变化保持一致(如 5.10.4 所述的先张法)。

2-1-1/条款 5.10.5.1(2)

作为计算单根钢筋损失的一种更简单的备选方法,***2-1-1/条款5.10.5.1(2)*** 允许将多根预应力筋(或者预应力束)作为一个整体看待(合力点在所有钢筋截面的形心处),并用整束钢筋的张拉应力计算预应力损失的平均值。尽管有时偏于不安全,但这却是一种常见的简化方法,此方法已在之前英国桥梁设计中使用,2-1-1/条款 5.10.6 也用这种方法计算长期效应损失。在钢筋束中各预应力筋“完全相同”

时，有一个公式可以近似计算其平均预应力损失，这里的“完全相同”指各预应力筋有着相同的尺寸且初张拉力相同。2-1-1/式(5.44)给出了单根钢筋的平均应力损失，其中 A_p 为一根钢筋的面积，逐步张拉产生的渐进预应力损失通过因子 j 计算：

$$\Delta P_{el} = A_p E_p \sum \left[\frac{j\Delta\sigma_c(t)}{E_{cm}(t)}\right] \qquad 2\text{-}1\text{-}1/(5.44)$$

式中：A_p——钢筋的截面面积；

E_p——预应力筋的弹性模量；

$E_{cm}(t)$——混凝土在时间 t 的弹性模量(见 3.1.3)；

$\Delta\sigma_c(t)$——预应力束的质心处混凝土应力在时刻 t 的变化量。它包括预应力的贡献以及其他永久荷载的变化产生的影响，例如在张拉过程中，梁从支架上脱离而引起的自重的渐变。如前文所述，$\Delta\sigma_c(t)$ 是预应力束形心处的应力变化平均值，其中所有预应力束在张拉完成之前是未粘结的。$\Delta\sigma_c(t)$ 还包括张拉后施加的永久荷载引起的应力变化(例如，支撑的拆除，千斤顶在梁底的升降或者搁置于桥梁上的荷载等)，但这些需要单独考虑，因为它们具有不同的“j”值。

j——$j=(n-1)/2n$，其中 n 为依次被张拉的“完全相同”的预应力筋的数目。作为一种近似值，j 可以取 0.5。如果预应力筋应力的变化是由张拉完成后恒载作用发生变化所引起的，那么 $j=1$，因为在这种情况下，每根预应力筋所受的影响是相似的。这也是 2-1-1/式(5.44)使用符号“$\sum$”的原因。如果对 A_p 作相应的调整，那么 2-1-1/式(5.44)可以直接用于计算预应力束的预应力总损失(见实例 5.10-1 和 5.10-3)。

需要指出的最后一点是分批张拉问题，如果在梁的截面特性计算中，考虑了与混凝土粘结的预应力筋的影响，那么在计算混凝土截面应力时应考虑后续张拉在已与混凝土粘结的预应力筋中所引起的“弹性损失”。于是，在使用 2-1-1/式(5.44)进行相关计算时就没有必要考虑这些钢筋。这种做法被一些分析软件所采用。

5.10.5.2　摩阻损失

在后张体系中，如果预应力束穿过有转角的孔道，预应力会因为预应力束与孔道之间的摩阻而损失一部分。设计中预测和没有预测到的预应力束曲线偏转都会导致摩阻损失，预应力束实际线形的偏差或摆动由管道布置误差、支撑间管道的下垂以及管道在混凝土浇注过程中产生的移动引起。对于体外预应力体系而言，摩擦集中于预应力筋的转折点处。

2-1-1/条款5.10.5.2(1) 给出估算后张体系预应力束预应力摩阻损失 $\Delta P_{\mu}(x)$ 的计算式：　***2-1-1/条款 5.10.2(1)***

$$\Delta P_{\mu}(x) = P_{max}\left[1 - e^{-\mu(\theta + kx)}\right] \qquad 2\text{-}1\text{-}1/(5.45)$$

式中:θ——张拉端到距张拉端 x 处的范围内预应力束曲线的偏角总和(不考虑偏角的符号);

μ——预应力束与其孔道间的摩擦系数。μ 值因预应力束与孔道的类型而异,最好根据特定的预应力体系从预应力束与孔道制造商那里获取。如果缺乏试验数据,则可从 2-1-1/表 5.1 即表 5.10-1 查得;

k——"摆动偏差"系数,用以计量单位长度预应力束所发生的非预期角度偏差,其值最好以生产商提供的数据为准。在没有试验数据的情况下,

2-1-1/条款 5.10.5.2(3) *2-1-1/条款 5.10.2(4)*

2-1-1/条款5.10.5.2(3) 推荐其取值范围为 $0.005 < k < 0.01$(每米)。对于体外预应力束,***2-1-1/条款5.10.5.2(4)*** 允许忽略非预期角度偏差引起的预应力损失,但同时要求在施工现场严格控制预应力束的偏角在设计允许的范围内。通常,预应力束的非预期角度偏差比其设计预期转角小得多,因而常常忽略不计;

x——考察点沿预应力束长度方向到张拉端间的距离(张拉端,即预应力束上张拉力等于 P_{max} 的位置)。

将 2-1-1/式(5.45)改写,可得 x 处预应力束的张拉力 $P(x)$:

$$P(x)/P_{max} = e^{-\mu(\theta + kx)} \qquad (D5.10\text{-}5)$$

在 $\mu(\theta + kx)$ 足够小的情况下,式(D5.10-5)可写为:

$$P(x)/P_{max} = 1 - \mu\theta - \mu kx \qquad (D5.10\text{-}6)$$

可以看到,式(D5.10-6)表明预应力束中的摩阻损失随考察位置呈线性变化,这种情况仅在预应力筋沿直线布置(仅有非预期偏差损失),或者每米的角度偏差为线性(即呈抛物线形分布)条件下出现。

后张法预应力筋摩擦系数推荐值 表 5.10-1

体内预应力筋(孔道空间的一半被预应力筋占据)		体外无粘结预应力筋			
		钢管道(无润滑)	HDPE 管道(无润滑)	钢管道(润滑)	HDPE 管道(润滑)
冷拔钢丝	0.17	0.25	0.14	0.18	0.12
钢绞线	0.19	0.24	0.12	0.16	0.10
精轧螺纹钢筋	0.65	—	—	—	—
光圆钢筋	0.33	—	—	—	—

注:HDPE 为高密度聚乙烯。

应该注意的是,上文中摆动系数 k 的定义及其取值与之前的英国标准中使用的不同。(EC2 中的 k 值等于以前在 BS5400 第 4 分册[9]中使用的 k 值除以摩擦系数 μ。)

5.10.5.3 锚固损失

在张拉后的锚固操作中,必须考虑由楔块内缩和锚具自身的收缩形变产生的预应力损失。在产品说明书中给出了预应力系统的回缩值。英国使用的现有系统的设计回缩量介于 6~12mm 之间,但现场操作中的回缩量通常低于上述特定系统的回缩量。对于相对较短的预应力束,锚具损失可能特别显著,影响可以涉

及预应力束全长范围。对于长钢筋束，由于与摩擦损失的相互抵消，回缩的损失通常不会波及预应力束的整个长度范围。实例 5.10-1 讨论了锚固损失的计算。

实例 5.10-1：混凝土箱梁的预应力瞬时损失

计算图 5.10-1 所示三跨连续混凝土箱梁预应力瞬时损失，截面特性和材料特性假定如下所列，预应力线形立面如图 5.10-2 所示。预应力筋在平面上布置为直线。

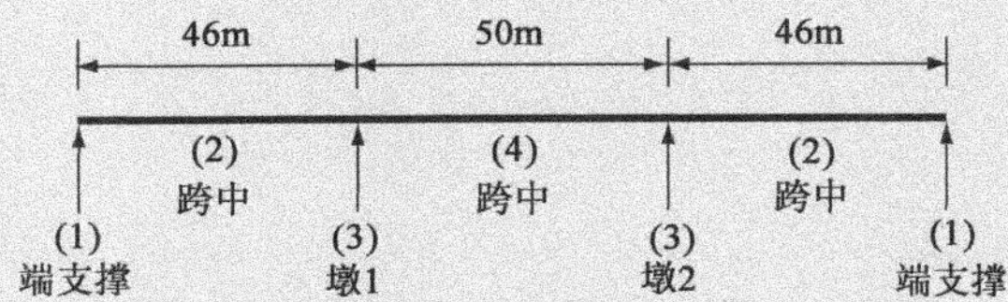

图 5.10-1　三跨混凝土箱梁立面图

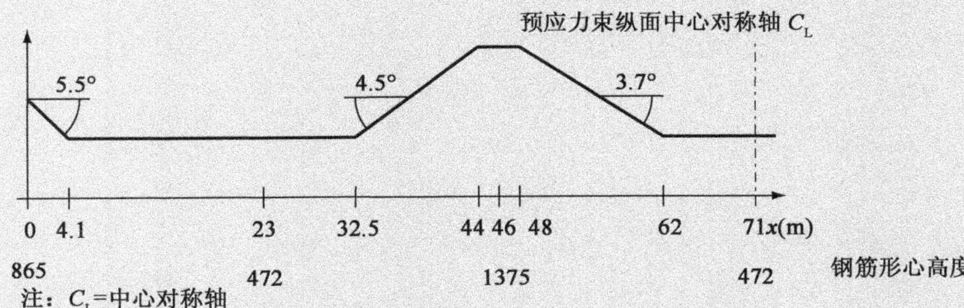

图 5.10-2　理想化的预应力束线形立面图

截面特性	面积 A_c	惯性矩 I_c	质心高度 z_c
(1)端支撑：	12.337m^2	24.245m^4	41.0122m
(2)跨中 1 和 3：	10.882m^2	24.370m^4	41.0420m
(3)桥墩 1 和 2：	210.445m^2	4.001m^4	0.9706m
(4)跨中 2：	210.882m^2	4.370m^4	1.0120m

材料特性：

桥面板混凝土强度等级为 C40/50，f_{ck} = 40MPa，根据 2-1-1/表 3.1，E_{cm} = 35GPa。预应力为低松弛钢绞线，f_{pk} = 1820MPa，摩擦系数 μ = 0.19，摆动系数 k = 0.005/m。钢筋为 28 股，总面积为 4620mm^2，贯穿桥面板长度的 24 根钢筋，每根从两端受到 0.70f_{pk}的拉力。因此，每根钢筋中拉力为 $0.70\times4620\times1820\times10^{-3}$ = 5886kN。钢绞线的平均 E_p值为 200GPa。（根据 2-1-1 条款 3.3.6，缺少信息时，假定 E_p为 195GPa。）根据供应商提供的数据，锚头回缩值为 6mm。

首先，使用 2-1-1/条款 5.10.5.1 中预应力束质心处平均损失简化公式，计算弹性损失。使用表达式 $\sigma_c = P_0/A_c + P_0e^2/I_c$计算预应力筋质心同高度处的混凝土应力。忽略梁自重和张拉预应力产生的次弯矩引起的应力（偏保守），因为它们会减少混凝土应力。同时忽略预应力筋的预应力摩擦损失（偏保守）：

(1)端支座

$$\sigma_c = \frac{24\times5886\times10^3}{12.337\times10^6} + \frac{24\times5886\times10^3\times(1012.2-865)^2}{4.245\times10^{12}}$$

$$=11.45+0.72=12.17\text{MPa}$$

(2)跨中

$$\sigma_c = \frac{24\times5886\times10^3}{10.882\times10^6} + \frac{24\times5886\times10^3\times(1042-472)^2}{4.370\times10^{12}}$$

$$=12.98+10.50=23.48\text{MPa}$$

(3)桥墩

$$\sigma_c = \frac{24\times5886\times10^3}{10.445\times10^6} + \frac{24\times5886\times10^3\times(970.6-1375)^2}{4.001\times10^{12}}$$

$$=19.30\text{MPa}$$

需要估算直线长度上每个组成部分中的平均应力。

$0<x\leqslant4.1$:平均应力 $=(12.17+23.48)/2=17.8$MPa

$4.1<x\leqslant32.5$:平均应力 $=23.5$MPa

$32.5<x\leqslant44$:平均应力约为 17MPa(钢筋应力变化:梁底应力为23.48MPa,中性轴处应力为 13MPa,梁顶应力为 19.3MPa)

$44<x\leqslant48$:平均应力 $=19.3$MPa

$48<x\leqslant62$:平均应力 $=17$MPa,假定如上

$62<x\leqslant71$:平均应力 $=23.5$MPa

因此,与钢筋相邻的混凝土中在沿钢筋长度上的平均应力是:

$$\sigma_c = \frac{4.1\times17.8+28.4\times23.5+11.5\times17+4.0\times19.3+14.0\times17+9.0\times23.5}{71}$$

$$=20.6\text{MPa}$$

(保守值,因为忽略了自重产生的应力)。

弹性损失根据 2-1-1/式(5.44)计算:$j=(n-1)/2n=(24-1)/48=0.479$。假定当混凝土龄期接近 28d 时,张拉预应力筋,因此根据 2-1-1/条款 3.1.3,$E_{cm}(t)\approx E_{cm}$。

根据 2-1-1/式(5.44):

$$\Delta P_{el}=A_pE_p\sum\left[\frac{j\Delta\sigma_c(t)}{E_{cm}(t)}\right]=4620\times200\times10^3\times0.479\times\frac{20.6}{35\times10^3}\times10^{-3}$$

$$=260\text{kN}$$

损失为 260/5886 = 0.044,即 4.4%,损失系数为 0.956。自重作用和预应力张拉过程中产生的次弯矩会降低这一系数。为满足 2-1-1/条款 5.10.2.2(5)中压应力限值 $0.6f_{ck}(t)=0.6\times40=24$MPa,需考虑以上两种作用产生的应力,否则本例混凝土截面边缘纤维中应力将超过该限值。

其次,摩擦引起的损失可以根据预应力筋自张拉端开始沿桥面板纵向各个部分的转角总和计算。本例中,假定所有的摩擦损失都发生在理想化预应力线形的突变处。实际上,对于后张预应力结构,摩擦损失将在预应力筋长度上逐步产生。

可以用图描述摩擦(和锚具回缩)损失与初始预应力的比例。为此,用以下数据绘制图5.10-3。

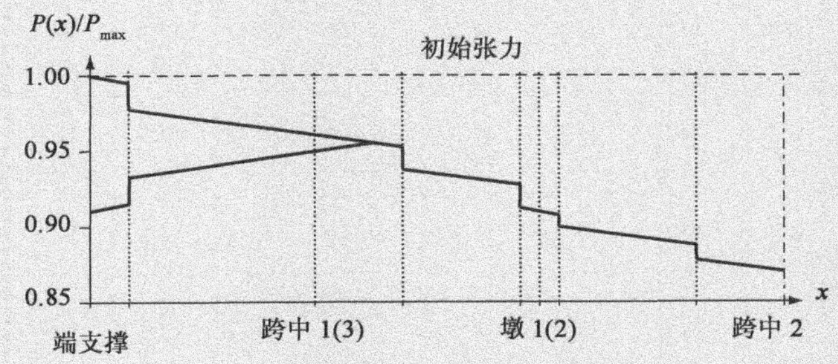

图5.10-3 摩擦和锚头回缩引起的预应力损失

在 $x=0\text{m}$ 处:

$\Delta\theta=0°$,根据式(D5.10-5),$P(x)/P_{max}=1.0$

在 $x=4.1\text{m}$ 处:

$\Delta\theta=0°$,得到 $P(x)/P_{max}=e^{-0.19(0.0+0.05\times4.1)}=0.996$

$\Delta\theta=5.5°(0.096\text{rad})$,得到 $P(x)/P_{max}=e^{-0.19(0.096+0.005\times4.1)}=0.978$

在 $x=23\text{m}$ 处:

$\Delta\theta=5.5°(0.096\text{rad})$,得到 $P(x)/P_{max}=0.961$

在 $x=32.5\text{m}$:

$\Delta\theta=5.5°(0.096\text{rad})$,得到 $P(x)/P_{max}=0.952$

$\Delta\theta=10°(0.175\text{rad})$,得到 $P(x)/P_{max}=0.938$

在 $x=44\text{m}$ 处:

$\Delta\theta=10°(0.175\text{rad})$,得到 $P(x)/P_{max}=0.928$

$\Delta\theta=14.5°(0.523\text{rad})$,得到 $P(x)/P_{max}=0.914$

在 $x=46\text{m}$ 处:

$\Delta\theta=14.5°(0.253\text{rad})$,得到 $P(x)/P_{max}=0.912$

在 $x=48\text{m}$ 处:

$\Delta\theta=14.5°(0.253\text{rad})$,得到 $P(x)/P_{max}=0.911$

$\Delta\theta=18.2°(0.318\text{rad})$,得到 $P(x)/P_{max}=0.899$

在 $x=62\text{m}$ 处:

$\Delta\theta=18.2°(0.318\text{rad})$,得到 $P(x)/P_{max}=0.888$

$\Delta\theta=21.9°(0.382\text{rad})$,得到 $P(x)/P_{max}=0.877$

在 $x=71\text{m}$ 处:

$\Delta\theta=21.9^{c}(0.382\text{rad})$,得到 $P(x)/P_{max}=0.869$

在两端张拉预应力和对称跨的情况下,摩擦损失关于第二跨距的中心对称。

最后,根据图 5.10-4 所示的预应力损失曲线获得由于锚头回缩引起的预应力损失。预应力束在其长度 L 上的总初始伸长量 e 由 $e=\int_0^L\varepsilon(x)\mathrm{d}x$ 给出,其中 $\varepsilon(x)$ 是长度 x 处预应力筋的应变,因此 $\varepsilon(x)=P(x)/A_pE_p$,由此得到伸长量 $e=(1/A_pE_p)\int_0^L P(x)\mathrm{d}x$。该值可视为预应力-位置关系曲线与坐标轴围成的面积的 $1/A_pE_p$ 倍。当锚具回缩 δ_{ad} 时,预应力-位置关系曲线发生变化,如图 5-10-4 所示,摩擦力在锚固区附近变为反向。改变后的新曲线看似是从张拉端到两曲线相交点长度范围内原始曲线的镜像[这种对称性由式(D5.10-6)经线性处理产生]。由于新曲线下面积乘以 $1/A_pE_p$ 是预应力筋的新的延伸值,且此值必小于初始延伸值,因此两曲线之间的阴影部分面积乘以 $1/A_pE_p$ 等于锚具回缩值 δ_{ad},即 $A_{ad}=\delta_{ad}E_pA_p$。

因此,本例认为每根钢筋回缩量为 6mm:

$A_{ad}=6\times200\times10^3\times4620\times10^{-6}=5544\text{kN}\cdot\text{m}$

预应力束拉力-位置关系曲线如图 5.10-4 所示。

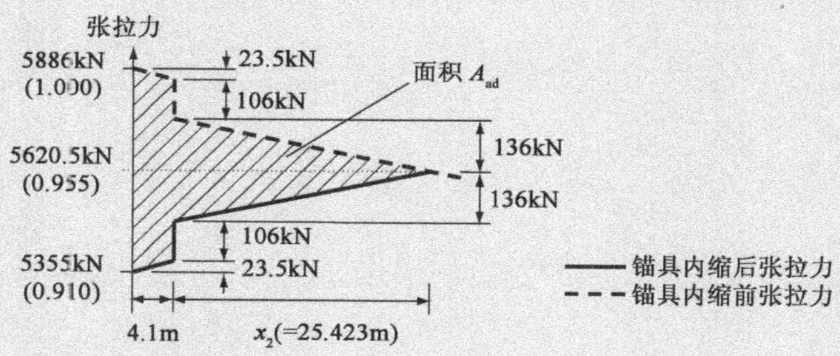

图 5.10-4 锚头回缩损失

图 5.10-4 中 $x_2=25.423\text{m}$ 处的阴影面积为 $(23.5+2\times106+2\times136)\times4.1+136\times25.423=2081+3458=5539\text{kN}\cdot\text{m}\approx5544\text{kN}\cdot\text{m}$。因此,张拉端的损失为 9%。锚头回缩损失不会延伸到预应力筋中点之后,因此与另一端的锚头回缩损失没有相互作用。沿钢筋长度的最终预应力损失是图 5.13-3 所示的值乘以前文计算的弹性损失系数 0.956。

5.10.6 时变损失

随着时间的推移,混凝土徐变和收缩造成的形变引起预应力筋的应变减小,预应力束在张拉状态下松弛也使预应力减小，这些因素造成预应力的进一步损失。松弛损失对应力水平变化很敏感，若同时考虑结构内其他时变损失，松弛损失会有所减少。***2-1-1/条款5.10.6(1)*** 的注指出，钢筋的松弛也与混凝土徐变和收缩引起的钢筋应变减小有关。混凝土徐变和收缩降低了钢筋中的拉力，从而降低了松弛损失。根据 2-1-1/条款 3.3.2，由此产生的松弛损失可用折减系数 0.8 乘以根据初始锚固应力计算的松弛损失近似得出。 ***2-1-1/条款 5.10.6(1)***

一种考虑其他时变效应计算松弛损失的方法在 2-1-1/附录 D 中给出，并在本指南附录 D 中讨论。在之前的英国实践中，考虑 1000h 的松弛损失，而不考虑其与混凝土徐变和收缩的相互作用。附件 D 中的例子表明，这通常是一种合理的近似计算。对于低松弛预应力钢绞线，没必要使用附录 D 中的方法进行计算。

精确计算徐变，收缩和松弛损失通常需要用计算机程序实现，因为在某一时段内产生的损失会影响应力状态，从而影响下一时段内的徐变和松弛损失。本指南附录 K 中对此进行了更详细的讨论。因此，***2-1-1/条款5.10.6(2)*** 给出以下简化计算式，以评估永久荷载作用下预应力束 x 点的时变损失： ***2-1-1/条款 5.10.6(2)***

$$\Delta P_{c+s+r} = A_p \Delta\sigma_{p,c+s+r} = A_p \frac{\varepsilon_{cs}E_p + 0.8\Delta\sigma_{pr} + \frac{E_p}{E_{cm}}\phi(t,t_0)\sigma_{c,QP}}{1 + \frac{E_p A_p}{E_{cm} A_c}\left(1 + \frac{A_c}{I_c} z_{cp}^2\right)\left[1 + 0.8\phi(t,t_0)\right]}$$

2-1-1/(5.46)

式中，所有压应力和压应变应均为正值：

$\Delta\sigma_{p,c+s+r}$——在时间 t 位置 x 处由徐变、收缩松弛引起的预应力筋应力变化的绝对值；

ε_{cs}——符合 2-1-1/条款 3.1.4(6) 要求的估算收缩应变的绝对值；

E_p——预应力筋的弹性模量；

E_{cm}——根据 2-1-1/表 3.1 计算的混凝土的短期弹性模量；

$\Delta\sigma_{pr}$——在时间 t 位置 x 处由预应力筋松弛引起的预应力变化的绝对值。其由应力 $\sigma_p(G + P_{m0} + \psi_2 Q)$ 确定。其中，$\sigma_p(G + P_{m0} + \psi_2 Q)$ 是指由初始预应力和准永久作用引起的初始应力；

$\phi(t, t_0)$——加载时间为 t_0 的混凝土在时间 t 的徐变系数；

$\sigma_{c,QP}$——由自重、初始预应力以及其他相关准永久作用引起的在预应力筋附近的混凝土应力；

A_p——位置 x 处的所有预应力筋的总面积。注意，该符号在其他文件中指单根钢筋的面积，上下文中定义应一致；

A_c——混凝土截面面积；

I_c——混凝土截面面积的二次矩；

z_{cp}——钢筋的偏心距，是指混凝土截面重心与预应力筋之间的距离。

对于典型截面梁，上述几何特性值如图 5.10-5 所示。更精细的分析需要考虑全部预应力损失引起的混凝土应力的变化及其对持续发生的徐变损失的影响。如将上式用于无粘结预应力筋，则预应力筋在全长范围内的平均应力必须按照 ***2-1-1/条款5.10.3(3)*** 确定。

2-1-1/条款 5.10.3(3)

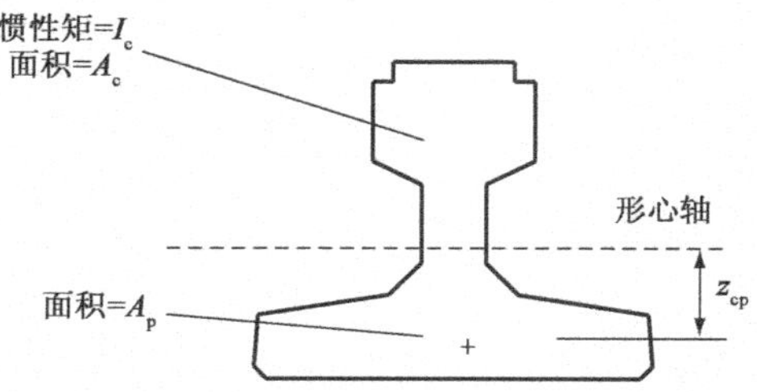

图 5.10-5 2-1-1/式(5.46)使用的截面特性值

2-1-1/式(5.46)的衍生公式可用于粘结预应力筋。对于图 5.10-5 中的梁，预应力变化 $\Delta\sigma_p$ 导致的混凝土应力变化由下式给出：

$$\Delta\sigma_c = \frac{\Delta\sigma_p A_p}{A_c}\left(1 + \frac{A_c z_{cp}^2}{I_c}\right) \tag{D5.10-7}$$

收缩、松弛和徐变损失根据以上平衡方法与变形协调关系导出。

收缩损失

自由收缩应变为 ε_{cs}。但是，随着混凝土收缩，预应力束必然受到相同的压缩应变，导致预应力损失和混凝土应力的变化。因此，混凝土净应变为 $\varepsilon_{cs} - \Delta\sigma_c / E_{ce}$，其中 E_{ce} 为考虑混凝土徐变的有效模量，同时应力的变化会在一段时间内发生。这种应变等于预应力筋应变的变化，因此：

$$\varepsilon_{cs} - \frac{\Delta\sigma_c}{E_{ce}} = \frac{\Delta\sigma_p}{E_p} \tag{D5.10-8}$$

根据式(D5.10-7)和式(D5.10-8)，混凝土收缩引起的预应力损失为：

$$\Delta\sigma_{p,s} = \frac{\varepsilon_{cs} E_p}{1 + \frac{E_p A_p}{E_{ce} A_c}\left(1 + \frac{A_c}{I_c} z_{cp}^2\right)} \tag{D5.10-9}$$

松弛损失

应变为常量时，预应力束中应力的自由松弛量为 $\Delta\sigma_{pr}$。由于预应力损失引起混凝土应力变化 $\Delta\sigma_c$，并因此引起混凝土应变的变化，结果必然导致预应力束的应变变化，因此实际的预应力损失 $\Delta\sigma_p$ 为：

$$\frac{\Delta\sigma_{pr} - \Delta\sigma_p}{E_p} = \frac{\Delta\sigma_c}{E_{ce}} \tag{D5.10-10}$$

根据式(D5.10-7)和式(D5.10-10)，钢筋松弛引起的预应力损失为：

$$\Delta\sigma_{p,r} = \frac{\Delta\sigma_{pr}}{1 + \frac{E_p}{E_{ce}} \frac{A_p}{A_c}\left(1 + \frac{A_c}{I_c} z_{cp}^2\right)} \tag{D5.10-11}$$

徐变损失

自由徐变应变为 $\sigma_c\phi(t, t_0)/E_c$，其中 σ_c 是与预应力束相邻的混凝土中的初始应力。但是，随着混凝土徐变，预应力束必然发生等量的应变，这会导致预应力发生变化，从而导致混凝土中的应力发生变化。因此混凝土净应变为 $\sigma_c\phi(t, t_0)/E_c - \Delta\sigma_c/E_{ce}$。该应变与预应力产生应变的变化量相等，因此：

$$\frac{\sigma_c}{E_c}\phi(t,t_0) - \frac{\Delta\sigma_c}{E_{ce}} = \frac{\Delta\sigma_p}{E_p} \tag{D5.10-12}$$

该式忽略了一个事实：预应力损失将改变 σ_c 的值，从而改变徐变应变，因此要获得精确解必须进行迭代计算。根据式(D5.10-7)和式(D5.10-12)，由徐变产生的预应力损失为：

$$\Delta\sigma_{p,c} = \frac{\frac{E_p}{E_c}\phi(t,t_0)\sigma_c}{1 + \frac{E_pA_p}{E_{ce}A_c}\left(1 + \frac{A_c}{I_c}z_{cp}^2\right)} \tag{D5.10-13}$$

在上述所有损失中，有效混凝土模量 E_{ce} 必须考虑徐变的因素。对于在时间 t_0 时施加的恒定应力，相应的模量为 $E_{cm}/[1+\phi(t, t_0)]$（取 E_c 为 E_{cm} 而不是 2-1-1/条款 3.1.4 中规定的 $1.05E_{cm}$，尽管两者只有 5% 的差异）。然而，由于在每种情况下都需要使用模量来计算混凝土中随时间发生的应变所产生的应力，更合适的模量计算公式是 $E_{ce} = E_{cm}/[1+0.8\phi(t, t_0)]$。徐变系数乘以 0.8 相当于附录 K 中讨论的老化系数。如果将此模量代入上式，根据本节起始处的讨论将松弛损失乘以系数 0.8，并将这三种预应力损失相加，即可得到 2-1-1/式(5.46)中计算的预应力总损失。

2-1-1/式(5.46)的分母恰当地考虑了预应力束在抵抗混凝土收缩时所提供的阻力，从而减少了混凝土应变的变化，进而减少了预应力损失。通常分母近似为 1.0，且这种保守的简化形式为大多数工程师所熟悉。更精细的分析需要考虑总损失引起混凝土应力的变化及其对正在发生的徐变和松弛损失的影响。可以使用本指南附录 K2 中的一般方法，该方法需要计算机编程。如果使用 2-1-1/附录 D 的方法计算松弛损失，则在 2-1-1/式(5.46)中不应再使用 0.8 的折减系数。通过简化，2-1-1/式(5.46)可以通过一次计算，得出在 $t=\infty$ 时的长期损失，如实例 5.10-3 所示。

分阶段施工

如果使用分阶段施工，则需在几个时间段内分别计算预应力损失并求和。在永久荷载和预应力效应随时间积累的情况下，原则上需要根据每个荷载作用时混凝土的龄期计算徐变系数，计算每个荷载产生的徐变损失并求和。在考虑每个特定荷载产生的徐变损失时，只应考虑应力的增量。为简便起见，由于后续荷载通常会减少预应力束形心处混凝土的应力，总损失可保守地基于初始荷载进行计算，因为这样计算所得预应力束相邻的混凝土中产生的应力最大（或者，如果后续荷载导致预应力束形心处混凝土中的应力减小之前,混凝土中基本没有发生徐变应变,则可以用较低的混凝土应力计算预应力筋总的徐变损失,尽管这样做偏不安全)。分阶段施工的预应力损失计算过程复杂,如不借助计算机程序,则通常必须采用上述简化方法。

对于分阶段施工的超静定结构,与徐变有关的变形将导致约束弯矩的产生以及进一步的应力变化。附录 K 讨论了这种徐变造成的内力重分布的计算方法。

组合结构

当先架设预应力梁,再使之与桥面板形成组合结构时,2-1-1/式(5.46)中的预应力损失需要分两个节段进行计算。首先,计算桥面板浇筑前的预应力损失。这部分应力损失是通过按比例减小梁截面的计算应力的方式确定的。其次,需要计算桥面板浇筑完成后产生的剩余损失。由于这种力的损失作用于整个组合截面,体现这种应力损失作用的最佳方式是将应力的损失作为拉伸荷载施加于组合截面的预应力束形心处。在计算桥面板浇筑前后的应力损失时,最简单的方法是使用 2-1-1/式(5.46),在前后两个节段中都将 $\sigma_{c,QP}$ 值取为仅由梁的自重和预应力作用在混凝土中产生的应力。为简便计,也可以在前后两个节段的计算式中使用同一分母,避免截面特性的变化。通过这两个假定,2-1-1/式(5.46)只需要计算一次(基于梁,不考虑桥面板)。在计算混凝土应力随预应力损失的变化量时,浇筑桥面板前后发生的预应力损失仍以适当的比例(基于经历的时长)作用于预应力梁截面和组合截面。

对于组合梁,由于截面不同部分间的差异徐变和差异收缩产生的附加应力,在本指南附录 K4 中讨论。如附录 K 中所述,徐变还会引起连续梁弯矩的重分布。实例 5.10-3 将说明先张预应力组合梁截面应力验算方法。

实例 5.10-2:混凝土箱梁中预应力时变损失

假定二次预应力和永久荷载引起的总弯矩为 $M=47654$ kN·m,计算实例 5.10-1 中箱梁在第 1 跨跨中处的长期预应力损失。整个桥梁应采用脚手架施工,并假定在混凝土平均龄期为 30d 时张拉预应力。横截面的平均有效厚度 h_0 为 300mm,相对湿度为 70%。使用低松弛预应力筋。

首先确定收缩、徐变和松弛系数。

2-1-1/条款3.1.4

收缩,见 *2-1-1/条款3.1.4*

根据 2-1-1/式(3.12),混凝土总的自收缩应变为:

$$\varepsilon_{ca}(\infty)=2.5(f_{ck}-10)\times10^{-6}=2.5\times(40-10)\times10^{-6}=75\times10^{-6}$$

但是达到 30d 龄期后,其中一部分自收缩应变 $\beta_{as}(t)=1-e^{-0.2t^{0.5}}=1-e^{-0.2\times30^{0.5}}=0.666$ 已经发生,因此张拉预应力后的剩余自收缩应变为 $(1-0.666)\times75\times10^{-6}=25.1\times10^{-6}$。

通过2-1-1/表3.2的内部插值，混凝土总收缩应变 $\varepsilon_{cd,0}=310\times10^{-6}$。根据2-1-1/表3.3并考虑 $h_0=300\text{mm}$，将收缩值乘以的系数 $k_h=0.75$ 调整为 $0.75\times310\times10^{-6}=232.5\times10^{-6}$。达到30d龄期后假定养护3d，则收缩比例为：

$$\beta_{ds}(t,t_s)=\frac{t-t_s}{(t-t_s)+0.04\sqrt{h_0^3}}=\frac{30-3}{(30-3)+0.04\sqrt{300^3}}=0.115$$

因此，张拉预应力后的剩余收缩为 $(1-0.115)\times232.5\times10^{-6}=206\times10^{-6}$。因此，用于计算预应力损失的总收缩应变为 $25\times10^{-6}+206\times10^{-5}=$ **231×10^{-6}**。

徐变系数，见*2-1-1/条款3.1.4*或附录B 2-1-1/条款3.1.4

当混凝土龄期为30d时，施加预应力和自重。对于 $t_0=30\text{d}$，$\phi(\infty, t_0)$ 等于1.5。（对于典型徐变系数的计算，见本指南3.1.4。）徐变系数1.5也用于近似计算施加静载后（SDL）造成的徐变，假定在其后不久加载。通常，可以忽略SDL，因为它减少了与钢筋束相邻的混凝土中的应力。

徐变，见*2-1-1/条款3.3.2* 2-1-1/条款3.3.2

从实例3.3-1可知，低松弛预应力钢绞线的长期松弛通常约为4%，因此 $\Delta\sigma_{pr}=0.04\times0.70\times1820=51\text{MPa}$。这是在本可使用放张后预应力计算的情况下，保守地使用初始张拉力计算。

计算准永久荷载作用下，预应力筋形心处混凝土中的应力，此时考虑实例5.10-1中已求出直接应力损失。

预应力束形心处的混凝土应力：

$$\sigma_{c,Qp}=0.945\times0.956\times\left[\frac{24\times5886\times10^3}{10.882\times10^6}+\frac{24\times5886\times10^3\times(1042-472)^2}{4.370\times10^{12}}\right]-\frac{47654\times10^6\times(1042-472)}{4.370\times10^{12}}$$

$$=11.727+9.487-6.216=14.998\text{MPa}$$

边缘纤维处的混凝土应力：

$$\sigma_{bot}=0.945\times0.956\times\left[\frac{24\times5886\times10^3}{10.882\times10^6}+\frac{24\times5886\times10^3\times(1042-472)\times1042}{4.370\times10^{12}}\right]-\frac{47654\times10^6\times1042}{4.370\times10^{12}}=11.727+17.345-11.363=17.709\text{MPa}$$

这符合2-1-1/条款5.10.2.2（5）允许的压应力限值 $0.6\times40=24\text{MPa}$ 和2-2/条款7.2中给出的类似限值。应力也低于 $0.45\times40=18.0\text{MPa}$ 的限值，根据相同的条款，若应力水平达到此限值将发生非线性徐变。如果应力超过以上限值，则需要根据2-1-1/条款3.1.4（4）的规定，根据边缘纤维处的应力值调整徐变系数。

长期徐变、收缩和松弛造成的损失由 2-1-1/式(5.46)给出。

因此,对于跨中(1):

$$\Delta\sigma_{p,c+s+r}$$

$$=\frac{231\times10^{-6}\times200\times10^{3}+0.8\times51+\frac{200}{35}\times1.5\times14.998}{1+\frac{200}{35}\times\frac{24\times4620}{10.882\times10^{6}}\times\left[1+\frac{10.882\times10^{6}}{4.370\times10^{12}}\times(1042-472)^{2}\right]\times(1+0.8\times1.5)}$$

$$=\frac{215.6}{1.232}=175.0\text{MPa}$$

$\Delta P_{c+s+r}=24\times4620\times175.0\times10^{-3}=$ **19404kN(13.7%)**

弹性损失、摩擦、锚头回缩、徐变、收缩和松弛引起的总损失 = 4.4% + 5.5% + 13.7% = 23.6%。

如果各跨是通过分阶段施工建造的,则在计算长期应力时需要考虑由于徐变引起的额外的力矩的重新分布,见附录 K。

5.10.7 分析时考虑的预应力

在 2-1-1/条款 5.10.1 中的一般规定中,2-1-1/条款 5.10.7 给出了分析中对预应力计算的其他要求。提出的主要问题为:

- 体外后张预应力与体内后张预应力之间的性能差异;
- 粘结与非粘结预应力之间的性能差异;
- 预应力主要作用和次级作用的计算。

体外后张预应力与体内后张预应力

体外和体内后张预应力的区别主要有两点。首先,体外预应力束的张拉可能产生二阶效应,见 ***2-1-1/条款5.10.7(1)***。这是因为预应力束和混凝土之间缺乏连续接触,因此预应力束的转角不会处处与混凝土构件相同。这可能导致荷载作用下预应力弯矩损失,如图 5.10-6 所示的一种极端情况,或者在一阶位移主要由预应力引起的情况下,导致预应力弯矩增加。构件设计中必须考虑这种影响。通过提供中间转向块,限定预应力束随混凝土移动,可将这一影响大幅度减小。***2-1-1/条款5.10.7(6)*** 允许将体外预应力束在转向块之间简化为直线,即可以忽略因自重而下垂造成的影响。

2-1-1/条款 5.10.7(1)

2-1-1/条款 5.10.7(6)

其次,与体内后张粘结钢筋相比,需要采用不同的方法计算体外后张构件的极限抗弯强度,如 5.10.8 所述。这是因为体外预应力束的应变变化速度与其周围混凝土中的应变变化速度不协调。

粘结与无粘结预应力

当预应力无粘结时,钢筋和周围混凝土的应变不相等。因此 5.10.8 中讨论的极限抗弯强度的计算方法不同。类似的,预应力损失取决于沿预应力束长度上相邻混凝土应变的平均值,而不是随着混凝土应变沿钢筋长度连续变化。这在 5.10.5中已讨论。

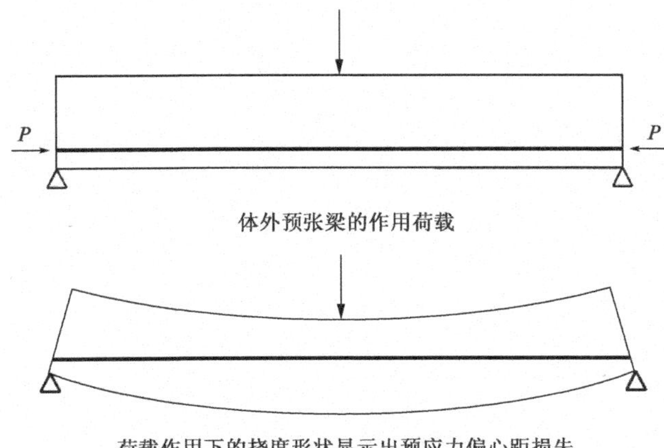

荷载作用下的挠度形状显示出预应力偏心距损失

图 5.10-6　无中间转向块的体外后张梁的二阶效应示意图

预应力的主要和次要效应

对于静定构件,任何截面的预应力弯矩由 Pe 算出;预应力在截面处的轴力乘以预应力束质心与截面质心的偏心距。该弯矩为预应力的主弯矩。在超静定结构中,可能会由于预应力作用产生次弯矩。这是由于支撑限制了预应力引起的偏转而产生的。次弯矩往往数值较大,并不能像其名称那样被简单忽略。

为了说明产生预应力次弯矩的作用机理,考虑图 5.10-7a)中的双跨连续桥面板、轴向预应力 P、偏心距 e。首先,假定中间支座不能抵抗任何垂直方向上的位移,则由预应力引起的梁的位移形状将如图 5-10-7b)所示。这种结构现在是静定的。任何截面中由预应力产生的弯矩都是初始弯矩 Pe,如图 5.10-7c)所示。然而,在实际情况下,连续梁受到中间支座的约束,将受到向下的反作用力 R,以满足支座处零位移的条件。反力 R 引起梁的二次弯矩,如图 5-10.7d)所示。在此例中,力 R 等于 $6Pe/L$,最大次弯矩为 $1.5Pe$。应注意的是,次弯矩仅由预应力引起的支座反力产生,所以在支撑点间呈线性变化。图 5.10-7e)显示了主弯矩和次弯矩沿梁纵向的最终分布情况。

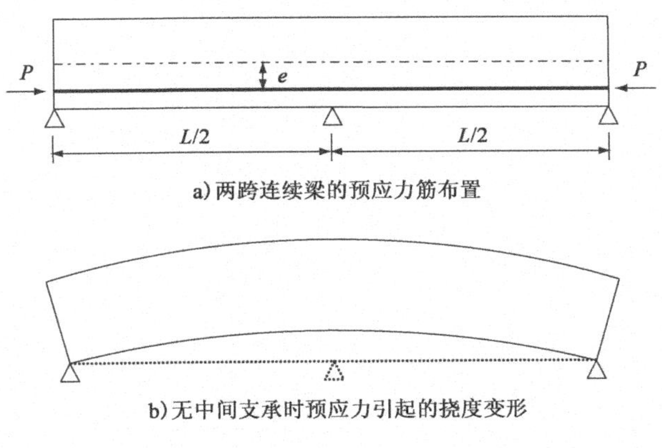

图　5.10-7

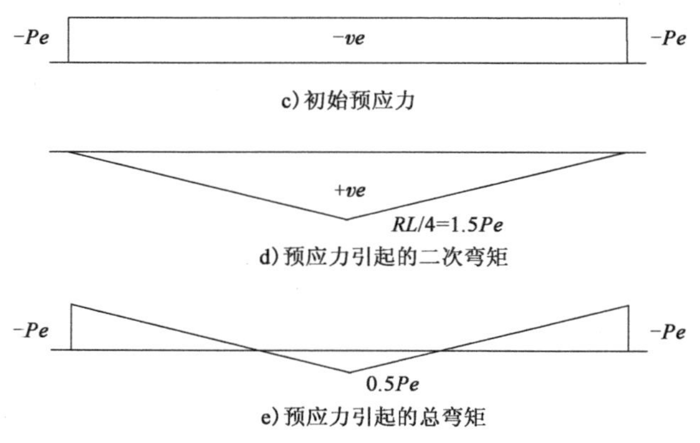

图 5.10-7 基本预弯矩和二阶弯矩示例

2-1-1/条款 5.10.7(3) 2-1-1/条款 5.10.7(4)

如果使用总体弹性分析,则认为次弯矩不应超过 ULS 范围,并且在验证抗弯强度时将其作为荷载考虑。***2-1-1/条款5.10.7(3)*** 允许按照 2-1-1/条款 5.5 进行弯矩的重新分布,前提是认为预应力的主弯矩和次弯矩在弯矩重新分布前已作用于结构。如果使用总体塑性分析,***2-1-1/条款5.10.7(4)*** 建议将次弯矩视为支撑处的附加塑性转动,并在转动能力的检验中考虑这种次弯矩。塑性转动可根据本指南 5.6.3.2 中所讨论方法计算。

5.10.8 承载能力极限状态下预应力效应

2-1-1/条款 5.10.8(1)

承载能力极限状态下预应力的设计值在 ***2-1-1/条款5.10.8(1)*** 中定义为 $P_{d,t}(x) = \gamma_P P_{m,t}(x)$,式中 $P_{m,t}(x)$ 是 5.10.3 中讨论的 t 时刻、距离 x 处预应力的平均值。

2-1-1/条款 5.10.8(2)

具有粘结预应力筋的梁,极限抗弯强度在本指南 5.10.1 讨论,实例见 6.1。然而,无粘结预应力筋中应变的增量不会与相邻的混凝土截面应变相同。预应力束的应变增加仅由结构的整体变形引起。这通常引起钢筋中拉力增量很小(可以保守地忽略),使得极限状态成为主要验算标准。***2-1-1/条款5.10.8(2)*** 允许在没有任何计算的情况下,假定预应力值可以从实际作用值增加至极限值,假定增量 $\Delta\sigma_{p,ULS}$在国家附件中给出,EC2 的推荐值为 100MPa。通常,该值是偏保守的,但使用时仍需谨慎。未按弯矩图形状布置,以及穿过混凝土受压区预应力筋的应变增量可能较其假定量小。这样的情形在设计中并不少见,例如,连续梁桥中墩顶负弯区梁顶板中的预应力束常常会延伸到跨中的顶板中去。当预应力筋偏心距非常小时也应谨慎,因为此时将 $\Delta\sigma_{p,ULS}$取为 100 MPa 仍然偏大。

在钢筋最初张拉至 2-1-1/条款 5.10.2.1 允许的最大限值,并且在考虑时间内几乎没有发生预应力损失的情况下,假定钢筋可以产生 100MPa 的应力增量也显得过于乐观。在这种情况下,假定的应力增量可能会使钢筋中应力超出其屈服强度,如图 5.10-8 所示。如果整个预应力束都能达到“理想设计材料”的水平,那么预应力束中的应变增量以及预应力束的总体伸长量需要产生 100MPa 的应力,这是通过结构整体形变无法达到的。然而,可以认为“理想设计材料”只存在于局部的临界区域,因此其不会显著改变预应力束的整体刚度(短钢筋除外)。考虑到

2-1-1/条款 5.10.3 规定允许的放张后拉力限值，钢筋应力增加 100MPa 不足以达到“平均”，甚至标准预应力的应力-应变曲线的倾斜分支，因此也就不会使预应力筋产生显著的伸长量。

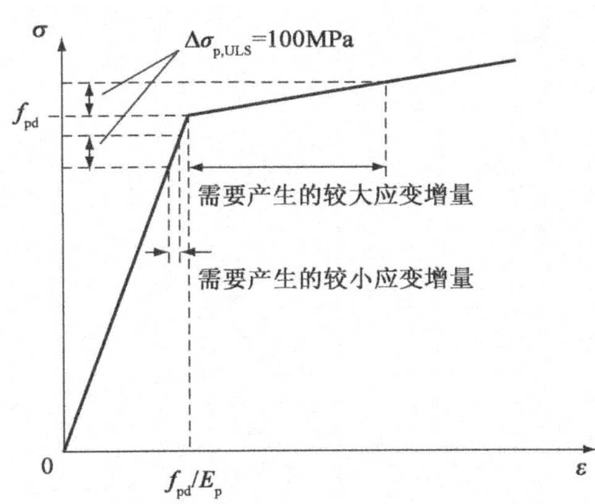

图 5.10-8 体外预应力筋在高应力状态下的应变增量

如果计算预应力增量时需考虑桥梁的整体变形，***2-2/条款 5.10.8（103）***要求按照 2-2/条款 5.7 的规定进行非线性分析。虽然没有明确指出，但这种分析还应考虑预应力对远离控制截面混凝土的加劲效应。这是为了避免因高估梁的总体形变而高估了应变增量。在远离控制截面区域，应考虑裂缝之间梁段的加劲效应，以及在受弯状态下不开裂完整截面的加劲效应。混凝土抗拉强度的平均值最能代表实际结构特性，但出于安全考虑，在计算预应力加劲效应的不利影响时，应使用混凝土抗拉强度标准值。 ***2-2/条款5.10.8（103）***

2-2/条款 5.7 没有对其他材料特性提出单独要求，允许使用与材料平均特性接近的参数或指定的设计参数进行计算，如本指南 5.7 所述。在任何一种情况下，在远离控制截面的区域，都应考虑以上讨论的预应力加劲对结构产生的不利效应，否则结构变形和预应力筋的应变均可能被高估。前一种方法是对构件的验算，而不是对应力增加的明确计算。采用指定的设计参数进行分析是十分有利的，因为非线性分析本身就是对结构的验算，而实际发生的应力增加本身不再重要；如果在承载能力极限状态下，施加荷载的分析是收敛的，则在该荷载工况下桥梁的承载能力满足要求。由于该方法十分简便，在英国以往的设计实践中，非线性分析中普遍使用材料特性参数的设计值。由于材料特性参数的取值偏大，导致控制截面以外区域变形的计算值偏大，这就使得该方法不如 2-2/条款 5.7 给出的其他分析方法那般保守。

替代非线性分析的另一种方法是使用不开裂截面特性计算线弹性模型的应变增量。这会导致应力计算结果偏大，但仍然可能小于 2-1-1/条款 5.10.8(2) 中允许的无需计算的应力限值。

对处于高应力状态的较短预应力梁段进行非线性分析时会出现问题。短预应力束在承载能力极限状态下的应力值可能超过其屈服应力值（例如，悬臂法施工连续梁墩顶部最短的预应力束),因此在按照预应力筋的标准断裂荷载对容易开裂的区域进行设计时需谨慎。本指南 8.10 针对预应力筋锚固区的设计问题展开了进一步讨论。如果预应力筋的应变足够大,它们在锚固设备的夹具处的应力水平尚低于抗拉强度标准值时就可能失效,这是短预应力筋进入屈服状态后给设计带来的更大的潜在问题。

5.10.9 正常使用极限状态和疲劳极限状态下预应力效应

2-1-1/条款 5.10.9(1)P

对于正常使用极限状态的验算,***2-1-1/条款5.10.9(1)P*** 要求应为可能的预应力变化留有一定的裕量。可以按下式估算预应力在正常使用极限状态下的两个标准值:

$$P_{k,sup} = r_{sup} P_{m,t}(x) \qquad 2\text{-}1\text{-}1/(5.47)$$

$$P_{k,inf} = r_{inf} P_{m,t}(x) \qquad 2\text{-}1\text{-}1/(5.48)$$

实例 5.10-3:直线形全粘结预应力束简支先张预应力梁

简支梁 M,其预应力筋几何形状和截面特性如图 5.10-11 所示。梁的环境暴露等级为 XD3。预应力筋由 29 根直径为 15.2mm 的钢绞线组成,每个钢绞线的截面面积为 $139mm^2$(总面积 $=4031mm^2$),拉伸强度标准值(GTS)为 232kN,E_p为 195GPa。钢绞线分为多层的,质心如图 5.10-11 所示。初始应力为 75% CTS。正常使用极限状态下(SLS)下跨中梁自重、桥面板重量和二期恒载(SDL)引起的弯矩分别为 465kN·m、288kN·m 和 275kN·m。跨中活载弯矩为 1120kN·m(频遇值)和 1500kN·m(偶遇值)。梁和板的混凝土等级为 C40/50,初次张拉时混凝土圆柱试件标准强度为 32MPa,其中 $E_{cm}=35GPa$,从 2-1-1/式(3.5)中,可知 $E_{cm}(t)=[(32+8)/(40+8)]^{0.3}\times 35=33GPa$。已验证放张和最终状态下的应力。在本例中,假定国家附件将 2-1-1/条款 5.10.9 中的 r_{sup} 和 r_{inf}取值相同。如果取值不同,则在压应力验算中需要考虑预应力的变化。

(i)梁端(关键位置)放张时的应力

短期应力损失:

初始预应力 $=29\times 0.75\times 232=5046kN$。转换区末端的位置在放张时是关键的,因为此处静载弯矩约为零。假定在放张之前有 1% 的钢筋松弛发生,在预应力束位置混凝土中的压应力为:

$$\sigma_{cp}=0.99\times\left(\frac{5046\times 10^3}{3.87\times 10^5}+\frac{5046\times 10^3\times 208^2}{4.76\times 10^{10}}\right)=17.449MPa$$

根据式(D5.10-3),预应力损失为:

$$\Delta P_{el}=A_p\frac{E_p}{E_{cm}(t)}\sigma_c=4031\times\frac{195}{33}\times 17.499=417kN$$

更准确地说,根据式(D5.10-4),预应力束预应力弹性损失为:

$$\Delta P_{el}=\frac{A_p\frac{E_p}{E_{cm}(t)}\sigma_c}{1+\frac{E_p}{E_{cm}(t)}\frac{A_p}{A_c}\left(1+\frac{A_c}{I_c}z_{cp}^2\right)}=\frac{417\times10^3}{1+\frac{195}{33}\frac{4031}{3.87\times10^5}\left(1+\frac{3.87\times10^5}{4.76\times10^{10}}\times208^2\right)}$$

$=385\text{kN}$

因此，放张时预应力为：

$P_{mo}=0.99\times5046-385=4610\text{kN}$，满足 2-1-1/式（5.43）中最大允许力要求。

假定放张区末端的静荷载应力为零：

底部纤维应力 $=P_{mo}(1/A+e/W_{p,1})=4610\times10^3(1/3.87\times10^5+208/116.2\times10^6)=20.16\text{MPa}<K_6f_{ck}(t)=0.7f_{ck}(t)=0.7\times32=22.4\text{MPa}$ 的压应力限值。

根据 2-1-1/条款 5.10.2.2(5) 中对先张预应力梁的相关规定，可知预应力满足要求。

顶部纤维应力 $=P_{mo}(1/A-e/W_{p,2})=4610\times10^3(1/3.87\times10^5-208/75.4\times10^6)=-0.81\text{MPa}$

EN 1992 没有明确给出相关的拉应力限值，如条款 5.10.2.2 的条款说明之后的正文所述。在讨论过的可行方法中，此处采用 BS5400 第 4 分册[9] 允许的 1MPa 拉应力限值，原因很简单，因为本例中梁的钢绞线是按照 BS 5400 设计的。根据此假定，放张时的应力满足要求。在所有预应力损失发生之后，如正文所述，仍然需要根据 EN 1992-2 表 7.101N 检查该处的应力或裂缝宽度。此处没有计算。

(ii) 正常使用状态下的跨中应力

短期损失：

虽然在跨中由于梁的自重弯矩降低了预应力束形心处混凝土压应力，进而使弹性损失略有减小，但是短期损失仍然取上文中计算的保守值。

长期损失：

(a) 根据 2-1-1/式(3.29) 计算得出钢筋的总松弛损失为 3.6%（在本例中对应 $\mu=0.68$）。因此，假定放张前损失 1%，放张后损失 2.6%：

$\Delta\sigma_{pr}=0.026\times4610/(29\times139)=29.7\text{MPa}$

(b) 放张后剩余的混凝土收缩应变为 300×10^{-6}（根据 2-1-1/条款 3.1.4 计算，对放张时的龄期做出适当的假定）

(c) 徐变应变必须根据预应力束附近混凝土应力计算。由于需要检查跨中，应计算跨中截面应力。跨中由梁自重引起的弯矩 $=465\text{kN}\cdot\text{m}$。此弯矩不包括板自重和 SDL 弯矩，利用这一弯矩计算混凝土徐变应变将是保守的。因为板自重和 SDL 产生的弯矩会降低与预应力束相邻的混凝土压应力，从而减少了徐变。计入桥面板自重和二期恒载产生的弯矩是可行的，但由于它们总是比梁的自重荷载施加得晚,则要求单独计算每个施工阶段中相应的徐变系数(阶段越靠后,则相应的徐变系数越小)。

梁自重引起的应力为:

底部纤维应力 = $-465\times106/116.2\times10^{6}=-4.00\text{MPa}$

顶部纤维应力 = $465\times10^{6}/116.2\times10^{6}=6.17\text{MPa}$

因此,放张时跨中总应力如图 5.10-9 所示。

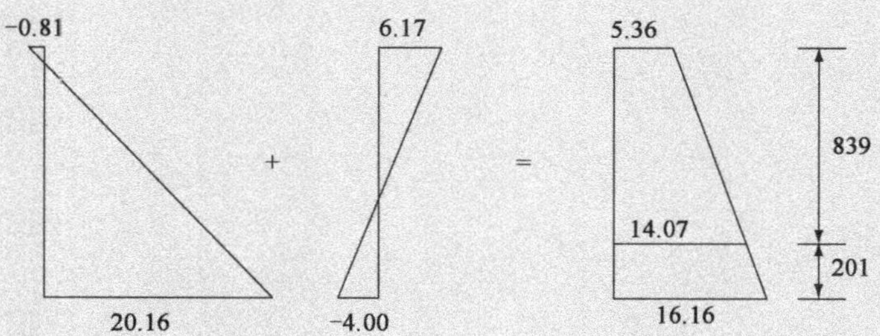

图 5.10-9 放张时跨中截面应力

从上图可以看出最大混凝土应力为 16.16MPa,大于 $0.45f_{ck}(t)=0.45\times32=14.4\text{MPa}$,按照 2-1-1/式(3.7)的规定,需要调高基本徐变系数以考虑非线性徐变特性。该式出现矛盾,即其判别标准是以标准强度 $f_{ck}(t)$ 为基准的,但式中使用的又是平均强度 $f_{cm}(t)$。这就意味着在上式中代入 $0.45f_{ck}(t)$ 计算时,实际上已降低了徐变系数,这不是希望得到的结果。因此在本例中,要用 $f_{ck}(t)$ 替换上式中的 $f_{cm}(t)$,于是放大系数为 $e^{1.5(16.16/32-0.45)}=1.09$。预应力放张时(混凝土龄期为 t_0 时)基本徐变系数为 $\phi(\infty,t_0)=2.0$。因此最终的徐变系数为 $\phi_k(\infty,t_0)=2.0\times1.09=2.18$。

根据 2-1-1/式(5.46),为了简化而保守地将分母统一,长期预应力损失为:

$$\Delta P_{c+s+r}=A_p\Delta\sigma_{p,c+s+r}=A_pE_p\left(\varepsilon_{cs}+\frac{0.8\Delta\sigma_{pr}}{E_p}+\frac{\phi(\infty,t_0)\sigma_{c,qp}}{E_{cm}}\right)$$

$$=29\times139\times195\times10^{3}\times(300\times10^{-6}+0.8\times29.7/195\times10^{3}+2.18\times14.07/35\times10^{3})$$

$$=1020\text{kN}$$

扣除所有损失后的最终应力 = 4610 − 1020 = 3590kN(损失 29%)。

跨中截面的最终应力:

通常,只针对梁截面运用预应力的长期损失,于是,由于预应力损失所造成的最终应力为:

底部纤维应力 = $20.16\times3590/4610=15.70\text{MPa}$

顶部纤维应力 = $-0.81\times3590/4610=-0.63\text{MPa}$

然而,将预应力损失造成的效应一部分分配到预制梁的截面,一部分分配到包括桥面板在内的组合截面，更接近实际情况，这是因为有一部分预应力损失发生于桥面板安装之后。本例中假定预应力长期损失的三分之一发生在预制梁与桥面板结合之前。由于结合梁各施工阶段时间间隔的不确定性，此处没有更精确可靠的办法可以计算预应力损失的阶段性效应。于是，跨中截面因预应力及其损失造成的应力修正为：

底部纤维应力 $=20.16-1020/3\times10^3(1/3.87\times10^5+208/116.2\times10^6)-2\times1020/3\times10^3(1/6.27\times10^5+469/174.3\times10^6)=15.76\text{MPa}$，可将该值与上述预制梁的 15.70MPa 进行比较。

预制梁顶部纤维应力 $=-0.81-1020/3\times10^3(1/3.87\times10^5-208/75.4\times10^6)-2\times1020/3\times10^3(1/6.27\times10^5-469/315.7\times10^6)=-0.82\text{MPa}$，可将该值与上述预制梁的 −0.63MPa 进行比较。

这说明两种方法几乎没有差别，前者相对于底板翼缘更保守。

在检查跨中总应力之前，需要计算差异收缩、差异徐变和温差的应力。

差异收缩率：

根据本指南附录 K 式（DK.4），假定桥面板和预制梁之间的差异收缩应变为 200×10^{-6}，预制梁和桥面板的徐变系数为 2.0，如附录 K 所述：

$$F_{\mathrm{sh}}=\varepsilon_{\mathrm{diff}}EA_{\mathrm{slab}}\frac{1-\mathrm{e}^{-\phi}}{\phi}$$

$$=200\times10^{-6}\times35\times10^3\times1500\times160\times\frac{1-\mathrm{e}^{-2}}{2}=726\text{kN}$$

相应的拉力为：$[(1-\mathrm{e}^{-2})/2]\times200\times10^{-6}\times35\times10^3=3.03\text{MPa}$。

收缩差异被约束，产生的平均轴向应力 $=-726/627=-1.16\text{MPa}$。

收缩差异被约束，在组合截面的底部产生的弯曲应力 $=726\times0.42/174.3=1.75\text{MPa}$。

收缩差异被约束，在组合截面的顶部产生的弯曲应力 $=-726\times0.42/233.6=-1.31\text{MPa}$。

图 5.10-10 显示了保留于全截面上的自平衡应力分布。除自平衡应力以外的其他所有应力均被释放。

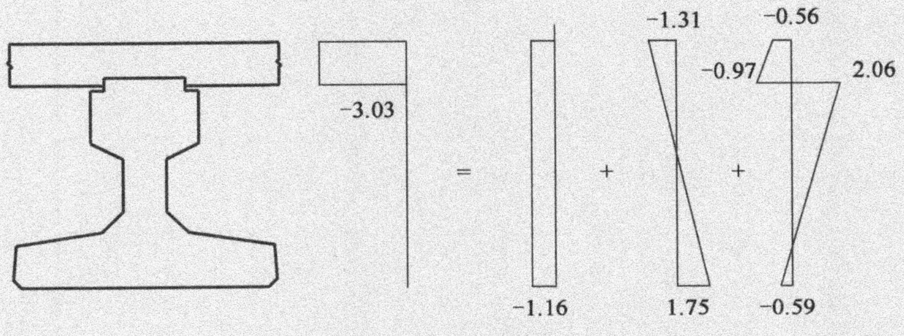

图 5.10-10　差异收缩应力

差异徐变:

在本例中,差异徐变应力对预制梁边缘纤维是有利的,故此处忽略。对于桥面板,产生了额外的 0.86MPa 的压应力,此处不予以计算,但本指南附录 K 实例 K-2 用几何尺寸略有不同的梁对差异徐变造成的应力计算过程进行了说明。

温度差异:

总应力验算已经计入温度差异在组合截面中引起的自平衡应力。这部分应力的计算与收缩差异造成的应力计算方法类似,在此不再赘述。

梁的正常使用状态最终应力检验:

(a)开裂和压应力损失(梁腹):

梁的环境暴露等级为 XD3,因此,根据 EN 1992-2 表 7.101N,应在频遇荷载组合中检查压应力损失。由于部分钢绞线距离混凝土表面不到 100mm,根据表 7.101N 的注,须对梁下缘进行压应力验算。验算过程中,应考虑温差引起的自平衡应力,但计入频遇组合中的应力为其准永久值。在不利组合中占主导地位的是交通荷载作用。

$$\text{预制梁下缘的应力} = \underset{(\text{预应力效应})}{15.76} - \underset{(\text{仅预制梁})}{\frac{(465+288)\times10^6}{116.2\times10^6}} - \underset{(\text{结合梁})}{\frac{(275+1120)\times10^6}{174.3\times10^6}} - \underset{(\text{收缩差异})}{0.59} - \underset{(\text{温度差异})}{0.70} = 0.01\text{MPa} > 0\text{MPa}$$

这说明应力降低程度未超过设计限值,满足设计要求。

(b)抗压验算(预制梁顶部与桥面板顶部)

如果将预制梁顶部的环境暴露等级也视为 XD,则由 2-2/条款 7.2(102)可知其容许压应力限值为 $k_1 f_{ck} = 0.6 f_{ck}(t) = 0.6\times40 = 24$ MPa。此项验算必须用标准组合值。

$$\text{预制梁顶缘应力} = \underset{(\text{预应力效应})}{0.82} - \underset{(\text{仅预制梁})}{\frac{(465+288)\times10^6}{75.4\times10^6}} - \underset{(\text{结合梁})}{\frac{(275+1500)\times10^6}{315.7\times10^6}} - \underset{(\text{收缩差异})}{2.06} - \underset{(\text{温度差异})}{0.10} = 16.95\text{MPa}$$

压应力小于 2-2/条款 7.2(102)对环境暴露等级为 XD 的构件设置的限值 24MPa,满足设计要求。

$$\text{桥面板顶缘应力} = \underset{(\text{结合梁})}{\frac{(275+1500)\times10^6}{315.7\times10^6}} + \underset{(\text{徐变引起的重分布})}{0.86} + \underset{(\text{温度差异})}{1.30} = 9.76\text{MPa} < 24\text{MPa}$$

此处未计入收缩差异造成的应力,这是因为它将降低总压应力值。由于桥面板的顶部所处的环境暴露等级为 XC3,对该部位的压应力作严格的验算没有必要。当作用组合的标准值使得梁出现消压状态时,严格来讲,对梁顶的压应力作验算时应考虑梁底的开裂所带来的影响。

通常还需要对桥面板的裂缝宽度进行验算，但是本例中的桥面板处于整体受压状态（尽管车轮荷载引起的局部弯矩会使桥面板的钢筋处于受拉状态），因而忽略了此项验算。

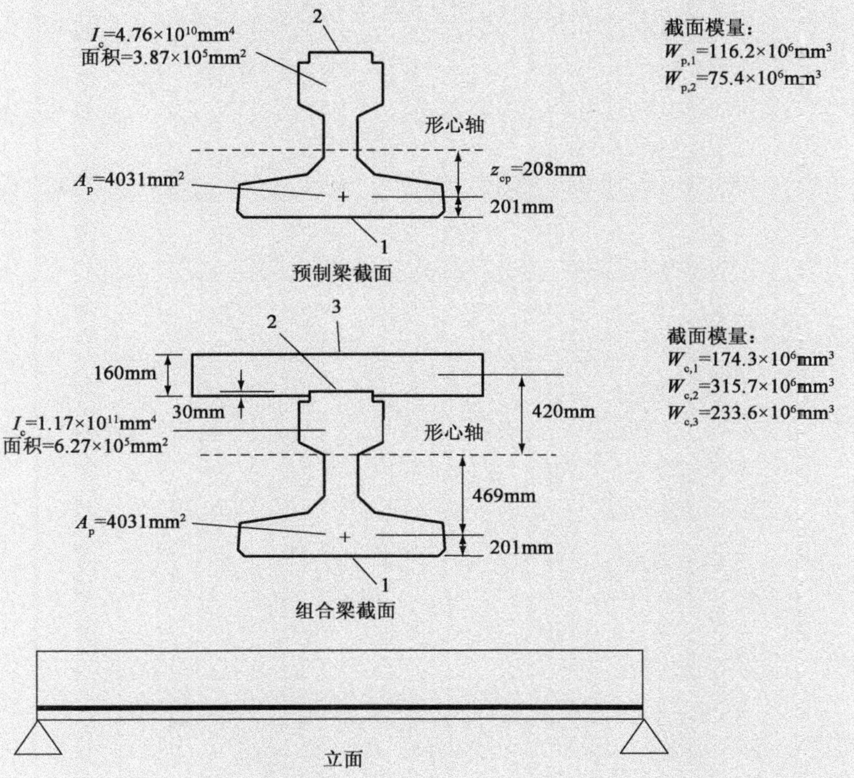

图 5.10-11　实例 5.10-3 简支梁的几何参数

5.11　一些特殊结构构件的分析

EC2 的附录 I 中提供了有关无梁楼盖和剪力墙分析的更多信息。此附录的大部分内容与桥梁设计无关，本指南未对此进行进一步讨论。

第6章　承载能力极限状态

本章阐述了EN 1992-2第6章中以下条款所涉及的构件承载能力极限状态的设计:

- 压弯或弯曲作用下的承载能力极限状态　*条款6.1*
- 剪切　*条款6.2*
- 扭转　*条款6.3*
- 冲切　*条款6.4*
- 使用拉压杆模型进行设计　*条款6.5*
- 锚固件和搭接　*条款6.6*
- 局部承载区域　*条款6.7*
- 疲劳　*条款6.8*
- 膜单元　*条款6.9*

6.1　压弯或弯曲作用下的承载能力极限状态

6.1.1　一般规定(附加章节)

本节给出了在压弯或纯弯(弯曲)作用下构件承载能力极限状态设计的各项规定。为方便使用,本节分为以下子节:

- 钢筋混凝土梁　*6.1.2节*
- 预应力混凝土梁　*6.1.3节*
- 钢筋混凝土柱　*6.1.4节*
- 预应力构件的脆性破坏　*6.1.5节*

6.1.2　钢筋混凝土梁(附加章节)

6.1.2.1　假定

2-1-1/条款 6.1(2)P

2-1-1/条款6.1(2)P 给出的极限抗弯承载力计算基本假定如下:

(1)构件受弯后,截面仍保持平面。

(2)无论受拉或受压,有粘结钢筋的应变始终与同一高度处的混凝土应变一致。

(3)忽略混凝土的抗拉强度。

(4)混凝土的压应力由3.1.7中给出的设计应力-应变关系确定。

(5)钢筋的应力由3.2.7给出的设计应力-应变关系确定。

(6)考虑预应力筋的初应变。

与线性应变相关的假定(1)仅适用于"梁式"构件,不适用于深梁(定义见 2-1-1/条款 5.3.1)或局部承载的情况,如预应力端锚块或支座区域。在这种情况下应力-应变关系变化复杂,***2-1-1/条款6.1(1)P*** 指出在这种复杂情况下采用拉压杆分析更合适,具体见 6.5。 ***2-1-1/条款6.1(1)P***

局部粘结滑移表明钢筋应变不会总与其周围的混凝土完全一致,但上述(2)中应变协调假定完全满足设计要求。

2-1-1/条款6.1(3)P 给出了混凝土、钢筋和预应力筋的应力-应变设计曲线。其中钢筋的应力-应变设计曲线包含一个带有极限应变的倾斜分支(代表应变硬化)。在低配筋率桥梁中使用这个应力-应变曲线能节省少量钢筋,但相关计算更耗时且不适合手算。可以采用计算机软件来自动计算。为了推导设计方程并给出示例,本章其余部分只考虑包含水平分支且无极限应变的钢筋应力-应变曲线。但相同的原理也适用于带有倾斜分支的钢筋应力-应变曲线。预应力筋也有一条带有倾斜分支的应力-应变曲线。实例 6.1-5 说明了它的使用,并说明了与带有水平分支的应力-应变曲线相比,使用带有倾斜分支的应力-应变关系曲线能够提高承载力。尽管使用带有水平分支的应力-应变曲线计算出的钢筋混凝土抗弯承载力与 BS 5400 第 4 分册[9]计算出的承载力相近,但使用带有水平分支的预应力筋应力-应变曲线会降低抗弯承载力。 ***2-1-1/条款6.1(3)P***

对于混凝土结构,根据本指南 3.1 以及表 3.1-3 中结果可知,EC2 中考虑了 3 种不同的应力-应变关系。由 3.1.7 可知,3 种曲线差异较小。实际上,采用简化的矩形应力分布计算的抗弯承载力最大。该方法不同于英国标准 BS 5400 第 4 分册[9] 以及《模式规范 90》[6],矩形应力分布的峰值比抛物线-矩形分布对应的峰值小。(《模式规范 90》[6] 中矩形应力分布的峰值容许应力采用 2-1-1/条款 6.5 中的等效系数 ν'进行折减。)下文用于计算三种混凝土应力区的计算公式中,矩形应力区计算方法是最简单以及最经济的,如实例 6.1-1 所示。实例中通常采用抛物线-矩形应力分布。

6.1.2.2　应变协调

截面的极限抗弯承载力可采用应变协调法确定,具体包括代数方法或迭代方法。迭代方法可采用如下步骤:

(1)假定一个中性轴高度,并按应变线性分布假定计算受拉区、受压区钢筋应变和受压区混凝土最外侧纤维应变 ε_{cu2}(如果不采用抛物线-矩形应力-应变关系曲线,则为 ε_{cu3})。

(2)根据应力-应变关系曲线计算钢筋应变所对应的钢筋应力。

(3)按照假定的中性轴高度,根据应力-应变关系曲线计算求得混凝土应变所对应的混凝土应力。

(4)计算截面上的总拉力和总压力。如果两者不相等,调整中性轴高度并回到步骤(1)。

(5)当截面总拉力和总压力相等时,即可对截面上同一点取矩,确定极限抗弯承载力。

上述应变协调法对于手算来说较为烦琐,但非均匀截面(至少在受压区是非均匀截面)必须采用该方法。实例 6.1-4 中采用带翼缘板的梁说明了该方法的使用。对于带翼缘板的梁,进一步的困难来自 ***2-1-1* 条款*6.1*(*5*)** 以及 ***2-1-1* 条款 *6.1*(*6*)**。前者要求将近似轴心荷载(例如中性轴位于腹板内的箱梁翼缘)作用下完全受压的构件截面的平均应变限制为ε_{c2}或ε_{c3}(视情况而定)。近似轴心的定义为 $e/h<0.1$,相当于中性轴位于翼缘顶部以下,距离大于 $1.33h$,其中 h 为翼缘厚度。这种表述是对 2-1-1/图 6.1 中极限应变分布范围的简化,具有普遍的适用性,2-1-1/条款 6.1(6)参考了这种表述(然而,2-1-1/条款 6.1(5)的简化并不会简化承载力本身的计算)。当构件某个面的应变为零时,对于所使用的应力图形,仍然可以将极限应变取为ε_{cu2}或ε_{cu3}。当构件两个面有相等的压应变时,应适当地减小应变限值ε_{c2}或ε_{c3},具体取决于所使用的应力-应变关系。

2-1-1/条款6.1(5)
2-1-1/条款6.1(6)

纯受压时极限应变降低是因为实际的混凝土受压行为是在应变接近ε_{c2}(或ε_{c3})时达到峰值应力,然后应力下降直到达到最终的失效应变。因此,纯受压时,应变大约为ε_{c2}时,应力达到峰值荷载;但对于纯弯曲,应变超过ε_{c2}后,承载力会继续增加。如图 6.1-1 所示,对于应变值位于中间的情况,极限应变需要在这些情况之间插值获得,这可以绕固定点的旋转轴旋转应变图来完成。该方法同样适用于全截面受压的情况。对于全截面受压的厚度为 h 的翼缘板,其翼缘高度为 $h\varepsilon_{c2}/\varepsilon_{cu2}$处的应变限制在$\varepsilon_{c2}$以内。2-1-1/条款 6.1(5)中的简化规定使得截面中部的应变限制在ε_{c2}之内。

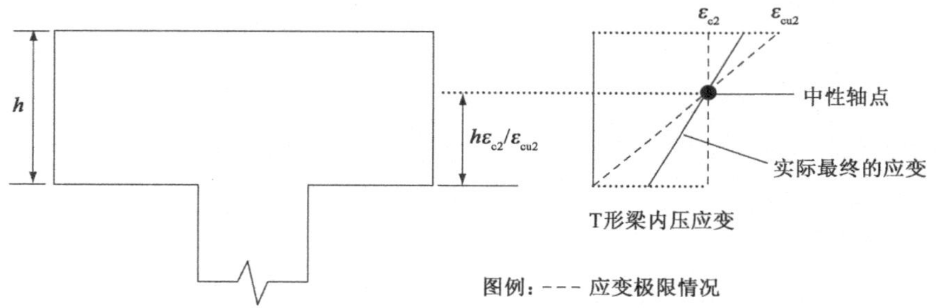

图 6.1-1　取决于应变分布的翼缘容许最大应变(ε_{c3}和ε_{cu3}用于等效双线性和矩形应力图)

对于桥梁,上述复杂分析可按 3.1.6 所述的那样,采用推荐值 $\alpha_{cc}=0.85$ 进行修正,这在一定程度上弥补了应变增加时强度下降的影响。虽然理论上可做出如上解释,但在实际工程中是否有必要修正还有待考证,且在英国标准 BS 5400 第 4 分册[9] 也未给出具体规定。实例 6.1-4 详细介绍了该方法。对于配有钢筋的梁,钢筋屈服时假定混凝土达到极限应变 ε_{cu2}或者 ε_{cu3},此时,通常可以不考虑上述修正效应。若钢筋不屈服,修正效应会更明显一点,但仍然相对较小。当需要考虑修正效应时,采用等效矩形应力图进行计算要简单得多。

对于均匀截面(或者至少受压区为均匀截面),可以采用下面章节中推导的简化的设计方程。

6.1.2.3　单筋梁和板

如图 6.1-2 所示，单筋矩形截面梁，受拉钢筋合力为$F_s=(f_{yk}/\gamma_s)A_s$，受压区混凝土合力为$F_c=f_{av}bx$，受压区合力作用点距截面受压边缘βx，其中f_{av}为承载能力极限状态下中性轴以上部分混凝土平均应力。f_{av}和β是与使用的混凝土应力图形有关的参数。3.1.7 给出了相应公式，同时列出了考虑不同混凝土强度以及应力-应变关系时的取值。图 6.1-2 中的失效应变值ε_{cu2}仅适用于受压区混凝土应力为抛物线-矩形分布的情况。对于等效双线性和矩形应力图，应采用ε_{cu3}。等效矩形应力图如图 6.1-3 所示。

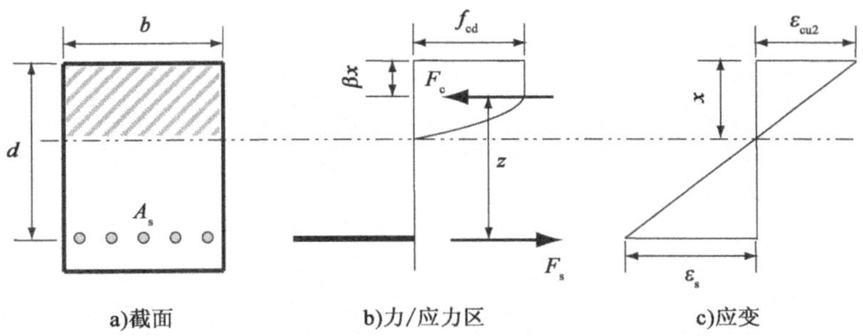

图 6.1-2　单筋矩形梁极限状态应力图（采用抛物线-矩形混凝土应力分布）

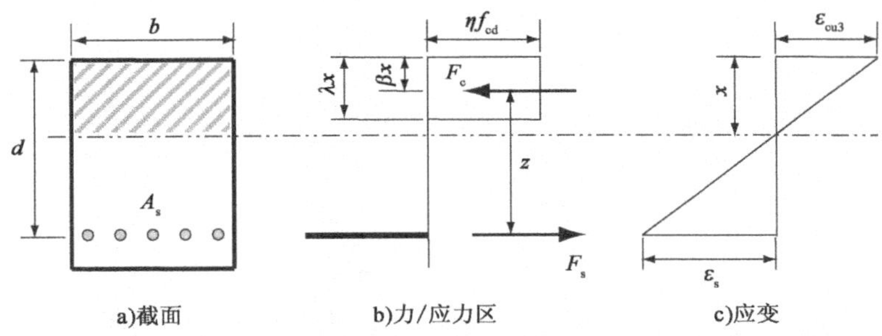

图 6.1-3　单筋矩形截面梁极限状态应力图示（混凝土受压区采用矩形应力分布）

可参照图 6.1-2 推导方程。根据力矩平衡（假定钢筋屈服），对压力合力点取矩：

$$M=F_sz=\frac{f_{yk}}{\gamma_s}A_sz \tag{D6.1-1}$$

同时，对受拉钢筋形心取矩：

$$M=F_cz=f_{av}bxz \tag{D6.1-2}$$

由静力平衡条件可得：

$$F_c=F_s\Rightarrow f_{av}bx=\frac{f_{yk}}{\gamma_s}A_s$$

可写成：

$$\frac{x}{d}=\frac{f_{yk}}{f_{av}\gamma_s}\rho \tag{D6.1-3}$$

其中

$$\rho = \frac{A_s}{bd} \tag{D6.1-4}$$

由应力-应变图的几何关系可得:

$$z = d - \beta x \tag{D6.1-5}$$

代入式(D6.1-2)可得:

$$M = f_{av} bx(d - \beta x) = f_{av} bx\left(1 - \beta \frac{x}{d}\right)d$$

或者

$$\frac{M}{bd^2} = f_{av} \frac{x}{d}\left(1 - \beta \frac{x}{d}\right) \tag{D6.1-6}$$

式(D6.1-1)和式(D6.1-6)可作为截面极限抗弯承载力的设计方程。但是,需验证钢筋应变确保其达到假定的屈服值。

根据简化的钢筋应力-应变曲线(参考 3.2)可知:

$$\varepsilon_{s,yield} = \frac{f_{yk}}{\gamma_s E_s}$$

根据图 6.1-2 中的应变图可知:

$$\varepsilon_s = \frac{\varepsilon_{cu2}}{x}(d - x) = \varepsilon_{cu2}\left(\frac{d}{x} - 1\right) \tag{D6.1-7}$$

由钢筋屈服可得:

$$\varepsilon_s \geqslant \varepsilon_{s,yield} \Rightarrow \varepsilon_{cu2}\left(\frac{d}{x} - 1\right) \geqslant \frac{f_{yk}}{\gamma_s E_s}$$

可写作:

$$\frac{x}{d} \leqslant \frac{1}{\left(\dfrac{f_{yk}}{\gamma_s E_s \varepsilon_{cu2}} + 1\right)} \tag{D6.1-8}$$

[注:当使用等效矩形或等效双线性混凝土应力图时,式(D6.1-8)中的ε_{cu2}应替换为ε_{cu3}。]

如果 x/d 不满足式(D6.1-8),则钢筋并未屈服,式(D6.1-1)以及式(D6.1-3)不成立,无法按式(D6.1-6)计算承载力。此时,应按下文考虑:

(1)增大截面尺寸使其满足式(D6.1-8);

(2)配置受压区钢筋(见 6.1.2.4 双筋截面梁)以满足式(D6.1-8);

(3)采用应变协调法确定实际钢筋受力和抗弯承载力;

(4)偏保守地根据式(D6.1-7)确定钢筋应变,根据式(D6.1-5)确定力臂,其中受压区高度 x 可根据式(D6.1-3)(假定钢筋屈服)确定,因此,式(D6.1-1)可写成:$M = A_s E_s \varepsilon_s z$。

对于简单等效矩形应力图,将$f_{av} = \lambda\eta f_{cd}$和$\beta = \lambda/2$(根据 3.1.7 确定)代入式(D6.1-3)和式(D6.1-5)可以简化上述步骤,因此:

$$M = A_s f_{yd} z \text{ 且 } z = d\left(1 - \frac{f_{yd} A_s}{2\eta f_{cd} bd}\right) \tag{D6.1-9}$$

以及

$$x = \frac{A_s f_{yd}}{\lambda b \eta f_{cd}} \tag{D6.1-10}$$

为了使用式(D6.1-9),必须检验式(D6.1-8)是否成立(但应用 ε_{cu3} 替换 ε_{cu2}),因为式(D6.1-9)假定了钢筋屈服。修正的方程为:

$$\frac{x}{d} \leqslant \frac{1}{\frac{f_{yk}}{\gamma_s E_s \varepsilon_{cu3}} + 1}$$

如果钢筋未屈服,需考虑上述选项。最后一个选择中,给出了较为保守的抗弯承载力计算方法:

$$M = E_s A_s \varepsilon_s z \text{ 且 } z = d\left(1 - \frac{f_{yd} A_s}{2\eta f_{cd} bd}\right) \tag{D6.1-11}$$

在式(D6.1-11)中,ε_s 由式(D6.1-7)确定,但需用 ε_{cu3} 替换 ε_{cu2}。

显然,上述方程更适用于对给定的截面进行分析,而不适用于由给定的弯矩值来设计截面。为便于设计需重新整理方程,令 $K_{av} = M/bd^2 fav$,代入式(D6.1-6)可得:

$$K_{av} = \frac{x}{d}\left(1 - \beta \frac{x}{d}\right) = \frac{x}{d} - \beta\left(\frac{x}{d}\right)^2 \tag{D6.1-12}$$

该方程可改写为二次方程 $\beta(x/d)^2 - (x/d) + K_{av} = 0$,对应方程的解为:

$$\left(\frac{x}{d}\right) = \frac{1 \pm \sqrt{1 - 4\beta K_{av}}}{2\beta} \tag{D6.1-13}$$

取式(D6.1-13)中较小的值为方程的解。此外,x/d 的比值应小于式(D6.1-8)给出的极限值。根据式(D6.1-1)给出设计截面应满足:

$$A_s \geqslant \frac{M\gamma_s}{f_{yk} z} \tag{D6.1-14}$$

式中,$z = d - \beta x$[同式(D6.1-5)],其中 x 根据式(D6.1-13)计算得到。

实例 6.1-1:钢筋混凝土桥面板

某 250mm 厚桥面板在承载能力极限状态下承受最大正弯矩为 150kN·m/m。假定主筋的保护层厚度为 40mm,采用 C35/45 混凝土,求满足极限弯矩所需的钢筋面积。受压区混凝土分别采用等效抛物线-矩形应力图和简化矩形应力图应力分布。钢筋等级为 B500B。

$f_{ck} = 35\text{MPa}$。假定 $\alpha_{cc} = 0.85$,$\gamma_c = 1.5$,根据 3.1.7 的等效抛物线-矩形混凝土应力图,$f_{av} = 16.056\text{MPa}$,$\beta = 0.416$。

根据式(D6.1-12):

$$K_{av} = \frac{150 \times 10^6}{1000 \times 200^2 \times 16.056} = 0.234$$

根据式(D6.1-13):

$$\frac{x}{d}=\frac{1\pm\sqrt{1-4\times0.416\times0.234}}{2\times0.416}=0.262(2.14\text{ 为无效根})$$

按式(D6.1-8)检验限值以确保钢筋屈服($f_{yk}=500\text{MPa}, E_s=200\text{ GPa}, \gamma=1.15$):

$$\frac{1}{\dfrac{f_{yk}}{\gamma_s E_s \varepsilon_{cu2}}+1}=\frac{1}{\dfrac{500}{1.15\times200\times10^3\times0.0035}+1}=0.6169>\frac{x}{d}\text{满足要求}$$

因此,$x=0.262\times200=52.4\text{mm}$,并由式(D6.1-5)得,$z=200-0.416\times52.4=178.2\text{mm}$。

因此,根据式(D6.1-14):

$$A_s\geqslant\frac{150\times10^6\times1.15}{500\times178.2}=1936\text{mm}^2/\text{m}$$

选用中心间距为 150mm 的 20ϕ 钢筋,$A_s=2094\text{mm}^2/\text{m}>1936\text{mm}^2/\text{m}$,满足要求。

为了对比,按照等效矩形应力图重新计算:

根据 3.1.7,对于混凝土等效矩形应力图,有 $f_{av}=15.867\text{MPa}$,$\beta=0.400$。

根据式(D6.1-12):

$$K_{av}=\frac{150\times10^6}{1000\times200^2\times15.867}=0.236$$

根据式(D6.1-13):

$$\frac{x}{d}=\frac{1-\sqrt{1-4\times0.400\times0.236}}{2\times0.400}=0.264$$

根据检验结果,钢筋会屈服,因此有:$x=0.264\times200=52.9\text{mm}$,同时根据式(D6.1-5)有:$z=200-0.400\times52.9=178.9\text{mm}$。

根据式(D6.1-14):

$$A_s\geqslant\frac{150\times10^6\times1.15}{500\times178.9}=1929\text{mm}^2/\text{m}$$

这比采用等效抛物线-矩形应力图计算所需的钢筋略少。

根据式(D6.1-9)检验上述配筋截面的承载力。

$$M=A_s f_{yd} d\left(1-\frac{f_{yd}A_s}{2\eta f_{cd} bd}\right)$$

$$=1929\times\frac{500}{1.15}\times200\times\left(1-\frac{500/1.15\times1929}{2\times1.0\times\dfrac{0.85\times35}{1.5}\times1000\times200}\right)$$

$$=150.0\text{kN}\cdot\text{m/m}\quad\text{满足要求}$$

实例6.1-2：钢筋混凝土板

钢筋混凝土空心板如图6.1-4所示。假定混凝土强度等级为C35/45，$f_{yk}=500\text{MPa}$，$f_{yk}=500\text{MPa}$，$\gamma_s=1.15$，$\gamma_c=1.5$，$\alpha_{cc}=0.85$，求其竖向极限抗弯承载力。若极限荷载增加到3000kNm/m，求满足极限抗力所需的额外钢筋用量。

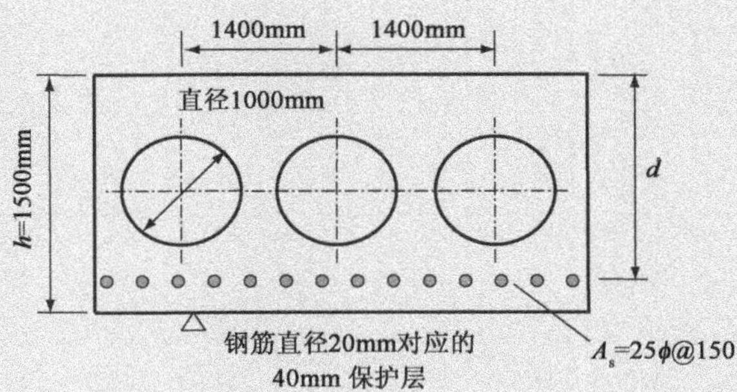

图6.1-4　钢筋混凝土空心板

(1)为求解极限抗弯承载力，将空心板视为带翼缘的梁，翼缘宽度$b=1400\text{mm}$，孔上方板厚=孔下方板厚=250mm，有效高度$d=h-$保护层厚度－连接钢筋直径－1/2主筋直径；因此有$d=1500-40-20-12.5\approx1425\text{mm}$：

$$A_s=\pi\times12.5^2\times\frac{1400}{150}=4581.5\text{mm}^2$$

根据3.1.7，对于等效抛物线-矩形应力图，$\alpha_{cc}=0.85$，$\gamma_c=1.5$，$f_{av}=16.056\text{MPa}$，$\beta=0.416$。

根据式(D6.1-4)：

$$\rho=\frac{4581.5}{1400\times1425}=0.002296$$

根据式(D6.1-3)：

$$\frac{x}{d}=\frac{500}{16.056\times1.15}\times0.002296=0.0622$$

检查由式(D6.1-3)给出的限值确保钢筋屈服：

$$\frac{1}{\frac{f_{yk}}{\gamma_s E_s\varepsilon_{cu2}}+1}=\frac{1}{\frac{500}{1.15\times200\times10^3\times0.0035}+1}=0.6169>\frac{x}{d}\text{满足要求}$$

由$x=0.0622\times1425=88.6\text{mm}<250\text{mm}$可知中性轴位于翼缘板内，上述公式成立。

根据式(D6.1-5)，$z=1425-0.416\times88.6=1388.1\text{mm}$，根据式(D6.1-1)：

$$M_{Rd}=\frac{500}{1.15}\times4581.5\times1388.1\times10^{-6}=\mathbf{2765kN\cdot m}\text{（对于1.4m宽的截面）}$$

(2)计算抵抗$M=3000\text{kNm/m}$的弯矩需要增加的钢筋面积：

对于1400mm宽的截面，$M=1.4\times3000=4200\text{kN}\cdot\text{m}$。

根据式(D6.1-12):

$$K_{av} = \frac{4200 \times 10^6}{1400 \times 1425^2 \times 16.056} = 0.0920$$

根据式(D6.1-13):

$$\frac{x}{d} = \frac{1 - \sqrt{1 - 4 \times 0.416 \times 0.0920}}{2 \times 0.416} = 0.0958$$

该值小于由式(D6.1-8)确定的极限值;因此钢筋会发生屈服。

由 $x = 0.0958 \times 1425 = 136.6\text{mm} < 250\text{mm}$,故中性轴位于翼缘板内,根据公式(D6.1-5),$z = 1425 - 0.416 \times 136.6 = 1368\text{mm}$。

因此根据式(D6.1-14):

$$A_s \geqslant \frac{4200 \times 10^6 \times 1.15}{500 \times 1368} = 7060\text{mm}^2 (= 5043\text{mm}^2/\text{m})$$

则增加的钢筋面积:

$$A_s = \frac{7060 - 4581.5}{1.4} = \frac{2479}{1.4} = 1770\text{mm}^2/\text{m}$$

即选择直径 20mm、间距 150mm 的钢筋布置形式(增加的钢筋面积 $A_s = 2094\text{mm}^2/\text{m}$)或者采用**直径 32mm、间距 150mm** 的布置形式代替直径为 25mm 的钢筋(总面积 $= 5361\text{mm}^2/\text{m}$)。

6.1.2.4 双筋矩形截面梁

双筋矩形截面梁及其对应的应力-应变图如图 6.1-5 所示。

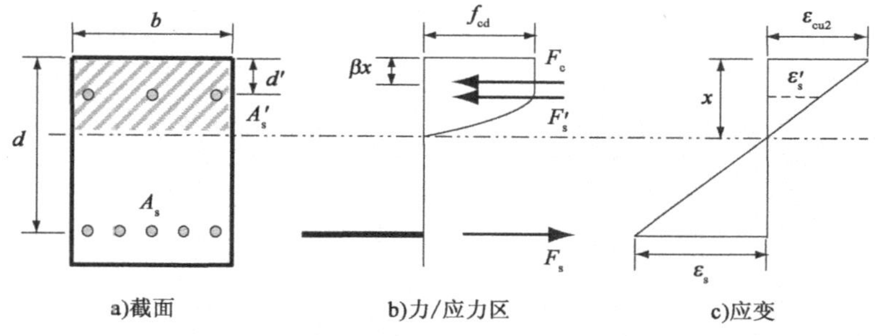

图 6.1-5 双筋矩形梁的抛物线-矩形应力分布失效模型

当受拉区配筋较多时,为了充分利用其性能,有必要设置受压钢筋来减少混凝土受压区高度使得受拉钢筋屈服。当中性轴高度超过式(D6.1-8)中的极限值时会出现受拉钢筋不屈服的情况。同时也有必要对配有受压钢筋的截面抗弯承载力进行分析。值得注意的是,与 BS5400 第 4 分册[9]不同,EC2 中钢筋受拉和受压采用了同样的应力-应变关系。

假设所有钢筋屈服,根据力的平衡可得:

$$F_c + F'_s = F_s \Rightarrow f_{av} bx + \frac{f_{yk}}{\gamma_s} A'_s = \frac{f_{yk}}{\gamma_s} A_s$$

因此有:

$$x = \frac{f_{yk}}{\gamma_s} \frac{(A_s - A'_s)}{f_{av} b} \tag{D6.1-15}$$

或者：

$$A'_s = A_s - \frac{f_{av} b x \gamma_s}{f_{yk}} \tag{D6.1-16}$$

当仅根据 A_s 计算的 x/d 值超过了式（D6.1-8）给出的极限值时，可根据式（D6.1-16）确定在受拉区钢筋屈服的情况下所需的受压区钢筋面积。若采用式（D6.1-16），首先应减小 x 值使其满足式（D6.1-8）所确定的极限值。

当截面配筋面积已知时，可采用式（D6.1-15）进行分析。同上文一样，为保证钢筋屈服，应检验 x 是否小于式（D6.1-8）给出的极限值。受压区钢筋是否屈服也需进行验证：

$$\varepsilon'_s \geqslant \varepsilon_{s,yield} \Rightarrow \varepsilon_{cu2}\left(1 - \frac{d'}{x}\right) \geqslant \frac{f_{yk}}{\gamma_s E_s}$$

因此有：

$$\frac{x}{d'} \geqslant \frac{1}{1 - C} \tag{D6.1-17}$$

其中：

$$C = \frac{f_{yk}}{\gamma_s E_s \varepsilon_{cu2}} \tag{D6.1-18}$$

若钢筋未屈服，则极限承载力须根据应变协调法确定。6.1.2.5 给出了具体示例。

实例 6.1-3：双筋混凝土板

混凝土板宽度为 1000mm，混凝土强度等级为 C35/45，有效截面高度为 275mm，布置中心距为 150mm 的 $\phi 40$ 钢筋。假定 $f_{yk} = 500\text{MPa}$，$\gamma_s = 1.15$，$\gamma_c = 1.5$，$\alpha_{cc} = 0.8$，受压区混凝土应力符合抛物线-矩形应力分布，求在充分发挥受拉区钢筋强度的条件下受压区钢筋面积（布置在高度 $d' = 50\text{mm}$ 处）以及对应的极限抗弯承载力。

根据 3.1.7，$f_{ck} = 35\text{MPa}$，$f_{av} = 16.056\text{MPa}$，$\beta = 0.416$。

根据式（D6.1-4）：

$$\rho = \frac{8377}{1000 \times 275} = 0.0305(3.05\%)$$

根据式（D6.1-3）：

$$\frac{x}{d} = \frac{500}{1.15 \times 16.056} \times 0.0305 = 0.825$$

检验是否满足式（D6.1-8）确定的极限值：

$$\frac{\frac{1}{500}}{1.15 \times 200 \times 10^3 \times 0.0035} + 1 = 0.6169$$

但是该值不大于上述的实际 x/d 值;因此需增加受压区钢筋面积使 $x/d=0.6169$。

$\Rightarrow x_{max}=0.6169\times275=169.6\text{mm}$

结合此混凝土的受压区高度,检查受压区高度为 d' 处的受压钢筋是否屈服。

根据式(D6.1-18):

$$C=\frac{500}{1.15\times200\times10^3\times0.0035}=0.6211$$

根据式(D6.1-17),若受压区钢筋屈服,则有:

$$x>\frac{d'}{1-C}=\frac{50}{1-0.6211}=132\text{mm}$$

又由 $x=169.6$ mm,可知钢筋屈服;可根据式(D6.1-16)计算所需受压区钢筋面积:

$$A'_s=8377-\frac{16.056\times1000\times169.6\times1.15}{500}=2113.1\text{mm}^2/\text{m}$$

因此,选用 $\phi25$ 型钢筋,间距 225mm(2182mm²/m)。可根据配筋面积计算极限抗弯承载力。

根据式(D6.1-15)可知:

$$x=\frac{500}{1.15}\times\frac{8377-2182}{16.056\times1000}=167.8\text{mm}<x_{max}$$

上述限制为受拉钢筋屈服对应的极限值。该高度也超过了受压钢筋屈服的临界高度 132mm。因此,混凝土和钢筋受力分别为:

$$F_c=f_{av}bx=16.056\times1000\times167.8\times10^{-3}=2693.9\text{kN}$$

$$F'_s=\frac{f_{yk}}{\gamma_s}A'_s=\frac{500}{1.15}\times2182\times10^{-3}=948.5\text{kN}$$

$$F_s=\frac{f_{yk}}{\gamma_s}A_s=\frac{500}{1.15}\times8377\times10^{-3}=3642.4\text{kN}$$

($F_c+F'_s-F_s=2693.9+948.5-3642.4=0\text{kN}$　　截面平衡)

对截面顶缘取矩计算极限抗力:

$$M_{Rd}=F_sd-F_c\beta x-F'_sd'$$

$$=(3642.4\times275-2693.9\times0.416\times167.8-948.5\times50)\times10^{-3}=\mathbf{764.1kN\cdot m}$$

6.1.2.5　带翼缘板的梁

对于带翼缘的截面,如果在承载能力极限状态下,使用上述公式计算出的中性轴位于翼缘内,则可以将带翼缘的截面视为矩形截面。如果采用简化的矩形应力图,当中性轴高度达到翼缘厚度的 $1/\lambda$ 倍时,可以将带翼缘的截面当作矩形截面来考虑,当 $f_{ck}<50\text{MPa}$ 时,$1/\lambda=1.25$。如前面 6.1.2.2 所述,这是因为应力图块始终保持在翼缘内,2-1-1/条款 6.1(5)仅适用于近似轴心荷载作用的情形,这等效于中性轴位于 $1.33h$ 处,其中 h 为翼缘厚度。严格来说,可以认为 2-1-1/条款

6.1(6)要求对中性轴高度为1.25h的极限应变进行调整，但这通常影响很小。

当中性轴位于腹板内时，应采用6.1.2.2和实例6.1-4中阐述的应变协调法进行分析。如6.1.2.2所述，翼缘区域的极限压应变限制可能会发生变化，因此带翼缘的梁的分析会更加复杂一些。对于窄翼缘的梁，可以对极限压应变的限制做一些基本判断；然而，EC2-1-1更多涉及的是宽翼缘箱梁。因此，更有必要采用迭代方法，并且更需要使用计算机进行分析。

实例6.1-4：带翼缘的钢筋混凝土梁

带翼缘的钢筋混凝土梁截面如图6.1-6所示，已知混凝土强度等级为C35/45，$f_{yk}=500\mathrm{MPa}$，$\gamma_s=1.15$，$\gamma_c=1.5$，$\alpha_{cc}=0.85$，采用等效抛物线-矩形应力图求极限抗弯承载力。

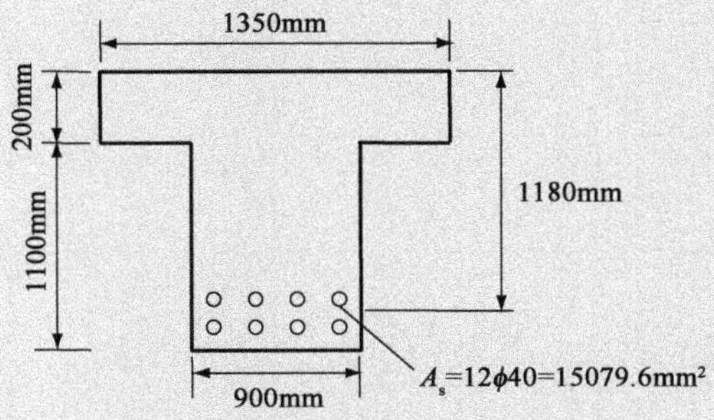

图6.1-6　带翼缘的钢筋混凝土梁截面

经过反复试算，推测中性轴高度为331mm，混凝土应力-应变图如图6.1-7所示。

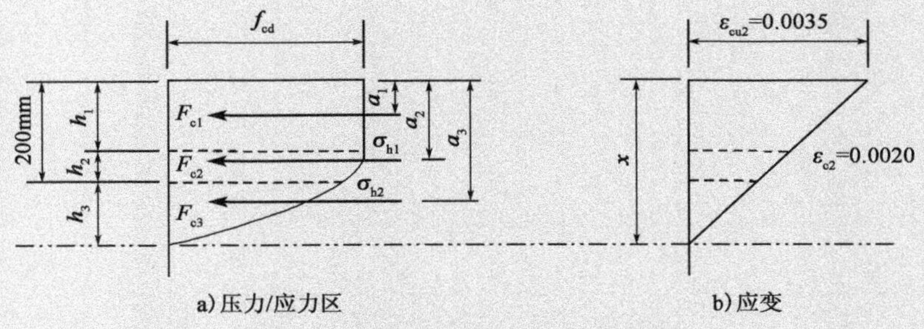

图6.1-7　带翼缘混凝土截面的压应力

根据混凝土等效抛物线-矩形混凝土应力图几何关系可得：

$$h_1=\left(1-\frac{0.0020}{0.0035}x\right)=\frac{3}{7}\times331=141.9\mathrm{mm}$$

$$h_2=200-h_1=200-141.9=58.1\mathrm{mm}$$

以及

$$h_3=331-200=131\mathrm{mm}$$

因此：

$$a_1=\frac{h_1}{2}=\frac{141.9}{2}=70.95\mathrm{mm}\qquad a_2=h_1+\frac{3}{8}h_2=141.9+\frac{3\times58.1}{8}=163.69\mathrm{mm}$$

以及

$a_3 = h_1 + h_2 + 0.358h_3 = 141.9 + 58.1 + 0.358 \times 131 = 246.9\text{mm}$

[注:为了计算形心位置,上面的系数 0.358 必须根据抛物线特定几何形状的中性轴高度,通过迭代计算来求得。该过程通过手算特别烦琐,但使用简化的等效矩形应力图就会容易很多(见本实例结尾)。]

$f_{cd} = \dfrac{0.85 \times 35}{1.5} = 19.833\text{MPa}$ 因此 $\sigma_{h1} = f_{cd} = 19.833\text{MPa}$

$$\sigma_{h2} = f_{cd}\left\{1 - \left[1 - \frac{\left(1 - \frac{200}{331}\right) \times 0.0035}{0.0020}\right]^2\right\} = 19.833 \times 0.9055 = 17.959\text{MPa}$$

因此有,$F_{c1} = f_{cd}b_1h_1 = 19.833 \times 1350 \times 141.9 \times 10^{-3} = 3799\text{kN}$;

$$F_{c2} = \left[\frac{2}{3}(\sigma_{h1} - \sigma_{h2}) + \sigma_{h2}\right]b_1h_2$$

$$= \left[\frac{2}{3}(19.833 - 17.959) + 17.959\right] \times 1350 \times 58.1 \times 10^{-3}$$

$$= 1507\text{kN}$$

$$F_{c3} = \left\{\frac{2}{3}\sigma_{h1}(h_2 + h_3) - \left[\frac{2}{3}(\sigma_{h1} - \sigma_{h2}) + \sigma_{h2}\right]h_2\right\}b_2$$

$$= \left\{\frac{2}{3} \times 19.833 \times (58.1 + 131) - \left[\frac{2}{3}(19.833 - 17.959) + 17.959\right] \times 58.1\right\} \times 900 \times 10^{-3} = 1246\text{kN}$$

以及 $\Sigma F_c = 3799 + 1507 + 1246 = 6552\text{kN}$。

钢筋应变为:$(1180 - 331)/331 \times 0.0035 = 0.009$,因此钢筋会屈服。

钢筋的力:

$$F_s = \frac{f_{yk}}{\gamma_s}A_s = \frac{500}{1.15} \times 15079.6 \times 10^{-3} = 6556.3\text{kN} \approx F_c$$

因此假定的中性轴高度正确,对截面顶缘取矩可得极限弯矩:

$$M = F_{sd} - F_{c1}a_1 - F_{c2}a_2 - F_{c3}a_3$$

$$M_{Rd} = (6556.3 \times 1180 - 3799 \times 70.95 - 1507 \times 163.69 - 1246 \times 246.9) \times 10^{-3}$$

$$= \mathbf{6912kN \cdot m}$$

严格来说,由于中性轴位于翼缘下方,如本指南 6.1.2.2 所述,应根据 2-1-1/条款 6.1(5)或(6)的规定采用新的极限应变图。2-1-1/条款 6.1(6)要求极限应变($\varepsilon_{c2} = 2.0 \times 10^{-3}$)位于 T 梁下缘 $h\varepsilon_{c2}/\varepsilon_{cu2} = 200 \times 2.0/3.5 = 114.3\text{mm}$ 处,即距上缘 85.7mm 处。因此,中性轴会更靠近下缘。如图 6.1-8 所示,根据对应的应力-应变图,中性轴的初值可取为 364mm(修正值)。

根据新的应变图(修正值)重复上述计算过程可得到新的抗弯承载力为 6880kN · m,该值仅有 0.5% 的减少,因此无须重新计算。在这种情况下,设计人员可认为翼缘的悬臂长度太小,无须进行极限应变的修正。通常,当根据混凝土极限应变ε_{cu2}来推测钢筋的屈服时会让计算更复杂，但由此带来的承载力的变化通常很小。

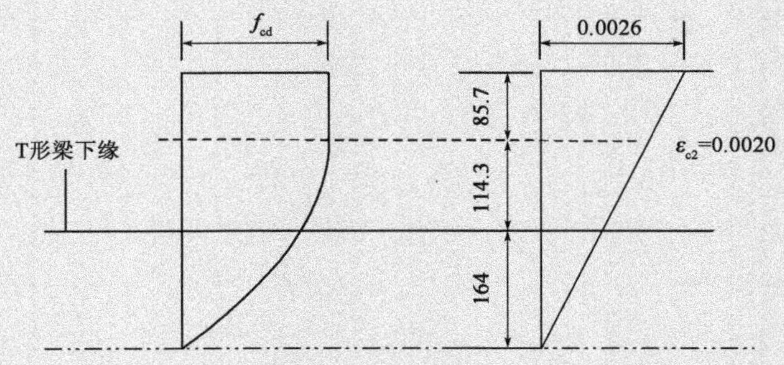

图6.1-8　用于进一步迭代计算的修正应力和应变分布

如上文所述，若采用等效矩形应力图，本实例的计算会更加简单。假定中性轴高度为334mm（反复试算得到），则等效矩形应力图如图6.1-9所示。

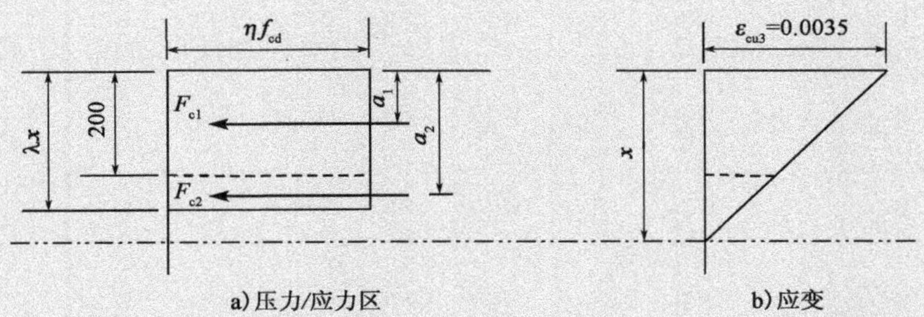

图6.1-9　等效矩形应力图的应力-应变分布

根据应力图的几何关系：

$$a_1=\frac{200}{2}=100\text{mm}$$

以及

$$a_2=\frac{\lambda x-200}{2}+200=\frac{0.8\times334-200}{2}+200=233.6\text{mm}$$

因此有：$F_{c1}=\eta f_{cd}b_1h_1=1.0\times19.833\times1350\times200\times10^{-3}=5355\text{kN}$，$F_{c2}=\eta f_{cd}b_2h_2=1.0\times19.833\times900\times(0.8\times334-200)\times10^{-3}=1200\text{kN}$，$\sum F_c=5355+1200=6555\text{kN}$。

钢筋应变为$(1180-334)/334\times0.0035=0.009$，故钢筋会屈服，计算出的钢筋内力与前面钢筋内力计算值相同，$F_s=6556.3\text{kN}\approx F_c$，因此假定中性轴高度是正确的，对截面顶缘取矩可得抗弯承载力：

$$M_{Rd}=F_{sd}-F_{c1}a_1-F_{c2}a_2=(6556.3\times1180-5355\times100-1200\times233.6)\times10-3=\mathbf{6921kN\cdot m}$$

同样，由于中性轴位于翼缘板下方，应根据2-1-1/条款6.1(5)或(6)中的等效抛物线-矩形应力图示例，采用新的极限应变图示例。

6.1.3 预应力混凝土梁(附加章节)

6.1.3.1 假定

预应力混凝土截面设计中的基本假定与钢筋混凝土结构相同。此外,2-1-1/条款 6.1(2)P 规定:在评估极限承载力时,需要考虑预应力筋中的初应变。初应变由扣除各项预应力损失后的有效预应力决定,根据 2-1-1/条款 5.10.8(1)有效预应力 $P_{d,t}(x)=\gamma_P P_{m,t}(x)$。分析截面的抗弯承载力时,可以将 3.3 中给出的预应力筋设计应力-应变曲线的原点偏移初应变值的大小来考虑初应变的影响。对于有粘结预应力结构,假定预应力筋的应变变化与周围混凝土的应变变化相同。显然这种假定对于无粘结预应力结构来说是不成立的,这将在 6.1.3.4 中单独讨论。

6.1.3.2 应变协调法

6.1.2.2 中采用的钢筋混凝土应变协调法也可以应用到预应力混凝土结构,但总应变应该等于预应力束的预拉应变加上根据混凝土失效时的应变图示计算得到的应变。然后依据此总应变按设计应力-应变曲线计算预应力筋中的应力。

实例 6.1-5:M 形预应力混凝土梁

图 6.1-10 所示的 M3 型预应力混凝土梁,其现浇桥面板厚 160mm,计算极限抗弯承载力:(i)使用带有水平分支段的预应力筋应力-应变关系曲线;(ii)使用带有倾斜分支段的预应力筋应力-应变关系曲线,并假定该预应力混凝土结构具有以下特性:

C30/37 混凝土板,$f_{ck}=30\text{MPa}$

C40/50 混凝土梁,$f_{ck}=40\text{MPa}$

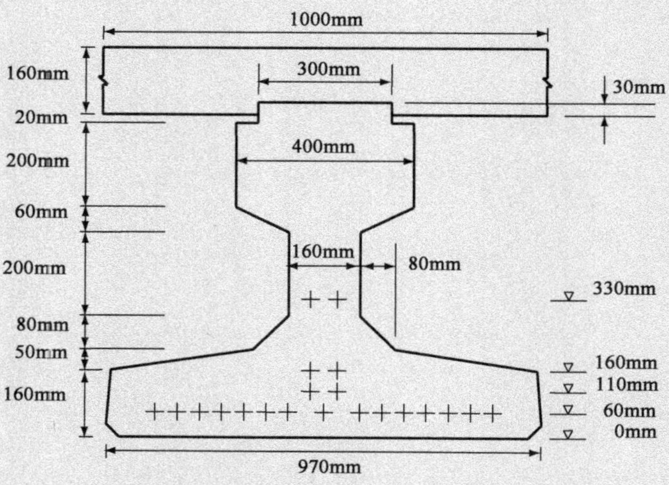

图 6.1-10 M 形预应力混凝土梁

选用抛物线形混凝土应力分布,有:$\varepsilon_{cu2}=0.0035$,$\varepsilon_{c2}=0.0020$

预应力钢绞线(根据 EN 10138-3 表 4 选用其材料参数):

21 根直径 15mm 的 Y1670S7 型钢绞线

公称直径 = 15.2mm

钢绞线名义横截面面积 = 139mm²

预应力筋的抗拉强度标准值，f_{pk} = 1670MPa

最大承载力标准值 = 139 × 1670 × 10⁻³ = 232kN

屈服力标准值 = 204kN

$f_{p,0.1k} = (204/232) \times 1670 = 0.879 \times 1670 = 1468\text{MPa}$

$E_p = 195\text{GPa}$

$\gamma_s = 1.15$

应力和应力损失：

假设初始应力为 75%f_{pk}。

考虑张拉过程中发生 10% 的预应力损失以及进一步发生 20% 的长期预应力损失（详细计算参考本指南 5.10）。

预拉应变 = 长期的钢筋束应力/E_p；因此，初应变 = 0.75 × 0.9 × 0.8 × 1670/(195 × 10³) = 0.0046。2-1-1/图 3.10 中的初始值首先应按下式定义：

$$f_{pd} = \frac{1468}{1.15} = 1276.5\text{MPa}$$

$$\frac{f_{pk}}{\gamma_s} = \frac{1670}{1.15} = 1452.2\text{MPa}$$

$$\frac{f_{pd}}{E_p} = \frac{1276.5}{195 \times 10^3} = 0.00655$$

（1）考虑带有水平分支段的预应力筋应力-应变关系，经反复试算得中性轴高度为 335mm。

应变关系如图 6.1-11 所示。

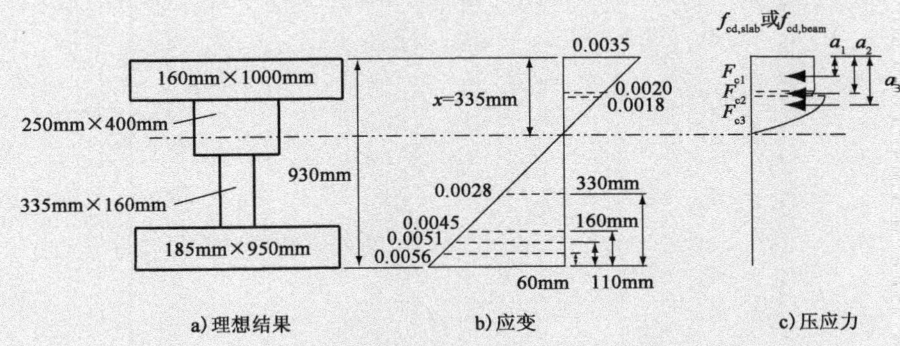

图 6.1-11　M 形预应力梁的应力-应变图示

因此，承载能力极限状态下 4 层钢筋束各自的总的应变（包括预应变）依次为：

$\varepsilon_{s1} = 0.0056 + 0.0046 = 0.0102$

$\varepsilon_{s2}=0.0051+0.0046=0.0097$

$\varepsilon_{s3}=0.0045+0.0046=0.0091$

$\varepsilon_{s4}=0.0028+0.0046=0.0074$

所有应变都大于f_{pd}/E_p（$=0.00655$），因此所有应力均可取为$f_{pd}=1276.5$MPa，从而预应力筋的总拉力为$F_s=21\times139\times1276.5\times10^{-3}=3726.2$kN。

中性轴位于梁的上翼缘内；因此，可以采用类似于计算带翼缘梁的方法，将受压区分成如下三个部分，并考虑不同的混凝土强度：

（i）桥面板中的矩形应力区（距离桥面板顶部 143.6mm 区域）；

（ii）桥面板中的抛物线形应力区（距离桥面板底部 16.4mm 区域）；

（iii）桥面板下翼缘到中性轴之间的抛物线形应力区（高 175mm）。

采用等效抛物线-矩形应力图，计算结果如下：

（i）$F_{c1}=2440.7$kN，合力作用点距桥面板顶面$a_1=71.8$mm；

（ii）$F_{c2}=278.6$kN，合力作用点距桥面板顶面$a_2=149.7$mm；

（iii）$F_{c3}=1008.5$kN，合力作用点距桥面板顶面$a_3=225.6$mm。

故 $F_c=2440.7+278.6+1008.5=3727.8\text{kN}\approx F_s$；因此，截面平衡，中性轴位置正确（注意，此处采用矩形应力图会更容易）。

对中性轴位置取矩得：

$$M=\begin{bmatrix}2440.7\times(335-71.8)+278.6\times(335-149.7)+1008.5\times\\(335-225.6)+354.9\times(3\times595-330-160-110)+\\2661.5\times(595-60)\end{bmatrix}\times10^{-3}$$

$$=\mathbf{2648.8kN\cdot m}$$

严格来说，由于中性轴位于腹板内，如本指南 6.1.2.2 所述，应按照 2-1-1/条款 6.1(6)使用新的极限应变图。则距离桥面板顶缘的$h\varepsilon_{c2}/\varepsilon_{cu2}=160\times2.0/3.5=91.4$mm 范围内桥面板混凝土应变保持为极限应变，即距离桥面板底缘 68.6mm 以上位置。使用桥面板顶部极限应变为$\varepsilon_{c2}=2.0\times10^{-3}$进行保守计算得到的极限抗弯承载力为 2585kN·m。这个结果验证了实例 6.1-4 的结论。

（2）考虑带有倾斜分支段的预应力筋应力-应变关系，经反复试算得中性轴高度为 348mm。

对于本实例（在没有国家附录的情况下），将使用 2-1-1/条款 3.3.6(7)中推荐的$\varepsilon_{c2}=0.02$和

$$\varepsilon_{uk}=\frac{\varepsilon_{ud}}{0.9}=\frac{0.020}{0.9}=0.022$$

来定义带有倾斜分支段的预应力筋应力-应变关系。实际上，EN 10138-3 表 5 给出了$\varepsilon_{uk}=0.035$和$\varepsilon_{ud}=0.9\,\varepsilon_{uk}$来定义带有倾斜分支段的预应力筋应力-应变关系。与使用 EN 10138-3 表 5 中给出的较大ε_{ud}计算的承载力相比，下面使用

较小的应变限值$\varepsilon_{ud}=0.02$计算出的承载力会稍大一些，因为采用较小的ε_{ud}时，相应的应力-应变曲线倾斜分支段的斜率较大。不过，当ε_{ud}取 0.02 时，其计算结果与 BS 5400 第 4 分册[9] 的计算结果相近（承载力对假定的应力-应变关系倾斜分支段的斜率很敏感，但仍远不及忽略斜率产生的影响）。

预应力钢绞线中的应变（包括初应变）如下：

$$\varepsilon_{s1}=0.0053+0.0046=0.0099$$

$$\varepsilon_{s2}=0.0047+0.0046=0.0093$$

$$\varepsilon_{s3}=0.0042+0.0046=0.0088$$

$$\varepsilon_{s4}=0.0025+0.0046=0.0071$$

对应的应力为：

$$\sigma_{s1}=1276.5+\left(\frac{1670}{1.15}-1276.5\right)\times\frac{0.0099-0.00655}{0.022-0.00655}=1314\text{MPa}$$

$$\sigma_{s2}=1276.5+\left(\frac{1670}{1.15}-1276.5\right)\times\frac{0.0093-0.00655}{0.022-0.00655}=1308\text{MPa}$$

$$\sigma_{s3}=1276.5+\left(\frac{1670}{1.15}-1276.5\right)\times\frac{0.0088-0.00655}{0.022-0.00655}=1302\text{MPa}$$

$$\sigma_{s4}=1276.5+\left(\frac{1670}{1.15}-1276.5\right)\times\frac{0.0071-0.00655}{0.022-0.00655}=1283\text{MPa}$$

因此对应的力为：

$$F_{s1}=15\times139\times1314\times10^{-3}=2739.7\text{kN}$$

$$F_{s2}=2\times139\times1308\times10^{-3}=363.6\text{kN}$$

$$F_{s3}=2\times139\times1302\times10^{-3}=362.0\text{kN}$$

$$F_{s4}=2\times139\times1283\times10^{-3}=356.7\text{kN}$$

因此总的预应力筋力为：

$$F_{s}=2739.7+363.6+362.0+356.7=3822\text{kN}$$

同样，中性轴位于梁体上翼缘内，并有：

（i）$F_{c1}=2535.4\text{kN}$，合力作用点距桥面板顶面$a_1=74.6\text{mm}$；

（ii）$F_{c2}=184.4\text{kN}$，合力作用点距桥面板顶面$a_2=153.2\text{mm}$；

（iii）$F_{c3}=1103.6\text{kN}$，合力作用点距桥面板顶面$a_3=230.5\text{mm}$。

$F_{c}=2535.4+184.4+1103.6=3823.5\text{kN}\approx F_{s}$。截面满足平衡条件，中性轴位置正确。

对中性轴取矩得：

$$M=\left[\begin{array}{l}2535.4\times(348-74.6)+184.4\times(348-153.2)+1103.6\times\\(348-230.5)+356.7\times(582-330)+362\times(582-160)+363.6\times\\(582-110)+2739.7\times(582-60)\end{array}\right]\times10^{-3}$$

$=\mathbf{2702.8kN\cdot m}$［比上面的（1）的相应计算值高 2.0%］

上文（1）中对混凝土应变的限制条件在此也同样适用，但考虑这些限制并不会显著影响承载力。

6.1.3.3 简化的混凝土应力图

与钢筋混凝土类似,采用简化的混凝土等效矩形应力图可以简化简单截面的设计。

6.1.3.4 无粘结预应力束

2-1-1/条款 5.10.1(3)要求:通常情况下,预应力应被视为荷载,在计算 EN 1990 中组合作用产生的轴力和弯矩时,应考虑预应力的作用。

2-2/条款6.1(108) 在预应力混凝土截面设计中,当预应力筋与混凝土截面无粘结时,不能采用上述有粘结预应力筋的一般规定,因为无粘结预应力筋的应变增长率与周围混凝土的应变增长率不同。***2-2/条款6.1(108)***规定,可假设锚固点之间的应变为常数,考虑两个锚固点之间的结构变形引起的应变增量,来获得体外预应力筋的应变增量。应该注意的是转向块一般不作为锚固点考虑,因为通常转向块处预应力筋偏角较小,所提供的摩阻约束也较小。后张法体外预应力在本指南 5.10.7 中讨论。

6.1.4 钢筋混凝土柱(附加章节)

6.1.4.1 假定

EC2 给出的钢筋混凝土柱设计条款与弯曲设计条款一致,因此,6.1.2.1 中的基本假定也同样适用于钢筋混凝土柱的分析。EC2 规定当混凝土压应变达到极限压应变(如前所述的ε_{cu2}或者ε_{cu3})即为受压破坏。但是,2-1-1/款 6.1(5)要求对极限应变值进行调整。当截面受纯弯曲或者轴力和弯矩组合作用且中性轴仍位于截面内时,极限应变取为ε_{cu2}(对于 C50/60 或者更低强度等级的混凝土取为 0.0035)。当截面承受荷载使得全截面均匀受压时,极限应变取为ε_{c2}(或ε_{c3})。当应变分布介于以上两者之间时,极限应变图应根据图 6.1-1 确定。如 6.1.2.2 所述,这个规定也适用于受轴心荷载作用的构件截面(例如箱梁的受压翼缘)。

根据本书作者有限的计算表明,圆形和矩形截面的截面承载力通常对混凝土极限应变假定的变化相对不敏感。但当截面配置了较多的受拉钢筋且钢筋可能不屈服时,需谨慎使用忽略混凝土极限应变变化的假定。

2-1-2/条款 6.1(4) ***2-1-1/条款6.1(4)***定义了最小弯矩,在柱的设计中应予以考虑。这个最小弯矩是通过对高度为 h 的截面施加最小偏心率的轴向载荷来定义的,偏心距为 30/h 但不小于 20mm。应考虑各个方向的最小弯矩。与绕短轴相比,通常绕长轴的名义弯矩对抗弯承载力的影响更小,一般可忽略。当柱的柔度较大时(参见 5.8.3),必须根据 2-1-1/条款 5.8.6、5.8.7 或 5.8.8 考虑附加的二阶弯矩。在任何情况下,应根据 2-2/条款 5.2 考虑截面缺陷对弯矩的影响。

6.1.4.2 应变协调

应变协调法适用于任何截面(见 6.1.2.2)。首先,假定截面钢筋面积,并估计中性轴高度。将混凝土受压边缘的应变值取为极限压应变ε_{cu2}(或ε_{cu3}),从而可以计算整个截面的应变。根据这些应变可以得到不同位置的钢筋应力,从而得到截面能够承受的轴力和弯矩。此计算过程能简单地给出截面能同时承受的轴向荷载和弯矩，见图 6.1-12。

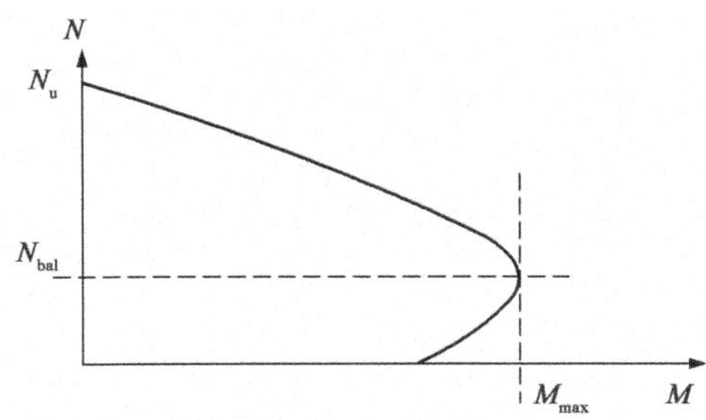

图 6.1-12　典型钢筋混凝土柱 N-M 包络图

对于校核问题，需要验算给定轴向荷载和弯矩的组合作用，因此需要通过进一步迭代来调整内力以产生期望的组合承载力。通常可以选用以下做法之一：

(1)在截面上施加给定的轴力，确定截面能承受的弯矩，并且验证该弯矩是否超过组合的外加弯矩；

(2)施加的轴力和弯矩按比例增加，获得最终的极限荷载，并验证荷载系数超过 1。

实例 6.1-6 说明了这些方法。

当在一次迭代后，部件的截面处于完全受压状态时，应如上所述调整混凝土的极限应变，并重复迭代过程以获得新的应力以及轴力和弯矩组合的承载力。

如果上述计算结果小于荷载设计值，则必须修改原来假定的钢筋面积，并重复该迭代过程(包括中性轴高度的迭代)。该过程显然是很烦琐的，并且可以看出需要用计算机软件来有效地设计同时承受轴力和弯矩的钢筋混凝土柱。

6.1.4.3　轴向荷载加单轴受弯

为了说明这些原理，简单起见，以下部分只对矩形混凝土柱建立表达式。与前面梁的设计相同，这些公式仍然适用于中性轴在翼缘内的带翼缘的梁。实际上，在一般截面的设计中，需要能自动迭代计算应变协调的计算机程序。这里只考虑中性轴在截面内的情况。矩形钢筋混凝土柱极限状态下的应变、应力和应力合力如图 6.1-13 所示。

这里只考虑中性轴在截面内的情况。矩形钢筋混凝土柱的应变、应力和应力结果如图 6.1-13 所示。

平衡方程，$N = F_c + F'_s + F_s$，因此：

$$N = f_{av}bx + f'_sA'_s + f_sA_s \tag{D6.1-19}$$

并对 N(竖向中心线)的作用点取矩，得出如下表达式：

$$M = f_{av}bx\left(\frac{h}{2} - \beta x\right) + f'_sA'_s\left(\frac{h}{2} - d'\right) + f_sA_s\left(\frac{h}{2} - d\right) \tag{D6.1-20}$$

在上述表达式中，拉力和拉应力取负值。f'_s和f_s应该根据中性轴高度 x 得出钢筋应变来计算，当钢筋应变使钢筋屈服时，f'_s和/或 f_s可取为f_{yd}，但应再次注意其符号约定。f_{av}和 β 在 3.1.7 中定义。

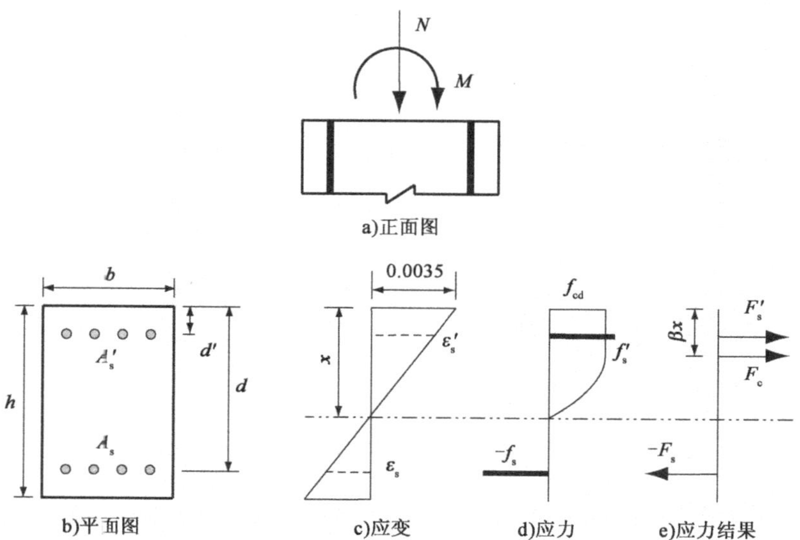

图 6.1-13 钢筋混凝土柱极限状态

由于f_s和 x 未知,这些方程很难应用于承受已知轴力和弯矩的截面设计。因此,另外一种设计方法是对于给定轴力 N 的截面,先假定 x(因此得出f'_s和f_s)和 A'_s,然后根据式(D6.1-19)计算所需钢筋面积A_s。然后用式(D6.1-20)来验算 M 是否大于所施加的弯矩,如果 M 小于所施加的弯矩,则应改变 x 和 A'_s的假定值并重复该计算过程。该过程已在实例 6.1-6 中说明。

实例 6.1-6:钢筋混凝土桥墩

1200mm×600mm 的矩形截面钢筋混凝土桥墩,在承载能力极限状态下同时承受 2600kN 的轴力和绕弱轴的弯矩(可在任一方向施加)2300kN·m。假定采用的混凝土强度等级为 C50/60,高屈服强度钢筋的屈服强度f_{yk} = 500MPa,求满足设计要求所需的钢筋数量。

取受压区高度 x = 125mm 试算。

假定 d'=60mm 和 d = 540mm(取合适的保护层厚度),则应变和相应的应力为:

$$\varepsilon'_s = 0.0035 \times \left(1 - \frac{60}{125}\right) = 0.00182 < \frac{f_{yd}}{E_s} (= 0.002174)$$

因此

$$f'_s = 0.00182 \times 200 \times 10^3 = 364\text{MPa}(压力)$$

以及

$$\varepsilon_s = 0.0035 \times \left(\frac{540}{125} - 1\right) = 0.01162 > \frac{f_{yd}}{E_s}$$

因此

$$f_s = f_{yd} = 434.8\text{MPa}(拉力)$$

根据 3.1.7 中的等效抛物线-矩形应力图，对于$f_{ck}=50\mathrm{MPa}$ 的混凝土，$f_{av}=22.94\mathrm{MPa}$，$\beta=0.416$。对于给定的受拉钢筋面积A_s，可以将 $N=2600\mathrm{kN}$ 代入式(D6.1-19)求解满足平衡条件的受压钢筋面积 A'_s。最后，根据式(D6.1-20)求解以上给定配筋面积下的抗弯承载力。必须根据不同的配筋面积并重复上述计算过程，直到根据式(D6.1-20)求得的抗弯承载力满足要求。对于本实例，通过迭代程序能够获得以下计算值：

$A_s(\mathrm{mm^2})$	$A'_s(\mathrm{mm^2})$	$M(\mathrm{kN\cdot m})$
11 根 $\phi16=2211.7$	331.5	1113.1
11 根 $\phi20=3455.8$	1817.5	1372.8
11 根 $\phi25=5399.6$	4139.4	1778.4
11 根 $\phi32=8846.7$	**8257.0**	**2497.9**
11 根 $\phi40=13823.0$	14 201.2	3536.4

因此，配置 22 根 $\phi32$ 钢筋（每侧 11 根，钢筋中心距 100mm，$A_s=A'_s=8846.7\mathrm{mm^2}$）将使得柱截面具有足够的承载力。根据以上配筋面积，进行截面验算：

(1)作用设计轴力 $N=2600\mathrm{kN}$ 时，截面能承受的最大弯矩。

(2)同时作用设计轴力和设计弯矩时，截面的荷载系数。

计算过程如下。

(1)与设计轴力 $N=2600\mathrm{kN}$ 同时作用的最大弯矩

与上述 $x=125\mathrm{mm}$、$A'_s=8257.0\mathrm{mm^2}$相比，受压钢筋面积增加了，因此减小受压区高度为 $x=121\mathrm{mm}$，保持轴力为 2600kN，将$A_s=A'_s=8846.7\ \mathrm{mm^2}$ 代入式(D6.1-19)和式(D6.1-20)：

$$\varepsilon'_s=0.0035\times\left(1-\frac{60}{121}\right)=0.001764<\frac{f_{yd}}{E_s}\text{，因此}f'_s=353\mathrm{MPa}(\text{压力})$$

$$\varepsilon_s=0.0035\times\left(\frac{540}{121}-1\right)=0.011225>\frac{f_{yd}}{E_S}\text{，因此}f_s=434.8\mathrm{MPa}(\text{拉力})$$

$$N=(22.94\times121\times1200+353\times8846.7-434.8\times8846.7)\times10^{-3}=2607\mathrm{kN}$$

与目标轴力 2600kN 相比，推测的中性轴位置是可以接受的。因此，与轴力共存的弯矩为：

$$\begin{aligned}M&=[22.94\times121\times1200\times(300-0416\times121)+353\times8846.7\times(300-60)-\\&\quad434.8\times8846.7\times(300-540)]\times10^{-6}\\&=2504\mathrm{kN\cdot m}\end{aligned}$$

(2)$N=2600\mathrm{kN}$ 和 $M=2300\mathrm{kN\cdot m}$ 的荷载系数

通过将$A_s=A'_s=8846.7\mathrm{mm^2}$代入式(D6.1-19)和式(D6.1-20)，并将受压区高度调整到 127mm，可以验算荷载系数：

$$\varepsilon'_s=0.0035\times\left(1-\frac{60}{127}\right)=0.001846<\frac{f_{yd}}{E_s}\text{，因此}f'_s=369.3\mathrm{MPa}(\text{压力})$$

$\varepsilon_s = 0.0035 \times \left(\frac{540}{127} - 1\right) = 0.011382 > \frac{f_{yd}}{E_s}$,因此$f_s = 434.8$MPa(拉力)

$N = (22.94 \times 127 \times 1200 + 369.3 \times 8846.7 - 434.8 \times 8846.7) \times 10^{-3}$
$= 2917$kN

荷载系数为 2917/2600 = 1.12,且

$M = [22.94 \times 127 \times 1200 \times (300 - 0.416 \times 127) + 369.3 \times 8846.7 \times (300 - 60) - 434.8 \times 8846.7 \times (300 - 540)] \times 10^{-6}$
$= 2571$kN · m

此时载荷系数为 2571/2300 = 1.12,与轴力的荷载系数相同,因此假定的中性轴高度是正确的。

引起失效时上述设计荷载所对应的荷载系数为 1.12。

6.1.4.4 轴向荷载加双轴受弯

例如,用应变协调法分析已知几何尺寸和配筋面积的钢筋混凝土柱时,可以分别绘制出极限状态下设计轴力(N_{Ed})与主轴或次轴弯矩(M_{Edz}或M_{Edy})的相互作用图。该图的形状与轴压比有关。对于双轴对称截面,该图的形状由 EC2 中 2-1-1/条款 5.8.9(4)表示如下:

$$\left(\frac{M_{Edz}}{M_{Rdz}}\right)^a + \left(\frac{M_{Edy}}{M_{Rdy}}\right)^a \leqslant 1.0 \qquad \text{2-1-1/(5.39)}$$

式中:M_{Edz}、M_{Edy}——各轴的设计弯矩值(包括二阶弯矩);

M_{Rdz}、M_{Rdy}——各轴的弯矩抗力;

a——指数:

对于圆形和椭圆形截面,$\alpha = 2$;

对于矩形横截面:

N_{Ed}/N_{Rd}	0.1	0.7	1.0
$a =$	1.0	1.5	2.0

中间值可采用线性内插求得。从图形变化可看出在平衡点($N_{Ed}/N_{Rd} \sim 0.1$)附近包络曲线呈线性变化,在压溃荷载($N_{Ed}/N_{Rd} \sim 1.0$)附近包络曲线是圆形的;

N_{Ed}——轴力设计值;

N_{Rd}——截面的轴心抗压承载力设计值:

$$N_{Rd} = A_c f_{cd} + A_s f_{yd}$$

式中:A_c——混凝土全截面面积;

A_s——纵筋面积。

由于N_{Rd}依赖于截面配筋面积,因此这种方法不适用于截面设计。使用时,可以先假定配筋截面面积,然后根据此方法验算假定配筋的截面面积是否满足承载力要求,并根据验算结果对假定的配筋面积进行相应修改。

本指南 5.8.9 给出了双向受弯时需考虑合理几何缺陷的进一步指导,并详细

介绍了如何确定双向弯曲对细长柱的影响。2-1-1/条款 5.8.9(2)特别强调了仅考虑产生最不利效应方向上的几何缺陷。

6.1.5 预应力构件的脆性破坏(附加章节)

一般预应力梁

2-1-1/条款 5.10.1(5)P 规定预应力梁不能因单根预应力筋的锈蚀或失效而导致结构脆性破坏。理想状况是预应力梁先出现裂缝,作为锈蚀发生的警告。在预应力筋发生锈蚀而混凝土不开裂的地方会出现潜在问题。当混凝土通过受拉来补偿预应力损失时,预应力梁没有明显的破坏迹象。但是,如果混凝土突然开裂,混凝土抗拉强度就会永久丧失;如果剩余的钢筋或预应力筋不能为结构提供足够的抗弯承载力,结构就会发生脆性破坏。该条款是英国设计人员对于预应力梁提出的新要求,这个要求仅影响尚未施加预应力的截面的开裂弯矩在弯矩设计值中占很大比例的构件的设计。当截面预应力较小时可能会出现这种脆性破坏的情况。根据 ***2-2/条款6.1(109)(a)~(c)***,可以采用以下 3 种方式中任意一种来防止脆性破坏: ***2-2/条款 6.1(109)(a)~(c)***

(a)在部分预应力束锈蚀或失效导致结构开裂后,剩余预应力束能够承受频遇组合设计弯矩

为了进行这项验算,可假定预应力筋面积减小,使得截面开裂弯矩小于或等于 EN 1990 中正常使用极限状态频遇组合弯矩设计值。开裂弯矩的计算应基于混凝土抗拉强度平均值f_{ctm}。对于抗弯截面模量为 Z 的预应力混凝土梁,当混凝土受拉边缘即将开裂时,开裂弯矩 M 和预应力 P 之间满足:

$$P/A + Pe/Z - M/Z = -f_{ctm} \qquad \text{(D6.1-21)}$$

式中,e 为预应力的偏心距;A 为构件横截面面积。

因此,梁在承受弯矩 M 时即将开裂所需的预应力为:

$$P = (M/Z - f_{ctm})/(1/A + e/Z) \qquad \text{(D6.1-22)}$$

实例 6.1-7 再次将预应力筋面积减少后的预应力混凝土梁极限抗弯承载力(使用偶然设计状况下的材料分项系数)与频遇组合设计弯矩进行比较。在假定预应力筋面积减少情况下的抗弯承载力计算时,还应该考虑其他存在的钢筋的作用。对于超静定结构桥梁,验算预应力筋面积减少情况下截面抗弯承载力时允许考虑弯矩重分布到桥梁的相邻区域。5.5 和 5.6 分别讨论了弯矩的重分布和转动能力的验算。

在频遇组合作用下,要求减少预应力筋直到裂缝出现,是为了确保在正常使用的交通荷载作用下能够看到裂缝,然后可以迅速展开调查和修复。

频遇组合既用来确定减少的预应力筋数量,又用来检查开裂后的极限强度,这似乎有点奇怪,主要是因为从开裂到随后的检测、修复的这段时间内荷载可能会增加。然而,这种验算对于英国设计人员来说是全新的,这也意味着很少会对这种增加的荷载进行控制。

目前尚不确定在长期损失发生前后是否都要满足该要求。在长期损失发生前要满足该要求就意味着要折减大部分预应力,但在长期损失基本完成之前不太可能会发生腐蚀。因此,这里建议只在长期损失发生后才进行这项验算。

如果使用式(D6.1-22)来确定当弯矩为 M 时的预应力,那么减小的预应力面积 $A_{p,Red}$ 可以相应地确定为:

$$A_{p,Red}=\frac{M/Z-f_{ctm}}{\sigma_p(1/A+e/Z)} \tag{D6.1-23}$$

式中,σ_p 为裂缝即将出现之前预应力筋的应力。如果不考虑普通钢筋(仍然需要满足最小配筋率要求)则极限承载力必须满足:

$$A_{p,Red}\times z_s\times f_{p0.1k}\geqslant M \tag{D6.1-24}$$

式中,z_s 为承载能力极限状态下预应力的力臂。

由式(D6.1-23)和式(D6.1-24)可知,作用频遇组合的力矩 M 必须大于最小值,以防止没有预应力筋时发生脆断,因此:

$$M\geqslant\frac{f_{ctm}z_s}{\frac{z_s}{Z}-\frac{\sigma_p}{f_{p0.1k}}(1/A+e/Z)} \tag{D6.1-25}$$

可以看出,这主要与混凝土截面特性、开裂前预应力筋应力以及预应力偏心距有关。预应力筋的总面积除了在有限的范围内影响 z_s 外,不会产生其他影响。

(b)最小配筋面积

当混凝土开裂后,通过配置足够的纵向钢筋可以弥补由于预应力筋减少对承载力的削弱,从而避免脆性破坏。这是通过 2-2/式(6.101a)给出的最小配筋面积来实现的。这些钢筋不必额外满足其他要求,并且可用于极限承载力的验算。这项验算会对钢筋提出一些要求[不同于(a)],但是这也避免了直接量化由于预应力筋锈蚀导致的抗弯承载力改变:

$$A_{s,min}=\frac{M_{rep}}{z_sf_{yk}} \tag{2-2/(6.101a)}$$

式中:M_{rep}——假定混凝土的抗拉强度为 f_{ctm},在不考虑预应力的情况下的开裂弯矩,此处混凝土抗拉强度为国家定义参数;

z_s——在承载能力极限状态下与钢筋有关的力臂。

目前尚不清楚根据受压区合力作用位置来确定力臂时是否需要考虑预应力的影响。若考虑预应力,则会得到一个较小的力臂,这是最保守的。同时这也与预应力筋减少后,钢筋补充承担一部分拉应力的观点一致。不管是否考虑预应力的影响,方法(b)都比方法(a)更保守。

该条款规定,在节段预制构件的接头处,f_{ctm} 应取为零。由此可以得出结论,在防止预制构件脆性破坏时,不需要最小配筋面积的限制。这是因为在任何情况下都不能在接缝处配置这种钢筋。可想而知,如果预应力筋发生腐蚀,接缝处会张开并给出病害警告,因此不需要这种钢筋。但是,如果接缝胶水强度很高,例如胶水强度超过了母体混凝土的强度,这种说法是不正确的。如果设计人员认为必须进行脆性破坏验算，则可以使用方法(a)，并假定胶水与混凝土的抗拉强度相同。如果验算结果不满足要求，唯一可采取的措施就只有修改混凝土横截面。

2-2/条款6.1(110)第(i)项规定要求在标准组合作用下(包括预应力次效应，但忽略主效应)所有出现拉应力的地方都应配置根据2-2/表达式(6.101a)计算的最小配筋面积。同时假定在一个截面上发生的部分预应力损失不会改变预应力次效应的分布。 ***2-2/条款6.1(110)***

为了确保在截面突然开裂时桥梁有足够的延性，2-2/条款6.1(110)第(iii)项规定要求在连续梁的跨中到支座都应满足最小配筋面积$A_{s,min}$的要求。其具体原因尚不清楚，但此处建议在支座相邻截面的下翼缘配置受压钢筋，防止跨中裂缝出现时，内力重分配产生的额外弯矩导致翼缘受压破坏。因此，原则上，在支点上翼缘也应该这样配筋；也就是说，这种钢筋应该整跨布置，以防止上翼缘受压破坏。通常，在箱梁或梁和桥面板的上翼缘没必要按这种最小配筋面积配筋，因此它们上翼缘面积较大。然而，对于中承式结构并非如此，一般中承式结构上翼缘很小或没有上翼缘，因此全跨按照最小配筋面积配筋是合乎逻辑的。加腋截面需要额外考虑，因为支点弯矩会在翼缘上产生较大的力，因此需要配置更多的钢筋。

如果在承载能力极限状态下，支点截面处普通钢筋和预应力筋提供的拉力(分别采用强度标准值f_{yk}和$f_{p,0.1k}$表示)小于下翼缘的压力，则在任何情况下都可以避免这种连续配筋，根据2-2/式(6.102)计算为：

$$A_s f_{yk} + k_p A_p f_{p0.1k} < t_{inf} b_0 \alpha_{cc} f_{ck} \qquad 2\text{-}2/(6.102)$$

式中：t_{inf}、b_0——分别表示箱梁截面底板的厚度和宽度；

A_s、A_p——分别表示承载能力极限状态下受拉区普通钢筋和预应力筋面积；

k_p——国家定义参数，推荐值为1.0。

上述讨论同样适用于验算从支点到跨中的应力重分布。

(c)提供可靠的监测设备

如果使用体外后张法预应力筋，可以很容易地检查预应力筋是否有腐蚀或损坏的迹象。因此，根据本条款的规定，在设计时无需进一步考虑。但是，仍然必须满足2-1-1/条款9.2.1.1(4)的要求。

实例6.1-7：后张预应力混凝土箱梁

有粘结预应力筋混凝土箱梁示例，如图6.1-14所示。

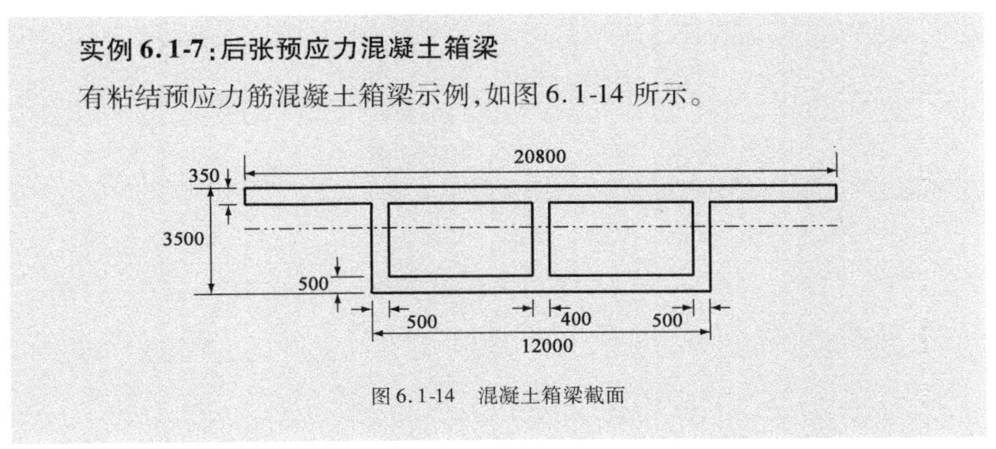

图6.1-14　混凝土箱梁截面

箱形梁具有以下截面特性:$A=17\mathrm{m}^2$,$I_{xx}=33.5\mathrm{m}^4$,$Z_{top}=21.1\mathrm{m}^3$,$Z_{bot}=17.5\mathrm{m}^3$。预应力筋35根,每根预应力筋面积为$2850\mathrm{mm}^2$,$f_{pk}=1860\mathrm{MPa}$,$f_{p0.1k}=1600\mathrm{MPa}$。中性轴距截面底部1.914m。预应力筋张拉控制应力为其抗拉强度标准值的70%,总损失(长期加短期)为25%。预应力的作用高度 = 3000mm(在这个例子中,假定所有预应力筋实际作用在这个位置)。

(i)频遇组合作用下正弯矩为240MN·m时,使用方法(a)进行箱梁的脆性破坏验算;(ii)频遇组合作用下正弯矩为100MN·m时,使用方法(a)进行箱梁的脆性破坏验算;(iii)使用方法(b)确定防止脆性破坏的钢筋面积。

工况(i):频遇组合作用下正弯矩为240MN·m

从式(D1.1-22)可知,假定预应力筋面积减少后,在频遇组合作用下结构刚好开裂,此时的预应力为:

$$P=(M/Z_{bot}-f_{ctm})/(1/A+e/Z_{bot})$$

从2-1-1/表3.1可知,对于圆柱体强度为40MPa的混凝土,$f_{ctm}=3.5\mathrm{MPa}$。

所以:

$$P=(240\times10^9/17.5\times10^9-3.5)/[1/(17\times10^6)+1086/(17.5\times10^9)]$$
$$=84.5\mathrm{MN}$$

如果是在扣除预应力损失之后进行上述验算,则需要减少的预应力筋面积为:

$$A_{p,Ped}=\frac{84.5\times10^6}{0.7\times0.75\times1860}=86532\mathrm{mm}^2$$

这对应30.3根预应力筋[这可以直接从式(D6.1-23)求得]。对于假定预应力筋减少后的承载能力极限状态验算,根据2-1-1/表2.1取偶然设计状况下的材料分项系数。因此,$\gamma_c=1.2$,$\gamma_s=1.0$。为了简化,使用$f_{p0.1,k}$水平分支段的预应力筋应力-应变曲线。假定预应力筋屈服,预应力筋受力为:

$$F_s=86532\times1600/1.0=138.5\mathrm{MN}$$

如果使用2-1-1/图3.5中简化的等效矩形应力图,则受压区面积为:

$$F_s/\eta f_{cd}=\frac{138.5\times10^6}{1.0\times0.85\times40/1.2}=4.89\times10^6\mathrm{mm}^2$$

矩形应力图高度为$\lambda_x=4.89\times10^6/20800=235\mathrm{mm}$,位于上翼缘内,因此计算宽度是一致的。由2-1-1/图3.5可知,中性轴位于高度$x=235/\lambda=235/0.8=294\mathrm{mm}$处。因此整个翼缘不完全处于受压状态,可以使用极限压应变为$\varepsilon_{cu3}=0.0035$,而不是适用于整个翼缘受压的较小的极限应变值ε_{c3},见6.1.2.2。因此,预应力筋应变为$(3000-294)/294\times0.0035=0.0032$,预应力明显达到屈服,因此上述假定是合理的。由于抗弯承载力$M_{Rd}=138.5\times10^6\times(3000-235/2)=399.2\mathrm{MN\cdot m}>>240\mathrm{MN\cdot m}$(频遇组合弯矩),因此不存在脆性破坏的问题。

该项检查也可以直接根据式（D6.1-24）进行，使用的力臂长度为上面的2883mm，因此，为了保险起见，施加的弯矩必须超过：

$$\frac{f_{\mathrm{ctm}} z_{\mathrm{s}}}{\dfrac{z_{\mathrm{s}}}{Z}-\dfrac{\sigma_{\mathrm{p}}}{f_{\mathrm{p0.1k}}}(1/A+e/Z)}=\frac{3.5\times 2883}{\dfrac{2833}{17.5\times 10^{9}}-\dfrac{976.5}{1600}\left(\dfrac{1}{17\times 10^{6}}+\dfrac{1086}{17.5\times 10^{9}}\right)}$$

$$=111\mathrm{MN\cdot m}<240\mathrm{MN\cdot m}\ 满足要求$$

这也直接表明了在下面的工况（ii）中，弯矩为 100MN · m 时，不需要额外配筋来防止脆性破坏。

即使所有预应力筋都完好无损，此类桥梁在频遇组合弯矩作用下很有可能出现弯曲裂缝，因此还需要进一步验算。而这种情况下预应力的数量一般比较多，故需要假定减少一些。

工况（ii）：假定频遇组合正弯矩为 100MN · m，并重复上述计算

从式（D1.1-22）可知，假定预应力筋面积减少后，在频遇组合作用下结构刚好开裂，此时的预应力为：

$$P=(M/Z_{\mathrm{bot}}-f_{\mathrm{ctm}})/(1/A+e/Z_{\mathrm{bot}})$$

根据 2-1-1/表 3.1 可知，对于圆柱体强度为 40MPa 的混凝土，$f_{\mathrm{ctm}}=3.5\mathrm{MPa}$。

因此：

$$P=[100\times 10^{9}/(17.5\times 10^{9})-3.5]/[1/(17\times 10^{6})+1086/(17.5\times 10^{9})]$$
$$=18.3\mathrm{MN}$$

如果是在扣除预应力损失之后进行上述验算，则需要减少的预应力筋面积为：

$$A_{\mathrm{P,red}}=\frac{18.3\times 10^{6}}{0.7\times 0.75\times 1860}=18759\mathrm{mm}^2$$

该面积对应 6.6 根预应力筋。

假定预应力筋达到屈服强度，预应力筋受力为 $F_{\mathrm{s}}=18579\times 1600/1.0=30\mathrm{MN}$。如果使用 2-1-1/图 3.5 中简化的等效矩形应力图，则受压区面积为：

$$F_{\mathrm{s}}/\eta f_{\mathrm{cd}}=\frac{30.0\times 10^{6}}{1.0\times 0.85\times 40/1.2}=1.059\times 10^{6}\mathrm{mm}^2$$

矩形应力图高度为 $\lambda_x=1.059\times 10^{6}/20800=50.9\mathrm{mm}$，位于上翼缘内，因此计算宽度是一致的。由 2-1-1/图 3.5 可知，中性轴位于高度 $x=50.9/\lambda=50.9/0.8=64\mathrm{mm}$ 处。因此，预应力筋应变为 $(3000-64)/64\times 0.0035=0.16$，预应力明显达到屈服，因此上述假定是合理的。抗弯承载力 $M_{\mathrm{Rd}}=30.0\times 10^{6}\times(3000-51/2)=89\mathrm{MN\cdot m}<100\mathrm{MN\cdot m}$（频遇组合弯矩），因此存在脆性破坏的问题。在计算整体抗弯承载力时应考虑底部翼缘中的钢筋（未用于其他用途，例如扭转）或其他配筋面积。

工况(iii):在 $d=3250\text{mm}$ 处,配置强度为$f_{yk}=500\text{MPa}$ 的钢筋

根据 2-2/式(6.101a):

$$A_{s,min}=\frac{M_{rep}}{z_s f_{yk}}$$

$$M_{rep}=Z_{bot}f_{ctm}=17.5\times10^9\times3.5=61.25\text{MN}\cdot\text{m}$$

Z_s 是在承载能力极限状态下钢筋的力臂。从上述工况(i)的计算可知,大部分预应力起作用时的力臂为 $0.96d$,故可近似采用 $0.9d$。因此:

$$A_{s,min}=\frac{M_{rep}}{z_s f_{yk}}=\frac{61.25\times10^9}{0.9\times3250\times500}=41880\text{mm}^2$$

计算所得钢筋面积比在箱梁底板的顶面和底面以 175mm 的间距布置直径 20mm 的钢筋所需的钢筋面积略小。与一般后张法预应力混凝土箱梁相比,这个配筋面积非常大,在经济性上很难令人满意。

先张法预应力梁

对于先张法预应力梁,可以使用上述方法(a)和方法(b)进行脆性破坏验算,但如果验算对配筋面积有所调整,则可以在配置额外钢筋的情况下应用方法(b)。由于预应力筋与普通钢筋一样受混凝土保护,因此可以直接使用 2-2/式(6.101a),而$A_{s,min}$由预应力本身提供。该判据只是:简单地使开裂截面的抗弯承载力超过不考虑预应力截面的开裂弯矩。似乎在不考虑预应力的情况下计算开裂弯矩 M_{Rep}是不合逻辑的。然而,这通常意味着最小配筋面积比较容易得到满足,而且由于英国没有处理先张预应力梁问题的经验,因此建议采用这种容易满足要求的验算。

对于先张法预应力构件,2-2/式(6.101a)应该进行一些修改。在验算$A_{s,min}$时,2-2/条款 6.1(110)第(i)项规定之后提供了两种选择:

(a)所有钢绞线的混凝土保护层厚度大于规范中的规定值。EC2-2 建议最小保护层厚度取 2-1-1/表 4.3 中给出的最小混凝土保护层厚度的两倍,但合适的保护层厚度是国家定义参数。在撰写本文时,尚无国家附录,但很可能国家附件中会定义合适的保护层厚度,以便利用所有规格的钢绞线,如果国家附录对此进行规定则前面保护层厚度的准则将会失效。应使用 2-2/式(6.101a)中的$f_{p0.1k}$代替 f_{yk},力臂应基于有效的钢绞线进行计算。

(b)在标准组合中,若考虑预应力损失后的钢绞线应力小于 $0.6f_{pk}$,可以不考虑混凝土保护层,但限制其应力增量 $\Delta\sigma_p$小于 $0.4f_{pk}$和 500MPa 两者中的较小值。然后,2-2/式(6.101a)变为 $A_{s,min}f_{yk}+A_p\Delta\sigma_p\geq M_{rep}/z_s$

6.2 剪切

本节给出了受剪构件承载能力极限状态的设计。它分为以下几个子节;最后一节是 EN 1992-2 没有给出的附加章节:

6.2.1　一般验算程序

2-1-1/条款6.2.1(1)P、(2) 和 ***(3)*** 中定义了剪切设计计算中使用的下列通用术语： ***2-1-1/条款 6.2.1(1)P、(2)和(3)***

V_{Ed}——由外荷载和预应力(有粘结或无粘结)共同作用引起的截面(最终)剪力设计值；

$V_{Rd,c}$——无抗剪钢筋时的构件抗剪承载力设计值；

$V_{Rd,s}$——抗剪钢筋屈服前维持的抗剪承载力设计值；

V_{Rd}——有抗剪钢筋的构件的抗剪承载力设计值，该承载力考虑了斜压和斜拉杆的作用；

$V_{Rd,max}$——受压杆压溃控制的构件最大抗剪承载力设计值；

V_{ccd}——有斜压杆的构件中，受压区剪力分量设计值；

V_{td}——有斜拉杆的构件中，受拉区剪力设计值。

钢筋混凝土构件的抗剪设计通常是在完成抗弯设计之后作为校核进行的，因此基本截面尺寸和材料特性均已确定。然而，对于带翼缘的薄腹梁，可在初始阶段考虑可达到的最大抗剪承载力$V_{Rd,max}$，以确保腹板厚度足够。从造价和施工便利性考虑，可增大截面尺寸并减少抗剪钢筋用量。

2-1-1/条款6.2.1(2) 允许设计人员在配有抗剪钢筋的构件的抗剪设计中考虑斜拉和斜压杆的竖向分力。这些分力V_{ccd}和V_{td}，应基于这些连接钢筋确定并计入构件的抗剪承载力中。理论上，它们应该由桁架模型得到的实际弦杆内力来确定，而不是由梁理论得到的 M/z 值确定，因为梁理论会高估V_{ccd}而低估V_{td}。目前尚不清楚为什么该条款不考虑抗剪钢筋构件的斜压杆和斜拉杆的力。需要注意的是，这些分力也会降低强度，特别是对于简支系杆拱桥。 ***2-1-1/条款6.2.1(2)***

设计人员在考虑这些倾斜拉压杆的力与倾斜的预应力之间的联合作用时应该特别注意，因为根据 ***2-1-1/条款6.2.1(3)*** 由预应力引起的剪力已经包含在剪力设计值V_{Ed}中，不应重复考虑。通常将预应力作为拉杆。2-1-1/条款 6.2.1(6)增加了重复考虑计算的风险，因为该条款规定，当考虑腹板压溃的极限状态时，应从施加的剪力中减去斜杆力分量。通过整体分析模拟中性轴高度变化时，也应该注意截面的高度变化。此时，输出的剪力分量将垂直于该倾斜轴。斜杆的力应始终采用同一个坐标轴。 ***2-1-1/条款6.2.1(3)***

2-1-1/条款 6.2.1(4) *2-1-1/条款 6.2.1(5)*

2-1-1/条款6.2.1(4)规定,当$V_{Ed} < V_{Rd,c}$时,只需满足最少抗剪钢筋的要求。这将在本指南 6.2.2.1 中进一步讨论。当$V_{Ed} > V_{Rd,c}$时,假定混凝土的抗剪强度完全丧失,并且***2-1-1/条款6.2.1(5)***规定此时抗剪承载力为V_{Rd}。这与英国的做法不同[9],但这更合理,因为开裂后力将传递给钢筋,而混凝土对抗剪承载力的贡献很小。这并不意味着给定的梁的抗剪强度将小于 BS 5400 第 4 分册计算出的抗剪强度,因为 EN 1992 允许改变剪切桁架角度,而 BS 5400 第 4 分册桁架角度限制为 45°,这通常会使钢筋混凝土梁的抗剪承载力更大。

2-1-1/条款 6.2.1(6)

2-1-1/条款6.2.1(6)涉及腹板可能承受的最大剪应力。该最大剪应力由桁架模型中的腹板压杆是否压溃控制。在计算剪应力时,与压杆压溃时的最大抗剪承载力$V_{Rd,max}$不同,此时斜杆的分力V_{ccd}和V_{td}列在方程的外加剪力侧,而不像 2-1-1/条款 6.2.1(2)考虑他们对腹板应力状态的影响而放在方程的抗力侧。

2-1-1/条款 6.2.1(7)

使用桁架模型进行抗剪设计清楚地表明,弦杆的受力不同于弯曲分析结果,拉杆受力会大于弯曲分析值,而压杆受力会小于弯曲分析值。因此,***2-1-1/条款6.2.1(7)***要求纵向受拉钢筋能对此进行考虑,这将在本指南 6.2.3.1 中讨论。

2-1-1/条款 6.2.1(8)

如果构件主要承受均布荷载,***2-1-1/条款6.2.1(8)***允许在距支座小于 d 的范围内不进行剪切验算,但前提是连接钢筋延伸到支座处并且支座处进行了腹板压溃的验算($V_{Rd,max}$)。如果在距离支座 d 范围内承受较大的集中荷载,则应按 2-1-1/条款 6.2.3(8)来考虑。

2-1-1/条款 6.2.1(9)

当荷载作用在截面底部附近时,***2-1-1/条款6.2.1(9)***规定,除了所需的抗剪钢筋外,还要求布置足够的竖向钢筋,以便将荷载传递到截面的顶部,通常称为“拉筋”。此规定与间接支承构件的要求类似,将在 9.2.5 中进一步讨论。

6.2.2 不需要设计抗剪钢筋的构件

这部分被分成钢筋混凝土构件(6.2.2.1)和预应力混凝土构件(6.2.2.2)两个子部分。

6.2.2.1 钢筋混凝土构件

EC2 给出的无抗剪钢筋的混凝土构件设计公式是经验公式,并已与广泛的试验数据拟合。无抗剪钢筋构件抗剪强度的主要控制因素是混凝土强度、纵筋数量和截面绝对高度。纵向钢筋数量对抗剪强度的贡献主要表现在两个方面:

(1)通过销栓作用直接提供抗剪强度;

(2)通过控制裂缝宽度间接提供抗剪强度。这反过来又会影响裂缝处通过集料咬合作用所传递的剪力大小。

构件的高度也对抗剪强度有显著的影响,EC2 通过定义高度因子 k 来考虑这种影响:

$$k = 1 + \sqrt{\frac{200}{d}} \leq 2.0 \qquad (D6.2\text{-}1)$$

d 为截面的有效高度(mm)。

2-2/条款6.2.2(101) 给出了无抗剪钢筋的截面抗剪承载力计算表达式：　***2-2/条款6.2.2(101)***

$$V_{\mathrm{Rd,c}} = [C_{\mathrm{Rd,c}}k(100\rho_{\mathrm{l}}f_{\mathrm{ck}})^{1/3} + k_1\sigma_{\mathrm{cp}}]b_{\mathrm{w}}d \qquad \text{2-2/(6.2.a)}$$

式中：f_{ck}——混凝土圆柱体抗压强度(MPa)；

$$\rho_{\mathrm{l}} = \frac{A_{\mathrm{sl}}}{b_{\mathrm{w}}d} \leqslant 0.02 \qquad \text{(D6.2-2)}$$

A_{sl}——纵向受拉钢筋面积，纵向受拉钢筋面积的计算截面取在超出所考虑截面 d 处，且计入的纵向钢筋应满足最小锚固长度的要求；

b_{w}——受拉区横截面的最小宽度(参见6.2.2.2)，参考文献11中的相关试验表明采用最小宽度是相当保守的；

d——受压区边缘算至受拉钢筋合力作用点的有效高度值；

σ_{cp}——$\sigma_{\mathrm{cp}} = N_{\mathrm{Ed}}/A_{\mathrm{c}}$(MPa)；

N_{Ed}——荷载或预应力产生的截面的轴向力；

A_{c}——混凝土全截面面积。

$C_{\mathrm{Rd,c}}$和 K_1 值可由国家附件给出。EC2 的推荐值分别为 $0.18/\gamma_{\mathrm{c}}$ 和 0.15。

EC2 定义了 $V_{\mathrm{Rd,c}}$的最小值：

$$V_{\mathrm{Rd,c}} = (v_{\min} + k_1\sigma_{\mathrm{cp}})b_{\mathrm{w}}d \qquad \text{2-2/(6.2.b)}$$

其中，$v_{\min}$也可在国家附件中获得，推荐计算公式为：

$$v_{\min} = 0.035k^{3/2}f_{\mathrm{ck}}^{1/2} \qquad \text{2-2/(6.3N)}$$

最近的试验(参考文献4)表明，这种最小强度对于高强混凝土和用石灰石集料制成的混凝土是不保守的。英国国家附件可能在2-2/条款3.1.2(102)P中通过国家定义参数将抗剪设计的f_{ck}限制为50MPa。

与当前英国的做法相比，上述表达式中轴向荷载使抗剪强度增加更多。然而，由于2-2/式(6.2.a)和2-2/式(6.2.b)的一般形式，存在拉力时抗剪强度将会减小，因为轴向拉力会减弱销栓作用和集料咬合作用。但是，如果轴向受拉构件设计得非常合理，Regan[2]的试验表明轴向拉力对抗剪强度的影响很小。因此，EC2中的表达式是保守的。EN 1994-2 的起草者很关注这种保守性，因为组合结构桥梁的桥面板通常会受到较大的拉力，此时还没有出现与桥面板抗剪承载力相关的问题。因此，EN 1994-2 条款6.2.2.5(3)减小了拉力对组合结构桥梁中桥面板抗剪强度的影响。文献13对此进行了讨论，同样的保守性问题也可能影响混凝土箱梁桥、梁桥和板桥。

当使用2-2/式(6.2.a)和式(6.2.b)时，仅需要考虑外部施加的荷载(来自预应力或外部荷载)。附加位移(如收缩或温度效应引起的变形)的影响可以忽略不计。在极限承载能力状态下可不考虑间接作用，并且经验公式本身也不可避免地包含了收缩效应(至少一部分效应)。

实例 6.2-1:钢筋混凝土桥面板

请计算一个 250mm 厚的桥面板的 $V_{Rd,c}$ 值,假定混凝土保护层厚度为 40mm,以 150mm 的间距布置 $\phi 20$ 的主钢筋,混凝土强度等级为 C35/45。

有效高度 $d = 250 - 40 - 20/2 = 200\text{mm}$

有效宽度 $b_w = 1000\text{mm}$

$$A_{sl} = \frac{\pi \times (20/2)^2}{0.150} = 2094.4\text{mm}^2/\text{m}$$

因此根据式(D6.2-2):

$$\rho_1 = \frac{A_{sl}}{b_w d} = \frac{2094.4}{1000 \times 200} = 0.0105 < 0.02 \qquad \text{规定限值}$$

假定 $\gamma_c = 1.5$,推荐值 $C_{Rd,c} = 0.18/\gamma_c$,故有 $C_{Rd,c} = 0.18/1.5 = 0.12$。

根据等式(D6.2-1):

$$k = 1 + \sqrt{200/d} = 1 + \sqrt{200/200} = 2.0 \leqslant 2.0 \qquad \text{规定限值}$$

忽略所有轴向荷载,2-1-1 /式(6.2.a)变为:

$$V_{Rd,c} = C_{Rd,c} k (100 \rho_1 f_{ck})^{1/3} b_w d$$

$$= 0.12 \times 2.0 \times (100 \times 0.0105 \times 35)^{1/3} \times 1000 \times 200 \times 10^{-3} = \mathbf{159.9kN/m}$$

实例 6.2-2:钢筋混凝土桥面板

实例 6.1-6 中无抗剪钢筋的桥墩能够承受的最大剪力(注意,根据 2-1-1/条款 9.5.3,柱需要满足最少抗剪钢筋的要求)。

有效高度 $d = 540\text{mm}$,有效宽度 $b_w = 1200\text{mm}$

$f_{ck} = 50\text{MPa}$;因此,$f_{cd} = 1 \times 50/1.5 = 33.3\text{MPa}$(对于剪切 $\alpha_{cc} = 1.0$,参见本指南 3.1.6 的讨论)

$A_{sl} = 11$ 根 $\phi 32$ 钢筋 $= 11 \times \pi \times (32/2)^2 = 8846.7\text{mm}^2$

因此根据式(D6.2-2)可得:

$$\rho_1 = \frac{A_{sl}}{b_w d} = \frac{8846.7}{1200 \times 540} = 0.01365 < 0.02 \qquad \text{规定限值}$$

假定 $k_1 = 0.15$,$\gamma_c = 1.5$,推荐值 $C_{Rd,c} = 0.18/\gamma_c$,有 $C_{Rd,c} = 0.18/1.5 = 0.12$。

根据式(D6.2-1)可得:

$$k = 1 + \sqrt{200/d} = 1 + \sqrt{200/540} = 1.609 \leqslant 2.0 \qquad \text{满足要求}$$

$N_{Ed} = 2600\text{kN}$ 且 $A_c = 600 \times 1200 = 720 \times 10^3\text{mm}^2$

可得:

$$\sigma_{cp} = \frac{2600 \times 10^3}{720 \times 10^3} = 3.611\text{MPa} < 0.2 f_{cd} (= 6.67\text{MPa}) \qquad \text{满足要求}$$

因此根据2-1-1/式(6.2.a)：

$$V_{Rd,c}=[C_{Rd,c}k(100\rho_1 f_{ck})^{1/3}+k_1\sigma_{cp}]b_w d$$
$$=[0.12\times1.609\times(100\times0.01365\times50)^{1/3}+0.15\times3.611]\times1200\times540\times10^{-3}$$
$$=(0.789+0.542)\times1200\times540\times10^{-3}$$

$=\mathbf{862.3kN}$　（对比无轴力时的抗剪承载力511.3kN）

支座附近的力学特点

目前已完成的大量试验结果表明，当荷载施加在支座附近或牛腿等较短构件上时，得到的抗剪强度要比2-1-1/式(6.2.a)的大。离支座距离小于约$2d$的截面，其抗力增加有两个原因：

- 一部分荷载直接由压杆传递到支座上；
- 剪切破坏面的倾角比荷载作用在离支座较远处时更大。

现在英国（和以前EN 1992-2的草案、ENV 1992-1-1[14]）的做法是，通过引入一个增强系数kd/a_v用于计算这种情况下混凝土抗剪承载力。a_v是指从支座中心线到荷载面的距离。试验表明，对于均布荷载和单个或多个集中荷载情况，k值不同。对于简支梁，$k=2$适用于均布荷载。$k=2.5$适用于单个集中力。对于连续梁承受集中荷载情况，$k=3$比较合适。因此，对于所有荷载类型，k取值为2偏保守。

由于几乎没有这种多点加载的数据，因此EC2的最终版本从等式的抗力一侧去除了上述增强系数，并引入了***2-1-1/条款6.2.2(6)***中的折减系数$\beta=a_v/2d$，用于考虑单个荷载对总的抗剪承载力V_{Ed}的贡献。除了单点加载的情况外，这与之前的版本不同。 ***2-1-1/条款6.2.2(6)***

对于跨径>>a_{v1}和d的梁，这种差异见图6.2-1，在没有钢筋的情况下，混凝土的基本抗剪承载力为V_{conc}。当前版本的EC2并没有考虑剪切破坏面变陡的影响，这实际上可以增加距支承位置$2d$范围内可承受的荷载。

2-1-1/条款6.2.2(6)的方法不适用于承受均布荷载的试验，例如参考文献15中的试验，然而该方法与增强等式一侧承载力的方法具有较好的一致性。2-1-1/条款6.2.2(6)更保守。由于必须区分有助于抗剪承载力提高的所有荷载作用位置，因此将这种支承位置抗剪承载力加强的规定应用于承受可变车辆荷载的桥梁设计中是非常麻烦的。在通常由软件生成移动荷载工况的情况下，这也是不方便的。当均布荷载作用时，必须通过积分确定减小的V_{Ed}。这个问题还影响需要考虑连续周长或剪切路径的基础垫层的设计。值得注意的是，对于基础的抗冲切性能，2-1-1/条款6.4.4(2)使用ENV 1992-1-1中的公式，该公式增强了抗冲切承载力，避免了积分，但与EN 1992-2的6.2相矛盾。

2-1-1/条款6.2.2(6)进一步将施加的剪力（无折减系数）的最大值限定为：

$$0.5b_w d\nu f_{cd}\qquad 2\text{-}1\text{-}1/(6.5)$$

式中：

$$\nu = 0.6\left(1 - \frac{f_{ck}}{250}\right)$$ 此处推荐　2-1-1/(6.6N)

其中,f_{ck}单位为 MPa,ν 是根据经验得出的折减系数,它主要考虑的是承载能力极限状态下混凝土压杆的压溃强度。

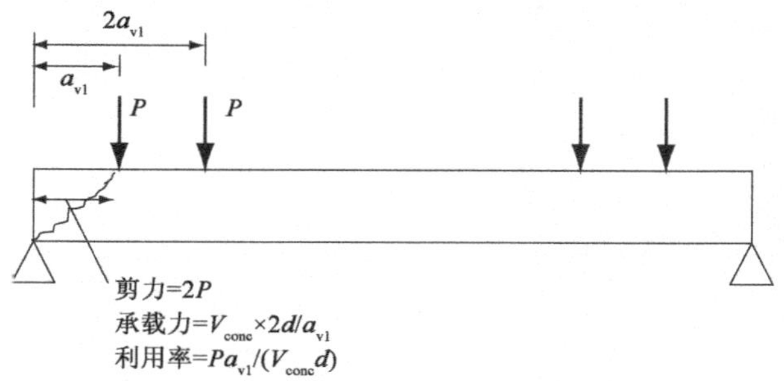

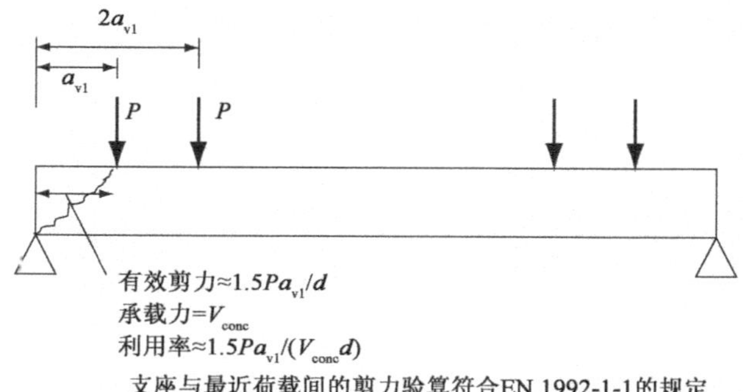

6.2-1　EN 1992-1-1 和 ENV 1992-1-1 对梁跨中剪力钢筋处理方法的比较

最少抗剪配筋面积

如果在设计计算的基础上不需要抗剪钢筋,则需要根据细部构造要求配置最少的抗剪钢筋,适用于梁的细部构造要求见 2-1-1/条款 9.2.2,适用于板的细部构造要求见 2-1-1/条款 9.3.2,适用于柱的细部构造要求见 2-1-1/条款 9.5.3。将抗剪钢筋配置在桥面板内是不切实际的。当作用在构件[例如板(实心、带肋或空心)]上的荷载可能发生横向重分布时,2-1-1/条款 6.2.1(4)允许忽略最少抗剪钢筋的要求。对于桥面板中典型的空心板,推荐按照 2-1-1/条款 9.2.2 配置最少数量的抗剪钢筋,以便于形成横向的桁架受力机制。

6.2.2.2　预应力混凝土构件

预应力混凝土梁可能发生两种剪切破坏。"弯剪"破坏发生在梁弯曲开裂的区域,见 2-2/条款 6.2.2(101)。当腹板中的主拉应力达到混凝土抗拉强度时,在梁的弯曲不开裂区域会发生"拉剪"破坏,见 2-1-1/条款 6.2.2(2)。

在弯剪拉力作用下不开裂的预应力截面

2-1-1/条款 6.2.2(2)

2-1-1/条款6.2.2(2)将最大弯曲拉应力小于$f_{ctk,0.05}/\gamma_c$时的截面定义为不开裂截面。最大弯曲拉应力是指受拉纤维的最大应力(即包括轴向应力分量以及弯曲应力分量)。还应注意,2-1-1/式(6.4)中f_{ctd}的定义取自 2-1-1/条款 3.1.6(2),因此包括系数α_{ct}。不开裂截面承载力的推导应一致性地严格限制混凝土最大拉应

力为$\alpha_{ct}f_{ctk,0.05}/\gamma_c$。如果$\alpha_{ct}$采用 1.0 的推荐值，这种一致性仍成立。

2-1-1/条款 6.2.2(2) 规定，无抗剪钢筋截面的剪切失效准则是，截面上任意位置的主拉应力超过混凝土的抗拉强度f_{ctd}(f_{ctd}是一个正数，但以下的符号约定采用受压为正，因此根据此约定，抗拉强度限值为 $-f_{ctd}$)。由不均匀收缩和温度引起的内部自平衡应力可能会被忽略，因为它们在 2-1-1/式(6.4)中不存在。

根据主拉应力等于混凝土的抗拉强度给出以下等式：

$$-f_{ctd} = \frac{\sigma_{cp} + \sigma_{bend}}{2} - \sqrt{\left(\frac{\sigma_{cp} + \sigma_{bend}}{2}\right)^2 + \tau^2}$$

式中：σ_{cp}——由于轴向荷载或预应力(在损失之后，包括适当的分项安全系数)引起的在所考虑的计算位置处的压应力(以 MPa 为单位，受压为正)；

σ_{bend}——在计算位置处由弯曲引起的应力(以 MPa 为单位，受压为正)；

τ——施加的剪应力，其中 $\tau = V_{Rd,c}A_e\bar{z}/Ib$(仅当横截面特性沿梁长不变时才有效)；

$V_{Rd,c}$——由引起腹板开裂所需的剪力确定的剪切抗力；

I——截面的惯性矩；

b——检查位置处的腹板宽度，包括波纹管管道直径；

$A_e\bar{z}$——截面质心轴上方的混凝土面积对质心轴的截面静矩(EC2 中将截面对质心轴的静距称为 S)。

上述 τ 代入上式得到如下表达式：

$$V_{Rd,c} = \frac{Ib}{A_e\bar{z}}\sqrt{f_{ctd}^2 + (\sigma_{cp} + \sigma_{bend})f_{ctd}} \tag{D6.2-3}$$

假定主拉应力发生在截面的质心处，$\sigma_{bend} = 0$，引入因子设为 α_1，并用 S 代替 $A_e\bar{z}$，在 2-1-1/条款 6.2.2(2)中给出以下表达式：

$$V_{Rd,c} = \frac{Ib_w}{S}\sqrt{f_{ctd}^2 + \alpha_1\sigma_{cp}f_{ctd}} \qquad \text{2-1-1/(6.4)}$$

式中：α_1——为了考虑先张法施工中的传递长度而引入的系数；

b_w——形心轴位置包括波纹管直径的腹板宽度，见下文 6.2.3.2。该定义与 2-2/条款 6.2.2(101)中的定义不同。在 2-1-1/条款 6.2.3 中又使用了稍微不同的定义。

2-1-1 /6.2.2(2)适用于单跨构件，但这种限制不局限于连续梁中支承部分，该部分截面可能在弯曲作用下会开裂。在任何情况下，混凝土的拉剪承载力都不太可能承受中支承处的剪力，开裂后混凝土抗剪能力丧失因此必须使用变角桁架模型。然而，在连续梁的负弯矩区附近使用混凝土抗剪可能比较经济，但这似乎是不允许的。单跨构件包括端部出现负弯矩的整跨桥梁。如果在这种情况下使用该方法，则将其应用于连续结构的负弯矩区也是合理的。限制在单跨结构中使用也有可能是因为 2-1-1/式(6.4)没有考虑横向应力。更有可能的是，使用该规定是为了消除简支梁因使用其他剪切规定而产生的保守性。

在某些截面中,例如工字梁,其中截面宽度随高度变化,最大主应力可能出现在质心轴以外的位置。在这种情况下,2-1-1/条款 6.2.2(2)要求计算横截面中不同水平的 $V_{\mathrm{Rd,c}}$ 来确定抗剪承载力的最小值。在这种情况下,应该包括上面式(D6.2-3)中的弯曲应力项σ_{bend},同时仍然使用系数α_1,因此:

$$V_{\mathrm{Rd,c}} = \frac{Ib}{A_{\mathrm{e}}\bar{z}}\sqrt{f_{\mathrm{ctd}}^2 + (\alpha_1\sigma_{\mathrm{cp}} + \sigma_{\mathrm{bend}})f_{\mathrm{ctd}}} \tag{D6.2-4}$$

为了考虑靠近支座处的性能,2-1-1/条款 6.2.2(3)规定根据 2-1-1/式(6.4)计算抗剪承载力时,如果所考虑的截面距离支座比距离弹性质心轴和从支承内边缘倾斜 45°斜线的交点处的截面更近,则不需要验算该截面。但是,当使用 2-1-1/式(6.4)时,对于受弯开裂的梁,2-1-1/条款 6.2.2(6)中允许的减小剪力的规定不适用。

2-1-1/条款 6.2.2(3)

在连续梁中,在承载能力极限状态下的弯曲设计中可以忽略变形的影响,但在抗剪设计中仍然需要考虑这种影响,因为可能发生脆性破坏。这种复杂情况在实践中很少出现,因为桥梁通常都需要抗剪钢筋。

实例 6.2-3:后张预应力混凝土箱梁,受弯不开裂

考虑以下有粘结预应力筋的混凝土箱梁示例。

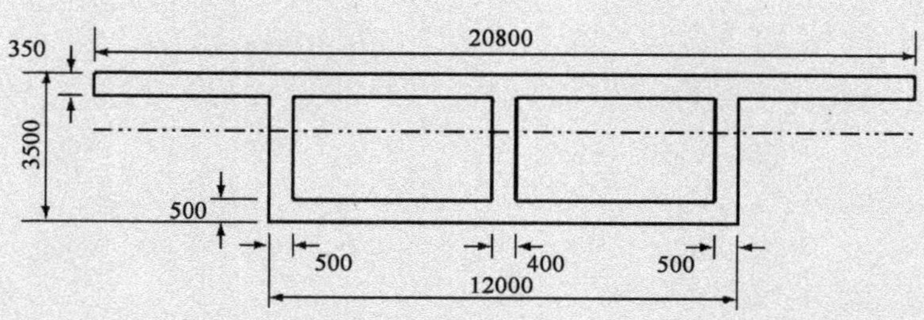

图 6.2-2　混凝土箱梁的截面(尺寸单位:mm)

箱梁特性如下:$A = 17\mathrm{m}^2$,$I = 33.5\mathrm{m}^4$, $W_{\mathrm{top}} = 21.1\mathrm{m}^3$,$W_{\mathrm{bot}} = 17.5\mathrm{m}^3$,中性轴高度 $z_{\mathrm{na}} = 1911.5\mathrm{mm}$,截面对质心轴的静矩 $S = A_{\mathrm{e}}\bar{z} = 11.35\mathrm{m}^2$。预应力筋由 40 根截面面积为 2641mm² 的钢筋束组成。抗压强度标准值 $f_{\mathrm{pk}} = 1670\mathrm{MPa}$ 且 $f_{\mathrm{p0.1k}} = 1468\mathrm{MPa}$。每束预应力筋穿过外径为 102mm 的钢质管道。桥梁简支端部的预应力筋位置如下:高度 250mm 处布置 25 根(在底板中),高度 700mm 处布置 3 根,高度 1000mm 处布置 3 根,高度 1300mm 处布置 3 根,高度 1600mm 处布置 3 根以及高度 1900mm 处布置 3 根,预应力质心高度为 644mm。腹板中的预应力筋是垂直布置的,以便在任何给定高度上只有一束预应力筋横跨腹板宽度范围。$f_{\mathrm{ck}} = 35\mathrm{MPa}$,$f_{\mathrm{yk}} = 500\mathrm{MPa}$,$\gamma_{\mathrm{c}} = 1.5$,$\gamma_{\mathrm{s}} = 1.15$。

根据 2-1-1/条款 6.2.2(2),假定截面受弯不开裂,可以根据 2-1-1/条款 6.2.2(2)确定端部截面内、外腹板的抗剪承载力。假定初始应力为 70%f_{pk},总预应力损失为初始预应力的 25%,扣除损失后的总预应力为 $40 \times 2641 \times 1670 \times 0.70 \times 0.75 \times 10^{-3} = 92600\mathrm{kN}$。

根据 2-1-1/表 3.1,$f_{ctk,0.05}=2.2\text{MPa}$,按推荐值取 $\delta_{ct}=1.0$ 进行剪切计算,根据 2-2/式(3.16)得 $f_{ctd}=\delta_{ctfck}/\gamma c=1.0\times2.2/1.5=1.467\text{MPa}$。

不开裂时的抗剪承载力根据 2-1-1/式(6.4) 进行计算:

$$V_{Rd,c}=\frac{Ib_w}{S}\sqrt{f_{ctd}^2+\alpha_1\sigma_{cp}f_{ctd}}$$

在后张法中使用 $\alpha_1=1$ 和分项安全系数 $\gamma_{p,fav}=1$(根据 2-1-1/条款 2.4.2.2):

$$\sigma_{cp}=N_{Ed}/A=1.0\times92600\times10^3/17\times10^6=5.45\text{MPa}$$

根据 2-1-1/式 (6.16) 得:

$$\sum b_{w,nom}=500+400+500-3\times0.5\times102=1247\text{mm}$$

因此,对于整个截面有:

$$V_{Rd,c}=\frac{33.5\times10^{12}\times1247}{11.35\times10^9}\times\sqrt{1.467^2+1.0\times5.45\times1.467}=11724\text{kN}$$

对所有的三个腹板:

如 6.2.2.2 所述,验算质心高度处的抗剪承载力。此外,其他高度的承载力也应该被验算。

现在,考虑位于顶板下方高度为 3150mm 的截面。中性轴高度以上的混凝土面积 A_{ez} 为 10.290m^3。假定在简支端 $M_{Ed}\approx0\text{kN}\cdot\text{m}$,式(D6.2-4)中取 $\alpha_1=1.0$,$(\sigma_{cp}+\sigma_{bend})$ 项由下式得到:

$$(\sigma_{cp}+\sigma_{bend})=\frac{1.0\times92.6\times10^3}{17\times10^6}+\frac{1.0\times92.6\times10^6(644-1911.5)(3150-1911.5)}{33.5\times10^{12}}$$

$$=5.447-4.339=1.108\text{MPa}$$

根据式 (D6.2-4):

$$V_{Rd,c}=\frac{33.5\times10^{12}\times1247}{10.290\times10^9}\times\sqrt{1.467^2+1.108\times1.467}=7890\text{kN}<11724\text{kN}$$

该值小于质心截面位置的抗剪承载力,因此这个位置更关键。该承载力的贡献由 3 个腹板根据它们的相对宽度按比例分配,因此中腹板的承载力为 $7890\times(400-0.5\times102)/1247=$ **2208**kN,每个边腹板的承载力为 $7890\times(500-0.5\times102)/1247=$ **2841**kN。

受弯开裂的预应力截面

受弯开裂的无抗剪钢筋的预应力混凝土截面设计同上述 6.2.2.1 钢筋混凝土截面设计。但是有粘结的预应力筋应该包含在 2-2/条款 6.2.2(101)定义的 A_{sl} 中。有效高度 d 应基于“加权平均值”确定。该值基于钢筋面积的形心确定,而不考虑强度。

最少抗剪钢筋

如前所述,与普通钢筋混凝土一样,应满足最少抗剪钢筋的要求。

6.2.3 需要设计抗剪钢筋的构件

本节分为 3 个附加小节:对应的内容分别为钢筋混凝土构件(6.2.3.1),预应力混凝土构件(6.2.3.2)和节段施工的混凝土构件(6.2.3.3)。

6.2.3.1 钢筋混凝土构件

2-1-1/条款 6.2.1(5)规定,在 $V_{Ed} > V_{Rd,c}$ 的区域,应配置足够的抗剪钢筋以确保 $V_{Ed} \leq V_{Rd}$。2-2/条款 6.2.3 采用图 6.2-3 所示的桁架模型计算所需的抗剪钢筋。

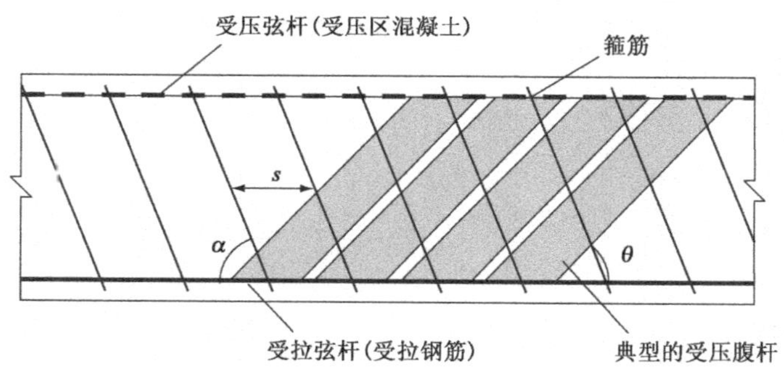

图 6.2-3 剪切桁架模型

如图 6.2-4 所示,对于普通桁架模型,考虑一个构件宽度为 b_w 的部分,该模型的压杆与垂直于剪力的梁轴线成 θ 角,抗剪钢筋与该轴向成 α 角(同一轴线)。2-1-1/条款 9.2.2(1)将抗剪钢筋的角度限制在 45° ~ 90°之间。***2-1-1/条款 6.2.3(1)*** 将腹板宽度(抗剪钢筋构件的设计计算中需要使用的腹板宽度)定义为拉杆和压杆之间的最小腹板宽度。抗剪承载力根据 A-A 截面上的竖向平衡得到,A-A 平面平行于混凝土压杆力作用线。由于平面 A-A 与混凝土力平行,混凝土压杆力没有穿过平面的垂直分量,因此只有抗剪钢筋的垂直分量穿过平面 A-A 来抵抗施加的剪力 V。

2-1-1/条款 6.2.3(1)

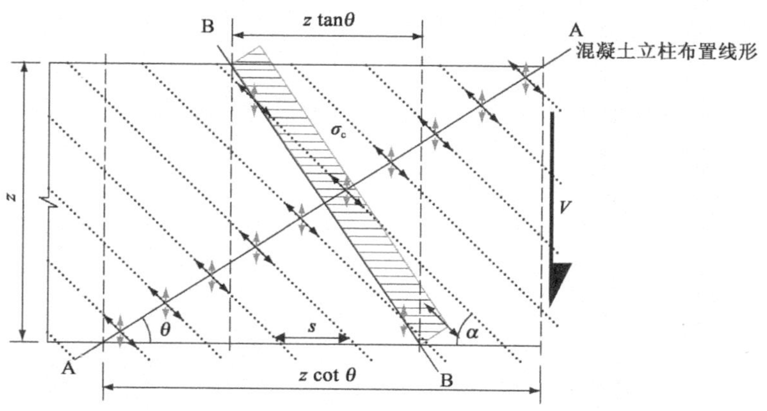

图 6.2-4 采用斜筋的部分弥散桁架模型

平面 A-A 的长度为 $z/\sin\theta$，沿着平面 A-A 并穿过平面的钢筋间距为 $s\sin\alpha/\sin(\theta+\alpha)$，因此穿过平面的钢筋肢数为 $z\sin(\theta+\alpha)/s\sin\alpha\sin\theta$。使用 $f_{ywd}A_{sw}$ 作为抗剪钢筋的设计强度，穿过 A-A 平面的钢筋在竖直方向的力分量为 $f_{ywd}A_{sw}[z\sin(\theta+\alpha)/s\sin\theta\sin\alpha]\sin\alpha$。因此，由截面 A-A 上竖向力平衡得：

$$
\begin{aligned}
V &= \frac{A_{sw}}{s}zf_{ywd}\frac{\sin(\theta+\alpha)}{\sin\theta}\\
&= \frac{A_{sw}}{s}zf_{ywd}\frac{\sin\theta\cos\alpha+\cos\theta\sin\alpha}{\sin\theta}\\
&= \frac{A_{sw}}{s}zf_{ywd}(\cos\alpha+\cot\theta\sin\alpha)
\end{aligned}
$$

这给出了***2-1-1/条款6.2.3(4)***中的等式（用 $V_{Rd,s}$ 替换 V）： *2-1-1/条款6.2.3(4)*

$$V_{Rd,s} = \frac{A_{sw}}{s}zf_{ywd}(\cot\theta+\cot\alpha)\sin\alpha \qquad 2\text{-}1\text{-}1/(6.13)$$

对于垂直抗剪钢筋，$\alpha=90°$，$\cot\alpha=0$，$\sin\alpha=1$，2-1-1/式(6.13)简化为***2-2/条款6.2.3(103)***中的公式： *2-2/条款6.2.3(103)*

$$V_{Rd,s} = \frac{A_{sw}}{s}zf_{ywd}\cot\theta \qquad 2\text{-}2/(6.8)$$

现在考虑 B-B 截面上的竖向力平衡，B-B 平面垂直于混凝土压杆力作用线。施加的剪力 V 一部分由混凝土压杆力的竖向分力承担，另一部分由穿过平面 B-B 的抗剪钢筋的竖向分力承担。

平面 B-B 的长度是 $z/\cos\theta$，抗剪钢筋沿着平面 B-B 并穿过平面的间距是 $s\sin\alpha/\cos(\theta+\alpha)$。因此，与平面交叉的抗剪钢筋肢数是 $z\cos(\theta+\alpha)/s\cos\theta\sin\alpha$。抗剪钢筋的设计强度为 $f_{ywd}A_{sw}$，穿过平面的钢筋在竖直方向的力分量为 $f_{ywd}A_{sw}[z\cos(\theta+\alpha)/s\cos\theta\sin\alpha]\sin\alpha$。

所有混凝土压杆力 $F_c=\sigma_c b_w z/\cos\theta$，该力的垂直分量为 $F_c\sin\theta=\sigma_c b_w z\tan\theta$。

因此 B-B 截面的垂直方向的力平衡为：

$$
\begin{aligned}
V &= \frac{A_{sw}}{s}f_{ywd}z\frac{\cos(\theta+\alpha)}{\cos\theta}+\sigma_c b_w z\tan\theta\\
&= \frac{A_{sw}}{s}f_{ywd}z\frac{\cos\theta\cos\alpha-\sin\theta\sin\alpha}{\cos\theta}+\sigma_c b_w z\tan\theta\\
&= \frac{A_{sw}}{s}f_{ywd}z(\cos\alpha-\tan\theta\sin\alpha)+\sigma_c b_w z\tan\theta\\
&= \frac{A_{sw}}{s}f_{ywd}z\sin\alpha(\cot\alpha-\tan\theta)+\sigma_c b_w z\tan\theta
\end{aligned}
$$

但是根据 2-1-1/式(6.13)：

$$\frac{V}{\cot\theta+\cot\alpha} = \frac{A_{sw}}{s}zf_{ywd}\sin\alpha$$

因此

$$V = \frac{V}{\cot\theta + \cot\alpha}(\cot\alpha - \tan\theta) + \sigma_c b_w z \tan\theta$$

所以

$$\frac{V}{\cot\theta + \cot\alpha}[(\cot\theta + \cot\alpha) - (\cot\alpha - \tan\theta)] = \sigma_c b_w z \tan\theta$$

并且

$$\frac{V}{\tan\theta}(\cot\theta - \tan\theta) = \sigma_c b_w z(\cot\theta + \cot\alpha)$$

可得:

$$V = \sigma_c b_w z \frac{\cot\theta + \cot\alpha}{1 + \cot^2\theta} \quad \text{(D6. 2-5)}$$

当混凝土压杆压溃破坏时,$\sigma_c = \alpha_{cw}\nu_1 f_{cd}$,式中:

ν_1是混凝土受剪时的强度折减系数。它是国家定义参数,2-2/条款 6. 2. 3(103)注 2 中推荐取 2-1-1/式(6. 6N)中的 ν。如果抗剪钢筋的设计应力限制为屈服强度标准值f_{yk}的 80%,则注 3 推荐 ν_1取为:

当$f_{ck} \leqslant 60$MPa 时, $\nu_1 = 0.6$ 2. 2/(6. 10. aN)

当$f_{ck} > 60$MPa 时, $(\nu_1 = 0.9 - f_{ck}/200) > 0.5$ 2. 2/(6. 10. bN)

该系数将在下面进一步讨论。

α_{cw}是考虑剪切区域受压的系数,其取值可能在国家附件中给出。2-2/条款 6. 2. 3(103)推荐值如下:

当为非预应力结构时,$\alpha_{cw} = 1.0$

当$0 < \sigma_{cp} \leqslant 0.25 f_{cd}$ 时,$\alpha_{cw} = 1 + \sigma_{cp}/f_{cd}$ 2-2/(6. 11. aN)

当$0.25 f_{cd} < \sigma_{cp} \leqslant 0.5 f_{cd}$ 时,$\alpha_{cw} = 1.25$ 2-2/(6. 11. bN)

当$0.5 f_{cd} < \sigma_{cp} \leqslant 1.0 f_{cd}$ 时,$\alpha_{cw} = 2.5(1 - \sigma_{cp}/f_{cd})$ 2-2/(6. 11. cN)

式中,σ_{cp}是混凝土平均压应力(受压为正)。该系数将在下面进一步讨论。

因此将σ_c代入式(D6. 2-5)得出 2-1-1/条款 6. 2. 3(4)中的公式:

$$V_{Rd,max} = \alpha_{cw} b_w z \nu_1 f_{cd} \frac{\cot\theta + \cot\alpha}{1 + \cot^2\theta} \quad \text{2-1-1/(6. 14)}$$

该公式有效地给出了由于混凝土压杆压溃导致失效前截面的最大抗剪承载力,即标准中指定的$V_{Rd,max}$。

对于预应力构件的轴向荷载的实际范围,α_{cw}的推荐值通常会导致最大剪应力极限值增大 25%。如果将这一点与抗剪钢筋还没有完全受力时的推荐值ν_1一起考虑,最大抗剪承载力可能达到 BS 5400 第 4 分册[9] 容许值的 2 倍,可能不安全。如果将抗剪钢筋倾斜至 45°,则$V_{Rd,max}$接近 BS 5400 第 4 分册中最大抗剪承载力的 4 倍。抗剪钢筋倾斜时的α_{cw}和ν_1的取值将在下面进一步讨论。

对于配有垂直抗剪钢筋的梁，作者尚不清楚试验结果如何，如果建议额外增大α_{cw}而增加最大抗剪承载力，这本身是不安全的。2-2/条款 6.109(103)膜单元规定中表明承受压力会导致抗剪承载力降低，但此处并不支持使用膜单元规定。ν_1后面的物理模型也很难理解，因为它促进了抗剪设计中的过度配筋行为，这可能使得依赖腹板受压对角线旋转的桁架模型背后的塑性假定失效。如本指南 6.5.2所述，理由可能与限制作用于压杆的拉应变有关，这会导致压杆承载力提高。结合上面使用的α_{cw}值，EN 1992-2 的结果可能变得不安全，尤其是在由于允许较高应力而将腹板设计的很细长的情况下。

细长腹板（具有大的高厚比）可能表现出明显的二阶面外弯曲效应，这将导致剪切失效承载力比腹板压溃承载力更小。这里的试验数据有限，因此英国国家附件基于腹板长细比给出了抗剪强度上限，也减小了ν_1，以防止这种情况发生。

对于配有倾斜抗剪钢筋的梁，没有试验结果可用于验证较高的$V_{Rd,max}$预测值。参考文献 12 中给出了一个试验结果，但这个结果过早地失败了，因为它低于 EN 1992-2预测的荷载。因此，很明显，应该非常谨慎地使用 EN 1992-2 中的推荐值。因此，对于配有倾斜抗剪钢筋的梁，英国国家附件将α_{cw}（降低至 1.0）和ν_1都进行了折减。

除受剪切外，若腹板还承受很大的横向弯矩，由于压力场的相互作用，可能无法达到混凝土压溃时的抗剪承载力，见 6.2.6。

尽管如此，本指南中的实例仍然使用了 EN 1992-2 中α_{cw}和ν_1的推荐值，但α_{cw}的上限值取 1.0。

对于垂直剪切钢筋，$\alpha = 90°$，因此 $\cot\alpha = 0$，2-1-1/式(6.14)简化为：

$$V_{Rd,max} = \alpha_{cw} b_w z \nu_1 f_{cd} \frac{\cot\theta}{1 + \cot^2\theta}$$

$$= \alpha_{cw} b_w z \nu_1 f_{cd} \frac{1}{\tan\theta + \dfrac{\cot^2\theta}{\cot\theta}} \quad \text{2-2/(6.9)}$$

在 2-2/条款 6.2.3(103)中给出表达式：

$$V_{Rd,max} = \frac{\alpha_{cw} b_w z \nu_1 f_{cd}}{\cot\theta + \tan\theta}$$

附加纵向钢筋及移位法

配置抗剪钢筋的受弯开裂区域的纵向钢筋设计受构件抗剪设计的影响。***2-2/条款6.2.3(107)***要求，在特定区域应配置超出上述弯曲设计所需的附加纵向钢筋，这将在下面讨论。 *2-2/条款 6.2.3(107)*

图 6.2-5 中的自由体 ABD 表示出了同时包括水平力和垂直力的构件部分弥散桁架。如前所述，压杆与水平梁轴线角度为 θ，抗剪钢筋倾斜角度为 α。同样，穿过平面 A-D 的抗剪钢筋肢数为 $z\sin(\theta + \alpha)/s\sin\theta\sin\alpha$。

首先，考虑竖向力平衡：$V = \sum F_{Vert}$，其中 $F_{Vert} = F\sin\alpha$。因此：

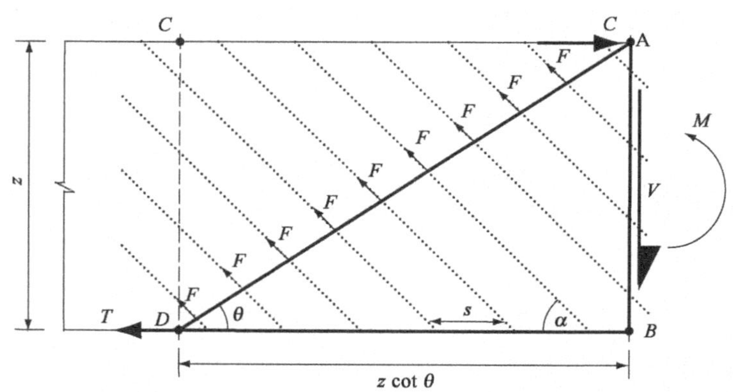

图 6.2-5　桁架类比的自由体图

$$V = F\sin\alpha \frac{z\sin(\theta + \alpha)}{s\sin\theta\sin\alpha} = \frac{Fz\sin(\theta + \alpha)}{s\sin\theta} \tag{D6.2-6}$$

第二,考虑水平力平衡:$C = T + \sum F_{horiz}$,其中 $F_{horiz} = F\cos\alpha$。因此

$$C = T + F\cos\alpha \frac{z\sin(\theta + \alpha)}{s\sin\theta\sin\alpha} = T + \frac{Fz\sin(\theta + \alpha)}{s\sin\theta}\cot\alpha \tag{D6.2-7}$$

最后,考虑 A 点的弯矩平衡:

$$M = Tz + \sum F_{vert} \frac{z\cot\theta}{2} + \sum F_{horiz} \frac{z}{2}$$

因此,将式(D6.2-6)中的 $\sum F_{rert}$ 和式(D6.2-7)中的 $\sum F_{horiz}$ 代入上式得:

$$M = Tz + \frac{Fz\sin(\theta + \alpha)}{s\sin\theta} \frac{z\cot\theta}{2} + \frac{Fz\sin(\theta + \alpha)}{s\sin\theta} + \cot\alpha \frac{z}{2}$$

上式简化为:

$$M = Tz + \frac{Fz^2\sin(\theta + \alpha)}{2s\sin\theta}(\cot\theta + \cot\alpha) \tag{D6.2-8}$$

将式(D6.2-6)中的 V 代入式(D6.2-8)可得:

$$M = Tz + V\frac{z}{2}(\cot\theta + \cot\alpha)$$

重新排列有:

$$Tz = M - V\frac{z}{2}\cot\theta - V\frac{z}{2}\cot\alpha = M - Vz\cot\theta + V\frac{z}{2}(\cot\theta - \cot\alpha)$$

但是,$M - Vz\cot\theta$ 是 CD 截面上的弯矩(M_{CD}),因此:

$$Tz = M_{CD} + \frac{Vz}{2}(\cot\theta - \cot\alpha)$$

$$T = \frac{M_{CD}}{z} + \frac{V}{2}(\cot\theta - \cot\alpha) \tag{D6.2-9}$$

因此,CD 截面上的纵向钢筋设计应考虑 CD 截面上的力 M_{CD}/z 加上 $V/2(\cot\theta - \cot\alpha)$。这等效于有效设计弯矩为:

$$M = M_{CD} + \frac{Vz}{2}(\cot\theta - \cot\alpha) = M_{CD} + V_{a_1} \tag{D6.2-10}$$

式中,$a_1 = 0.5z(\cot\theta - \cot\alpha)$。

式(D6.2-9)是 2-2/条款 6.2.3(107)给出的设计拉力基本公式:

$$拉力 = \frac{M_{Ed}}{z} + \Delta F_{td} \quad 且 \quad \Delta F_{td} = 0.5V_{Ed}(\cot\theta - \cot\alpha) \quad 2\text{-}2/(6.18)$$

采用如下位移法确定$M_{Ed}/z+\Delta F_{td}$，对于任何截面$M_{Ed}/z+\Delta F_{td}$不应该大于$M_{Ed,max}/z$，其中$M_{Ed,max}$是沿着梁的最大弯矩（同时考虑正弯矩或负弯矩区）。

2-1-1/条款9.2.1.3(2)给出了基于式(D6.2-10)的备选方法。将设计弯矩包络线水平平移$a_1=0.5z(\cot\theta-\cot\alpha)$，如2-1-1/图9.2所示，这有效地在等式(D6.2-10)中引入了附加弯矩Va_1。纵向钢筋数量应根据新的有效弯矩包络图来设计。这相当于设计某一截面的钢筋，以抵抗该截面的实际弯矩，然后将钢筋延长并超出截面a_1。对于带翼缘的梁，需要根据2-1-1/条款6.2.4(7)的条文说明进一步平移。对于没有配置抗剪钢筋的构件，a_1应取为所考虑截面的有效高度d，见2-1-1/图6.3。

荷载作用在支座附近的力学行为

当荷载作用在支座附近时，特别是距支座$2d$范围内，***2-1-1/条款6.2.3(8)***允许将该荷载对剪力设计值V_{Ed}的贡献进行折减，折减系数为$\beta=a_v/2d$。这与2-1-1/条款6.2.2(6)中无抗剪钢筋的构件采用的系数相同。以这种方式计算剪力必须满足以下条件： ***2-1-1/条款6.2.3(8)***

$$V_{Ed}\leqslant A_{sw}f_{ywd}\sin\alpha \qquad 2\text{-}1\text{-}1/(6.19)$$

式中：$A_{sw}f_{ywd}$是穿过荷载和支座之间剪切斜裂缝的抗剪钢筋承载力（注意此处A_{sw}的定义与其他地方的定义不同）。对于靠近支座的荷载，显然不能在2-1-1/条款6.2.3(2)中允许的范围内自由选择压杆角度。如图6.2-6所示，应只考虑中间0.75 a_v范围内的抗剪钢筋。这种限制是因为Asin[16]的试验结果表明同时靠近荷载和支座的抗剪钢筋达不到屈服。根据2-1-1/条款6.2.2(6)还应验算不考虑系数$\beta=a_v/2d$时剪压破坏的极限状态。这种破坏极限状态与压杆角度无关。

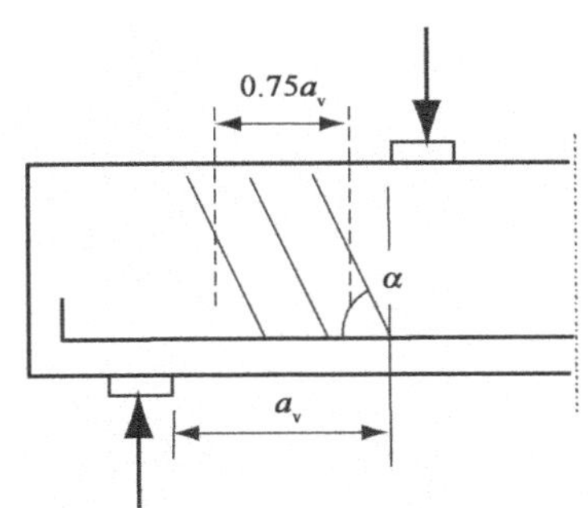

图6.2-6　短跨径抗剪钢筋

仅考虑荷载和支座之间的抗剪钢筋，这一思路仅适用于单个荷载作用的构件。如果其他荷载的作用位置距离支座超过$2d$，则仍应按照EC2的6.2.3中的其余条款对这些荷载进行抗剪设计。根据最靠近支座的荷载作用位置来约束抗剪钢筋的布置位置是不合逻辑的。剪压破坏极限状态的计算也应该类似地叠加这两类作用位置不同的荷载。对于大多数桥梁而言，除非在距离支座$2d$的范围内有一个或多个非常大的荷载，否则仅通过2-1-1/条款6.2.3(3)中改变压杆角度的方法就足以确定抗剪钢筋的相关差值。

实例 6.2-4:钢筋混凝土空心桥面板

实例 6.1-2 中的混凝土空心桥面板在极限状态下同时承受剪力 V_{Ed} = 850kN/m(对于 1.4m 宽的板为 1190kN),正弯矩 M_{Ed} = 1071kNm/m(对于 1.4m 宽的板为 1500kN/m),确定该空心板所需的抗剪钢筋。忽略任何会在腹板中产生横向弯矩的桁架作用,因为产生的横向弯矩需要抗剪钢筋承担。确定该空心板所需的附加纵向钢筋(假定 $M_{Ed,max}$ 大于 M_{Ed})。

根据实例 5.1-2,$d = 1425$mm,$z = 1388.1$mm($=0.97d$),$A_s = 4581.5\text{mm}^2$,$f_{ck} = 35$MPa,$f_{yk} = f_{ywk} = 500$MPa,$\gamma_c = 1.5$,$\gamma_s = 1.15$,$b_w = 400$mm。

因此 $f_{cd} = 1.0 \times 35/1.5 = 23.3$MPa,并且 $f_{yd} = f_{ywd} = 500/1.15 = 434.8$MPa,$C_{Rd,c} = 0.18/1.5 = 0.12$(同推荐值)

首先,求 $V_{Rd,c}$。

根据式(D6.2-2):

$$\rho_1 = \frac{A_{sl}}{b_w d} = \frac{4581.5}{400 \times 1425} = 0.00804 < 0.02 \qquad \text{限值同推荐值}$$

根据式(D6.2-1):

$$k = 1 + \sqrt{200/d} = 1 + \sqrt{200/1425} = 1.375 \leqslant 2.0 \qquad \text{限值同推荐值}$$

因此,忽略轴向荷载,2-2/式(6.2.a)变为:

$$V_{Rd,c} = C_{Rd,c} k (100\rho_1 f_{ck})^{1/3} b_w d$$
$$= 0.12 \times 1.375 \times (100 \times 0.00804 \times 35)^{1/3} \times 400 \times 1425 \times 10^{-3}$$
$$= 286.0\text{kN}$$

$V_{Ed} > V_{Rd,c}$,因此需要设计抗剪钢筋。

(a)取抗剪钢筋竖直($\alpha = 90°$)和压杆角度 $\theta = 45$ 计算。

假定完全由抗剪钢筋受力,根据 2-2/条款 6.2.3(103)注 2:$\nu_1 = \nu = 0.6 \times (1 - f_{ck}/250) = 0.6 \times (1 - 35/250) = 0.516$[虽然国家附件可能会限制正文中讨论的 ν 的取值,但根据 2-2/条款 6.2.3(103)注 3,如果不是由抗剪钢筋完全受力,则可以取一个更大的值]。因此根据 2-2/式(6.9):

$$V_{Rd,max} = \frac{\alpha_{cw} b_w z \nu_1 f_{cd}}{\cot\theta + \tan\theta}$$
$$= \frac{1.0 \times 400 \times 1388.1 \times 0.516 \times 23.3}{\cot 45° + \tan 45°} \times 10^{-3}$$
$$= 3337\text{kN}$$

整理用于抗剪钢筋设计的 2-2/式(6.8)得:

$$\frac{A_{sw}}{s} \geqslant \frac{V_{Rd,s}}{z f_{ywd} \cot\theta}$$

因此，需要配置足够的抗剪钢筋以抵抗V_{Ed}：

$$\frac{A_{sw}}{s} \geqslant \frac{1190 \times 10^3}{1388.1 \times 434.8 \times \cot 45°} = 1.972\text{mm}^2/\text{mm}$$

如果 $s = 200\text{mm}$，$A_{sw} \geqslant 1.972 \times 200 = 394\ \text{mm}^2$，**则采用双肢 ϕ16 抗剪钢筋按中心间距为 200mm 布置**。（给出$A_{sw} = 2 \times \pi \times 8^2 = 402\text{mm}^2$。）

根据 2-2/式(6.18)：所需的附加纵向拉力 $\Delta F_{td} = 0.5 \times 1190 \times (\cot 45° - \cot 90°) = 595\text{kN}$。根据实例 6.1-2，1.4m 宽截面的抗弯承载力为 2765kN · m。因此，多余的纵向抗拉承载力为(2765 − 1500) × 106/1388.1 = 911kN > 595kN，因此不需要配置额外的纵向受拉钢筋。

(b)其次，考虑抗剪钢筋的倾斜角度为 45°，压杆角度为 45°。

因此，根据 2-1-1/式(6.14)：

$$V_{Rd,max} = \alpha_{cw} b_w z \nu_1 f_{cd}(\cot\theta + \cot\alpha)/(1 + \cot^2\theta)$$

$$= 1.0 \times 400 \times 1388.1 \times 0.516 \times 23.3 \times \frac{\cot 45° + \cot 45°}{1 + \cot^2 45°} \times 10^{-3}$$

$$= 6675.6\text{kN}$$

这使得剪压破坏承载力有很大的增加，英国国家附件可能会像正文中讨论的那样对此加以限制。

重新整理 2-1-1/式(6.13)进行钢筋设计：

$$\frac{A_{sw}}{s} \geqslant \frac{V_{Rd,s}}{z f_{ywd}(\cot\theta + \cot\alpha)\sin\alpha}$$

因此

$$\frac{A_{sw}}{s} \geqslant \frac{1190 \times 10^3}{1388.1 \times 434.8 \times (\cot 45° + \cot 45°) \times \sin 45} = 1.394\text{mm}^2/\text{mm}$$

使用上述相同的双肢 ϕ16 抗剪钢筋($A_{sw} = 402\text{mm}^2$)，钢筋间距从 200mm 增加到 402/1.394 = 288mm，取 275mm，即**采用双肢 ϕ16 抗剪钢筋按中心间距为 275mm 布置(倾斜角度为 45°)**。

根据 2-2 /式(6.18)：$\Delta F_{td} = 0.5 \times 1190 \times (\cot 45 - \cot 45) = 0\ \text{kN}$；因此不需要额外的纵向钢筋。

(c)对于给定的抗剪配筋形式，可以通过选择不同的压杆角度 θ 来最大化 $V_{Rd,s}$，θ 角可取最小值 21.8°。然而，此时 $V_{Rd,max}$ 会减小(后面可以控制)，额外需要的纵向受拉钢筋会增加。实际上，θ 角在纵向钢筋和抗剪钢筋设计值之间取值。

在本实例中，如果 $\theta = 21.8°$，$\alpha = 90°$，则要抵抗的附加纵向力增量为 $\Delta F_{td} = 0.5 \times 1190 \times (\cot 21.8 - \cot 90) = 1487.5\text{kN} > 911\text{kN}$，满足要求，额外需要的纵向钢筋为：

$$\frac{(1487.5 - 911) \times 10^3}{500/1.15} = 1326\text{mm}^2 = 947\text{mm}^2/\text{m}$$

这将需要每米宽度额外增设 5 根 ϕ16 钢筋。

反弯点处的抗剪设计

确定反弯点附近抗剪承载力时会出现问题,因为抗弯强度取决于力臂和纵向受拉钢筋的面积。因此,在设计抗剪钢筋时,始终需要验算与正弯矩共存的最大剪力和与负弯矩共存的最大剪力。

6.2.3.2 预应力混凝土构件

有效腹板宽度

预应力管道会降低预应力构件的剪压破坏承载力。因此,计算腹板宽度时应

2-1-1/条款 6.2.3(6)

考虑预应力管道。***2-1-1/条款6.2.3(6)***规定了这种名义腹板厚度的值如下:

- 对于直径 $\phi > b_w/8$ 的灌浆管道:

$$b_{w,nom} = b_w - 0.5\sum\phi \qquad 2\text{-}1\text{-}1/(6.16)$$

其中 ϕ 为管道外径,$\sum\phi$ 根据腹板同一高度处布置多个管道的最不利情况确定。

- 对于直径 $\phi \leq b_w/8$ 的灌浆金属管道,不需要减小腹板宽度。
- 对于非灌浆管道、无粘结筋和灌浆塑料管道:

$$b_{w,nom} = b_w - 1.2\sum\phi \qquad 2\text{-}1\text{-}1/(6.17)$$

上述表达式中的系数 1.2 是用来考虑横向拉力导致混凝土压杆劈裂情况。如果配置了足够的横向钢筋,则该系数可以减小到 1.0。这种考虑源于图 6.2-7 中的拉压杆模型。抗剪钢筋通常需要闭合以提供足够的锚固。

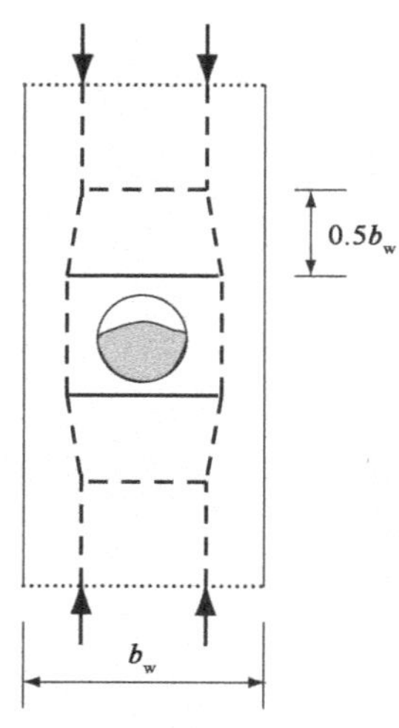

图 6.2-7 管道周围处腹板内的拉压杆模型

与金属管道相比,上述表达式不适用塑料管道。虽然出于耐久性的考虑通常优先选用塑料管道,但从名义腹板宽度的表达式来看,采用金属管道更为合理,因为采用金属管道可以将腹板做得更薄。对于采用后张法的大跨度桥梁来说,有时这是一个重要的考虑因素,因为根据剪压破坏的极限强度来确定腹板尺寸能最大限度减轻结构自重。Eurocode 较为保守的原因是,即使管道完全灌浆,管道本身必须足够坚硬,以便能将来自斜压杆的力传递至管壁而不是如图 6.2-7 绕管道传递。EC2 认为塑料管道不够坚硬,不足以实现通过管道传力。该观点本未得到试验验证,但作者通过预应力构件供应商尚未公开的试验了解到注浆的塑料管道和

金属管道的性能几乎没有差异。

弯曲开裂截面

受弯开裂的定义已在6.2.2.3中讨论。受弯开裂的预应力混凝土梁的承载力可以根据2-2/条款6.2.2(101)偏保守地计算,但此类梁一般都需要配置抗剪钢筋。一旦配置抗剪钢筋,混凝土对抗剪承载力的贡献就不被考虑,且必须使用EC2中6.2.3的桁架模型计算。设计过程基本与前面讨论的钢筋混凝土梁相同,但剪压承载力极限值 $V_{Rd,max}$ 受轴向预应力影响,具体通过2-2/条款6.2.3(103)中的预应力影响系数 α_{cw} 来考虑,见6.2.3.1。

由于预应力在EC2中被当作外力来考虑[见2-1-1/条款6.2.1(3)],所以任何用于抗剪设计的桁架模型都必须考虑施加在预应力锚点和预应力筋曲率变化处的预应力。预应力的斜向分量通常可以减小由其他荷载引起的剪力。当预应力损失完成后在结构上施加荷载时,可以采用与普通钢筋相同的方式处理有粘结预应力筋,这有助于提高拉杆中的容许力。这是***2-2/条款6.2.3(107)***的基础,该条款允许在计算剪切所需的额外纵向拉力时考虑有粘结预应力筋(这意味着力不一定要通过额外的纵向钢筋提供所需的拉力)。这样做时,应限制有粘结预应力筋的应力增加,以使预应力筋总应力不超过其设计强度。无粘结预应力筋作用应视为施加在梁上的作用力(基于损失后的预应力),尽管在计算这些力时,应考虑整个结构的挠度引起的应力增量。在使用2-2/式(6.18)时,可以考虑由无粘结预应力筋提供附加拉力。 ***2-2/条款 6.2.3(107)***

对于在不同高度处配有预应力筋(有弯起和无弯起)和普通钢筋的构件,抗剪计算方程中的力臂 z 并不明确。2-1-1/条款6.2.3(1)中简单取 $z=0.9d$ 仅适用于无轴力的钢筋混凝土截面,这在其他情况下可能会偏于不安全。最简单的方法是在抗剪设计之前通过截面抗弯承载力分析确定 z 值。这相当于将力臂计算点设在受拉区钢筋拉力的质心位置。然后可以通过承受设计弯矩之后富余的抗拉承载力来抵抗2-2/条款6.2.3(107)中的附加拉力。附加纵向力应按照弯曲分析中预应力筋和普通钢筋各自的比例进行分配。从而保持抗弯设计中的 z 值。如果没有多余的抗拉承载力,可以在受拉面上配置额外的纵向钢筋。

以上方法与2-2/条款6.2.3(107)注中提出的方法基本一致,即通过两个不同桁架模型的叠加来计算构件的抗剪强度,这两个桁架模型几何形状不同,用于考虑普通钢筋和有转向块预应力筋的两个混凝土压杆角度也不同。如2-2/图6.62N所示,该方法随国家附件变化。无论从合理压杆角度的选取还是力臂 z 的取值,使用两个角度的混凝土压杆都将会导致 $V_{Rd,max}$ 的计算规定难以解释。因此2-2-1/条款6.2.3(107)建议使用 θ 的加权平均值。如上所述,根据每个系统的纵向力加权都会得出相同的结果。

通常在预应力结构的设计中使用的另一个种简化方法是,弯曲和剪切设计都只考虑预应力筋。然后在计算附加纵向钢筋时可以考虑普通钢筋。由于纵向受拉普通钢筋的有效高度比预应力筋更大,因此这是偏保守的。这种只考虑预应力筋的方法经常用于弯曲设计的简化分析,因此所提供的普通钢筋可用于抗扭设计(例如箱梁),也可用于板的局部弯曲设计。

实例 6.2-5:预应力筋无弯起的后张预应力筋混凝土箱梁

连续混凝土箱梁桥的截面形式如实例 6.2-3 所示,在箱梁的另一截面位置预应力筋布置如下:高度 3325mm(在翼缘中)处布置 25 根,高度 2820mm 处布置 3 根,高度 2540mm 处布置 3 根,高度 2260mm 处布置 3 根,高度 1980mm 处布置 3 根,高度 1700mm 处布置 3 根,则预应力筋的合力作用点高度为 2926mm。它们在截面上高度恒定(即无弯起)。腹板中的预应力筋竖向交错布置,因此任意给定高度处,在腹板宽度内只有一束预应力筋,预应力筋特性及应力与实例 6.2-3 相同。求极限状态下承受中腹板剪力 $V_{Ed}=5400\text{kN}$ 所需的抗剪钢筋数量。

改变预应力筋位置再对实例 6.2-3 进行计算,如果 $V_{Ed}>V_{Rd,c}$,则截面需要抗剪钢筋(不考虑混凝土的抗剪承载力)。根据截面的弯曲分析可知,力臂 z 为 2630mm。

(a)考虑垂直抗剪钢筋($\alpha=90°$)并取压杆角度为 45°试算。

整理用于抗剪钢筋设计的 2-1-1/式(6.13)得:

$$\frac{A_{sw}}{s}\geqslant V_{Ed}/zf_{ywd}(\cot\theta+\cot\alpha)\sin\alpha$$

取 $f_{ywd}=500/1.15=434.8\text{MPa}$:

$$\frac{A_{sw}}{s}\geqslant\frac{5400\times10^3}{2630\times434.8\times(\cot45°+\cot90°)\sin90°}=4.722\text{mm}^2/\text{mm}$$

使用 ϕ20 竖向双肢箍,面积为 $A_{sw}=2\times\pi\times10^2=628.3\text{mm}^2$,因此间距 $s\leqslant628.3/4.722=133\text{mm}$,**即采用 ϕ20 双肢箍,按中心距 125mm 布置。**

(b)考虑垂直抗剪钢筋并取压杆角度为 41.5°(这将需要额外的纵向拉力,见实例 6.2-6):

$$\frac{A_{sw}}{s}\geqslant\frac{5400\times10^3}{2630\times434.8\times(\cot41.5°+\cot90°)\sin90°}=4.178\text{mm}^2/\text{mm}$$

因此采用 ϕ20 竖向双肢箍,以中心距 150mm 布置($A_{sw}/s=628.3/150=4.18\text{mm}^2/\text{mm}>4.178\text{mm}^2/\text{mm}$,满足要求)。

同时应验算最大容许剪力,该值会小于上述(a)中取压杆角度为 45°计算出的最大容许剪力:

$$V_{Rd,max}=\alpha_{cw}b_wz\nu_1f_{cd}\frac{\cot\theta+\cot\alpha}{1+\cot^2\theta}\text{ 且 }f_{cd}=1.0\times35/1.5=23.33\text{MPa}$$

(设 $\alpha_{cc}=1.0$)α_{cw} 的推荐值为 $\alpha_{cw}=1+(5.45/23.33)=1.233$,在没有国家附件时,取为 1.0。由于钢筋完全受力时,ν_1 用 ν 代替,因此有:

$$V_{Rd,max}=1.0\times349\times2630\times0.6(1-35/250)\times23.33\times\frac{\cot41.5°+\cot90°}{1+\cot^2 41.5°}$$

$$=5484\text{kN}>5400\text{kN}\quad\text{因此这种安排是足够的}$$

(c)采用45°倾斜箍筋计算截面的最大抗剪承载力(尽管在实际中桥梁很少采用这种倾斜的箍筋,尤其是在分阶段施工的桥梁中)。减小压杆角度使得 $V_{\mathrm{Rd,s}}=V_{\mathrm{Rd,max}}$。假定采用45°倾斜双肢 $\phi20$ 箍筋,以中心距为150mm布置,如果限制 f_{ywd} 为 $80\% f_{\mathrm{ywk}}$ 来考虑 ν_1,ν_1 取0.6(但请参阅正文中的注意事项),取 $\theta=29.5°$,[由2-1-1/式(6.13)以及2-1-1/式(6.14)]得:

$$V_{\mathrm{Rd,s}}=\frac{A_{\mathrm{sw}}}{s}zf_{\mathrm{ywd}}(\cot\theta+\cot\alpha)\sin\alpha$$

$$=\frac{628.3}{150}\times2630\times0.8\times500\times(\cot29.5°+\cot45°)\sin45\times10^{-3}$$

$$=8623.4\mathrm{kN}$$

$$V_{\mathrm{Rd,max}}=\alpha_{\mathrm{cw}}b_{\mathrm{w}}z\nu_1f_{\mathrm{cd}}\frac{\cot\theta+\cot\alpha}{1+\cot^2\theta}$$

$$V_{\mathrm{Rd,max}}=1.0\times349\times2630\times0.6\times23.33\times\frac{\cot29.5°+\cot45°}{1+\cot29.5°}\times10^{-3}$$

$$=8623.3\mathrm{kN}$$

V_{Rd} 为这些结果中的最小值,即8623kN。

注:考虑箍筋在 $f_{\mathrm{ywd}}=434.8\mathrm{MPa}$ 时屈服得 $\nu_1=0.516$。取 θ 的最小值33.6°,使得 $V_{\mathrm{Rd,s}}\approx V_{\mathrm{Rd,max}}$,得到 $V_{\mathrm{Rd}}=V_{\mathrm{Rd,max}}=8478.2\mathrm{kN}$,小于8623kN。因此在本实例中 f_{ywd} 取 $80\% f_{\mathrm{ywk}}$ 的限值会得到更大的抗剪承载力(但应该注意正文中关于高估 $V_{\mathrm{Rd,max}}$ 的说明)。

实例6.2-6:有弯起的后张预应力混凝土箱梁

假设实例6.2-3中给出的有粘结预应力连续混凝土箱梁的预应力筋立面布置如图6.2-8所示。并假定在任意给定的腹板高度上,腹板宽度内只有一个预应力管道穿过(实际上,以这种方式采用大量弯起的小预应力管道是不切实际的,但这并不影响本实例的目的)。现在进行内腹板的抗剪承载力验算。

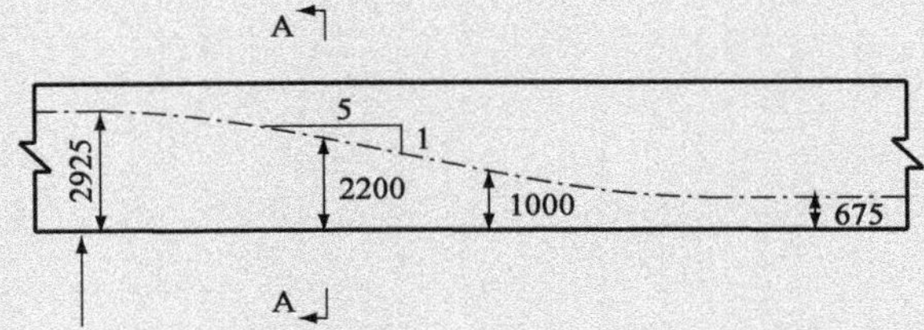

图6.2-8 混凝土箱梁预应力筋布置图(尺寸单位:mm)

截面A-A处考虑预应力损失后的预应力值取为92600kN。预应力束在该截面中性轴处的倾角为 $\tan^{-1}(1/5)=11.3°$,因此预应力的水平分力 $N_{\mathrm{Ed}}=1.0\times92600\cos11.3°=90802\mathrm{kN}$,竖向分力 $V_{\mathrm{p,Ed}}=1.0\times92600\sin11.3°=18160\mathrm{kN}$。对桥梁进行整体分析可知,预应力产生的主剪力为1860kN(等于 $V_{\mathrm{p,Ed}}$),预应力产生的次剪力(由于引起支反力变化)为1500kN。整体分析表明由预应力引起的剪力几乎是平均分布在3个腹板上,即每个腹板6553kN。

对截面 A-A 处的横截面进行弯曲分析，包括承受正弯矩和承受负弯矩（忽略非预应力筋的影响），得出：

A-A 截面（承受负弯矩）：$d = 2200\text{mm}$，$z = 1898.4\text{mm}$，$M_{Rd} = 251026\text{kN}\cdot\text{m}$

截面 A-A（承受正弯矩）：$d = 1300\text{mm}$，$z = 1142.3\text{mm}$，$M_{Rd} = 151054\text{kN}\cdot\text{m}$

现在确定中腹板承受极限剪力 10471kN（不包括反向预应力产生的剪力）所需的抗剪钢筋（屈服强度为 500MPa）。考虑中腹板单独承受正弯矩 40000kN·m 和负弯矩 40000kN·m 两种工况（两种工况下都超过了混凝土抗剪承载力 $V_{Rd,c}$）。

考虑预应力筋的作用，可以将外部剪力减小，因此 $V_{Ed} = 10471 - 6553 = 3918\text{kN}$。偏保守地忽略非预应力筋的作用，根据前面计算的 z 值，桁架角度取 45°计算所需要的垂直抗剪钢筋，根据 2-2/式（6.8）得：

承受负弯矩：$$\frac{A_{sw}}{s} \geq \frac{3918 \times 10^3}{1898.4 \times 434.8 \times \cot 45°} = 4.75\text{mm}^2/\text{mm}$$

（$2 \times 20\phi$ 直径 20 的双肢箍筋、间距 125mm）

承受正弯矩：$$\frac{A_{sw}}{s} \geq \frac{3918 \times 10^3}{1142.3 \times 434.8 \times \cot 45°} = 7.89\text{mm}^2/\text{mm}$$

[或者，如果根据 2-2/条款 6.2.3（103）的注 3，钢筋应力限值为 $0.8f_{yk} = 400\text{MPa}$ 时，取 $8.58\text{mm}^2/\text{mm}$，但请参阅正文中的注意事项]

由 2-2/式（6.12）给出的 45°桁架所对应的最大有效钢筋限值为：

$$\frac{A_{sw,max}}{s} = \frac{1}{2}\alpha_{cw}\nu_1 f_{cd}\frac{b_w}{f_{ywd}} = \frac{1}{2} \times 1.0 \times 0.516 \times 23.333 \times \frac{349}{434.8} = 4.833\text{mm}^2/\text{mm}$$

使用α_{cw}的上限值 1.0（如果钢筋应力限值为f_{ywk}的 80%，则得到钢筋限值为 6.107 mm^2/mm，但请参阅正文中的注意事项）。承受正弯矩工况下所需抗剪钢筋超过此限值，意味着超过 2-2/式（6.9）的腹板抗压极限值，验算如下：

$$V_{Rd,max} = 1.0 \times 349 \times 1142.3 \times 0.516 \times 23.33 \times 10^{-3}/(\cot 45° + \tan 45°)$$
$$= 2400\text{kN}$$

（如果钢筋应力限值为f_{ywk}的 80%，则得 2791kN，但请参阅正文中的注意事项）其小于 V_{Ed}。因此对于承受正弯矩的工况，力臂需要增加。这可以通过在计算力臂时考虑非预应力筋的作用来实现。

在承受负弯矩的工况下，需要的附加纵向力根据 2-2/式（6.18）计算得：

$$\Delta F_{td} = 0.5 \times 3918 \times (\cot 45° - \cot 90°) = 1959\text{kN}$$

假定每个腹板和翼缘承受总抗弯承载力的 1/3，一个腹板内预应力束能承受的富余的力为：

$$\frac{\left(\frac{1}{3} \times 251026 - 40000\right) \times 10^6}{1898.4} = 23006\text{kN} \gg 1959\text{kN}$$

因此,可获得足够的附加拉力。

为了减少所需的抗剪钢筋,在设计承受负弯矩的截面时可以调整 θ 以确保 $V_{Rd,s} \approx V_{Rd,max}$(注意必须增加纵向钢筋以满足要求)。在这种情况下,抗剪钢筋的设计应力必须限制在400MPa以满足ν_1取0.6(但请参阅正文中的注意事项)。这时:

$$\theta = 28.9° \Rightarrow \frac{A_{sw}}{s} \geqslant \frac{3918 \times 10^3}{1898.4 \times 400.0 \times \cot 28.9°} = 2848\text{mm}^2/\text{mm}$$

(2根ϕ16钢筋间距140mm)根据2-2/式(6.9):

$$V_{Rd,max} = \alpha_{cw} b_w z \nu_1 f_{cd} / (\cot\theta + \tan\theta)$$

$$= 1.0 \times 349 \times 1898.4 \times 0.6 \times 23.33 \times 10^{-3} / (\cot 28.9° + \tan 28.9°)$$

$$= 3924\text{kN} > V_{Ed} \quad \text{满足要求}$$

在承受负弯矩的情况下,所需要的附加纵向拉力可根据2-2/式(6.18)计算:

$$\Delta F_{td} = 0.5 \times 3918 \times (\cot 28.9° - \cot 90°) = 3549\text{kN}$$

单个腹板内预应力束能承受的富余的力为:

$$\frac{\left(\frac{1}{3} \times 251026 - 40000\right) \times 10^6}{1898.4} = 23006\text{kN} \gg 3549\text{kN}$$

因此,可获得足够的附加拉力。

由于 $V_{Rd,max}$随着 θ 的减小而减小,因此仅通过改变 θ 对承受正弯矩的情况并不起作用。

6.2.3.3 节段施工

在节段施工的结构中,当拉杆中无有粘结预应力筋时,一旦接缝处截面达到消压弯矩,两个节段之间的接缝就可能会张开。最终的极限弯矩可能不会明显高于消压弯矩。这主要取决于:

- 预应力筋中的力是否会因结构整体变形而增加(见5.10.8)。
- 消压后受拉区和受压区之间的力臂是否会明显增加。这取决于截面几何形状。对于实心矩形截面,力臂可能会增大很多,可能接近消压时力臂的2倍。对于腹板很薄的箱梁,由于腹板内几乎没有用于受压的混凝土,因此其力臂的增加可能非常小。
- 如图6.2-9所示,接缝张开的深度取决于弯曲时的受压区高度h_{red},而后者又取决于上述情况。***2-2* 条款*6.2.3* (*109*)** 要求假定消压后预应力保持恒定,除非进行了上述详细的分析。显然,如果在弯曲设计中考虑预应力筋受力增加,在此处也同样必须考虑以避免明显的弯曲破坏。接缝的张开会导致腹板压杆可穿过的高度减小。 *2-2/条款 6.2.3(109)*
- 对于给定的受压区高度h_{red},必须进行两项验算。根据2-2/式(6.103)对

腹板压杆压溃进行验算:

$$V_{\mathrm{Ed}} < \frac{h_{\mathrm{red}} b_{\mathrm{w}} \nu f_{\mathrm{cd}}}{\cot\theta + \tan\theta} \quad \text{(D6. 2-11)}$$

为避免接缝局部破坏,应根据 2-2/式(6. 104),在接缝邻近的折减长度 $h_{\mathrm{red}}\cot\theta$ 范围内配置抗剪钢筋,如图 6. 2-9 所示:

$$\frac{A_{\mathrm{sw}}}{s} = \frac{V_{\mathrm{Ed}}}{h_{\mathrm{red}} f_{\mathrm{ywd}} \cot\theta} \quad \text{2-2/(6. 104)}$$

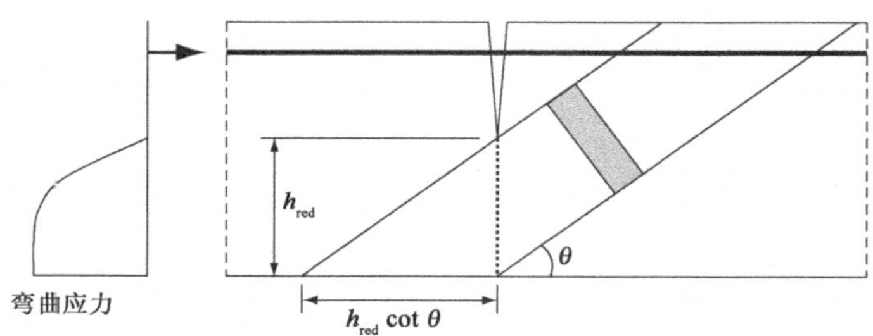

图 6. 2-9　无粘结预应力预制施工中接缝开裂效应

若上述任一验算不满足要求,则应通过增加预应力来增加 h_{red}并重新验算。

6. 2. 4　T 形截面腹板与翼缘间的剪力

纵向剪力

2-1-1/条款 6. 2. 4(1)

2-1-1/条款 6. 2. 4 (1) 允许采用桁架模型进行翼缘的纵向剪切验算。验算对象包括混凝土压杆的抗压强度和横向钢筋的抗拉强度。条款 6. 2. 4 适用于穿过翼缘厚度的平面,而不适用在腹板-翼缘连接处穿过腹板的平面。但如果在腹板和翼缘之间有施工接缝,应验算 2-1-1/条款 6. 2. 5 的类似规定。尽管在该条款的标题中提到了 T 形截面,但这些规定也适用于其他腹板受剪切作用的截面,例如箱形截面。

为了使腹板剪切设计和附加纵向钢筋剪切设计相互兼容,理论上应使用相同的桁架模型来确定翼缘受力。边跨末端的典型桁架模型如图 6. 2-10 所示。这种方法不同于以往英国的做法,以往英国的做法是使用梁理论进行弹性截面分析进而确定纵向剪力,并按照垂直剪力包络图布置横向钢筋。从图 6. 2-10 可以看出。通过工字梁的桁架模型预测的横向钢筋并不遵循剪力包络线,而是从峰值剪力位置沿着梁布置。

2-2/条款 6. 2. 4(103)

为了避免在每一种荷载情况下都需要画出桁架模型,在 ***2-2/条款 6. 2. 4 (103)*** 中进行了实用性的简化,即每米的平均力增量可以按长度 Δx 计算,该长度的取值在每个正弯矩区和负弯矩区都不应大于反弯点和最大弯矩点距离的一半。这样可以从钢筋中获得一定数量的"平均值",这与具体的桁架模型获得的平均值相同。但是,在有集中荷载的情况下,长度 Δx 不应大于集中荷载之间的距离,以避免明显低估翼缘力的变化率。由于桥梁通常受到来自车轴的较大集中荷载,似乎这种简化通常不太合适。

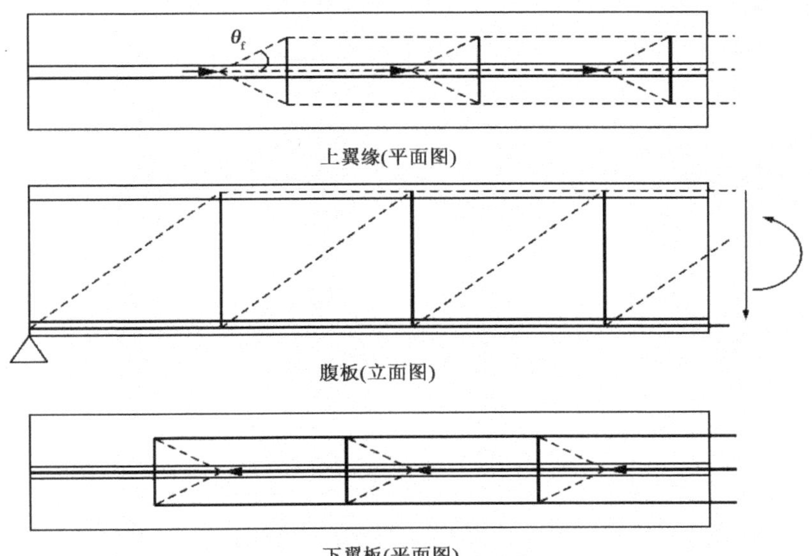

图 6.2-10　工字梁桁架模型

2-2/条款 6.2.4(103)提供了一种进一步简化的方法，通过该方法可以直接由每个腹板上的垂直剪力V_{Ed}直接确定纵向剪力，该方法与下文 6.2.5 所述相同。腹板与翼缘之间的剪力流的表达式V_{Ed}/z 只有在中性轴位于腹板与翼缘连接处时才是正确的。通常，如下文 6.2.5 所述，腹板与翼缘之间的剪力流可以取为$\beta V_{Ed}/z$，其中β在这种情况下是有效翼缘中的力与整个受压区(或受拉区，视情况而定)的力之比。但是，取剪力流为V_{Ed}/z 通常是保守的。

然而，条款 6.2.4 涉及与腹板邻近位置的翼缘本身的剪力流。2-2/条款 6.2.4(103)的其余部分允许将一部分翼缘的力视为保持在腹板的宽度内，因此如图 6.2-11所示，平面 A-A 上的剪力流为：

$$\beta \frac{V_{Ed}}{z} \times \frac{b_{eff,1}}{b_{eff}}$$

因此，设计剪应力由下式得到：

$$v_{Ed} = \beta \frac{V_{Ed}}{zh_f} \times \frac{b_{eff,1}}{b_{eff}} \qquad (D6.2\text{-}12)$$

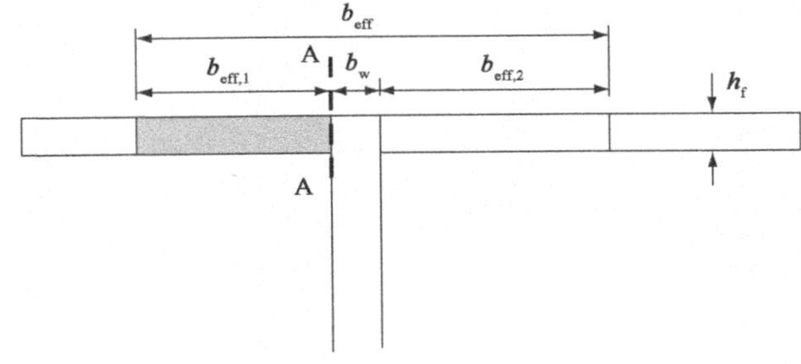

图 6.2-11　剪力流计算的定义

如果不需要用全部的翼缘有效宽度 b_{eff}来抵抗所分析截面的弯矩，则当使用公式(D6.2-12)时可以将翼缘宽度减小到实际所需的宽度,这可使翼缘力在腹板宽度内所占的比例更大,并且使承载能力极限状态下所需的横向钢筋大幅减少。若真如此,则应进行正常使用极限状态的裂缝验算,因为宽裂纹在延伸受限之前可能扩展。对于正常使用极限状态,应假定应力分布在整个翼缘的有效宽度上来确定横向钢筋的应力。应该使用弹性扩散角,相关内容见本指南的6.9。

需要注意的是,上述从垂直剪力包络线计算剪应力的方法并没有给出如何沿梁布置横向钢筋的指导。关于结构接缝设计的条款 6.2.5 是根据剪力包络线来布置抗剪钢筋的。英国以前也已经采用这种方式来布置翼缘中的横向钢筋。为了实现与图 6.2-10 中桁架模型所示横向钢筋位置的更大兼容性,有可能以 6.2.3.1中所讨论的纵向钢筋相同的方式绘制横向钢筋的包络线。对于受拉翼缘,使用2-1-1/图9.2 是适当的。为了考虑腹板桁架,计算出的横向钢筋布置可以沿着梁延伸一段距离a_1。推荐延伸a_1而不是移动a_1,因为不希望在支承位置附近没有横向钢筋。图6.2-10 给了钢筋的构造细节。

上述梁理论的应用避免了需要为每个荷载工况建立桁架模型,同时应注意,在超静定结构中,如果不用梁理论进行初始分析先确定支承反力,就不能建立完整的桁架模型。

2-1-1/条款 6.2.4(4)

每个单位长度所需的横向钢筋A_{sf}/s_f按***2-1-1/条款6.2.4 (4)***计算。它简单地服从一个弥散桁架模型(如图 6.2-10 所示,其压杆和拉杆不是离散的)。图6.2-12 展示了假定纵向受压的混凝土翼缘区域 ABCD 的平面图,剪应力为v_{Ed},横向钢筋为A_{sf},横向钢筋间距为s_f。每根横向钢筋所受剪力为:

$$F_V = v_{Ed} h_f s_f \tag{D6.2-13}$$

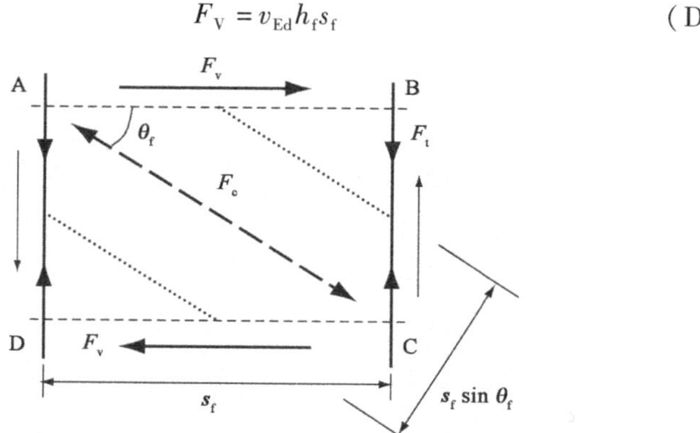

图6.2-12　翼缘板上力的作用(平面图)

上述剪力作用于矩形的侧边 AB。如图6.2-12 所示,由于与 AB 的夹角为θ_f的混凝土压杆,沿着边缘经过 AB 中点,将力传递到 CD 边,因此压杆宽度为$s_f\sin\theta_f$。

根据 A 点平衡,压杆中的力为:

$$F_c = F_v \sec\theta_f \tag{D6.2-14}$$

将式(D6.2-13)代入式(D6.2-14)得到:

$$F_c = v_{Ed} h_f s_f \sec\theta_f$$

将宽度为$s_f\sin\theta_f$的压杆的极限应力设为νf_{cd},其中通过$\nu = 0.6(1 - f_{ck}/250)$对

压杆进行验算：

$$v_{\mathrm{Ed}} h_{\mathrm{f}} s_{\mathrm{f}} \sec\theta_{\mathrm{f}} \leqslant h_{\mathrm{f}} s_{\mathrm{f}} \sin\theta_{\mathrm{f}} \nu f_{\mathrm{cd}}$$

并由此得到了 2-1-1/条款 6.2.4(4) 中的公式：

$$v_{\mathrm{Ed}} \leqslant \nu f_{\mathrm{cd}} \sin\theta_{\mathrm{f}} \cos\theta_{\mathrm{f}} \qquad \text{2-1-1/(6.22)}$$

根据 C 点平衡，得到横向钢筋 BC 中的力为：

$$F_{\mathrm{t}} = F_{\mathrm{c}} \sin\theta_{\mathrm{f}} = F_{\mathrm{v}} \tan\theta_{\mathrm{f}}$$

将等式(D6.2-13)带入得到：

$$F_{\mathrm{t}} = v_{\mathrm{Ed}} h_{\mathrm{f}} s_{\mathrm{f}} \tan\theta_{\mathrm{f}} \qquad \text{(D6.2-15)}$$

如果钢筋应力达到其设计强度 f_{yd}，则由式(D6.2-15)可得到 2-1-1/条款 6.2.4(4) 中的表达式：

$$A_{\mathrm{sf}} f_{\mathrm{yd}} / s_{\mathrm{f}} \geqslant v_{\mathrm{Ed}} h_{\mathrm{f}} / \cot\theta_{\mathrm{f}} \qquad \text{2-1-1/(6.21)}$$

除非采用更精细的模型，如使用可以考虑混凝土开裂的非线性有限元模型，否则 2-1-1/条款 6.2.4(4) 将受压翼缘的扩散角限制在 26.5°～45°，将受拉翼缘的扩散角限制在 38.6°～45°。

当剪应力小于混凝土设计拉应力 f_{ctd} 的 40%（国家定义参数）时，***2-1-1/条款6.2.4（6）***允许混凝土单独承受纵向剪力，而不需要额外的横向钢筋（除了最小钢筋面积的要求）。对于圆柱体抗压强度为 40MPa 的混凝土，这一极限应力为 0.67MPa。与主要垂直抗剪钢筋设计时的考虑相同，当承受更大的剪应力时，混凝土的抗剪承载力会完全丧失。 ***2-1-1/条款 6.2.4(6)***

应注意，在有施工缝的地方仍应根据 2-1-1/条款 6.2.5 验算界面剪力。根据表面粗糙化程度来计算不同的混凝土贡献。不同混凝土对抗剪承载力的贡献取决于连接界面的粗糙度。

对于集料暴露的表面，2-1-1/条款 6.2.5(2) 将其分级为“粗糙”表面，该混凝土表面的贡献为混凝土抗拉强度设计值 f_{ctd} 的 45%，这超出了此处允许的最大比例。

EN 1992-2 没有规定板的上下层之间所需的横向钢筋的分布。EN 1992-2 的早期草案要求配置的横向钢筋的抗力中心应与板的纵向力合力点位置相同。这个要求被 EN 1992-2 删除了，可能是因为通常的做法是将抗剪承载力视为两层抗剪钢筋承载力之和。

应当注意的是，使用 EN 1992-2 附录 MM 时要求板中配置的横向钢筋抗力中心点必须与纵向力合力点重合。

如图 6.2-10 所示，在受拉翼缘上，翼缘中的压杆扩散角所需的纵向受拉钢筋应优先于仅考虑腹板桁架模型所确定的纵向受拉钢筋。***2-1-1/条款2.2.4（7）***要求在确定纵向钢筋的截断时需要考虑这一点。这可以通过在本指南 2.2.3.1 所述位移法中引入进一步的位移 $e\cot\theta_{\mathrm{f}}$ 来实现。e 为所考虑的纵筋距腹板边缘的距离加上 $b_{\mathrm{w}}/4$。 ***2-1-1/条款 6.2.4(7)***

受纵向剪切和横向弯曲组合作用的翼缘

桥面板的翼缘通常会受到来自恒载和活载的横向弯曲作用。需要验算翼缘

2-2/条款 6.2.4(105) 钢筋承载面内剪力和任何横向弯曲的能力。***2-2/条款6.2.4(105)***中给出了剪切和弯曲组合作用下的钢筋设计的简化规定。该条款要求横向钢筋的数量要大于单独考虑纵向剪切所需的横向钢筋数量[工况(a)],同时也要大于考虑纵向剪切所需横向钢筋的一半加上横向弯曲所需的横向钢筋[工况(b)]。这个规定如图 6.2-13 所示,其中$A_{req,d}$是总共需要的钢筋,并且下标 s 和 b 分别表示剪切和弯曲所需的钢筋。配置的钢筋需要满足 2-1-1/条款 9.2.1 最小配筋面积的要求。

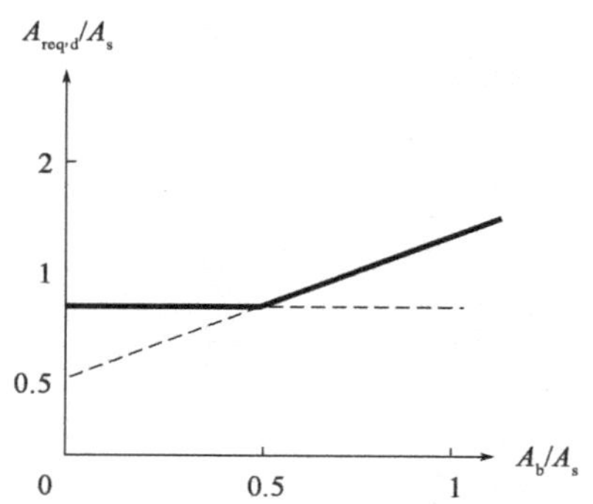

图 6.2-13 抗剪和横向抗弯所需横向钢筋的总和

再次说明,EN 1992-2 没有规定板的上下层之间所需的横向钢筋的分布,特别是剪切所需横向配筋的分布。显然,至少所配置的钢筋能单独抵抗横向弯矩。设计人员可自行决定将抗剪所需的钢筋重心放在何处。如图 6.2-14 所示,起草者的意图是针对上述两种工况(a)和(b)分配钢筋。使用 2-2/附录 MM 将表明这些组合规定是乐观的,实际上它们不允许用于腹板设计。但之前英国 BS5400 第 4 分册[9]一直忽略了翼缘中的任何相互作用。

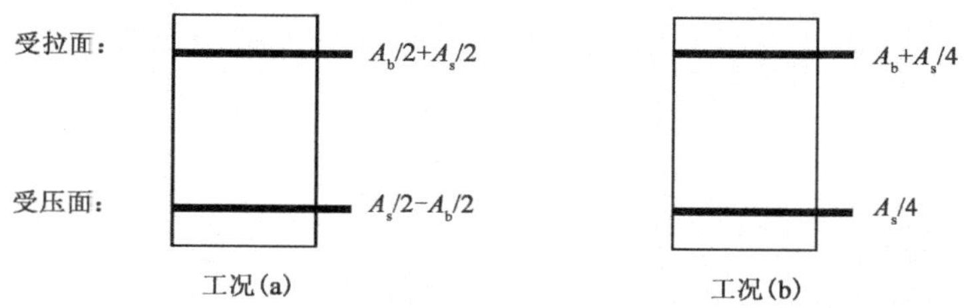

图 6.2-14 工况(a)和(b)中横向钢筋的布置

2-2/条款 6.2.4(105)还要求验算横向弯矩作用下受压区的弯曲和纵向剪切相互作用。翼缘受剪时,拉压杆作用引起的压应力加上横向弯曲引起的压应力可能会导致混凝土压溃。过去,英国的做法是忽略这种相互作用,但这是不安全的。为了考虑上述相互作用,现给出一种简化方法,在计算混凝土压溃极限承载力时可以扣除横向弯曲所需的受压区翼缘高度。这种方法是偏保守的,因为弯曲压应力和剪切压应力的方向不一致。如果按上述简化方法验算时翼板厚度不足,则可采用 2-2/附录 MM 中的夹层模型验算两个外层的压应力,具体见本指南附录 M。

所需钢筋也按照 2-2/附录 MM 计算，但一般会超过按上述简化方法计算出的配筋量。

当按照 2-2/条款 6.2.4(105)确定剪切计算中要忽略的截面高度时，并不打算考虑主梁弯矩引起的纵向压应力。但当轴力较大时，需与 2-2/式(6.9)中的 α_{cw} 一致。因此，对于受较大轴向压应力的翼缘，使用 2-2/附件 MM 进行验算混凝土压溃可能并不实用，因为剪应力确实与纵向和横向弯曲引起的压应力发生相互作用，见本指南 2-2/附录 MM。

6.2.5　不同时间浇注混凝土界面之间的剪力

必须验算在不同时间浇注的混凝土构件界面之间的剪应力，以确保两个混凝土构件能够作为一个整体共同工作。这些构件的弯曲和剪切设计都基于这个两者能够形成一个整体并共同工作的假定。2-1-1/条款 6.2.5 是对界面剪切要求的规定，这是除了 2-2/条款 6.2.4 要求外必须加以考虑的。

2-1-1/条款6.2.5(1) 规定应验算界面以确保 $v_{Edi} \leq v_{Rdi}$，其中 v_{Edi} 是界面中剪应力的设计值；v_{Rdi} 是界面处的设计抗剪承载力。 *2-1-1/条款 6.2.5(1)*

所施加的剪应力设计值由下式给出：

$$v_{Edi} = \beta V_{Ed}/zb_i \qquad 2\text{-}1\text{-}1/(6.24)$$

式中：β——新混凝土部分的纵向力与受压区或者受拉区的总纵向力之比，两者都根据所分析截面计算；

V_{Ed}——该截面的总竖向剪力；

z——组合截面的力臂；

b_i——界面剪切面的宽度(2-1-1/图 6.8 给出了例子)。

当假定所有荷载都作用于组合截面上时，可以使用 2-1-1/式(6.24)，这与极限抗弯设计方法一致。用于界面设计的基本剪应力与受压区和受拉区交界处的最大纵向剪应力 V_{Ed}/zb_i 有关。这是由于考虑了受拉区或受压区受力平衡。极限设计弯矩作用下的瞬时力为 M_{Ed}/z，假定力臂 z 保持不变，则沿梁每单位长度的力变化(剪力流)为：

$$q = \frac{\mathrm{d}}{\mathrm{d}x}\left(\frac{M_{Ed}}{z}\right) = \frac{V_{Ed}}{z} \qquad (D6.2\text{-}16)$$

然后除以界面处的厚度可得剪应力为：

$$v_{Ed} = \frac{V_{Ed}}{zb_i} \qquad (D6.2\text{-}17)$$

如果所验算的剪切平面位于受压区或受拉区内，则由式(D6.2-17)计算的剪应力可以通过上述系数 β 进行折减。取 $\beta = 1.0$ 总是偏保守的。对于带翼缘的梁，翼缘板承担大部分的力，因此翼缘下面的施工接缝处通常取 $\beta \approx 1.0$。在其他情况下，β 可以根据抗弯设计从图 6.2-15 所示的力 F_1 和 F_2 获得。(图中翼缘受压。)

问题是力臂 z 如何取值。严格来说，z 值应该反映所考虑荷载作用下梁的应力图形。实际上,z 值的计算是很耗时的,如图 6.2-15 所示,通常使用从极限抗弯承载力分析中得到的 z 值是合理的。对于开裂截面,当弯矩较小时,使用极限抗弯承载力分析中的力臂会略微大于实际的力臂。但是,除了高配筋率的截面,这种力臂的差异很小。如果 β 是基于极限状态下的应力图来确定的,则可以弥补这种差异。

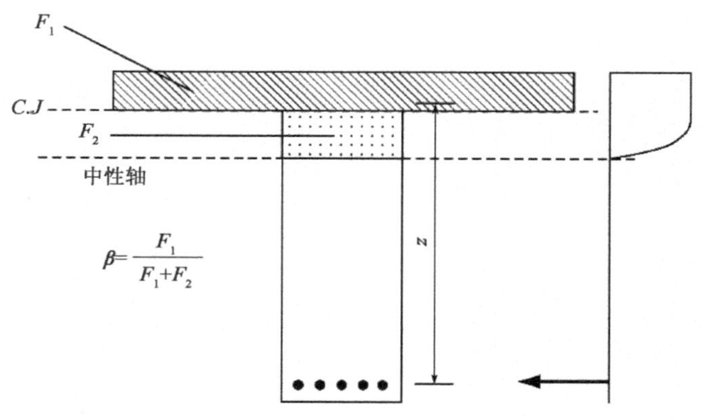

图 6.2-15　β 的计算

与上述方法不同,根据英国以前的做法,剪应力的分布是基于不开裂截面的弹性分布确定,而与弯曲应力分布无关。如果弯曲作用下截面不开裂并使用弹性分析来确定力臂,那么由 2-1-1 式(6.24)确定的剪应力与根据 2-1-1/条款 6.2.2 进行不开裂截面抗剪承载力分析确定的剪应力相同。

另一点是,如果所使用的力臂与弯剪计算的力臂不相同,则可能会超出根据本条规定计算的最大剪应力,但是满足弯剪验算的 $V_{\mathrm{Rd,max}}$ 的要求。

界面处的抗剪承载力设计值按 CEB《模式规范 90》[6] 的规定计算,并由 2-1-1/条款 6.2.5(1)给出:

$$v_{\mathrm{Rdi}} = cf_{\mathrm{ctd}} + \mu\sigma_{\mathrm{n}} + \rho f_{\mathrm{yd}}(\mu\sin\alpha + \cos\alpha) \leqslant 0.5\nu f_{\mathrm{cd}} \quad \text{2-1-1/(6.25)}$$

式中,系数 c 和 μ 取决于界面的粗糙度。

2-1-1/条款 6.2.5(2)

2-1-1/条款6.2.5（2）给出了在没有试验数据情况下的推荐值。2-1-1/条款 6.2.5(1)定义了其他系数。2-1-1/式(6.25)中的第一项与界面之间的粘结力以及挤压表面提供的机械咬合力有关,第二项与压应力 σ_{n} 作用下界面摩擦相关,第三项与穿过界面的钢筋的机械抗力相关。根据条款 6.2.1 ~ 6.2.4,抗剪钢筋可以按配筋率 ρ 考虑。除了剪切所需的抗剪钢筋之外,抗剪钢筋配筋率 ρ 不考虑其他钢筋。

2-1-1/条款 6.2.5(3)

为了允许在纵向间距减小的区域内跨界面布置抗剪钢筋,***2-1-1/条款6.2.5（3）***允许采用阶梯式分布的抗剪钢筋,其方法是对构件给定长度上(对应于所选定的条带长度)的剪应力进行平均。如实例 6.2.8 所示。EC 2 中没有给出关于局部剪应力可以超过局部承载力多少的指导。合理的方法是允许剪应力超过局部承载力的 10%,前提是该区域的总承载力大于或等于相同长度上的总纵向剪力。这与 EN 1994-2 中剪力连接件的设计一致。

在动力或疲劳荷载作用下进行界面剪切验算时，*2-2/条款6.2.5(105)*要求将粗糙度系数值 c 取为零，以考虑在循环荷载作用下界面处混凝土抗剪承载力的潜在退化。 *2-2/条款 6.2.5(105)*

6.2.6　剪切和横向弯曲

在腹板中，特别是在箱梁的腹板中，横向弯矩会导致最大允许共存剪力的减小，因为由剪切和横向弯曲产生的压应力场必须组合。而这两个应力场作用方向不同，所以不能直接相加。为了考虑剪切与横向弯曲的组合作用，在英国常见的做法是在腹板中配置钢筋，但不验算在弯剪组合作用下混凝土本身的应力。英国使用的剪压破坏极限值较低，使得这种做法近似合理，但如果使用较不保守（和更实际）的剪压破坏极限值，则可能不安全。

2-2/条款 6.2.106 正式要求考虑上述剪力-弯矩的组合作用，但如果根据条款 6.2 确定的腹板剪力小于 $V_{Rd,max}$ 的 20% 或横向弯矩小于 $M_{Rd,max}$ 的 10%，则不需要考虑弯剪组合作用。$M_{Rd,max}$ 为横向弯矩作用下的腹板最大承载力。下标“max”表明，如果腹板配筋过多，这是最大的抗弯承载力。然而，它是在没有剪力作用下实际的腹板抗弯承载力，尽管剪力作用与极限承载力的相关性更大。箱梁不太可能满足这些标准，但对于梁桥和板桥，由于共存力矩富余量较大，经常可以忽略弯剪组合作用下对抗弯承载力的验算。在必须考虑弯剪组合作用的情况下，可以使用 2-2/附录 MM。

6.2.7　预制混凝土和组合结构中的剪切（附加章节）

EN 1992-2 并未直接涵盖垂直剪力作用下组合结构的设计，例如先张法预应力混凝土梁上现浇桥面板的组合结构。需要配置抗剪钢筋的构件可按照 2-2/条款 6.2.3 的规定进行设计。不需要配置抗剪钢筋的构件不是很常见，但 2-2/条款 6.2.2 适用于不需要配置抗剪钢筋的构件设计。此外，2-1-1/条款 6.2.2(2) 中关于抗剪受拉承载力的规定需要进一步解释。

与现浇桥面板组合的预制先张法预应力混凝土梁

如本指南 6.2.2.2 所述，应通过将主拉应力限制为 f_{ctd} 来确定不开裂截面的抗剪承载力。虽然组合截面的质心通常很重要，但该限制适用于截面的所有位置，并且还需要对这些位置相应地进行验算。在实践中，通常需要验算组合截面的质心和其他截面性质发生变化的位置（例如，腹板和翼缘的连接处）。

由自重引起的剪力（V_{c1}）和单独作用在预制构件上的荷载产生的剪应力分布如图 6.2-16b）所示。由 V_{c1} 在预制构件中所考虑的位置产生的剪应力为 τ_s。第二阶段剪力（V_{c2}）作用下组合构件中的剪应力分布如图 6.2-16c）所示。在这个荷载工况下，相同位置的剪应力为 τ_s'。总的剪应力 $\tau_s + \tau_s'$ 分布如图 6.2-16d）所示。

如果将单独作用在梁上（包括预应力）以及作用在组合截面上的荷载（每个荷载分量乘以适当的安全系数并将预应力分量的系数考虑为 α_1）产生的应力（受压为正）定义为 σ_{tot}，那么该截面高度处的最大主拉应力为：

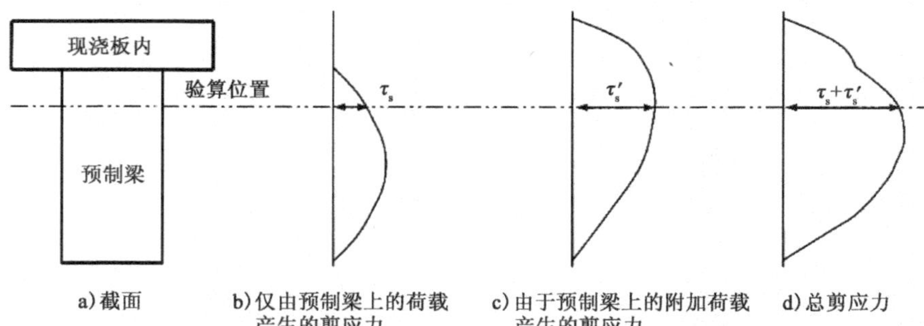

图 6.2-16　组合梁和板截面的剪应力分布

$$\frac{\sigma_{tot}}{2}-\sqrt{\left(\frac{\sigma_{tot}}{2}\right)^2+(\tau_s+\tau_s')^2}$$

该应力不应超过极限拉应力 f_{ctd},因此:

$$-f_{ctd}=\frac{\sigma_{tot}}{2}-\sqrt{\left(\frac{\sigma_{tot}}{2}\right)^2+(\tau_s+\tau_s')^2}$$

整理为:

$$\tau_s'=\sqrt{f_{ctd}^2+f_{ctd}\sigma_{tot}}-\tau_s$$

但是,对于均匀性构件:

$$\tau_s'=\frac{V_{c2}}{b}\left(\frac{A_e\bar{z}}{I}\right)$$

式中,$A_e\bar{z}$为验算高度以下部分对验算高度处的静距;I为截面惯性矩。两者都与组合截面有关,参见 6.2.2.2 的定义。因此:

$$V_{c2}=\frac{Ib}{A_e\bar{z}}\left(\sqrt{f_{ctd}^2+f_{ctd}\sigma_{tot}}-\tau_s\right) \qquad \text{(D6.2-18)}$$

并且

$$\tau_s=\frac{V_{c1}}{b}\left(\frac{A_{pc}\bar{z}_{pc}}{I_{pc}}\right)$$

式中,$A_{pc}\bar{z}_{pc}$是第一个被检查截面对验算位置处的截面静矩,I_{pc}是第二个被检查截面的力矩,两者都单独与预制梁有关。

因此,截面的总抗剪承载力为:

$$V_{Rd,c}=V_{c1}+V_{c2} \qquad \text{(D6.2-19)}$$

V_{c2}可以为负值,这表示预制梁截面在与桥面板组合之前就已经开裂。在这种情况下,抗剪承载力甚至不足以承受施加在预制梁上的剪力。这将在实例 6.2-7 中说明。

根据 2-1-1/条款 6.2.2(2)的建议,这种方法对于承受正弯矩的截面是有效的,但尚不清楚它是否适用于承受负弯矩的截面,尽管逻辑上该方法是适用的。如果将其应用于负弯矩区,那么就认为现浇的翼缘已经开裂,在截面特性中仅考虑钢筋。

上文 6.2.2.2 中关于忽略附加变形的评论也适用于组合截面。组合截面由于不均匀温度、不均匀收缩和不均匀徐变的影响会在整个截面高度上产生自平衡应力,使得问题进一步复杂化。

由于 2-1-1/式(6.4)通过定义σ_{cp}有效地忽略了这种不均匀温度的影响,可以认为由于不均匀温度、不均匀收缩和不均匀徐变在组合截面中产生的不平衡应力也可以进行类似的忽略。

实例 6.2-7:带有组合桥面板的先张预应力混凝土"M"梁

实例 6.1-5 的组合"M"形梁构成了简支桥面板的一部分。其剪切抗力可根据以下内部作用确定:

$$\left.\begin{aligned} V_{Ed,precast} &= 73kN \\ V_{Ed,composite} &= 284kN \end{aligned}\right\} V_{Ed} = 357kN$$

$$\left.\begin{aligned} M_{Ed,precast} &= 490kN\cdot m \\ M_{Ed,composite} &= 810kN\cdot m \end{aligned}\right\} M_{Ed} = 1300kN\cdot m(\text{正弯矩})$$

基于图 6.1-10 中的横截面的截面特性汇总:

	独立梁	组合截面
面积 A (mm^2)	349×10^3	500×10^3
质心高度 z_{na}(mm)	310	474
截面惯性矩 I(mm^2)	23.02×10^9	54.5×10^9
计算截面以上部分对于组合截面形心的静矩(mm^3)	19.3×10^6	76.5×10^6

钢绞线布置如图 6.1-10 所示,因此钢绞线的形心位于截面底部向上 100mm 处。

假定扣除预应力损失后的预应力值为 2680kN。为了简化,本实例中损失后的预应力仅施加在预制梁上。实际上,长期预加力损失发生在组合截面上,但认为全部预应力损失都发生在截面未组合的预制梁阶段通常是保守的。

为了满足 2-1-1/条款 6.2.2(2)中剪切拉应力的验算条件,首先需要确定预制梁是否弯曲开裂。截面底面的应力为:

$$\frac{2680\times10^3}{349\times10^3}+2680\times10^3\times(310-100)\times\frac{310}{23.02\times10^9}-\frac{490\times10^6\times310}{23.02\times10^9}-\frac{810\times10^6\times474}{54.50\times10^9}=7.68+7.58-6.60-7.04=1.61MPa$$

由于截面最底层纤维处于受压状态,所以很明显截面没有受弯开裂。验算预制梁不同高度处的弯剪承载力:

(a)组合截面形心高度处的验算

仅由预制梁上的弯矩在组合截面形心处产生的应力:

$$490\times10^{6}\times\frac{474-310}{23.02\times10^{9}}=3.49\text{MPa}(\text{压力})$$

预应力作用下预制梁组合截面形心处的应力:

$$\frac{2680\times10^{3}}{349\times10^{3}}+2680\times10^{3}\times(310-100)\times\frac{310-474}{23.02\times10^{9}}=3.67\text{MPa}(\text{压力})$$

因此,仅作用在预制梁上的荷载在组合截面形心处产生的总应力按式(D6.2-18)计算为:

$$\sigma_{tot}=3.67+3.49=7.16\text{MPa}$$

承载能力极限状态下预制梁上的设计剪力 $V_{c1}=73\text{kN}$,因此,按照式(D6.2-18)计算的组合截面形心处的剪应力为:

$$\tau_{s}=\frac{V_{c1}}{b}\left(\frac{A_{pc}\bar{z}_{pc}}{I_{pc}}\right)=\frac{73\times10^{3}}{160}\times\frac{19.3\times10^{6}}{23.02\times10^{9}}=0.383\text{MPa}$$

组合截面形心处主拉应力到达应力极限f_{ctd}(=1.667MPa)前,按式(D6.2-18)计算组合截面能够承受的附加剪力(V_{c2})为:

$$V_{c2}=\frac{Ib}{A_{e}\bar{z}}\left(\sqrt{f_{ctd}^{2}+f_{ctd}\sigma_{tot}}-\tau_{s}\right)$$

因此:

$$V_{c2}=\frac{54.5\times10^{9}\times160}{76.5\times10^{6}}\times(\sqrt{1.667^{2}+1.667\times7.16}-0.383)\times10^{-3}$$
$$=393\text{kN}$$

(b)预制构件顶面的验算

在本例中,160mm 宽腹板顶面距离组合截面形心处仅 16mm,因此 160mm 宽腹板顶面不再验算。

仅由预制梁上的弯矩在预制构件顶面产生的应力:

$$490\times10^{6}\times\frac{800-310}{23.02\times10^{9}}=10.43\text{MPa}(\text{压力})$$

作用于组合截面上的弯矩在预制构件顶面产生的应力:

$$810\times10^{6}\times\frac{800-474}{54.5\times10^{9}}=4.85\text{MPa}(\text{压力})$$

由于预应力在预制构件顶面产生的应力:

$$\frac{2680\times10^{3}}{349\times10^{3}}+2680\times10^{3}\times(100-310)\times\frac{800-310}{23.02\times10^{9}}=-4.30\text{MPa}(\text{拉力})$$

因此,按式(D6.2-18)计算的顶板下侧总应力为 $\sigma_{tot}=10.43+4.85-4.30=10.98\text{MPa}$。

作用在预制梁上的剪力引起的预制构件顶部的剪应力为 0MPa。故假定预制构件与现浇板之间的剪力连接仅在预制构件顶部 300mm 宽部分。

对于组合截面，桥面板关于组合截面中性轴的静矩：$A_e\bar{z} = 160 \times 1000 \times (930 - 80 - 474) = 60.2\text{m}^3$。预制构件顶部的主拉应力达到极限 $f_{ctd}(=1.667\text{MPa})$ 前，组合截面上的附加剪力仍由式（D6.2-18）给出：

$$V_{c2} = \frac{54.5 \times 10^9 \times 300}{60.2 \times 10^6} \times \sqrt{1.667^2 + 1.667 \times 10.98 - 0} = 1247\text{kN}$$

这比组合截面形心处得到的剪力更大，因此本实例中组合截面形心处验算更重要。

(c)160mm 厚腹板底部的验算

验算腹板底部是因为它比翼缘底部上方的倒角位置更重要。

仅由预制梁上的弯矩在腹板底部产生的应力：

$$490 \times 10^6 \times \frac{290 - 310}{23.02 \times 10^9} = -0.43\text{MPa}(\text{拉力})$$

作用于组合截面上的弯矩在腹板底部产生的应力：

$$810 \times 10^6 \times \frac{290 - 474}{54.5 \times 10^9} = -2.73\text{MPa}(\text{拉力})$$

由于预应力在腹板底部的应力为：

$$\frac{2680 \times 10^3}{349 \times 10^3} + 2680 \times 10^3 \times (100 - 310) \times \frac{290 - 310}{23.02 \times 10^9} = 8.17\text{MPa}(\text{压力})$$

因此按式（D6.2-18）得到的腹部底部的总应力为：

$$\sigma_{tot} = 8.17 - 0.43 - 2.73 = 5.01\text{MPa}$$

对于预制截面，底部翼缘和倒角关于预制截面中性轴的静矩为：

$$A_{pc}\bar{z}_{pc} \approx 185 \times 950 \times (310 - 185/2) + 105 \times 240 \times (310 - 185 - 105/2) = 40.1\text{m}^3$$

预制梁上，承载能力极限状态下的设计剪切力 V_{c1} 为 73kN，因此腹板底部的剪切应力按式（D6.2-18）计算为：

$$\tau_s = \frac{V_{c1}}{b}\left(\frac{A_{pc}\bar{z}_{pc}}{I_{pc}}\right) = \frac{73 \times 10^3}{160} \times \frac{40.1 \times 10^6}{23.02 \times 10^9} = 0.795\text{MPa}$$

对于组合截面，底部翼缘和倒角关于组合截面中性轴的静矩为：

$$A_e\bar{z} \approx 185 \times 950 \times (474 - 185/2) + 105 \times 240 \times (474 - 185 - 105/2) = 73.0\text{m}^3$$

在预制构件顶部的主拉应力达到极限应力 $f_{ctd}(=1.667\text{MPa})$ 之前，组合截面可承载的附加剪力（V_{c2}）仍可由式（D6.2-18）给出：

$$V_{c2} = \frac{54.5 \times 10^9 \times 160}{73.0 \times 10^6} \times \left(\sqrt{1.667^2 + 1.667 \times 5.01} - 0.795\right) = 304\text{kN}$$

这比组合截面形心处的验算更为重要。截面中其他高度处可能也很关键，但通常这些位置强度进一步的降低值会非常小。

上文说明在上这工况下,腹板的底部是很关键的。根据式(D6.2-19)得:

$V_{Rd,c} = V_{c1} + V_{c2} = 73 + 304 = 377\text{kN}$

此截面没有预应力的垂直分量,且$V_{Ed} < V_{Rd,c}$(357kN < 377kN),因此不需要抗剪钢筋。

实例 6.2-8:带有组合桥面板的先张法预应力混凝土"M"形梁

续实例 6.2-7,假定剪力从截面 1(1/4 跨处)的 357kN 到截面 2(梁端)的 524kN 是均匀变化的,且预应力束按实例 6.2-7 中的值起弯。各截面的界面设计剪应力由 2-1-1/式(6.24)计算:

截面 1:$V_{Ed} = 357\text{kN}$,$b_i = 300\text{mm}$(由于预应力束的确切布设尚不清楚,为了保证预应力束的布置不超过截面范围,采用偏保守的布置方式)。弯曲分析中得到,$z = 710.7\text{mm}$ 并且顶板中的压力为 2719.3kN(在极限承载能力状态下的总压力为 3727.8kN)。因此从图 6.2-15得到,$\beta = 2719.3/3727.8 = 0.729$;所以 $v_{Edi} = (0.729 \times 357 \times 10^3)/(710.7 \times 300) = 1.221\text{MPa}$。

截面 2:$V_{Ed} = 524\text{kN}$,$b_i = 300\text{mm}$(保守取值,如上)。

根据弯矩分析,$z = 667.5\text{mm}$,顶板中钢筋的拉力为 2380.1kN(最终极限状态下的总拉力为 3444.7kN)。因此,根据图 6.2-15,$\beta = 2380.1/3444.7 = 0.691$;因此 $v_{Edi} = (0.691 \times 524 \times 103)/(667.5 \times 300) = 1.808\text{MPa}$。

根据 2-1-1/式(6.25)计算承载力,假定表面是粗糙的[根据 2-1-1/条款 6.2.5(2)得:$c = 0.45$ 和 $\mu = 0.70$],忽略 $\mu\sigma_n$ 项,并假定抗剪钢筋垂直梁轴线($\alpha = 90°$)。注意根据 2-2/条款 6.2.5(105)规定当在疲劳荷载下验算界面剪切时(如本例),c 应取为 0。

梁采用 C40/50 强度等级混凝土,板采用 C30/40 强度等级混凝土;采用强度最低的混凝土进行界面剪切计算,即 $f_{ck} = 30\text{MPa}$,$f_{cd} = 20\text{MPa}$(取 $\gamma_c = 1.5$),$f_{ctk,0.05} = 2.0\text{MPa}$(见 2-1-1/表 3.1)和 $f_{ctd} = 1.333\text{MPa}$。

根据 2-1-1/式(6.6N)得:$\nu = 0.6(1 - f_{ck}/250) = 0.6 \times (1 - 30/250) = 0.528$。根据 2-1-1/式(6.25)的限制条件 $0.5\nu f_{cd} = 0.5 \times 0.528 \times 20 = 5.28\text{MPa} > v_{Edi}$,因此结果是满足要求的。

因此,承载力由 $v_{Rdi} = 0.45 \times 1.333 + 0 + \rho f_{yd} \times (0.70 \times \sin 90°)$ 计算得出,整理后可以得到需要的穿过某界面的钢筋面积:

$$A_s \geqslant \frac{v_{Edi} - 0.45 \times 1.333}{0.7 f_{yd}} A_i$$

[一直降低到 $A_s \geqslant (v_{Edi}/0.7 f_{yd}) A_i$(疲劳载荷作用面)。]

假定 $f_{yk} = 500\text{MPa}$ 且 $\gamma_s = 1.15$,$f_{yd} = 434.8\text{MPa}$,每单注意位长度的面积 $A_i = 300 \times 1000 = 300 \times 103\text{mm}^2$。

对于截面 1：

$$A_s \geqslant \frac{1.221 - 0}{0.7 \times 434.8} \times 300 \times 10^3 = 1203.3\text{mm}^2/\text{m}$$

对于截面 2：

$$A_s \geqslant \frac{1.963 - 0}{0.7 \times 434.8} \times 300 \times 10^3 = 1782.2\text{mm}^2/\text{m}$$

如正文中所述，EC2 允许界面抗剪钢筋取合适宽度内合适长度内的截面面积平均值。

当考虑截面 2、截面 1 与截面 2 的中点对应的截面时，要求钢筋面积平均值为：

$A_s = 1203.3 + 0.75 \times (1782.2 - 1203.3) = 1637.5\text{mm}^2/\text{m}$。

当考虑截面 1 和截面 1 与截面 2 的中点这部分截面时，要求钢筋面积平均值为：

$A_s = 1203.3 + 0.25 \times (1782.2 - 1203.3) = 1348.0\text{mm}^2/\text{m}$。

截面 2 一侧采用双肢 $\phi10$ 抗剪钢筋以中心距 95mm 布置（略大于截面 2 所需的抗剪钢筋面积）得 $A_s = 1653\ \text{mm}^2/\text{m}$（和 $v_{\text{Rdi}} = 1.677\text{MPa}$）。截面 1 一侧采用双肢 $\phi10$ 抗剪钢筋以中心距 115mm 布置得 $A_s = 1366\ \text{mm}^2/\text{m}$（和 $v_{\text{Rdi}} = 1.386\text{MPa}$）。这些值已包含在图 6.2-17 中。以这种方式布置抗剪钢筋是可接受的。

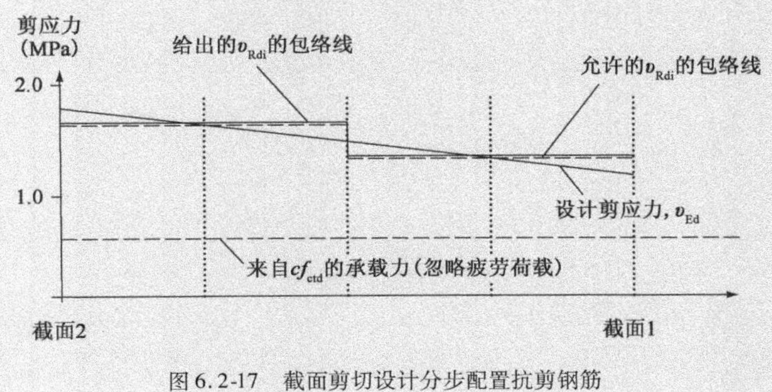

图 6.2-17　截面剪切设计分步配置抗剪钢筋

6.3　扭转

本节讨论受扭构件在极限状态下的设计，分为以下几个部分：

6.3.1　一般规定

通常扭转不控制桥梁构件的尺寸设计，因此通常可以在弯曲设计完成后进行扭转验算。这是一种简便方法，因为最大设计扭矩通常不与最大弯矩和剪力同时存在,所以考虑最大扭矩时,经常会出现钢筋富余。

在某些情况下,结构的平衡受扭转控制。典型的例子包括箱梁或平面弯曲的梁。这种扭转通常被称为“平衡扭转”,必须在承载能力极限状态设计中予以考虑。在箱梁中,可能还需要根据 2-2/条款 7.3.1(110)对正常使用极限状态下受剪切和扭转组合作用的腹板进行验算。

在其他情况下,如在超静定的结构中,仅考虑与其余结构的变形协调可能会产生扭转。有时称其为“协调扭转”。在这种情况下,在进行承载能力极限状态分析时可能忽略结构的扭转刚度,并通过其他方式来承担由于忽略扭转而产生的附加效应。在此之前,必须确保扭矩对桥梁受力性能影响较小,以防止过度开裂。

2-1-1/条款 6.3.1(1)
2-1-1/条款 6.3.1(2)

协调扭转和平衡扭转之间的区别是***2-1-1/条款6.3.1(1)***和***2-1-1/条款6.3.1(2)***的主题。2-1-1/条款 6.3.1(2)要求当忽略协调扭转时,需要根据 EN 1992-2 修正过的 EN 199-1-1 中 7.3 和 9.2 的最小配筋率来考虑配筋。

在分析中考虑扭转刚度时,切合实际的评估扭转刚度很重要。由分散梁体支承的桥面板,例如实例 6.3-2 中的 M 形梁,具有很小的抗扭能力,在相对小的扭矩作用下就会开裂。根据《模式规范 90》[6],扭转开裂后的刚度通常只有不开裂时的 1/4左右,并且一旦梁开裂,分配到梁上扭矩将显著减小。

在讨论扭转时,需要进一步区分圣维南扭转、循环扭转和翘曲扭转。圣维南扭转是由于横截面周边的封闭剪力流产生的。圣维南扭转通常用于指封闭中空截面(例如箱梁)内的封闭剪力流,而循环扭转,是指沿开口截面周边的类似剪力流。在 EN 1992 中,围绕中空截面的封闭剪力流称为循环扭转,围绕开口或实心截面的封闭剪力流称为圣维南扭转。考虑循环扭转是 2-2/条款 6.3.2 中各项规定的基础。翘曲扭转由纵向变形受到约束时单个面的面内弯曲产生,例如其可能发生在工字梁中。所施加的总扭矩必须由这两种扭转中的一种或两者的组合来承担。本指南 6.3.3 讨论了翘曲扭转,以及扭矩如何在这两种扭转之间分配。

2-1-1/条款 6.3.1(3)

在 2-2/条款 6.3.2 中涵盖的循环扭转承载力是基于薄壁闭合截面计算的,即使截面是开口的,也可以通过封闭剪力流来满足平衡条件。***2-1-1/条款6.3.1(3)***在对基本方法进行说明之后,本指南的 6.3.2 讨论了 2-1-1/条款 6.3.1(3)~(5)中有关开口带翼缘截面扭转计算的规定。

6.3.2 设计步骤

2-2/条款 6.3.2 讨论了循环扭转,即便截面实际上是实心的,也可以基于薄壁封闭截面来计算截面的抗拉承载力。对于实心构件,可按下述将截面理想化为具有确定有效壁厚的薄壁截面。图 6.3-1 展示了具有理想化薄壁的一般截面。

2-1-1/条款 6.3.2(1)

扭转规定需要 ***2-1-1/条款6.3.2(1)***中的下列定义:

A_k——图 6.3-1 所示封闭中心线所围成的面积;

$\tau_{t,i}$——壁 i 上的剪应力;

$t_{ef,i}$——下文讨论的壁 i 的有效厚度;

A——图 6.3-1 所示的截面外表所包围的面积；

u ——横截面的外边周长；

z_i——壁 i 的边长，由相邻墙交点之间的距离确定。

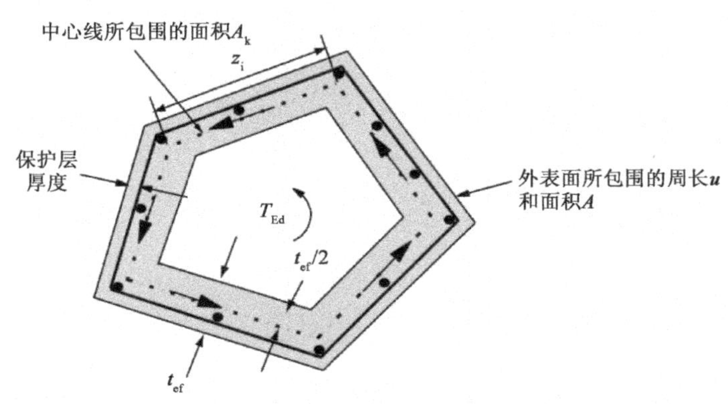

图 6.3-1　一般截面的参数定义

可以通过改变有效厚度$t_{ef,i}$来优化抗扭性能。有效厚度可以等于 A/u，但不能小于截面边缘到纵向钢筋中心距离的 2 倍。A/u 表示厚度，该厚度与本节后面讨论的峰值压溃承载力有关。抗扭承载力要求确保截面的中心线以及压杆的作用线不在纵向钢筋的外侧。对于较薄的实心截面而言，解释这些要求比较困难，其中最小允许有效厚度可以超过 A/u 或超过实际壁厚的一半，如实例 6.3-2 所示。对于空心截面，$t_{ef,i}$显然不应该超过实际壁厚。如果，尽可能地让$t_{ef,i}$更小（不能小于截面边缘到纵向钢筋中心距离的 2 倍），则能够将钢筋的承载力最大化，壁面承受的剪力就会更小。但是，较小的厚度将意味着基于混凝土压溃的抗扭承载力减小。这将在后面的图 6.3-3 中进行说明。

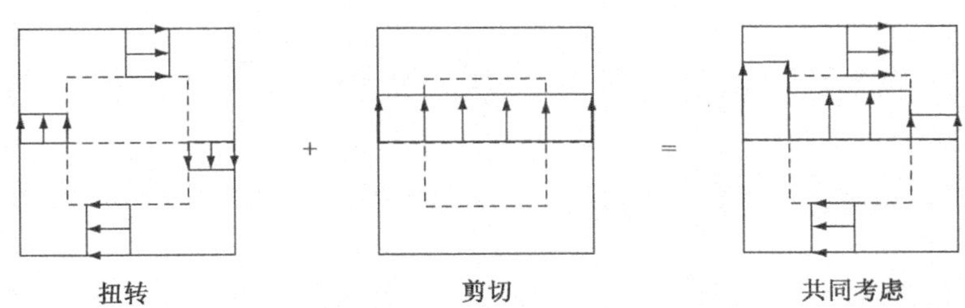

图 6.3-2　实心截面有效厚度内的剪应力组合

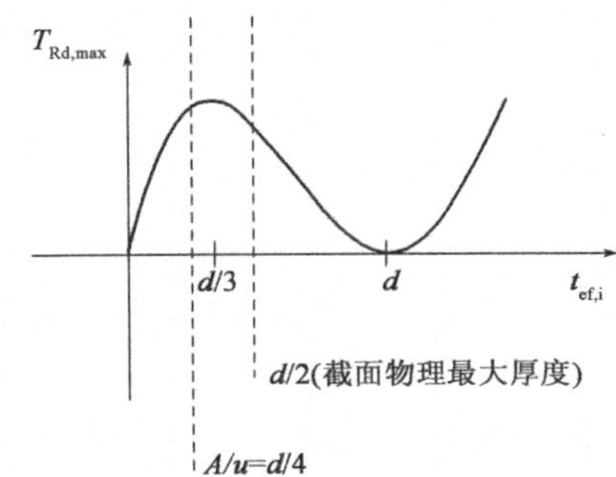

图 6.3-3　根据 2-2 /式(6.29)得到的随 $t_{ef,i}$变化的矩形截面 $T_{rd,max}$ 曲线

钢筋要求

根据上述原理,可以导出下列配筋设计规定。

根据 2-1-1/式(6.26),得到扭矩为:

$$T_{Ed} = 2A_k(\tau_{t,i}t_{ef,i}) \tag{D6.3-1}$$

式中,$\tau_{t,i}t_{ef\,i}$为围绕截面周长的剪力流,它是一个常数。每个壁中的剪力 $V_{Ed,i}$ 由 2-1-1/式(6.27)给出:

$$V_{Ed,i} = \tau_{t,i}t_{ef,i}z_i \qquad \text{2-1-1/(6.27)}$$

因此,使用式(D63-1)和 2-1-1/式(6.27)消除 $\tau_{t,i}t_{ef,i}$,得到:

$$V_{Ed,i} = \frac{T_{Ed}}{2A_k}z_i \tag{D6.3-2}$$

注意,《模式规范 90》[6] 在式(D6.3-2)中包括一个附加的与形状相关的模型系数,它使从式(D6.3-2)计算得到的矩形截面的剪力增加了 33%。矩形截面的系数(相乘)为 $1/(1-0.25b/d)$,其中 d 为截面最大尺寸,b 为最小截面尺寸。圆形截面具有统一的模型系数。因此,建议在接近扭转极限时谨慎使用矩形截面,尽管这在实际中很少出现。

然后,根据式(D6.3-2)中的剪力设计箱体的各个壁。上述公式的计算结果等同于根据 2-1-1/式(6.8)计算的垂直抗剪钢筋的抗剪承载力,但是采用上文z_i定义的简化计算方法,可得:

$$V_{Ed,i} = \frac{T_{Ed}}{2A_k}z_i = \frac{A_{st}}{s_t}z_i f_{yd}\cot\theta$$

因此得到每个壁需要的横向钢筋为:

$$\frac{A_{st}}{s_t} = \frac{T_{Ed}}{2A_k f_{yd}\cot\theta} \tag{D6.3-3}$$

其中,A_{st}是厚度 $t_{ef,i}$中的横向钢筋面积,按照 S_t 的间距布置。压杆倾角 θ 的限值与剪切设计中相同。

2-2/条款 6.3.2(102)

根据***2-2/条款6.3.2(102)***,如果扭转与剪切效应相组合,则进行抗扭和抗剪验算、计算需要增加的配筋面积以及计算其他作用需要的钢筋时应使用相同的 θ 角。对于箱梁,也可以根据实际壁厚,将基于实际壁厚带有A_k的式(D6.3-2)计算得到的剪力与弯曲剪切得到的剪力直接相加,并直接根据剪力结果设计截面的各个壁。然后按照本指南 6.2 中的说明进行剪切验算,其中$V_{Ed} = V_{shear} + V_{torsion}$。

2-2/条款 6.3.2(103)

2-2/条款6.3.2(103)给出类似的方程用于纵向钢筋面积计算:

$$\frac{\sum A_{sl}f_{yd}}{u_k} = \frac{T_{Ed}}{2A_k}\cot\theta \qquad \text{2-2/(6.28)}$$

式中,$\sum A_{sl}$为扭转所需的总纵向钢筋;u_k为面积为A_k的区域的周长。纵向钢筋通常在每个壁上均匀分布,除了较小的截面的钢筋可能集中在转角处,因此对于每个壁,2-2/式(6.28)的另一种形式为:

$$\frac{A_{sl}}{s_l} = \frac{T_{Ed}}{2A_k f_{yd}}\cot\theta \tag{D6.3-4}$$

式中，A_{sl}为厚度$t_{ef,i}$中纵向钢筋的面积；s_l为钢筋间距。Chalioris[17]的试验证明这些钢筋需要均匀分布。这说明如果纵向钢筋没有均匀布置在截面周边会导致抗扭承载力下降。

上述所需的钢筋是对弯曲和剪切受拉区的补充。有粘结预应力筋增强上述配筋的作用，前提是预应力筋的应力增量不超过500MPa。在纵向受压区（例如，由于弯曲受压的翼缘），抗扭纵向钢筋可以按压应力富余量呈比例地减少。EC2没有给出应该考虑受压区范围的指导，因此本文建议受压区高度为2倍的抗扭钢筋保护层厚度，这与BS 5400第4分册[9]相同。对于箱梁，翼缘的每个面都可以采用此推荐值。

2-1-1/条款6.3.2（5）允许不设计抗扭钢筋的构件承受一些扭矩。在扭矩单独作用下，如果扭转剪应力小于混凝土设计抗拉强度f_{ctd}，则只需要按照最小配筋率配筋。因此，式（D6.3-1）的极限扭矩为： *2-1-1/条款 6.3.2(5)*

$$T_{Rd,c} = 2A_k f_{ctd} t_{ef,min} \quad (D6.3\text{-}5)$$

式中，$t_{ef,min}$为最小壁厚。

在剪切也同时出现的情况下，2-1-1/条款6.3.2（5）为近似矩形截面提供了考虑剪扭组合的计算公式，以确定是否需要进行钢筋设计：

$$T_{Ed}/T_{Rd,c} + V_{Ed}/V_{Rd,c} \leqslant 1.0 \quad 2\text{-}1\text{-}1/(6.31)$$

式中，$V_{Rd,c}$为2-1-1/条款6.2.2规定的未设计抗剪钢筋的截面抗剪承载力。对于箱梁，如前所述，将每个壁的扭转剪力和垂直剪力组合考虑。如果总剪力小于$V_{Rd,c}$则不需要设计钢筋。

剪扭组合作用下的抗压极限

根据***2-2/条款6.3.2（104）***，将使用两种考虑剪切和扭转组合的方法（两者基本相同）。第一种方法适用于实心截面，是扭转和剪切的简单线性叠加，再次假定这两种效应压杆θ角相同： *2-2/条款 6.3.2(104)*

$$\frac{T_{Ed}}{T_{Rd,max}} + \frac{V_{Ed}}{V_{Rd,max}} \leqslant 1.0 \quad 2\text{-}2/(6.29)$$

式中，$T_{Rd,max} = 2\nu\alpha_{cw} f_{cd} A_k t_{ef,i} \sin\theta\cos\theta$，见2-2/式（6.30）；$V_{Rd,max}$为腹板压杆压溃时极限抗剪承载力，见本指南6.2。其他符号也在本指南6.2中被定义。实心截面有效壁厚内的扭转和剪切的组合如图6.3-2所示。严格地说，如果每个有效壁厚不同或者除了竖向剪力外还存在横向剪力，则$T_{Rd,max}$是变化的，它取决于所考虑的壁。当使用这种方法时，2-2/式（6.29）可以单独应用于箱梁的各个壁。

在2-2/式（6.30）中，扭转和轴向压力组合作用对压杆压溃极限状态的影响通过系数α_{cw}来考虑（如本指南6.2所述），α_{cw}的取值应基于壁中的平均压应力。这通常适用于连续梁支座处的下翼缘。根据本指南3.1.6中的讨论，当计算α_{cw}时，此处推荐将f_{cd}中定义的α_{cc}取为1.0。但是，需要遵守国家附件中最终给出的取值。虽然看起来，由于下翼缘受压，负弯矩区的抗扭承载力会大大降低，但是根据2-2/条款6.2.3（103），在距离支座边缘小于$0.5d\cot\theta$的位置不需要计算α_{cw}。因此，弯曲引起的最大压应力通常不会与扭转剪应力完全组合，但该情况并不适用于加腋梁。

第二种适用于箱梁的考虑剪切和扭转组合的方法,是将根据式(D6.3-2)从扭转获得的剪力直接与剪切中的剪力相加,并使用得到的剪力直接验算每个壁。然后,如本指南 6.2 所述,进行腹板压杆压溃的极限抗剪承载力验算。

当壁的有效厚度占半宽混凝土截面的大部分时,采用薄壁类比的原理,实心截面的混凝土压杆压溃承载力就变得偏于保守。这通过边长为 d 的正方形截面来进行说明。如果$t_{ef,i}$取 $A/u=0.25d$,$\theta=45°$,则根据 2-2/式(6.29)可得可以单独承受的最大扭矩为$T_{Rd,max}=\nu\,\alpha_{cw}f_{cd}\times 0.141\,d^3$。如果$t_{ef,i}$取 0.5$d$,则可采用最大物理宽度计算$T_{Rd,max}=\nu\,\alpha_{cw}f_{cd}\times 0.125\,d^3$。如果$t_{ef,i}$取 0.33$d$,则根据 2-2/式(6.29)最大扭矩为$T_{Rd,max}=\nu\,\alpha_{cw}f_{cd}\times 0.148\,d^3$。根据 2-2/式(6.29)得出的最大扭矩随有效厚度变化,如图 6.3-3 所示,其中 $d/2$ 表示最大物理有效壁厚。可以看出,利用全部有效壁厚不会得到最大的抗扭承载力。

如图 6.3-4 所示,如果理论上最大塑性扭矩是通过无限薄壳截面积分求得的,整个截面上每个地方的剪应力 $\tau_{max}=\nu\,\alpha_{cw}f_{cd}/2$,最大容许扭矩为$T_{Rd,max}=2\,\tau_{max}\int_0^{d/2}(2h)^2\mathrm{d}h=\nu\,\alpha_{cw}f_{cd}\times 0.167\,d^3$,则上述异常不会出现。对于一般桁架角度为 θ,抗扭承载力变为$T_{Rd,max}=\nu\,\alpha_{cw}f_{cd}\sin\theta\cos\theta\times d^3/3$。

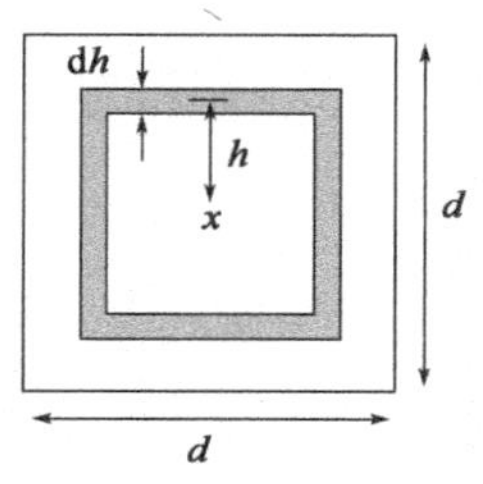

图 6.3-4　实心矩形截面理想化为薄壁截面

实例 6.3-2 说明了这个问题;2-1-1/条款 6.3.2(1)所允许的$t_{ef,i}$最小值实际上超过可用的宽度的一半。对于压杆压溃承载力,当$t_{ef,i}$超过可用的宽度的一半时,这里建议:

- 可以使用上述塑性抗扭承载力。对于更一般的最大边长为 d、最小边长为 b 的矩形,可以用沙堆类比得到最大抗扭承载力 $T_{Rd,max}=\nu\,\alpha_{cw}f_{cd}\sin\theta\cos\theta\left[b^2\left(d-\frac{b}{3}\right)\right]/2$;或者
- $t_{ef,i}$可以基于实际可用的半宽度或者 A/u 获得。

开口截面

2-1-1/条款 6.3.1(3)

2-1-1/条款6.3.1(3)允许将开口带翼缘截面(如 T 形截面)划分为一系列的矩形截面,每个矩形截面均模拟为等效薄壁截面,而总抗扭承载力取为各个截面承载力之和。截面划分时应使得整个截面导出的抗扭刚度最大化。

一个不开裂矩形截面的抗扭刚度I_{xx}定义为:

$$I_{xx} = k \cdot b_{max} b_{min}^3 \quad (D6.3\text{-}6)$$

式中，b_{max}和 b_{min}分别是长边和短边的长度。k 取决于形状，由下式确定：

$$k = \frac{1}{3}\left[1 - 0.63\frac{b_{min}}{b_{max}}\left(1 - \frac{b_{min}^4}{12 \times b_{max}^4}\right)\right] \quad (D6.3\text{-}7)$$

表 6.3-1 给出了一些特定的值。

k 在式(D6.3-6)中的取值　　表 6.3-1

b_{max}/b_{min}	k	b_{max}/b_{min}	k	b_{max}/b_{min}	k
1.0	0.141	1.5	0.196	4.0	0.281
1.1	0.153	1.8	0.218	5.0	0.291
1.2	0.165	2.0	0.229	7.5	0.305
1.3	0.177	2.5	0.250	10.0	0.312
1.4	0.187	3.0	0.263	∞	0.333

2-1-1/条款6.3.1(4)要求根据各个截面的抗扭刚度来分配作用于每个截面“组分”上的扭矩。然后根据***2-1-1/条款6.3.1(5)***分别设计各个截面。计算过程在实例 6.3-2 中说明。 *2-1-1/条款 6.3.1(4)* *2-1-1/条款 6.3.1(5)*

节段施工

在预制节段箱梁设计时，当没有内部有粘结预应力筋或普通钢筋穿过接缝时要特别注意。箱梁可以承受 EN 1992-2 的图 6.105 所示的扭转荷载，这种荷载是纯扭转（如图“A”所示）和畸变（如图“B”所示）的组合。纯扭转是由封闭的剪力流围绕箱体周边（循环扭转）传递的。如果裂缝贯穿翼缘的厚度在接缝处张开，并且剪力键不能承受这种循环扭转剪力，那么箱形截面实际上就变成了一个开口截面。如 EN 1992-2 图 6.105 所示，与闭口截面相比，开口截面的刚度和强度要小得多，并且纯扭转和畸变效应都基本必须由箱梁腹板的翘曲来承担。（图 C 所示的循环扭转机制对抗扭的作用很小，翘曲扭转机制才起主要作用。）***2-2/条款6.3.2(106)***要求根据 EC2-2 的附录 LL 和 MM 来进行腹板设计。这些附录的使用在本指南的相应章节中讨论。 *2-2/条款 6.3.2/(106)*

6.3.3　翘曲扭转

在本指南 6.3.1 中讨论了圣维南扭转与翘曲扭转的区别。所施加的总扭矩必须由这两种扭转中的一种或两者的组合来承担。根据***2-1-1/条款6.3.3(1)***，在承载能力极限状态下，封闭箱梁和实心截面的翘曲扭转可以忽略不计，因为翘曲扭转本身不是满足平衡条件所必需的。但当扭转完全由圣维南扭转来承担时，为了满足平衡条件必须考虑翘曲扭转。（当应用于中空截面时称为循环扭转，见 EN 1992-2。） *2-1-1/条款 6.3.3(1)*

对于开口截面，在极限状态下翘曲可以再次被忽略，但它可以是一种承担扭转的有效方法（由于中间支承或横隔板的约束，各个壁的横向弯曲跨度较小）。在

2-1-1/条款 6.3.3(2)

这种情况下,***2-1-1/条款6.3.3(2)***实质上建议采用空间框架分析,以确定两种机制中的扭转分配。如图 6.3-5 是一个理想化为工字梁的例子。然后将针对各个壁承受的弯矩、剪力、扭矩和轴力分别进行设计。另外,诸如参考文献[18]等文献可以用来确定扭转应力。

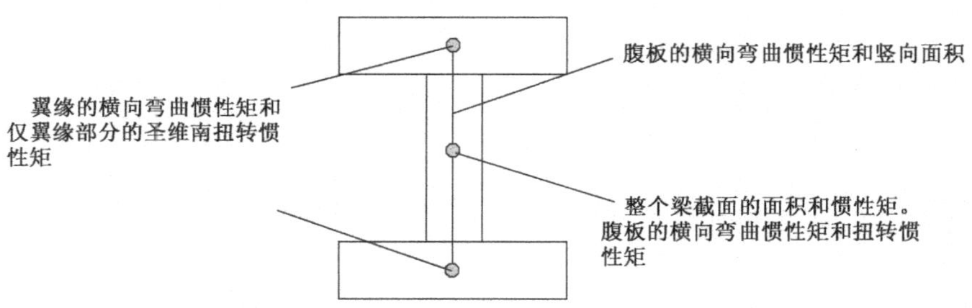

图 6.3-5 典型理想梁空间刚架分析示意图

6.3.4 板中扭转(附加章节)

本节中的扭转规定不适用于板。除了两个正交方向的弯矩外,板还通过修正扭矩引起的力矩场来承担扭矩。在英国,传统上的设计是使用 Wood-Armer[19,20]方程来实现的,该方程将扭矩和弯矩组合成"钢筋力矩",以优化特定力矩场所需的钢筋数量。这是一般力矩场方程的一种特殊情况,它在评估中可能是有益的,如参考文献[21]。这些方法仍然可以与 EC2 一起使用,见本指南 6.9 中的进一步讨论。另一种更直接地符合 EN 1992 的备选方法是使用 2-2/附录 LL 中的规定。

实例 6.3-1:箱梁桥

如图 6.3-6 所示的箱梁截面。作用在箱梁上的总扭矩为 10000kN · m。确定腹板所需的横向和纵向抗扭钢筋。其中钢筋的 f_{yk} = 500MPa,混凝土的圆柱体抗压强度为 40MPa。忽略施加扭矩的任何畸变效应。

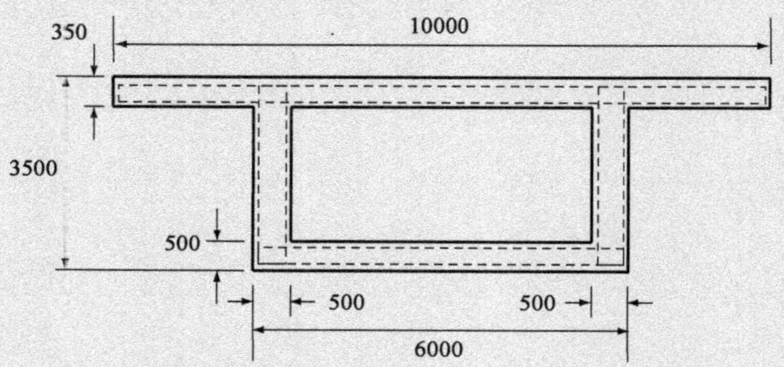

图 6.3-6 实例 6.3-1 的横截面(尺寸单位:mm)

箱梁截面每个壁的有效厚度取为实际的箱壁厚度,因此所封闭面积 A_k = (6000 - 500) × (3500 - 500/2 - 350/2) = 16.91 × 106mm²。

假设桁架角度为 45°,根据式(D6.3-3)得到两肢钢筋的数量为:

$$\frac{A_{st}}{s_t}=\frac{T_{Ed}}{2A_k f_{yd}\cot\theta}=\frac{10000\times10^6}{2\times16.91\times10^6\times500/1.15\times1.0}=0.68\text{mm}^2/\text{mm}$$

即箍筋的每个外肢和内肢为 0.34mm²/mm。

由于桁架角为 45°，根据式(D6.3-4)得到所需纵向钢筋的数量：

$$\frac{A_{sl}}{s_l}=\frac{T_{Ed}}{2A_k f_{yd}}\cot\theta=\frac{10000\times10^6}{2\times16.91\times10^6\times500/1.15}\times1.0=0.68\text{mm}^2/\text{mm}$$

即箱梁每个壁的外层和内层纵向钢筋数量均为 0.34mm²/mm。

还必须使用 2-2/式(6.29)来验算腹板压溃时的极限承载力：

$$T_{Rd,max}=2v\alpha_{cw}f_{cd}A_k t_{ef,i}\sin\theta\cos\theta$$

$$=2\times0.6(1-40/250)\times1.0\times40/1.5\times16.91\times10^6\times500\times\frac{1}{\sqrt{2}}\times\frac{1}{\sqrt{2}}$$

$$=113.6\text{MN}\cdot\text{m}\gg10\text{MN}\cdot\text{m}$$

混凝土截面在扭矩作用下只承受 9% 的极限荷载，因此当配筋面积合适时，可以同时承受 91% 的最大垂直剪力 $V_{Rd,max}$。

顶部和底部的翼缘需要进行类似的计算。

实例 6.3-2：先张法预应力混凝土 M 形梁板组合桥

一片带桥面板的 M 形梁理想化截面如图 6.3-7 所示。从梁格分析得到的梁的总扭矩为 40kN · m，下面确定所需的钢筋数量。首先假定位于截面周边用于抗扭的纵向和横向钢筋直径为 10mm。钢筋强度 f_{yk} = 500MPa，混凝土圆柱体抗压强度为 40MPa，钢筋保护层厚度为 30mm，忽略预应力对纵筋数量需求减小的贡献。

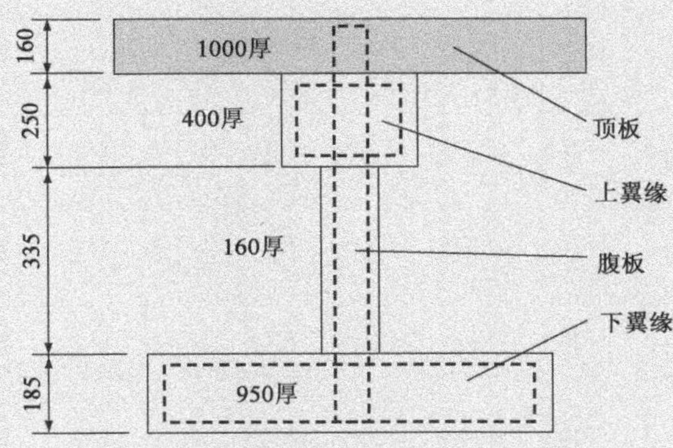

图 6.3-7　实例 6.3-2 的梁(尺寸单位：mm)

第一步，根据式(D6.3-6)和式(D6.3-7)计算每个矩形截面的弹性扭转惯性矩：

桥面板：$I_{xx}=\frac{1}{2}\times0.300\times1000\times160^3=6.144\times10^8\text{mm}^4$

(注意当板在两个方向上受力时扭转惯性矩取初始值的“一半”。)

上翼缘:$I_{xx}=0.204\times400\times250^3=1.273\times10^9\text{mm}^4$

腹板:$I_{xx}=0.233\times335\times160^3=3.204\times10^8\text{mm}^4$

下翼缘:$I_{xx}=0.292\times950\times185^3=1.759\times10^9\text{mm}^4$

总扭转惯性矩是上述计算的总和,为 $3.967\times109\text{mm}^4$。扭矩如下。

顶板:$T_{Ed}=6.144/39.67\times40=6.2\text{kN}\cdot\text{m}$

上翼缘:$T_{Ed}=12.73/39.67\times40=12.8\text{kN}\cdot\text{m}$

腹板:$T_{Ed}=3.204/39.67\times40=3.2\text{kN}\cdot\text{m}$

下翼缘:$T_{Ed}=17.59/39.67\times40=17.7\text{kN}\cdot\text{m}$

抗扭所需的钢筋

顶部桥面板:

如本指南 6.3.4 所讨论的,桥面板扭矩应与弯曲设计的弯矩组合。

上翼缘:

计算时首先将有效厚度取为 A/u,因此:

$$t_{ef,i}=A/u=\frac{400\times250}{2\times(400+250)}=76.9\text{mm}$$

然而,2-1-1/条款 6.3.2(1)要求有效厚度不应小于混凝土保护层到纵向钢筋中心距离的 2 倍(以避免扭转周长位于钢筋外侧),这种情况下取有效厚度为 90mm。因此,后面的数据(例如A_k)也根据这个有效厚度相应计算,这将使钢筋的计算更为正确:

$$A_k=(400-90)\times(250-90)=4.96\times10^4\text{mm}^2$$

假定桁架角度为 45°,由式(D63-3)得到所需的钢筋面积为:

$$\frac{A_{st}}{s_t}=\frac{T_{Ed}}{2A_kf_{yd}\cot\theta}=\frac{12.8\times10^6}{2\times4.96\times10^4\times500/1.15\times1.0}=0.297\text{mm}^2/\text{mm}$$

没有其他剪切的附加效应会增加所述抗剪钢筋面积,因此取直径 8mm 的闭合抗剪钢筋以间距 100mm 布置可以满足要求($0.50\text{mm}^2/\text{mm}$)。

由于桁架角度为 45°,根据式(D6.3-4)得到所需的等效纵向钢筋数量为:

$$\frac{A_{sl}}{s_l}=\frac{T_{Ed}}{2A_kf_{yd}}\cot\theta=0.297\text{mm}^2/\text{mm}$$

由于截面较小,纵向钢筋只能布置在箍筋的角上,而不是沿着截面周长分布。

必须使用 2-2/式(6.29)来验算压杆压溃时的极限承载力:

$$\begin{aligned}T_{Rd,max}&=2v\alpha_{c}f_{cd}A_kt_{ef,i}\sin\theta\cos\theta\\&=2\times0.6(1-40/250)\times1.0\times40/1.5\times4.96\times10^4\times90\times\frac{1}{\sqrt2}\times\frac{1}{\sqrt2}\\&=60.0\text{kN}\cdot\text{m}>12.8\text{kN}\cdot\text{m}\end{aligned}$$

上翼缘混凝土截面承受的扭矩为极限承载力的 21%。

腹板：

试算

$$t_{ef,i} = \frac{A}{u} = \frac{335 \times 160}{2 \times (335 + 160)} = 54\text{mm}$$

EC2 规定有效厚度不小于混凝土保护层到纵向钢筋的中心的两倍，再次取为 90mm。此外，在这种情况下，这也大于实际有效宽度的一半 80mm。

使用最大的 $t_{ef,i}$ 值可得到更保守和更合理的钢筋数量，因此 $t_{ef,i}$ 采用 90mm。

$A_k = (335 - 90) \times (160 - 90) = 1.72 \times 10^4 \text{mm}^2$，由于横向钢筋在 335mm 的高度之外，因此稍微保守一些，使用的高度可以增加到横向钢筋之间的距离。

假定压杆角度为 45°，由式(D6.3-3)得到所需的钢筋面积为：

$$\frac{A_{st}}{s_t} = \frac{T_{Ed}}{2A_k f_{yd} \cot\theta} = \frac{3.2 \times 10^6}{2 \times 1.72 \times 10^4 \times 500/1.15 \times 1.0} = 0.215\text{mm}^2/\text{mm}$$

对单肢抗扭钢筋的要求必须结合剪切的要求考虑。并且该钢筋需要等量的纵向钢筋。

极限承载力也必须验算，但这次把有效厚度设为 90mm 是不合理的，因为这超过了实际有效宽度的一半。因此，建议使用 80mm 的实际半宽度。如 6.3.2 所述，这仍然是保守的。扭转面积相应为 $A_k = (335 - 80) \times (160 - 80) = 2.04 \times 10^4 \text{mm}^2$。并且承载力也由下式给出：

$$\begin{aligned} T_{Rd,max} &= 2\nu\alpha_c f_{cd} A_k t_{ef,i} \sin\theta\cos\theta \\ &= 2 \times 0.6(1 - 40/250) \times 1.0 \times 40/1.5 \times 2.04 \times 10^4 \times 80 \times \frac{1}{\sqrt{2}} \times \frac{1}{\sqrt{2}} \\ &= 21.9\text{kN} \cdot \text{m} > 3.2\text{kN} \cdot \text{m} \end{aligned}$$

腹板中的混凝土截面在扭转时应力为混凝土极限承载力的 15%，因此腹板同时受剪切时能承受极限承载力的 85% 的应力。如果采用有效厚度 $t_{ef,i}$ 为 54mm(A/u)和 90mm 计算的最大扭矩分别为 21.6kN · m 和 20.8kN · m，后一个最大扭矩值实际上低于用壁更薄的截面计算的最大扭矩值，原因如本指南 6.3.2 所讨论的。使用 EC2 中给出的薄壁截面的计算方法时，当使用的壁厚占该截面厚度的大部分时，该方法就会变得保守。

下翼缘也可以进行类似的计算。

6.4　冲切

本节涉及包括基础在内的板中的冲切问题，分为以下几个部分：

- 一般规定　*6.4.1*
- 荷载分布和基本控制周长　*6.4.2*

- 冲切计算 *6.4.3*
- 无抗剪钢筋的板和基础的抗冲切承载力 *6.4.4*
- 有抗剪钢筋的平板和柱的抗冲剪承载力 *6.4.5*
- 承台(附加章节) *6.4.6*

EN 1992-2 没有对 EN 1992-1-11 给出的一般规定进行修改。

6.4.1 一般规定

2-1-1/条款 6.4.1(1)P *2-1-1/条款 6.4.1(2)P*

冲切是板在集中荷载作用下的局部剪切失效。***2-1-1/条款6.4.1(1)P*** 指出冲切规定基本只涵盖了实心平板,此外还在 2-2/条款 6.2 中对弯曲剪切的规定作了补充。***2-1-1/条款6.4.1(2)P*** 将集中荷载作用区域称为“加载区域”A_{load}。在桥梁中,冲切规定最常见的应用是承台、扩大基础的设计以及集中车轮荷载作用下桥面板的设计。

2-1-1/条款 6.4.1 的其余部分给出了冲切验算的一般规定,包括确定适当的验算模型及冲切验算的周长。本指南的以下部分将详细介绍这些一般规定。

6.4.2 荷载分布和基本控制周长

冲切破坏发生在板荷载作用区域的周边,并沿着混凝土板高度方向发生锥形破坏。应注意,标准中规定的周长,并使其一定要与实际破坏面一致。选定“基本控制周长”是为了使容许设计剪应力与弯曲剪切设计相同。

2-1-1/条款 6.4.2(1) *2-1-1/条款 6.4.2(2)*

2-1-1/条款6.4.2(1) 定义了基本控制周长u_1,它与荷载区域的最短距离“通常”是 $2d$。此处使用“通常”是因为在 ***2-1-1/条款6.4.2(2)*** 中定义了特殊情况,这种情况下,在集中力的作用下控制周长内具有一个或多个反作用力。因此有必要根据 2-1-1/条款 6.4.2(2)验算 $2d$ 内的控制周长。图 6.4-1 说明了典型的基本控制周长。通常情况下,在柱顶、承台或集中车轮荷载附近,板在两个方向的配筋面积是不同的。距离钢筋的有效高度也会在各个方向上有所不同。然后会出现一个问题,即在计算冲切承载力时应采用多大的钢筋面积和多大的有效高度。有效高度也用于确定临界几何周长。为了简化,EC2 允许设计人员使用配筋率平均值的平方根(见 6.4.4),并且可以按 2-1-1/式(6.32)计算有效高度的平均值。这可能不适用于单向受力较大的区域,在这些区域单向的钢筋占主导地位。

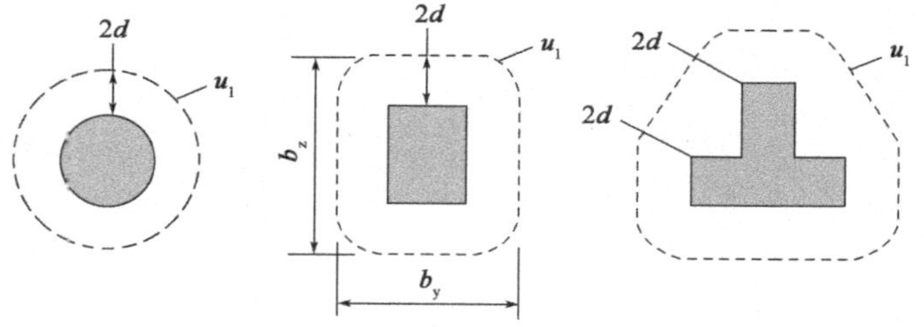

图 6.4-1 典型的基本控制范围

2-1-1/条款 6.4.2(3)

2-1-1/条款6.4.2(3) 定义了靠近板开口处的加载区域控制周长的折减。桥梁应用中更常见的情况是,加载区域靠近板边缘或拐角处。对于此类情况,

2-1-1/条款6.4.2（4）规定，如果长度小于上述定义的基本周长，则使用图 6.4-2 所示的控制周长。当荷载距离自由边小于 d 时，***2-1-1/条款6.4.2（5）***要求板的边缘适当地用钢筋（例如用 U 形钢筋）封闭。

2-1-1/条款 6.4.2(4)

2-1-1/条款 6.4.2(5)

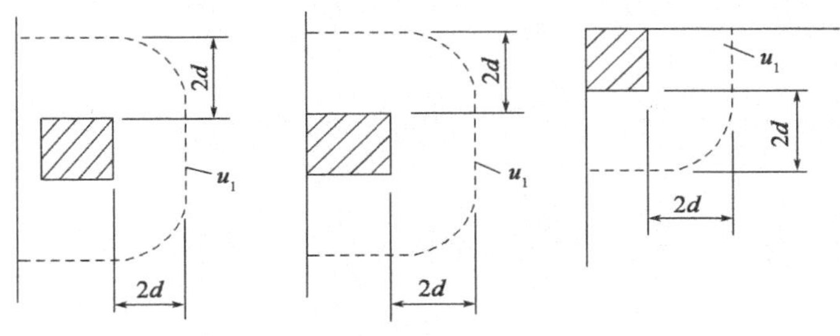

图 6.4-2　荷载靠近板边缘或角隅处的控制周长

当板厚度均匀变化时（如 2-1-1/图 6.16 所示），有效高度由剪切平面穿过的混凝土厚度决定。因此，***2-1-1/条款6.4.2（6）***允许有效高度以 2-1-1/图 6.16 所示加载面为基础。当需要验算基本控制周长以外的周长时［例如，作用于板的背面的土体压力，见 2-1-1/条款 6.2.4(2)的注］，***2-1-1/条款6.4.2（7）***要求该周长与基本控制周长形状相同。

2-1-1/条款 6.4.2(6)

2-1-1/条款 6.4.2(7)

如果截面高度呈阶梯形变化（如 2-1-1/图 6.18 所示），而不是均匀变化，则上述有效厚度的假定可能无效，因为此时失效既可能发生在较厚的截面上，也可能发生在较薄的截面上。***2-1-1/条款6.4.2（8）～（11）***与这种情况有关，它们包含了带有圆形或矩形柱头的板的特殊情况，此时板在柱顶局部变厚（或柱体局部变宽）。在这种情况下，可能需要验算两个控制周长，如 2-1-1/图 6.18 所示，一个在板局部加厚范围内（冲切通过板加厚部分），另一个在板局部加厚范围外（冲切通过板较薄部分）。

2-1-1/条款 6.4.2(8)～(11)

6.4.3　冲切计算

2-1-1/条款6.4.3（1）P定义了用于冲切设计计算的一般剪应力：

2-1-1/条款 6.4.3(1)P

v_{Ed}——所考虑的截面周长上的设计剪应力；

$v_{Rd,c}$——无抗冲切钢筋的板的抗冲切承载力设计值（沿所考虑的控制截面）；

$v_{Rd,cs}$——有抗冲切钢筋的板的抗冲切承载力设计值（沿所考虑的控制截面）；

$v_{Rd,max}$——沿所考虑的控制截面的最大抗冲切承载力设计值。

2-1-1/条款6.4.3（2）要求在加载区域的周边［针对***2-1-1/条款6.4.5（3）***中定义的$v_{Rd,max}$］以及其他边界上进行抗冲切验算，如 6.4.4 和 6.4.5 所述。试验表明，当同时存在弯矩M_{Ed}时，抗冲切承载力会显著降低。考虑到弯矩的不利影响，这种不利弯矩会在控制周长附近产生非均匀的剪应力分布，***2-1-1/条款6.4.3（3）***给出了用于冲切的设计剪应力计算如下：

2-1-1/条款 6.4.3(2)

2-1-1/条款 6.4.3(3)

$$v_{Ed} = \beta \frac{V_{Ed}}{u_i d} \qquad 2\text{-}1\text{-}1/(6.38)$$

式中:V_{Ed}——由外荷载产生的极限冲切力设计值;

u_i——所分析的控制区域的周长;

d——板的平均有效厚度,如上所述,可以取为$(d_y + d_z)/2$(其中 d_y 和 d_z 分别是控制截面 y 和 z 方向上钢筋的有效高度);

β——用来考虑偏心荷载和弯矩影响的系数。

基本上,2-1-1/式(6.38)中的设计剪应力为:

$$v_{Ed} = \beta \frac{V_{Ed}}{u_i d} = \frac{V_{Ed}}{u_i d} + \Delta v_{M,Ed}$$

其中,$\Delta v_{M,Ec}$是由弯矩 M_{Ed}产生的附加剪应力,因此有:

$$\beta = 1 + \frac{\Delta v_{M,Ed}}{V_{Ed}} u_i d \tag{D6.4-1}$$

如果将 2-1-1/图 6.19 中的塑性应力分布用于计算 $\Delta v_{M,Ed}$,则有:

$$\Delta v_{M,Ed} = \frac{M_{Ed}}{d\int_0^{u_i} |e| dl} = \frac{M_{Ed}}{d \cdot W_i}$$

其中,$W_i = \int_0^{u_i} |e| dl$ 在 2-1-1/式(6.40)中定义为 u_1 的周长 $\int_0^{u_i} |e| dl$,并且是长度 dl 的控制周长上的力对弯曲轴的总力矩。偏心距 e 取正,带入式(D6.4-1)中的 $\Delta v_{M,Ed}$得到:

$$\beta = 1 + \frac{M_{Ed}}{V_{Ed}} \frac{u_i}{W_i} \tag{D6.4-2}$$

EC2 中 β 的表达式在 2-1-1/式(6.39)中给出,它与式(D6.4-2)的不同之处在于,它是为周长u_1编写的(尽管对于柱状基础,当用相关的u_i和W_i代替u_1和W_1时,它适用于其他周长,见实例 6.4.1)。引入附加系数 k 如下:

$$\beta = 1 + k \frac{M_{Ed}}{V_{Ed}} \frac{u_1}{W_1} \tag{2-1-1/(6.39)}$$

式中:u_1——基本控制周长的长度;

k——根据柱尺寸之比(c_1 和 c_2)确定的系数,其值是由不均匀剪力、弯曲和扭矩传递的不平衡力矩的比例的函数。对应的取值列在 2-1-1/表 6.1 中;

M_{Ed}——传递到板上并与冲切力共存的极限设计力矩;

W_1——$W_1 = \int_0^{u_1} |e| dl$,如 2-1-1/图 6.19 中所示和上文所讨论,为对应于抵抗力矩产生的剪应力的塑性分布,在 2-1-1/式(6.41)和式(6.42)中,分别给出了矩形柱和圆形柱的解。

系数 β 与通过整体连接将冲切力传递到板上的所有情况有关。在桥梁中,这包括桥墩与承台的连接以及墩柱与桥面板的连接。尽管当车轮荷载靠近支承时，车轮荷载产生的剪力可能会在控制周长附近不均匀分布，但这与桥面上的车辆荷载无关。在这种情况下，应通过另外的弯曲剪切验算来考虑不均匀的剪力分布，其计算方法与6.4.6中讨论的承台计算类似。

2-1-1/条款6.4.3(4)～(6)给出了2-1-1/式(6.39)中对β完整计算的一些简化算法。它们很少适用于桥梁设计。 *2-1-1/条款 6.4.3(4)～(6)*

如果在靠近支承的位置施加集中荷载(例如，横隔板附近的车轮荷载或墩柱传递给桩基的荷载)，抗剪增强的概念不适用于基于整个控制周长的抗冲切承载力验算。在这种情况下，剪力沿控制周长分布不均匀，若根据2-1-1/条款6.2.2(6)通过减小剪力来考虑抗剪增强是不安全的。在这种情况下，应根据***2-1-1/条款6.4.3(7)***验算控制截面而不应考虑任何抗剪增强。对于该控制周长的定义EC2并没有给出指导。可以减小控制周长以避开支承位置。虽然，与使用基本控制周长相比，这将得到更小的抗冲切承载力，但是这种承载力的减小可能是适当的，因为剪力将集中在与支承相邻部分的边缘上。在这种情况下，应始终进行弯曲剪切的附加验算，但这次应适当考虑在支承附近的抗剪增强。 *2-1-1/条款 6.4.3(7)*

本指南6.4.6对这种“冲切”和“弯曲剪切”之间的灰色区域引起的承台设计中的问题提出了一些建议。

当计算位于基础中的板的冲切时，***2-1-1/条款6.4.3(8)***允许考虑土的有利作用，因而可以减小作用于板上冲切力，但需先按照2-2-1/条款6.4.2(2)的规定验算几个边界。类似的，***2-1-1/条款6.4.3(9)***允许考虑穿过控制截面的斜向预应力筋的竖向分力有利于截面抗剪，因而可以相应减小剪力设计值。 *2-1-1/条款 6.4.3(8)* *2-1-1/条款 6.4.3(9)*

6.4.4　无抗剪钢筋的板和基础的抗冲切承载力

2-1-1/条款6.4.4(1)中无抗剪钢筋板的抗冲切承载力表达式与2-1-1/条款6.2.2中梁的弯剪设计承载力表达式形式一致。 *2-1-1/条款 6.4.4(1)*

$$v_{\mathrm{Rd,c}} = C_{\mathrm{Rd,c}}k(100\rho_{\mathrm{l}}f_{\mathrm{ck}})^{1/3} + k_1\sigma_{\mathrm{cp}} \geqslant (v_{\min} + 0.10\sigma_{\mathrm{cp}}) \qquad 2\text{-}1\text{-}1/(6.47)$$

式中：k——$k = 1 + \sqrt{(200/d)}$(d单位为mm)；

ρ——$\rho_{\mathrm{l}} = \sqrt{\rho_{\mathrm{ly}}\rho_{\mathrm{lz}}} \leqslant 0.02$；

ρ_{ly}、ρ_{lz}——分别与y和z方向的有粘结受拉钢筋有关；这些值应取平均值，并且所考虑板的宽度等于加载区域或柱的宽度每侧加上$3d$；

d——根据2-1-1/式(6.32)计算得到的每个正交方向上的平均有效厚度；

σ_{cp}——$\sigma_{\mathrm{cp}} = (\sigma_{\mathrm{cy}} + \sigma_{\mathrm{cz}})/2$(以MPa计，取压力为正)；

σ_{cy}、σ_{cz}——分别为控制截面y和z方向上纵向力产生的混凝土正应力(以MPa计，取压力为正)；

其他参数与2-1-1/条款6.2.2的定义相同。

$C_{Rd,c}$、v_{min}和k_1的取值可能在国家附件中给出。对于冲切,EC2 推荐值分别为 0.18/γ_c和 0.10(弯剪取为 0.15),v_{min}的推荐值与弯剪相同。

通常,板的抗冲切承载力应该根据 6.4.2 讨论的基本控制截面进行评估,抗冲切承载力应小于 2-1-1/条款 6.4.5(3)中定义的加载区域抗冲切承载力最大值$v_{Rd,max}$。

2-1-1/条款 6.4.4(2)

2-1-1/条款6.4.4(2)要求验算墩柱底部 $2d$ 范围内的抗冲切承载力,并取最小值作为最终的抗冲切承载力。因为在这种情况下,由于土体的有利作用,冲切锥体的角度可能更陡。对基本周长进行抗冲切验算时忽略土体的缓冲作用是偏保守的。对于任何给定的周长,在无传递弯矩的情况下,v_{Ed}为:

$$v_{Ed} = V_{Ed,red}/ud \qquad \text{2-1-1/(6.48)}$$

且

$$V_{Ed,red} = V_{Ed} - \Delta V_{Ed} \qquad \text{2-1-1/(6.49)}$$

式中,V_{Ed}为墩柱的荷载;ΔV_{Ed}为控制周长内向上的力(即除了基础自重外来自土体的向上的力。)

对于更陡的剪切面,在 2-1-1/式 (6.47)的计算结果上进行承载力的提高是合适的,因此承载力变成:

$$v_{Rd} = C_{Rd,c}k(100\rho_l f_{ck})^{1/3} \times \frac{2d}{a} \geqslant v_{min} \times \frac{2d}{a} \qquad \text{2-1-1/(6.50)}$$

其中,a 为栏外边缘到所考虑的控制周长的距离。该公式增大了剪力,同时抗剪承载力也增大,与弯剪分析时剪力减少的公式不一致。本指南 6.2.2.1 对此进行了讨论。

对于大多数基础,墩柱承受轴向荷载的同时也受弯矩作用(由于桥面板承受弯矩或者由于作用在墩顶支座上的水平力)。对于这种情况,有必要加大设计剪应力来考虑沿控制周长的不均匀剪力分布。可以用 2-1-1/式(6.51)来考虑这种剪应力增大,当没有土体的反作用力时,该公式与 2-1-1/式(6.38)相同。

$$v_{Ed} = \frac{V_{Ed,red}}{ud}\left(1 + k\frac{M_{Ed}}{V_{Ed,red}}\frac{u}{W}\right) \qquad \text{2-1-1/(6.51)}$$

2-1-1/式(6.51)包含一个等效的系数:

$$\beta = 1 + k\frac{M_{Ed}}{V_{Ed}}\frac{u_1}{W_1}$$

在 2-1-1/式(6.39)中,用$V_{Ed,mel}$代替V_{Ed}。类似的,考虑土体反作用力时,用折减了的M_{Ed}代替M_{Ed}更合乎逻辑,但出于偏保守的考虑其在 2-1-1/式(6.51)中(可能是无意的)没有被采用。考虑验算的实际外边界,可用 u 和 W 代替u_1和W_1。

实例 6.4-1：钢筋混凝土扩大基础

以图 6.4-3 所示的桥墩扩大基础设计为例。

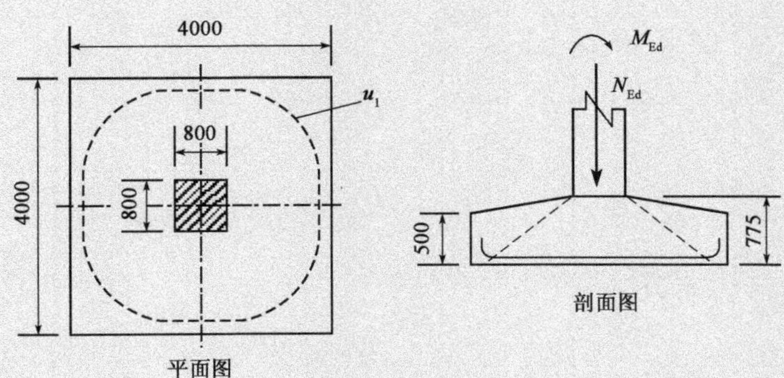

图 6.4-3 钢筋混凝土扩大基础（尺寸单位：mm）

基础承受轴力 N_{Ed} = 3000kN，弯矩 M_{Ed} = 1200kN · m。f_{ck} = 35MPa，f_{yk} = 500MPa，γ_c = 1.5，γ_s = 1.15。

除了基础自重的平均基底压应力为 300/(4 × 4) = 187.5kN/m^2。弯矩产生的线性变化峰值压应力为 1200/(1/6 × 4^3) = 112.5kN/m^2。基础边缘的最大总压应力为 300kN/m^2。

基础每米宽度上的最大弯矩为 187.5 × 2.0 × 1.0 + 112.5/2 × 2.0 × 1.333 = 525kN · m（宽度在没有四舍五入的情况下，偏保守地按柱的中心计算）。

假定最外层钢筋保护层厚度为 50mm，通过截面抗弯分析，在基础底部双向配置了间距为 200mm 的 ϕ25 钢筋。

第一层：d_y = 775 − 50 − 25/2 = 712.5mm，A_{sy} = 2454mm^2/m，$M_{y,Rd}$ = 730.8kN · m/m

第二层：d_z = 712.5 − 25 = 687.5mm，A_{sz} = 2454mm^2/m，$M_{z,Rd}$ = 704.1 kN · m/m

冲切计算的有效高度为 d = (712.5 + 687.5)/2 = 700mm。

距离墩柱边缘 2d 处的基本控制周长为 u_1 = 4π × 700 + 2 × (800 + 800) = 11996 mm，u_1 包围的面积为 (4π × 7002 + 4 × 700 × 2 × 800 + 8002) × 10 − 6 = 11.28 m^2。（需要注意的是，尽管高度减小，但仍认为 d 是整个柱面的高度，因为剪切面必须穿过整个高度。）

合力由 2-1-1/式(6.48)给出：$V_{Ed,red} = V_{Ed} - \Delta V_{Ed}$。

土体对基本控制周长范围内压应力的减小：ΔV_{Ed} = 187.5 × 11.28 = 2115kN。

因此 $V_{Ed,red}$ = 3000 − 2115 = 885kN。对于 4000mm 宽的基础：

$A_{sy} = A_{sz}$ = π × 12.52 × 4000/200 = 9817.5mm^2

因此

$\rho_{ly}=9817.5/(4000\times712.5)=0.34\%$

且

$\rho_{lz}=9817.5/(4000\times687.5)=0.36\%$

再应用 2-1-1/式(6.47)：

$\rho_l=\sqrt{0.34\times0.36}=0.35\%\qquad k=1+\sqrt{(200/700)}=1.534$

$v_{min}=0.035\times1.534^{3/2}\times35^{1/2}=0.393\text{MPa}$

假定按照推荐值，$C_{Rd,c}=0.18/\gamma_c=0.18/1.5=0.12$，2-1-1/式(6.47)变成：

$$v_{Rd,c}=0.12\times1.534\times(100\times0.0035\times35)^{1/3}$$

$$=0.424\text{MPa}(>v_{min}\text{，因此被当作抵抗力})。$$

现在需要考虑柱弯矩对控制边界的剪切分布的影响。

根据方形墩柱的计算公式 2-1-1/式(6.41)：

$$W_1=\frac{c_1^2}{2}+c_1c_2+4c_2d+16d^2+2\pi dc_1$$

$$=\frac{800^2}{2}+800^2+4\times800\times700+16\times700^2+2\pi\times700\times800$$

$$=14.56\times10^6\text{mm}^2$$

2-1-1/表 6.1 给出 $k=0.6$，根据 2-1-1/式(6.51)：

$$v_{Ed}=\frac{V_{Ed,red}}{u_1d}\left(1+k\frac{M_{Ed}}{V_{Ed,red}}\frac{u_1}{W_1}\right)$$

$$=\frac{885\times10^3}{11\,996\times700}\times\left(1+0.6\frac{1200\times10^6}{885\times10^3}\frac{11\,996}{14.56\times10^6}\right)$$

$$=0.105\times1.67=\mathbf{0.175MPa}<v_{Rd,c}$$

因此，满足要求。值得注意的是，在 2-1-1/式(6.51)中使用全部弯矩 M_{Ed} 是偏保守的，这在正文中有讨论。

根据 2-1-1/条款 6.4.4(2)，应该验算基础边缘 $2d$ 范围内的抗冲切承载力。因此距离基础边缘 d 的截面需要重复上述验算。如上所示，$d=700\text{mm}$，周长 $u_2=2\pi\times700+2\times(800+800)=7598\text{mm}$，在此周长内的面积为 $(\pi\times700^2+4\times700\times800+800^2)\times10^{-6}=4.42\text{m}^2$。（下标“2”用来表示此周长。）

合力由 2-1-1/式(6.48)给出：$V_{Ed,red}=V_{Ed}-\Delta V_{Ed}$

由于土压力减少的剪力为：$\Delta V_{Ed}=187.5\times4.42=829\text{kN}$

因此，$V_{Ed,rec}=3000-829=2171\text{kN}$

2-1-1/式(6.50)给出距离基础边缘 $2d$ 范围内的混凝土承载力为：

$$v_{Rd,c} = C_{Rd,c}k(100\rho_l f_{ck})^{1/3} \times 2d/a$$

这等于上文计算的基本承载力乘以 $2d/a$。此时，$a = d$，因此混凝土承载力变为：$v_{Rd,c} = 0.424 \times 2 = 0.848$MPa。

首先考虑柱的弯矩对控制周长周围剪力分布的影响。2-1-1/表达式(6.41)不能用于距离基础边缘 d 处的截面，除非在表达式中用 $d/2$ 代替 d，如下所示：

$$W_2 = \frac{800^2}{2} + 800^2 + 4 \times 800 \times \frac{700}{2} + 16 \times \left(\frac{700}{2}\right)^2 + 2\pi \times \frac{700}{2} \times 800$$

$$= 5.799 \times 10^6 \text{mm}^2$$

由 2-1-1/表 6.1 可知 $k = 0.6$，得：

$$v_{Ed} = \frac{V_{Ed,red}}{u_2 d}\left(1 + k\frac{M_{Ed}}{V_{Ed,red}}\frac{u_2}{W_2}\right)$$

$$= \frac{2171 \times 10^3}{7598 \times 700} \times \left(1 + 0.6\frac{1200 \times 10^6}{2171 \times 10^3}\frac{7598}{5.799 \times 10^6}\right)$$

$$= 0.408 \times 1.43 = \mathbf{0.586MPa} < 0.848\text{MPa}$$　　满足要求

最后进行抗冲切验算，柱表面的冲切剪力根据 2-1-1/式（6.53）中的 $v_{Rd\ max}$ 进行验算。

$$v_{Rd,max} = 0.5vf_{cd} = 0.5 \times \left[0.6 \times \left(1 - \frac{35}{250}\right)\right] \times \frac{35}{1.5} = 6.02\text{MPa}$$

$$u_0 = 4 \times 800 = 3200\text{mm}$$

$$W_0 = \frac{800^2}{2} + 800^2 = 9.60 \times 10^5 \text{mm}^2$$ [在 2-1-1/式(6.41)中令 $d = 0$]

由 2-1-1/表 6.1，$k = 0.6$，根据 2-1-1/式(6.38)以及式(6.39)得：

$$v_{Ed} = \frac{V_{Ed}}{u_0 d}\left(1 + k\frac{M_{Ed}}{V_{Ed}}\frac{u_0}{W_0}\right) = \frac{3000 \times 10^3}{3200 \times 700} \times \left(1 + 0.6\frac{1200 \times 10^6}{3000 \times 10^3}\frac{3200}{9.60 \times 10^5}\right)$$

$$= \mathbf{2.41MPa} < v_{Rd,max}$$　　满足要求

此外，还应验算基础的弯剪承载力。根据 2-1-1/6.2.1(8)，在近似均布荷载作用下无须验算距离基础边缘小于 d 的截面，因此仅验算距离基础边缘为 d 的截面。

距离柱表面 d 处的基底压应力 $= 187.5 + (400 + 687.5)/2000 \times 112.5 = 249$ kN/m^2。假定弯矩作用在一个方向上，使得 d 最小处的底部钢筋受拉。

偏保守地忽略任何支承区域的加强。

距离支承长度 d(最小)处的剪力为：

$$\frac{300 + 249}{2} \times 4000 \times (4000/2 - 800/2 - 687.5) \times 10^{-6} = 1002\text{kN}$$

同前,对所分析平面取 $d=687.5\text{mm}$,$A_{sz}=9817.5\text{mm}^2$,则 $\rho_{lz}=9817.5/(4000\times687.5)=0.357\%$。

根据式(D6.2-1):$k=1+\sqrt{(200/d)}=1+\sqrt{(200/687.5)}=1.539$

根据 2-2/式(6.2.a):$V_{Rd,c}=C_{Rd,c}k(100\rho_l f_{ck})1/3b_w d$

因此

$V_{Rd,c}=0.12\times1.539\times(100\times0.00357\times35)^{1/3}\times4000\times687.5\times10^{-3}=$ **1179kN** > 作用的剪力 1002kN,因此满足要求。

为了避免进一步对距离基础表面大于 d 的剪切面进行验算,忽略了支承区域的抗剪增强效应,所以这个计算是偏于保守的。因此,经验算不需要配置抗剪钢筋。

6.4.5　有抗剪钢筋的平板和柱的抗冲剪承载力

当v_{Ed}大于$v_{Rd,c}$时,通常考虑基本控制周长u_1,根据 2-1-1/条款 6.4.5 此时需要配置抗剪钢筋并验算以下 3 个区域:

- 靠近加载区的区域(小于抗剪承载力最大值);
- 配置抗剪钢筋的区域;
- 抗剪钢筋外的区域。2-1-1/条款 6.4.5(4)包含了外部边界的定义,在外部边界上仅依靠混凝土本身就能抵抗冲切力,但如下文所述在该区域内必须配置抗剪钢筋。

2-1-1/条款 6.4.5(1)

当需要配置抗剪钢筋时,***2-1-1/条款6.4.5(1)***中定义下列公式来计算板或基础的抗冲切承载力:

$$v_{Rd,cs}=0.75v_{Rd,c}+1.5\left(\frac{d}{s_r}\right)A_{sw}f_{ywd,ef}\left(\frac{1}{u_1 d}\right)\sin\alpha \qquad 2\text{-}1\text{-}1/(6.52)$$

式中:A_{sw}——围绕柱或加载区域的抗剪钢筋面积,见 2-1-1/图 6.22;

s_r——抗剪钢筋沿周长径向的间距;

$f_{ywd,ef}$——抗冲切钢筋的有效设计强度,考虑锚固效率 $=250+0.25d\leqslant f_{ywd}$(以 MPa 计),与前文一样,$d$ 为平均有效高度(以 mm 为单位);

α——抗剪钢筋与板平面之间的夹角。

2-1-1/式(6.52)与弯曲剪切公式的不同之处在于加上了混凝土抗剪的贡献。但是,2-1-1/式(6.52)没有完全考虑 $2d$ 周长内混凝土和钢筋的承载力,这完全是基于试验结果的考虑。表示混凝土贡献的项中,系数 0.75 代表对混凝土贡献的折减,正如预期的那样,钢筋屈服时会伴随着混凝土开裂和变形。使用 $1.5d$ 而不是 $2d$ 也同样经过试验结果的充分验算,试验观察表明剪切平面末端的抗剪钢筋抗剪效果较差。这并不意味着破坏面会更陡。降低抗剪钢筋强度$f_{ywd,ef}$是因为钢筋锚固效率系数对厚度较小的板影响较大。

上面的表达式是假定在远离加载区域的每个边界上抗剪钢筋面积为恒定时

给出的，见图6.4-4。在桥梁中，钢筋通常不是这样布置的，而是布置在正交的矩形网格上，与水平钢筋布置一致。由于要承受移动荷载这种布置是必要的。这样布置会不可避免地导致在远离加载区域的相应边界上钢筋面积的增加。一种解决方案是应用2-1-1/式(6.52)，只考虑如图6.4-4a)中所示的钢筋，而忽略十字形臂之间配置的其他钢筋(这将增加远离加载区域的连续边界上的钢筋面积)。如图6.4-4b)所示，如果增加钢筋以减小径向间距，就不需要减小有效混凝土周长。后面给出一种不太保守的备选方法。

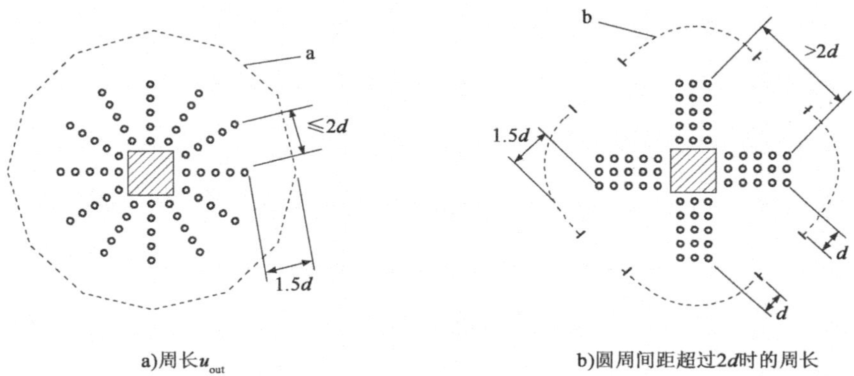

a)周长u_{out}　　b)圆周间距超过2d时的周长

图6.4-4　配有抗剪钢筋且与加载区域相邻的控制周长

在***2-1-1/条款6.4.5(4)中***，将不需要抗剪钢筋的控制周长(图6.4-4中的u_{out}或$u_{out,ef}$)定义为仅混凝土承载力足以抵抗外加剪切应力的周长： ***2-1-1/条款 6.4.5(4)***

$$u_{out,ef} = \beta \frac{V_{Ed}}{v_{Rd,c} d} \qquad \text{2-1-1/(6.54)}$$

式中，$v_{Rd,c}$见2-1-1/式(6.47)。

最外侧的抗剪钢筋应该布置在距离外部周长(如图6.4-4所示)不大于$kd = 1.5d$(可能在国家附件中不同)的范围内，以防止一个倾斜的破坏平面在不穿过设置抗剪钢筋的情况下，在距离这个外部周长径向距离$2d$的范围内发展。但是，如果外部周长u_{out}或$u_{out,ef}$距加载区域表面小于$3.0d$，则仍应在距离加载区域表面至少$1.5d$范围内配置抗剪钢筋，以便能够达到2-1-1/式(6.52)所要求的承载力。根据图2-1-1/图9.10，最内侧抗剪钢筋不应该布置在距离加载区域表面$0.3d$以内。这与在条款6.2.3(8)中讨论的将钢筋布置在剪跨中间$0.75\ a_v$原因相似。根据2-1-1/条款9.4.3(1)，钢筋的径向间距也不应超过$0.75d$。

由于在实际钢筋布置和外侧形状控制时，存在有效钢筋与周长匹配的问题，因此这里提出了一种备选方法，该方法允许在必要时验算连续的控制周长。一般认为，剪切破坏发生在$2d$的径向距离上，因此，为了提高承载力，抗剪钢筋A_{sw}应该放置在所选控制截面和其中$2d$之间的封闭区域内。为了与2-1-1/式(6.52)中的$1.5d$相对应，最好只考虑$1.5d$径向带内的钢筋。为了满足仅考虑距加载外边缘超过$0.3d$的钢筋的需要，仅考虑超过内周边$0.3d$的钢筋。因此，仅考虑在距离控制截面$0.2d$以内区域的钢筋。对于这两个断面钢筋的处理与极限状态下破坏面两端的钢筋不可能完全有效这一事实是一致的。这个钢筋区域如图 6.4-5 所示。

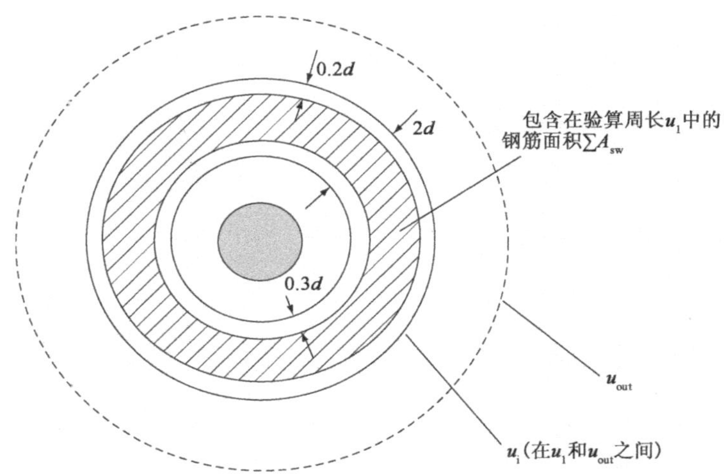

图 6.4-5　包含在验算等式(D6.4-3)中的钢筋面积$\sum A_{sw}$

如果采用上述方法,则应验算 $2d$ 处的基本控制周长和周长 u_{out}之间的系列周长 u_i,以确保上述每个 $2d$ 区域中的钢筋满足:

$$\sum A_{sw} = \frac{(v_{Ed} - 0.75v_{Rd,c})u_i d}{f_{ywd,ef}\sin\alpha} \tag{D6.4-3}$$

需要说明的是,如果上述条件应用于 $2d$ 处的控制周长,则总配筋要求与 2-1-1/式(6.52)相同。如果将上述条件应用于周长 u_{out},由于式(D6.4-3)中 $v_{Rd,c}$ 的系数为 0.75,仍有一部分配筋要求需要被预估。这很麻烦,但只要对钢筋进行详细说明,并按照 2-1-1/条款 6.4.5(4)的要求,使配筋范围在圆周 u_{out} 内不超过 $1.5d$,即可考虑一部分钢筋在该验算中起作用。

最大冲切应力

2-1-1/条款 6.4.5(3)

2-1-1/条款6.4.5(3) 要求任意截面上的剪应力小于 $v_{Rd,max}$。该要求对于有抗剪钢筋或无抗剪钢筋的截面都适用,但可能仅对有抗剪钢筋的板起控制作用。显然,要验算的最关键的截面是墩柱周边或加载区域周边[2-1-1/条款 6.4.5(3)给出了靠近板边缘或转角等特殊位置的具体 u_0 值]。$v_{Rd,max}$ 可能在国家附件中已给出,但是 2-1-1/条款 5.4.5(3)中的推荐值是 $v_{Rd,max} = 0.5\nu f_{cd}$,与 2-1-1/条款 6.2.2(6)中的弯剪设计方法取值相同。

6.4.6　承台(附加章节)

EN 1992-2 没有给出承台抗冲切验算的具体指导。当桩的边缘距离承台面大于 $2d$ 时,EN 1992-2 中的一般规定可以应用于承台,但在实际中这种情况很少见。在其他情况下,需要进行大量解释。6.2.2.1 讨论的关于 EC2 最终草案中抗剪增强的修订思路使问题变得更加复杂,下文和实例 6.4-2 中提出了一些建议。

当桩边缘距离桥墩小于 $2d$ 时,部分剪力将通过支撑作用直接由墩柱传递到支撑中。如果不包括图 6.4-6 中的部分支撑边界 a),则不能构造基本冲切周长。

2-1-1/条款 6.4.2(2)要求减小验算周长,以便排除支撑作用的影响,建议的验算周长如图 6.4-6 的 b)。2-1-1/条款 6.4.3(7)不允许在验算此周长时考虑任何抗剪增强作用。一方面,在不降低周边其他截面有效性的情况下,在整个冲切周长上增强支撑附近的承载力是不合理的,因为剪切力将在该周长上不均匀分布。另一方面,必须进行某种程度的抗剪增强,因为由于支撑的存在,破坏面至少会局部变陡,并且一些荷载可以直接传递到支撑中。在极限情况下,如果桩非常靠近墩柱面,则在桥墩和桩之间能直接传递荷载;如果不允许考虑抗剪增强,则对于 b)这种非常短的周长可能会低估承载力。

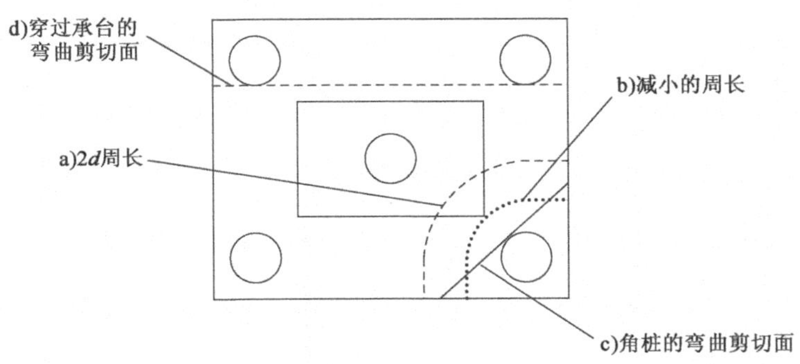

图 6.4-6　柱脚 $2d$ 范围内的角桩

上述问题源于"冲切"和"弯曲剪切"的主观区别。可以说上述情况更多的是弯曲剪切问题。因此,建议采取以下步骤:

- 首先,对于弯曲剪切,应验算图 6.4-6 所示的 d)类破坏面,该破坏面会贯穿整个承台宽度。当钢筋穿过桩头时,推荐在钢筋穿过桩头的部分增大混凝土的抗剪承载节,见实例 6.4-2。

- 其次,可以验算角桩的轴向荷载对承台的冲剪,以满足最大剪应力以及最小承载力的要求:

(i)验算距离桩面 $2d$ 的冲切面(不考虑支承对承载力的增强),忽略存在的支承;

(ii)验算桩边缘的对角弯曲剪切面,如图 6.4-6 的 c)类冲切面,这是 BS 5400 第 4 分册使用的方法。建议采用如实例 6.4-2 所示的考虑桩头混凝土抗剪承载力增强的方法。

验算(ii)通常比验算(i)更重要。

在上述所有的验算中,当考虑支承附近混凝土抗剪承载力增强时,此处推荐按照现行的做法,将 a_v 取为墩柱表面或墙面至桩边缘的最小距离加上 20% 的桩直径。

实例 6.4-2 采用了这种方法。

实例 6.4-2:钢筋混凝土承台

考虑如图 6.4-7 所示的承台的设计。为了达到本实例的目的,故意将承台厚度取的较小,以确保需要配置抗剪钢筋。

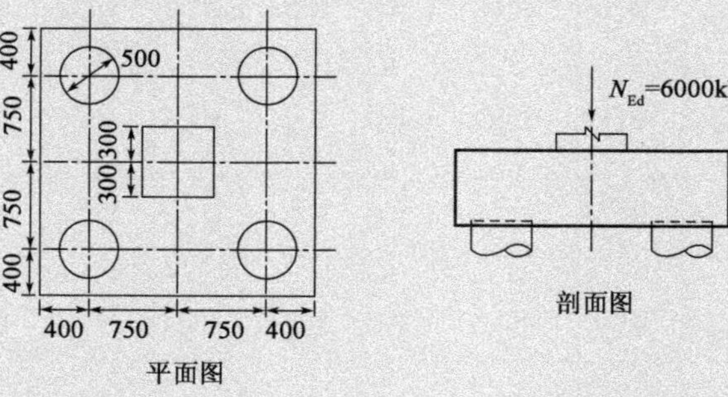

图 6.4-7 钢筋混凝土承台(尺寸单位:mm)

假定极限荷载N_{Ed} = 6000kN, f_{ck} = 35MPa, f_{yk} = 500MP, γ_c = 1.5, γ_s = 1.15,试进行承台的抗冲切设计。为了简化本实例,不考虑墩柱的弯矩及侧向力。实例 6.4-1 中已经说明弯矩对抗冲切承载力减小的影响。

假定从桩顶至最外侧钢筋的保护层厚度为 50mm,截面的弯曲分析给出的配筋方法为:采用 ϕ25 钢筋以中心距 150mm 双向布置($A_{sy} = A_{sz}$ = 3272 mm^2/m):

第 1 层:$d_y = 600 - 50 - 25/2 = 537.5$mm, $z_y = 500.6$mm, $M_{y,RD} = 712.3$kN·m/m

第 2 层:$d_z = 537.5 - 25 = 512.5$mm, $z_z = 475.6$mm, $M_{z,Rd} = 676.7$kN·m/m

这足以抵抗在桥墩表面施加的弯矩,取以下二者中的较大值:

$$(\text{i})2 \times \frac{6000}{4} \times \frac{0.75 - 0.30}{2.30} = 587\text{kN}\cdot\text{m/m}$$

和

$$(\text{ii})0.65 \times 0.75 \times 2 \times \frac{6000}{4} \times \frac{1}{2.30} = 636\text{kN}\cdot\text{m/m}$$

[见 2-1-1/ 条款 5.3.2.2(3)]

即 636**kN·m/m**

对剪切进行以下四项验算:

(1)验算穿过支撑面的弯曲剪切面(如图 6.4-8 所示):

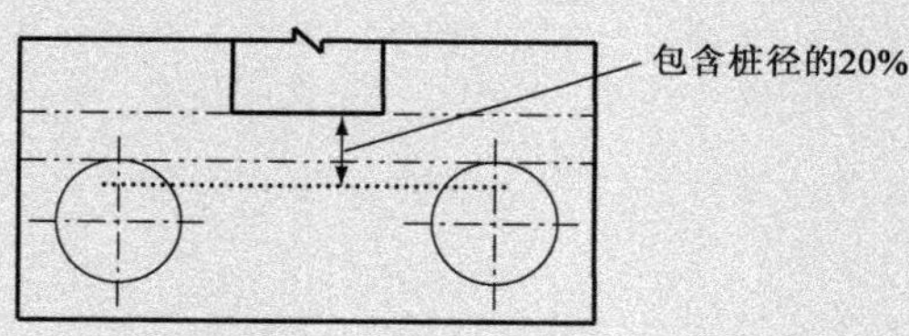

图 6.4-8 支撑面上的弯曲剪切面

每根桩荷载 = 6000/4 = 1500kN

承台宽 = (0.4 + 0.75) × 2 = 2.3m

保守地，只考虑钢筋有效深度最小的平面：

$d_z = 512.5\text{mm}, A_{sz} = 3272\text{mm}^2/\text{m}$

因此

$$\rho_{1z} = \frac{A_{sz}}{bd_z} = \frac{3272}{1000 \times 512.5} = 0.00638$$

根据式(D6.2-1)，$\gamma_c = 1.5$，并取 $C_{Rd,c} = 0.18/\gamma_c$，得 $C_{Rd,c} = 0.18/1.5 = 0.12$。根据 2-2/式(6.2.a)：

$$V_{Rd,c} = C_{Rd,c}k(100\rho_1 f_{ck})^{1/3}bd$$

因此每米板宽的 $V_{Rd,c} = 0.12 \times 1.625 \times (100 \times 0.00638 \times 35)1/3 \times 1000 \times 512.5 \times 10-3 = 281.4\text{kN/m}$。

剪跨，$a_v = 750 - 250 - 300 + 0.20 \times 500 = 300\text{mm}$（包括桩径的 20%）；因此增强系数 $1/\beta = 2d/a_v = 2 \times 512.5/300 = 3.417$。

英国以前的做法是提高混凝土的抗剪强度，但仅限于钢筋穿过桩头的平面宽度内。如果采用这种方法，则增强后的承载力$V^*_{Rd,c}$为：

$$V^*_{Rd,c} = 281.4 \times [3.417 \times 2 \times 0.5 + 1.0 \times (2.3 - 2 \times 0.5)]$$

$$= 961.4 + 365.8 = 1327\text{kN}$$

$V^*_{Rd,c} < V_{Ed}(= 3000\text{kN})$　　因此需要抗剪钢筋

然而，现行标准 2-1-1/条款 6.2.2(6) 要求通过折减系数 $\beta = 1/3.417 = 0.293$对剪力进行折减，而不是提高混凝土的承载力。因此，将剪力设计值$V_{Ed} = 0.293 \times 3000 = 878\text{kN}$ 与抗剪承载力 $V_{Rd,c} = 281.4 \times 2.3 = 647\text{kN}$ 进行比较。$V_{Rd,c} < V_{Ed}$，因此仍需要配置抗剪钢筋。

两种验算都得出需要配置抗剪钢筋，但后者更不保守，因为它有效考虑了在剪切平面整个宽度上的混凝土抗剪承载力的提高。

由于剪跨比小于"$2d$"，使用 2-2/式(6.8)进行钢筋设计是不合适的。2-1-1/条款 6.2.3(8)要求采用折减系数 $\beta = 1/3.417 = 0.293$ 降低剪力，而不是提高混凝土抗剪承载力。然而，这种方法有效地增强了整个剪切面上的混凝土抗剪承载力。因此，如上所述$V_{Ed} = 0.293 \times 3000 = 878\text{kN}$。根据 2-1-1/式(6.19)：

$$A_{sw} \geqslant \frac{V_{Ed}}{f_{ywd} \times \sin\alpha} = \frac{878 \times 10^3}{434.8 \times \sin 90°} = 2019\text{mm}^2$$

这些抗剪钢筋必须配置在剪跨中间 $0.75a_v$ 范围内。

当$a_v \leqslant d$ 时，英国以前的做法以及 EC2 早期草案的要求都是将混凝土和抗剪钢筋的抗剪承载力相加。这样做时，应只考虑剪跨中间 $0.75\,a_v$范围内的抗剪

钢筋。此处推荐只提高钢筋穿过桩头的平面宽度范围内混凝土的抗剪承载力。增强后的抗剪承载力$V^{*}_{Rd,c}$可以进行如下计算:

$$V^{*}_{Rd} = V'^{*}_{Rd,c} + A_{sw}f_{ywd}\sin\alpha \qquad (D6.4\text{-}4)$$

为了进行钢筋设计,上式变形为:

$$A_{sw} \geqslant \frac{V_{Ed} - V'^{*}_{Rd,c}}{f_{ywd}\sin\alpha}$$

式中A_{sw}必须布置在剪跨中间 0.75 a_v范围内(即 0.75 ×300 =225mm)。

由于在 EC2 早期草案中只允许把抗剪增强区的混凝土承载力加到钢筋承载力中,为了在使用该公式时保持一致,此处$V^{*}_{Rd,c}$取为混凝土抗剪承载力增强部分的贡献。

因此

$$A_{sw} \geqslant \frac{3000 \times 10^3 - 961.4 \times 10^3}{434.8 \times \sin 90°} = 4689\text{mm}^2$$

采用双肢箍筋,间距 150mm,单肢钢筋的面积为 4689/(15 ×2) =156mm^2,即 ϕ16 箍筋。该方法的计算结果可以继续使用,因它与 BS 5400 第 4 分册[9] 的结果更相近,但比上述采用 2-1-1/条款 6.2.3(8)中方法确定的所需抗剪钢筋数量要多很多。然而,如果考虑了整个混凝土剪切面的增强作用,则与 2-1-1/条款 6.2.3(8)中方法所确定的抗剪钢筋数量基本一致(略少)。

最大剪力也需要验算。这与考虑抗剪承载力增强的方式无关:

根据 2-2/式(6.9)得:

$$V_{Rd,max} = \frac{\alpha_{cw}b_w z v_1 f_{cd}}{\cot\theta + \tan\theta}$$

$$V_{Rd,max} = \frac{1.0 \times 2300 \times 475.6 \times 0.6 \times (1 - 35/250) \times 1.0 \times 35/1.5}{\cot 45° + \tan 45°}$$

$$=6585\text{kN} > 3000\text{kN}$$,满足要求

因此,对于**2(最小值)乘 16 格**(每个方向网格间距 150mm)**的网格采用 ϕ16 钢筋**就足够了。

(2)验算角桩和柱的面剪力(使用 u_0 周长):

根据 2-1-1/式(6.53),取β=1,因为这里假定桩头弯矩与轴向荷载相比较小:

$$v_{Ed} = \frac{V_{Ed}}{u_0 d} \qquad 其中 \qquad d = \frac{537.5 + 512.5}{2} = 525\text{mm}$$

周长 u_0 = π ×500/4 + 2 ×400 =1193mm,周长包括桩周长的四分之一和承台的自由边。

因此

$$v_{Ed} = \frac{1500 \times 10^3}{525 \times 1193} = 2.39\text{MPa}$$

$v_{Rd,max} = 0.5\nu f_{cd}$　　其中　　$f_{cd} = \dfrac{\alpha_{cc} f_{ck}}{\gamma_c} = \dfrac{1.0 \times 35}{1.5} = 23.3\text{MPa}$

且

$$\nu = 0.6\left(1 - \frac{f_{ck}}{250}\right) = 0.6 \times \left(1 - \frac{35}{250}\right) = 0.516$$

因此，抗剪承载力 $v_{Rd,max} = 0.5 \times 0.516 \times 23.3 = 6.02\text{MPa} > 2.39\text{MPa}$，满足要求。

在本例中，柱的尺寸相对较小，因此也应验算柱表面的冲切使得剪切面上的剪应力小于最大剪应力：

$d = 525\text{mm}$，如上所述，$u_0 = 4 \times 600 = 2400\text{mm}$

可得：

$$v_{Ed} = \frac{6000 \times 10^3}{525 \times 2400} = 4.76\text{MPa} < v_{Rd,max}$$，满足要求

(3)验算角桩处的弯剪(如图 6.4-9 所示)：

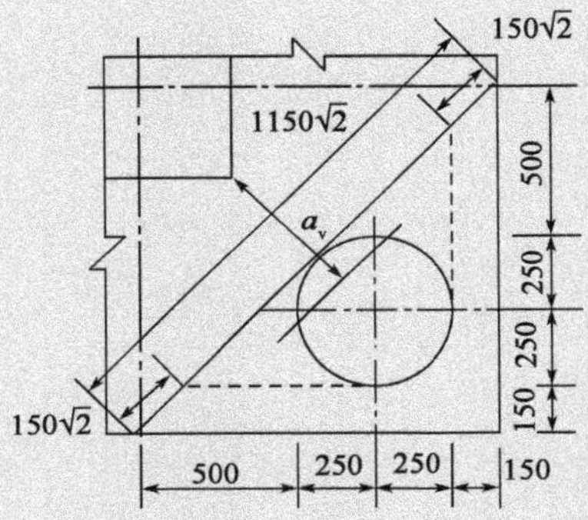

图 6.4-9　角桩处的弯曲剪切面(尺寸单位：mm)

同样

$$d = \frac{537.5 + 512.5}{2} = 525\text{mm}$$

在两个正交方向上的配筋面积相等；因此 $A_s = 3272\text{mm}^2/\text{m}$，其中：

$$\rho_1 = \frac{A_s}{bd} = \frac{3272}{1000 \times 525} = 0.00623$$

$\gamma_c = 1.5$，再次取 $C_{Rd,c} = 0.18/\gamma_c$，则 $C_{Rd,c} = 0.18/1.5 = 0.12$。

根据式(D6.2.1)：$k = 1 + \sqrt{200/d} = 1 + \sqrt{200/525} = 1.617$

根据 2-2 /式(6.2.a)：$V_{Rd,c} = C_{Rd,c} k (100\rho_1 f_{ck})^{1/3} bd$(因为没有轴向荷载)

因此对于 1m 宽的板：

$V_{Rd,c} = 0.12 \times 1.617 \times (100 \times 0.00623 \times 35)^{1/3} \times 1000 \times 525 \times 10^{-3} = 284.7\text{kN/m}$

剪跨比 $a_v = 1150\sqrt{2} - 300\sqrt{2} - 400\sqrt{2} - 250 + 0.20 \times 500 = 486.4\text{mm}$(包括 20%

的桩径)。根据前面(1)中的弯曲剪切验算,可以采用两种方法考虑抗剪承载力的增强。这里仅采用提高抗剪承载力的保守方法来确定是否需要配置抗剪钢筋。

增强系数 $1/\beta = 2d/a_v = 2 \times 525/486.4 = 2.16$

增强后的剪切抗力 $= 2.16 \times 284.7 = 614.6\text{kN/m}$

对于图 6.4-9 所示的剪切面,当纵向钢筋穿过桩头时,提高抗剪承载力是合理的。因此增强截面的长度为 $1150\sqrt{2} - 2 \times 150\sqrt{2} = 1202.1\text{mm}$,未增强截面的长度为 $2 \times 150\sqrt{2} = 424.3\text{mm}$。

因此剪切面的抗剪承载力为:

$$V^*_{\text{Rd,c}} = 284.7 \times 0.4243 + 614.6 \times 1.2021$$
$$= 120.8 + 734.8 = 859.6\text{kN} < V_{\text{Ed}} = 1500\text{kN}$$

所以需要配置抗剪钢筋。

采用与上述(1)中相同的方法提高混凝土的抗剪承载力:

$$A_{sw} \geqslant \frac{V_{\text{Ed}} - V'_{\text{Rd,c}}}{f_{ywd}\sin\alpha}$$

如上述(1)所述,此处 $V'^{*}_{\text{Rd,c}}$ 取为截面混凝土抗剪承载力增强部分的贡献。因此:

$$A_{sw} \geqslant \frac{1500 \times 10^3 - 734.8 \times 10^3}{434.8 \times \sin 90^\circ} = 1760\text{mm}^2$$

必须布置在剪跨中间 $0.75\,a_v$ 范围内。

如果采用 2-1-1/条款 6.2.3(8),剪力必须乘以折减系数 $\beta = 0.463$,而不是提高混凝土承载力。因此,$V_{\text{Ed}} = 0.463 \times 1500 = 695\text{kN}$。根据 2-1-1/式(6.19):

$$A_{sw} \geqslant \frac{V_{\text{Ed}}}{f_{ywd} \times \sin\alpha} = \frac{695 \times 10^3}{434.8 \times \sin 90^\circ} = 1597\text{mm}^2$$

这略微低于上述抗剪钢筋数量。

第一种方法确定 1760mm^2 钢筋在此再次沿用,因为它更能代表英国以前的做法。抗剪钢筋布置在图 6.4-10 所示的加强区域,尽管也可以在标记为“X”的区域中布置抗剪钢筋。

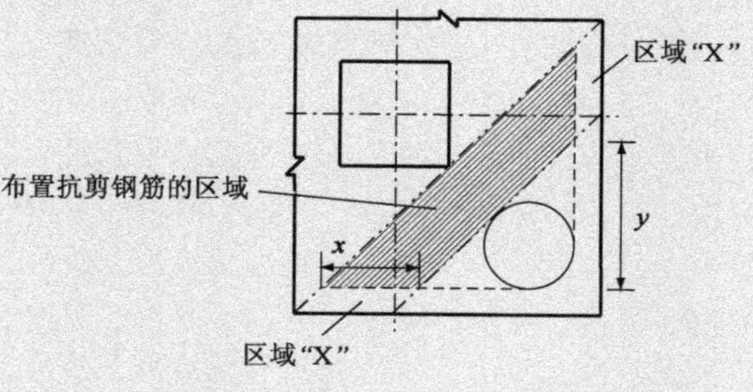

图 6.4-10　抗剪钢筋布置区域

采用正交的钢筋网(例如 150mm × 150mm 的钢筋网)。水平尺寸 x 由下式给出:

$$x = (1150\sqrt{2} - 300\sqrt{2})\sqrt{2} - (400\sqrt{2} + 250)\sqrt{2} = 546\text{mm}$$

在这个长度上按照中心距为 150mm 布置,需要的钢筋肢数为 546/150 = 3.64。

在正交方向上,宽度为 x 的增强区域的长度用 y 表示,其中 $y = 1150 - 150 - 150 = 850$mm(在该长度上以中心距为 150mm 布置需要的肢数为 850/150 = 5.67)。

因此,在该区域中所需要的总肢数为 $3.64 \times 5.67 + 0.5 \times 3.64^2 = 27$。

因此每肢的面积为 1760/27 = 65 mm^2(即使用 **φ10** 钢筋)。

(4)如图 6.4-11 所示,验算距离角桩表面 $2d$ 处截面的抗冲切承载力,忽略 2-1-1/条款 6.4.3(7)所要求的柱周边抗冲切承载力的增强(这是 EC2 中明确包括的唯一冲切面)。然而,并不通过减小周长以排除 2-1-1/条款 6.4.2(2)所要求的柱荷载,因为这在上面(3)中通过弯曲剪切平面有效地进行了验算。

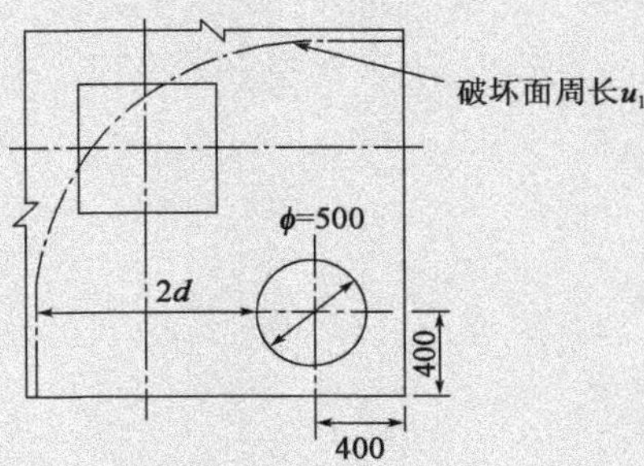

图 6.4-11　角桩的 $2d$ 冲切平面

同样

$$d = \frac{537.5 + 512.5}{2} = 525\text{mm} \qquad 因此 \qquad 2d = 2 \times 525 = 1050\text{mm}$$

[相邻的周长重叠,因此也应该验算组合周长,见前面(1)和(3)。]

$$u_1 = \frac{1}{4} \times 2\pi\left(2d + \frac{\phi}{2}\right) + 2 \times 400 = \frac{\pi}{2}(1050 + 250) + 800 = 2842\text{mm}$$

根据 2-1-1/式(6.38),取 $\beta = 1.0$:

$$v_{\text{Ed}} = \frac{V_{\text{Ed}}}{u_1 d} = \frac{1500 \times 10^3}{2842 \times 525} = 1.01\text{MPa}$$

$$A_{\text{sy}} = A_{\text{sz}} = 3272\text{mm}^2$$

因此

$$\rho_{\text{ly}} = \frac{A_{\text{sy}}}{bd_{\text{y}}} = \frac{3272}{1000 \times 537.5} = 0.00609$$

且

$$\rho_{\text{lz}} = \frac{A_{\text{sz}}}{bd_{\text{z}}} = \frac{3272}{1000 \times 512.5} = 0.00638$$

$\gamma_c = 1.5$,取 $C_{Rd,c} = 0.18/\gamma_c$,有 $C_{Rd,c} = 0.18/1.5 = 0.12$。

根据 2-1-1/式(6.47):

$v_{Rd,c} = C_{Rd,c}k(100\rho_l f_{ck})^{1/3}$(无轴向荷载)

$\rho_l = \sqrt{0.00609 \times 0.00638} = 0.00623$

$k = 1 + \sqrt{200/d} = 1 + \sqrt{200/525} = 1.617$

可得

$v_{Rd,c} = 0.12 \times 1.617 \times (100 \times 0.00623 \times 35)^{1/3} = 0.542\text{MPa}$

$v_{Ed} > v_{Rd,c}$,因此需配抗剪钢筋。

计算 u_{out}——仅混凝土承载力就能满足要求的冲切面周长:

$$v_{Rd,c} = \frac{V_{Ed}}{u_{out}d} \Rightarrow u_{out} = \frac{V_{Ed}}{v_{Rd,c}d} = \frac{1500 \times 10^3}{0.542 \times 525} = 5269\text{mm}$$

这代表$(5269 - 2 \times 400) \times 4 / 2\pi - 500/2 = 2595\text{mm}$的周长,即 $4.94d$ 而不是 $2d$。抗冲切钢筋应延伸至 $4.94d - 1.5d = 3.44d$。显然,这超出了承台的边缘,这是没有意义的;因此,在整个承台宽度上配置抗冲切钢筋。

使用 2-1-1/式(6.52)计算所需的抗冲切钢筋:

$$v_{Rd,cs} = 0.75v_{Rd,c} + 1.5\left(\frac{d}{s_r}\right)A_{sw}f_{ywd,ef}\left(\frac{1}{u_1 d}\right)\sin\alpha$$

为了用于钢筋设计整理上式得:

$$\frac{A_{sw}}{s_r} \geqslant (v_{Ed} - 0.75v_{Rd,c})\frac{u_1}{1.5f_{ywd,ef}\sin\alpha}$$

式中,$f_{ywd,ef} = 250 + 0.25 \times 525 = 381.25\text{MPa} < 434.8\text{MPa}$,满足要求。

因此

$$\frac{A_{sw}}{s_r} \geqslant (1.01 - 0.75 \times 0.542) \times \frac{2842}{1.5 \times 381.25 \times \sin 90^\circ} = 3.00\text{mm}^2/\text{mm}$$

径向间距为 150mm 时,$A_{sw} \geqslant 3.00 \times 150 = 449.9\text{mm}^2$。

假定每个周长布置 6 肢(即每个垂直方向均配有 3 根钢筋),每肢所需面积 $= 449.9/6 = 75.0\text{mm}^2$(即采用 $\phi 10$ 钢筋,与上面的弯曲剪切验算一样)。

根据 2-1-1/式(6.52)验算最终的承载力:

$$v_{Rd,cs} = 0.75 \times 0.542 + 1.5 \times \frac{525}{150} \times 6 \times \pi \times 5^2 \times \frac{381.25}{2842 \times 525} \times \sin 90^\circ$$

$$= 1.039\text{MPa}$$

大于要求的 $v_{Ed}(= 1.01\text{MPa})$。

因此，**采用6肢ϕ10钢筋以间距150mm布置。**

由于在(1)和(3)中进行了其他验算，因此可以说这种钢筋不是必要的。然而，这里计算的钢筋被当作构造钢筋，布置在(1)和(3)中未配筋的区域。

因此，如图6.4-12和图6.4-13所示为承台中的抗冲切钢筋的最终布置。

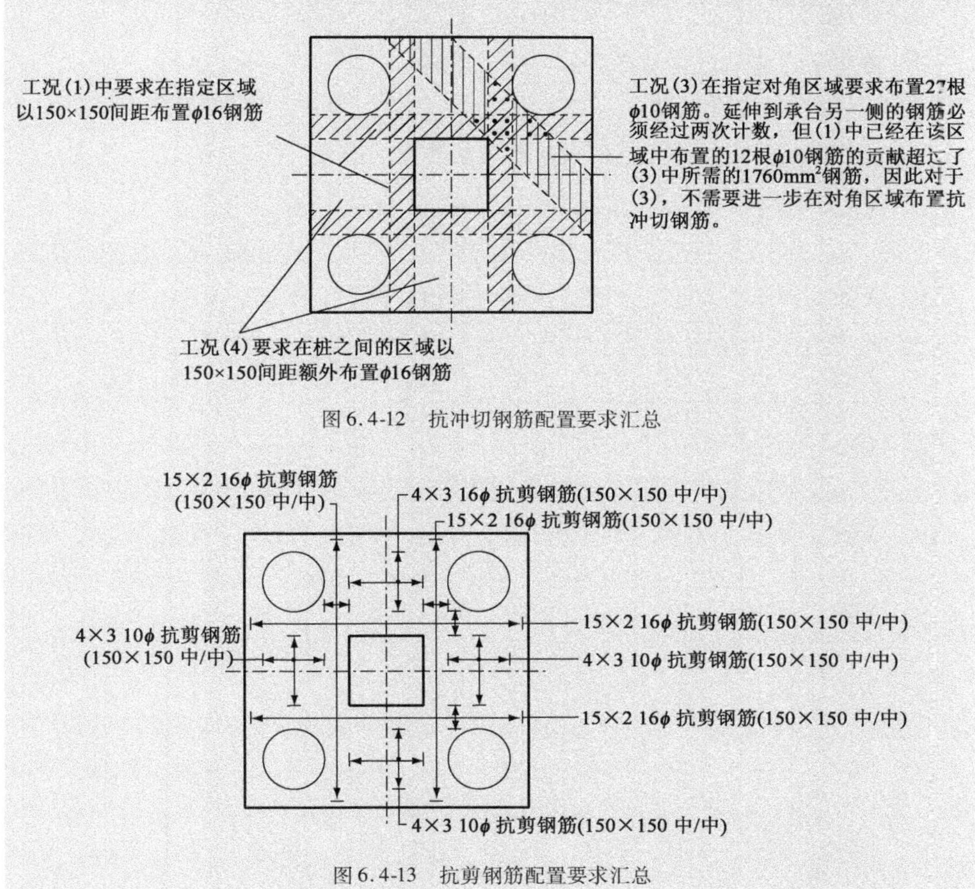

图6.4-12　抗冲切钢筋配置要求汇总

图6.4-13　抗剪钢筋配置要求汇总

6.5　使用拉压杆模型进行设计

6.5.1　一般规定

本指南5.6.4提供了应用拉压杆模型规定的一般背景以及何种情况下应当使用它们，例如由***2-1-1/条款6.5.1.1(1)P***确定非线性应变分布时，应使用拉压杆模型。除了可能间接通过国家附件对f_{cd}进行定义外，EN 1992-2对EN 1992中的拉压杆模型规定没有做任何修改。

2-1-1/条款 6.5.1.1(1)P

6.5.2　压杆

混凝土压杆所能承受的容许压应力受其多轴应力状态的影响很大。横向受压会提高混凝土的抗压强度(特别是当两个横向方向上受压时，如在6.7中讨论的局部加载区域效应)，而横向受拉会降低混凝土的抗压强度。当拉力不垂直于压杆时，极限压应力的折减更严重，因为这时会出现与受压方向不平行的裂纹，并使得压力传递必须经过剪切裂纹。定量分析横向拉力的影响很困难。《AASHTO LRFD 桥梁设计规范》[22]的 5.6 规定了抗压强度与主拉应变的关系，以及抗压强度的方向与压缩方向的关系。然而，主拉应变并不总是容易得到。因此 EC2 在 ***2-1-1/条款6.5.2(1)*和*2-1-1/条款6 5.2(2)*** 中给出了两个经过简化并相对保守的容许压应力限值。

2-1-1/条款 6.5.2(1)
2-1-1/条款 6.5.2(2)

(i)横向应力为零或为压应力

$$\sigma_{\mathrm{Rd,max}} = f_{\mathrm{cd}} \qquad \text{2-1-1(6.55)}$$

该值应取为与梁中的压杆相同的极限应力值，因此f_{cd}应取为 2-2/条款 3.1.6 中压应力值，即$f_{\mathrm{cd}} = 0.85f_{\mathrm{ck}}/\gamma_{\mathrm{c}}$，其中$\alpha_{\mathrm{cc}}$的推荐值为 0.85。如图 6.5-1 和图 6.5-2 所示，由于节点之间的压杆膨胀就会产生横向拉力，因此通常不太可能使用该限值。但是，如 2-1-1/条款 3.1.9 所述，在三轴受压区域可采用更高的极限应力。

(ii)横向应力为拉应力，且混凝土开裂

$$\sigma_{\mathrm{Rd,max}} = 0.6\nu' f_{\mathrm{cd}} \qquad \text{2-1-1/(6.56)}$$

其中 ν'是国家定义参数，其推荐值为 $\nu' = 1 - f_{\mathrm{ck}}/250$。这个限制主要有两个意义。首先，它大致对应于未配筋的压杆中产生垂直裂缝的最小应力，其几何形状如图 6.5-1 所示。如本指南 6.7 所述，实际的开裂应力取决于荷载和支撑构件的几何形状，并且可以高于 2-1-1/式(6.56)中的值，如图 6.7-3 所示。第二，该极限应力与腹板中压杆受远离支撑作用的剪力作用下的极限应力相同，其中腹板受压带上的拉力由抗剪钢筋承担。因此，在 2-1-1/式(6.56)中，系数α_{cc}(仅用于梁柱受弯和受压验算)与剪切设计中取值保持相同是非常重要的。因此，这里推荐 2-1-1/式(6.56)中$f_{\mathrm{cd}} = f_{\mathrm{ck}}/\gamma_{\mathrm{c}}$，因为可以预见，系数$\alpha_{\mathrm{cc}}$的值将与剪切设计取值统一，即$\sigma_{\mathrm{Rd,max}} = 0.6(1 - f_{\mathrm{ck}}/250)f_{\mathrm{ck}}/\gamma_{\mathrm{c}}$。

2-1-1/式(6.56)中的限值考虑了斜裂缝这种更加不利情况，因此当实际裂缝平行于受压方向时，限值是偏保守的。Schlaich 等[8]建议取更高的限值$f_{\mathrm{cd}} = 0.68f_{\mathrm{ck}}/\gamma_{\mathrm{c}}$(隐含了用于考虑持续加载的系数 0.85，与系数$\alpha_{\mathrm{cc}}$类似)，此时拉力垂直于压杆。如图 6.5-4(b)所示，对于有一个构件处于受拉状态的节点(CCT 节点)，建议使用相同的限值。EC2 中的等效节点限值由 2-1-1/式(6.61)给出，该式按$\alpha_{\mathrm{cc}} = 0.85$给出的极限应力限值为：

$$\sigma_{\mathrm{Rd,max}} = 0.85\nu' f_{\mathrm{cd}} = 0.85(1 - f_{\mathrm{ck}}/250) \times 0.85f_{\mathrm{ck}}/\gamma_{\mathrm{c}} = 0.72(1 - f_{\mathrm{ck}}/250)f_{\mathrm{ck}}/\gamma_{\mathrm{c}}$$

综上所述，2-1-1/式(6.56)给出的限值没有区分垂直裂缝和斜裂缝，也没有区分由钢筋承担横向外加拉力和那些纯粹由节点间压杆的弹性膨胀(扩展)引起的拉力，如图 6.5-1 和图 6.5-2 所示。在后一种情况下，应对“颈缩”区域的压应力进行验算。

2-1-1/式(6.56)中的极限值也不考虑相关拉应变的实际大小。从本质上讲，如果理想的拉压杆模型不明显偏离弹性应力迹线，就有一个所有压杆(无论是否配置横向钢筋)可以采用的应力下限。在实际应用中，只要钢筋屈服强度不超过 500MPa，可在不同的情况下应用不同的极限值，建议如下：

(a)施加横向拉力(开裂)并配置横向配筋,两者均垂直于压杆:

对于 CCT 节点,$\sigma_{Rd,max}=0.72(1-f_{ck}/250)f_{ck}/\gamma_c$

(b)施加横向拉力(开裂)并配置横向配筋,两者之一或两者与压杆斜交:

$\sigma_{Rd,max}=0.60(1-f_{ck}/250)f_{ck}/\gamma_c$

(c)仅由荷载扩散引起的横向张力,并且没有配置横向钢筋或设置了弯起钢筋:

$\sigma_{Rd,max}=0.60(1-f_{ck}/250)f_{ck}/\gamma_c$

或考虑到由图6.7-3得到的混凝土抗拉极限强度,可以得到更高的应力极限值:

$\sigma_{Rd,max}=0.72(1-f_{ck}/250)f_{ck}/\gamma_c$

只有具有某些几何形状的压杆才能采用上述较高的应力极限值,具有不同几何形状的最低限值(基于横向开裂而通常不是最终失效)接近于:

$\sigma_{Rd,max}=0.60(1-f_{ck}/250)f_{ck}/\gamma_c$

当混凝土结构在设计使用年限内不会由于其他作用而开裂时,可以取更高的混凝土抗拉强度:

(d)横向拉力仅由分布荷载产生,且配置有垂直于压杆的横向钢筋:

$\sigma_{Rd,max}=0.60(1-f_{ck}/250)f_{ck}/\gamma_c$

或由横向拉杆承载力决定的更高极限值(见6.5.3):

$\sigma_{Rd,max}=0.72(1-f_{ck}/250)f_{ck}/\gamma_c$

由于压杆末端的节点受到三轴约束,采用6.7讨论的局部加载区域的方法可以得到更高的极限值。

从上面可以看出,在应用压杆规定时总存在一些问题。然而,在上述所有存在横向拉力的情况下,都可以保守地使用受压极限值$\sigma_{Rd,max}=0.6\nu' f_{cd}$,除非其他特定规定允许使用更高的极限值。这些规定包括局部加载区域的规定以及加载位置靠近支座的最大剪应力规定。这一认识是***2-1-1/条款6.5.2(3)***的基础,它允许参考2-1-1/条款6.2.2和6.2.3设计剪跨比较小的构件。另一个很好的例子是带翼缘梁在弯曲时的受压极限。严格地说,由于荷载在翼缘上分布,受压翼缘中会产生横向拉力,此时翼缘应使用2-1-1/式(6.56)的下限值。但是,经验表明2-1-1/式(6.55)中的极限值是正确的。当将2-1-1/式(6.56)中的极限值用于压杆设计时,节点设计不太可能控制压杆设计。 ***2-1-1/条款 6.5.2(3)***

最后,2-1-1/条款6.5.2受压极限应力假定拉压杆模型近似地遵循未开裂弹性分析中的力传递方式。试验表明,在某些情况下(参考文献8),如果混凝土压杆的角度明显偏离其不开裂的弹性方向,则较低的极限应力更合理。在2-2/条款6.109的膜规定中受压极限应力考虑了这方面的折减。然而,需要再次强调的是,试验还表明,在其他情况下,即使有较大的弹性应力迹线偏差也不用降低压杆压溃时的极限承载力,2-1-1/条款6.2.3剪切规定中给出了一个这样的例子。

6.5.3　拉杆

在承载能力极限状态下,节点位置锚固牢固的钢筋可以达到其设计屈服强度 f_{yd}。根据 2-1-1/条款 7.3.1(8),在正常使用极限状态下为了控制裂缝可以降低应力限值。该条款对于预应力筋同样适用。拉杆可以是离散的(如在承台的底部钢筋)或是部分不连续的(如由局部荷载引起横向受拉并导致开裂的区域)。如图 6.5-1所示,如果拉杆是部分不连续的,它们应该分布在弯曲的压应力迹线引起的受拉区域的长度范围内。

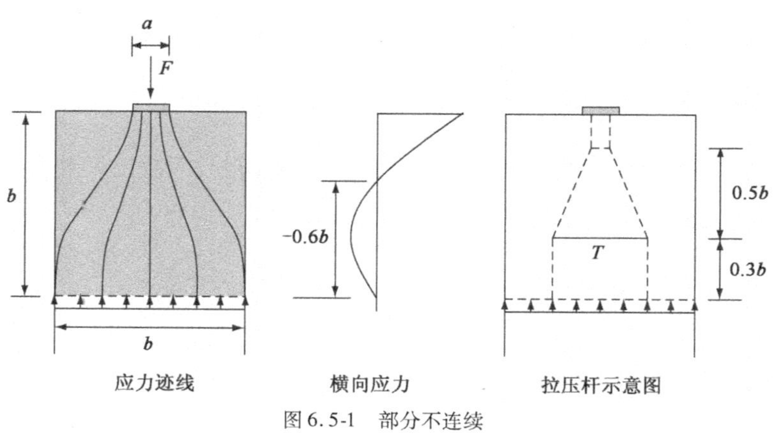

图 6.5-1　部分不连续

2-1-1/条款 6.5.3(3)

对于"部分不连续"和"完全不连续"两种简单情况,在***2-1-1/条款6.5.3(3)***给出了拉杆力的公式。"颈部"区域的压应力场的隆起有时被称为"颈缩"分布。在本指南的 6.7 中更详细地讨论了部分不连续性。图 6.5-1 中所示的拉压杆模型可以很容易地显示出在 2-1-1/式(6.58)中产生的拉力,因此:

$$T = \frac{1}{4}\frac{b-a}{b}F \qquad \text{2-1-1/(6.58)}$$

图 6.5-1 中所示的拉压杆模型可以很容易地显示出在 2-1-1/式(6.58)中产生的拉力,因此:

$$T = \frac{1}{4}\left[1 - 0.7\frac{a}{(H/2)}\right]F \qquad \text{2-1-1/(6.59)}$$

如 6.7 所述,忽略这种横向拉力并基于混凝土的应力 f_{cd} 和截面尺寸"a"来设计压杆而忽略荷载的传递通常是不安全的。这是因为横向拉力和相关的开裂会导致过早的受压破坏,除非通过钢筋或混凝土的抗拉强度来承担这种横向拉力。本指南 6.7 中给出了一种在没有横向钢筋的情况下压杆承载力的计算方法。这种方法基于混凝土的抗拉强度和部分不连续性设计,对于完全不连续的情况也很容易对其进行修正。

6.5.4　节点

节点是压杆和拉杆相交处的混凝土块体。节点尺寸由压杆、拉杆的几何尺寸和外力来确定。节点可以与上述拉杆相同的方式弥散或集中。基于下面讨论的三种不同类型的集中节点的最大压应力分布,2-1-1/条款 6.5.4 给出了应力限值

$\sigma_{Rd,max}$。如对压杆所讨论的那样，节点的抗压承载力也受到穿过它们的受拉区域宽度的影响。弥散节点一般不需要验算混凝土应力，但仍需要验算钢筋的锚固。 2-1-1/条款
2-1-1/条款6.5.4(2)P 要求节点必须仔细处理，以使它们能够保持平衡状态。若 *6.5.4(2)P*
需使用 2-1-1/条款 6.5.4 中的应力限值，节点必须无偏心。

根据 ***2-1-1/条款6.5.4(1)P***，节点规定还适用于集中荷载作用下构件的支座 2-1-1/条款
应力的验算，前提是该构件其他地方的设计没有使用拉压杆规定。但是，这可能 *6.5.4(1)P*
会导致不相容的情况。一个典型的例子出现在使用 6.2 的规定进行剪切设计的构件中。如果如图 6.5-3 所示，采用拉压杆模型节点的限值去验算靠荷载近支座时的腹板压溃承载，通常会得到比剪切规定更小的最大抗剪承载力（在有抗剪钢筋的地方，图 6.5-3 考虑出现额外的更陡的压杆，允许抗剪钢筋到截面顶部的部分承担一部分荷载，然后再通过更陡的压杆将荷载传至支承位置）。在这种情况下，在剪切设计本身已经通过试验验证的基础上，节点规定只能应用到节点的支承面。

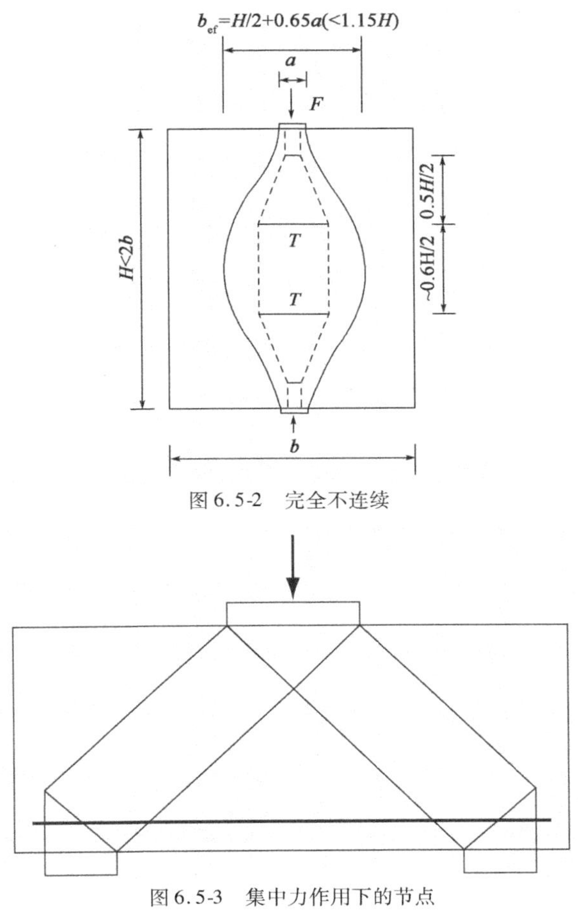

图 6.5-2　完全不连续

图 6.5-3　集中力作用下的节点

2-1-1/条款6.5.4(4) 涵盖以下情况： 2-1-1/条款
(a) 节点连接的所有构件都处于受压状态（CCC 节点） *6.5.4(4)*

$$\sigma_{Rd,max} = k_1 \nu' f_{cd} \qquad \text{2-1-1/(6.60)}$$

其中，k_1 为国家定义参数，其推荐值为 1.0，ν' 见前面 6.5.2 定义。假定节点区域受到多边形限制，多边形的侧面通常（但不一定）与压杆方向成直角。这种类型

的节点可能会出现在例如梁内部支撑处以及具有闭合力矩的框架转角的受压面处[图 5.6-6a)]。对于包括三个压杆的节点[如图 6.5-4a)所示],确定节点尺寸的有效方法是假定节点边界垂直于压杆,并且各方向压应力相等。如 ***2-1-1/条款 6.5.4(8)*** 所述,这可以得到节点尺寸关系为:$F_{cd,1}/a_1 = F_{cd,2}/a_2 = F_{cd,3}/a_3$。没有必要达到这种各个方向应力相等的平衡状态,通常节点相邻面上的应力比仅为 0.5就能满足要求。因此可以修改节点尺寸以适应需要。但是,如果偏离各方向压应力相等的平衡状态较大,将会导致上面给出的容许应力限值降低。

2-1-1/条款 6.5.4(8)

为了在内部支承处构造节点,如图 6.5-4a)所示,向下延伸到承压板的两个短垂直压杆的重心必定在实际支承反力处。通常只需要验算每个节点面上的支承压应力。但是,如果还有其他压杆水平穿过节点(如在内部支撑处),则还应验算穿过节点的垂直截面上的应力。如下所述,还可以考虑三轴受压的影响对节点进行一些加强,无论这些压力是通过约束还是外加应力产生的[本指南 6.7 所讨论的部分加载区域就是这样一个例子]。

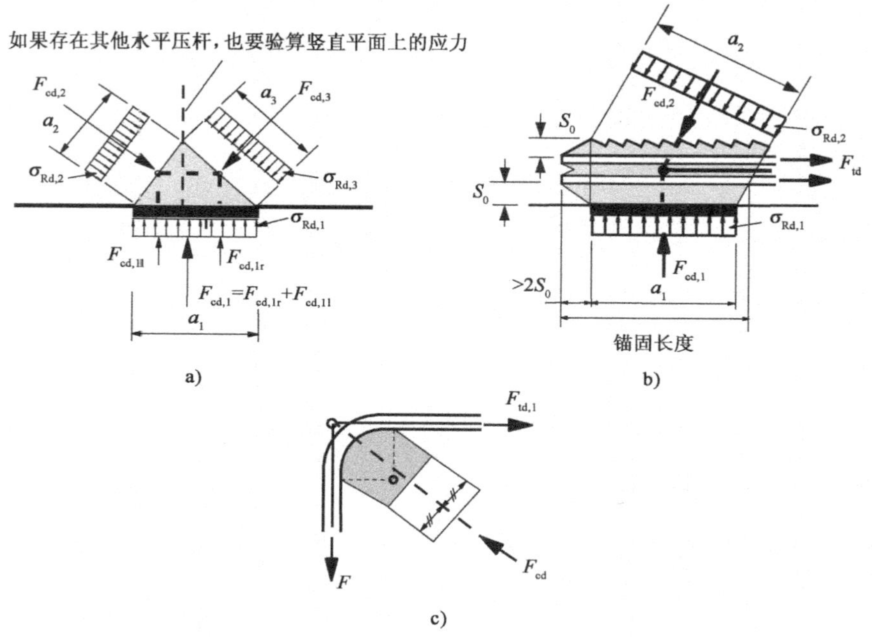

图 6.5-4　不同类型的节点

(b)节点连接一个拉杆,其余均为压杆(CCT 节点)

$$\sigma_{Rd,max} = k_2 \nu' f_{cd} \qquad 2\text{-}1\text{-}1/(6.61)$$

其中,k_2为国家定义参数,其推荐值为 0.85。如图 5.6-6c)所示,这种类型的节点可以出现在端部支撑处或深梁中。如图所示,钢筋必须从节点的起点完全锚固(即压杆压应力迹线与锚固钢筋首先相交的位置)。***2-1-1/条款6.5.4(7)*** 要求钢筋布置在整个节点长度上,但是如果锚固长度超过节点长度,则钢筋也可能锚固在节点后面。2-1-1/表达式(6.61)考虑了粘结应力的发展以及由此导致的节点开裂。因此,在钢筋由节点后面的端板锚固的地方,可以证明有较高的应力。如图所示,节点的高度是固定的。如果不是通过紧靠构件边缘来固定,则合理尺寸

2-1-1/条款 6.5.4(7)

应为参考文献 22 中允许的 6 倍钢筋直径。钢筋应优先分布在节点的高度上，这有利于最大限度地增加压杆的宽度a_2。2-1-1/条款 6.5.4(5) 也允许钢筋在节点高度上多层分布，这种情况下容许混凝土应力增加 10%。

(c) 一个节点处的两个单元由于钢筋受弯而处于受拉状态，另一个处于受压状态(CTT 节点)

$$\sigma_{\mathrm{Rd,max}} = k_3\nu' f_{\mathrm{cd}} \qquad 2\text{-}1\text{-}1/(6.62)$$

其中，k_3为国家定义参数，其推荐值为 0.75。这种类型的节点如图 6.5-4c) 所示。如果受压杆不能等分弯矩，那么一些力也会通过混凝土粘结传递给钢筋。除上述验算外，还应按照 2-1-1/条款 8.3 对弯头内混凝土的受压承载力进行验算。

为了与前面压杆极限应力兼容，这里推荐将上面(a) ~ (c)中的α_{cc}取为 0.85，因此$f_{cd} = 0.85 f_{ck}/\gamma_c$；然而，国家附件可能另有规定。在(a) ~ (c)中，随着受拉钢筋的增加，节点处容许应力逐渐增大，这是因为横向拉应变对极限压应力的不利影响。如果使用预应力筋作为拉杆，当不发生消压时则无需考虑这种减少。

根据 ***2-1-1/条款6.5.4(5)***，如果出现下列任一种情况，上述设计压应力可增加 10%： ***2-1-1/条款 6.5.4(5)***

- 保证三轴受压；
- 所有拉杆和压杆的角度均≥55°；
- 尽管没有给出设计标准，但在支承处或在点荷载处施加的应力是均匀的，并且节点受箍筋限制。如果配置了足够的钢筋，可使用 2-1-1/条款 3.1.9 中的约束混凝土规定，以使混凝土承载力提高 10%。在设置约束箍筋时应注意，以满足这条要求；
- 钢筋多层布置；
- 节点通过支座布置或摩擦被可靠地约束，尽管没有给出所需的约束程度的标准。

如果节点承载力如上所述得到增强，则通常压杆本身会起控制作用，因此采取这些措施通常没什么益处。

此外，***2-1-1/条款6.5.4(6)***允许在验算每个方向时使用基于约束强度$f_{ck,c}$的极限应力来验算三轴受压节点，使得$\sigma_{\mathrm{Rd,max}} \leqslant k_4\nu' f$，其中$k_4$是国家定义参数，推荐值为 3.0。这相当于使用局部加载规定，其中三轴受压状态来自周围混凝土中的环形拉力，见 6.7。因此，如果支承处没有施加横向拉力[图 6.5-4a)]并且压力沿两个横向方向扩展，则使用局部加载规定来确定支承处的最大容许压力似乎是合理的。膨胀压杆可根据 2-1-1/式(6.58)或 2-1-1/式(6.59)来配筋。 ***2-1-1/条款 6.5.4(6)***

实例 6.5-1：横隔板设计

荷载作用下的桥梁横隔板如图 6.5-5 所示。由于横隔板上布置有检查孔，且其受力行为与深梁相同，因此采用如图拉压杆模型进行分析。横隔板采用的混凝土圆柱体抗压强度为 40MPa，钢筋屈服强度为 500MPa。在承载能力极限状态下对压杆 A 和 B、拉杆 C 和 D 以及支座压力进行验算。

在承载能力极限状态情况下,构件 A ~ D 的受力状况如下:

压杆 A = 21.7MN (压力)

压杆 B = 15.9MM(压力)

拉杆 C = 13.7MN(拉力)

拉杆 D = 1.2MN(实际上在这种特定荷载工况下受压,因此该拉杆可被当作压杆)

图 6.5-6 绘制了构件相关区域的拉压杆模型结构图。其对节点区域进行了详细划分,竖向支反力有两个分量,分别反映了压杆 A 和压杆 B 的贡献。这主要是为了与 EN 1992-1-1 图 6.26 中的表示保持一致;它略微修改了图 6.5-5 中的压杆角度。但是,从图 6.5-5 中构件的交点直接以更传统的方式分析节点受力也是可以接受的。

支座压力

对于这种荷载工况,支座处的节点是图 6.5-4 中的类型 a)。因此得出极限应力$\sigma_{\mathrm{Rd,max}} = k_1 \nu' f_{\mathrm{cd}} = 1.0 \times (1 - 40/250) \times 0.85 \times 40/1.5 = 19.04\mathrm{MPa}$。荷载作用施加的应力 = $29/(1.8 \times 1.8) = 9.0\mathrm{MPa} < 19.4\mathrm{MPa}$,因此支座受压承载力是足够的(在实际桥梁中,在最大扭转荷载作用下的支座应力要比以上计算高得多,并且由于预应力偏心产生的力会进一步增加,为简单起见,此处未将这些应力包括在内)。

由于两个支座的尺寸均小于横隔板的尺寸,并且没有拉力通过节点,因此可以考虑局部加载区域的有利作用,根据 2-1-1/式(6.63)来提高容许压应力。但是,由于跨度方向支座尺寸为 1800mm,几乎与横隔板的厚度 2000mm 相同,因此容许压应力提高的效果很小,所以容许压应力可以提高到 $2000/1800 f_{\mathrm{cd}} = 1.1 f_{\mathrm{cd}}$(应当注意,这里的荷载布置与图 6.5-1 中推导局部加载规定的荷载布置不同,尽管仍可以从周围混凝土推导出三轴约束)。如果利用节点局部加载对承载力的提高,则必须验算每个压杆因横向膨胀而产生的拉力,这通常将有效地限制支座反力,压杆验算如下所示。

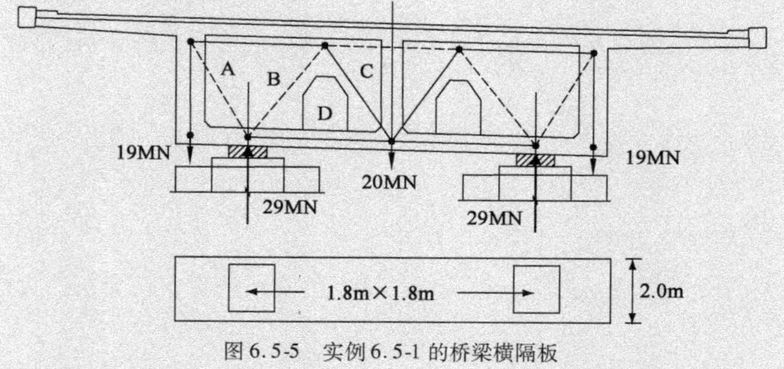

图 6.5-5 实例 6.5-1 的桥梁横隔板

压杆 A

节点本身的极限应力为$\sigma_{\mathrm{Rd,max}} = k_1 \nu' f_{\mathrm{cd}} = 19.04\mathrm{MPa}$。然而,如图 6.5-6 所示,

压杆在远离支座节点的位置膨胀产生横向拉力，该横向拉力可以根据 2-1-1/式(6.59)和图 6.5-2 量化(此外，外部抗剪钢筋的力将会产生穿过压杆的斜向拉力)。由于没有特别为了抗剪而配置抗剪钢筋(除了最小表面钢筋)，所以这里保守地根据 2-1-1/式(6.56)将压杆中的极限压应力取为$\sigma_{\mathrm{Rd,max}} = 0.6\ \nu' f_{\mathrm{cd}}$。因此 $\sigma_{\mathrm{Rd,max}} = 0.6 \times \left(1 - \frac{40}{250}\right) \times 40/1.5 = 8.61\mathrm{MPa} < 13.4\mathrm{MPa}$(注意如前面正文所讨论的$f_{\mathrm{cd}}$中的系数 0.85 已经被省略了)。实际压杆应力 =21.7/(1.8×1.4) = 8.61MPa < 13.4MPa，因此压杆满足要求(沿厚度方向的压杆尺寸取 1.8m，等于支座宽度)。在这种情况下，由于来自相邻腹板区域的不利横向拉力，根据图 6.7-3 使用混凝土的抗拉强度(它基于结构部分不连续性，并且近似于完全不连续性)来增加容许极限压应力是不明智的。无论如何，在这种情况下横向的几何形状不会得到更高的极限压应力，因为此处横隔板平面的控制比例 b/a 大约为 2.0，此时根据图 6.7-3 得到的承载力是最小承载力。由于压杆本身的压应力极限值较低，因此在压杆 A 顶部的复杂节点区域压应力并不是很关键。

压杆 B

节点处的极限应力不再被受压膨胀产生的横向拉力控制，因此再次使用极限应力下限值$\sigma_{\mathrm{Rd,max}} = 0.6\ \nu' f_{\mathrm{cd}}$。但是，这一次，由于存在检查孔，实际压杆尺寸变小。为了与 6.5.3 和 6.7 中讨论的颈缩情况下的极限应力相容，应力应该根据最窄部分的宽度 750mm 计算。实际压杆应力 = 15.9/(0.75×2) = 10.6MPa < 13.4MPa，因此满足要求。

在这里可以使用图 6.7-3 给出的更高的混凝土压应力极限值。压杆 B 顶部的节点[2-1-1/条款 6.5.4 类型(c)]将控制设计，因为节点本身具有较高的容许混凝土压应力限值。通常还必须验算每个钢筋弯头内的混凝土压应力，但是由于指定了较大的钢筋弯曲半径，因此在这里该验算并不重要。

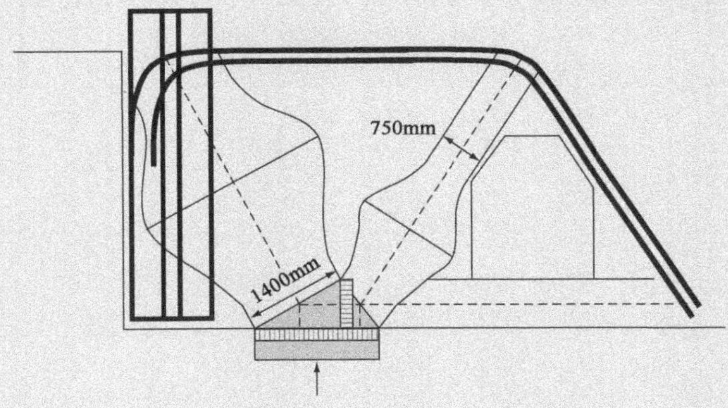

图 6.5-6　实例 6.5-1 的节点区域和拉压杆模型的压杆设计宽度的细节

注：压杆的膨胀仅用于显示应力的实际分散，而不是用于检查压杆的局部宽度。

拉杆 C

所需的受拉钢筋面积 = 13.7 × 10/(500/1.15) = 31510mm², 相当于两层中的 26 根 φ40 钢筋。

6.6　锚固件和搭接

本指南第 9 章详细讨论了搭接长度和锚固长度的设计。

6.7　局部承载区域

本节中的规定通常适用于上部结构和下部结构上的支承区域,但它们的推导基于柱上的单个支座,其中轴向应力仅在柱区域上分布。6.5.4 中的节点规定也与支承区域有关。抗压承载力由混凝土的局部抗压强度和抵抗横向荷载分散产生的横向拉力(破裂)的钢筋强度中的较小者确定。*2-1-1/条款 6.7(1)P* 要求同时考虑这两种机制。对于典型的实心圆柱,这两种失效机理可能发生的区域如图 6.7-1 所示。随后将进行与此有关的讨论。

2-1-1/条款 6.7(1)P

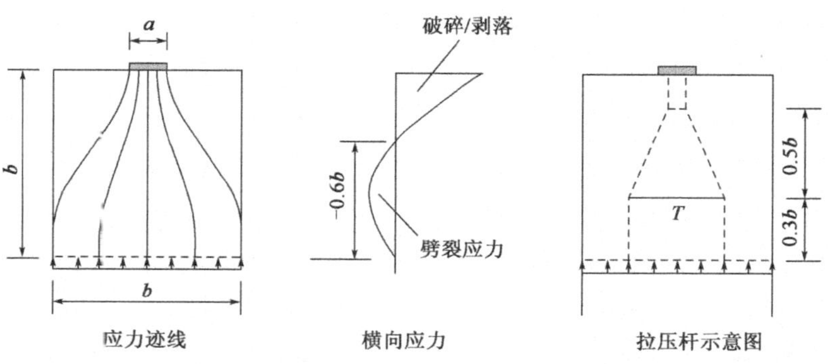

图 6.7-1　集中荷载下的应力场

破碎与剥落

对于作用在区域 A_{c0} 上的均匀分布的荷载 F_{Rdu},如图 6.6-2 所示,承载力由 *2-1-1/条款 6.7(2)* 确定:

2-1-1/条款 6.7(2)

$$F_{Rdu} = A_{c0} f_{cd} \sqrt{A_{c1}/A_{c0}} \leqslant 3.0 f_{cd} A_{c0} \qquad \text{2-1-1/(6.63)}$$

式中:A_{c0}——加载面积;

A_{c1}——必须以 A_{c0} 区域为中心且与其形状相似的设计分布面积。该区域必须位于实际混凝土截面上。如果加载点位于截面边缘,该区域可能会受到限制。如图 6.7-2 所示。

符合上述限制可防止由于核心混凝土受压引起横向膨胀导致加载面附近混凝土的剥落。2-1-1/式(6.63)的形式是考虑周围混凝土对核心混凝土的约束作用而得到的,其周长由图 6.7-2 中的 b_2 和 d_2 确定。周围混凝土在剥落之前通过抗拉强度的"环"向拉力作用来抵抗核心混凝土的横向膨胀。该环向拉力使核心混凝土处于三轴应力状态,故可以根据 2-1-1/条款 3.1.9 中受约束混凝土来考虑其抗压强度的增大。如果仅在一个方向上加载且加载区域的尺寸小于加载构件的尺寸,则不会产生这种环向拉力。同样可以得出的结论是,如果在受力面附近配置了足够的约束钢筋或者施加了环向预应力,则允许应力超过$f_{cd}\sqrt{A_{c1}/A_{c0}}$。

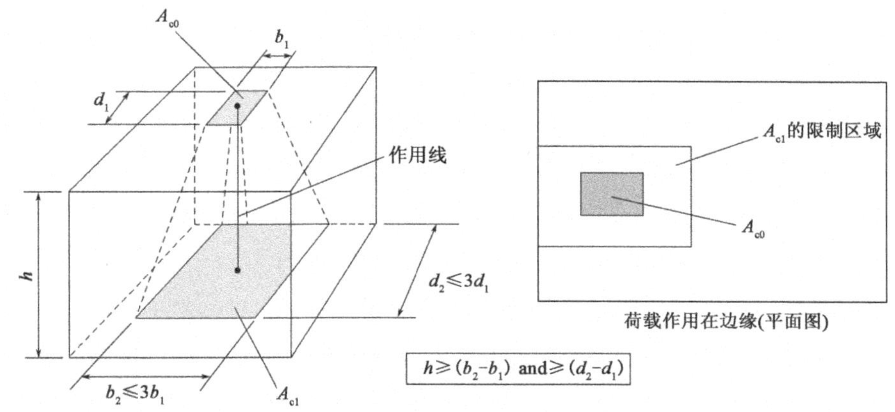

图 6.7-2　仅检查压碎/剥落的分布

除了环向拉力和约束钢筋外,抵抗A_{c1}表面混凝土剥落的剪应力也会产生进一步的约束作用。根据上述原理,《模式规范 90》[6]给出了 2-1-1/式(6.63)的近似推导,并定性给出了剪应力的容许值。

荷载的分布应使得相邻区域的A_{c1}不重叠。其分配也不应超过 1H∶2V。这就要求分配高度h必须大于(b_2-b_1)和(d_2-d_1)。b_2和d_2的上限值仅适用于混凝土压溃承载力的验算,并得出极限荷载$F_{Rdu}\leqslant 3.0f_{cd}A_{c0}$。

如果荷载在A_{c0}区域分布不均匀或存在较大的剪力,则F_{Rdu}值应根据 ***2-1-1/条款6.7(3)*** 折减。如果荷载不均匀,则应基于峰值压力来进行支座压力的验算。EC2 没有给出关于剪切效应的指导,但如果剪力小于竖直力的 10%,则可以合理地忽略剪力,这与关于预制构件的 2-1-1/条款 10.9.4.3 的规定一致。当剪力较大时,可以使用剪力F_h和垂直力F_r的合力F_v进行支座验算,这与《模式规范 90》[6]的推荐方法相同,即按照下式验算: ***2-1-1/条款 6.7(3)***

$$F_r = F_v\sqrt{1+\left(\frac{F_h}{F_v}\right)^2} \tag{D6.7-1}$$

这种剪力必须通过加载面上的受拉钢筋连接到周围的结构中。

假定荷载没有均匀分布并理想地认为A_{c0}等于A_{c1},于是支座受压承载力变为$F_{Rdu}=A_{c0}f_{cd}$。过去许多英国设计人员都将其作为没有配置抗裂钢筋时的支座压应力限值。但是,必须严格验算是否需要抗裂钢筋,因为荷载会横向扩散,当混凝土达到抗拉强度时会开裂,这会导致混凝土应力小于f_{cd}时构件过早破坏。EC2 没有给出在没有配置任何钢筋的情况下支座压力计算的指导。如本指南 6.5 所述,支座压应力可以安全地限制在$\sigma_{Rd,max}=0.6(1-f_{ck}/250)f_{ck}/\gamma_c$,或者可以采用下面的方法提高考虑混凝土的抗拉强度。对于具有仅在一个方向上扩散荷载的几何形状的桥墩,具有最小周长的钢筋可能提供合理的抗裂性,因此限制支座压力不超过$0.6(1-f_{ck}/250)f_{ck}/\gamma_c$。

如本指南 6.5.4 所述,节点规定也可能适用于除此简单柱以外的其他情况,实例 6.5-11 和实例 6.7-1 对此进行了说明。

劈裂

如图 6.7-1 所示拉压杆模型可以抵抗由荷载横向扩散产生的拉力。可以使得应力变得均匀的扩散深度为 b,b 可以取为截面的宽度或者是从荷载中心到偏心荷载方向上自由边缘的距离的 2 倍。

拉压杆模型产生的拉力为:

$$T=\frac{1}{4}\frac{b-a}{b}F \qquad 2\text{-}1\text{-}1/(6.58)$$

其中 F 为施加的竖向力。拉力 T 需要考虑横向受力和钢筋受力。如果施加的荷载从作用点扩散到另一个节点而没有扩散到整个截面,则应将 2-1-1/式(6.58)中的拉力 T 替换为本指南 6.5 中经过略微修改过的针对"完全不连续"区域的 2-1-1/式(6.59)。该公式的使用见实例 6.7-1。

如果没有钢筋(或钢筋不足)来抵抗这种拉力,EC2 没有给出相应指导。《模式规范 90》[6] 允许利用混凝土的抗拉强度来"受拉"。对于图 6.7-1 这种情况,混凝土的抗拉承载力为:

$$T_{max}=0.6b\cdot L\cdot f_{ctd} \qquad (D6.7\text{-}2)$$

极限支座反力:

$$F_{max}=\frac{2.4b^2\cdot L\cdot f_{ctd}}{b-a} \qquad (D6.7\text{-}3)$$

式中,L 为与边 a 垂直的加载区域长度;$0.6b$ 为图 6.7-1 中受拉区的高度;f_{ctd} 为混凝土的设计抗拉强度。故极限支座压应力为:

$$f_{max}=\frac{2.4(b/a)^2f_{ctd}}{b/a-1} \qquad (D6.7\text{-}4)$$

式(D6.7-4)在两个垂直方向上都适用并且应取承载力最小值。图 6.7-3 展示了式(D6.7-4),其中混凝土圆柱体抗压强度为 40MPa,$f_{ctd}=1.42$MPa(α_{cc} 取 0.85,因为这是持续受压的情况)。基于横向裂缝出现在 $a/b=2.0$ 时的最小强度外,根据 2-1-1/条款 6.5.2 预测的受横向拉力的压杆容许应力非常接近$\sigma_{Rd,max}=0.6(1-f_{ck}/250)f_{ck}/\gamma_c$。试验测试中观察到的实际破坏荷载通常大于基于开裂的计算值。

式(D6.7-4)也适用于两个节点之间的单根膨胀压杆,本指南 6.5.2 还给出了压杆容许压应力限值。当混凝土可能因其他效应(例如弯曲)而开裂时,使用这种考虑混凝土抗拉强度的方法是不合适的。如上所述,在这种情况下,当在没有合理配筋时支座压应力应限制为$0.6(1-f_{ck}/250)f_{ck}/\gamma_c$。

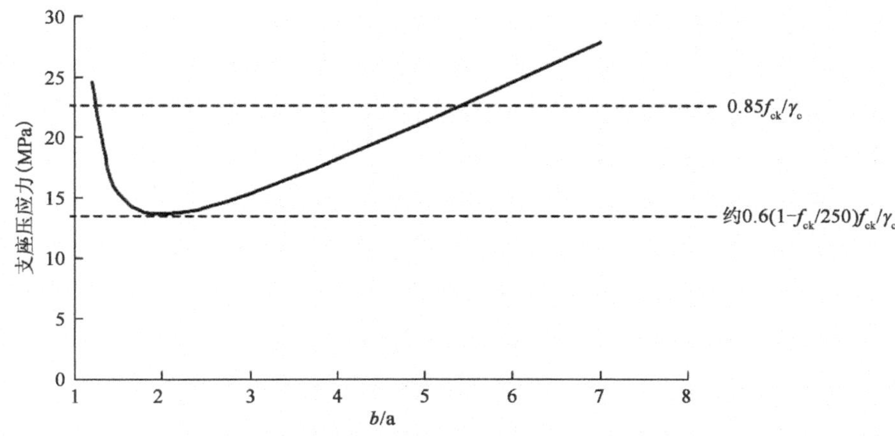

图 6.7-3　考虑 40MPa 素混凝土抗拉强度的考评支座压应力

当荷载相对支座区域有偏心,则需要使用本指南 6.5 中讨论的方法,进一步将拉压杆模型理想化,以便将荷载作用的应力分散至远离荷载作用的区域。类似的,如果远离荷载作用区域的截面与荷载作用区域的截面不同,则必须采用备选的拉压杆模型解决方案。例如,如图 6.7-4 所示,该情况可能发生在仅有顶部为实心的空心墩中。在这种情况下,荷载必须扩散到空心墩壁以保持受力平衡,因此必须在图示拉杆位置配置钢筋。如果压杆没有配置横向钢筋,则支座承载力可能由单根受压横向膨胀的压杆承载力控制或者由节点本身控制。对于更复杂的几何形状,例如实例 6.5-1 和 6.7-1,通常都需要验算拉压杆模型中的压杆和节点。

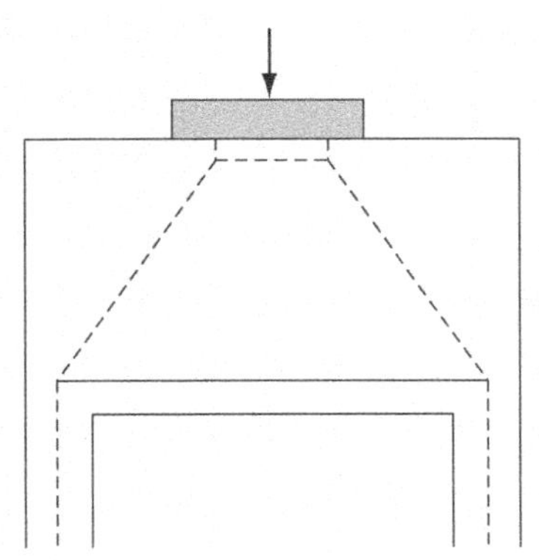

图 6.7-4　顶部实心的空心墩拉压杆系统

2-2/条款 6.7(105) 参考了 EN 1992 附录中关于桥梁支座区域的进一步指导。2-2/条款 J.104 确认 2-1-1/条款 6.5 和 6.7 与支座区域的设计有关,并增加了对边缘距离和高强度混凝土的一些要求。这些内容在本指南的附录 J 中讨论。　***2-2/条款 6.7(105)***

实例 6.7-1:在桥墩上承受荷载

验算支座压应力并设计图 6.7-5 所示的混凝土高墩在承受支座处竖向集中荷载作用时所需的横向钢筋。每个支座的荷载为 11.5MN。假设混凝土圆柱体抗压强度为 30MPa,钢筋的屈服强度为 500MPa。

此区域的整体拉压杆模型如图 6.7-5 所示。

节点 1 处的支座应力

节点 1 是一个 CCT 节点,根据 2-1-1/条款 6.5.4(4)(b),应力最大容许值为$\sigma_{\mathrm{Rd,max}} = k_2\nu' f_{\mathrm{cd}} = 0.85 \times (1 - 30/250) \times 0.85 \times 30/1.5 = 12.72\mathrm{MPa}$。根据 2-1-1/条款 6.5.4(5),由于拉压杆之间夹角大于 55°,应力容许值可以增加 10% 至 14MPa。由于拉杆 1 穿过节点并产生拉应力,因此局部加载规定不能在此处直接应用。

在支座表面施加的应力为 $11.5 \times 10^6/(1200 \times 800) = 11.98\mathrm{MPa} < 12.72\mathrm{MPa}$,满足要求,应验算在节点边缘与压杆相交部分的应力。

$$\frac{11.5 \times 10^6/\cos 11.3°}{1216 \times 800} = 12.06\mathrm{MPa} < 12.72\mathrm{MPa} \qquad \text{满足要求}$$

若将拉杆 1 处的钢筋沿竖向布置并相应增加节点的大小和压杆 A 的宽度,则此验算就不是那么重要了。

拉杆 1 的配筋

取力臂长度为:$0.5b = 0.5 \times 8000 = 4000\mathrm{mm}$,顶面钢筋必须承担 $11.5 \times (2000 - 1200)/4000 = 2.3\mathrm{MN}$ 的力。

所需的钢筋面积为:

$A_{\mathrm{s}} = F/(f_{\mathrm{yk}}/\gamma_{\mathrm{s}}) = 2.3 \times 10^6/(500/1.15) = 5290\mathrm{mm}^2$

(11 根直径为 25mm 的钢筋)布置在顶面。钢筋布置见图 6.7-5。

压杆 A

压杆 A 朝节点 2 拢起,故产生了横向拉应力。该拉应力由钢筋或混凝土的抗拉强度承担。根据 2-2-1/条款 6.5.2(2),横向受拉时压杆的压应力限值为;

$\sigma_{\mathrm{Rd,max}} = 0.6\nu' f_{\mathrm{cd}} = 0.6 \times (1 - 30/250) \times 30/1.5 = 10.56\mathrm{MPa}$

压杆 A 不满足此条件。然而,如 6.5.2 所述,如果布置了垂直钢筋或者混凝土的应力不超过其抗拉强度,则将压杆应力限制为节点应力值是合理的。这时两个方向都需要分析。

***x* 方向**

在 x 方向上,$b/a = 1.8/0.8 = 2.25$。从图 6.7-3 中可以看出混凝土的抗拉强度不允许压应力超过 $\sigma_{\mathrm{Rd,max}} = 0.6\nu' f_{\mathrm{cd}}$,因此,需要设计钢筋。抵抗部分不连续区域的拉力所需的钢筋应根据 2-1-1/式(6.58)确定:

$$T = \frac{1}{4}\frac{b-a}{b}F$$

因此在 x 方向：

$$T = \frac{1}{4} \times \frac{1.8-0.8}{1.8} \times 11.5 = 1.60\text{MN}$$

（分布在桥墩的整个宽度上）抵抗该力需要布置的钢筋面积为：

$A_s = F/(f_{yk}/\gamma_s) = 1.60 \times 10^6/(500/1.15) = 3680\text{mm}^2$

EC2 没有给出钢筋必须布置的位置的指导。根据图 6.5-6，推荐将钢筋布置在深度为 $0.6b$ 的位置处，即距离加载面 $0.4b \sim b$ 的位置处。可以如图 6.7-5 所示布置钢筋。

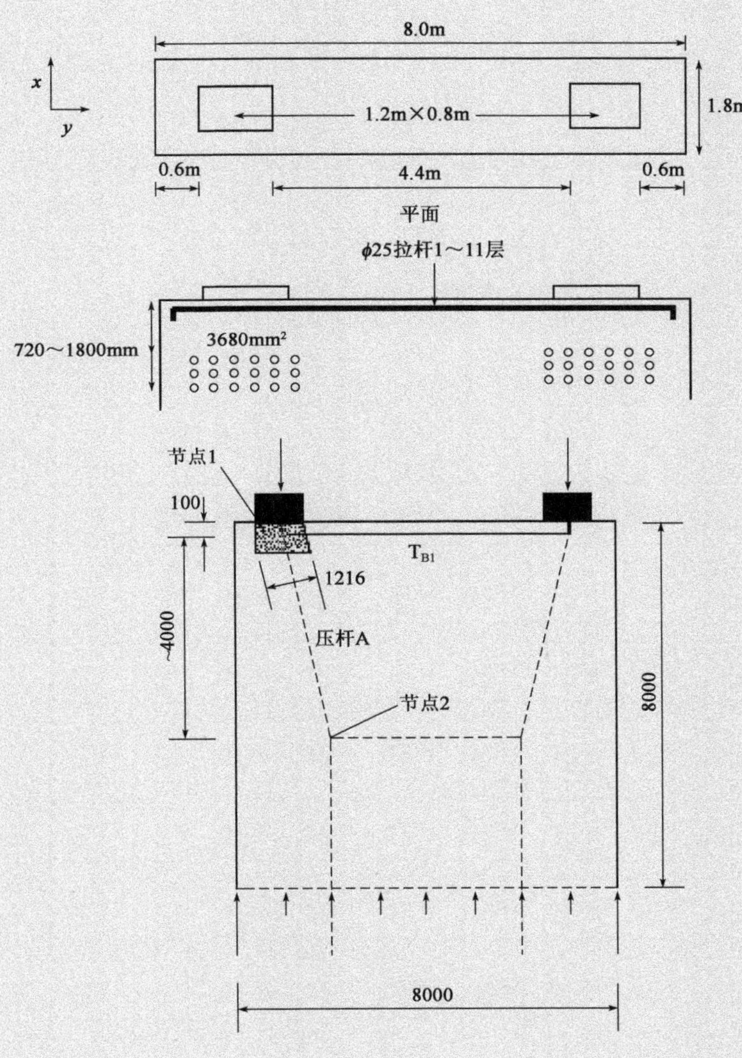

图 6.7-5　实例 6.7-1 桥墩截面和根据荷载分布计算出的配筋结果（不考虑 2-2/附录 J 的要求）

y 方向

在 y 方向,压杆横向拉应力开始发展的位置,b/a 约等于 3。图 6.7-3 表明这对压应力限值是有利的。根据式(D6.7-4):

$$f_{max} = \frac{2.4(b/a)^2 f_{ctd}}{b/a - 1} \quad 其中 \quad f_{ctd} = \alpha_{ct} f_{ctk,0.05}/\gamma_C = \frac{0.85 \times 2.0}{1.5} = 1.13$$

(对于持续受压状态考虑 $\alpha_{ct} = 0.85$。)因此:

$$f_{max} = \frac{2.4 \times 3^2 \times 1.13}{3 - 1} = 12.2\text{MPa}$$

这略大于外力作用下的应力 12.06MPa,因此只布置名义横向钢筋是可以接受的。如果混凝土抗拉强度不足或混凝土在其他荷载作用下有可能破坏,根据 2-1-1/式(6.58)需要布设垂直于压杆的钢筋。b 的尺寸可采用 4.0m。在这种情况下需要进行工程判断,由于倾角很小,钢筋可以水平放置。这也允许布设箍筋。如本指南 6.5.2 所述,使用相对压杆倾斜的钢筋将削弱压杆承载力,但倾斜角度较小对承载力的削弱也相对较小。美国《公路桥梁设计规范》[22]5.6 表明容许应力折减系数与拉杆和压杆之间的角度 α 以及钢筋应变 ε_s 有关,该折减系数可表示为:

$$\frac{1}{0.85\{0.8 + 170[\varepsilon_s + (\varepsilon_s + 0.002)\cot^2\alpha]\}} \leqslant 1.0$$

由于

$$\varepsilon_s = \frac{500/1.15}{200 \times 10^3} = 0.0022$$

且 $\alpha = 88.7°$,该折减系数仅为 0.98。

根据 2-2/附录 J 布置抗滑移钢筋

为了满足 2-2/条款 J.104.1(105)对边缘钢筋抗滑移的要求,y 方向需要的钢筋面积为:

$$\frac{11.5 \times 10^6/2}{500/1.15} = 13225\text{mm}^2$$

上述钢筋必须分布在 2.0/tan 30° = 3.46m 的长度上。这相当于沿着桥墩向下第一个 3.46m 布置 23 ×2 根 ϕ20 水平钢筋,钢筋中心距为 150mm。考虑到已经在拉杆 1 中配筋,可减少上述配筋面积。在任何情况下桥墩都需要箍筋来控制早龄期混凝土的温度裂缝。在 x 方向也需要配置与之数量相当的钢筋,但必须在 1.3/tan 30° = 2.25m 的较短距离内分布。假定在整个截面周长都布置了 y 方向的钢筋,则墩柱将布置 15 ×4 肢 ϕ16 抗剪钢筋,钢筋中心距为 150mm。考虑到上面 x 方向的抗裂钢筋,可以将这种抗剪钢筋减小。这种抗剪钢筋布置没有在如图 6.7-5 中展示。

防止边缘处钢筋滑移而需要额外配置的钢筋不能用作其他效应(例如以上拉压杆模型、抗剪或防止早期开裂)所需要的钢筋。显然,这种额外配筋面积会很多,在英国国家附件中可能会放宽该项标准的要求。

6.8 疲劳

本节讨论的规定在 EC2-2 的 6.8 中给出。损伤等效应力计算在 2-2 /附录 NN 的注中给出。

6.8.1 验算条件

在桥梁的使用年限内，持续的公路或铁路交通荷载将在桥梁构件中产生大量重复的循环荷载。钢材（钢筋和预应力筋）和混凝土构件在大量的重复循环荷载作用下容易出现疲劳损伤。因此，***2-2/条款6.8.1(102)***要求对受到常规循环荷载的结构和构件进行疲劳评估。此外，该条款的注给出了一些通常不需要进行疲劳验算的情况，如下所示： *2-2/条款 6.8.1 (102)*

- 人行天桥，除了那些对风荷载十分敏感的构件。最通常的风致疲劳情况为涡旋脱落。EN 1991-1-4 包含了风致疲劳。
- 最小覆盖土层为 1.0m（公路桥梁）或 1.5m（铁路桥梁）的埋入式拱结构和框架结构。这里假定拱具有一定埋深，这表明跨度也应该是与之相关的。
- 基础。
- 与桥梁上部结构非刚性连接的桥墩和柱。在本文中"刚性连接"是指能传递弯矩的连接，因为铰接通常不会产生较大的循环活载应力幅。
- 公路或铁路路堤的挡土墙。
- 与桥梁上部结构非刚性连接的桥梁（空心桥台板除外）。
- 预应力筋和普通钢筋在频遇荷载组合和P_k（很可能是$P_{k,inf}$）作用下，压应力仅出现在混凝土最外侧纤维。这是因为钢筋的应变及应力幅很小，此时混凝土仍保持在受压状态。

国家附件可能给出其他规定。

6.8.2 疲劳验算的内力和应力

2-1-1/条款6.8.2(1)P 要求在忽略混凝土抗拉强度且假定混凝土开裂的情况下计算混凝土应力。必要时应考虑剪力滞效应（参见 2-1-1/条款 5.3.2.1）。***2-1-1/条款6.8.2(2)P***还要求在计算钢筋应力时考虑预应力筋和普通钢筋粘结性能的不同。这会导致钢筋的计算应力比使用开裂弹性截面分析计算的应力更大，这种增加通过 2-1-1/式(6.64)给出的系数 η 来考虑。 *2-1-1/条款 6.8.2(1)P* *2-1-1/条款 6.8.2(2)P*

2-1-1/条款6.8.2(3)要求在进行抗剪钢筋设计时进行疲劳验算，这是英国的一项新的验算。根据桁架比拟方法使用压杆倾角θ_{fat}计算钢筋受力。在疲劳验算时，使用真实的应力评估疲劳应力幅是很重要的。因此，最好使得该倾角大于承载能力极限设计所假定的倾角［在 2-1-1/条款 6.2.3(2) 要求的角度极限内］，因为在倾角达到承载能力极限状态的倾角之前构件会发生塑性重分布，这使构件受力得到优化，钢筋中的应力会减小。因此θ_{fat}可以取为： *2-1-1/条款 6.8.2(3)*

$$\tan\theta_{fat} = \sqrt{\tan\theta} \leqslant 1.0 \qquad 2\text{-}1\text{-}1/(6.65)$$

其中,θ 是在承载能力极限状态下剪切设计时混凝土压杆与梁轴线之间的夹角。对于与水平轴倾角为 α 的抗剪钢筋,钢筋的应力可通过重新调整 2-1-1/式(6.13)得到,因此:

$$\Delta\sigma_{s} = \frac{\Delta V \cdot s}{A_{sw}z(\cot\theta_{fat} + \cot\alpha)\sin\alpha} \tag{D6.8-1}$$

此处 ΔV 是剪力的变化量。

6.8.3　作用组合

为了进行 EC2 中的疲劳验算,需要将施加的荷载分为非循环荷载和会引起疲劳效应的循环荷载。最基本的非循环荷载组合由 EN 1992-1-1 中的式(6.66)和(6.67)定义,与正常使用极限状态下的频遇组合一致。然后,用循环荷载和非循环荷载的最不利效应组合来确定应力幅——见 2-1-1/式(6.68)和式(6.69)。

非循环荷载与部分循环荷载效应叠加产生的钢筋平均应力如图 6.8-1 所示。平均应力是很重要的,因为它确定了一个构件的应力在循环荷载作用下是否会反号。在图 6.8-1 中,对于一个给定的循环荷载,在较小的平均拉应力作用下,钢筋的应力幅较小,因为部分循环荷载会在混凝土中产生压应力,从而减小了该部分循环荷载作用下钢筋的应力。

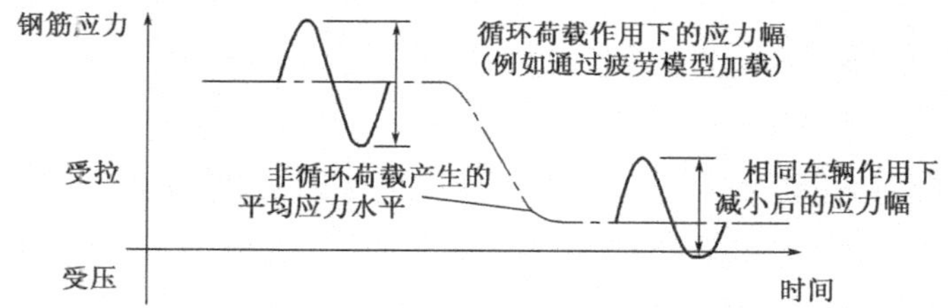

图 6.8-1　在不同平均应力水平下的相同循环荷载下钢筋疲劳验算应力幅

6.8.4　钢筋和预应力筋的验算步骤

钢筋疲劳失效的循环加载次数是每个加载循环在钢筋中产生的应力和钢筋类型的函数。由于应力幅($\Delta\sigma$)与失效的循环加载次数(N)呈指数关系,它们之间的关系通常用 $\log\Delta\sigma$-$\log N$ 曲线图表示。这类曲线通常被称为 S-N 曲线。

2-1-1/条款 6.8.4(1)

2-1-1/条款6.8.4(1) 规定钢筋和预应力筋在单个应力幅 $\Delta\sigma$ 的循环作用下产生的损伤可以通过相应的 S-N 曲线确定。钢筋的 S-N 曲线形式如图 6.8-2 所示。预应力筋的 S-N 曲线与之类似,与之不同的是取 0.1% 残余应变对应的应力作为屈服应力。2-1-1/表 6.3N 和 6.4N 分别基于合适的 S-N 曲线给出了钢筋和预应力筋的推荐值。国家附件可能会对这些推荐参数进行修改。

根据 2-1-1/条款 6.8.4(1)和 2-1-1/条款 2.4.2.3(1)计算应力幅时所有的疲劳荷载需要考虑分项系数$\gamma_{F,fat}$,$\gamma_{F,fat}$的值在国家附件中定义了,EC2 中的推荐值为 1.0。N^* 次循环作用下的抵抗应力幅 $\Delta\sigma_{Rsk}$ 在 2-1-1/表 6.3N 和表 6.4N 中给出,它同样要除以材料安全系数$\gamma_{s,fat}$。2-1-1/条款 2.4.2.4(1)给出的材料安全系数推荐值为 1.15。

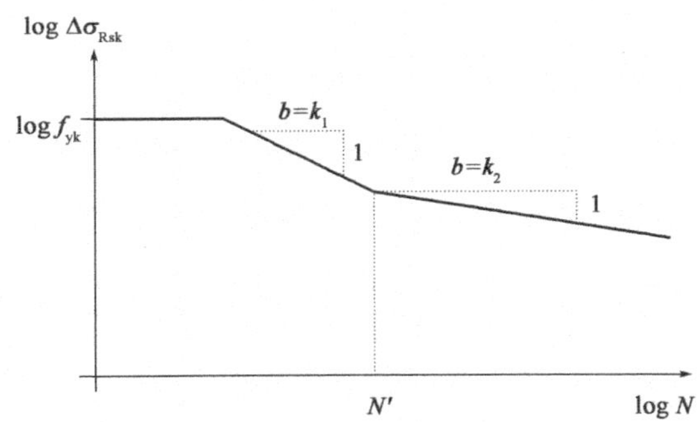

图 6.8-2　钢筋典型的疲劳强度曲线(S-N 曲线)

混凝土桥梁设计的实际疲劳评估中,钢构件在设计年限内会受到不止一种应力幅作用。***2-1-1/条款6.8.4(2)***允许通过线性累积损伤计算处理多个幅值情况,被称为 Palmgren-Miner 求和。 *2-1-1/条款 6.8.4(2)*

$$D_{\mathrm{Ed}} = \sum_i \frac{n(\Delta\sigma_i)}{N(\Delta\sigma_i)} < 1.0 \qquad 2\text{-}1\text{-}1/(6.70)$$

式中:$n(\Delta\sigma_i)$——应力幅值为 $\Delta\sigma_i$ 的循环加载的次数;

$N(\Delta\sigma_i)$——应力幅值为 $\Delta\sigma_i$ 的抗循环次数,也就是疲劳失效的加载循环次数。

对于大多数桥梁,上述计算很复杂。因为每个构件的应力通常随随机经过的车辆谱而变化。如果在设计时就知道了加载模式,那么根据上述过程就可以分析公路桥梁或铁路桥梁的细部设计。这包括在桥梁整个设计使用年限内每个车道或轨道所经过每种类型车辆的重量和数量,以及每个车道或轨道间荷载的相互联系。在大多数情况下这需要冗长的计算。

作为 2-1-1/式(6.70)的备选方法,2-1-1/条款 6.8.5 允许公路桥梁和铁路桥梁分别使用 EN 1991-2 中的荷载模型 3 和荷载模型 71,用于减小疲劳评估计算的复杂性。这种简化计算假定虚拟的车辆/列车单独造成疲劳损伤。然后通过一个系数调整车辆加载得出的计算应力,从而得到一个应力幅,该应力幅与在桥梁设计使用年限内实际的车辆荷载引起的 N 次循环荷载产生的应力幅相同。该应力称为损失等效应力,在 6.8.5 中讨论。

2-1-1/条款6.8.4(3)要求,预应力筋或普通钢筋承受疲劳荷载作用时,计算的应力不应超过该钢材的设计屈服强度,因为 EC2 不考虑循环荷载作用下的塑性。 *2-1-1/条款 6.8.4(3)*

2-1-1/条款6.8.4(5)涉及对现有结构的评估,严格来说这超出了 EC2 的范围,所以包含这部分内容有些奇怪。其对腐蚀的提法并没有明确说明腐蚀的程度和性质(例如,一般腐蚀或点腐蚀),因此通过单个应力值来涵盖所有情况是存在疑问的。然而,在新建结构中并没有考虑这种腐蚀。 *2-1-1/条款 6.8.4(5)*

2-2/条款6.8.4(107)规定位于截面内的体外预应力筋和无结粘结预应力筋不进行疲劳验算。这是因为这些预应力筋在使用荷载下的应变和应力变化很小。 *2-2/条款 6.8.4(107)*

然而,截面外的体外预应力筋应考虑疲劳,因为这些预应力筋中应力的波动可能比较大。这些情况见 EN 1993-1-11。

6.8.5　采用损伤等效应力幅进行验算

2-1-1/条款 6.8.5(1)
2-1-1/条款 6.8.5(2)
2-1-1/条款 6.8.5(3)

如 ***2-1-1/条款6.8.5(1)*** 和 ***2-1-1/条款6.8.5(2)*** 所述,在损伤等效应力幅方法中,实际N^*次循环加载的单个应力幅值用$\Delta\sigma_{s,equ}(N^*)$表示,它与桥梁设计使用年限内实际交通作用引起的损伤相同。如实例 6.8-1,钢筋和预应力筋的这种应力幅可以根据 2-2/附录 NN 计算。***2-1-1/条款6.8.5(3)*** 给出了针对钢筋、预应力筋和连接装置的验算公式:

$$\gamma_{F,fat}\Delta\sigma_{s,equ}(N^*) \leqslant \frac{\Delta\sigma_{Rsk}(N^*)}{\gamma_{s,fat}} \qquad 2\text{-}1\text{-}1/(6.71)$$

式中:$\Delta\sigma_{s,equ}(N^*)$——损伤等效应力幅的近似值(通过$N^*$个循环换算),见 2-2/附录 NN;

$\Delta\sigma_{Rsk}(N^*)$——按照 2-1-1/表 6.3N 或表 6.4N 给出的 *S-N* 曲线计算N^*次循环下的抵抗应力幅。

2-1-1/式(6.71)不适用于混凝土疲劳验算。2-2/附录 NN3.2 给出了一种铁路桥梁混凝土等效损伤验算方法,但是对于公路桥梁没有给出类似的验算方法。对于公路桥梁,混凝土可以通过 2-2/条款 6.8.7 的方法进行验算,见实例 6.8-2。

实例 6.8-1:公路混凝土桥梁的损伤等效应力幅

对一座 2m×30m 两跨混凝土连续梁桥,使用损伤等效应力方法,对一座 2m×30m 两跨混凝土连续梁的正弯矩区和负弯矩区纵向钢筋进行疲劳验算。这座桥梁有 3 个车流量较大的机动车道。由荷载模型 3 引起的应力幅为 75MPa(正弯矩区)和 40MPa(中间支座处负弯矩区)。假定该桥梁设计年限为 100 年,桥梁路面条件良好。

(1)首先考虑正弯矩区

对于跨内截面,根据 2-2/附录 NN.2.1(101)荷载模型 3,轴重应乘以 1.4。这得出了应力幅 $\Delta\sigma_{s,Ec} = 1.40\times75 = 105\text{MPa}$。在这种情况下,根据 2-1-1/条款 6.8.3的荷载组合,这个增加的应力幅仍然没有引起应力反号(即在循环过程中没有引起纯压),所以按这种方式乘以系数获得应力幅是可以接受的。如果应力出现反号,在确定应力幅时,就有必要考虑这种非线性反应。

由 2-2/图 NN.2 可知,对于直钢筋和 30m 长的影响线(曲线 3a),$\lambda_{s1} = 1.19$。

由 2-2/附录(NN.103)可知,$\lambda_{s,2} = \overline{Q}\times\sqrt[k_2]{N_{obs}/2.0}$,由 EN 1992-2 表 4.5 可知,$N_{obs} = 2.0\times10^6$。

由 2-1-1/表 6.3N 可知,对于直钢筋 $k_2 = 9$。行车道交通通常可以看成“长距离”交通,所以由 2-2/表 NN.1 可知,$\overline{Q} = 1.0$。

因此

$\lambda_{s,2}=1.0\times\sqrt[9]{2.0/2.0}=1.0$

根据 2-2/附录（NN. 104）：

$\lambda_{s,3}=\sqrt[k_2]{N_{\text{Years}}/100}=\sqrt[9]{100/100}=1.0$

根据 2-2/附录（NN. 105）：

$$\lambda_{s,4}=\sqrt[k_0]{\frac{\sum N_{\text{obs},i}}{N_{\text{obs},1}}}$$

根据 EN 1991-2 表 4.5 得$N_{\text{obs},1}=2.0\times10^6$，EN 1991-2 条款 4.6.1(3)的注 1 表明该值为快车道的值，对于慢车道可以将 EN 1991-2 表 4.5 中的N_{obs}降低 10%。因此$N_{\text{obs},2}=N_{\text{obs},3}=0.2\times10^6$，因此：

$$\lambda_{s,4}=\sqrt[9]{\frac{2.0+0.2+0.2}{2.0}}=1.02$$

（EN 1991-2 国家附件可能修改快车道上的车辆数量。）

对于粗糙度良好的表面（如路面养护良好的高速公路）$\phi_{\text{fat}}=1.2$。

根据 2-2/附录（NN. 102）：

$\lambda_s=\phi_{\text{fat}}\lambda_{s,1}\lambda_{s,2}\lambda_{s,3}\lambda_{s,4}=1.2\times1.19\times1.0\times1.0\times1.02=1.457$

因此，根据 2-2/附录（NN. 101），$\Delta_{\sigma s,\text{equ}}=\Delta\sigma_{s,\text{Ec}}\lambda_s=105\times1.457=\mathbf{153MPa}$。

根据 2-1-1/表 6.3N，对于直钢筋，$N^*=10^6$，$\Delta\sigma_{\text{Rsk}}(10^6)=162.5\text{MPa}$。

根据 2-1-1/式(6.71)：

$\gamma_{\text{F,fat}}\Delta\sigma_{s,\text{equ}}(N^*)=1.0\times153=153\text{MPa}$

$\dfrac{\Delta\sigma_{\text{Rsk}}(N^*)}{\gamma_{s,\text{fat}}}=162.5/1.15=141.3\text{MPa}<153\text{MPa}$，因此正弯矩区疲劳强度不足。

（2）中间支座处负弯矩区

对于支座处截面，考虑疲劳荷载模型车辆轴重，计算出的应力幅应乘以 1.75。上面(1)中关于非线性的注在此处适用（此处应力符号发生变化）。

根据附录 NN，负弯矩区影响线的长度在这里取跨径长度 30m。在 2-2/图 NN.1 中，对于直钢筋和 30m 主影响线长度（曲线 3），$\lambda_{s,1}=0.98$：

同上文，$\lambda_{s,2}=1.0$；

同上文，$\lambda_{s,3}=1.0$；

同上文，$\lambda_{s,4}=1.02$；

同上文，$\phi_{\text{fat}}=1.2$。

根据 2-2/附录（NN. 102）：

$\lambda_s=\phi_{\text{fat}}\lambda_{s,1}\lambda_{s,2}\lambda_{s,3}\lambda_{s,4}=1.2\times0.98\times1.0\times1.0\times1.02=1.20$

并且因此根据 2-2/附录(NN.101),$\Delta\sigma_{s,equ} = \Delta\sigma_{s,Ec}\lambda_s = 70 \times 1.20 = \mathbf{84MPa}$。

此外,根据 2-1-1/表 6.3N,对于直钢筋,$N^* = 10^6$,$\Delta\sigma_{Rsk}(10^6) = 162.5MPa$。

根据 2-1-1/式(6.71):

$\gamma_{F,fat}\Delta\sigma_{s,equ}(N^*) = 1.0 \times 84 = 84MPa$

$\frac{\Delta\sigma_{Rsk}(N^*)}{\gamma_{s,fat}} = 162.5/1.15 = 141.3MPa > 84MPa$,因此在中间支座处的负弯矩区段有足够的疲劳强度。

6.8.6 其他验算方法

2-1-1/条款 6.8.6(1)和(2)给出了钢筋和预应力筋疲劳验算的备选规定。这些规定旨在替代用于验算疲劳强度的 2-1-1/条款 6.8.4 或 6.8.5。

2-1-1/条款 6.8.6(1)

2-1-1/条款6.8.6(1) 规定如果在荷载基本组合和循环荷载频遇组合联合作用下,非焊接钢筋应力幅小于k_1,焊接钢筋应力幅小于k_2,则认为钢筋或预应力筋的疲劳性能满足要求。k_1和k_2的值可能在国家附件中给出,EC2 中的推荐值分别为 70MPa 和 35MPa。循环荷载频遇组合的含义没有在 EC2 中被给出,但是它基于 EN 1991-2 疲劳荷载模型进行计算。假定情况如此,通常最好使用 2-2/附录 NN 进行损伤等效应力计算,因为该附录也使用了 EN 1991-2 的疲劳荷载模型,得出的结果会更经济。

2-1-1/条款 6.8.6(2)

2-1-1/条款6.8.6(2) 允许通过频遇荷载组合直接计算应力幅,从而避免需要通过疲劳荷载模型或使用交通量数据计算应力幅。但是,采用上述建议的容许应力幅意味着构件很少能通过验算。

2-1-1/条款 6.8.6(3)

当预应力混凝土结构中使用焊接接头或拼接装置,***2-1-1/条款6.8.6(3)*** 要求在接头 200mm 范围内预应力筋和普通钢筋在频遇荷载组合作用下(考虑预应力时,预应力平均值应乘以折减系数k_3)不受拉。k_3的值在国家附件中被定义,EC2 中的推荐值为 0.9。该值在英国国家附件中增加到 1.0(γ_{sup}和γ_{inf}以同样的方式由 2-1-1/条款 5.10.9 定义)来限制考虑的正常使用极限状态和疲劳设计荷载工况的数量。这个限制确保了这些细部设计的应力幅在大多数循环作用下保持在一个较小的范围内,因为混凝土通常保持受压状态。

6.8.7 在受压或剪切条件下的混凝土疲劳验算

2-2/条款 6.8.7(101)

2-2/条款6.8.7(101) 给出的混凝土疲劳验算的一般规定要求像 2-1-1/条款 6.8.4 那样,通过交通量数据进行累计损伤叠加。对于铁路桥梁,可以通过使用 2-2/附录NN 中简化的损伤等效应力验算来避免冗长的计算过程。但是,不论附录还是 2-2/条款 6.8.7(101)本身,都没有给出适合公路桥梁的方法。

2-1-1/条款 6.8.7(2)

作为一种更简便的备选方法,***2-1-1/条款6.8.7(2)*** 给出了一种基于非循环荷载用于静力设计的保守的验算方法:

$$\frac{\sigma_{c,max}}{f_{cd,fat}} \leqslant 0.5 + 0.45\frac{\sigma_{c,min}}{f_{cd,fat}} \qquad \text{2-1-1/(6.77)}$$

但当f_{ck}≤50MPa 时，上式左边≤0.9；当f_{ck}>50MPa 时，上式左边≤0.8。式中：

$\sigma_{c,max}$——频遇荷载组合作用下最大压应力(受压为正)；

$\sigma_{c,min}$——在$\sigma_{c,max}$相同位置，频遇荷载组合作用下的最小压应力，如果$\sigma_{c,min}$为负(受拉)应取 0；

$f_{cd,fat}$——混凝土设计疲劳抗压强度，在标准中定义为：

$$f_{cd,fat} = k_1\beta_{cc}(t_0)f_{cd}\left(1 - \frac{f_{ck}}{250}\right) \qquad \text{2-2/(6.76)}$$

式中：k_1——在国家附件中定义的系数，EC2 给出的 k_1 的推荐值为 0.85；

$\beta_{cc}(t_0)$——2-1-1/条款 3.1.2(6)中第一次循环荷载作用下的混凝土强度系数；

t_0——第一次循环荷载作用时混凝土的龄期，即活载第一次作用时混凝土的龄期；

f_{cd}——混凝土抗压强度设计值。此处α_{cc} = 1.0，k_1 = 0.85，k_1起到了类似考虑持续荷载的作用。

对于公路混凝土桥梁，这种混凝土疲劳验算的备选方法不太可能控制设计，除非桥梁跨径很短并且混凝土应力主要由活载产生。因此，通常采用这种简化验算是合适的。EC2 没有给出混凝土应力计算的指导。忽略混凝土受拉的假定是偏安全的。

2-1-1/条款6.8.7(3) 允许上述混凝土简化验算方法应用于受剪并需要配置抗剪钢筋的构件压杆中。因为存在穿过这些压杆的横向拉力(见本指南 6.5)，必须通过折减系数 ν 减小$f_{cd,fat}$，见 2-1-1/条款 6.2.2(6)的定义，因此验算变为： *2-1-1/条款 6.8.7(3)*

$$\frac{\sigma_{c,max}}{\nu f_{cd,fat}} \leqslant 0.5 + 0.45\frac{\sigma_{c,min}}{\nu f_{cd,fat}} \qquad \text{(D6.8-2)}$$

当抗剪钢筋与水平方向的倾角为 α 时，将 2-1-1/式(6.14)重新排列得到以下公式后可以计算出钢筋混凝土梁的应力 $\sigma_{c,max}$和 $\sigma_{c,min}$：

$$\sigma_c = \frac{V_{Ed}}{b_w z}\left(\frac{1 + \cot^2\theta}{\cot\theta + \cot\alpha}\right) \qquad \text{(D6.8-3)}$$

V_{Ed}是在频遇荷载组合下的相关剪力，其他的符号含义见 2-1-1/条款 6.2.3 的规定。混凝土应力随压杆角度 θ 减小而增加，因此，在这种情况下，与 2-1-1/式(6.65)给出的更大的压杆倾角θ_{fat}相比，基于承载能力极限状态下的压杆倾角 θ 进行上述计算是更保守的。

对于受剪但不需要配置抗剪钢筋的构件，***2-1-1/条款6.8.7(4)*** 给出了假定满足受剪疲劳承载力的下列表达式： *2-1-1/条款 6.8.7(4)*

当 $\dfrac{V_{Ed,min}}{V_{Ed,max}} \geqslant 0$ 时，$\dfrac{|V_{Ed,max}|}{|V_{Rd,c}|} \leqslant 0.5 + 0.45\dfrac{|V_{Ed,min}|}{|V_{Rd,c}|}$　　2-1-1/(6.78)

但是，当f_{ck}≤50MPa 时，上式左边≤0.9；当f_{ck}>50MPa 时，上式左边≤0.8：

当 $\dfrac{V_{Ed,min}}{V_{Ed,max}} < 0$ 时，$\dfrac{|V_{Ed,max}|}{|V_{Rd,c}|} \leqslant 0.5 - \dfrac{|V_{Ed,min}|}{|V_{Rd,c}|}$　　2-1-1/(6.79)

式中:$V_{Ed,max}$——在频遇荷载组合下最大剪力的设计值;

$V_{Ed,min}$——在频遇荷载组合下,出现 $V_{Ed,max}$ 处横截面对应的最小剪力设计值;

$V_{Rd,c}$——由 2-2/式(6.2.a)得到的抗剪承载力设计值。

实例 6.8-2:公路混凝土桥梁的混凝土疲劳验算

验算实例 6.8-1 中正弯矩区和负弯矩区受压混凝土的疲劳强度。假定采用开裂截面弹性分析方法,在频遇荷载组合下正弯矩区顶部和负弯矩区底部受压混凝土的最大和最小应力如下:

	最大应力$\sigma_{c,max}$(MPa)	最小应力$\sigma_{c,min}$(MPa)
(1)正弯矩截面(顶部纤维应力)	4.0	1.0
(2)负弯矩截面(底部纤维应力)	4.5	0.7

假定桥面板采用快速硬化、普通强度水泥。混凝土强度等级为 C35/C45。

因为已计算出频遇荷载组合下的最大和最小纤维应力,必须满足 2-1-1/式(6.77):

$$\frac{\sigma_{c,max}}{f_{cd,fat}} \leqslant \begin{cases} 0.5 + 0.45\dfrac{\sigma_{c,min}}{f_{cd,fat}} \\ 0.9, \text{当} f_{ck} \leqslant 50\text{MPa 时} \end{cases}$$

式中,根据 2-2/式(6.76):$f_{cd,fat} = k_1\beta_{cc}(t_0) f_{cd}(1 - f_{ck}/250)$,其中 $k_1 = 0.85$(推荐值)。

这里保守地假定施工车辆在混凝土桥梁龄期为 7d 时过桥,因此第一次循环荷载的加载龄期为$t_0 = 7\text{d}$。一般而言,不会这么早施加荷载。

根据式 2-1-1/条款 3.1.2(6):$\beta_{\infty}(t) = e^{s(1-\sqrt{28/t})}$

根据 2-1-1/条款 3.1.6(1)规定,对于快速硬化、普通强度的水泥,$s = 0.25$。

$f_{cd} = \alpha_{cc} f_{ck}/\gamma_c = 1.0 \times 35/1.5 = 23.33\text{MPa}$

(对于疲劳,取 $\alpha_{cc} = 1.0$,见正文)

因此

$\beta_{cc}(7) = e^{0.25\times(1-\sqrt{28/7})} = 0.7788$

且 $f_{cd,fat} = 0.85 \times 0.7788 \times 23.33 \times (1 - 35/250) = 13.3\text{MPa}$

最终的验算如下:

(1)正弯矩截面

$\sigma_{c,max}/f_{cd,fat} = 4.0/13.3 = 0.30$

该结果≤0.9 并且满足$\leqslant 0.5 + 0.45\sigma_{c,min}/f_{cd,fat} = 0.5 + 0.45 \times 1.0/13.3 = 0.53$。因此,在跨中正弯矩截面有足够的抗疲劳承载力。

(2)负弯矩截面

$\sigma_{c,max}/f_{cd,fat} = 4.5/13.3 = 0.34$

该结果≤0.9 且满足$\leqslant 0.5 + 0.45\sigma_{c,min}/f_{cd,fat} = 0.5 + 0.45 \times 0.7/13.3 = 0.52$,因此,在中支点负弯矩截面具有足够的抗疲劳承载力。

6.9　膜单元

当使用线弹性有限元分析混凝土桥梁时会出现一个问题，那就是结果都是以单元各个方向上的应力来表示的，然而标准中的抗剪规定都是用内力来表示的，例如剪力和弯矩。这适用于 EC2 中 6.1 和 6.2 分别给出的弯曲和剪切规定。***2-2/条款6.109（101）*** 中介绍的膜单元规定提供了一种直接根据二维线弹性有限元模型的应力进行设计的方法。2-2/条款 6.109 中的应力的符号约定见图 6.9-1。该规定还与附录 LL 中的夹层模型一起用于平面外弯曲和扭转的构件。附录 MM 给出了受剪切和横向弯曲的箱梁腹板设计的具体建议。 ***2-2/条款 6.109（101）***

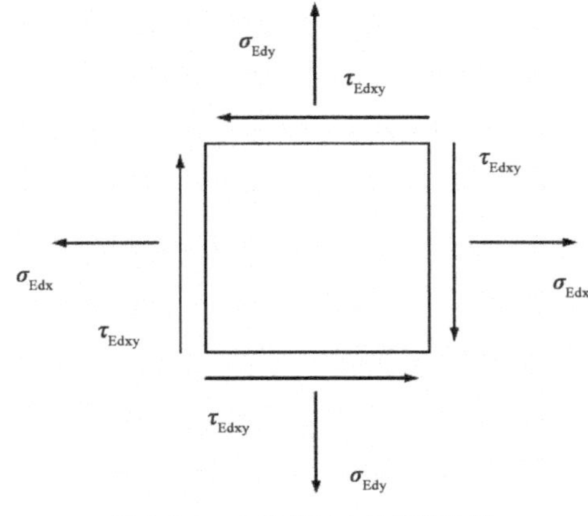

图 6.9-1　在膜单元中的符号约定

应注意的是，在可能使用构件的其他承载力计算公式（如 6.2 中的剪切模型）的情况下使用这些膜单元规定通常会导致计算出的承载力较低。这是因为膜规定没有考虑横截面塑性重分布，也没有考虑用于导出其他构件承载力计算规定的试验的有益结论。

为了设计钢筋并验算混凝土的压应力，***2-2/条款6.109（102）*** 要求采用基于塑性下限理论求出下限解，2-2/附录 F 给出了钢筋设计的方程。但是，附录 F 中对正应力的符号约定与 2-2/条款 6.109 和图 6.9-1 不同（在附录 F 中受压为正，但是在 2-2/条款 6.109 中受压为负）。因此下面对附录 F 中的式（F.8）～式（F.10）进行了修改，以使其与图 6.9-1 兼容： ***2-2/条款 6.109（102）***

$$\rho_x\sigma_{sx} = |\tau_{Edxy}|\cot\theta + \sigma_{Edx} \leqslant \rho_x f_{yd,x} \quad (D6.9\text{-}1)$$

$$\rho_y\sigma_{sy} = |\tau_{Edxy}|\tan\theta + \sigma_{Edx} \leqslant \rho_y f_{yd,y} \quad (D6.9\text{-}2)$$

$$\sigma_{cd} = -|\tau_{Edxy}|(\tan\theta + \cot\theta) \leqslant \sigma_{cd,max} \quad (D6.9\text{-}3)$$

σ_s和f_{yd}分别为每个方向上的配筋率、钢筋应力和钢筋屈服强度。θ 为假定的塑性受压区与 x 轴的夹角。附录 F 和以上公式很大程度上局限于在分析模型中钢筋方向必须与 X 和 Y 方向一致（尽管使用莫尔圆可以将钢筋的输出应力场旋转成与 X、Y 方向一致）并且钢筋不可以倾斜。当钢筋倾斜时，需要修改公式或者使用类似于下限法的方法计算。对于倾斜钢筋修改后的方程组放在实例 6.9-1 之后。在没有面内轴力或剪力时，如果需要为带有或不带有倾斜钢筋的板进行配筋设计,可以使用诸如参考文献 19、20 和 21 中的方法,前提是在必要时进行了下文讨论的混凝土压应力场验算。

2-2/附录 F 中式(F.2) ~ 式(F.7)给出了一些计算公式,这些计算公式优化了最小配筋率的规定(如果最大的压应力数值比剪应力小,取 $\tan\theta = 1$,否则取 $\tan\theta = |\tau_{Edxy}/\sigma_{Edx}|$。然而,根据 2-2/条款 6.109,这些优化方程通常是无效的,因为优化后的角度可能在下面的容许范围之外。

2-2/条款 6.109(103)

由于混凝土的延性有限,所以不可能无差别地应用塑性下限理论,因此 ***2-2/条款6.109(103)*** 中设定了假定的塑性压应力方向角度 θ 与不开裂弹性主压应力方向角度θ_{el}之间的偏差限值。(这与本指南讨论的理想化拉压杆模型的定性要求类似。)两个角度都按与 x 轴的倾角计算。如果两个主应力都为拉应力,则使用较小的主拉应力确定θ_{el}。θ_{el}可以由书本中的公式或者莫尔圆进行计算,见实例 6.9-1。在承载能力极限状态下,2-2/条款 6.109(103)将$|\theta - \theta_{el}|$限制为不超过 15°。此外,当塑性压应力场方向与弹性主压应力方向偏离时,混凝土的容许应力减小。原则上来说,这与大多数通过各种渠道获得的拉压杆模型建议一致,尽管在 EC2-2 中的强度折减很大。

然而,对压力场角度的限制有时会导致与 EC2-2 中的其他承载力模型相冲突。如在 6.2 中的剪切桁架模型,其容许的 $\cot\theta$ 限值为 2.5,在中性轴处(仅剪应力存在)对应于$|\theta - \theta_{el}| = 23.2°$。在这种情况下,剪切试验表明压杆压溃时的抗剪承载力并不随角度变化。角度的限制以及 $\theta = \theta_{el}$的使用还导致其他异常现象,见实例 6.9-1。一般而言,在两种选择都可行的情况下,应优先建立承载力模型而不是使用膜规定。

根据式(D6.9-3)计算的压应力不应超过应力极限值,该应力极限值取决于弹性主应力的计算以及假定的压应力场方向。EC2-2 明确了 3 种极限情况。在所有情况下,为了使 2-2/条款 3.1.6 中直接持续受压的情况和 2-2/条款 6.2 中混凝土剪切压溃极限情况相兼容,在定义f_{cd}时取$\alpha_{cc} = 1.0$。

(a)对于单轴或双轴受压和受剪切,如果弹性分析最大和最小主应力σ_1和σ_2都为压应力,则在混凝土应力场中最大容许压应力为:

$$\sigma_{cd,max} = 0.85 f_{cd} \frac{1 + 3.80\alpha}{(1 + \alpha)^2} \qquad \text{2-2/(6.110)}$$

其中 $\alpha = \sigma_2/\sigma_1$,如果$\sigma_{Edx}$和$\sigma_{Edy}$都为压应力且$\sigma_{Edx}\sigma_{Edy} \geq \tau_{Edxy}^2$则上式适用。在这种情况下不需要配筋,见 2-1-1/附录 F.1(3)。此时设计压应力为最大主压应力,因为式(D6.9-3)将不适用。

(b)如果至少有一个主应力是拉应力,且根据 $\theta = \theta_{el}$ 由式(D6.9-1)和式(D6.9-2)确定的钢筋应力均小于或等于屈服强度,混凝土的最大容许压应力受钢筋影响,表达式如下:

$$\sigma_{cd,max} = f_{cd}\left[0.85 - \frac{\sigma_s}{f_{yd}}(0.85 - \nu)\right] \qquad \text{2-2/(6.111)}$$

其中，σ_s是钢筋的最大拉应力，且 $\nu=0.6(1-f_{ck}/250)$。因此容许压应力范围为 $0.85f_{cd}$（没有拉力穿过受压带，这与受弯矩和轴力作用构件设计时的容许应力 $0.85f_{ck}/1.5$ 一致）至 νf_{cd}（存在钢筋屈服拉力穿过受拉带，这与剪切构件设计时的容许应力 νf_{cd}一致）。

（c）如果钢筋是根据 $\theta=\theta_{el}$使用式（D6.9-1）和式（D6.9-2）设计的，则混凝土的最大容许压应力为：

$$\sigma_{cd,max}=\nu f_{cd}(1-0.032|\theta-\theta_{el}|) \qquad 2\text{-}2/(6.112)$$

这种折减非常明显，并且比 2-2/条款 6.2 中的剪切桁架模型更保守，在剪切桁架模型中，不管压杆倾角是多少，始终可以将容许应力取为 νf_{cd}。当压杆角度偏离弹性受压角且钢筋没有被充分利用时，没有给出增加 2-2/式（6.112）中混凝土受压极限应力的措施。

总的来说，如果使用 $\theta=\theta_{el}$进行钢筋设计，且钢筋应力达到屈服强度，则混凝土受压极限应力为 νf_{cd}。如果必要时为了得到令人满意的钢筋应力分布，使得 θ 与θ_{el}不相等，则混凝土受压极限应力小于 νf_{cd}。因此总是有必要计算θ_{el}来确定混凝土受压极限应力。实例 6.9-1 将说明这些膜单元规定的使用及其局限性。本指南附录 M 给出了这些规定在受剪切和横向弯曲的腹板设计中的应用。

实例 6.9-1：膜单元规定的应用

以下应力情况使用图 6.9-1 的符号约定（压应力为正）。混凝土单元采用强度等级为 C40/50 的混凝土，厚度为 400mm。钢筋的 $f_{yd}=435$MPa。计算在一系列应力场情况下 x 和 y 方向上所需要的钢筋，并且验算混凝土受压区是否满足要求。

（1）双轴压缩和剪切

假定已经获得了以下应力：

$\sigma_{Edx}=-20$MPa

$\sigma_{Edy}=-4$MPa

$\tau_{Edxy}=7$MPa

图 6.9-2a）中，最大和最小主应力为 −22.6MPa 和 −1.4MPa，因此混凝土处于全受压状态（这也可以预估得到，$\sigma_{Edx}\sigma_{Edy}\geqslant\tau_{Edxy}^2\rightarrow 20\times4=80\geqslant7^2=49$）。

主应力的比值为：$\alpha=\sigma_2/\sigma_1=1.4/22.6=0.06$。由 2-2/式（6.110）可得：

$$\sigma_{cd,max}=0.85f_{cd}\frac{1+3.80\alpha}{(1+\alpha)^2}$$

$$=0.85\times1.0\times\frac{40}{1.5}\times\frac{1+380\times0.06}{(1+0.06)^2}=24.8\text{MPa}>22.6\text{MPa}$$

（注：本例中 $\sigma_{cd,max}=0.93f_{cd}$，并且如前文讨论 $\alpha_{cc}=1.0$。）

混凝土的强度满足要求，并且不需要布设钢筋。

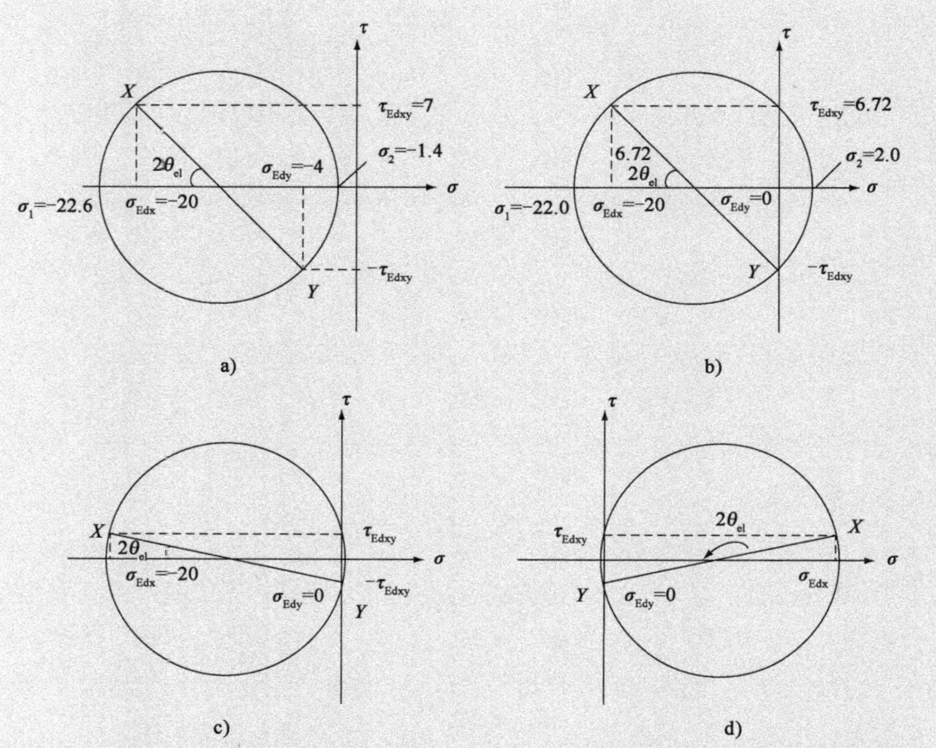

图 6.9-2　实例 6.9-1 中的应力莫尔圆

(2)单轴压缩和剪切(腹板-翼板纵向剪切验算)

假定已经获得以下应力:

$\sigma_{\mathrm{Edx}} = -20\mathrm{MPa}$

$\sigma_{\mathrm{Edy}} = 0\mathrm{MPa}$

$\tau_{\mathrm{Edxy}} = 6.72\mathrm{MPa}$

以上剪应力是根据 2-1-1/条款 6.2.4 规定的翼缘-腹板剪切规定得到的最大容许应力,压杆倾角采用$\theta_{\mathrm{f}} = 45°$,得到混凝土压溃时的最大承载力,计算如下:

由 2-1-1/公式(6.21)可得:

$$\frac{A_{\mathrm{sf}} f_{\mathrm{yd}}}{s_{\mathrm{f}} h_{\mathrm{f}}} = \rho_{\mathrm{y}} f_{\mathrm{yd}} = \tau_{\mathrm{Edxy}} = 6.72\mathrm{MPa}$$

所以配筋率 $\rho_{\mathrm{y}} = 6.72/435 = 0.0154$。因此所需的横向钢筋为:

$0.0154 \times 400 = 6.16\mathrm{mm}^2/\mathrm{mm}$

由 2-1-1/公式(6.22)可知,在 $\theta_{\mathrm{f}} = 45°$的情况下,达到混凝土承载力时的剪应力为:

$$\nu f_{\mathrm{cd}}/2 = \frac{0.6(1 - 40/250) \times 40/1.5}{2} = 6.72\mathrm{MPa}$$

该结果等于施加的剪切应力，因此，混凝土应力刚好满足（根据本指南的3.1.6，对于剪应力 $\alpha_{cc}=1.0$）。角度的变化将减少横向抗剪钢筋，但也会降低混凝土压溃时的承载力，因此混凝土将会出现过大的压力。

使用膜单元规定重复验算过程，并且取塑性压力场的角度为其弹性分析时的角度。

根据图 6.9-2b)，最大和最小主应力为 -22MPa 和 2.0MPa：

$$2\theta_{el}=\tan^{-1}\left[\frac{6.72}{\frac{1}{2}(20-0)}\right]=33.90°\text{，因此 }\theta_{el}=16.95°$$

$$\rho_x\sigma_{sx}=|\tau_{Edxy}|\cot\theta+\sigma_{Edx}=6.72\times\cot16.95°-20=2.05\text{MPa}$$

$$\rho_y\sigma_{sy}=|\tau_{Edxy}|\tan\theta+\sigma_{Edx}=6.72\times\tan16.95°+0=2.05\text{MPa}$$

假定钢筋达到屈服强度，因此每个方向的配筋率为：$\rho=2.05/435=0.00475$，这与 $0.00475\times400=1.90\text{mm}^2/\text{mm}$ 的配筋效果相同。因此横向钢筋的数量要比由 2-1-1/条款 6.2.4 计算的钢筋数量少，但仍需要配置一些纵向钢筋：

$$\sigma_{cd}=-|\tau_{Edxy}|(\tan\theta+\cot\theta)=-6.72\times(\tan16.95°+\cot16.95°)=-24.1\text{MPa}$$

假定在上述配筋率情况下，钢筋达到屈服强度，由 2-2/式(6.111)可得混凝土容许应力为：

$$\sigma_{cdmax}=\nu f_{cd}=0.6(1-40/250)\times\frac{40}{1.5}=13.44\text{MPa}\ll24.1\text{MPa}$$

因此混凝土的抗压承载力不够。改进混凝土的验算有 3 种可能的选择：

(a)通过增加钢筋数量来减小混凝土应力，根据 2-2/式(6.111)混凝土承载力可以增加但是不超过：

$$\sigma_{cdmax}=0.85f_{cd}=0.85\times\frac{40}{1.5}=26.67\text{MPa}<24.1\text{MPa}$$

所以，让混凝土压应力场角度等于弹性主应力角度的做法会导致混凝土破坏。

(b)如果按照 2-2/条款 6.2.4 的规定，将混凝土压应力场角度取 45°，验算所需的钢筋数量和混凝土压应力将会和 2-2/条款 6.2.4 中的一样，因此，“表面上”结果能够通过验算。然而，这种做法在 2-2/条款 6.109(103)中是不允许的，因为最大容许偏差角度 $|\theta-\theta_{el}|=45°-16.95°=28.05°>15°$。

(c)如果压应力场角度在弹性分析角度的基础上增加到容许的最大角度 15°，则 $\theta=15°+16.95°=31.95°$，故

$$\sigma_{cd}=-|\tau_{Edxy}|(\tan\theta+\cot\theta)$$
$$=-6.72\times(\tan31.95°+\cot31.95°)=-14.97\text{MPa}$$

这个应力发生了很大的减小。但是，由 2-2/式(6.112)可知容许压应力也会减小，因此：

$$\sigma_{\text{cdmax}} = \nu f_{\text{cd}}(1 - 0.032 \mid \theta - \theta_{\text{el}} \mid)$$
$$= 0.6(1 - 40/250) \times 40/1.5 \times (1 - 0.032 \times 15)$$
$$= 6.99\text{MPa} \ll 14.97\text{MPa}$$

混凝土压应力场角度等于弹性角,首先在小剪应力的情况下推导确定钢筋的表达式。根据图 6.9-2c):

(3)单轴受压

假定已经获得以下应力:

$\sigma_{\text{Edx}} = -20\text{MPa}$

$\sigma_{\text{Edy}} = 0\text{MPa}$

$\tau_{\text{Edxy}} = 0\text{MPa}$

$\tan 2\theta_{\text{el}} = \dfrac{2\tau_{\text{Edxy}}}{-\sigma_{\text{Edx}}}$ 所以当 $\tau_{\text{Edxy}} \to 0\text{MPa}$ 时,$\tan\theta_{\text{el}} = \dfrac{\tau_{\text{Edxy}}}{-\sigma_{\text{Edx}}}$

(需要注意符号,确保 $\tan\theta$ 为正。)由式(D6.9-1)和式(D6.9-2)可以确定钢筋的数量如下:

$$\rho_x\sigma_{\text{sx}} = |\tau_{\text{Edxy}}|\cot\theta + \sigma_{\text{Edx}} = |\tau_{\text{Edxy}}|\frac{-\sigma_{\text{Edx}}}{\tau_{\text{Edxy}}} + \sigma_{\text{Edx}} = 0$$

当 $\tau_{\text{Edxy}} = 0\text{MPa}$ 时:

$$\rho_y\sigma_{\text{sy}} = |\tau_{\text{Edxy}}|\tan\theta + \sigma_{\text{Edy}} = |\tau_{\text{Edxy}}|\frac{\tau_{\text{Edxy}}}{-\sigma_{\text{Edx}}} + \sigma_{\text{Edy}} = \sigma_{\text{Edy}} = 0$$

压应力:

$$\sigma_{\text{cd}} = -\left|\tau_{\text{Edxy}}\right|(\tan\theta + \cot\theta) = -\left|\tau_{\text{Edxy}}\right|\left(\frac{\tau_{\text{Edxy}}}{-\sigma_{\text{Edx}}} + \frac{-\sigma_{\text{Edx}}}{\tau_{\text{Edxy}}}\right)$$
$$= \sigma_{\text{Edx}} = -20\text{MPa}$$

因此不需要配筋,可以通过 2-2/式(6.111)验算压应力极限:

$$\sigma_{\text{cdmax}} = f_{\text{cd}}\left[0.85 - \frac{\sigma_{\text{s}}}{f_{\text{yd}}}(0.85 - \nu)\right]$$
$$= 0.85 f_{\text{cd}} = 0.85 \times 40/1.5 = 22.67\text{MPa} > 20\text{MPa}$$

混凝土应力和预期的一样具有足够的强度。

(4)单轴拉伸

假定已经获得以下应力:

$\sigma_{\text{Edx}} = 5\text{MPa}$

$\sigma_{\text{Edy}} = 0\text{MPa}$

$\tau_{\text{Edxy}} = 0\text{MPa}$

取混凝土压应力场角度等于弹性角,首先剪应力较小的情况下推导确定钢筋的表达式,以说明不加选择地取 $\theta = \theta_{\text{el}}$ 会产生的问题。根据图 6.9-2(d):

当 $\tau_{Edxy} \to 0MPa$ 时，$\tan 2\theta_{el} = \tan\left(\pi - \frac{2\tau_{Edxy}}{\sigma_{Edx}}\right)$

因此，$\tan\theta_{el} = \tan\left(\pi/2 - \frac{\tau_{Edxy}}{\sigma_{Edx}}\right) = \frac{\sigma_{Edx}}{\tau_{Edxy}}$，根据三角法则 $\tau_{Edxy} \to 0MPa$

$$\rho_x\sigma_{sx} = |\tau_{Edxy}|\cot\theta + \sigma_{Edx} = |\tau_{Edxy}|\frac{\tau_{Edxy}}{\sigma_{Edx}} + \sigma_{Edx} = \sigma_{Edx} = 5MPa$$

由于 $\tau_{Edxy} = 0MPa$，类似地有：

$$\rho_y\sigma_{sy} = |\tau_{Edxy}|\tan\theta + \sigma_{Edx} = |\tau_{Edxy}|\frac{\sigma_{Edx}}{\tau_{Edxy}} + \sigma_{Edy} = \sigma_{Edx} + \sigma_{Edx} = 5MPa$$

因此在两个方向上所需的配筋情况为 $5.0/435 \times 400 = 4.60mm^2/mm$。这显然是不合理的，这是由 $\theta = \theta_{el}$ 导致的。如果假定压应力场角度为 45°（附录 F 推荐的角度，能够优化配筋效果），则仅在受拉的方向需要正确的配筋结果。压应力计算如下：

$$\sigma_{cd} = -|\tau_{Edxy}|(\tan\theta + \cot\theta) = -|\tau_{Edxy}|\left(\frac{\sigma_{Edx}}{\tau_{Edxy}} + \frac{\tau_{Edxy}}{\sigma_{Edx}}\right)$$

$$= -\sigma_{Edx} = -5MPa$$

尽管没有物理意义，但已满足要求。此处使用 $\theta = \theta_{el}$ 还是不尽如人意，因为 ***2-2/条款 F.1(104)*** 要求计算得到的钢筋用量不大于压应力场角度为 45°计算出的钢筋用量的两倍（这个钢筋用量仅适用于受拉方向）且不小于它的一半。但是，2-2/条款 6.109(103) 不允许角度取为 45°。 *2-2/条款 F.1(104)*

在具体算例中，上述问题可以通过在 15°范围内改变弹性角来克服。如果 $\theta = 85°$，则：

$$\rho_x\sigma_{sx} = |\tau_{Edxy}|\cot\theta + \sigma_{Edx} = 0 + 5 = 5MPa$$

$$\rho_y\sigma_{sy} = |\tau_{Edxy}|\tan\theta + \sigma_{Edy} = 0 + 0 = 0MPa$$

$$\sigma_{cd} = -|\tau_{Edxy}|(\tan\theta + \cot\theta) = 0MPa$$

正确的解是钢筋已屈服。本例旨在强调由于严格按照弹性受压角进行计算可能会出现的问题，这可能出现在使用电子表格软件自动执行计算的情况下。剪应力为 0 的情况可能比较理想化，但如果以较小的剪应力重复上述计算，则需要采用偏离弹性角的类似分析过程。

(5) 单轴拉伸（拉力在 *Y* 方向上）

假定已经得到以下应力值：

$\sigma_{Edx} = 0MPa$

$\sigma_{Edy} = 5MPa$

$\tau_{Edxy} = 0MPa$

这次压力场与 X 轴线的夹角为 0:

当 $\tau_{Edxy} \to 0\text{MPa}$ 时,$\tan 2\theta_{el} = \dfrac{2\tau_{Edxy}}{\sigma_{Edy}}$,因此 $\tan\theta_{el} = \dfrac{\tau_{Edxy}}{\sigma_{Edy}}$

如果 $\theta = \theta_{el}$,会出现与工况(4)一样不满足要求的配筋和压应力结果:

$$\rho_x\sigma_{sx} = |\tau_{Edxy}|\cot\theta + \sigma_{Edx} = |\tau_{Edxy}|\frac{\sigma_{Edy}}{\tau_{Edxy}} + \sigma_{Edx} = \sigma_{Edy} + \sigma_{Edx} = 5\text{MPa}$$

$$\rho_y\sigma_{sy} = |\tau_{Edxy}|\tan\theta + \sigma_{Edy} = |\tau_{Edxy}|\frac{\tau_{Edxy}}{\sigma_{Edy}} + \sigma_{Edy} = \sigma_{Edy} = 5\text{MPa}$$

$$\sigma_{cd} = -|\tau_{Edxy}|(\tan\theta + \cot\theta) = -|\tau_{Edxy}|\left(\frac{\tau_{Edxy}}{\sigma_{Edy}} + \frac{\sigma_{Edy}}{\tau_{Edxy}}\right) = -\sigma_{Edy} = -5\text{MPa}$$

可以采用与上述工况(4)中相同的修正方法。

斜筋

可以推导与式(D6.9-1)~式(D6.9-3)相类似的表达式用于计算斜筋的情况。Bertagnoli、G.、Carbone、V. I.、Giordano、L. 和 Mancini、G. 已推导出了这些公式,可惜的是,他们在 2003 年 6 月 1~2 日在米兰召开的 C. I 总理大会"第 2 届国际结构设计概念方法专业会议"上发表的公式出现了印刷错误,因此不能直接用。下文重新给出了修正错误后的公式,并且使参数含义与 EN 1992 中的定义相同。符号约定如图 6.9-3 所示。

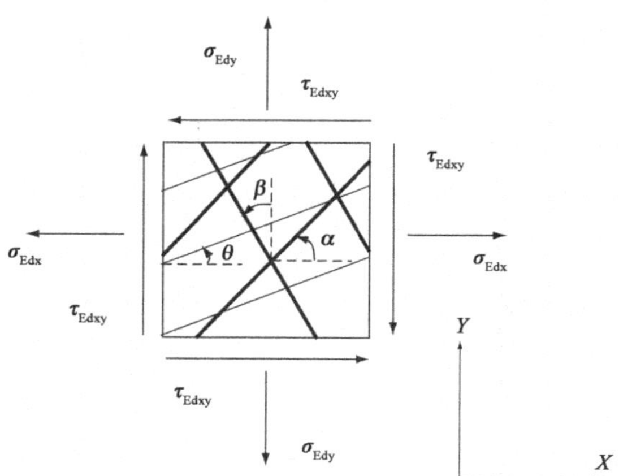

图 6.9-3　含有斜筋的膜单元符号约定

$$\rho_\alpha\sigma_{s\alpha} = \frac{\sigma_{Edx}\sin\theta\cos\beta - \sigma_{Edy}\cos\theta\sin\beta + \tau_{Edxy}\cos(\theta+\beta)}{\sin(\theta-\alpha)\cos(\alpha-\beta)} \quad (D6.9\text{-}4)$$

$$\rho_\beta\sigma_{s\beta} = \frac{\sigma_{Edx}\sin\theta\sin\alpha + \sigma_{Edy}\cos\theta\cos\alpha + \tau_{Edxy}\sin(\theta+\alpha)}{\cos(\theta-\beta)\cos(\alpha-\beta)} \quad (D6.9\text{-}5)$$

$$\sigma_{cd} = \sigma_{Edx} - \tau_{Edxy}\tan\theta - \rho_\alpha\sigma_{s\alpha}\cos(\theta-\alpha)\frac{\cos\alpha}{\cos\theta} + \rho_\beta\sigma_{s\beta}\sin(\theta-\beta)\frac{\sin\beta}{\cos\theta} \quad (D6.9\text{-}6)$$

使用上述公式时，遵守图 6.9-3 中的角度和应力符号的约定（逆时针为正）至关重要，并且塑性压应力场的方向 θ 与不开裂状态主压应力角度 θ_{el} 在同一个 X、Y 象限内。在式（D6.9-1）和式（D6.9-3）中不需要角度的符号约定，因为在剪应力项中使用了绝对值符号，θ 的取值始终为正。

第 7 章 正常使用极限状态

本章根据以下条款阐述了在 EN 1992-2 第 7 章中所涉及的构件的正常使用极限状态下的设计:

- 一般规定 *条款7.1*
- 应力限制 *条款7.2*
- 裂缝控制 *条款7.3*
- 挠度控制 *条款7.4*

附加章节 7.5 用于讨论早期温度裂缝。

7.1 一般规定

2-1-1/条款7.1(1)P

EN 1992-2 的第 7 章正常使用极限状态部分仅包含了与上述条款 7.2 ~ 7.4 相关的内容。***2-1-1/条款7.1(1)P*** 指出,其余的一些正常使用极限状态内容也十分重要,EN 1990/A2.4 也不约而同地这么认为。这些内容包括了分项系数、服务标准、设计状况、舒适度、铁路桥梁变形以及轨道交通安全性标准。它的大部分条款都只是定性的,部分推荐值会在国家附件的相关注释中给出。

EN 1990 具有普遍适用性。在 EN 1990 的条款 6.5.3 中,正常使用极限状态的相关作用组合一般是频遇组合或准永久组合。这些组合都被 EC2-2 所采用,并在表 7.1 中给出了这些组合的一般形式以及使用的例子,第 2 章和 EN 1990 的附件 A2 为其中的表述和词汇提供详细解释。此外,EN 1990 的附件 A2 还明确了桥梁设计中的作用组合的具体规定(比如那些不需要同时考虑的作用)、组合系数推荐值以及分项安全系数。本指南的第 2 章在设计、分项系数的使用以及作用组合等方面给出了进一步的说明。

正如 EN 1990 的附件 A2 的建议,基于正常使用极限状态下的所有作用组合均采用了分项系数为 1.0 的假定,表 7.1 中的一般表达式得到简化,但是在国家附件中分项系数的取值可能变化。

EN 1992-2 在第 5 章中详细讨论了用于确定设计作用效应整体分析的适当方法。对于正常使用极限状态的验算,整体分析可能是在无应力重分布(条款 5.4)或非线性(条款 5.7)的弹性阶段进行。弹性整体分析是最常用的,并且通常不会也不必考虑裂缝的作用,见 5.4。

2-1-1/条款7.1(2) ***2-1-1/条款7.1(2)*** 中规定,假若相关作用组合下的弯曲拉应力未超过混凝土

有效抗拉强度 $f_{ct,eff}$，则允许将不开裂的混凝土横截面用于应力与挠度的计算。$f_{ct,eff}$的值可以取 f_{ctm}或 $f_{ctm,fl}$，但不管怎样都应与最小受拉钢筋量的值保持一致（见 7.3）。在计算裂缝宽度和拉伸硬化效应时，$f_{ct,eff}$应取 f_{ctm}。

正常使用极限状态下的作用组合　　表 7.1

作用组合	注　释	通用表达式
标准组合	将各作用值进行标准组合，作用值大小取为在结构的设计基准期内荷载值概率分布下某一固定（很小）超越概率的分位值；例如，此组合适用于钢筋应力验算，因为钢筋的非弹性变形在其服役期间的任何时刻都是不可取的	$\Sigma G_{k,j}+P+Q_{k,1}+\Sigma\psi_{0,i}Q_{k,i}$
频遇组合	将各作用值进行频遇组合，作用值大小取为，在结构的设计基准期内荷载值概率分布下，大约有少许几周的时间出现比此更大的荷载，例如，此组合可用于有粘结的预应力桥梁的开裂及消压验算	$\Sigma G_{k,j}+P+\psi_{1,1}Q_{k,1}+\Sigma\psi_{1,i}Q_{k,i}$
准永久组合	将各作用值进行准永久组合；作用值大小取为，在结构的设计基准期内荷载值概率分布下，大约有 50% 的时间出现比此更大的荷载，也就是说这是一个基于事件变化的均值量。例如，此组合适用于，以平均裂缝宽度影响耐久度，而非历史上曾出现的最大裂缝宽度为理论基础的钢筋混凝土构件裂缝宽度验算	$\Sigma G_{k,j}+P+\psi_{2,1}Q_{k,1}+\Sigma\psi_{2,i}Q_{k,i}$

7.2　应力限制

桥梁结构中的应力要加以限制，以保证在正常使用条件下，设计模型中的假定仍保持有效（比如线弹性行为），同时还要避免情况恶化，比如混凝土剥落或引发耐久性下降的过大裂缝。对于持久状态设计状况，一般会在桥梁刚投入使用产生微小徐变的情况下，对其进行应力检查，并待收缩徐变都已彻底完成后再进行检查。但这会影响预应力结构的预应力损失和钢筋混凝土结构的应力和裂缝宽度计算的弹模比。其实很有必要在第一次检查时就考虑部分长期收缩效应，因为大约有一半的长期收缩效应会在混凝土养护完的前三个月出现。下面讨论了考虑徐变的有效混凝土模量的计算。

2-1-1/条款7.2（1）P 要求对混凝土中的压应力也加以限制，以避免纵向裂缝、 ***2-1-1/条款7.2(1)P***
微裂缝或过度徐变。前两者会导致耐久性的下降。***2-2/条款 7.2（102）***通过要求 ***2-2/条款7.2(102)***
在标准组合下的应力值不超过 $k_1 f_{ck}$来控制纵向裂缝（对于环境暴露条件等级为 XD、XF 或 XS 的区域），此处 k_1 为国家定义参数，其推荐值为 0.6。条款还明确表示，如果采取了具体措施［比如增大混凝土保护层（在第 4 章讨论的最小值基础上）或设置横向钢筋］，则限值可以适当加大。横向约束钢筋的巩固作用，可以量化为使容许应力提升 10%，但这在国家附件中可能会有所不同。EC2-2 中没有这类横向钢筋的具体设计方式，但 2-2/条款 6.5 中的拉压杆法则与此指南中 6.5 的内容是相关的。这样的横向钢筋在低应力状态下可以在限制受压裂缝宽度方面产生显著效果。

微裂缝主要产生在混凝土中压应力超过 70% 抗压强度的地方。鉴于上文已经给出控制纵向裂缝的限值,因此也就不必再设置相应标准来控制微裂缝。

2-1-1/条款 7.2(3)

2-1-1/条款7.2(3) 解决了 2-2/条款 3.1.4(4)所涵盖的非线性徐变问题。在准永久组合下,压应力超过 $k_2 f_{ck}$ 的地方需要考虑非线性徐变,此处 k_2 是国家定义参数,其推荐值为 0.45。2-2/条款 3.1.4(4)也给出了相同的极限应力,但该条款不受不同国家标准差异的影响,因此必须优先考虑。

2-1-1/条款 7.2(4)P

2-1-1/条款 7.2(5)

2-1-1/条款7.2(4)P 要求对钢筋与预应力束的应力加以限制,来保证在正常使用状态下不会发生塑性变形,因为塑性变形会使混凝土出现过大的裂缝,并且还不符合在 EC2 中计算裂缝和挠度的基本假定。***2-1-1/条款7.2(5)*** 要求在标准组合下,钢筋的拉应力不应超过 $k_3 f_{yk}$。同时强制变形处的拉应力不应超过 $k_4 f_{yk}$,尽管在强制变形处很少有拉应力单独存在的情况。预应力束的拉应力平均值不应超过 $k_5 f_{pk}$。此处 k_3、k_4 和 k_5 是国家定义参数,推荐值分别为:0.8、1.0 和 0.75。间接作用下钢筋拉应力的较高应力极限反映了混凝土开裂时应力释放的能力。

以下方法可用来计算开裂的钢筋混凝土梁和板的应力。用于截面分析的混凝土模量取决于永久(长期)作用与可变(短期)作用的比值。短期模量是 E_{cm} 而长期模量是 $E_{cm}/(1+\phi)$。在长期作用和短期作用下,混凝土的有效弹性模量由下式计算:

$$E_{c,eff}=\frac{(M_{qp}+M_{st})E_{cm}}{M_{st}+(1+\phi)M_{qp}} \tag{D7-1}$$

此处 M_{st} 是短期作用组合下的弯矩值,同时 M_{qp} 是准永久作用组合下的弯矩值。中性轴高度和钢筋拉应变可以由基于平截面假定的弹性分析得出,见图 7.1 矩形混凝土梁应力图。

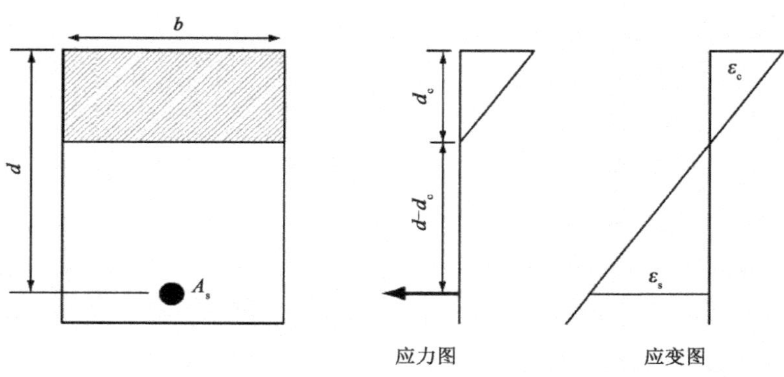

图 7.1　矩形梁应力图

应变

$$\varepsilon_s=\frac{d-d_c}{d_c}\varepsilon_c \tag{D7-2}$$

力

$$F_s=F_c$$

可得

$$A_s E_s \varepsilon_s=0.5bd_c\varepsilon_c E_{c,eff} \tag{D7-3}$$

将式(D7-2)代入式(D7-3)得到：

$$d_c = \frac{-A_s E_s + \sqrt{(A_s E_s)^2 + 2bA_s E_s E_{c,eff} d}}{bE_{c,eff}} \tag{D7-4}$$

在开裂截面位置，将全截面换算成钢筋单元后的截面惯性矩可以由图7.2中横截面得到：

$$I = A_s(d - d_c)^2 + \frac{1}{3}\frac{E_{c,eff}}{E_s}bd_c^3 \tag{D7-5}$$

弹性截面模量为：

混凝土 $$z_c = I/d_c \tag{D7-6}$$

钢筋 $$z_s = I/(d - d_c) \tag{D7-7}$$

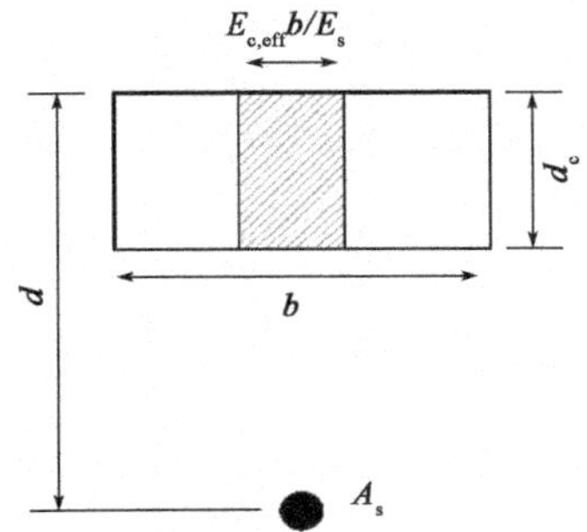

图7.2　受拉区混凝土退出工作

对于一个给定的弯矩 M_{Ed}，钢筋与混凝土的应力为：

混凝土 $$\sigma_c = \frac{M_{Ed}}{z_c}\frac{E_{c,eff}}{E_s} \tag{D7-8}$$

钢筋 $$\sigma_s = \frac{M_{Ed}}{z_s} \tag{D7-9}$$

应变为：

混凝土 $$\varepsilon_c = \frac{M_{Ed}}{z_c}\frac{1}{E_s} \tag{D7-10}$$

钢筋 $$\varepsilon_s = \frac{M_{Ed}}{z_s}\frac{1}{E_s} \tag{D7-11}$$

当翼缘受压且中性轴位于翼缘内时（此时 b 为翼缘的宽度），或当中性轴处于腹板内而翼缘全部处于受拉区（倒T梁，b 为腹板宽度）时，上式可同样应用于带翼缘的截面梁。

在实例7.1中阐述了验算应力的步骤。特别是，它在模量比计算中考虑了如何处理徐变效应。

实例 7.1:钢筋混凝土桥面板

一片钢筋混凝土桥面板,厚度为 250mm,混凝土强度等级为 C35/C45,其上荷载为横向正弯矩,在正常使用极限状态标准组合下的值为 85kN · m/m。这一弯矩作用由 15% 的自重、上部恒荷载产生的永久作用和 85% 的交通活荷载组成。最终计算结果表明需要在有效高度为 192mm 的位置处布置每延米 2100mm^2 的钢筋面积(直径 16mm,中心距 100mm)。正常使用极限状态的应力结果已和相关限值进行核对。

按照 2-1-1/条款 7.1(2),应首先验算截面是否开裂:

中性轴高度 $h/2 = 250/2 = 125\text{mm}$

截面惯性矩 $I = bh^3/12 = 1000 \times 250^3/12 = 1.302 \times 10^9 \text{mm}^4/\text{m}$

因此,此时在不开裂的截面的上方产生压应力,同时在不开裂的截面的下方产生拉应力:

$$\sigma_{\text{top}} = \sigma_{\text{bot}} = My/I = 85 \times 10^6 \times 125/1.302 \times 10^9 = 8.16\text{MPa}$$

由 2-1-1/表 3.1 得,对于 C35/45 混凝土,$f_{\text{ctm}} = 3.2\text{MPa} < \sigma_{\text{bot}}$,因此截面已经开裂。计算应力时应忽略受拉区混凝土。相关模数比 α_{eff} 主要取决于长期荷载与短期荷载的比值。

(a)首先,在桥梁刚投入使用时进行验算,假定最小徐变已经发生,因此所有作用均采用短期模量:

$E_s = 200\text{GPa}$,且由 2-1-1/表 3.1 知,$E_{\text{cm}} = 22\left[\left(\dfrac{f_{\text{ck}}+8}{10}\right)^{0.3}\right]$

可得:

$$E_{\text{c,eff}} = E_{\text{cm}} = 22 \times \left(\frac{35+8}{10}\right)^{0.3} = 34.08\text{GPa}$$

由式(D7-4)混凝土的受压区高度为:

$$d_c = \frac{-A_sE_s + \sqrt{(A_sE_s)^2 + 2bA_sE_sE_{\text{c,eff}}d}}{bE_{\text{c,eff}}}$$

$$= \frac{-2010 \times 200 \times 10^9 + \sqrt{(2010 \times 200 \times 10^9)^2 + 2 \times 1000 \times 2010 \times 200 \times 10^9 \times 34.08 \times 10^9 \times 192}}{1000 \times 34.08 \times 10^9}$$

$$= 56.53\text{mm}$$

由式(D7-5)得受拉区钢筋惯性矩为:

$$I = A_s(d-d_c)^2 + \frac{1}{3}\frac{E_{\text{c,eff}}}{E_s}bd_c^3$$

$$= 2010 \times (192 - 56.53)^2 + \frac{1}{3} \times \frac{34.08}{200} \times 1000 \times 56.53^3 = 47.15 \times 10^6 \text{mm}^4$$

由式(D7-8)得受压区边缘混凝土压应力为:

$$\sigma_c = \frac{M_{\text{Ed}}}{z_c}\frac{E_{\text{c,eff}}}{E_s} = \frac{85 \times 10^6}{47.15 \times 10^6/56.54} \times \frac{34.08}{200} = 17.37\text{MPa}$$

根据 2-2/条款 7.2(102),极限抗压强度 $= k_1 f_{ck} = 0.6 \times 35 = 21\text{MPa} > 17.37\text{MPa}$ 由式(D7-9)得钢筋应力为:

$$\sigma_s = \frac{M_{Ed}}{z_s} = 85 \times 10^6 \times (192 - 56.54)/(47.15 \times 10^6) = 244.2\text{MPa}$$

从 2-1-1/条款 7.2(5)得,极限拉应力 $= k_3 f_{yk} = 0.8 \times 500 = 400\text{MPa} > 244.2\text{MPa}$

(b)其次,待徐变充分发生后进行验算。用 2-1-1/条款 3.1.4 确定长期荷载的徐变系数,其值为 $\phi = 2.2$。这主要用来计算在由式(D7-1)所定义的特定的长期和短期作用比值下,混凝土的有效弹性模量:

$$E_{c,eff} = \frac{(M_{qp} + M_{st})E_{cm}}{M_{st} + (1+\phi)M_{qp}} = \frac{(0.15 + 0.85) \times 34.08}{0.85 + (1 + 2.2) \times 0.15} = 25.62\text{GPa}$$

重复上述(a)中计算步骤,由式(D7-4)得混凝土受压区高度为 63.50mm,同时由式(D7-5)得受拉区钢筋对截面的惯性矩为 $44.12 \times 10^6\text{mm}^4$。

由式(D7-8)得受压区边缘混凝土压应力为:

$$\sigma_c = \frac{M_{Ed}}{z_c}\frac{E_{c,eff}}{E_s} = \frac{85 \times 10^6}{44.12 \times 10^6/63.50} \times \frac{25.62}{200} = 15.67\text{MPa} < 21\text{MPa} \qquad \text{满足要求}$$

由式(D7-9)得钢筋应力为:

$$\sigma_s = \frac{M_{Ed}}{z_s} = 85 \times 10^6 \times (192 - 63.5)/(44.12 \times 10^6)$$

$$= 247.6\text{MPa} < 400\text{MPa} \qquad \text{满足要求}$$

此时徐变将减小混凝土应力并使钢筋应力有微小增加。

应力计算中温差的处理方式

对桥梁结构,由不均匀温度分布所引起的应力计算不容忽视。严格意义上说,这些应力(包括初始的由平衡条件得到的自应力和由挠度限制所产生的次应力)都应被囊括在上文所讨论的应力验算中。对于开裂截面,计算平衡应力的分析十分复杂并且需高次迭代。然而,开裂会导致刚度下降,截面的开裂会引发由温度产生的实质性的应力松弛。因此,一般在开裂截面忽略温度引起的自平衡应力,仅考虑次应力,这样做的结果通常满足要求。

在 2-2/条款 7.3 中,忽略温度引起的自平衡应力同样适用于钢筋混凝土裂缝宽度的计算,此时同样在桥梁构件的准永久作用组合中考虑温度。对预应力构件,在消压区处进行检查验算后(此时默认截面大体上不会开裂),应力计算应包含基本效应与次效应。这一举措与英国实际情况和英国的国家附件相一致。

7.3　裂缝控制

EN 1992-2 和 EN 1992-1-1 关于裂缝控制部分中符号使用的一致性较差,相同的符号在不同的条款中也许会有不同的意义。因此,需要在相关条款中使用正确的定义。

7.3.1 总体设计思路

2-1-1/条款 7.3.1(1)P *2-1-1/条款 7.3.1(2)*

2-1-1/条款7.3.1(1)P 规定,裂缝应限于不损害结构的正常运行或结构的耐久性或使其外观变形至不可接受的程度。然而,***2-1-1/条款7.3.1(2)*** 提醒人们,钢筋混凝土桥梁在弯曲、剪切、扭转或拉力作用下,开裂是不可避免的。开裂可能是由直接作用引起的,如车辆荷载,或是由于约束了强制变形,如收缩或温度位移而产生的。EC2 中的条款涵盖了这些原因引起的裂缝控制,并在本节中详细讨论。下文的 7.5 将讨论早期温度裂缝。除此之外,裂纹还可能由其他原因引起,如塑性收缩、钢筋腐蚀或膨胀化学反应(如碱-硅反应)等。***2-1-1/条款7.3.1(3)*** 指出,这种裂纹的控制超出 EC2 的范围,即使它们的宽度可能非常大。

2-1-1/条款 7.3.1(3)

2-1-1/条款 7.3.1(4) *2-2/条款 7.3.1(105)*

2-1-1/条款7.3.1(4) 和 ***2-2/条款7.3.1(105)*** 两者都基本需要选择设计裂缝宽度,使得裂缝不会损害结构的功能。裂缝通常是通过促使钢筋锈蚀或破坏其外观来破坏结构的功能。钢筋混凝土开裂与锈蚀的关系已被广泛研究。素混凝土自身的碱性用来保护钢筋防止其锈蚀。然而,这种保护会因碳化或氯化物的进入而被破坏。裂缝可以通过提供二氧化碳和氯离子接触钢筋的路径来加速这两个过程,裂缝的大小也会影响钢筋锈蚀的初始时间。结构中明显的裂缝势必引起公众的关注,因此应当谨慎地将裂缝宽度限制到不易察觉的尺寸。

出于对上述原因的考虑,在 2-2/表 7.101N 中对裂缝宽度加以限制,但这在国家附件中可能会发生变化。2-2/条款 7.3.1(105)指出,尽管依照裂缝宽度计算方法正确计算裂缝宽度,同时也遵守裂缝宽度的限制规定,理应能保证构件有足够的使用性能,但裂缝宽度计算值本身并不应被视为实际值。对于钢筋混凝土,建议在准永久荷载组合下进行裂缝宽度验算。当 EN 1990 附件 A2 的推荐值为 $\psi_2 = 0$ 时,这实际上已去掉了公路桥梁上的车辆荷载。然而,准永久组合的确考虑了温度作用。在验算钢筋混凝土构件的裂缝宽度时,仅考虑温差产生的次内力的影响,就如上文 7.2 所讨论的那样。当然,对于有粘结预应力构件,自平衡应力也应包括在消压验算中。

预应力束对锈蚀破坏比普通钢筋更敏感,主要是由于它们直径较小,且在正常情况下应力更高。因此,人们普遍认为,对预应力混凝土构件的锈蚀防护应有更严苛的规定。这反映在 2-2/表 7.101N 有粘结预应力构件的更严格的裂缝控制标准中,其还规定了对有粘结预应力构件消压验算的要求,并定义了在不同情况下需要进行消压验算的相关组合。对于环境暴露等级 XC2、XC3 和 XC4,应选择准永久组合;而对于等级 XD 和 XS,应选择频遇组合。***2-2/条款7.3.1(6)*** 规定:无粘结预应力构件以和钢筋混凝土构件相同的方式处理。

2-2/条款 7.3.1(6)

为了保护有粘结预应力束免于锈蚀,对于只有一个方向施加预应力的双向受力构件,比如预应力混凝土箱梁的桥面板,有必要在其与预应力方向正交的方向上设置更严格的裂缝标准,虽然 2-2/表 7.101N 和英国标准都未明确提及这一点。

消压极限验算要求在预应力束或预应力束管道周围一定距离内不得出现拉

应力，此距离的推荐值为 100mm。这就保证了不会出现裂缝，从而使得污染物不能直接通过裂缝路径接触到预应力束。100mm 的要求并非保护层厚度要求，而是意味着，如果保护层厚度小于 100mm 则其必须均处于受压状态。保护层的厚度只需满足 2-2/条款 4 的规定即可。反过来，混凝土保护层允许出现拉应力，只要预应力束或预应力束管道周围 100mm（或是国家附件中的修正值）内的混凝土处于受压状态即可。如果在消压验算时，发现最不利位置的预应力束已经破坏，那么在距预应力束的指定距离处的消压验算将变得十分烦琐。此外，尽管 2-2/表 7.101N 中未提及，如果在等级 XD 和 XS 的环境下未进行混凝土表面消压验算，那么在有钢筋存在的情况下仍应进行裂缝宽度验算。在构件的表面进行消压验算是更简单且趋于保守的。如果已进行裂缝宽度的验算，则对于钢筋混凝土结构可采用表 7.101N 中的标准。先张法预应力梁的应力验算见本指南 5.10 的实例 5.10-3。

对于深梁和一些几何不连续单元，需要对其进行拉压杆受力分析，仍需对其进行裂缝宽度验算。***2-1-1/条款 7.3.1（8）***允许这样确定的钢筋受力用于计算钢筋应力，并以 2-1-1/条款 7.3 的其余部分来验算裂缝宽度。***2-1-1/条款 7.3.1（9）***一般允许使用 2-1-1/条款 7.3.4 直接计算裂缝宽度，或根据 2-1-1/条款 7.3.3 对给定的裂缝宽度的容许钢筋应力进行验算。后者更简单，因为 2-1-1/条款 7.3.4 所需的许多参数都与梁的几何形状有关。如果在验算裂缝宽度时采用了拉-压杆模型，其结果只有在拉压杆模型是基于不开裂状态下的弹性应力迹线时才具有代表意义。这在 5.5.1 中已讨论，并在 2-1-1/条款 7.3.1（8）中被阐明。

2-1-1/条款 7.3.1（8）

2-1-1/条款 7.3.1（9）

2-2/条款 7.3.1（110）建议，在某些情况下应验算并控制腹板处的剪切裂缝。“某些情况”具体是何种“情况”并没有被定义，而 2-2/附录 QQ，这份被认为可以进一步参考的文件，除了隐含了需要对预应力构件进行验算的规定外，同样在这一部分显得比较模糊，也许部分原因是因为腹板的纵向压应力减小了混凝土在最大主拉应力方向上的拉应力。早期的英国设计标准没有要求对腹板中剪力造成的裂缝进行验算，但是承载能力极限状态下抗剪设计部分与 EC2 相比有两处不同。首先，达到更大的极限承载力是可能的，这也就意味着当混凝土的作用充分发挥时，箍筋需承担更多的力。其次，早期的抗剪设计是基于腹板压杆以 45°方向布置的桁架模型。由于 Eurocode 允许压杆旋转至较平坦的角度，在某些情况下，可以采用 EC2 来提供较少的箍筋来抵抗给定的剪切力，从而使在正常使用极限状态下产生的箍筋应力更大。

2-2/条款 7.3.1（110）

7.3.2　最小钢筋面积

在推导 7.3.3 中截面裂缝宽度和间距的表达式时，一个基本假定是，钢筋保持弹性。如果钢筋屈服，变形将集中在屈服发生的裂缝处，这时公式将不再适用。

对一个均匀受拉的截面，开裂所需要的力的大小为：$N_{cr}=A_c f_{ctm}$，此处 N_{cr} 为开裂荷载，A_c 为混凝土面积，f_{ctm} 为混凝土抗拉强度均值。由钢筋提供的抗拉强度为

$A_s f_{yk}$。为确保控制分布裂缝的发展,钢筋不能在第一条裂缝形成时屈服,即:

$$A_s f_{yk} > A_c f_{cm} \tag{D7-12}$$

2-2/条款 7.3.2(102)

除了均匀受拉外的其他情况,应对式(D7-12)做出改变。***2-2/条款7.3.2(102)***引入了一个参数 k_c,以解释不同类型的应力分布,当拉应力沿着截面高度减小时,这一参数具有减小钢筋面积的效果;还引入了另一个参数 k,以考虑当应变随着构件高度非线性地变化时,构件内部自平衡应力的影响。引起应变非线性变化的原因通常主要为收缩(外侧混凝土比内部混凝土收缩得更快)和温度差(外侧的混凝土比起内部的混凝土升温或降温得更快)。产生的自应力会在混凝土外侧纤维产生拉应力,这会导致混凝土在遭受远低于预期荷载的作用时开裂。这反过来也说明刚出现裂缝时只需少量的钢筋来承担荷载从而保证分布裂缝的出现。因此,引入系数 k 的目的就是考虑在产生自应力的区域对所需钢筋进行一定折减。这些应力在较深构件中更为显著,因此在较深构件中 k 值也较小。

最小钢筋面积由下式给出:

$$A_{s,min}\sigma_s = k_c k f_{ct,eff} A_{ct} \qquad \text{2-2/(D7.1)}$$

式中:$A_{s,min}$——受拉区最小钢筋面积;

A_{ct}——混凝土受拉区面积,拉伸区应作为混凝土截面的一部分,在第一条裂缝形成之前处于受拉状态;

σ_s——在第一条裂缝出现后钢筋的最大容许应力设计值,其通常需要分别满足 2-1-1/表 7.2N 或表 7.3N 的最大钢筋尺寸和钢筋间距要求;

$f_{ct,eff}$——第一次出现裂缝时有效混凝土抗拉强度的平均值,即 f_{ctm} 或是更低的值[$f_{ctm}(t)$],后者适用于裂缝出现在 28d 以内的情况,在许多情况下,占主导地位的变形是由于水化热的耗散导致的,此时裂缝可能在混凝土浇筑完成后 3 ~ 5d 内发生。***2-2/条款7.3.2(105)***要求,$f_{ctm}(t)$不得低于 2.9MPa,这个值与 C30/37 混凝土 28d 抗拉强度的平均值相一致。采用的抗拉强度平均值(而不是《模式规范90》中采用的更保守的上限标准值[6])被用来参考编写与早期欧洲做法相类似的最小钢筋用量的标准条款;

2-2/条款 7.3.2(105)

k——k 是一个考虑了非均布自平衡应力作用的系数,取值应为:当腹板高度$h \leqslant 300$mm或翼缘宽度小于 300mm 时,取 1.0;当腹板高度 $h \geqslant 800$mm或翼缘宽度大于 800mm 时,取 0.65;当腹板高度或者翼缘宽度处于 300mm 与 800mm 之间时采用线性插值确定 k 值。k 值总是可以保守地取 1.0;

k_c——考虑了开裂前瞬间应力实际分布和内力臂变化的系数,对于带翼缘截面梁的腹板和翼缘,应分别按 2-2/式(7.2)或 2-2/式(7.3)计算。这取决于作用在被验算截面上的直接应力均值(是拉伸还是压缩)。对于无轴力的矩形梁,应取 0.4。预应力的存在会使 k_c 值下降,见 2-2/式(7.2),而直接拉力作用会使 k_c 值增加。当然,k_c 取 1.0 肯定是保守的。值得注意的是,2-2/式(7.2)中包含了一个系数 k_1,这里的 k_1 在定义和值上面都与 2-1-1/式(7.2)和 2-1-1/条款 7.3.4中的不同。

对于带翼缘截面梁,比如 T 形梁或箱梁,2-2/条款 7.3.2(102)规定,对截面上的每一个部分都应满足最小配筋率的要求(比如,腹板和翼缘),同时,2-2/图 7.101展示了如何对截面进行划分;即腹板高度取构件全高。这样的划分方式直接影响了 2-2/式(7.2)和式(7.3)中的某些值,尤其是混凝土面积和混凝土应力平均值。

尽管 2-2/式(7.1)和 2-1-1/条款 9.2.1.1 中的最小配筋率规定存在明显的相似性,但前者是基于裂缝宽度限值考虑,而后者是基于截面开裂时保证钢筋不屈服考虑的。对应的两种验算都应进行且满足要求。

2-1-1/条款7.3.2(3) 允许任何有粘结预应力束位于有效受拉区来满足所需的最小配筋率要求以便控制裂缝,前提是它们位于待验算表面的 150mm 以内。则 2-2/式(7.1)变为: *2-1-1/条款7.3.2(3)*

$$A_{s,\min}\sigma_s + \xi_1 A_p \Delta\sigma_p = k_c k f_{ct,eff} A_{ct} \qquad (D.7\text{-}13)$$

A_p 是有效受拉区内先张或后张有粘结预应力束的面积 $A_{c,eff}$(见条款 7.3.4),同时 $\Delta\sigma_p$ 是自混凝土零应变状态变化至开裂状态的预应力束中的应力增量(例如至混凝土被消压状态时预应力束中的应力增量)。ξ_1 是考虑到预应力和钢筋的不同直径的粘结强度的调整系数,$\xi_1 = \sqrt{\xi\phi_s/\phi_p}$,其中:

ξ——预应力束粘结强度与普通钢筋粘结强度的比值,由2-1-1/条款 6.8.2 给出;

ϕ_s——普通钢筋中的最大直径;

ϕ_p——如果只采用了预应力束来控制裂缝,$\xi_1 = \sqrt{\xi}$,则 ϕ 为由 2-1-1/条款 6.8.2 得到的预应力束等效直径。

2-1-1/条款7.3.2(4) 规定,预应力构件中,如果在作用和预应力标准值的标准组合下混凝土最大拉应力控制在国家规定的限值 $f_{ct,eff}$ 内,则此处无需考虑最小配筋率要求。但这并不意味着在施加预应力前无需考虑与控制早期温度裂缝的钢筋相关的标准条款。 *2-1-1/条款7.3.2(4)*

7.3.3　不直接计算的裂缝控制

7.3.4 阐述了 EN 1992 中的裂缝宽度验算原理。然而,***2-2/条款7.3.3(101)*** 允许使用“简化方法”来控制裂缝,无需直接计算。同时允许国家附件来明确是何种方法,这显然不利于欧洲范围内标准的一致性。2-1-1/条款 7.3.3 中给出了推荐方法。对于这种推荐方法,***2-1-1/条款7.3.3(2)*** 要求通过在相应作用组合(见指南的7.1)下的开裂截面分析(见实例 7.1)来确定钢筋应力。同时还应使用与之 *2-2/条款7.3.3(101)* *2-1-1/条款7.3.3(2)*

相关的混凝土长期有效模量和短期有效模量且假定已满足最小配筋率要求。这种简化方法的一个优点就在于 2-2/条款 7.3.4 中对于非矩形截面的计算(比如下面讨论的圆形截面)。对许多参数定义的解释存在困难,而简化方法可以有效地避免该困难。

对于由直接作用所引起的裂缝(比如外力和弯矩),裂缝可以由 2-1-1/表 7.2N 或 2-1-1/表 7.3 中的钢筋极限应力值来进行控制。不必两者都满足,前者是基于钢筋直径设置钢筋极限应力而后者是基于钢筋间距。对于由约束造成的裂缝(例如由于徐变或温度作用),只能采用表 7.2N 的规定;裂缝必须通过钢筋尺寸来进行控制,以与计算得到的开裂后瞬间的钢筋应力相匹配。

表 7.2N 和 EN 1992-1-1 中的表 7.3N 是参考 2-1-1/条款 7.3.4 内裂缝宽度计算公式所衍生的数值研究来编写的,且将在下文叙述。这些数值研究均基于以下条件:钢筋混凝土矩形梁($h_{cr}=0.5h$),纯弯条件($k_2=0.5$,$k_c=0.4$),可靠的粘结钢筋($k_1=0.8$)和 C30/37 混凝土($f_{ct,eff}=2.9$MPa)。保护层边缘至受力钢筋质心的距离假定为 $0.1h$($h-d=0.1h$)。上述括号内的值取自 2-1-1/表 7.2N 的注 1 [h_{cr}和 h 见 2-1-1/条款 7.3.3(2),k_1 和 k_2 见 2-1-1/条款 7.3.4(3),k_c 见 2-2/条款 7.3.2(102)]。如下文所讨论的,也可以进行对其他几何形状截面的校正。

对于将这些表格应用于桥梁领域,一些国家一直议论颇多,因为这些表格主要参考了典型的建筑工程结构的保护层(特别是 25mm),然而桥梁的保护层通常会更厚些。从 7.3.4 和实例 7.3 中可知,保护层厚度对裂缝间距以及之后的裂缝宽度都有极大的影响。这些因素都导致桥梁结构中的裂缝宽度计算值偏大。这些议论是 Eurocode 允许各国自主选择计算方法的原因之一。然而,对于裂缝宽度计算中一些参数的更细致的争论似乎倾向于要将裂缝宽度计算的精确度提高到比恰好合理更高的高度。影响更大的一个因素是用来计算裂缝宽度的荷载组合,正如上文7.3.1提及的那样,有一个强有力的论据认为,通过指定足够的保护层厚度并通过将钢筋应力限制在屈服强度以下的某个合理值,可达到足够的耐久性。前者(明确保护层厚度)可以通过遵守 2-2/条款 4 达成,同时后者(限制钢筋应力)可以通过遵守 2-1-1/条款 7.3.3(2)和 2-1-1/条款 7.2(5)达成。

对于几何形状、荷载或混凝土强度等级与上述假定不符的构件,2-1-1/表 7.2N 中的最大钢筋直径需要进行严格的修正。

以下两方程为:

对于有部分截面受压的情况

$$\phi_s=\phi_s^*(f_{ct,eff}/2.9)\frac{k_c h_{cr}}{2(h-d)} \qquad \text{2-1-1/(7.6N)}$$

对于全截面受拉的情况

$$\phi_s=\phi_s^*(f_{ct,eff}/2.9)\frac{h_{cr}}{8(h-d)} \qquad \text{2-1-1/(7.7N)}$$

式中：ϕ_s——已校正钢筋的直径；

ϕ_s^*——2-1-1/表 7.2N 中给出的最大钢筋直径；

h——截面总高度；

h_{cr}——在准永久作用组合下考虑预应力标准值和轴力时，构件开裂前瞬时受拉区高度值；

d——有效高度，指最外层钢筋中心到受压区边缘的距离。这里的 d 并非是通用定义的 d，只是为了说明，当全截面受拉时，有效高度应算至一层钢筋的中心而非两层钢筋的中心。后者可能导致中心出现在构件高度中点处。通常情况下，d 为受拉区钢筋合力作用点至受压区边缘的高度，正如 2-1-1/图 7.1a）中所示那样，钢筋一共有两层。

2-1-1/条款 7.3.3（2）规定“应”（should）对钢筋直径做此类调整而早期 EN 1992-1-1原稿和《模式规范 90》[6]规定的是：“可”（may）。值得一提的是做出这样的调整对限制应力可能是有益的也可能是有害的，主要取决于所处的情况，因此“应”和“可”的区别就显得非常重要。“应”意味着只考虑受益方面，同时忽略其他会导致不利影响的情况，而“可”意味着既要考虑有益方面，也要考虑不利方面，很显然这样更烦琐。如此复杂的操作是否值得考虑是一个饱受争议的问题，正如上文提到的那样。在 EN 1994-2 中也有两张相同的限制钢筋应力的表格但其并不要求在裂缝宽度验算中对钢筋直径做出此类调整。一般来说，可以通过表 7.3N 来确定钢筋应力限值，从而避免对钢筋直径做出调整。对于 0.3mm 宽的裂缝，钢筋间距为 200mm 且钢筋直径大于 16mm 的情况，采用 2-1-1/表 7.3N 会趋于保守。

当拉压杆模型被用于确定钢筋应力时，对钢筋直径的调整是不实际的，因为所有的术语都与梁的性能有关。在这种情况下，直接使用 EN 1992-1-1 的表 7.2N 或表 7.3N 会比较合理。

2-1-1/式(7.6N)和 2-1-1/式(7.7N)中并没考虑保护层厚度差异的影响，而当使用 2-1-1/条款 7.3.4 中的直接计算方法时，这一差异却是决定裂缝宽度的最显著因素。钢筋混凝土板和矩形截面梁的计算结果表明，对于保护层厚度达到 35mm 的构件，EN 1992-1-1 的表 7.2N 和表 7.3N 中的裂缝宽度简化计算方式相较于 2-1-1/条款 7.3.4 中的精确计算方式显得更为保守。但是，经过对比，随着保护层厚度的增加，简化计算方式则显得越发不利。然而，考虑到两种裂缝宽度计算方式的精度都是有限的，同时较厚的保护层对耐久性会产生有利的影响（如上文所阐述的那样），对厚保护层构件，简化计算方式可能仍更容易被接受。在基于最大保护层厚度的 EN 1992 中没有明确的对简化方法应用的限制规定。

当构件中既有预应力束也有未张拉的普通钢筋时，预应力可以保守地转化为一个施加在截面上的等效荷载（忽略构件开裂后在预应力束内引起的应力增量），同时设计中考虑普通钢筋中的应力，默认受拉区混凝土退出工作。计算得到的钢筋应力可以用来与表中限值相比较。与未张拉普通钢筋相比较少的先张法预应力梁,此时其裂缝主要由有粘结预应力束自身进行控制。2-1-1/条款 7.3.3(2)的注允许使用表 7.2N 和表 7.3N ,同时将预应力束中的应力减去预应力损失完成后的初始应力作为预应力束中的总应力。这一值与预应力束在消压之后的应力增量值大致相同。

对于截面高度超过 1000mm 且受力主筋主要集中在一小部分高度处的梁,

2-1-1/条款 7.3.3(3)

2-1-1/条款7.3.3(3) 规定:需在受拉区范围内梁的其他几个侧面均匀地布置钢筋,并满足最小配筋率要求以控制裂缝。在桥梁设计中,在截面的周边布置钢筋以控制早期温度裂缝,这一举措比较普遍。与此同时钢筋用量还应满足 7.5 中的要求。

2-1-1/条款 7.3.3(4)

2-1-1/条款7.3.3(4) 还提到:在应力突变截面处出现过大裂缝是一个显著的隐患,如截面变化处,靠近集中荷载位置处,钢筋量减少处或像搭接端部这样的高粘结应力处。不过截面突变可以(通过采用渐变段)避免。同时遵守第 8 章和第 9 章中的钢筋细部设计规定,并且满足第 7 章中的裂缝控制规定,最终构件则会发挥令人满意的作用。

实例 7.2:钢筋混凝土桥面板中不直接计算的裂缝宽度及最小配筋率验算

再次使用实例 7.1 中 250mm 高的钢筋混凝土桥面板进行分析,采用相同的钢筋(直径为 16mm,中心距为 100mm,保护层厚度为 50mm)与混凝土强度等级(C35/45)。环境暴露等级为 XC3。使用 2-2/条款 7.3.3 中的方法(无直接计算)进行裂缝控制验算,同时根据 2-2/条款 7.3.2 进行最小配筋率验算。

2-2/表 7.101N 要求在准永久作用组合下,环境暴露等级为 XC3 的构件裂缝宽度不得超过 0.3mm。根据 EN 1990 的表 A.2.1,车辆作用的准永久值系数为 $\psi_2=0$,因此在裂缝宽度验算中不予考虑。温度作用的准永久值系数为 $\psi_2=0.5$,因此需要被考虑。然而,在基本自应力和温差产生的次内力中,只有温差产生的次内力被考虑。

为了方便,这里将采用与实例 7.1 中相同的弯矩值,即 85kN · m/m, 这个值由 15% 的永久作用和 85% 的瞬时作用组成。然而,此处的作用组成也许与上文所讨论的有很大不同;温度差异所产生的效应不太可能与车辆荷载所产生的效应一样严重。

从上述例子可得,正常使用极限状态下计算得到的钢筋应力为 247.6MPa。为了满足 2-2/条款 7.3.3,则需保证:

(1)最大钢筋直径必须限定在 12mm 以下(见 2-1-1/表 7.2N);

(2)最大钢筋间距必须限定在 190mm 以下(根据 2-1-1/表 7.3N 线性插值)。

16mm 直径与 100mm 中心距的规定符合上文(2)中钢筋间距限值(允许中心距为 100mm 的钢筋应力为 320MPa),这样的设计是可以接受的。同样,是否满足(1)中的限值也变得无关紧要。

另外,有必要验算钢筋用量是否满足2-2/条款7.3.2中所需的最小钢筋面积值。这在弯矩峰值处很少会起控制作用,但如果存在钢筋折断,这会在接近反弯点的位置起到控制作用。

由2-2/式(7.1)得:

$A_{s,min}\sigma_s = k_c k f_{ct,eff} A_{ct}$

A_{ct}是第一条裂缝出现前受拉区混凝土的面积。直至混凝土拉应力达到f_{ctm}前截面受拉区混凝土都处于弹性工作状态,因此,对于一个矩形截面,受拉区面积为板高的一半,即:

$A_{ct} = 250/2 \times 1000 = 125 \times 10^3 mm^2$

$f_{ct,eff} = f_{ctm}$,但不应小于2.9MPa,见2-2/条款7.3.2(105)。例如从2-1-1/表3.1查得C35/45混凝土的$f_{ctm} = 3.2MPa$,所以$f_{ct,eff} = 3.2MPa$。

对于高度不超过300mm的矩形截面梁,k值应为1.0且取1.0一般都是保守的。对于无轴向荷载的截面,即$\sigma_c = 0MPa$,2-1-1/式(7.2)将k_c降为$k_c = 0.4 \times (1-0) = 0.4$。

σ_s通常来说会以表7.2N(对于直径16mm的钢筋,240MPa)或表7.3N(对于钢筋中心距100mm,320MPa)中的最大容许应力值为基准。然而,对于最小钢筋用量的计算,很可能裂缝的发展主要因为约束,而不是荷载,因此,此处使用的表7.2N中的值需要与2-1-1/条款7.3.3(2)的注相一致。所以,$\sigma_s = 240MPa$,假定钢筋直径为16mm,可得:

$A_{s,min} = 0.4 \times 1.0 \times 3.2 \times 125 \times 10^3 / 240 = 667 mm^2/m$

16mm直径钢筋按中心距为100mm的方式布置,其面积为$A_s = 2010mm^2/m$,只要超过了这个最小值,那么设计就是充分的。单从最小钢筋量方面考虑,可以在低弯矩区域适当增加钢筋间距或减小钢筋直径,但是后续的裂缝控制和承载能力极限状态验算都会在这些区域有钢筋量的需求。

7.3.4 直接计算的裂缝宽度控制

这里介绍了EN 1992裂缝宽度计算的原理,首先考虑了相对简单的单向钢筋混凝土柱体受拉的情况,如图7.3所示。当构件最薄弱位置处的拉应力达到抗拉强度时构件便会出现第一条裂缝。如图7.3所示,裂缝会影响裂缝所在的局部位置应变分布从而导致应力重分布。在开裂处,所有的拉应力均由钢筋承担。自裂缝处朝着远离裂缝的方向,拉应力不断通过粘结由钢筋传递至混凝土,因此,在距裂缝L_e长度的位置处,应力分布较开裂前未发生变化。在这个位置处,钢筋和混凝土的应变相同,且混凝土中的拉应力刚好低于抗拉强度。由于开裂造成的局部应力重分布会对构件产生一个拉伸作用,这会促使裂缝的发展。裂缝也会使构件的刚度降低。

随着拉应力的增长,第二条裂缝会在后续最薄弱的位置产生。由于与第一条裂缝相关的区域中混凝土应力的降低,第二条裂缝将不会出现在距第一条裂缝 L_e 距离范围内。随着拉应力继续增长,裂缝的数量会增长直至某处裂缝间的最大间距达到 $2L_e$。随后,裂缝数量不会增加但是荷载会使裂缝宽度扩大,此时为“稳态”裂缝。构件刚度进一步降低,截面朝着完全开裂的方向发展,此时在受拉区将只考虑受拉钢筋的作用,受拉区混凝土退出工作。

EC2 中裂缝宽度的计算公式是基于上文所叙述内容而推导的。而裂缝宽度计算的原理正是源于裂缝间距相等的这一段距离内钢筋与混凝土中存在拉应变差。裂缝宽度值 w 由 ***2-1-1/条款7.3.4(1)*** 给出:

2-1-1/条款 7.3.4(1)

$$w_k = s_{r,\max}(\varepsilon_{sm} - \varepsilon_{cm}) \qquad 2\text{-}1\text{-}1/(7.8)$$

式中:w_k——裂缝宽度标准值;

$s_{r,\max}$——最大裂缝间距;

ε_{sm}——在 $s_{r,\max}$ 长度内,在相关作用组合下,考虑强制变形和拉伸硬化效应的钢筋的应变平均值,只考虑混凝土中超过 0 应变的拉应变;

ε_{cm}——在裂缝间距 $s_{r,\max}$ 长度内混凝土的应变平均值。

以上术语将在下文详细阐述。

裂缝间距

由上述讨论可得,最小裂缝间距为 L_e,同时最大裂缝间距为 $2L_e$。而裂缝宽度均值 s_{rm},则为某个介于前两者之间的值。图 7.3 表明了 L_e 和 s_{rm} 的大小主要取决于钢筋中应力传递给混凝土的效率。假定一个粘结应力常量 τ 分布在 L_e 长度范围内,当满足以下条件时,距前一条裂缝 L_e 距离处的混凝土拉应力将达到抗拉强度:

$$\tau \pi\phi L_e = A_c f_{ct} \qquad (D7\text{-}14)$$

式中,A_c 为混凝土面积;f_{ct} 为混凝土抗拉强度。引入配筋率 $\rho = \pi\phi^2/4A_c$ 并将其代入式(D7-14)得:

$$L_e = \frac{f_{ct}}{\tau}\frac{\phi}{4\rho} \qquad (D7\text{-}15)$$

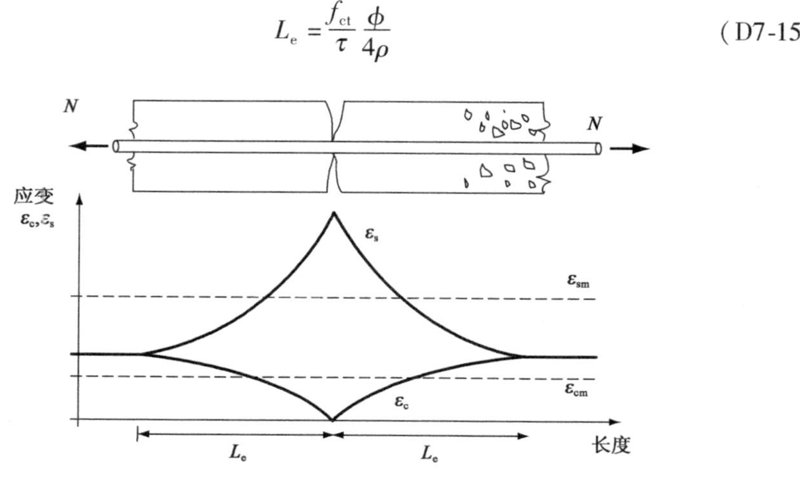

图 7.3 裂缝周边的应变分布

可得平均裂缝间距为：

$$s_{rm}=0.25k_1\phi/\rho \tag{D7-16}$$

此处 k_1 是一个考虑钢筋粘结性(f_{ct}/τ)与裂缝宽度最小值和平均值之间差值的常量。但式(D7-16)得出的结果并不总是与实测数据相符合，因此混凝土保护层厚度 c 这一因素需要被考虑在裂缝间距计算的表达式中：

$$s_{rm}=kc+0.25k_1\phi/\rho \tag{D7-17}$$

对于引入钢筋保护层这一因素的呼声日渐高涨，因为式(D7-14)假定在 A_c 范围内拉应力恒定，然而事实上，混凝土应力在与钢筋接触处最大，随后向远离钢筋方向递减。这将减少 A_c 区域的开裂荷载。

式(D7-17)只适用于混凝土截面仅受拉的情况，因此有必要再引入一个因素来适用于应力分布随构件高度变化的情况。同样需要定义一个有效配筋率 $\rho_{p,eff}$，毕竟合适的混凝土面积并非为全截面而是必须与实际受拉区相关的区域一致。也就是：

$$s_{rm}=kc+0.25k_1k_2\phi/\rho_{p,eff}$$

最后，引入变量 α 来计算得到裂缝宽度的上限标准值而不是平均值。因此 ***2-1-1/ 条款7.3.4(3)*** 中对于最大裂缝间距的计算公式为： ***2-1-1/条款 7.3.4(3)***

$$s_{r,max}=\alpha(kc+0.25k_1k_2\phi/\rho_{p,eff})=k_3c+k_1k_2k_4\phi/\rho_{p,eff} \qquad 2\text{-}1\text{-}1/(7.11)$$

式中：c ——钢筋的保护层厚度；EN 1992 中并未提及关于保护层使用的相关定义，但是 EN 1990 中的条款 4.3(2) 中陈述了设计中明确指定的尺寸可以被用来当作标准值，这也就意味着使用的保护层厚度值为 c_{nom}；这可能会导致当保护层厚度超过 2-2/条款 4 中的要求值时，设计结果偏于保守；

ϕ——钢筋直径，当一个截面中有多个不同直径的钢筋时，应采用 2-1-1/式(7.12)中定义的等效钢筋直径 ϕ_{eq}；

$$\rho_{p,eff}=\frac{A_s+\xi_1^2A_p}{A_{c,eff}} \qquad 2\text{-}1\text{-}1/(7.10)$$

A_s——有效区域 $A_{c,eff}$ 内钢筋截面面积；

A_p——有效区域内先张或后张预应力束的截面面积；

$A_{c,eff}$——有效受拉区面积，比如 $h_{c,ef}$ 高度处包围钢筋的混凝土面积(2-1-1/图 7.1)，此时 $h_{c,ef}$ 取下列值中的最小值：

- 开裂截面中受拉区高度的 1/3，$(h-x)/3$，当全截面受拉时 x 取负值；
- 截面高度的一半，$h/2$；
- $2.5(h-d)$；

d ——受拉钢筋合力作用点至受压区边缘的高度，见 2-1-1/图 7.1a)。2-1-1/条款 7.3.3(2) 定义 d 的含义为最外层钢筋到受压区边缘的高度 d。这并非是一个通用定义，而只是说明在全截面受拉状态下的计算方式；

ξ_1——调整系数,用来考虑不同直径的预应力束和钢筋的粘结强度。这在上文 2-1-1/条款 7.3.2(3)的注中给出了解释。

k_1、k_2、k_3、k_4 的含义见上文。其中 k_1 和 k_2 的值在 2-1-1/条款 7.3.4(3)中有明文规定,而 k_3 和 k_4 的值为国家定义参数。

上述定义可以完全适用于矩形截面,但对其他一般截面,比如圆形柱截面,在选择合适的使用值时需做出大量的解释。这就使 7.3.3 中的简化方法显得十分具有吸引力,因为其省去了解释的麻烦,只需简单地将钢筋应力与 2-1-1/表 7.3N 中的容许限值相比较就行。表中数据并未被限制不得适用于圆形截面,尽管 2-1-1/表 7.2N 下方的注释阐述了其假定所基于的条件,暗示其是由所选取的矩形截面所推得的,正如本指南 7.3.3 所讨论的那样。

对于圆形截面,最大裂缝宽度将出现在两根最高应力的钢筋之间。一种可行的计算方法是考虑弯曲平面内的一个小条带,这样就产生了一个宽度与钢筋间距相等的窄矩形梁。$h_{c,ef}$、$A_{c,ef}$ 和 $\rho_{p,eff}$ 随即均可适用于这些条带矩形梁的计算中,同时 d 应算至钢筋合力作用点处。或者,也可将 d 取为在全截面中受拉区钢筋的有效高度再进行计算。因此,对于在 $h_{c,ef}$ 高度处的钢筋与混凝土,其 $A_{c,ef}$ 和 $\rho_{p,eff}$ 值也就随即确定下来。对于典型的桥梁保护层厚度,第一种方法倾向于对裂缝宽度做出最保守的估计,但是两个方法相较于 2-1-1/条款 7.3.3 中的简化方法来说所得的裂缝宽度都会更大。

对于受拉区非粘结钢筋构件来说,上文对于 $s_{r,max}$ 的分析是不成立的(因为必须要有配筋率)。对于这类情况,由于裂缝的存在,应在裂缝两侧与裂缝高度大致相等的距离内对混凝土应力进行修正。使用与上文相同的论据,平均裂缝间距的值会处于一到两倍的裂缝高度之间。在这类情况中,2-1-1/条款 7.3.4(3)中列出的最大裂缝间距的公式如下:

$$s_{r,max} = 1.3(h - x) \qquad \text{2-1-1/(7.14)}$$

2-1-1/式(7.14)中同样适用于钢筋间距过大的情况[EN 1992-1-1 规定超过 $5(c+\phi/2)$],因为此时钢筋间的混凝土应变会有明显不同。***2-1-1/条款 7.3.4(5)*** 中也有相似的规定。

2-1-1/条款 7.3.4(5)

当在两个正交方向上均配置受力钢筋的构件中主应力迹线与钢筋方向之间的夹角超过 15° 时,比如斜桥桥面,最大裂缝间距应采用 ***2-1-1/条款 7.3.4(4)*** 中的下式计算:

2-1-1/条款 7.3.4(4)

$$s_{r,max} = \left(\frac{\cos\theta}{s_{r,max,y}} + \frac{\sin\theta}{s_{r,max,z}}\right)^{-1} \qquad \text{(D7-18)}$$

式中,θ 为 y 向钢筋与主拉应力之间的夹角,同时 $s_{r,max,y}$ 和 $s_{r,max,z}$ 分别是由 2-1-1/式(7.11)计算得到的 y 向和 z 向的裂缝间距。

裂缝平均应变的预测

为了计算裂缝宽度,裂缝间钢筋与混凝土的平均应变应被考虑在内。图 7.4 反映了截面处于纯拉力作用下的情况。总轴向拉力 N 由裂缝处钢筋中的力来提供，因此 $N=E_s\varepsilon_{s2}A_s$。钢筋和混凝土中力的平均值为：$N_s=E_s\varepsilon_{sm}A_s$，式中 ε_{sm} 是钢筋的平均应变，而在式 $N_c=E_c\varepsilon_{cm}A_c$ 中，ε_{cm} 是裂缝间混凝土的平均应变。则可得总拉力为：$N=N_s+N_c$，所以：

$$E_s\varepsilon_{s2}A_s=E_s\varepsilon_{sm}A_s+E_c\varepsilon_{cm}A_c$$

或

$$\varepsilon_{s2}=\varepsilon_{sm}+\frac{E_c}{E_s}\frac{A_c}{A_s}\varepsilon_{cm}$$

代入 $\rho=A_s/A_c$ 和 $\alpha_e=E_s/E_c$，同时重新整理公式可得 $\varepsilon_{sm}=\varepsilon_{s2}-\varepsilon_{cm}/\alpha_e\rho$，于是：

$$\varepsilon_{sm}-\varepsilon_{cm}=\varepsilon_{s2}-\frac{\varepsilon_{cm}}{\alpha_e\rho}(1+\alpha_e\rho) \tag{D7-19}$$

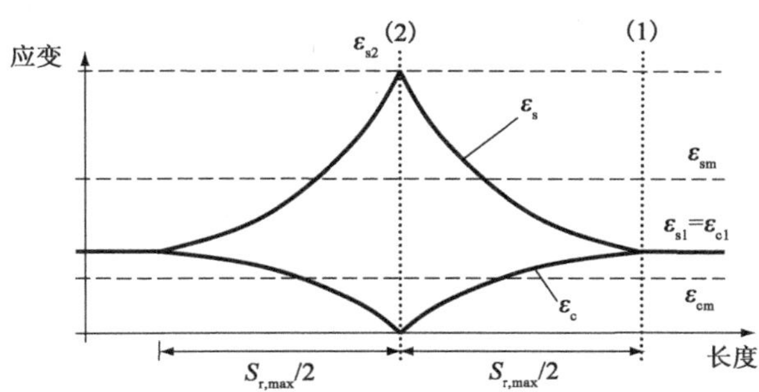

图 7.4　单个裂缝的应变分布

在截面 1 处，轴力 N 由钢筋与混凝土共同承担，因为两者应变相同。当混凝土处于不开裂状态时，变形协调同样存在，此时混凝土中应力为 f_{ctm}，因此 $\varepsilon_{s1}=\varepsilon_{c1}=f_{ctm}/E_c$。而裂缝间混凝土的应变 ε_{cm} 为下值的一定比例：

$$\varepsilon_{cm}=k_t f_{ctm}/E_c \tag{D7-20}$$

k_t 是一个经验性的参数，主要取决于所施加荷载的持续时间。2-1-1/条款 7.3.4(2)规定，对于短期荷载应取 0.6，对于长期荷载应取 0.4。对于所施加荷载中短期和长期荷载均占有一定比例的情况，可以进行线性插值。

将式(D7-19)代入式(D7-20)得到：

$$\begin{aligned}\varepsilon_{sm}-\varepsilon_{cm}&=\varepsilon_{s2}-\frac{k_t f_{ctm}}{E_c\alpha_e\rho}(1+\alpha_e\rho)\\&=\varepsilon_{s2}-\frac{k_1 f_{ctm}}{E_s\rho}(1+\alpha_e\rho)\end{aligned}$$

此时 $\varepsilon_{s2}=\sigma_{s2}/E_s$：

$$\varepsilon_{sm}-\varepsilon_{cm}=\frac{\sigma_{s2}-\dfrac{k_t f_{ctm}(1+\alpha_e\rho)}{\rho}}{E_s} \tag{D7-21}$$

2-1-1/条款7.3.4(2) 中的方程形式为： *2-1-1/条款 7.3.4(2)*

$$\varepsilon_{sm}-\varepsilon_{cm}=\frac{\sigma_s-k_t\dfrac{f_{ct,eff}}{\rho_{p,eff}}(1+\alpha_e\rho_{p,eff})}{E_s}\geqslant 0.6\frac{\sigma_s}{E_s} \qquad \text{2-1-1/(7.9)}$$

式中:σ_s——开裂截面中受拉钢筋的应力,对于先张构件,σ_s 应用 $\Delta\sigma_p$ 替代,表示预应力束位置处消压后预应力束中的应力增量;

$f_{ct,eff}$——下文 7.3.3 中所要论述的混凝土抗拉强度平均值。值得一提的是,$f_{ct,eff}$在 2-2/条款 7.3.2(102)中关于最小钢筋面积处也有过定义,在该处的定义中取 $f_{ct,eff}$的最大值是偏保守的。然而在此处,$f_{ct,eff}$对混凝土的拉伸硬化效应有贡献,因此对裂缝宽度预测是"有利",所以取一个更小的值才偏保守。因此,一种要求使用更低的标准值的论点也应运而生。但在条款 7.3.2(102)中,仍然出于相同的原因采用了 f_{ctm}来计算裂缝宽度,最终结果与实际值差距并不大;

α_e——弹性模量比 E_s/E_c;

$\rho_{p,eff}$——上文提到的由 2-1-1/式(7.10)推得的有效配筋率;

k_t——如上文所提及的,是一个取决于荷载持续时间的参数;

ξ_1——上文 2-1-1/条款 7.3.2(3)注中讨论的粘结强度调整因素。

2-1-1/式(7.9)中的 $0.6\sigma_s/E_s$ 限值其实是对混凝土拉伸硬化效应所带来的有利影响加以限制。

实例 7.3:直接计算的钢筋混凝土桥面裂缝验算

实例 7.2 重复使用了裂缝宽度中的直接计算法:

由 2-1-1/式(7.8)得:$w_k = s_{r,max}(\varepsilon_{sm} - \varepsilon_{cm})$

由 2-1-1/式(7.11)得:$s_{r,max} = k_3c + k_1k_2k_4\phi/\rho_{p,eff} = 3.4c + 0.425k_1k_2\phi/\rho_{p,eff}$

$c = 50\text{mm}$,$\phi = 16\text{mm}$;因此 $d = 250 - 50 - 16/2 = 192\text{mm}$,同时中性轴高度为:$x = 63.5\text{mm}$(由实例 7.1 得)。由 2-1-1/条款 7.3.4(3)可知,只要实际的钢筋间距小于 $5(c + \phi/2) = 5 \times (50 + 16/2) = 290\text{mm}$(很明显现在满足),则此方程是有效的。

根据 2-1-1/式(7.10):

$$\rho_{p,eff} = \frac{A_s + \xi_1^2 A_p}{A_{c,eff}}$$

式中,A_s = 钢筋面积 = $\pi \times 82/0.10 = 2010\text{mm}^2/\text{m}$。$A_p = 0$,因为没有预应力。

$A_{c,eff}$ = 有效受拉区面积 = $bh_{c,ef}$,$h_{c,ef}$取以下值中的较小值:

$2.5(h - d) = 2.5 \times (250 - 192) = 145\text{mm}$

或

$(h - x)/3 = (250 - 63.5)/3 = 62.2\text{mm}$

或

$h/2 = 250/2 = 125\text{mm}$

于是可得 $h_{c,ef} = 62.2\text{mm}$,同时 $A_{c,eff} = 1000 \times 62.2 = 62.2 \times 10^3\text{mm}^2/\text{m}$;

因此 $\rho_{p,eff} = \dfrac{2010}{62.2 \times 10^3} = 0.0323$

对于高粘结钢筋，$k_1=0.8$；同时对于受弯构件，$k_2=0.5$，因此可得：

$$s_{r,max}=3.4\times50+0.425\times0.8\times0.5\times16/0.0323=254.2\text{mm}$$

（应该注意的是，总裂缝间距计算结果为254mm，而式中混凝土保护层部分3.4c就贡献了170mm，所以占比很大。2-1-1/表7.2N中假定的混凝土保护层厚度为25mm；若使用假定值，则裂缝间距会降至169mm，假定其对受压区高度的影响微乎其微。）

由2-1-1/式(7.9)得：

$$\varepsilon_{sm}-\varepsilon_{cm}=\frac{\sigma_s-k_t\dfrac{f_{ct,eff}}{\rho_{p,eff}}(1+\alpha_e\rho_{p,eff})}{E_s}\geqslant0.6\frac{\sigma_s}{E_s}$$

由实例7.2得，在假定截面完全开裂的情况下，钢筋的应力为247.6MPa，所以2-1-1/式(7.9)中的最小值为$0.6\times247.6/(200\times103)=0.7428\times10^{-3}$。

对于短期荷载，$k_t=0.6$；而对于长期荷载，$k_t=0.4$。所以，对85%的时间为短期荷载的情况进行线性插值可得，$k_t=0.57$。由2-1-1/表3.1可得，对于C35/45混凝土，$f_{ct,eff}=f_{ctm}=3.2\text{MPa}$。$\alpha_e=200/34.08=5.869$。

所以：

$$\varepsilon_{sm}-\varepsilon_{cm}=\frac{247.6-0.57\times\dfrac{3.2}{0.0323}(1+5.869\times0.0323)}{200\times10^3}=\frac{247.6-67.2}{200\times10^3}$$

$$=0.902\times10^{-3}$$

因此结果较最小值0.7428×10^{-3}更大。

因此，最大裂缝宽度$w_k=254.2\times0.902\times10^{-3}=$ **0.23mm**，小于2-2/表7.101N中所要求的0.3mm限值。

重复上述计算过程，假定在本例中采用相同比例的短期和长期荷载（弯矩），则当达到裂缝宽度限值0.3mm时钢筋应力会增长至303MPa。将其与实例7.2中钢筋中心距为100mm时2-1-1/表7.3N给出的320MPa的容许应力相比较，不直接计算的方法给出了一个更为经济的结果，其值更大，因为在本例中其假定的保护层厚度比实际情况下的小，如上文所示。然而，两种方法的差别并不大，同时鉴于裂缝宽度计算的精确度较低，通常会在EN 1992-2建议的推荐值基础上增加一些，使得两种方法都可以使用。如果实例7.2和实例7.3采用了相同的板，但是钢筋的保护层厚度取25mm（与2-1-1/表7.3N中假定的一样），则会发现直接计算法得到的裂缝宽度值会更经济。

7.4　挠度控制

2-1-1/条款7.4.1(1)(P)要求构件或结构的变形不应严重至对结构的正常功能或外观产生不利影响的程度。在永久作用下产生过大的变形会给人产生一种

2-1-1/条款 7.4.1(1)(P)

强度不足的印象,同时也会破坏原先预设的排水路径。活荷载作用下产生过大的变形会破坏表面和防水系统,同时还会导致一些动力问题,包括构件运动引起的不适和结构损伤。

2-1-1/条款 7.4.1(2)

2-1-1/条款7.4.1(2)要求基于对上述原因的考虑,有必要对每个单独的结构都设置合理的挠度限值。在永久作用下产生的过大下垂挠度可以通过预拱度克服,同时,在 EN 1990 和 EN 1991-1-4 中有关活荷载和风振引起的动力问题方面的考虑都分别得到了落实。如果发生充分的疲劳破坏或是出现了基于风作用下的发散振幅运动,桥梁共振可以成为一个承载能力极限状态的问题,比如驰振和颤振。在 EC2 中对于其余一些效应(比如破坏排水路径)没有给出相应的指导意见,因为这些效应的验算需要基于大量结构样本数据。

2-1-1/条款 7.4.2(明确无需验算挠度的情况)并不适用于桥梁设计,并且挠度应按 2-1-1/条款 7.4.3 中的相关规定进行计算。在实际情况中,通常有必要计算混凝土桥梁的变形以便后续的计算,例如在支座设计阶段计算转角和平动。

2-1-1/条款 7.4.3(1)
2-1-1/条款 7.4.3(2)

2-1-1/条款7.4.3(1)和***2-1-1/条款7.4.3(2)***均极力要求按照实际情况来评估作用和结构行为,同时还应达到相应验算所应有的精确度。2-1-1/条款7.4.3 的剩余部分就如何达到接近实际的计算给出了建议,它们包括:

- 采用不开裂截面性质,即混凝土构件各处的拉应力不得超过抗拉强度。
- 对于将要开裂的构件,在其不开裂和完全开裂阶段之间采用构件性能中间状态。这种性能主要取决于荷载的持续时间和应力水平。同时也允许考虑开裂截面的拉伸硬化效应。
- 采用有效的混凝土弹性模量来考虑徐变效应。
- 考虑收缩曲线。

7.5 早期温度裂缝(附加章节)

早期温度裂缝的发生是由于在水化热消散同时混凝土龄期尚早对构件存在约束而造成的。约束既可能由*体内*产生也可能由*体外*产生。

- **体内约束:**一部分混凝土流体的膨胀或收缩都与其余部分相关。这最可能发生在厚截面中温度梯度的发展中。过大的钢筋用量也会限制约束,同时促使裂缝沿着与钢筋对齐的方向产生。但如果满足了 EN 1992-2 第 9 章中最大钢筋用量的要求,侧裂缝通常可以避免。
- **体外约束:**正在浇注的构件受到与其相接触的构件或外部构件的约束。

EC2-2 和 EC2-1-1 并没有对早期温度裂缝给出指导意见,但是 EC2-3 中对于液体存纳结构有针对这方面的指南。EC2-2 中的英国国家附件正是以此为参考,其计算得到的早期温度应变和收缩应变可以与 2-1-1/条款 7.3.4 相结合以验算裂缝宽度。

第 8 章　普通钢筋与预应力筋的细部设计

本章根据以下条款阐述了在 EN 1992-2 第 8 章中所涉及的普通钢筋与预应力筋的细部设计：

- 一般规定　*条款8.1*
- 钢筋间距　*条款8.2*
- 挠曲钢筋的允许弯心直径　*条款8.3*
- 纵向钢筋锚固　*条款8.4*
- 箍筋和抗剪钢筋的锚固　*条款8.5*
- 焊接钢筋锚固　*条款8.6*
- 搭接与机械连接器　*条款8.7*
- 大直径钢筋的附加规定　*条款8.8*
- 钢筋束　*条款8.9*
- 预应力筋　*条款8.10*

8.1　一般规定

EN 1992-2 的第 8 章给出了有关钢筋混凝土和预应力混凝土细部设计的规定。EC2 中的细部设计适用于带肋钢筋和预应力筋，但不包括光圆钢筋。

EC2 中许多有关粘结和机械锚固性质的细部设计主要受以下因素影响：

- 混凝土种类和强度等级；
- 钢筋表面的类型；
- 钢筋的形状，包括弯起钢筋或弯钩；
- 与钢筋尺寸有关的混凝土保护层厚度；
- 是否存在横向焊接钢筋；
- 由勾筋或其他未焊接的横向钢筋带来的额外约束；
- 横向受压带来的额外约束。

2-1-1/条款8.1(1)P 表明第 8 章中的规定可能不适用于涂层钢筋。因为涂层会影响钢筋的粘结特性，且这些规定对地震荷载作用下的桥梁同样是不充分的。对于后一种情况通常采用附加约束勾筋，尤其是在受压构件中，这样可以增强构件的延性。　***2-1-1/条款 8.1(1)P***

2-1-1/条款8.1(2)P 提醒我们，EC2 中给出的构造规定是假定已按照 2-1-1/条款 4.4.1.2 设计并满足最小保护层厚度要求。这在锚固和搭接强度中尤为重　***2-1-1/条款 8.1(2)P***

要,因为这两者容易因保护层厚度不足而产生破坏(因为这样会增加混凝土开裂趋势以及钢筋锈蚀的潜在隐患)。

2-1-1/条款8.1(3)
2-1-1/条款8.1(4)

2-1-1/条款8.1(3)和***2-1-1/条款8.1(4)***涉及轻集料混凝土使用和承受疲劳作用构件的附加规定。

2-2/条款 8 中的许多要求都是不言而喻的,因此此处未对其进行整体叙述。2-2/条款 9 同样涉及细部设计,但其主要关注整体构件的细部构造或构件的某些区域而非单独的钢筋。

8.2 钢筋间距

2-1-1/条款8.2(2)
2-1-1/条款8.2(3)

2-1-1/条款 8.2 对钢筋的最小间距进行规定。编制出这些规定是用来保证有足够的空间来对混凝土进行浇注和按要求压实以确保在沿钢筋全长范围内可以保证充分的粘结强度。***2-1-1/条款8.2(2)***中关于最小间距的要求不能通篇执行,因为这会导致振捣器没有足够空间放置,如***2-1-1/条款8.2(3)***中所要求的那样。它们只适用于复杂布筋的局部区域,比如勾筋重叠的局部区域。

8.3 挠曲钢筋的允许弯心直径

2-1-1/条款8.3(2)

2-1-1/条款8.3(2)给出了弯起钢筋的最小弯心直径的推荐值。弯心直径容许值被用来避免钢筋由于弯起而在其内部形成弯曲裂缝。EC2 中推荐的最小值为:当钢筋直径小于或等于 16mm 时,取 4ϕ;当钢筋直径大于 16mm 时,取 7ϕ,但这些值可能会在国家附件中予以修正。BS 8666:2000 也取了相同的值。

2-1-1/条款8.3(3)

2-1-1/条款8.3(3)规定,如果满足下列情况,则无须在弯曲处进行混凝土压溃的具体验算:

- 钢筋锚固无需要求在弯曲段过后的直线段的钢筋长度应超过 5ϕ(即钢筋在弯曲段没有完全受力);
- 钢筋弯曲段平面没有"紧邻"或者说大概毗连着混凝土表面(所以混凝土保护层就不会发生剥落),同时在弯曲内侧沿着弯曲中轴线方向还布置一根至少具有相同直径的钢筋(这样可以局部地增加混凝土抗压强度);
- 弯心直径大于或等于 2-1-1/条款 8.3(2) 中的推荐值。

当上述条件不能满足时,弯心直径的表达式如下:

$$\phi_{m,min} \geqslant \frac{F_{bt}}{f_{cd}}\left(\frac{1}{a_b}+\frac{1}{2\phi}\right) \qquad 2\text{-}1\text{-}1/(8.1)$$

式中:ϕ——钢筋直径;

F_{bt}——在极限荷载下,在起弯处钢筋或束筋中的拉力;

a_b——对于给定的钢筋(或束筋),在垂直于弯曲所在平面方向上钢筋中心至中心距离的一半。对于与构件表面毗邻的单筋或束筋,a_b 应取保护层厚度加 $\phi/2$;

f_{cd}——混凝土抗压强度设计值，但不应大于 C55/67 混凝土的抗压强度。

钢筋弯曲段内侧的混凝土应力为 $F_{bt}/(\phi\phi_{m,min}/2)$，同时 2-1-1/式(8.1)中的要求与混凝土极限应力 $4f_{cd}/[1+(2\phi\phi/a_b)]$ 相一致。容许应力通过 $1/a_b$ 项来加以削减以便与相邻弯曲段或自由表面情况相接近。这种高极限承载力的适用性取决于混凝土抗拉强度抵抗劈裂应力的能力。由于抗拉强度并非随着抗压强度而呈比例增长(抗拉强度增长更平缓)，对 f_{cd} 加以约束是有必要的，以避免高估其承载力。$\alpha_{cc}=0.85$ 的使用在这里是最合适的，因为相关的混凝土应力是持续受压下的应力。

8.4　纵向钢筋锚固

8.4.1　一般规定

2-1-1/条款8.4.1(1)P 要求钢筋被充分锚固，以确保粘结强度在没有纵向裂缝或混凝土剥落的情况下被安全地传递给混凝土。这些应力主要是通过钢筋的肋与周围混凝土的机械咬合作用传递的，同时还取决于许多因素，包括钢筋形状、混凝土保护层、横向钢筋以及由横向压力带来的附加约束。本节剩余部分的规定确保符合 2-1-1/条款 8.4.1(1)P 的规定。 *2-1-1/条款 8.4.1(1)P*

图 8.4-1 描述了在 EC2 中提及的容许锚固方法，除此之外还可通过一定的钢筋平直长度进行锚固。其余机械装置也允许，但必须按照相关产品标准进行设计和试验，这也超出了本指南的范围。

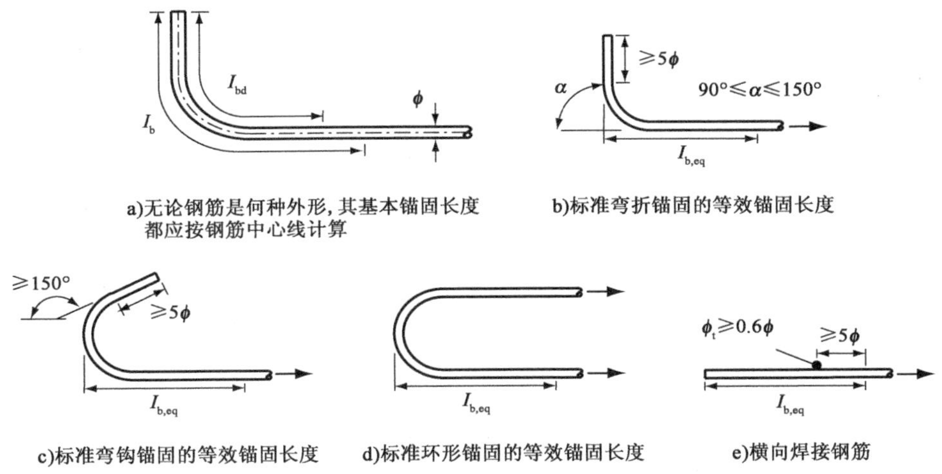

图 8.4-1　EN 1992-1-1 中图 8.1 所描述的锚固方式

锚固失效有以下三种形式，见图 8.4-2。钢筋表面肋和混凝土之间的咬合作用在混凝土上产生一个倾斜的背离钢筋的合力。这些力具有径向分量，可以认为类似于作用在厚壁圆筒内侧的压力。这个等效圆筒的内直径相当于钢筋的直径，外直径应取底部保护层厚度与相邻钢筋净距一半两者中的较小值。

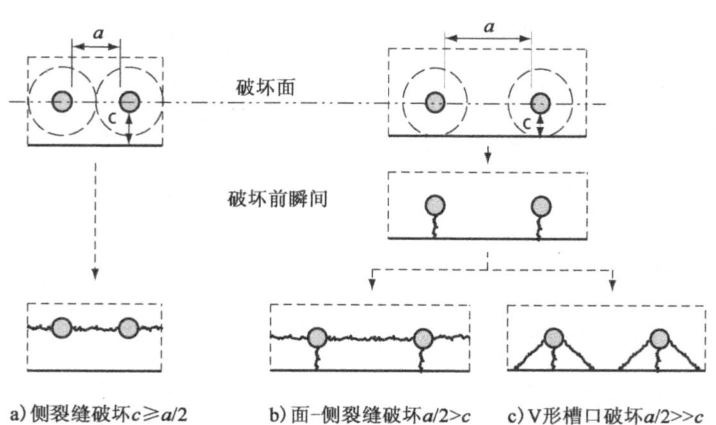

图 8.4-2 单一锚固钢筋的破坏示意图

在底部净保护层厚度大于相邻钢筋净距一半的地方,会在钢筋所在高度处出现一条水平裂缝。这种失效被称为侧裂缝失效。在底部净保护层厚度小于相邻钢筋净距一半的地方,会出现面-侧裂缝失效,先在底保护层内出现纵向裂缝,然后沿着钢筋所在的平面开裂。如果底部保护层厚度远小于相邻钢筋净距的一半,会出现 V 形槽口破坏,在保护层出现纵向裂缝后出现斜裂缝。

横向钢筋的强度以及其沿锚固长度方向的间距都是影响主筋锚固强度的显著因素。横向约束越强,锚固强度越强,直至到达一定界限,即横向钢筋的贡献不能继续增大为止。

EC2 引入了调整基本锚固长度的系数以涵盖上述影响。尽管锚固规定是经验性的,但其已被选择用来与试验数据进行合理匹配。

2-1-1/条款 8.4.1(3)

由于缺乏相关的试验数据,***2-1-1/条款8.4.1(3)***不考虑弯曲钢筋或钩形钢筋对受压锚固区的贡献。鉴于 EC2 不认同钢筋力可以通过端锚进行部分传递,对于受压钢筋的锚固要求始终与受拉钢筋的一样烦琐。另一个保守的观点是,在受压作用下,钢筋横向变形带来的附加夹紧效应被忽略。虽然采用弯曲钢筋锚固通常是为了抵抗拉力,***2-1-1/条款8.4.1(4)***同样要求应遵守上文 8.3 的规定,以避免弯曲锚固内部的混凝土失效。

2-1-1/条款 8.4.1(4)

8.4.2 极限粘结应力

2-1-1/条款 8.4.2(2)

粘结应力是一个关于混凝土抗拉强度、钢筋尺寸和在混凝土成型过程中钢筋所处位置的函数。极限粘结应力的设计值 f_{bd} 由 ***2-1-1/条款8.4.2(2)*** 给出,对于带肋钢筋应为:

$$f_{bd} = 2.25\eta_1\eta_2 f_{ctd} \qquad 2\text{-}1\text{-}1/(8.2)$$

式中:η_1——在凝固过程中有关粘结状态质量以及钢筋位置的系数(见 2-1-1/图 8.2);对"良好"的粘结状态,$\eta_1 = 1.0$(如底部钢筋和竖向钢筋),对其余情况,包括一些采用滑模混凝土结构构件中的钢筋,除非可以证明存在"良好"粘结,否则取 $\eta_1 = 0.7$(比如顶部钢筋,此处混凝土没有得到很好振捣);

η_2——与钢筋直径有关的系数，当钢筋直径大于 32mm 时，取$(132-\phi)/100$，否则取 1.0；

f_{ctd}——混凝土抗拉强度的设计值，其中 $a_{ct}=1.0$，如上文 3.1.6 讨论的那样。由于高强混凝土的脆性增加，EC2 规定此处采用的 f_{ctd} 值必须限定在 C60/75 混凝土的设计值以下。

8.4.3　基本锚固长度

单根钢筋的基本锚固长度 $l_{b,rqd}$ 由平均粘结强度值计算得到，同极限粘结强度一样作用在钢筋的四周同时沿钢筋全长均匀分布。由此可以得到 ***2-1-1/条款 8.4.3(2)*** 中给出的下式：　*2-1-1/条款8.4.3(2)*

$$l_{b,rqd}=(\phi/4)(\sigma_{sd}/f_{bd}) \qquad 2\text{-}1\text{-}1/(8.3)$$

其中，ϕ 为钢筋的直径；f_{bd} 为极限粘结强度的设计值；σ_{sd} 为钢筋在承载能力极限状态下锚固处的设计值。

通常情况下，锚固长度基于所考虑钢筋的设计强度（即 $\sigma_{sd}=f_{yd}$）进行计算是可取的，尽管标准允许在钢筋未完全受力的情况下使用较小的钢筋应力值。原因在于在承载能力极限状态下的弯矩重分布，也许会增加钢筋中的应力，使其超过预期的设计值。这一建议可以避免在弯矩分配未按设计期望发展处出现潜在的、突然性的脆性破坏。

基本锚固长度适用于保护层厚度与钢筋直径相等的直筋情况（2-1-1/表 4.2 中给出的在不考虑环境要求情况下的最小容许值）与锚固钢筋和混凝土表面间无横向钢筋的情况。基本锚固长度通常可保守地作为设计锚固长度，见表 8.4-1. 2-1-1/条款 8.4.4，但可能如下文所讨论的那样，允许在这个长度基础上做适当折减。

当采用弯曲钢筋时，***2-1-1/条款 8.4.3(3)*** 要求的基本锚固长度和设计锚固长度应按照钢筋的中心线进行计算，见图 8.4-1a）。　*2-1-1/条款8.4.3(3)*

8.4.4　设计锚固长度

设计锚固长度 l_{bd}，是通过基本锚固长度进行折减得到的，以考虑保护层厚度、横向钢筋、横向挤压效应以及弯曲钢筋形状所带来的有利影响。通过引入系数来考虑这些因素以达到折减效果。设计锚固长度由 ***2-1-1/条款 8.4.4(1)*** 给出：　*2-1-1/条款8.4.4(1)*

$$l_{bd}=\alpha_1\alpha_2\alpha_3\alpha_4\alpha_5 l_{b,rqd}\geq l_{b,min} \qquad 2\text{-}1\text{-}1/(8.4)$$

式中：α_1——考虑钢筋形状影响的系数（受拉直钢筋取 1.0）；

α_2——考虑混凝土保护层影响的系数（对保护层厚度与钢筋直径相等的受拉直筋，取 1.0；对保护层厚度是 3 倍直径的受拉直筋，取 0.7）。在 EN 1992 中没有说明保护层的相关定义，但是 EN 1990 的条款 4.3(2) 规定："在设计中指定厚度使用值的尺寸可以作为标准值。"这也就表明了使用的保护层厚度为 c_{nom}。如使用 c_{min} 值进行计算，则锚固长度的结果会更为保守；

α_3——对于锚固钢筋与混凝土表面之间有较多横向钢筋情况的影响系数，α_3可最低降至 0.7。然而，锚固钢筋内侧的横向钢筋的效果并不大，因为其并未穿过图 8.4-2b) 和 c) 中所示的平面，此时 $\alpha_3 = 1.0$。此时由 2-1-1/图 8.4(此处复制为图 8.4-3) 得 $K = 0$，随后代入公式 $\alpha_3 = 1 - K\lambda$ 得到 α_3 的值；

α_4——考虑沿着设计锚固长度方向上一根或多根焊接横向钢筋(直径 $\phi_t > 0.6\phi$) 的影响系数(对无焊接横向钢筋，取 1.0；否则取 0.7)；

α_5——考虑沿着设计锚固长度方向，与图 8.4-2 中描述的裂缝平面垂直的任何压力的影响系数(对无横向压力的受拉钢筋，取 1.0)；

$l_{b,min}$——锚固长度的最小值，如无其余限制，对于锚固区受拉情况：$l_{b,min} \geq \max\{0.3l_{b,rqd};10\phi;100mm\}$；

对于锚固区受压情况：$l_{b,min} \geq \max\{0.6l_{b,rqd};10\phi;100mm\}$。

α_1、α_2、α_3、α_4 和 α_5 的取值范围由 2-1-1/表 8.2 给出，同时 2-1-1/条款 8.4.4(1) 要求 α_2、α_3、α_5 的取值不应小于 0.7。对于锚固区受压情况，只有横向钢筋与被锚固的钢筋之间是焊接的才使锚固长度从 $l_{b,rqd}$ 折减。通常情况下，在设计过程中考虑上述折减因素的有利作用是不合实际的，因为如果真考虑了，则锚固长度和搭接长度将变成取决于横向钢筋的数量与保护层的厚度。对于既定的钢筋直径，不同的桥梁会有不同的参数值，且在设计过程中对横向钢筋的尺寸做出改变都会影响主筋搭接长度和锚固长度的细部设计。表 8.4-1 因此给出了对于 B500 直钢筋的基本锚固长度值，假定上述系数均取 1.0，$\alpha_{ct} = 1.0$(原因已在本指南 3.1.6阐述)同时假定钢筋应力达到 500/1.15 = 435MPa。

B500 直钢筋的基本锚固长度 $l_{b,rqd}$($\alpha_{ct} = 1.0$) 表 8.4-1

混凝土圆柱体抗压强度(MPa)	钢筋直径(mm)	$l_{b,rqd}$(粘结性良好)(mm)	$l_{b,rqd}$(粘结性较差)(mm)
25	10	404	577
	12	484	692
	16	646	922
	20	807	1153
	25	1009	1441
	32	1291	1845
	40	1755	2507
30	10	357	511
	12	429	613
	16	572	817
	20	715	1021
	25	893	1276
	32	1144	1634
	40	1554	2220

续上表

混凝土圆柱体抗压强度（MPa）	钢筋直径（mm）	$l_{b,rqd}$（粘结性良好）（mm）	$l_{b,rqd}$（粘结性较差）（mm）
35	10	322	461
	12	387	553
	16	516	737
	20	645	921
	25	806	1152
	32	1032	1474
	40	1402	2003
40	10	295	421
	12	354	506
	16	472	674
	20	590	843
	25	738	1054
	32	944	1349
	40	1283	1832
45	10	273	390
	12	327	468
	16	436	623
	20	545	779
	25	682	974
	32	873	1247
	40	1186	1694
50	10	254	363
	12	305	436
	16	407	581
	20	508	726
	25	636	908
	32	814	1162
	40	1105	1579

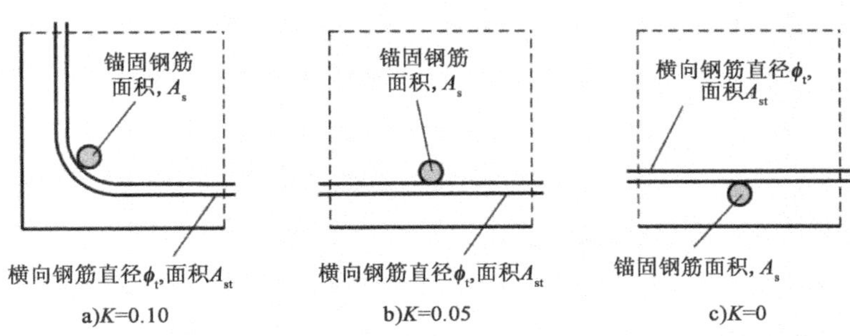

图 8.4-3　梁或板构件的 K 值

对于弯曲钢筋，设计锚固长度通常按钢筋内表面计算，如图 8.4-1a）所示。作为上述规定的简化保守方法,EC2 允许对于采用 2-1-1/图 8.1 中所展示的钢筋形状的锚固区受压的情况,采用等效锚固长度进行计算,即 $l_{b,eq}$。$l_{b,eq}$ 长度的定义在图 8.1 中得到展示,同时其值可从 ***2-1-1/条款8.4.4(2)*** 中取得:

2-1-1/条款 8.4.4(2)

$\alpha_1 l_{b,rqd}$适用于 2-1-1/图 8.1b) ~ d)中的钢筋形状;

$\alpha_4 l_{b,rqd}$适用于 2-1-1/图 8.1e)中的钢筋形状。

此处 α_1、α_4 和 $l_{b,rqd}$的定义见上文。

8.5　箍筋和抗剪钢筋的锚固

所有的勾筋和抗剪钢筋都应被充分锚固而锚固可通过多种方式达到,例如弯曲钢筋、钩形钢筋或焊接钢筋。为了避免端部弯曲钢筋内侧混凝土失效,或至少避免对弯曲内侧混凝土进行详细验算,***2-1-1/条款8.5(1)*** 规定纵筋需布置在弯曲段或钩形段的转角处。对于钢筋直径的要求条款中并未提及但为了与 2-1-1/条款 8.3 中的要求相兼容,其直径至少应与勾筋直径相等。***2-1-1/条款8.5(2)*** 中一些具体情况的容许值详见 2-1-1/图 8.5。钩形钢筋和弯曲钢筋见图 8.5。

2-1-1/条款 8.5(1)

2-1-1/条款 8.5(2)

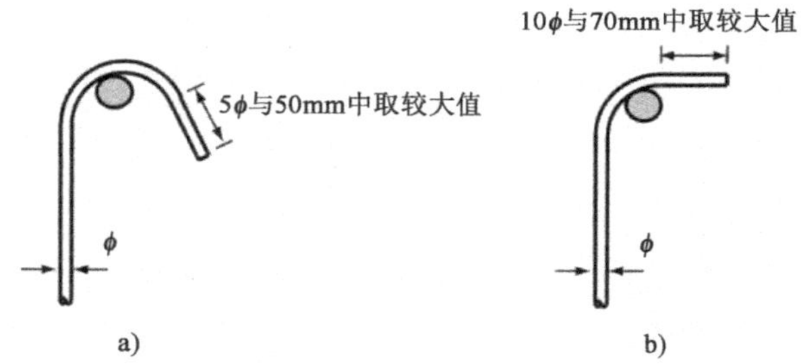

图 8.5　钩形钢筋与弯曲钢筋的锚固要求

8.6　焊接钢筋锚固

EC2 允许在 2-1-1/条款 8.4 和 8.5 的基本锚固抗力之外通过使用横向钢筋与主筋的焊接来提供附加锚固。这样的细节化处理使得横向钢筋可以承受一定的荷载从而使得在给定的力作用下所需的粘结长度减小。2-1-1/条款 8.6 中给出了确定由横向焊接钢筋承担的力的大小的规定,由此可以使所需的锚固长度减小。

8.7　搭接与机械连接器

8.7.1　一般规定

2-1-1/条款 8.7.1(1)P

2-1-1/条款8.7.1(1)P 允许钢筋间通过以下方式进行力的传递:

- 钢筋搭接,有无弯曲、钩形或环形搭接均可(定义见 2-1-1/图 8.1;等效锚固长度见 8.4.4);
- 焊接;
- 机械装置连接,如套管。

对上述各方法规定的注在后续章节进行阐述。

8.7.2　搭接

8.4 中对锚固失效的考虑也适用于搭接钢筋。在两根钢筋相邻的区域处，每根钢筋周围的混凝土柱相互作用，在截面上形成一个椭圆形环而非两个圆环。三种潜在的破坏状态如侧裂缝破坏、面-侧裂缝破坏以及 V 形槽口破坏，与图 8.4-2 中反映的单根钢筋的类型相似。

对于钢筋搭接部分，由于受两根钢筋粘结应力不均匀分布的影响，上述考虑会十分复杂，同时，钢筋与肋间混凝土的咬合作用产生的合力的方向具有不确定性。因此，仍需基于实测数据设计搭接。这表明对于相同的钢筋直径、钢筋中心距、保护层厚度以及混凝土强度，同样需要一定搭接长度进行交错搭接，以作为相互的锚固长度。然而，如果某处搭接没有充分错开，则截面处搭接钢筋的比例的确会影响搭接长度的要求值。因此，为考虑这一截面处搭接钢筋占比的影响，EC2 中通过另一增大系数来调整基本锚固长度，从而得到设计锚固长度。

搭接的设计以及对搭接长度的要求都被涵盖在 2-1-1/条款 8.7.2 和 8.7.3 之中。假定搭接设计符合这些规定的要求，则细部设计便认为可以在没有使搭接节点附近混凝土剥落且没有产生超出 ***2-1-1/条款8.7.2(1)P*** 规定的不可接受的过大裂缝的情况下，将一根钢筋中的力充分地传递给另一根。 ***2-1-1/条款 8.7.2(1)P***

2-1-1/条款8.7.2(2) 要求搭接处“通常”不应位于高应力区域，同时，只要有可能，则一个截面上搭接位置应对称交错分布。尽管这在英国已作为一项较好的措施被采用，但桥梁设计中仍然会出现一些不可避免的情况使得这些要求不能被履行。举个例子，在现场悬臂法施工设计中，钢筋必须要在相邻节段节点处进行搭接，不论此处的应力多大。虽然可以将钢筋伸出前一节段的长度调整得各不相同，但在采用大直径钢筋的地方，这样的细部设计会因节段自身的长度限制而变得不可能。这些问题都使得上文中采用的是“通常”二字。 ***2-1-1/条款 8.7.2(2)***

切记实际中需将搭接段交错分布，搭接钢筋的排布还应符合 2-1-1/图 8.7（复制为图 8.7-1）的规定，正如 ***2-1-1/条款8.7.2(3)*** 中所明确的： ***2-1-1/条款 8.7.2(3)***

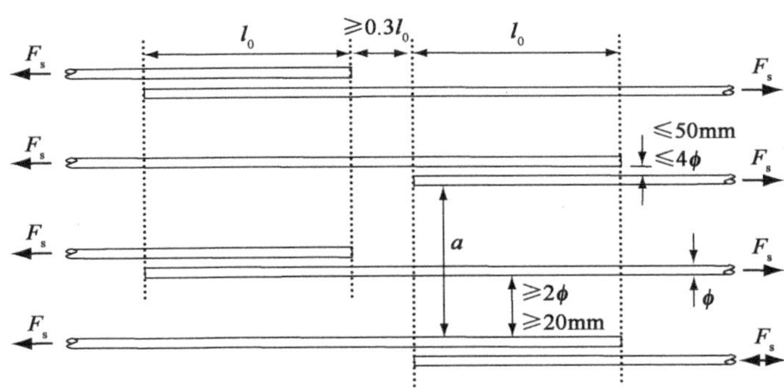

图 8.7-1　由 2-1-1/图 8.7 反映的相邻搭接区域的要求

- 两根搭接钢筋间的横向净距不应大于 4ϕ 或 50mm，否则搭接长度还应增

加一段距离,这段距离的值与钢筋净距相等。需要对其进行增加是为了考虑力由一根钢筋传递至另一根所产生的斜压柱体的影响;

- 纵向两相邻搭接处的相邻钢筋间净距应不小于两倍钢筋直径和 20mm(见图 8.7.1);
- 两个相邻的搭接处之间的纵向间距应不小于 $0.3l_0$。这实际上就是交错搭接的定义。

2-1-1/条款 8.7.2(4)

当满足 2-1-1/条款 8.7.2(3)的规定时,***2-1-1/条款8.7.2(4)***允许所有的同层受拉钢筋进行搭接。这种 100% 搭接的例子如实例 8.7-1 中的图 8.7-3 所示。然而不幸的是,2-1-1/表 8.3 和 2-1-1/图 8.8 引入了另一类搭接率的定义。后者被用来确定 α_6 的值与 2-1-1/条款 8.7.4 中对横向钢筋的要求。如果有多层钢筋,则条款 8.7.2(4)允许只有 50% 的搭接率。在这类情况下,仍不清楚对于相邻层的钢筋搭接之间需要多少间距,同时也不清楚这类间距的限制适用于哪种层间距。对于纵向分离钢筋,基本的要求是在每一层中不具有相同的搭接分布,即对于 $0.3l_0$的交错搭接要求不仅要在层与层之间被满足,还需在层内被满足。

层间分离很明显与不同层之间交错搭接的要求有关。这类要求无需适用于分别处于梁的两对立面的钢筋。当板只受弯时,顶层与底层在同方向上的钢筋不会同时受拉,因此每一层内的所有钢筋都可以进行搭接而无需考虑层间的相互作用。然而,对于承受局部效应以及整体效应的桥面板,很可能顶层与底层均处于受拉状态,则严格意义上,搭接区域应保证在层间相互交错,即保证同一截面内搭接率为 50% 。

2-1-1/条款 8.7.2(4)允许所有的受压钢筋和次要(分布)钢筋在同一截面处搭接。然而,对于桥面板中采用的典型的双向板,标准推荐在任何一处,只要可能,便在两个方向上均进行交错搭接,因为通常没有一个方向的钢筋可以明显地被视为"次要"钢筋。

8.7.3 搭接长度

2-1-1/条款 8.7.3(1)

下列方程是在***2-1-1/条款8.7.3(1)***中给出的,用于计算搭接设计长度 l_0:

$$l_0=\alpha_1\alpha_2\alpha_3\alpha_5\alpha_6 l_{b,rqd}\geqslant l_{0,min} \qquad \text{2-1-1/(8.10)}$$

式中:

$$l_{0,min}>\max\{0.3\alpha_6 l_{b,rqd};15\phi;200mm\} \qquad \text{2-1-1/(8.10)}$$

此时 $\alpha_6=\sqrt{(\rho_1/25)}$ 大于或等于 1.0 且小于或等于 1.5,此处 ρ_1 是自所考虑搭接长度中心 $0.65l_0$距离内的截面上的钢筋搭接率。以图 8.7-1 中描述的搭接情况为例,右侧搭接区域的中心与左侧搭接区域的中心的距离要大于 $0.65l_0$,因此在任意截面上都只有 50% 的钢筋搭接率;所以,α_6 可以取 1.41。

$l_{b,rqd}$由 2-1-1/式(8.3)计算得到,同时,如上文 8.4.4 所讨论的,α_1、α_2、α_3 和 α_5 的值可取自 2-1-1/表 8.2。然而,在计算 α_3 时,2-1-1/条款 8.7.3(1)规定 $\Sigma A_{st,min}$应取为 $1.0A_s(\sigma_{sd}/f_{yd})$,式中 A_s 为单根搭接钢筋的面积。这项要求后续

还将继续讨论。

8.7.4　搭接区域内的横向钢筋

通过在计算搭接设计长度的 2-1-1/式(8.10)中引入系数 α_3 来考虑横向钢筋在搭接钢筋的端部抑制裂缝的效应。但正如 8.4.4 中讨论的那样，在横向钢筋过多的情况下考虑这一搭接长度折减的有利效应是不切实际的。

当某处搭接钢筋的直径小于 20mm 或在同一截面上的钢筋搭接率小于 25%时[有意选择大概小于或等于 25%这一数值是为了保证搭接间隔四行交错布置，如实例 8.7-1 中 b)所示]，***2-1-1/条款 8.7.4.1(2)*** 认为最小的横向钢筋用量，如拉筋或分布钢筋已足够抵抗搭接处的横向拉力，而无须进一步论证。 ***2-1-1/条款 8.7.4.1(2)***

当某处搭接钢筋的直径大于或等于 20mm 时，2-1-1/条款 8.7.4.1(3)要求搭接处横向钢筋的面积 $\sum A_{st}$ 不应小于单根搭接钢筋的面积 A_s，假定此时搭接钢筋能够达到屈服状态。如果 $A_s = \sum A_{st}$，则根据 2-1-1/条款 8.7.3(1)中修正的定义，取 $\alpha_3 = 1.0$。横向钢筋的布置方向应与搭接钢筋垂直且中心距不应大于 150mm。对于斜置钢筋，斜置横向钢筋的数量需增大，以提供相等的轴向抗力或垂直于搭接钢筋方向的刚度，类似于钢筋是垂直于搭接钢筋放置的。如果斜置钢筋的配筋率是 ρ_x，ϕ 为垂直方向转至搭接钢筋的角度，则前者(提供轴向抗力)会导致与搭接钢筋横向的有效配筋率为 $\rho_x\cos^2\phi$，而后者(提供垂直于搭接钢筋方向的刚度)会导致其值为 $\rho_x\cos^4\phi$。明显后者更保守，此处也推荐采用后者。 ***2-1-1/条款 8.7.4.1(3)***

2-1-1/条款 8.7.4.1(3)要求横向钢筋被布置在搭接钢筋与混凝土表面之间。很明显，这对梁和单向板才具有实际意义；对双向板、薄桥面板这类构件，横向钢筋需在外侧最大化抗弯强度，同样的，在箱梁的腹板中，拉筋同样提供抗弯强度，有时会不可避免地需要对外侧的主筋进行搭接。在这些情况中，当满足这些要求是不可能或是不切实际时，钢筋可以如图 8.7-3b)中一样分四处交错以满足 2-1-1/条款 8.7.4.1(2)中的相关标准，这样对横向钢筋可不做特殊考虑。或者，也可合理地将 α_3 的值取为 1.0，这样就和在处理锚固时一样，忽略了横向钢筋的有利作用。但严格意义上，后一种方法不符合 2-1-1/条款 8.7.4.1(3)的要求。

当某处钢筋搭接率占比超过 50%，且相邻搭接段间距(即图 8.7-1 中的 a)小于或等于 10ϕ 时，2-1-1/条款 8.7.4.1(3)规定，横向钢筋必须由拉筋或锚固在截面内的 U 形钢筋组成。之前的英国实践中并不需要这样做，因此对这一条款的规定是有疑问的。在薄板中使用拉筋是不符合实际的。同样也不清楚是否需要每根钢筋都被拉筋所包围，还是只是在 150mm 范围内的钢筋被同一个拉筋所包围，正如本指南 9.5.3 中有关受压钢筋约束部分所假定的那样。令搭接段符合图 8.7-1的交错布置以确保在一个截面上钢筋的搭接率不得超过 50%，则不会提高有关横向钢筋方面的要求。

2-1-1/条款 8.7.4.1(4) 要求根据上述计算得到的横向钢筋应布置在搭接段的两个端部，如图 8.7-2 所示。 ***2-1-1/条款 8.7.4.1(4)***

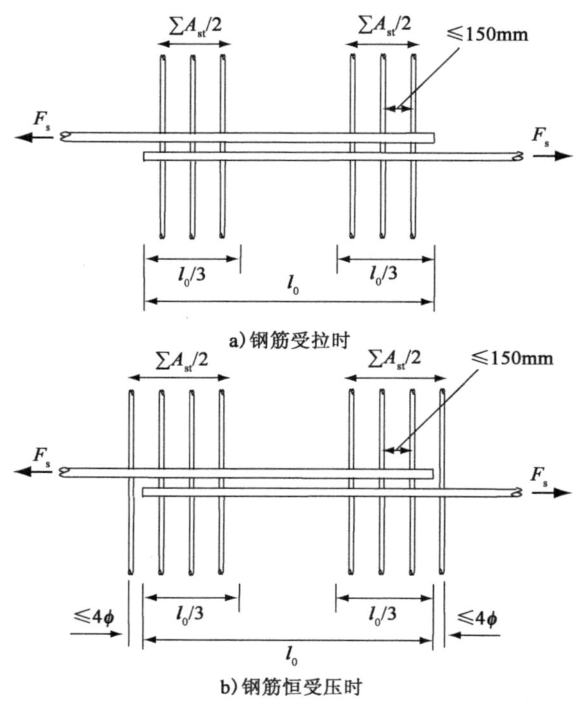

图 8.7-2　搭接钢筋的横向钢筋

实例 8.7-1：钢筋混凝土桥面板的搭接长度

一个 300mm 厚、强度等级为 C35/45 的混凝土板需要在其顶部和底面以 150mm 的中心距布置直径为 25mm 的 B500 横向钢筋,使其充分利用在板的拱垂区处将横向钢筋布置在钢筋网的最外侧,保护层厚度为 45mm。由此设计合适的搭接布置方式。

首先,应确定粘结强度和基本锚固长度:

由 2-1-1/表 3.1 得: $f_{ck} = 35MPa$, $f_{ctk,0.05} = 0.7 \times 0.3 \times 35^{(2/3)} = 2.25MPa$

由 2-1-1/式(3.16)得: $f_{ctd} = \alpha_{ct} f_{ctk,0.05}/\gamma_c = 1.0 \times 2.25/1.5 = 1.50MPa$,取 $\alpha_{ct} = 1.0$

极限粘结强度的设计值由 2-1-1/条款 8.2 得:由 2-1-1/图 8.2 可知, $f_{bd} = 2.25\eta_1\eta_2 f_{ctd}$:

顶部的钢筋粘结性“不强”,因此取 $\eta_1 = 0.7$

底部的钢筋粘结性“较强”,因此取 $\eta_1 = 1.0$

对于直径不大于 32mm 的钢筋,取 $\eta_2 = 1.0$

顶部钢筋: $f_{bd} = 2.25 \times 0.7 \times 1.0 \times 1.50 = 2.36MPa$

底部钢筋: $f_{bd} = 2.25 \times 1.0 \times 1.0 \times 1.50 = 3.37MPa$

选择最保守的情况,假定钢筋在其屈服处进行搭接:

$\sigma_{sd} = f_{yd} = f_{yk}/\gamma_s = 500/1.15 = 434.8MPa$

由 2-1-1/条款 8.3 中给出基本锚固长度：$l_{b,rqd}=(\phi/4)(\sigma_{sd}/f_{bd})$

对于顶部钢筋：$l_{b,rqd}=(25/4)(434.8/2.36)=$**1151.5mm**

对于底部钢筋：$l_{b,rqd}=(25/4)(434.8/3.37)=$**806.5mm**

由 2-1-1/表 8.2 得，对于直钢筋，$\alpha_1=1.0$。

由 2-1-1/图 8.3 可得，对于板中净距为 $a=150-25=125$mm，且保护层厚度为 $c=45$mm 的直钢筋（假定边保护层厚度 $c_1>c$），由 2-1-1/表 8.2 可得，$c_d=45$mm。

$\alpha_2=1-0.15(c_d-\phi)/\phi=1-0.15(45-25)/25=0.88$（符合大于 0.7 且小于 1.0 的要求）

由图 8.4-3c）可得，对于外侧无横向钢筋的情况（即横向钢筋布置在内侧），$K=0$，同时 $\alpha_3=1.0$。或者，假定外侧布置了 2-1-1/条款 8.7.4.1(3) 中所规定的最小横向钢筋量，则根据 2-1-1/条款 8.7.3(1) 中的修正定义，α_3 的值仍取 1.0。假定无横向压力，则 $p=0$，且此时 $\alpha_5=1.0$。

对于每层钢筋，可以考虑图 8.7-3 中的两种交错搭接布置方式。

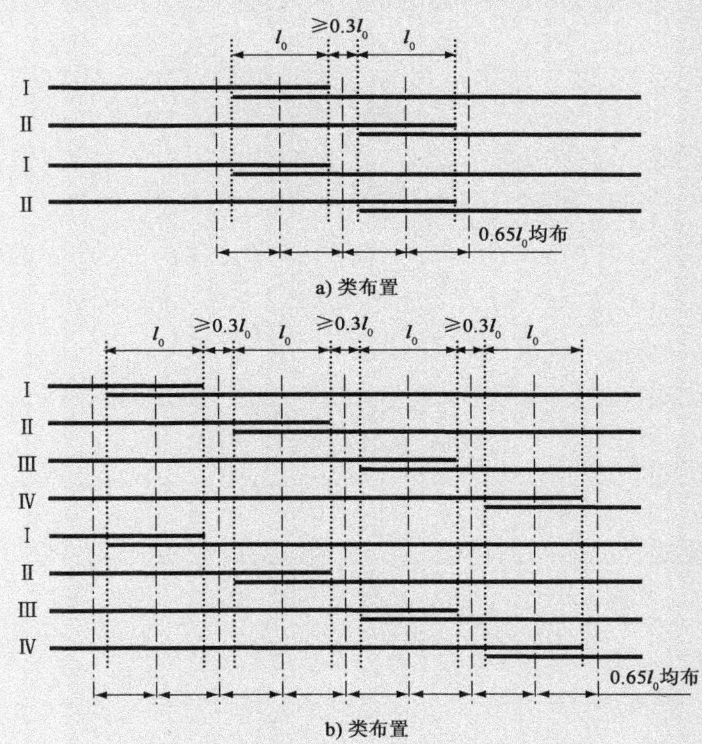

图 8.7-3　桥面板案例的搭接布置图

对于 a）类布置方式，第Ⅱ排钢筋搭接处与第Ⅰ排钢筋搭接处之间的距离超过了 $0.65l_0$；因此在单个截面上，钢筋搭接率为 50%，同时取 $\alpha_6=1.4$。对于 b）类布置方式，没有其余钢筋在距第Ⅰ排钢筋搭接处 $0.65l_0$ 的距离内进行搭接（对于第Ⅱ、Ⅲ和Ⅳ排钢筋也是一样），故在单一截面上钢筋搭接率只有 25%，且此时 $\alpha_6=1.0$。

搭接长度的最小值由 2-1-1/式(8.11)进行计算:

$l_{0,\min} > \max\{0.3\alpha_6 l_{b,rqd}; 15\phi; 200\text{mm}\}$

因此对于最不利情况[顶部钢筋,按照 a)类布置]:

$l_{0,\min} > \max\{0.3 \times 1.4 \times 1151.5; 15 \times 25; 200\} = 484\text{mm}$

所需的搭接长度值可由 2-1-1/式(8.10)得到:

$l_0 = \alpha_1 \alpha_2 \alpha_3 \alpha_5 \alpha_6 l_{b,rqd} \geqslant l_{0,\min}$

对顶部钢筋:

对 a)类布置方式:$l_0 \geqslant 1.0 \times 0.88 \times 1.0 \times 1.0 \times 1.4 \times 1151.5 =$ **1419mm**

对 b)类布置方式:$l_0 \geqslant 1.0 \times 0.88 \times 1.0 \times 1.0 \times 1.0 \times 1151.5 =$ **1014mm**

对底部钢筋:

对 a)类布置方式:$l_0 \geqslant 1.0 \times 0.88 \times 1.0 \times 1.0 \times 1.4 \times 806.5 =$ **994mm**

对 b)类布置方式:$l_0 \geqslant 1.0 \times 0.88 \times 1.0 \times 1.0 \times 1.0 \times 806.5 =$ **710mm**

对 b)类布置方式,2-1-1/条款 8.7.4.1(2)并不要求进行横向钢筋的具体计算,因为在同一截面上进行交错搭接的搭接率只有 25%,故无需调用 2-1-1/条款 8.7.4.1(3)中的要求。2-1-1/条款 8.7.4.1(3)要求将横向钢筋置于搭接钢筋外侧。但鉴于搭接钢筋自身就处在外层,因此满足 a)类布置中的放置要求(在没有增加第Ⅲ层的情况下)是不可能的。所以上述计算中假定 $\alpha_3 = 1.0$,也就是忽略了横向钢筋所带来的有利效应。严格来说,a)类布置方式不符合 2-1-1/条款 8.7.4.1(3)的要求。实际所需的横向钢筋面积要大于或等于 A_s 且布置范围需超过搭接长度的 2/3,所以对于上述 a)类布置中搭接长度最短的 994mm,即为在 663mm 的长度中,钢筋面积为 $\pi \times 12.5^2 = 491\text{mm}^2$ ($741\text{mm}^2/\text{m}$)。可以通过选取直径为 12mm 的钢筋,按 150mm 中心间距布置($754\text{mm}^2/\text{m}$)。

8.7.5 焊接带肋钢筋网的搭接

EC2 中允许使用焊接钢筋网但其在桥梁设计中并不常用,因为其会降低结构疲劳性能。2-1-1/条款 8.7.5.1 给出的交叉网格法、分层法这两种方案中,交叉网格法在桥梁设计中的应用最为广泛,因为这适合用在有疲劳荷载存在的情况下。交叉网格中钢筋的搭接要求与普通钢筋一致,但是在计算 α_3 时不考虑钢筋网中的横向钢筋,且无需额外布置横向钢筋。

8.7.6 焊接(附加章节)

EC2-1-1 的第 8 章中并未提及焊接的要求。有关将两根钢筋焊接在一起的要求见 EC2 中的 2-1-1/条款 3.2.5。

8.8 大直径钢筋的附加规定

在采用大直径钢筋的案例中，测试结果表明，大直径钢筋中劈裂力和销栓力作用相较于小直径钢筋更为显著。***2-1-1/条款8.8(1)*** 定义直径超过 ϕ_{large} 的钢筋称为大直径钢筋。ϕ_{large} 是国家定义参数，EC2-1-1 中其推荐值为 32mm。但在英国国家附件中这个值被提至 40mm，以保持与当前实际中使用值一致，因为直径 40mm 的钢筋通常被用在桥台、桥面、桩与承台中。这也就意味着 2-1-1/条款 8.8 的规定很少适用。 ***2-1-1/条款8.8(1)***

2-1-1/条款 8.8(1) 的剩余部分定义了使用大直径钢筋时还需满足的一些附加细节规定。这些规定，以《模式规范 90》[6] 中的建议为基础考虑了大直径钢筋带来的劈裂力与销栓力作用增加的影响。附加细节规定包括以下内容：

- 裂缝控制与表面钢筋要求；
- 直筋锚固条件下的附加横向钢筋；
- 搭接。

在使用大直径钢筋的地方，***2-1-1/条款8.8(2)*** 要求通过直接计算或加入附加的表面钢筋的方式来进行裂缝控制［见本指南的附录 J 与 2-1-1/条款 8.8(8)］。一般会采用直接计算法，因为提供附加表面钢筋通常是不切实际的（例如在桩中）。 ***2-1-1/条款8.8(2)***

2-1-1/条款8.8(4) 中规定对于大直径钢筋不应采用搭接，除非截面的高度超过 1m 或是此处钢筋应力没有超过极限设计强度的 80%。 ***2-1-1/条款8.8(4)***

当在直锚中采用大直径钢筋时，***2-1-1/条款8.8(5)*** 要求除了抗剪所需箍筋外还应在无横向压缩区域提供额外的拉筋以作为约束钢筋。这一附加钢筋在 ***2-1-1/条款8.8(6)*** 中被定义，其钢筋用量不得小于以下要求： ***2-1-1/条款8.8(5)*** ***2-1-1/条款8.8(6)***

在平行于受拉面的方向上　$A_{sh}=0.25A_s n_1$　2-1-1/(8.12)

在垂直于受拉面的方向上　$A_{sv}=0.25A_s n_2$　2-1-1/(8.13)

此处 A_s 为单根锚固钢筋面积，n_1 是所考虑截面内锚固钢筋的层数，n_2 是每层中锚固钢筋的数量。这些附加横向钢筋被要求沿着锚固区域均匀分布，钢筋的中心间距不得超过 5 倍的纵筋直径。EC2 中没有指明对于每根纵筋所需的拉筋肢数。但是《模式规范 90》[6] 中建议在每层中，双肢箍最多只能包围 3 根钢筋。

8.9 钢筋束

通常情况下，针对单独钢筋的规定同样适用于钢筋束，但需要满足 EC2 中对于钢筋束的细节设计。***2-2/条款8.9.1(101)*** 要求钢筋束必须由相同种类、相同等级的钢筋组成，但是直径可以不同，只要相互之间直径之比不超过 1.7 即可。 ***2-2/条款8.9.1(101)***

在设计过程中，钢筋束应被整体当作一根钢筋，这个整体钢筋的面积、重心都与实际钢筋束相同，但是间距和保护层厚度要求都应以钢筋束的最外侧边缘为基

2-1-1/条款 8.9.1(2) 准。对于直径相等的钢筋,等效直径 $\phi_n = \phi\sqrt{n_b} \leqslant 55\text{mm}$,由 ***2-1-1/条款8.9.1(2)*** 中给出,其中 n_b 为钢筋束中钢筋的数量。钢筋束中钢筋的数量对于竖向受压构件(保证粘结状态良好)或在搭接处应限制在4 根及以下,对于其余情况,则应为3 根及以下。这是为了保证钢筋束的粘结和锚固特征不会与经验公式已经校正的测试结果相差太大。当两根钢筋相互接触上下放置在具有良好粘结的区域处时,无需将两根钢筋视作钢筋束。

2-1-1/条款 8.9.2 和 8.9.3 都分别阐述了锚固和搭接,也对某些情况下钢筋束中的钢筋给出了规定。

8.10 预应力筋

8.10.1 预应力筋的布置

EC2 给出了有关后张法导管和先张法预应力束的间距相关规定。这些间距要求是为了确保可以顺利地浇筑与有效地压实混凝土,同时,使混凝土和预应力筋之间有充分的粘结,正如 ***2-1-1/条款8.10.1.1(1)P*** 中所规定的。

2-1-1/条款 8.10.1.1(1)P

先张预应力筋

先张预应力筋的水平向和竖直向的最小净距如图 8.10-1 所示,图中 d_g 为集料粒径的最大值。其他排布方式,比如成束,也可被使用,但只有在测试结果表现出令人满意的极限性能且证明混凝土可以顺利地被浇注和压实时才可,见 ***2-1-1/条款8.10.1.2(1)***。

2-1-1/条款 8.10.1.2(1)

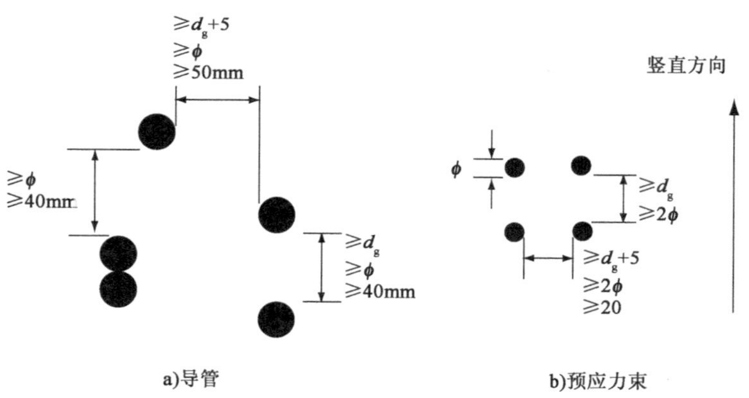

图 8.10-1 导管间及先张法预应力束之间的最小净距

后张法导管

2-1-1/条款 8.10.1.3(1)P ***2-1-1/条款8.10.1.3(1)P*** 规定在浇注混凝土时不得损坏导管,同时要求混凝土可以抵抗由预应力筋弯曲带来的反作用力。根据之前的要求,导管间最小净距如图 8.10-1 所示。然而,在预应力束弯曲处,导管间距似乎不太能满足后一条要求,同时,导管间混凝土径向力产生的突发应力会使混凝土产生开裂的趋势,如图 8.10-2a)所示。在这种情况下,要么增加导管间距,要么对导管间混凝土进行

配筋。弯曲导管还要求对垂直于弯曲平面方向上的混凝土保护层厚度予以增加。BS 5400 第 4 分册给出了在不同导管直径和不同曲率半径的情况下的导管间距和混凝土保护层厚度推荐值[9]，此处将其引用过来作为表 8.10-1 和表 8.10-2。如果弯曲导致导管对保护层产生拉力作用，预应力束需要在截面主体内进行锚固。这种情况较为常见，当预应力束在腹板中平弯或在翼缘中竖弯时，图 8.10-2b）展示了合适的钢筋细部设计。

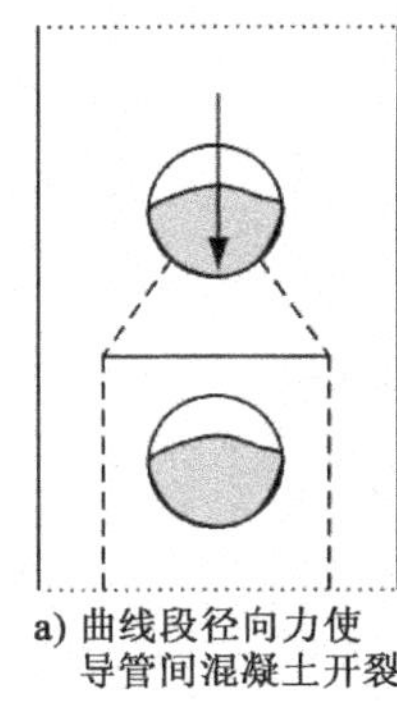

a) 曲线段径向力使导管间混凝土开裂

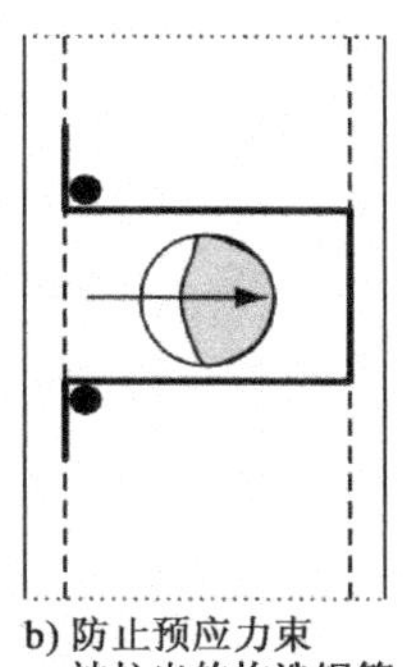

b) 防止预应力束被拉出的构造钢筋

图　8.10-2

水平面上弯曲导管之间中心线间距的最小值(单位:mm)　　表 8.10-1

导管曲率半径(m)	导管内直径(mm)															
	19	30	40	50	60	70	80	90	100	110	120	130	140	150	160	170
	预应力筋内力值(kN)															
	296	387	960	1337	1920	2640	3360	4320	5183	6019	7200	8640	9424	10336	11248	13200
2	110	140	350	485	700	960								不常用半径值		
4	55	70	175	245	350	480	610	785	940							
6	38	60	120	165	235	320	410	525	630	730	870	1045				
8			90	125	175	240	305	395	470	545	655	785	855	940		
10			80	100	140	195	245	315	375	440	525	630	685	750	815	
12						160	205	265	315	365	435	525	570	625	680	800
14						140	175	225	270	315	375	450	490	535	585	785
16							160	195	235	275	330	395	430	470	510	600
18								180	210	245	290	350	380	420	455	535
20									200	220	265	315	345	375	410	480
22											240	285	310	340	370	435
24												265	285	315	340	400
26												260	280	300	320	370
28																345
30																340
32																
34																
36																
38																
40	38	60	80	100	120	140	160	180	200	220	240	260	280	300	320	340

注 1：表中所示的预应力筋内力值是给定导管尺寸所能允许的最大值(取预应力筋强度标准值的 80%)。
注 2：小于 2 倍导管内径的值未被包括在内。

导管在垂直于弯曲平面方向上的最小保护层厚度(单位:mm)　表 8.10-2

导管曲率半径(m)	导管内直径(mm)															
	19	30	40	50	60	70	80	90	100	110	120	130	140	150	160	170
	预应力筋内力值(kN)															
	296	387	960	1337	1920	2640	3360	4320	5183	6019	7200	8640	9424	10336	11248	13200
2	50	55	155	220	320	445								不常用半径值		
4		50	70	100	145	205	265	350	420							
6			50	65	90	125	165	220	265	310	375	460				
8				55	75	95	115	150	185	220	270	330	360	395		
10				50	65	85	100	120	140	165	205	250	275	300	330	
12					60	75	90	110	125	145	165	200	215	240	260	315
14					55	70	85	100	115	130	150	170	185	200	215	260
16					55	65	80	95	110	125	140	160	175	190	205	225
18					50	65	75	90	105	115	135	150	165	180	190	215
20						60	70	85	100	110	125	145	155	170	180	205
22						55	70	80	95	105	120	140	150	160	175	195
24						55	65	80	90	100	115	130	145	155	165	185
26						50	65	75	85	100	110	125	135	150	160	180
28							60	75	85	95	105	120	130	145	155	170
30							60	70	80	90	105	120	130	140	150	165
32							55	70	80	90	100	115	125	135	145	160
34							55	65	75	85	100	110	120	130	140	155
36							55	65	75	85	95	110	115	125	140	150
38							50	60	70	80	90	105	115	125	135	150
40	50	50	50	50	50	50	50	60	70	80	90	100	110	120	130	145

注:表中给出的预应力筋内力值是对于给定导管尺寸所允许的最大值(取预应力筋强度标准值的80%)。

2-1-1/条款 8.10.1.3(2)

2-1-1/条款8.10.1.3(2)要求,对于后张构件中的导管一般情况下应不得成束配置,除非一对导管竖向相叠。如在薄桥面板中进行此类操作应尤为注意,这种情况可能出现在悬臂施工中,此时桥面板横向的抗剪承载力会在导管处显著下降,尤其是导管内未注浆时。

8.10.2　先张预应力筋的锚固

8.10.2.1　一般规定

适用于先张预应力筋锚固设计的粘结强度主要取决于荷载的种类。粘结强度的最大值用于计算初始传力长度 l_{pt}。因为在力的传递长度内,预应力束中的应力减小,预应力束变粗。粘结强度的较低值适用于计算在承载能力极限状态下的锚固长度 l_{bd},此时预应力束中内力增大,同时直径减小,从而产生脱离混凝土的趋势。图 8.10-3 显示了计算初始传力长度和承载能力极限状态下锚固长度中应采用的不同的粘结强度值。

8.10.2.2　预应力的传递

在传力时的传力长度由 ***2-1-1/条款8.10.2.2(1)*** 确定，假定粘结应力恒定为 f_{bpt}，则此时： ***2-1-1/条款 8.10.2.2(1)***

$$f_{bpt} = \eta_{p1}\eta_1 f_{ctd}(t) \qquad 2\text{-}1\text{-}1/(8.15)$$

式中：η_{p1}——对刻痕钢丝，取 2.7；对 3 股和 7 股的钢绞线，取 3.2；

η_1——对于粘结状态良好的情况，取 1.0，否则取 0.7（如 EC2-1-1 图 8.2 所定义的）；

$f_{ctd}(t)$——预应力刚释放时的混凝土抗拉强度设计值。

2-1-1/条款8.10.2.2(2) 中给出了传力长度基本值的计算方式： ***2-1-1/条款 8.10.2.2(2)***

$$l_{pt} = \alpha_1\alpha_2\phi\sigma_{pm0}/f_{bpt} \qquad 2\text{-}1\text{-}1/(8.16)$$

式中：α_1——预应力逐渐释放时，取 1.0；突然释放时，取 1.25；

α_2——对圆形预应力筋，取 0.25；对 3 股和 7 股的钢绞线，取 0.19；

ϕ——预应力筋的公称直径；

σ_{pm0}——在释放瞬间预应力筋中的应力。

传力长度的设计值应从 ***2-1-1/条款8.10.2.2(3)*** 中选取，$l_{pt1} = 0.8l_{pt}$ 或 $l_{pt2} = 1.2l_{pt}$，选取一个对于验算结果最不利的。较短的长度 l_{pt1} 通常用在传力阶段梁端处的应力验算中，因为恒荷载引起的正弯矩在远离支座的方向随距离的增大而增大，使得其可以防止在预应力作用下，梁顶部不会出现受拉应力过大，同时梁底部不会出现受压应力过大的情况。 ***2-1-1/条款 8.10.2.2(3)***

2-1-1/条款8.10.2.2(4) 允许假定混凝土应力在分散长度之外（l_{disp}）的区域内线性分布，如图 8.10-3 所示。 ***2-1-1/条款 8.10.2.2(4)***

$$l_{disp} = \sqrt{l_{pt}^2 + d^2} \qquad 2\text{-}1\text{-}1/(8.19)$$

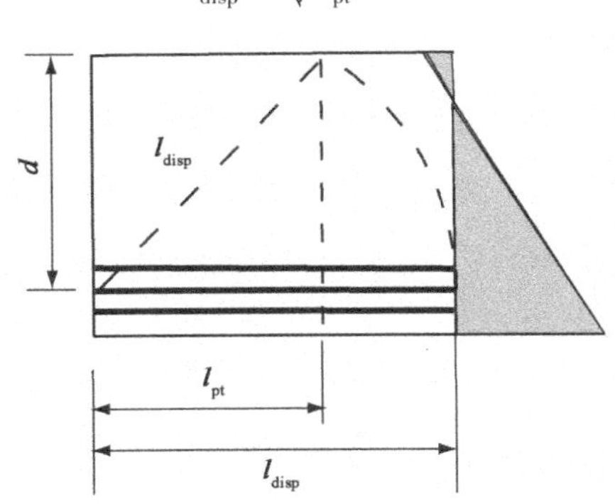

图 8.10-3　混凝土应力均布的范围

8.10.2.3　承载能力极限状态下受张拉预应力束的锚固

在承载能力极限状态下，预应力束中的力由于弯剪的作用而增加，因此对预应力束的锚固应加以验算。根据 ***2-1-1/条款8.10.2.3(1)***，验算只有在混凝土拉应力超过 $f_{ctk,0.05}$ 的位置处才是必需的，因此这一验算通常只是影响在梁端存在无粘结预应力束的梁，这种情况下梁中预应力束会被锚固在弯矩更大的位置处。 ***2-1-1/条款 8.10.2.3(1)***

2-1-1/条款 8.10.2.3(2)

在承载能力极限状态锚固的粘结强度可以根据 ***2-1-1/条款8.10.2.3(2)*** 得到:

$$f_{bpd} = \eta_{p2}\eta_1 f_{ctd} \qquad 2\text{-}1\text{-}1/(8.20)$$

式中:η_{p2}——对于刻痕钢筋,取 1.4;对于 7 股钢绞线,取 1.2;

η_1——见上文;

f_{ctd}——在没有特别调查的情况下,最高只能取 C60/75 强度等级混凝土的值,因为更高强度的混凝土更易发生粘结脆性破坏。

2-1-1/条款 8.10.2.3(4)

对于一个锚固应力为 σ_{pd} 的预应力筋所需的总锚固长度可根据 ***2-1-1/条款 8.10.2.3(4)*** 得到:

$$l_{bpd} = l_{pt2} + \alpha_2\phi(\alpha_{pd} - \sigma_{pm\infty})/f_{bpd} \qquad 2\text{-}1\text{-}1/(8.21)$$

此处 $\sigma_{pm\infty}$ 是考虑所有预应力损失及上面定义的其他项之后的应力值,其余参数同上。

对于锚固长度的确定如图 8.10-4 所示。

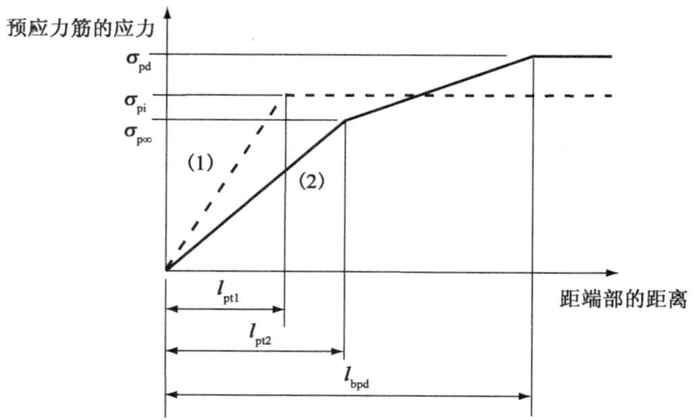

图 8.10-4 先张预应力筋在锚固区处的应力

(1)释放阶段;(2)承载能力极限状态

8.10.2.4 由混凝土劈裂和剥落引发的横向应力(附加章节)

EN 1992 的 8.10 没有给出有关先张预应力构件在锚固区域处横向应力计算的指导条款,尽管该应力实际上确实会出现并且必须要在设计中被考虑。这与在下文 8.10.3 中措述的后张预应力构件很相似,但是先张构件致混凝土劈裂的基本受压柱体长度会更长,因为先张预应力是通过锚固长度而不是通过机械锚具进行传力;总体平衡长度也会更长;同时,与图 8.10-7d)相类似的典型拉-压杆图也变化。对于这些效应的考虑则直接导致了需在梁端对拉筋进行加密。《模式规范 90》[6]中给出了有关先张法梁分析的更详细方法,包括受压柱体长度的确定以及有关控制混凝土劈裂及剥落的钢筋的计算方法。

8.10.3 后张构件的锚固区域

锚固区是一个区域的概念,在这个区域原本是集中力形式的预应力会沿着构件全截面分散分布。在设计过程中,应注意以下几点:

- 紧邻锚固区周围的高应力受压混凝土;

- 在锚固区局部产生的劈裂应力；
- 在局部范围之外由于荷载进一步扩散所引起的横向拉力。

2-1-1/条款8.10.3(2)要求在局部验算中采用的预应力设计值应符合 2-1-1/条款2.4.2.2(3)中的要求，后者包含了一个荷载的分项系数 1.2。***2-1-1/条款8.10.3(3)***要求锚板后的承压验算应符合欧洲技术认证的相关规定。除此之外，2-2/附录 J.104.2(102)还要求，根据相关欧洲技术认证的推荐值来确定锚固的最小间距与到边缘的距离。确定由预应力扩散而引起的横向拉力完全可以由拉压杆模型完成，同时，如果钢筋的设计应力被限制在了 250MPa 以下，则 ***2-2/条款8.10.3(104)***规定允许不进行正常使用极限状态下裂缝宽度的验算。对于在考虑了 2-1-1/条款 8.10.3(2)中要求的承载能力状态下的荷载分项系数后，是否还需满足上述应力限制仍有待考究，但很明显这样的做法是偏保守的。 *2-1-1/条款 8.10.3(2)* *2-1-1/条款 8.10.3(3)* *2-2/条款 8.10.3(104)*

2-2/条款8.10.3(106)要求在设计锚固区存在两个及两个以上锚固预应力束时，应进行特殊考虑，同时，还需满足 2-2/附录 J 中的一些附加规定。对于这些补充规定的需求仍不明确(拉压杆模型就足够了)，同时，这些规定在建筑工程领域内的锚固设计中也未被提及。 *2-2/条款 8.10.3(106)*

8.10.3.1 抗劈裂钢筋(附加章节)

在锚固的局部区域(称为基本柱体)内应设置钢筋以抵抗局部劈裂。这可以通过图 6.5-1 中描述的拉压杆模型进行确定。EN 1992 的资料性附录 J 中也提供了一种方法，这在下文会进行阐述。但这种方法(设置钢筋)也有许多缺点，比如可能会导致重复计算用于抗劈裂的钢筋和用于整体平衡的钢筋，同时也没有明确的指导意见说明何处放置抗剥落钢筋。然而，这只能适用于一些含有两个及以上锚固区的区域处，见 ***2-2/附录 J.104.2(101)***。这种规定的目的是，如果将其用在单独锚固区处，则可以克服双倍计算钢筋用量的问题，正如下文 8.10.3.3 所讨论的。然而，在克服双倍计算钢筋用量这一方面来说，这种规定不会总是奏效的，因为验算并不取决于构件的形状，通过拉压杆模型或有限元模型计算所需的钢筋用量的方法并不总是适用的。 *2-2/附录 J.104.2(101)*

作为上述论证的结果，同时，附录 J 也仅是资料性的，此处推荐抗劈裂钢筋应该由《CIRIA 指南 1》[23]中的方法确定。后者与 2-2/条款 8.10.3(104)中所要求的条款 6.5 中的拉压杆模型相符合。可能验算后会发现，附录 J 无需要求在其定义的局部劈裂区域配置更多的钢筋。但如果必须要配置，钢筋可以局部性地增加以满足附录 J 的要求。

EC2-2 附录 J 中的方法

在 2-2/附录 J 中，“主要受压柱体”的横截面尺寸是由荷载的扩散情况而确定的，且根据 ***2-2/附录 J.104.2(102)***，对于单轴受压情况，这类荷载的扩散将会使应力减小至一个合理的水平。 *2-2/附录 J.104.2(102)*

$$\frac{P_{\max}}{c \times c'} = 0.6 f_{\mathrm{ck}}(t) \qquad 2\text{-}2/(\mathrm{J}.101)$$

式中，$f_{ck}(t)$是混凝土在受力过程中的抗拉强度；P_{max}是施加到预应力筋上的最大力[管道和锚固孔意味着基于2-2/式(J.101)中矩形的计算应力不是真实的应力]。主要受压柱体的矩形横截面尺寸应大致与承压板的大小一致(或是闭合的矩形，如果承压板自身不是矩形)，同时还应居中位于承压板的中心处。这种形状相似的规定是出于满足式(D8.10-1)的需要：

$$c/a \leqslant 1.25\sqrt{\frac{c \times c'}{a \times a'}} \text{且 } c'/a' \leqslant 1.25\sqrt{\frac{c \times c'}{a \times a'}} \quad (D8.10\text{-}1)$$

式中，a、a'、c 和 c' 是锚固板和主要受压柱体的尺寸，如图 8.10-5 所示，同时，图中还描述了主要受压柱体的长度。当有多个锚固区时，受压柱体的横截面尺寸必须经过选择以防止在应力表面上重合，但是它们可以在远离应力表面、相邻预应力束和受压柱体不相互平行的地方重合。

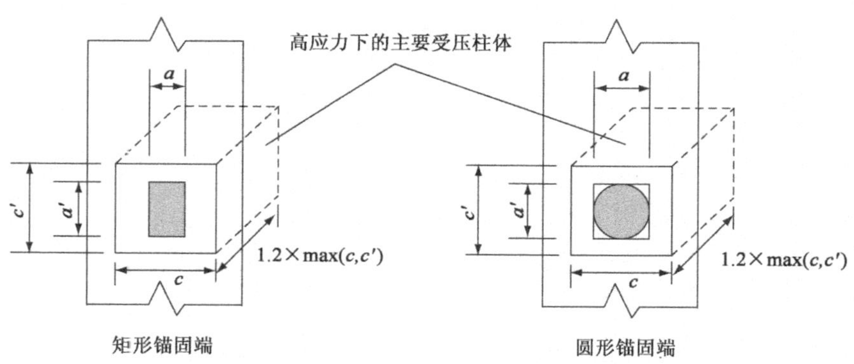

图 8.10-5 2-2/附录 J 中提及的主要受压柱体的尺寸

2-2/附录 J.104.2(103) 为了防止靠近锚固区的混凝土劈裂和剥落，需要配置满足最小配筋率的钢筋量，***2-2/附录 J.104.2(103)*** 规定其不得小于：

$$A_s = 0.15\frac{P_{max}}{\sigma_s}\gamma_{p,unfav} \quad 2\text{-}2/(J.102)$$

P_{max}是预应力束受力时荷载的最大值，$\gamma_{p,unfav}$是一个荷载系数，在局部设计中取1.2。钢筋应在主要受压柱体的长度内均匀分布。“不应小于”意味着在主要受压柱体内所应配置的最小钢筋用量。如果存在另一种更适合锚固区几何形状的(如下文《CIRIA 指南 1》中的方法那样)拉压杆模型，且这一模型计算得出的在劈裂区域处所需的必要钢筋用量更多，则钢筋用量应满足其要求。

尽管2-2/式(J.102)中得出的钢筋用量被描述为用来抵抗梁端表面混凝土的剥落效应，但是对这些钢筋的布置仍缺乏指导性条款。2-2/附录 J.104.2(103)还要求在荷载作用面配置一定数量的表面钢筋，其最小钢筋用量的要求为：$0.03P_{max}/f_{yd}\gamma_{p,unfav}$。这一规定被包含在 8.10.3.2 中。

对于体外后张预应力筋，采用预应力筋的破坏荷载标准值而不是 $\gamma_{p,unfav}P_{max}$ 来确定钢筋用量会更合适，除非进行精确的非线性分析来预测在整体下挠过程中预应力筋中的力的增量。这是因为对于在高应力区域处的短预应力筋，其应力可能超过屈服强度，同时，锚固区自身必须抵抗这个力。

《CIRIA 指南 1》中的方法

在《CIRIA 指南 1》中，主要受压柱体的横截面尺寸由构件在每个横向方向上的几何形状所确定。受压柱体关于锚固区对称且其在各个方向上的宽度取以下两者中的较小值：其到自由边缘距离的 2 倍或到相邻锚固区中心线的距离，如图 8.10-6所示。受压柱体在各个方向上长度的确定方法与宽度一样。

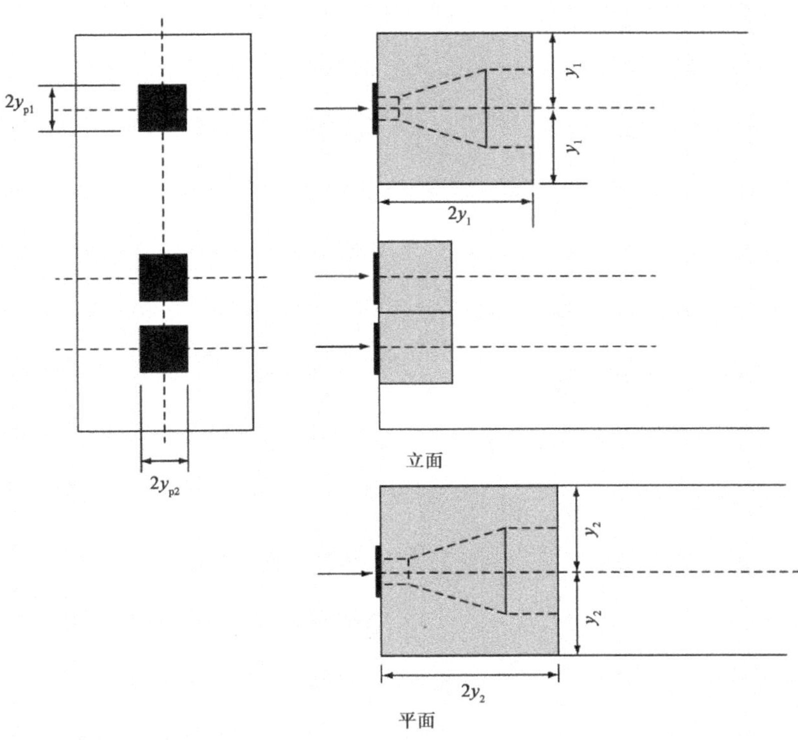

图 8.10-6　《CIRIA 指南 1》中主要受压柱体的定义

各个受压柱体内的抗劈裂钢筋主要基于拉压杆模型进行设计，平面和竖直面上都需分开计算。本指南 6.5 中讨论的全部或部分不连续（图 6.5-1 和图 6.5-2）也可适用于这类情况（选定扩散宽度“b”以确保来自相邻预应力筋的应力不会重叠或超出横截面范围）。《CIRIA 指南 1》通过一张表格直接进行此类操作，钢筋中拉力 T 与预应力 P_{max} 联系见表 8.10-3。钢筋在 1 号方向上分布在自应力表面起 $0.2y_1 \sim 2y_1$ 距离的区域内；同时，在 2 号方向上分布在自应力表面起 $0.2y_2 \sim 2y_2$ 距离的区域内。测试结果表明最有效的钢筋布置方式是闭合箍筋或是环绕柱体的螺旋箍筋，而非沿柱体长度布置的钢筋网。螺旋箍筋和环形箍筋的直径都应至少大于 50mm，这一值比锚固板的边长大。

与主要受压柱体几何形状相关的拉力值　　表 8.10-3

y_{pl}/y_i	≤0.3	0.4	0.5	0.6	≥0.7
$T/(\gamma_{p,unfav}P_{max})$	0.23	0.20	0.17	0.14	0.11

8.10.3.2　荷载作用面附近的混凝土剥落（附加章节）

除此之外，用于控制混凝土剥落的钢筋应放置在邻近荷载作用面的位置处。根据《CIRIA 指南 1》中的规定，这类钢筋在各个方向上都应承担至少 $0.04P_{max}$ 大小的力,在某些几何形状的情况下,需承担的力还会更多。这与上文提及的 2-2/附录 J. 104. 2(103)中的要求相同,即要求在各个方向上配置表面钢筋,且各方向的钢筋用量不得少于 $0.03(P_{max}/f_{yd})\gamma_{p,unfav}$。这两个非常相近的规定只需满足一个即可。

8.10.3.3　整体平衡(附加章节)

当荷载没有通过主要受压柱体的末端均匀地分布在截面上时,应采用拉压杆模型进行分析以得到控制残余扩散应力的钢筋。2-2/附录 J 中并未包括这一更深层次的内容。典型的状态和钢筋布置区域如图 8. 10-7 所示,该图也展示了《CIRIA指南 1》中定义的主要受压柱体的位置(已将梁体旋转至其轴线处于竖向的位置)。图形中并没有反映 2-2/附录 J 中定义的主要受压柱体,而是表明了在主要受压柱体之外的区域,荷载的扩散仍会进行。

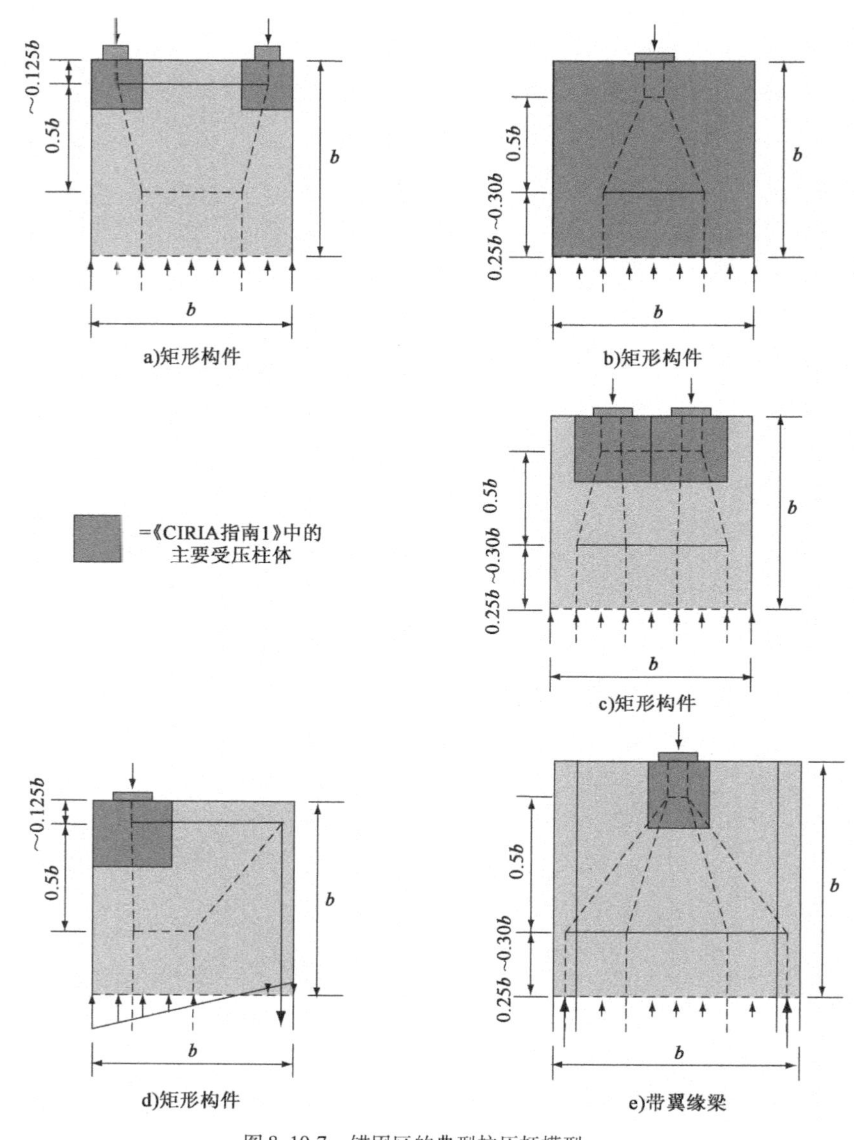

图 8. 10-7　锚固区的典型拉压杆模型

在图 8. 10-7 的 a)、c)、d) 和 e) 中,由附录 J 定义的主要受压柱体的尺寸和

《CIRIA 指南 1》中定义的基本相同。在 e）中，主要受压柱体的宽度小于截面全宽，此时基于的假定是在劈裂设计中的柱体宽度应由构件的宽度来控制。在 b）中，基于《CIRIA 指南 1》的主要受压柱体占据了整个区域，并且用于计算劈裂和用于计算整体平衡的拉压杆模型是同一个。基于附录 J 的主要受压柱体的区域小一些，其将会凸显出一个问题，即这样可能会导致需提供一部分钢筋以抵抗劈裂，同时需要在主要受压柱体区域外提供更多的钢筋来控制整体平衡。如果将两者的钢筋叠加，则会将钢筋量多算 100%。这也就是 EC2-2 附录 J 适用于同时有 2 个及以上锚固区的原因，因为此时通常可以避免此类问题。但这类情况也并非是完全令人满意的，因为还存在风险，如 e）在设计中只考虑图中所示的整体拉压杆模型，不考虑锚固区附近区域的局部劈裂力，而《CIRIA 指南 1》则会考虑该劈裂力。当附录 J 不适用时，仍需通过局部拉压杆模型［如图 8.10-7b）］或通过《CIRIA指南 1》中的要求对劈裂效应进行验算。

图 8.10-7 中每个图形的内力臂均为 0.5b，这符合 6.5 中对于非连续区域讨论的结果。拉杆的位置并未指定但是必须顺着弹性力流方向，因为这是一般拉压杆模型分析原则所要求的。a）和 b）中拉杆的位置遵循《CIRIA 指南 1》中的推荐建议。这就要求必须在距荷载作用面 0.25b 距离内配置钢筋（将钢筋放置在距荷载作用面比 0.25b 更近的位置也是可以接受的）。在 b）和 c）中，拉杆位于距离混凝土块端部 0.25b 处，这是《CIRIA 指南 1》中所暗示的，而其他的参考文件（比如《模式标准 90》[6]）中则取 0.3b。作为除拉压杆模型之外的另一种选择，也可以使用梁理论来计算配筋面积，但这也同样需要基于上文的内力臂假定与钢筋布置区域假定。

当梁带翼缘时，在腹板设计时采用的拉压杆模型应考虑翼缘所受的集中作用，同时也应考虑腹板所受的均布作用，如图 8.10-7e）所示。翼缘自身也应通过拉压杆模型分析进行设计，因为应力在其全宽范围内横向扩散。图 8.10-7b）可用于此类情况，假定翼缘中的平衡力等效为一个集中力，作用在与腹板同宽的区域上。这个力的作用点可以根据图 8.10-8［***2-1-1/条款8.10.3(5)*** 中的推荐用图］中描述的力的理想扩散路径求得。这个位置大致与图 8.10-7b）中拉杆位置相等，此时，荷载基本已经沿全截面扩散分布。 ***2-1-1/条款 8.10.3(5)***

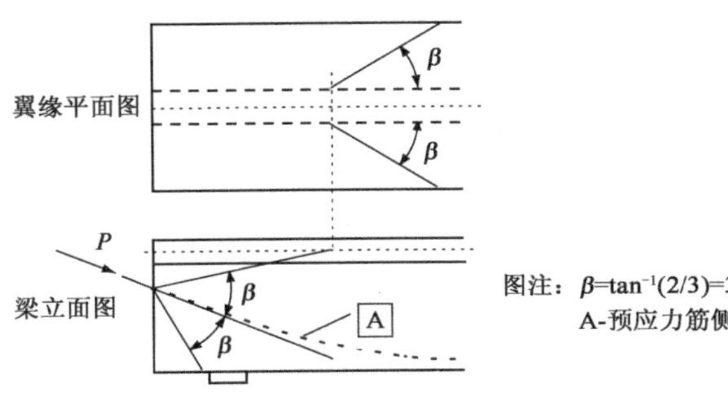

图 8.10-8　预应力的扩散

2-2/附录 J.104.1(104)

除了上述规定,***2-2/附录 J.104.1(104)*** 还要求对任何近截面边角的锚固区进行楔形体滑移失稳破坏的验算,并在 2-2/附录 J 的注中详细讨论了这类情况。

实例 8.10-1:后张预应力锚固区钢筋的计算

每个腹板内含有两根预应力筋,每根预应力筋由 19 束直径 15.7mm 的钢绞线组成(每束钢绞线面积为:$A_p = 150\text{mm}^2$),其抗拉强度标准值为 $f_{pk} = 1860\text{MPa}$,其在箱梁截面上的锚固位置如图 8.10-9 所示,锚固板的边长为 310mm。对于这种规格的钢绞线,0.1% 应变时的条件屈服强度(取值于 EN 10138 的表 3)为 $f_{p0.1k} = 1600\text{MPa}$。此处假定预应力筋初始状态保持水平且当混凝土圆柱体抗压强度达到 30MPa 时,预应力束中的应力达到 $0.85 f_{p0.1k}$。此处为了计算方便,默认在本例中预应力束的合力作用点位于截面形心位置处。

(a)主要受压柱体内的抗劈裂钢筋

EN 1992-2 中的附录 J 适用于本实例,因为本实例在腹板处有超过一根预应力筋锚固。将附录 J 中的要求与拉压杆模型、《CIRIA 指南 1》中的要求进行对比,取最不利的情况。EN 1992-2 附录 J 被认为是只提供最小配筋率要求。

(1)水平方向(腹板厚度方向)

EC2-2 附录J

由 2-2/式(J.101)得,主要受压柱体的横截面面积为:

$cc' = P_{max}/0.6f_{ck}(t)$

此处 P_{max} 为允许施加在预应力束上的最大力,此时 $P_{max} = 19 \times 150 \times 0.85 \times 1600 \times 10^{-3} = 3876\text{kN}$。

所以:$cc' = 3876 \times 10^3/(0.6 \times 30) = 215333\text{mm}^2$。

对于横截面为正方形的主要受压柱体,可得其边长为 464mm。因此可以得到柱体的长度为 $1.2 \times 464 = 556\text{mm}$,取 560mm。用于在此区域抵抗劈裂和混凝土剥落的最小钢筋用量由 2-2/式(J.102)计算得出:

$$A_s = 0.15 \frac{P_{max}}{f_{yd}} \gamma_{p,unfav} = 0.15 \times \frac{3876 \times 10^3}{500/1.15} \times 1.2 = 1605\text{mm}^2$$

严格意义上来说,本应进行裂缝宽度验算。但若为了避免这类验算,则钢筋应力应该限制在符合 2-2/条款 8.10.3(104)规定的 250MPa 以下,由此可得,所需钢筋的面积为 2791mm^2(在本实例中,各处均保守地认为钢筋应力限值是采用考虑分项系数的预应力来进行验算的)。这类抗劈裂和剥落的钢筋必须沿受压柱体全长(即 560mm)分布,同时在水平方向和竖直方向上都需配置钢筋,因此,最好的方式是配置螺旋箍筋或闭合箍筋。**采用 5 个直径 20mm 的双肢箍沿长度布置,就足以提供所需的 $4.98\text{mm}^2/\text{mm}$ 的钢筋量**。如果钢筋在此长度上按照 100mm 的中心距布置(常用间距),就会导致略微的钢筋过量,因此采用 6 个双肢箍。

虽然此处的钢筋被描述用来抵抗构件端部表面的混凝土剥落问题，但是对于钢筋布置位置的问题仍缺乏相关指导意见。相关内容见下文(c)。

上述基于附录 J 得出的钢筋用量应被视作此区域所需的最小钢筋用量。基于附录 J 计算的抗劈裂钢筋并未考虑锚固板和承压截面形状的影响，故应对劈裂做进一步的验算以考虑这些因素。可以使用《CIRIA 指南 1》或符合 2-1-1/条款 6.5 要求的拉压杆模型，这两者都会在下文分别进行讨论。一旦这两种方法中有一种对钢筋用量提出了比附录 J 更高的要求，无论是整个受压柱体的钢筋用量还是局部钢筋用量，都应增加附加钢筋用量以满足这些要求。

《CIRIA 指南 1》中的方法

由《CIRIA 指南 1》和图 8.10-6 可得，端锚板边长与主要受压柱体边长之比为：

$2y_{p2}/2y_2 = 310/600 = 0.52$

由表 8.10-3 可知，拉力为：$T = 0.17\gamma_{unfav}P_{max} = 0.17 \times 1.2 \times 3876 = 791kN$。这也就相当于应力为 250MPa 时的钢筋用量为 $3164mm^2$，分布长度为 $2y_2 = 600mm$($5.27mm^2/mm$)，这与附录 J 中提出的要求相近(仅是巧合)，则在此长度内布置**5 个直径为 20mm 的双肢箍同样可以满足要求**。在实际操作中，以 100mm 的中心距布置 6 个双肢箍会更符合实际。最好的钢筋形式是螺旋箍筋或闭合箍筋。

6.7 的图8.10-7b)中的拉压杆模型

另一种方法是采用局部拉压杆模型，这基本上是 EC2-1-1 中唯一的指导方法。将上述理想的拉压杆模型用于横向上，可得出横向的拉力为：

$$T = \frac{600-310}{600} \times \frac{1}{4} \times 3876 \times 10^3 \times 1.2 = 562kN$$

此结果相当于需要 $2248mm^2$ 的钢筋面积(应力值为 250MPa)。这个值比其他方法计算得出的结果小，但分布区域更短，为 $0.6b = 0.6 \times 600 = 360mm$，从距端部表面 240mm 处开始布置，即 $6.24mm^2/mm$。然而更普遍的做法是，在整个 600mm 长度内都布置钢筋(为满足附录 J 的要求，这种做法是必需的)，所以总钢筋用量就变成了：$600/360 \times 2248 = 3747mm^2$，这与布置**6 根直径为 20mm 双肢箍的总钢筋用量**大致相同。

后两种方法相较于附录 J 来说，所需的钢筋用量都更多一些。此处建议应采用基于《CIRIA 指南 1》中方法得出的钢筋用量，因为已经证明这种方法得出的结果可以充分满足实际所需。虽然对于上述计算来说，三种方法得出的结果相差不大。

(2) 竖向(梁高方向)

EC2-2 附录 J

钢筋用量的计算方法同上文所述水平方向计算方法。

《CIRIA 指南 1》中的方法

两锚固区之间的中心距为 600mm,则每个锚固区的主要受压柱体的宽度也为 600mm,因此此处的钢筋规定与水平向一致。

6.7 的图 8.10-7b)中的拉压杆模型

综合上述理由,钢筋的规定与水平向一致。

同样的,后两种方法相较于附录 J 来说,所需的钢筋用量都更多一些。此处建议应采用基于《CIRIA 指南 1》中方法得出的钢筋用量,因为已经证明这种方法得出的结果可以充分满足实际所需。

(b)在主要受压柱体区域外的整体平衡

(1)水平方向(腹板厚度方向)

水平方向应力不会在主要受压柱体之外继续扩散,故在主要受压柱体之外无需配置钢筋。EC2-2 附录 J 的方法也存在一个问题,其定义的主要受压柱体未占据腹板全宽,因此,可能产生应力进一步扩散的误解,于是导致钢筋用量的重复计算。这也就是为什么要求使用拉压杆模型或《CIRIA 指南 1》进行劈裂验算。

(2)竖向(沿梁高方向)

在主要受压柱体的端部,应力在横截面上并非是均匀分布的,因此必须采用一个拉压杆模型来确定横向钢筋。腹板内的钢筋可以由图 8.10-7e)所示的拉压杆模型求得(如果在平衡区域内预应力束是倾斜布置的,则此模型需要进行修正)。预应力束在中性轴处锚固,因此远离锚固区位置的应力会在横截面上均匀分布(本例中的一个简化)。选取横截面的一半进行考虑(左右对称):

均布应力值 $=2\times3.876\times10^3\times1.2/4.14\times10^6=2.25\text{MPa}$

底部翼缘宽一半区域的内力 $=3000\times300\times2.25=2022\text{kN}$

腹板区域内下方锚固区中心线以下的力 $=1380\times600\times2.25=1863\text{kN}$

忽略锚固板的宽度,同时取桁架内力臂长度为:$0.5\times3500=1750\text{mm}$,由此可得在底部预应力束处产生的拉力为:$(2022\times1.530+1863\times1.380/2)/1.750=2502\text{kN}$。

这一拉力必须由钢筋承担。此处钢筋的容许应力取 250MPa,这样就可避免验算裂缝宽度,因此得出需要 10008mm^2 的钢筋用量。钢筋应该采用 U 形钢筋,钢筋中心位于拉杆处,钢筋最大分布宽度由理想拉压杆模型得出,该值不超过为 $0.6b$(《CIRIA 指南 1》中要求为 $0.5b$),如图 8.10-7e)所示。这相当于,在 $0.6\times3500=2100\text{mm}$ 的长度内要配置总肢数为 32、直径为 20mm 的 U 形筋(取双肢 U 形筋按照 150mm 的中心距布置,可在 2100mm 内共提供 30 肢 U 形筋,这也许是可以被接受的,毕竟对钢筋取 250MPa 的应力限值和采用了考虑分项系数的承载能力极限状态下的预应力都是偏保守的,后续可以通过正常使用极限状态下的验算来证明这一点)。在实践中,3500mm 的整体平衡区域内都会布置上述钢筋。在任何情况下,都应配置钢筋以抵抗剪力。

(c)构件端部表面的混凝土剥落

抗剥落设计有两种可能性：

(1)2-2/附录 J. 104. 2(103)要求：

$$0.03\frac{P_{\max}}{f_{yd}}\gamma_{p,unfav}=0.03\times\frac{3876\times10^3}{500/1.15}\times1.2=320\text{mm}^2$$

或

$$0.03\times\frac{3876\times10^3}{250}\times1.2=558\text{mm}^2$$

此时令钢筋工作时的应力为 250MPa，无需验算裂缝宽度。

(2)《CIRIA 指南 1》要求钢筋在各个方向上均承担 $0.04P_{\max}$ 的力，因此：

$$0.04\times\frac{3876\times10^3}{250}=620\text{mm}^2$$

两种方案都使得需在各个方向上配置 2 肢直径为 20mm 的钢筋，令其工作时应力为 250MPa。

(d)在翼缘内的扩散

根据前文所讨论的结果，翼缘中的横向拉伸作用同样也需要进行相似的验算，该验算基于图 8. 10-7b)中的拉压杆模型进行。但此处并未包括此项内容。用于抵抗各类效应的所有钢筋如图 8. 10-9 所示。应注意，仍需在附近的区域内对抗剪和用于抵抗横向弯曲的钢筋进行设计。

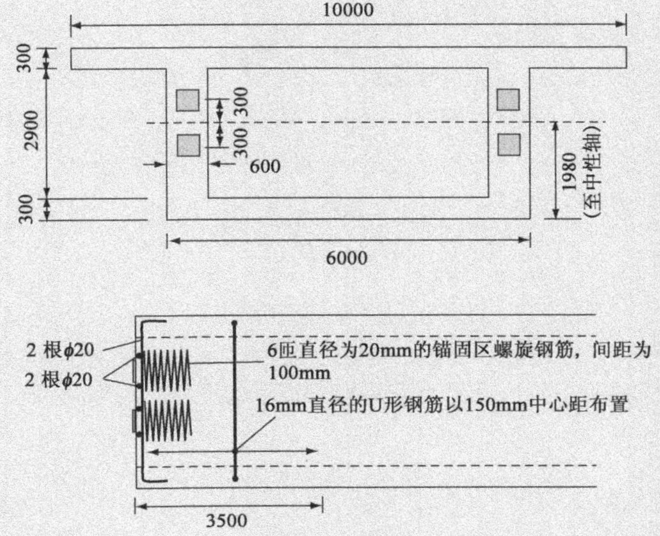

图 8. 10-9　实例 8. 10-1 中的构件几何形状与钢筋布置(尺寸单位：mm)

值得注意的是，此时附录 J 所要求的楔形体滑移失稳验算的重要性不大，因为此时锚固区距截面边缘较远。如果在腹板和翼缘交界处设置了施工缝，则根据 2-2/条款 6. 2. 5 的规定，应对此交界面处进行抗剪强度验算。

8.10.4　预应力束的锚固与连接器

在连接下一阶段的预应力束之前,连接器通常在施工过程中充当锚固的作用,因此必须根据上文 8.10.3 所讨论的相关规定进行设计。

2-1-1/条款 8.10.4(4)
2-2/条款 8.10.4(105)

EN 1992 认为令连接器避免中间支撑[***2-1-1/条款8.10.4(4)***]的同时避免在任一截面上连接率超过 50%[***2-2/条款8.10.4(105)***]是良好的细部设计措施。后者是因为有限元模型和实体模型试验已表明,连接器周围的应力状态十分复杂,受压应力并非均匀分布。在连接器的邻近区域内,来自预应力作用的压应力相较于通长束来说会有显著的减小。如果所有预应力束都在一个截面内进行连接,则会导致混凝土中压应力相较于期望值会有大幅度降低(根据参考文献 24 中 Oh 与 Chae 等的研究数据,下降率可达 70%)。这会导致在荷载作用下腹板与翼缘内产生裂缝,裂缝通常发生在连接器两侧与截面高度相等的长度范围内。在正常使用极限状态下,由通长预应力筋传递来的压力有利于减小开裂概率,而附加纵向钢筋也有助于控制开裂。

然而出于实际考虑,在英国通常观察不到交错布置连接器这项"良好措施"的实施。为了避免将预应力束都锚固在同一个截面,通常有必要通过腹板和翼缘外侧肋上的锚具来对穿过施工缝的预应力束进行搭接。然而,有时这种做法是不实际的,且所有预应力束都可能会在相邻腹板的同一位置进行成对搭接。这种情况易发生在梁高较低的多室结构中,此时在室的空腔处布置锚具是不切实际的(同时也无法接入这些锚具)。另一种方案是,在顶部翼缘的上表面设置顶部锚具,但从耐久性方面考虑,这种做法是不可取的且应予以避免,尤其是在使用了除冰盐或处于侵蚀性环境下。这在***2-2/条款8.10.4(107)***中有所注明。

2-2/条款 8.10.4(107)

如果有超过 50% 的预应力束需要在同一截面处连接,则 2-2/条款 8.10.4(105)要求应满足 2-1-1/条款 7.3.2 中的最小配筋率要求以控制裂缝,或在作用的标准组合下,连接器所在截面各处的压应力应达到 3MPa。满足这一应力验算要求通常不是太难,因为施工缝一般设置在弯矩较小处,通常是跨径的 1/4 处。2-2/条款 8.10.4(105)要求相同截面上预应力束的连接率不应超过 2/3,但正如上文所述,这有时也会显得不切实际。2-2/表 8.101N 给出了连接器之间纵向最小间距的推荐值,这样就可保证同一位置上不会出现多个连接器。这些推荐值可能在国家附件中被修正。

2-2/条款 8.10.4(106)

当桥面板被施加了横向预应力时,有必要对后张应力在所要求截面上是否均布进行验算。这在***2-2/条款8.10.4(106)***中有所注明。锚具的纵向间距可以由图 8.10-7 中的预应力扩散角度求得,这样相邻区域只需与所考虑区域相叠加即可。

2-2/条款 8.10.4(108)

当预应力束锚固在构件内时(大样图如图 8.10-10 所示),由于锚固区后方混凝土抵抗应力引发的变形产生的约束作用,裂缝也许会出现在锚固区后方。通常会将一部分预应力束锚固在锚固区后方的混凝土内,同时使用普通钢筋控制裂缝,除非在此区域由连续的预应力筋传递过来的残余压应力充足。***2-2/条款***

*8.10.4(108)*要求在频遇组合下,混凝土内残余压应力应大于或等于 3MPa,满足此条件则普通钢筋可忽略裂缝控制措施。EN 1992-2 中没有涉及有关此类钢筋规定的相关指导条款。《CIRIA 指南 1》[23]中推荐 50% 的预应力束应锚固在锚具后方的混凝土中,无论预应力的种类与大小,而 Schlaich 和 Scheef[25]推荐的是,25% 的预应力束应锚固在锚具后方的混凝土中,但随着在锚固区由其余连续预应力束产生的压应力不断增大,这个值也可以适当减小。

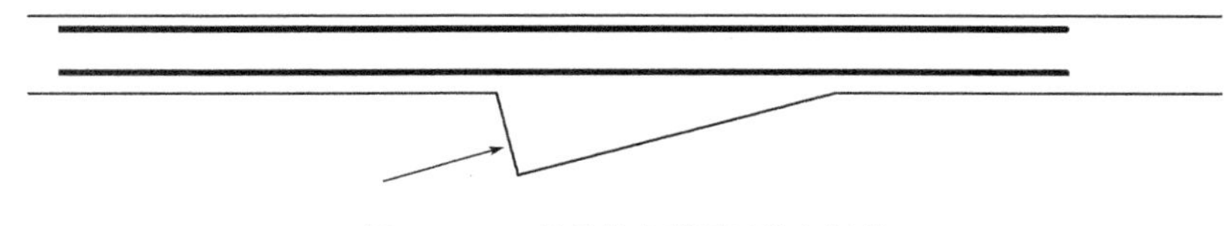

图 8.10-10　构件体内锚固区纵向钢筋

8.10.5　转向块

术语"转向块"是指一种独立结构单元,它允许体外后张预应力束偏离两锚固区之间原本的直线。包围预应力束的保护性导管通常穿过转向块而非与其直接连接,以便于预应力束的更换。提供转向的结构单元可能是混凝土或钢结构,同时该结构一般还会支承有预应力束通过的导管。

2-1-1/条款8.10.5(1)P 要求转向块满足一系列规定。转向块的基本目的就是承受施加在其上的力,并将其传递给结构的剩余部分。通常有必要采用拉压杆模型来保证其满足要求。由于摩擦作用与进出弯曲角不对称产生的纵向力作用必须由转向块传递至结构中。由于人为地改变了钢筋束的方向,钢筋束主要受横向力。然而,在设计横向力的过程中,还需考虑允许误差的影响,这其中包含了设置转向块管道和吊装全桥时产生的非人为允许误差。这些允许误差都应在项目说明中加以阐述。在力的设计中还应包含由于施工中挠度效应和预拱度效应产生的偏差,同时还应考虑预拱度的期望精确度。 *2-1-1/条款 8.10.5(1)P*

EC2 中并没有明确用于这类偏差力计算的预应力筋的内力设计值,但此处建议除非采用了考虑材料和几何非线性的详细二阶分析,否则应使用预应力束的断裂荷载值。原因在于,尽管在全世界的设计中都保守地、一贯地认为,预应力束在达到承载能力极限状态后其应变不再增长,但仍有可能,尤其是对于短预应力束来说,在达到承载能力极限状态时随着构件下挠度、应力、应变都会有显著的增长。在正常使用极限状态下,应取预应力束在长期预应力损失发生之前的内力值作为设计值。

转向半径的大小应保证不对预应力筋及其保护系统或转向块管道自身造成损害。这是***2-1-1/条款8.10.5(2)P*** 的基础。过小的半径会导致横向压力过大,会对预应力束、导管和转向块管道造成伤害,同时,在预应力筋受力时产生的纵向位移也会因半径过小而导致预应力束割破保护导管或转向块管道(如果是塑料材质)。为了避免此类问题,***2-1-1/条款8.10.5(3)P*** 要求需要从预应力束供应商处获得适当的最小弯曲半径。表 8.10-4 提供了部分摘自 BD 58/94[26]的初步指导建议。 *2-1-1/条款 8.10.5(2)P* *2-1-1/条款 8.10.5(3)P*

表中的分组基于标准强度(给出了两种不同的预应力筋体系)设计。当某个体系中的预应力束特性值超过表 8.10-4 中的值时,弯曲半径应根据体系在标准强度方面对应的值来进行确定。

预应力筋最小弯曲半径的推荐值　　表 8.10-4

预应力束(钢筋束型号及直径)(译者注,原文"型号"描述有误)	最小弯曲半径值(m)
19 ~ 13mm 且 12 ~ 15mm	2.5
31 ~ 13mm 且 19 ~ 15mm	3.0
53 ~ 13mm 且 37 ~ 15mm	5.0

2-1-1/条款 8.10.5 中没有明确包括先张预应力梁中的转向块,但是关于钢绞线损坏的相同问题也可能会存在。此处也可以采用 BD 58/94 中的推荐建议。这也就意味着,对于单根预应力筋,如果是钢丝,弯曲半径不应超过其 5 倍直径;对于钢绞线,则不应超过其 10 倍直径。同时,总偏角不应大于 15°。

混凝土转向块的一个通病是进出口处倾斜的预应力束会导致混凝土剥落。造成这一"意外"偏角的原因如上文所述。为了避免出现这类问题,应在转向块管道内提供可以容许一定角度偏差的方法。通常的方法是提供一个喇叭口,将管道在主弯曲平面内过度弯曲,这样就使得预应力筋与转向块管道能在管内的某处相切,或也可在转向块管道进口处使用可压缩材料。设计人员应在不同的情况下选择合适的方案,因为每个方法都有其缺点。

应注意转向块的放置位置,以避免随着桥梁下挠时的二阶效应导致(或是不精确的预拱度)的偏心损失。这在转向块处于跨径 1/4 处的情况中尤为明显,因为此时预应力束在两个跨径 1/4 位置之间保持直线(跨中预应力束并不随梁体下挠),而跨中位置会因为偏心损失而产生比预期更大的挠度。在这种情况下,下挠产生的偏心损失足以抵消下挠在预应力束中产生的任何有利的内力增量。

2-1-1/条款 8.10.5(4)

2-1-1/条款 8.10.5(4) 似乎允许预应力束在不布置转向块的情况下存在 0.01(rad)的转角。然而,鉴于上述对潜在意外误差的讨论,此处建议在存在转角处一直设置实体转向块。

第 9 章　构件细部设计和特殊规定

本章涉及 EN 1992-2 中所述的构件细部设计和特殊规定的以下条款：

- 一般规定　*条款9.1*
- 梁　*条款9.2*
- 实心平板　*条款9.3*
- 平板　*条款9.4*
- 柱　*条款9.5*
- 墙体　*条款9.6*
- 深梁　*条款9.7*
- 基础　*条款9.8*
- 几何或作用不连续区域　*条款9.9*

9.1　一般规定

除了上文第 8 章讨论的一般细部设计，2-2/条款 9 给出了针对特殊构件的附加规定，包括梁、平板、柱、墙体和基础。***2-1-1/条款9.1(1)*** 指出，其他章节中关于安全性、适用性和耐久性的相关规定的有效性取决于本节中后续涉及的构件细部设计相关规定。***2-1-1/条款9.1(2)*** 提醒我们，构件细部设计应与所采用的设计模型保持一致。例如，如果采用了拉压杆模型来确定钢筋用量，则基本上钢筋的位置、方向与锚固都应与分析模型中的假定相一致。最小配筋率这一参数（见下文关于梁的 9.2.1.1）也由 ***2-2/条款9.1(103)*** 引入。最小配筋率保证了当不开裂混凝土截面的弯矩效应超过其承载力时，钢筋能够提供的弯矩抗力应大于或等于素混凝土所能提供的弯矩抗力，这样便不会在裂缝产生处发生突然性的脆性破坏。同时它还能保证在混凝土达到其抗拉强度后不会形成过大裂缝。

2-1-1/条款9.1(1)

2-1-1/条款9.1(2)

2-2/条款9.1(103)

9.2　梁

9.2.1　纵筋

9.2.1.1　纵筋面积的最小值与最大值

所有梁构件都需满足最小粘结钢筋用量的要求以避免脆性破坏或在混凝土开裂时出现过大裂缝。梁中最小钢筋用量值 $A_{s,min}$ 可能会在国家附件中加以定义。***2-1-1/条款9.2.1.1(1)*** 中的推荐公式如下：

2-1-1/条款 9.2.1.1(1)

$$A_{s,min}=0.26\frac{f_{ctm}}{f_{yk}}b_t d \geqslant 0.0013 b_t d \qquad 2\text{-}1\text{-}1/(9.1\text{N})$$

式中：f_{ctm}——混凝土抗拉强度平均值；

f_{yk}——钢筋屈服强度标准值；

b_t——受拉区平均宽度值(不包括非矩形截面的受压翼缘)；

d——受压区边缘至受拉钢筋合力作用点的有效高度值。

这一要求是从一个表达式延伸得出的，以确保在混凝土开裂时钢筋不会屈服。对于矩形梁，开裂荷载为：

$$M_{cr}=f_{ctm}bh^2/6$$

式中，b 为梁宽，h 为梁全高。如果梁配有面积为 A_s 的钢筋，屈服强度为 f_{yk}，有效高度为 d，则极限弯曲抗力为：

$$M_u=f_{yk}A_s z$$

式中，z 为内力臂。在第一次开裂时，截面的开裂强度超过平均不开裂强度，$M_u \geqslant M_{cr}$，也就是 $f_{yk}A_s z \geqslant f_{ctm}bh^2/6$，则移项可得：

$$A_s \geqslant \frac{1}{6}\frac{f_{ctm}}{f_{yk}}\frac{bh^2}{z}$$

代入有效高度 d，得到：

$$A_s \geqslant \frac{1}{6}\frac{f_{ctm}}{f_{yk}}\left(\frac{h}{d}\right)^2\frac{d}{z}bd$$

h/d 的典型值一般为 1.1。d/z 的保守取值为 1.25，这与超筋截面中的 $z=0.8d$ 保持一致，且这个值在最小配筋率的矩形梁截面中不太可能增加，但在其他横截面中可能增加，比如 T 形截面梁。则上式可表示为：

$$A_s \geqslant 0.25\frac{f_{ctm}}{f_{yk}}bd$$

2-1-1/式(9.1N)与上述矩形梁表达式的形式相同，但 0.25 被替换成 0.26，这使得其他几何形式的截面有一定的余量。对于其他几何形状截面公式中这一微小的余量正是反映了上文讨论的 d/z 取值的保守。对于配筋量(配筋面积)小于

2-1-1/条款 9.2.1.1(2)

最小配筋量(最小配筋面积)$A_{s,min}$ 的构件，应视其未配置钢筋并按 ***2-1-1/条款 9.2.1.1(2)*** 的要求，在符合 2-2/条款 12 的规定的情况下进行设计。

除了上文详细讨论的最小配筋面积要求，EC2-2 要求在桥梁设计中的所有构件应配置一定的最小配筋量以控制裂缝，如上文 7.3 所述。对于预应力混凝土截面，还应满足条款 6.1 与指南 6.1.5 中讨论的相关附加规定以避免脆性破坏。相

2-1-1/条款 9.2.1.1(4)

似的，对于配有永久无粘结预应力束或体外预应力束的构件，***2-1-1/条款 9.2.1.1(4)*** 要求设计人员通过一个推荐系数 1.15 来验算其极限弯曲抗力是否超过弯曲开裂弯矩。

为了便于混凝土浇筑与压实，同时也为了防止混凝土收缩时内部过度约束而导致开裂，梁中所配的钢筋应限制在一个最大配筋量 $A_{s,max}$ 内。梁中搭接区范围之

外的 $A_{s,max}$ 值可在国家附件中定义，同时 ***2-1-1/条款9.2.1.1(3)*** 给出的推荐值为 $0.04A_c$，其中 A_c 为所考虑单元的混凝土毛截面面积。 ***2-1-1/条款 9.2.1.1(3)***

9.2.1.2　其他细部设计规定

2-1-1/条款9.2.1.2(1) 规定对于整体式构件，即便它在设计中被假定为简支，仍需在其支座截面配置钢筋以提供最小负弯矩抗力值。这个值可以视作是跨内最大正弯矩的一定比例 β_1。β_1 的值可由国家附件提供，同时 EC2 推荐其值为 0.15。这一相对较小的弯矩设计值可能会产生重要的弯矩重分配，同时，很有可能在国家附件中会确定一个更大一点的值。对于桥梁结构，通常不允许进行塑性分析设计，也就是说通常不会将整体节点视作简支端。因此设计人员很有可能将弹性分析的结果（不管其是否考虑了条款 5.5 中涉及的有限弯矩重分布）用于确定最小负弯矩抗力要求。同时还需用未修正的弹性分析的结果来对裂缝宽度进行附加验算。 ***2-1-1/条款 9.2.1.2(1)***

对于带翼缘的截面梁，***2-1-1/条款9.2.1.2(2)*** 要求所需的受拉钢筋均应分布在翼缘的有效宽度内，尽管部分钢筋可能会集中在腹板宽度处。这一举措可能是为了限制在正常使用极限状态下出现的沿翼缘宽度方向的裂缝（包括早期温度裂缝），即便这样的分布形式可能在承载能力极限状态下不是必要的。 ***2-1-1/条款 9.2.1.2(2)***

截面设计中已经包括纵向受压钢筋在抗力计算中的贡献，***2-1-1/条款9.2.1.2(3)*** 要求纵筋通过横向钢筋被有效地固定在适当位置。这是为了防止钢筋屈曲变形至保护层外。这类横向钢筋的间距不应大于 15 倍的受压钢筋直径。横向钢筋间距的最小值还未给出，但此处建议，对于柱构件，应满足 2-1-1/条款 9.5.3 中的要求。2-1-1/条款 9.2.1.2(3) 中同样没有对横向钢筋如何包围受压纵筋做出明确定义。正如本指南 9.5.3 讨论的那样，2-1-1/条款 9.5.3 中适用于柱构件的要求同样也可适用于梁的受压翼缘处。 ***2-1-1/条款 9.2.1.2(3)***

9.2.1.3　纵向受拉钢筋的截断

在既有钢筋量超过设计所需的钢筋量的位置处，EC2 允许对纵筋进行截断，只要有足够的钢筋来提供充分的抗力将各截面上拉力包络图包络在内即可（同时满足最小配筋量要求）。如需在某处对纵筋进行截断，则仍需将钢筋延伸至超过此位置至少一个锚固长度。这一锚固长度内的钢筋可以通过假定其上内力线性分布[如 2-1-1/图 9.2-2 所示，且该分布同时被 ***2-1-1/条款9.2.1.3(3)*** 所允许]来考虑其对截面抗力的贡献或者干脆保守地忽略它。 ***2-1-1/条款 9.2.1.3(3)***

在确定可以截断钢筋的位置时，应给出适当的容许范围并考虑抗剪设计所需的附加拉力。这就是 2-1-1/条款 9.2.1.3 提到的，同时本指南 6.2.3.1 讨论的“偏移法”。仍需注意的是，正如 6.2.4 讨论的那样，偏移法也应适用于宽翼缘截面中。

2-1-1/条款9.2.1.3(4) 同样明确了对于贡献截面抗剪承载力的弯起钢筋也应增加一个锚固长度的要求。这一举措是为了确保能在其作为抗剪钢筋的位置处达到其设计强度。 ***2-1-1/条款 9.2.1.3(4)***

9.2.1.4　底部钢筋在端支座处的锚固

对于端支座处，在设计中很少或不会假定此处端部固定，设计人员在此处配置的钢筋应保证达到跨内配筋面积的一定比例。EC2 中推荐这个比例系数 β_2 为 0.25。纵向配筋面积不应低于轴力作用下的抗剪设计要求,且须在支撑面外合理锚固。

9.2.1.5　底部钢筋在中支座处的锚固

对于中支座处,EC2 允许根据 2-1-1/条款 9.2.1.4 计算得出的最小底部配筋面积,在进入支座(自支座侧面算起)至少 10 倍钢筋直径距离处(对直筋)进行钢筋的截断。对于弯曲钢筋或钩形钢筋,EC2 要求其锚固长度应至少与自支座侧面算起的 1 倍弯心直径相等,这样可以保证直到钢筋完全处于支座内才进行弯起。在可能出现正弯矩的中支座处,底部钢筋应通长穿过支座区域,但如实在需要,也可采用搭接钢筋。出于对早期温度裂缝的考虑,也可对纵筋的连续性提出要求。

9.2.2　抗剪钢筋

2-2/条款 9.2.2(101)

2-2/条款9.2.2(101)要求抗剪钢筋与构件纵轴线之间形成一个介于 45°~90°之间的夹角 α。在大多数桥梁工程应用中,抗剪钢筋通常是以箍筋的形式包围纵向受压钢筋,同时按照 2-1-1/条款 8.5 中的要求加以锚固。箍筋的内部转角处应布置纵向钢筋,根据 8.5 中讨论的内容,其直径大小不应小于箍筋直径。如果无需箍筋抵抗扭矩,则***2-1-1/条款9.2.2(3)***允许通过将靠近腹板表面的肢进行搭接来构造箍筋(通过两个 U 形钢筋来构造箍筋通常比较方便)。然而,在英国的实际桥梁工程中,用此类方法构造出箍筋是一种很常见的做法,并且这种做法在作为抗扭箍筋时也表现良好。

2-1-1/条款 9.2.2(3)

2-2/条款 9.2.2(101)允许抗剪钢筋由箍筋和弯起钢筋共同组成,但必须保证有一定最小比例的抗剪钢筋以箍筋的形式提供。这一最小比例系数 β_3,***2-1-1/条款9.2.2(4)***规定其推荐值为 0.50,但在国家附件中会有所不同。存在这一限制条件的主要原因是缺乏对抗剪钢筋不同组成比例的实测数据。如果按照 2-1-1/条款 6.5 的要求采用了拉压杆设计方法,则这一限制不再适用,只要钢筋弯曲处的压杆、节点及混凝土的应力都各自进行了相应的验算。2-1-1/条款 9.2.2(2)中允许在工业与民用建筑领域内使用其抗剪钢筋组合的形式,即不包围纵筋方式,虽然国家附件可能允许使用,但是 2-2/条款 9.2.2(101)仍推荐不应将其使用在桥梁工程中。

2-1-1/条款 9.2.2(4)

2-1-1/条款 9.2.2(5)

2-1-1/条款9.2.2(5)定义了梁的最小抗剪钢筋配筋率(见下方)以确保失效荷载超过剪切开裂荷载:

$$\rho_w = A_{sw}/(s b_w \sin\alpha) \geqslant \rho_{w,min} \qquad \text{2-1-1/(9.4N)}$$

式中:A_{sw}——在长度 s 范围内的抗剪钢筋面积;

s——沿着构件纵轴线方向抗剪钢筋的间距;

b_w——构件腹板的宽度;

α——抗剪钢筋与纵轴线之间的夹角。

EC2 中推荐的最小抗剪钢筋配筋率 ρ_w 的值见下式:

$$\rho_{w,min} = (0.08\sqrt{f_{ck}})/f_{yk} \qquad \text{2-1-1/(9.5N)}$$

此处，f_{ck} 为混凝土圆柱体抗压强度标准值（MPa）；f_{yk} 为抗剪钢筋屈服强度标准值（MPa）。

EN 1991-1-1 中的条款 9.2.2(6)、(7)和(8)给出了抗剪钢筋的附加细部设计要求。这些规定涵盖了抗剪钢筋的最大纵向间距（$s_{1,max}$）、弯起钢筋最大纵向间距（$s_{b,max}$）以及抗剪箍筋中各肢的最大横向间距（$s_{t,max}$）。这些限值的具体大小可在国家附件中查得，同时 EC2 中的推荐值如下所示：

$$s_{1,max}=0.75d(1+\cot\alpha) \qquad \text{2-1-1/(9.6N)}$$

$$s_{b,max}=0.6d(1+\cot\alpha) \qquad \text{2-1-1/(9.7N)}$$

$$s_{t,max}=0.75d\leqslant 600\text{mm} \qquad \text{2-1-1/(9.8N)}$$

$s_{1,max}$ 和 $s_{b,max}$ 推荐值的选择是出于对实测数据的保守考虑以确保在两个相邻的抗剪钢筋之间不会形成抗剪失效平面。用于计算 $s_{1,max}$ 的公式也将被用于箍筋计算中。

9.2.3　抗扭钢筋

抗扭箍筋应满足 2-1-1/图 9.6 中的要求，即要求其完全搭接或通过钩形的方式进行锚固，同时还需在垂直于构件轴线的方向上进行固定。***2-1-1/条款 9.2.3(2)*** 中阐明，上文所述的梁中最小抗剪钢筋用量的条款一般足以满足最小抗扭钢筋用量的要求。然而，***2-1-1/条款 9.2.3(3)*** 还对抗扭钢筋的纵向间距提出了额外的要求，特别要求其间距不得超过 $u/8$（此处 u 是横截面外周长）或梁横截面的最小尺寸。这一限制是为了确保不在抗扭钢筋所在平面之间出现扭转裂缝，同时也防止在压扭作用下截面边角处的混凝土过早剥落。

2-1-1/条款 9.2.3(2)　*2-1-1/条款 9.2.3(3)*

2-1-1/条款 9.2.3(4) 要求抗扭纵筋在箍筋的每一个转角处都应至少布置一根，其余纵筋应沿剩余截面周长均匀布置，外加以箍筋包围，且纵筋最大间距为 350mm。对于均匀布置纵筋的需求在本指南 6.3.2 中有所讨论。

2-1-1/条款 9.2.3(4)

9.2.4　表面钢筋

表面钢筋部分的讨论见本指南 J1。

9.2.5　间接支承

两根梁相交的情况可能出现在横梁和主梁相交时，该情况下两个结构单元之间的效应需由钢筋或预应力筋承担。可以从图 9.2-1 中的桁架模型中看出，对于图中所示的支承在中间支座的单室箱梁横隔板，需要对其配置“悬挂”钢筋。

EN 1992-1-1 中对腹板-横隔板相交处所需配置的钢筋面积给出了相应的指导意见，其在图 9.2-1 箱梁横隔板的案例中得到了展现。一般来说，悬挂钢筋也可被视为可以承担其他作用的钢筋，桁架模型通常也会对其加以阐述。这在 ***2-1-1/条款 9.2.5(1)*** 中有所陈述。然而，在图 9.2-1 所示的腹板-横隔板相交处，可以看到此处悬挂钢筋不应计入普通腹板抗剪钢筋中，因为各自的拉杆并不一致。换言之，一般的抗剪设计都从这一相交区域范围外开始。然而，箍筋的密度在近横隔板处不应有所减少。***2-1-1/条款 9.2.5(2)*** 对悬挂钢筋的布置给出了一定的指导意

2-1-1/条款 9.2.5(1)　*2-1-1/条款 9.2.5(2)*

见。Leonhardt 等[27]建议 70% 的悬挂钢筋都应配置在图 9.2-1 所示的相交处的箱梁腹板中,因为试验表明此处的钢筋是最有效的。悬挂钢筋需沿梁全高(图中所示)通长布置并充分锚固。

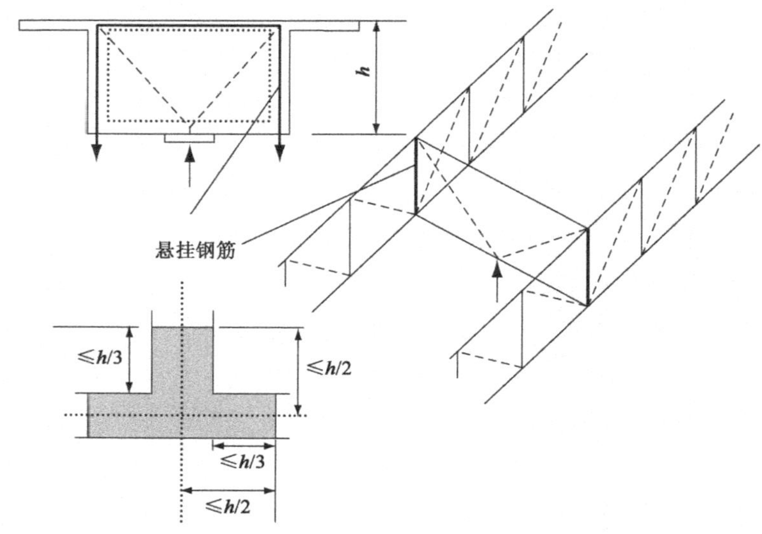

图 9.2-1　箱梁中的悬挂钢筋与所要布置的交界处(平面图)

实例 9.2-1:箱梁腹板-横隔板相交区域

一个多跨连续箱梁的截面形式如图 9.2-2 所示,将其支承在单个支座上。支座反力 $R = 22\mathrm{MN}$,均匀地分布在横向的腹板和纵向的相邻两跨之间。由此来设计腹板-横隔板相交处的悬挂钢筋。假定钢筋的屈服强度是 500MPa,同时横隔板的宽度为 1800mm,高度为 2800mm。

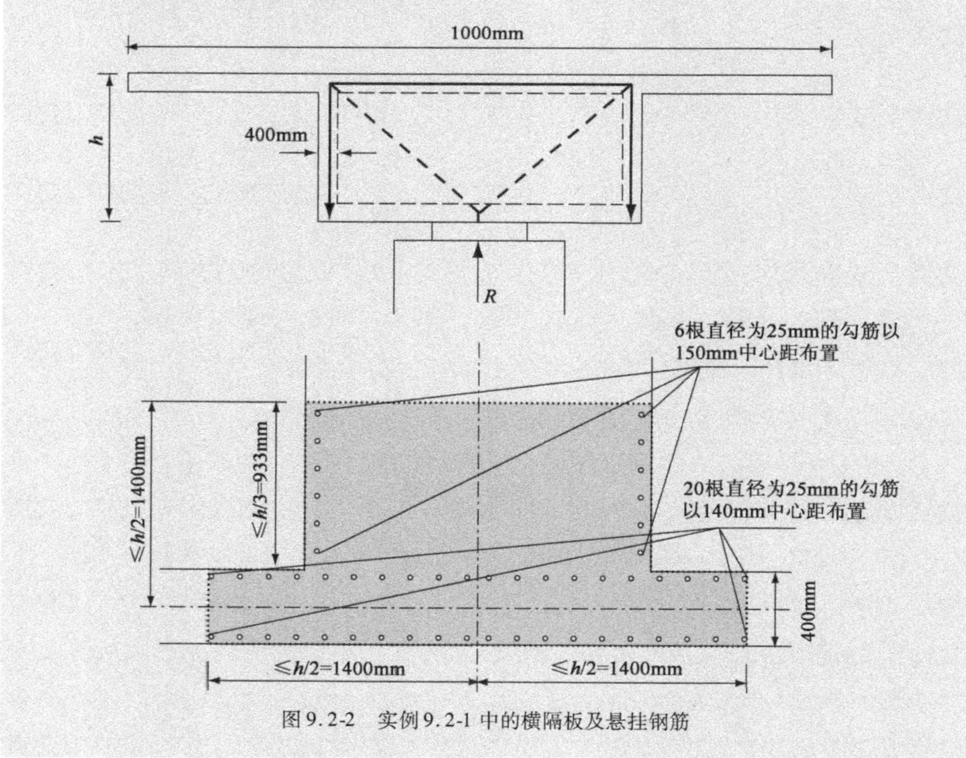

图 9.2-2　实例 9.2-1 中的横隔板及悬挂钢筋

由每片腹板传递至每跨内的力为：

$R/4 = 22.0/4 = 5.5\text{MN}$

考虑横隔板的一侧，腹板-横隔板相交处所受的荷载来自相邻两跨的单边腹板，则此处的力为：

$F = 2 \times 5.5 = 11.0\text{MN}$

这一力必须由以箍筋的形式加工而成的悬挂钢筋来承担。这些箍筋可以按照 2-1-1/图 9.7 中的形式布置在这一区域，正如本例中图 9.2-2 描述的那样。因此可以得到，箱梁的每侧所需的悬挂钢筋总量为：

$A_s = F/f_{yd} = 11.0 \times 10^6/(500/1.15) = 25300\text{mm}^2$

即总肢数为 52 肢，直径为 25mm。

9.3　实心平板

这一章节涵盖了有关单向板和双向板设计的具体细部设计规定，板的定义为：结构单元的宽度 b 和有效长度 l_{eff}，均不应小于 5 倍的总高 h。这一章节包含了有关板内抗弯钢筋，边、角抗弯钢筋以及抗剪钢筋的一般规定。EC2 中关于平板的后续章节(9.4)对支承在柱或抗冲剪钢筋上的板的细部设计规定给出了额外的建议。

9.3.1　抗弯钢筋

板中主要抗弯钢筋的最大与最小面积与上文 9.2.1 中梁内纵筋的要求一致。对于双向板，在确定最小配筋量时，两个方向上的钢筋都应视作主要受力钢筋。***2-1-1/条款9.3.1.1(2)*** 要求单向板中次要方向上构造钢筋的数量不应小于主方向上所配钢筋量的 20%，以此来确保作用在横向上分布充分，但是横向钢筋在近支座的梁顶处则无须布置，因为此处不可能产生横向弯矩。不过，一个合理的板中横向钢筋量的最小值应足以抵抗早期温度和收缩裂缝。 *2-1-1/条款 9.3.1.1(2)*

有关板中抗弯钢筋最大间距的规定见 ***2-1-1/条款9.3.1.1(3)***。根据 ***2-1-1/条款9.3.1.1(4)*** 的注，适用于梁中钢筋截断的规定也同样适用于板，但就像没有设置抗剪钢筋的梁一样，此时也不考虑有效高度 d 引起的弯矩“偏移”。在极少的情况下，板中会设置抗剪钢筋，此时与有抗剪钢筋的梁一样，可采用 2-1-1/条款 9.2.1.3(2) 中的方法考虑弯矩“偏移”，对竖向拉筋偏移为 $d/2$，方向为 45°。 *2-1-1/条款 9.3.1.1(3)* *2-1-1/条款 9.3.1.1(4)*

2-1-1/条款 9.3.1.2 涉及支座处的最小配筋量。这一条款要求至少有一半的计算所需主跨钢筋应继续延伸至支座面处同时被完全锚固。当板边缘存在部分固定而分析时又未加以考虑时，***2-1-1/条款9.3.1.2(2)*** 要求所需配置的顶部钢筋量应足以抵抗相邻跨径内最大弯矩的 25%。这一规定比梁中的规定更为严格，同时，此处的参数与梁不一样，它不是国家定义参数。 *2-1-1/条款 9.3.1.2(2)*

2-1-1/条款9.3.1.4(1) 要求板的自由边缘细部设计通常应配置适当的闭合钢筋，如包围纵筋的横向 U 形钢筋。对于无边缘加强的双向板，一组边缘的 U 形钢 *2-1-1/条款 9.3.1.4(1)*

筋将不可避免地放置在另一组与其相垂直的 U 形钢筋内,这将与 2-1-1/图 9.8 不符。然而,这一问题在实际桥面板中不常出现,因为桥面板侧边和端部通常会设置栏杆和伸缩缝,这需要在其外侧配置附加 U 形钢筋并延伸至伸缩缝内。

9.3.2 抗剪钢筋

2-1-1/条款 9.3.2(1)

2-1-1/条款9.3.2(1)要求带有抗剪钢筋的板的高度至少应大于 200mm,以便箍筋发挥其抗剪承载力。有关抗剪钢筋的通用细部设计规定除以下几点外均与 2-1-1/条款 9.2.2 中梁的规定相一致:

- 最小箍筋量仅在必须配置箍筋处适用。
- 如果所施加的剪力 V_{Ed} 的大小不超过最大剪力设计值 $V_{Rd,max}$ 的 1/3,则抗剪钢筋可全部由弯起钢筋或箍筋组成。
- 弯起钢筋的最大纵向间距可以增大至 $s_{max}=d$。
- 抗剪钢筋的最大横向间距可以增大至 $1.5d$。

9.4 平板

条款 9.4 中的规定作为对 9.3 的补充,同时包含了冲剪钢筋的一般规定及柱支撑处受弯钢筋的细部设计规定。此处仅考虑冲剪钢筋。

EN 1992-1-1 此部分给出的抗冲剪钢筋的规定基本用于由柱传来的集中力的情况,但也同样适用于桥面板上作用移动荷载的情况,正如本指南 6.4 所讨论的。然而毕竟桥面板设计中通常避免使用抗剪钢筋,这些问题一般很少出现。在桥梁设计中,当考虑设计独立基础或桩基承台时,采用抗冲剪钢筋最为普遍。

2-1-1/条款 9.4.3(1)

当需采用钢筋来抵抗冲剪作用时,***2-1-1/条款9.4.3(1)***要求钢筋需布置在受荷区域(或柱)与冲切控制锥体边界之间的 kd 范围内,冲切控制锥体边界即无须再采用抗剪钢筋。EN 1992-1 的条款 6.4.5(4)关于 k 的推荐值为 1.5。在至少大于 2 倍的控制边界范围内都应配筋,间距不应大于 $0.75d$。弯起钢筋可以在 1 倍冲切锥体范围内布置。对弯起钢筋的附加规定将在条款 9.4.3(3)和(4)中给出。

2-1-1/条款 9.4.3(2)

在需配置抗冲剪钢筋处,***2-1-1/条款9.4.3(2)***根据梁中用于抵抗弯剪效应的最小箍筋量定义了最小抗冲剪钢筋量。将这一规定应用于抗冲剪箍筋的难处在于如何确定一个合适的配筋率,如下式所示:

$$A_{sw,min}(1.5\sin\alpha+\cos\alpha)/(s_r s_t)\geq(0.08\sqrt{f_{ck}})/f_{yk} \qquad 2\text{-}1\text{-}1/(9.11\text{N})$$

式中:$A_{sw,min}$——箍筋单肢(或等效截面)的最小面积;

α——抗剪钢筋与主筋之间的角度;

s_r——抗剪箍筋径向上的间距;

s_t——抗剪箍筋在切向上的间距;

f_{ck}、f_{yk}——分别是混凝土圆柱体抗压强度标准值(MPa)和抗剪钢筋屈服强度标准值(MPa)。

当以正交网格方式布置抗冲剪钢筋而非按径向圆周布置时,上述最小配筋量的要求就变得过于保守了,因为不是所有处于外部圆周的钢筋都被考虑在内。这与本指南 6.4.5 中关于承载能力极限状态的强度问题的讨论相一致。

9.5　柱

9.5.1　一般规定

EC2 中给出的细部设计规定适用于柱构件,即横截面上较大的尺寸,b 不超过较小尺寸 h 的 4 倍。对于实体柱构件,当 $b>4h$ 时,这类柱构件应被归类为墙构件。对于 $b>4h$ 的空心柱构件则暂无相对应的指导意见。

9.5.2　纵筋

柱中的纵筋应满足最小配筋面积的要求以抵抗可能存在的偏心作用,同时也可以控制徐变变形。在使用运营期间荷载的长期作用下,由于混凝土收缩徐变,荷载会由混凝土传递至钢筋。如果柱中配筋量过小,钢筋可能在长期使用荷载作用下屈服。***2-1-1/条款9.5.2(2)*** 中推荐的最小配筋量的值考虑了轴向压力设计值与柱全截面面积,即: ***2-1-1/条款 9.5.2(2)***

$$A_{s,\min}=0.10N_{Ed}/f_{yd}\geqslant 0.002A_c \qquad 2\text{-}1\text{-}1/(9.12N)$$

式中:N_{Ed}——轴向压力最大设计值;

f_{yd}——钢筋的屈服强度设计值;

A_c——混凝土全截面面积。

国家附件也会对柱中纵筋的最小直径加以明确[***2-1-1/条款9.5.2(1)*** 推荐值为 8mm],同时还会规定最大配筋量。最大配筋量的规定一方面是出于对混凝土浇筑和压实的考虑,一方面是为了防止由于钢筋对混凝土徐变的过度约束出现裂缝。***2-1-1/条款9.5.2(3)*** 推荐的最大钢筋用量为:在非搭接处,$0.04A_c$;在搭接处,$0.08A_c$。 ***2-1-1/条款 9.5.2(1)*** ***2-1-1/条款 9.5.2(3)***

2-1-1/条款9.5.2(4) 要求,多边形柱在每个角处需布置至少一根纵筋;圆形柱至少应采用 4 根纵筋。然而,结合当前的英国实践(同时还有《模式规范 90》),在圆柱中应采用至少 6 根钢筋以保证在混凝土浇筑前钢筋笼的稳定。 ***2-1-1/条款 9.5.2(4)***

9.5.3　横向钢筋

横向钢筋通常指箍筋、环形钢筋或围绕着纵筋的螺旋箍筋。横向钢筋的目的是提供足够的抗剪承载力,同时防止纵向受压钢筋屈曲失稳不至于变形出混凝土保护层外。尽管 EN 1992 中没有明确规定,但此处还是推荐柱中最小箍筋量的规定仍然采用与梁的规定相同的形式。为了确保混凝土浇筑前钢筋笼的稳定,***2-2/条款9.5.3(101)*** 规定了横向钢筋的最小直径应大于 6mm 和 1/4 倍的最大纵筋直径二者中的较大值。 ***2-2/条款 9.5.3(101)***

2-1-1/条款 9.5.3(3)

柱中的最大横向钢筋间距 $s_{cl,max}$,可能在国家附件中有所规定,但是 ***2-1-1/条款9.5.3(3)*** 推荐采用下列几条要求中的最小值:

- 20 倍的最小纵筋直径;
- 柱构件短边尺寸;
- 400mm。

2-1-1/条款 9.5.3(4)

2-1-1/条款9.5.3(4) 进一步建议,当柱截面近似于梁或板时,或靠近纵筋的搭接处时(此处要求沿搭接长度至少均匀布置 3 根横向钢筋),这些箍筋最大间距应通过乘以一个 0.6 的系数来进行相应的折减。

2-1-1/条款 9.5.3(6)

2-1-1/条款9.5.3(6) 要求各个角处的纵筋或束筋都应加以箍筋约束。此外,受压区的钢筋距“约束”钢筋不应超过 150mm。然而,此处没有明确定义具体什么组成了“约束”钢筋。可以解释为,箍筋/拉筋应隔一根主筋布置一根,外层的受压钢筋距离箍筋的距离应不超过 150mm。对于宽翼缘的箱形截面,类似规定见 2-1-1/条款 9.5.3(6)。

EN 1991-1-1 要求除了按截面高度配置腹板箍筋,还需在翼缘配置箍筋。这一解释即《BS 5400 第 4 分册》[9] 所采用的,主要适用于提供截面抗力的钢筋。在各类情况下都满足这一细部设计要求是不切实际的,在翼缘中配置箍筋就是明显的例子。当这类细部设计规定不能被满足时,此处还是建议在纵筋的外侧配置横向钢筋(2-1-1/条款 9.6.3 有关墙构件的规定称其为水平钢筋而非横向钢筋),但是在抗力计算时则不应考虑最外侧的受压钢筋。这一细部设计问题在配有环状箍筋的圆形柱中不会出现,因为环状箍筋可以对受压纵筋提供充分的约束。

值得一提的是,在 EN 1991-1-1 的其余表达式中,隐含着对受压区钢筋的考虑(比如在 2-1-1/条款 5.8.7.2 中采用名义刚度法分析细长柱以及在 2-1-1/条款 5.8.9中采用相关公式计算柱的双向弯曲时)。对于刚度计算(见 2-1-1/条款 5.8.7.2),采用不考虑受压钢筋的公式是合理的。对于强度计算(见 2-1-1/条款 5.8.9),受压钢筋必须被箍筋正确地约束住,这一点很重要。

9.6 墙体

2-1-1/条款 9.6.1(1)

2-1-1/条款9.6.1(1) 对墙的定义是:长度与厚度之比大于 4 的构件。墙主要承受平面外的弯曲,因此适用于板的条款 9.3 也同样适用于墙。墙中的钢筋量以及合适的细部设计都应由拉压杆模型确定。

可以将叶形墩归至“墙”的类型。2-1-1/条款 9.6.3 和 2-1-1/条款 9.6.4 分别涵盖了“水平”钢筋和“横向钢筋”的相关要求。水平钢筋与墙构件的长面平行,而横向钢筋则以箍筋的形式布置在墙宽度方向所在的平面内。此处建议仍需满足 9.5 中针对柱构件的相关要求,而墙构件中的要求会较柱更为严格,比如最小竖向配筋量要求。

对早期温度裂缝的考虑会提高对配筋量的要求。英国国家附件也许会给出相关的指导。

9.7　深梁

深梁在 EN 1992 中的定义为：跨度小于 3 倍高度的构件。在桥梁设计中，通常适用于箱梁或梁间的横隔梁中。上文 6.5 中讨论的拉-压杆模型是设计此类构件的普遍方法，同时也应遵循钢筋锚固、混凝土极限应力的相关规定。

由拉压杆模型分析得到的深梁中主筋量可能无需再加以表面钢筋。但是还是建议在每个面以及其正交方向上布置不少于 0.1% 配筋率（且不少于 $150mm^2/m$）的表面钢筋以满足 ***2-1-1/条款9.7(1)*** 的要求。然而，这一要求可能在国家附件中会有所不同。根据 ***2-2/条款9.7(102)***，钢筋中心距不应超过 300mm 或腹板宽度（具体数值在国家附件中可能也有所不同）。这些钢筋主要用于控制由一些未直接在拉压杆模型中进行分析的效应所引发的裂缝，比如在 6.5 中所讨论的压杆受压引发的横向拉应力与在混凝土截面内由拉杆引起的表面应变（法向的钢筋并不需要充足到可以完全抵抗垂直于受压杆方向的拉力以增加压杆的容许压应力值。如果的确需要，则钢筋应按照 2-1-1/条款 6.5 的要求进行细部设计）。

2-1-1/条款 9.7(1)

2-2/条款 9.7(102)

对于深梁，用于控制早期温度裂缝的钢筋量很可能会超过上述最小配筋量的要求。英国国家附件可能会在此给出相应的指导条文。

9.8　基础

2-1-1/条款 9.8 针对以下几种类型的基础给出了相关的附加细部设计规定：桩基承台，扩展基础，系梁与钻孔桩。桩基承台与扩展基础将在下文讨论。

桩基承台

2-1-1/条款 9.8.1 对钢筋混凝土桩基承台的设计给出了附加规定，包括：

- 桩基承台中的钢筋应通过拉-压杆模型或受弯法计算得到。
- 桩边缘至桩基承台边缘的距离应足以保证承台中的拉杆拉力可以得到充分锚固。
- 用于抵抗作用效应的主要抗拉钢筋应集中布置于桩顶上方的区域。这一条件似乎有些苛刻。在弯曲设计合适的情况下，英国通常会将钢筋在横向上均匀分布在承台中，除非桩间距超过了 3 倍的桩直径。即使在使用拉压杆法分析的情况下，也可以考虑桩宽度范围外的钢筋，前提是此时横向钢筋可以如图 9.8-1 中所示般传递力的作用。
- 如果置于桩顶上方的集中配筋量等于全截面的最小配筋面积，***2-2/条款 9.8.1(103)*** 允许忽略在构件底面均匀布置的钢筋。但此处对于桥梁的承台设计并不推荐这种做法，因为底面上的钢筋可以控制早期温度裂缝。请注意，由于类似的原因，EN 1992-2 省略了 2-1-1/条款 9.8.1(3) 中关于建筑工程的相关规定，该规定允许在不存在拉应力发展风险的情况下不在承台的侧面和顶部表面配置钢筋。

2-2/条款 9.8.1(103)

- 允许采用焊接钢筋来对受拉钢筋提供锚固。

- 由桩的支承反力引起的受压效应假定其自桩边按 45°角发展(2-1-1/条款 9.11),同时,在计算锚固长度时应考虑其相关影响。
- 桩顶应伸入承台内至少 50mm。

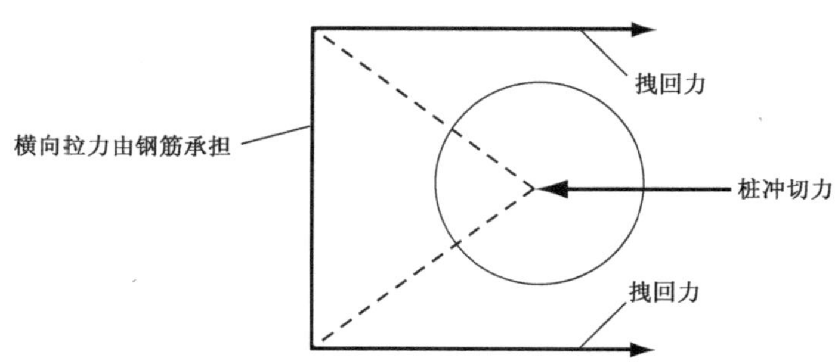

图 9.8-1　作用自桩缘向邻近拉杆发散的示意图

扩展基础

2-1-1/条款 9.8.2 根据以下几个方面对柱下和墙下基础的设计给出了相关附加建议:

- 主要受拉钢筋的最小直径 d_{min} 的推荐值为 8mm。
- 圆形扩展基础内的主筋应正交布置并且集中放置在中间一半的区域内(±10%)。如果采取了这样的布置方式,则基础的剩余部分应视作素混凝土。
- 分析过程应包括对基础上表面可能存在的任何拉应力进行验算,并且这些位置均应布置充足的钢筋。

2-1-1/条款 9.8.2.2 描述了用于计算沿受拉钢筋长度方向上的力以确定锚固长度的一种拉压杆模型方法(图 9.8-2)。这一模型有必要考虑斜裂缝的影响,正如 ***2-1-1/条款 9.8.2.2(1)*** 中所述。当确定主要受拉钢筋是否需要进行弯起、钩形或搭接在边表面钢筋之上时,基础边缘处的锚固就显得尤为重要。

2-1-1/条款 9.8.2.2(1)

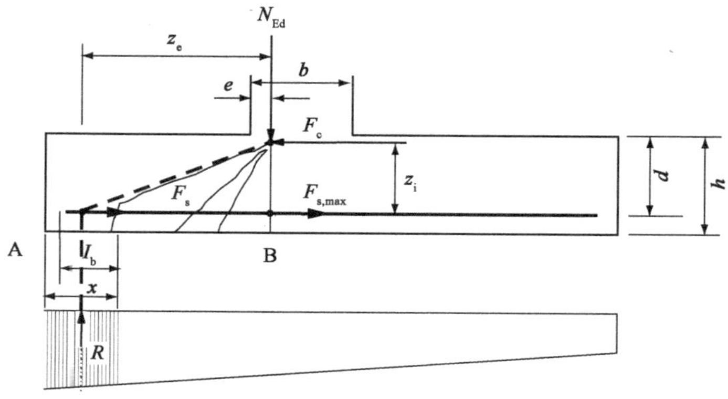

图 9.8-2　用于计算受拉钢筋所需锚固抗力的模型示意图

2-1-1/条款 9.8.2.2(2)

距基准边任意距离 x 处的钢筋锚固拉力计算公式如 ***2-1-1/条款 9.8.2.2(2)*** 中所示:

$$F_s = Rz_e/z_i \qquad 2\text{-}1\text{-}1/(9.13)$$

式中：F_s——距基础边缘 x 处的锚固力；

R——在 x 长度范围内由于地基受压引起的基底反力；

N_{Ed}——一个大小与截面 A 和截面 B 之间基底反力总和相等的竖向力(见图 9.8-2)；

z_e——外力臂(R 和 N_{Ed}之间的距离)；

z_i——内力臂(水平力 F_c 至受拉钢筋的距离)；

F_c——受压力,其值大小与最大拉力 $F_{s,max}$ 相等。

通过分别考虑 N_{Ed} 和 F_c 的受压区范围不难得出力臂 z_e 和 z_i 的值,但是 ***2-1-1/条款9.8.2.2(3)*** 对此做出了简化,即假定 $e=0.15b$,同时 z_i 取 $0.9d$。在实际情况中,z_i 的值已经在承载能力极限状态的抗弯分析中得到,因此这一简化做法是不必要的。然而,N_{Ed}的值主要取决于 A 与 B 之间的距离,因为 B 是未知量,所以需要通过迭代计算求解 e。 ***2-1-1/条款9.8.2.2(3)***

当现有的锚固长度,如图 9.8-2 中所示的 l_b,不足以“锚固”在 x 处的力 F_s 时,***2-1-1/条款9.8.2.2(4)*** 允许通过将钢筋端部弯起或提供合适的端部锚固装置来提供额外的锚固抗力。理论上来说,对于所有任意的 x 值,都应对其进行锚固验算。对于直钢筋,x 的最小值对确定所需锚固长度是至关重要的。这是因为对较小的 x,斜压柱体较平坦(倾斜),且长度 x 的较大比例部分对应混凝土保护层厚度。因此如果 x 的取值小于保护层厚度,则此处很明显没有钢筋的作用。***2-1-1/条款9.8.2.2(5)*** 因此推荐使用一个最小值 $h/2$ 作为简化。对于其他类型的锚固,比如弯钩或机械锚固,x 值越大越危险,因为例如即便距离 x 扩大了 1 倍也不会使有效锚固抗力扩大 1 倍。实例 9.8-1 中详细阐述了计算过程。 ***2-1-1/条款9.8.2.2(4)*** ***2-1-1/条款9.8.2.2(5)***

实例 9.8-1:钢筋混凝土板式扩大基础

实例 6.4-1 对钢筋混凝土板式基础的主筋锚固进行了验算。在基础底部两个方向上均配置直径 25mm、中心距为 200mm 的钢筋。由抗弯分析得到,在极限弯矩 $M_{z,Rd}=704.1\text{kNm/m}$ 下,截面高度最大处的内层钢筋 $d=687.5\text{mm}$,$z_i=659.8\text{mm}$。混凝土强度等级为 C35/45,钢筋保护层厚度为 50mm。各处基底反力保守取之前计算得到的最大值 300kN/m^2。这一压应力是在无弯矩情况下,由柱底均匀分布的 4800kN 的轴力产生的。

图 9.8-3 描绘了板式基础下方一半区域内的基底反力分布。首先,需要确定出 B 的位置。将柱传递来的荷载视作在其宽度范围内均匀分布,初步假定柱一半的总荷载作用在 $e=0.25b=200\text{mm}$ 处。假定此处为 N_{Ed}(即 $4800/2=2400\text{kN}$)所作用的位置,因此可得截面 A 和 B 之间的距离为 $2000-(400-200)=1800\text{mm}$。

因此,截面 A 和 B 之间由地基受压产生的作用为:

$300\times4000\times1800\times10^{-6}=2160\text{kN}$

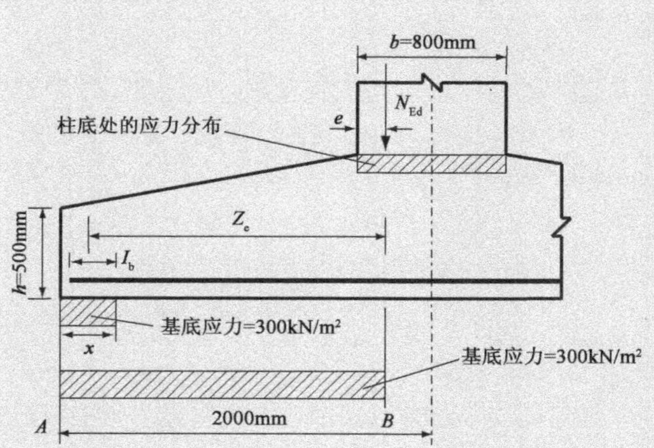

图 9.8-3 板式基础下方地基反力分布

这占了所有施加荷载的 2160/4800 = 0.45,因此将 N_{Ed} 的位置调整至满足 $e = 0.45b/2 = 0.225b$。

经重复迭代计算,e 近似取 $e = 0.2223b$,即 $e = 177.8$mm,即截面 A 与 B 之间的距离为 1777.8mm,同时 $N_{Ed} = 300 \times 4000 \times 1777.8 \times 10^{-6} = 2133.4$kN(占总荷载的 44.45%)。

对于直筋,2-1-1/条款 9.8.2.2(5) 允许在 $x = h/2$ 处进行锚固抗力验算。取基础 h 的最小高度,则 $x = 500/2 = 250$mm。

$$z_e = \frac{4000}{2} - \frac{800}{2} - \frac{250}{2} + 177.8 = 1652.8\text{mm}$$

同时 $R = 300 \times 4000 \times 250 \times 10^{-6} = 300$kN

根据 2-1-1/式(9.13):$F_s = 300 \times \dfrac{1652.8}{659.8} = 752$kN

该力的作用需由 4000mm 宽度内的 4000/200 = 20 根钢筋承担,因此每根钢筋的力为 752/20 = 37.58kN。

对于单根 25mm 钢筋,其在承载能力极限状态下的最大力为:

$$\pi \times 12.5^2 \times \frac{500}{1.15} \times 10^{-3} = 213.4\text{kN}$$

即对具有良好粘结条件的 C35/45 混凝土,基本锚固长度为 806mm,见本指南 8.4 中的表 8.4-1。

因此,在 $x = 250$mm 处,所需的锚固长度为 $l_b = 37.58/213.4 \times 806 = 142$mm。

实际可取的锚固长度为 = 250 − 50 = 200mm > 所需的 142mm;因此采用直筋锚固是充分的。值得一提的是,在实际情况中,主筋应与边表面钢筋进行搭接以提供抵抗早期温度裂缝的最小钢筋量要求。上述计算表明,主筋不必沿侧边向上弯起,直径较小的边表面钢筋可以向下弯折至底部与底层主筋进行搭接。

9.9　几何或作用不连续区域

“D-区域”的定义与其典型案例见本指南的 6.5.1。除非 EC2 中另有规定，则应采用拉-压杆模型对 D-区域进行设计（见 6.5）（例外情况包括 6.2 中涉及的小剪跨比梁）。

第 10 章 预制混凝土构件和结构的补充规定

本章涉及 EN 1992-2 第 10 章中所述的预制混凝土构件和结构设计的以下条款:

- 一般规定 *条款10.1*
- 设计基础、基本要求 *条款10.2*
- 材料 *条款10.3*
- 结构分析 *条款10.5*
- 设计和细部构造的特殊规定 *条款10.9*

对《EN 15050:预制混凝土桥梁构件》的评论及其在设计中的适用性在本指南的 1.1.1 中给出。

10.1 一般规定

EC2-2 第 10 章中的设计规定适用于部分预制或全预制的混凝土桥梁,补充了前面章节中讨论的并在 EC2-2 相应章节中详述的设计建议。EC2-2 对第 1 ~ 9 章中涉及预制混凝土构件的每一个主要条款给出了附加规定。第 10 章中的标题编号为 10,后面是相应主要部分的编号。例如,"第 3 节材料"的补充规定在条款 10.3 材料下给出。本指南采用相同的格式。

2-1-1/条款10.1.1

2-1-1/条款10.1.1 给出了一些与预制混凝土设计相关的术语定义。其中,"短暂设计状况"这个词在桥梁设计经常被提到。短暂设计状况包括:混凝土预制构件的拆模、运输、存储、安装和装配过程。与持久设计状况相比,在短暂设计状况阶段,由于运输与存储条件的变化,梁体弯矩会出现反号的情况。因此,在先张法预应力混凝土梁的运输和储存过程中,短暂设计状况尤为重要。

10.2 设计基础、基本要求

2-1-1/条款10.2(1)P
2-1-1/条款10.2(2)

在预制混凝土构件或结构的设计和细节构造中,***2-1-1/条款10.2(1)P*** 要求设计人员特别关注:构件间的连接或节点,临时支座与永久支座及相关的短暂设计状况。***2-1-1/条款10.2(2)*** 要求考虑在短暂设计状况中有可能出现的动力效应。该动力效应特别可能产生于梁体架设阶段的起吊或着陆过程中,但是,该条款并不适用于诸如落梁等偶然状况。除了允许在静力效应基础上通过乘以适当的动力放大系数来表示动力效应,EC2-2 中没有给出关于动力荷载计算的具体方法。

动力系数的合理取值可以是 0.8 或 1.2，这取决于静力效应对于验算是有利的还是不利的。详细的取值方法可以见《模式规范 90》[6]。

缆索突然失效对索结构的动力影响，EN 1993-1-11 的 3.2.6 给出了类似的规定来考虑动力放大效应，但这仅代表这种极端情况。

应该注意的是，现场施工也可能存在需要检查的短暂状况，2-2/条款 113 对此进行了说明，2-2/条款 113 中的一些建议也适用于预制混凝土。

10.3　材料

10.3.1　混凝土

本节的规定主要关注热养护对混凝土抗压强度增长速率和混凝土收缩徐变特性的影响。当采用热养护时，利用 2-1-1/附录 B 式（B.10）“成熟度函数”可以获得一个相对较迟的虚拟加载龄期，再结合 2-1-1/附录 B 中的其他公式可以计算出一个更小的徐变值。此外，徐变效应的计算龄期也应根据式（B.10）进行类似调整。式（B.10）也可以与式（3.2）联立以计算抗压强度的加速增长。

10.3.2　预应力筋

2-1-1/条款10.3.2 要求当混凝土采用热养护时，应该考虑预应力筋的加速松弛。该条款还给出了一个计算等效时间的表达式。将计算出的等效时间代入 2-1-1/条款3.3.2（7）的标准松弛方程中，可以计算加速松弛效应。 *2-1-1/条款10.3.2*

10.4　EN 1992-2 中未涉及

10.5　结构分析

10.5.1　一般规定

预制桥梁的结构分析需考虑分阶段施工的影响，见 2-2/条款 113。***2-2/条款10.5.1（1）P*** 主要针对预制构件的分析提出了进一步的要求。设计人员必须特别注意： *2-2/条款 10.5.1（1）P*

- 组合作用的发展（例如，上部结构带有现浇桥面板的预应力梁）；
- 连接构造的性能（例如，预制桥面板之间的湿接缝）；
- 几何尺寸和位置的偏差可能会影响荷载的分布（例如，由于箱梁具有一定的扭转刚度，梁端落在双支座上的箱梁容易产生不均匀的支座反力）。

2-2/条款10.5.1（2） 允许在设计中使用由摩擦力产生的有利的水平约束，前提是构件不在地震带中并且没有受显著冲击荷载的可能性，因为这两者都可能暂时导致产生摩擦约束的受压反力失效。这特别适用于支座，但同样适用于预制和现浇的其他构件。进一步的限制是，摩擦力不能是保持结构稳定的唯一手段，并且如果构件几何形状和支座布置可能导致不可逆的滑移，则不应该依赖摩擦。在 *2-2/条款 10.5.1（2）*

没有机械固定支座的情况下,后者可能在温度膨胀和收缩的循环下发生在上部结构和下部结构之间,导致交替的黏着和滑动。

10.5.2 预应力损失

2-1-1/条款 10.5.2(1)

2-1-1/条款10.5.2(1) 给出了预制混凝土构件在热养护时由于温差导致的预应力损失的计算方法。

10.6,7,8 EN 1992-2 中未涉及

10.9 设计和细部构造的特殊规定

10.9.1 板的约束弯矩

该条款与桥梁几乎不相关,在此不讨论。

10.9.2 墙与楼面板的连接

该条款与桥梁几乎不相关,在此不讨论。

10.9.3 楼面板系统

该条款与桥梁几乎不相关,在此不讨论。

10.9.4 预制构件的连接和支撑

一般规定

2-1-1/条款 10.9.4.1 和 10.9.4.2

预制混凝土构件的连接构造是预制桥梁设计的关键环节。用于连接的材料必须在结构的使用年限期间稳定且耐久,并提供足够的强度。***2-1-1/条款10.9.4.1和10.9.4.2*** 中的原则旨在确保这一点。在接下来的章节中,EC2-1-1 给出了用于传递压力、剪力、弯矩和拉力的各种连接构造。同时,也包括了在支座位置的半接头与钢筋锚固构造。

传递压力的连接构造

2-1-1/条款 10.9.4.3(1)

在设计传递压力的连接构造时,如果剪力小于压力的 10%,***2-1-1/条款10.9.4.3(1)*** 允许忽略剪力作用。当剪力大于压力的 10% 时,应使用两者的合力来校核抗压能力,如本指南 6.7 所述。

2-1-1/条款 10.9.4.3(2)

2-1-1/条款10.9.4.3(2) 提醒设计人员应采取适当的措施,以防止安装过程中可能破坏构件间垫层的相对滑动。这也适用于预制构件之间的接头。防止相对运动可能需要限制相邻的施工活动或采用临时约束体系。

2-1-1/条款 10.9.4.3(3)

2-1-1/条款 10.9.4.3(5)

如本指南 6.5 和 6.7 所述,支座区域应适当加强以抵抗相邻构件的横向拉应力。6.7对最大容许支座压力有一般性的规定。***2-1-1/条款10.9.4.3(3)*** 规定,对于没有砂浆垫层的干式连接,支座压力应小于 0.3 f_{cd}。另外,与橡胶支座接触的混凝土表面,容易因为橡胶的横向膨胀导致开裂,因此,***2-1-1/条款10.9.4.3(5)*** 给出了相应的表面配筋计算方法。

传递剪力的连接构造

应根据条款 6.2.5 校核两个混凝土构件(例如预制梁和现浇桥面板)之间的施工缝处的界面剪力。

对于传递弯矩或拉力的连接构造,***2-1-1/条款10.9.4.5(1)***要求钢筋在连接处连续,并能充分锚固在相邻的混凝土构件中。***2-1-1/条款10.9.4.5(2)***提出了实现连续性的方法。该方法与使用时的一些建议如下: ***2-1-1/条款 10.9.4.5(1)*** ***2-1-1/条款 10.9.4.5(2)***

- 钢筋搭接:要求在现场有较大的现场接头,所以这通常不适合用于预制板与梁的连接,因为连接构造的宽度非常有限;
- 打孔植筋:需要保证定位与浇筑的准确性;
- 搭接钢筋环:(见图 10.9-1)有助于最小化现场接头尺寸,但可能需要进行物理测试以证明有足够的使用性能;
- 钢筋或钢板的焊接:有助于最小化现场连接接头的尺寸,但钢筋的疲劳性能需要按照 2-1-1/条款 6.8.4 来验算,并且焊接钢筋的疲劳验算比未焊接钢筋更为繁重;
- 预应力:如预制节段箱梁结构,尽管以这种方式使用预应力可以避免现浇混凝土接头,但是其接头可能需要粘结剂来密封界面;
- 连接器:螺纹类型的连接器通常不可用在接缝填充位置,而机械螺栓连接器通常具有更大的直径,需要更大的混凝土保护层。

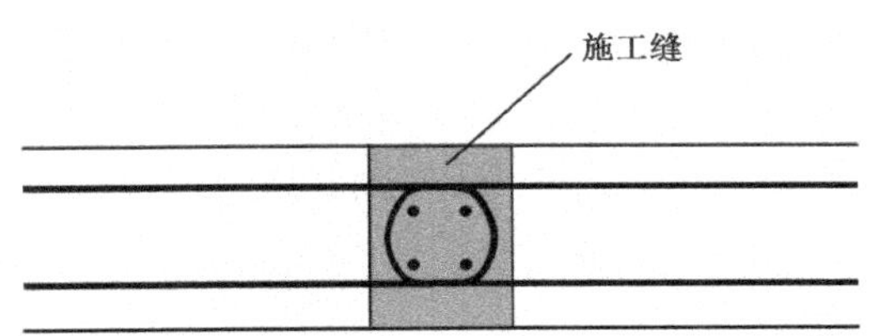

图 10.9-1　预制构件的环形搭接连接

半接头

2-1-1/条款10.9.4.6(1)为半接头的设计提供了两种可选的拉压杆模型。这两个模型可以单独使用,也可以结合使用。通常,在半接头的牛腿位置会布置一定的预应力钢绞线作为拉杆,这些拉杆斜穿过节点拐角连接牛腿与构件主体。这有助于控制难以检查的区域中的裂缝宽度并确保拉杆充分锚固。由于半接头的检测,维护以及有害物质(例如除冰盐)清除都相对困难,因此半接头通常不用于桥梁结构。在英国有很多关于半接头构造被腐蚀影响的案例。 ***2-1-1/条款 10.9.4.6(1)***

支座位置的钢筋锚固

2-1-1/条款10.9.4.7(1)提醒设计人员应细化支承和被支承构件的钢筋构造,以保证其具有足够的锚固。此外还要考虑放样和施工时的误差。 ***2-1-1/条款 10.9.4.7(1)***

10.9.5　支座

2-1-1/条款 10.9.5 涵盖了支座区域的构造细节。根据以下的容许支座压力,***2-1-1/条款10.9.5.2(2)***给出了支座尺寸的建议: ***2-1-1/条款 10.9.5.2(2)***

- 对于干式连接(例如,构件间无砂浆垫层),容许应力为 0.4 f_{cd};
- 对于其他情况,应力容许值取为垫层材料的设计强度,但小于 0.85 f_{cd}。

这些压力容许值仅用于确定最小支座尺寸。支座区域的钢筋仍必须按照 2-1-1/条款 6.5 来确定。2-1-1/表 10.2 给出了支座的最小绝对长度。这显然是用于建筑结构的,桥梁支座的尺寸明显会更大,这取决于上述支座应力的限制。

10.9.6 凹槽基础

2-1-1/条款 10.9.6 涵盖的凹槽基础能够将竖向力、弯矩和水平剪力从柱子传递到基础。对于桥梁,可以在预制凹槽中现浇混凝土,从而实现桩与承台的连接或者承台与桥墩的连接。

2-1-1/条款 10.9.6.2

当采用剪力连接件连接时,***2-1-1/条款 10.9.6.2*** 允许连接构造设计成整体式,但仍然需要对剪力连接件进行验算。特别的,只有在弯矩和轴力作用下界面的抗剪承载力足够(参见 2-1-1/条款 6.2.5),抗冲切验算时才可以假定柱与凹槽界面是一个整体。如 EC2-1-1 的图 10.7a)所示,考虑相邻构件的搭接钢筋之间的距离,需要增加搭接长度。

2-1-1/条款 10.9.6.3(1)

2-1-1/条款 10.9.6.3(3)

当预制构件之间没有剪力键且预制构件之间界面是光滑的,***2-1-1/条款 10.9.6.3(1)*** 允许力和弯矩通过凹槽侧面的受压反力(经现浇混凝土)与相应的摩擦力传递,见 EC2-1-1 图 10.7b。此时,构件的性能非常类似于一个插销,而没有形成整体连接。因此,***2-1-1/条款 10.9.6.3(3)*** 要求分别根据柱与凹槽的受力情况配置相应的钢筋。特别的,应注意检查凹槽处构件的抗剪情况,因为该位置的约束弯矩会产生很大的剪力。

第 11 章　轻集料混凝土结构

本章涉及 EN 1992-2 第 11 章关于轻集料混凝土结构设计的以下条款：

- 一般规定　*条款11.1*
- 设计依据　*条款11.2*
- 材料　*条款11.3*
- 钢筋耐久性和保护层　*条款11.4*
- 结构分析　*条款11.5*
- 承载能力极限状态　*条款11.6*
- 正常使用极限状态　*条款11.7*
- 钢筋细部设计——一般规定　*条款11.8*
- 构件细部设计和特殊规定　*条款11.9*

在条款 11.10 中并未对预制混凝土构件和结构的附加规定做出特别说明，因为它与 2-1-1/条款 10 的规定相同。

11.1　一般规定

前面章节以及其在 EC2-2 相应章节的设计建议均是针对普通集料混凝土的。随着天然集料的储量降低与价格升高，人造集料的使用越来越广泛并且大多数人造集料是轻集料。在某些希望降低恒载的结构中（例如在大跨度桥梁中，恒载控制着设计），使用轻集料混凝土具有明显的优势。

在世界范围内，轻集料混凝土均有使用，但在英国特别是在桥梁建造中使用相对较少。目前，已经有大量的测试数据可以验证轻集料混凝土的性质及其对混凝土结构设计验算的影响。第 11 章阐述了相较于普通集料混凝土，在主要节段使用轻集料混凝土的影响。EC2 第 1 ~ 10 章和第 12 章中给出的所有条款通常适用于轻集料混凝土，除非它们被第 11 章中给出的特殊条款所取代。第 11 章中的标题编号为 11，小数点后是其修改的主要部分的相应编号，例如 EC2-2 的第 3 章为"材料"，11.3 同样称为"材料"，并对轻集料混凝土做出特定材料要求。

2-1-1/条款11.1.1(3) 说明第 11 章不适用于加气混凝土或具有开放结构的轻集料混凝土。***2-1-1/条款11.1.1(4)*** 将轻集料混凝土定义为具有封闭结构的混凝土，干密度不超过 2200kg/m^3，其由一定比例的人造或天然轻集料制成，集料颗粒密度小于 2000kg/m^3。 ***2-1-1/条款11.1.1(3)*** ***2-1-1/条款11.1.1(4)***

11.2　设计依据

2-2/条款 2 对于轻集料混凝土是有效的，无需修改。这包括混凝土的材料系数。

11.3　材料

11.3.1　混凝土

轻集料混凝土的强度等级采用符号 LC 代替代表普通混凝土的 C。因此，LC40/44 指圆柱体强度标准值为 40MPa、立方体强度为 44MPa 的轻集料混凝土。应该注意的是，轻集料混凝土的圆柱体强度与立方体强度之比通常高于普通混凝土。EC2 采用附加下标（l）来指定轻集料混凝土的力学性能。一般来说，在 EC2 中其他表达式中使用源自 2-1-1/表 3.1 的强度值时，应将这些值替换为 2-1-1/表 11.3.1 中给出的轻集料混凝土的相应值（为方便起见，此处表示为表 11.3-1）。

轻集料混凝土的应力和变形特性　　表 11.3-1

	轻集料混凝土的强度等级													公式/注意
f_{lck}（MPa）	12	16	20	25	30	35	40	45	50	55	60	70	80	
$f_{lck,cube}$（MPa）	13	18	22	28	33	38	44	50	55	60	66	77	88	
f_{lcm}（MPa）	17	22	28	33	38	43	48	53	58	63	68	78	88	当 $f_{lck} \geq 20$MPa 时，$f_{lcm}=f_{lck}+8$（MPa）
f_{lctm}（MPa）	← $f_{lctm}=f_{ctm}\times\eta_1$ →													$\eta_1=0.40+0.60\rho/2200$
$f_{lctk,0.05}$（MPa）	← $f_{lctk,0.05}=f_{ctk,0.05}\times\eta_1$ →													5% 分位数
$f_{lctk,0.95}$（MPa）	← $f_{lctk,0.95}=f_{ctk,0.95}\times\eta_1$ →													95% 分位数
E_{lcm}（GPa）	← $E_{lcm}=E_{cm}\times\eta_E$ →													$\eta_E=(\rho/2200)^2$
ε_{lc1}（‰）	← $\varepsilon_{lc1}=kf_{lcm}/(E_{lci}\eta_E)$ { $-k=1.1$ 对于用砂的轻集料混凝土；$-k=1.0$ 对于其他轻集料混凝土 } →													
ε_{lcu1}（‰）	← $\varepsilon_{lcu1}=\varepsilon_{lc1}$ →													
ε_{lc2}（‰）	← 2.0 →									2.2	2.3	2.4	2.5	
ε_{lcu2}（‰）	← $3.5\eta_1$ →									$3.1\eta_1$	$2.9\eta_1$	$2.7\eta_1$	$2.6\eta_1$	$\|\varepsilon_{lcu2}\| \geq \|\varepsilon_{lc2}\|$
n	← 2.0 →									1.75	1.6	1.45	1.4	
ε_{lc3}（‰）	← 1.75 →									1.8	1.9	2.0	2.2	
ε_{lcu3}（‰）	← $3.5\eta_1$ →									$3.1\eta_1$	$2.9\eta_1$	$2.7\eta_1$	$2.6\eta_1$	$\|\varepsilon_{lcu3}\| \geq \|\varepsilon_{lc3}\|$

如 2-1-1/表 11.1 所示，EN 206-1 根据密度对轻集料进行了分类。本条分别
2-1-1/条款 11.3.1(1) 给出了素混凝土和钢筋混凝土的密度，对于钢筋混凝土而言，假定含钢量为 100kg/m^3。***2-1-1/条款 11.3.1(1)*** 允许引用钢筋混凝土密度用于质量计算。对
2-1-1/条款 11.3.1(2) 于采用低密度混凝土的高配筋率桥梁，根据 ***2-1-1/条款 11.3.1(2)*** 计算钢筋混凝土质量可能更准确且更合适。

混凝土含水量会影响混凝土的抗拉强度。因为水分的干燥过程会降低抗拉强度,而低密度混凝土水分损失更严重。***2-1-1/条款11.3.1(3)***引入了系数 η_1,用来考虑抗拉强度随密度的降低。 ***2-1-1/条款 11.3.1(3)***

$$\eta_1 = 0.40 + 0.60\rho/2200 \qquad 2\text{-}1\text{-}1/(11.1)$$

式中,ρ 是 2-1-1/表 11.1 中混凝土干密度的上限(kg/m^3)。对于给定的圆柱体强度,轻集料混凝土的抗拉强度应通过将 2-1-1/表 3.1 中给出的抗拉强度乘以 η_1 得到,如表 11.3-1 所示。

11.3.2 弹性变形

集料的相对干密度对弹性模量影响很大。因此,***2-1-1/条款11.3.2(1)***引入系数 η_E,来考虑轻集料混凝土弹性模量的减小。对于给定的圆柱体强度,可以将 2-1-1/表 3.1 中的取值乘以系数 η_E,来计算轻集料混凝土的弹性模量: ***2-1-1/条款 11.3.2(1)***

$$\eta_E = (\rho/2200)^2 \qquad 2\text{-}1\text{-}1/(11.2)$$

试验表明,弹性模量 E_{cm} 具有相当大的离散性。因此,当需要更加准确地确定混凝土刚度时,2-1-1/条款 11.3.2(1)要求根据 ISO 6784[28] 对特定混凝土配合比进行测试,以确定弹性模量。

轻集料混凝土的热膨胀系数随集料的类型而变化很大,但通常小于普通混凝土的热膨胀系数。当温度变形不是特别重要时,设计中可以取热膨胀系数为 8×10^{-6}/K。通常,该取值是适用的。在桥梁中也存在一些例外情况,例如:当预计的温度变形达到伸缩缝的极限承载能力或无伸缩缝桥梁温度变形被约束。在这种情况下,设计时应考虑热膨胀系数的合理取值范围。***2-1-1/条款11.3.2(2)***也允许在设计中忽略钢筋和轻集料混凝土热膨胀系数之间的差异。 ***2-1-1/条款 11.3.2(2)***

轻集料混凝土弹性变形性能的降低对桥梁设计有以下影响:

- 温度与收缩变形被约束时,产生的应力低于普通混凝土。
- 预应力混凝土构件中的弹性压缩损失相比于普通集料混凝土明显增大,尽管这个损失通常是总损失的一小部分。
- 构件的挠度以及二阶效应将大于普通集料混凝土构件。此效应在细长柱中特别显著。

11.3.3 徐变和收缩

轻集料混凝土徐变特性的试验结果显示出很大的离散性,一些试验表明轻集料混凝土表现出比普通集料混凝土更大的徐变,而另一些试验结果则相反。***2-1-1/条款11.3.3(1)***建议徐变系数 ϕ 可以取普通集料混凝土的值乘以系数 $(\rho/2200)^2$。由于弹性模量也通过相同的折减系数进行了折减[***2-1-1/条款11.3.2(1)***],因此,计算得出的给定应力下轻集料混凝土和普通集料混凝土的徐变应变是相同的(因为徐变应变 = 弹性应变 × 徐变系数)。如此推导出的徐变应变必须乘以另一个因子 η_2,但对于 LC20/22 及以上强度等级的混凝土(即所有桥梁混凝土),其值为 1.0。 ***2-1-1/条款 11.3.3(1)***

2-1-1/条款 11.3.3(2) *2-1-1/条款 11.3.3(3)* 轻集料混凝土收缩应变也变化很大。***2-1-1/条款11.3.3(2)*** 允许通过将正常密度混凝土的值乘以因子 η_3 得到轻集料混凝土的最终干燥收缩值,对于 LC20/22 及以上强度等级的混凝土(即所有桥梁混凝土),该系数为 1.2。***2-1-1/条款11.3.3(3)*** 允许轻集料混凝土自收缩应变等于普通混凝土自收缩应变,但应注意对于饱和集料混凝土,这可能会高估其自收缩应变。

11.3.4 结构非线性分析的应力-应变关系

2-1-1/条款 11.3.4(1) ***2-1-1/条款11.3.4(1)*** 规定对于轻集料混凝土,应该从 2-1-1/表 3.1 中选取合适的应变限值用于 2-1-1/图 3.2 的应力-应变关系。轻集料混凝土应使用 f_{lcm} 与 E_{lcm}。

11.3.5 设计抗压和抗拉强度

2-1-1/条款 11.3.5(1)和 11.3.5(2)定义了轻集料混凝土的设计抗压强度和抗拉强度如下:

$$f_{\mathrm{lcd}} = \alpha_{\mathrm{lcc}} f_{\mathrm{lck}} / \gamma_{\mathrm{c}} \qquad \text{2-1-1/(11.3.15)}$$

与

$$f_{\mathrm{lctd}} = \alpha_{\mathrm{lct}} f_{\mathrm{lctk}} / \gamma_{\mathrm{c}} \qquad \text{2-1-1/(11.3.16)}$$

式中,γ_{c} 为混凝土强度的分项系数;类似 2-1-1/条款 3.1.6 中的 α_{cc} 和 α_{ct},上式中的 α_{lcc} 与 α_{lct} 为考虑长期效应的轻集料混凝土强度系数,其值可取 EC2-1-1 的国家附件推荐值 0.85(EC2-2 国家附件中未提供)。对于抗剪计算,本指南不推荐 α_{lcc} 取 1.0,该取值仅适用于普通混凝土抗剪计算,不适用于轻集料混凝土(除非有更多的试验数据证明该取值适用)。

11.3.6 设计截面的应力-应变关系

2-1-1/条款 11.3.6(1) ***2-1-1/条款11.3.6(1)*** 规定对于轻集料混凝土,可以使用 2-1-1/图 3.3 和图 3.4 应力-应变关系,但应选取合适的应变限值。这也适用于 2-1-1/图 3.5 中的等效矩形应力图。轻集料混凝土强度应使用 f_{lcd}。

11.3.7 约束混凝土

在三轴应力下,轻集料混凝土构件抗压强度会有一定提高,但是相较于普通混凝土而言,在相同的约束应力作用下,轻集料混凝土抗压强度增加较小。同时,考虑到轻集料混凝土抗拉强度的降低,2-1-1/条款 11.6.5 对局部受力计算的规定有一定的调整。

11.4 钢筋耐久性和保护层

轻集料混凝土的环境暴露等级与普通混凝土相同。然而,2-1-1/表 4.2 中规定最小保护层厚度需要增加 5mm,这样才能在钢筋搭接与锚固时获得足够的粘结强度。

11.5　结构分析

轻集料混凝土结构的分析主要受前面讨论的弹性变形特性下降的影响。此外,***2-1-1/条款11.5.1*** 要求 2-1-1/图 5.6N 计算出的转动能力$\theta_{pl,d}$应乘以系数$\varepsilon_{lcu2}/\varepsilon_{cu2}$。由于构件的转动能力同时取决于钢筋与混凝土的极限应变(见本指南 5.6.3.1),通过乘以以上系数来考虑转动能力是偏于保守的,这是因为钢筋的极限应变并没有改变。 *2-1-1/条款 11.5.1*

11.6　承载能力极限状态

除抗弯承载力外,本节对大多数的承载能力做了直接修改。

弯曲

轻集料混凝土的抗弯承载能力是间接修改普通混凝土计算方法得到的。2-1-1/条款 11.3.6 修改了混凝土的极限应变和应力-应变关系。因此本指南 3.1.7 表 3.1-4 给出的应力图形对比说明不适用于轻集料混凝土,但给出的受压区平均应力f_{av}与受压区合力点高度β的计算公式仍然适用于轻集料混凝土。对于抛物线-矩形和双线性应力图形,与普通混凝土相比,轻集料混凝土失效应变ε_{lcu2}减小导致平均应力f_{av}也减小(β也有相对较小的减小)。对于矩形应力图形,这些值并不受影响,其抗弯承载力计算相对于普通混凝土更不安全。因此,使用另外两种更真实的应力图形会让设计更加安全,尽管对于高配筋率(超筋)的钢筋混凝土构件,其计算结果与采用矩形应力图形的计算结果相比会有较大差别。

剪切和扭转(2-1-1/条款 11.6.1 ~ 11.6.3)

针对轻集料混凝土的抗剪承载力已开展了大量的研究工作。试验表明,相较于普通混凝土中剪切裂缝的发展通常沿着集料界面展开,轻集料混凝土构件的剪切裂缝的发展可以穿透集料,从而产生更平滑的剪切面。这导致集料咬合产生的抗剪承载能力较小。所以,与普通混凝土相比,轻集料混凝土的抗剪承载力较低。当计算轻集料混凝土抗剪承载力时,EN 1992-2 的 6.2 中定义的公式应做如下修改:

在***2-1-1/条款11.6.1*** 中,没有抗剪钢筋的构件的抗剪承载力设计值修改为: *2-1-1/条款 11.6.1*

$$V_{1Rd,c}=[C_{1Rd,c}\eta_1 k(100\rho_1 f_{1ck})^{1/3}+k_1\sigma_{cp}]b_w d\geqslant(v_{1,min}+k_1\sigma_{cp})b_w d$$

2-1-1/(11.6.2)

式中:$C_{1Rd,c}$——国家定义参数,EN 1992 建议取 0.15/γ_c;

η_1——定义见 2-1-1/条款 11.3.1(3);

$v_{1,min}$——国家定义参数,EN 1992 推荐值为 $v_{1,min}=0.030k^{3/2}f_{lck}^{1/2}$;

k_1——国家定义参数,推荐值为 0.15。

其他系数的取值与普通混凝土相同。注意轻集料混凝土抗剪承载力的折减是通过减小$C_{1Rd,c}$与$v_{1,min}$的取值和引入折减系数η_1来考虑的。应该注意到 2-1-1/式(11.6.2)中的$v_{1,min}$没有乘以系数η_1,然而计算冲切的 2-1-1/式(11.6.47)中$v_{1,min}$乘以了系数η_1。

2-1-1/条款 11.6.2(1) 对于有抗剪钢筋的构件,***2-1-1/条款11.6.2(1)***考虑混凝土压溃折减系数ν_1,其值由各国规定,推荐值为$\nu_1 = 0.5\eta_1(1 - f_{lck}/250)$(注意,此时与密度相关的折减系数$\eta_1$又一次在这里使用)。根据 2-1-1/条款 6.2.3(3),对于普通混凝土,该系数取值为$\nu_1 = 0.6(1 - f_{ck}/250)$。适用于轻集料混凝土的系数$v_1$也被用于 EC2-1-1 的式(6.9)中。EC2-1 式(6.8)计算的抗剪承载力无需折减,因为其主要考虑钢筋对抗剪承载能力的贡献。*2-1-1/条款 11.6.1(2)* 对于无抗剪钢筋的构件,***2-1-1/条款11.6.1(2)***明确给出了抗剪压溃上限为$0.5\eta_1 b_w d\nu_1 f_{lcd}$,而 2-1-1/条款 6.2.2 给出的普通混凝土的抗剪压溃上限为$0.5b_w d_u f_{cd}$。由于ν_1表达式中含有η_1,因此该抗剪强度被折减了η_1^2。

2-1-1/条款 11.6.3.1(1) ***2-1-1/条款11.6.3.1(1)***也利用折减系数$\nu_1 = 0.5\eta_1(1 - f_{lck}/250)$替代式(6.30)中$\nu$来考虑抗扭计算中的混凝土压杆压溃承载力。

抗冲切承载力(2-1-1/条款11.6.4)

与弯剪承载力类似,轻集料混凝土的抗冲切设计也要做相应的修改。根据

2-1-1/条款 11.6.4.1 ***2-1-1/条款11.6.4.1***,轻集料混凝土板的抗冲切设计应力为:

$$v_{lRd,c} = C_{lRd,c}\eta_1 k(100\rho_1 f_{lck})^{1/3} + k_2\sigma_{cp} \geq (\eta_1 v_{1,min} + k_2\sigma_{cp}) \qquad \text{2-1-1/(11.6.47)}$$

其中,k_2推荐值为 0.08;$C_{lRd,c}$、η_1、f_{lck}和$v_{1,min}$的取值与轻集料混凝土弯曲抗剪计算中相同。其余系数取值与普通混凝土相同。与弯曲抗剪不同的是,EC2 在配有冲切钢筋的冲切构件设计中考虑了混凝土的承载力。因此,在配有冲切钢筋板的设计承载力计算时考虑混凝土的影响的情况下,*2-1-1/条款 11.6.4.2(1)* ***2-1-1 条款11.6.4.2(1)***对上述冲切强度进行了折减。

2-1-1/条款 11.6.4.2(2) 与弯曲抗剪承载力相同,***2-1-1/条款11.6.4.2(2)***用折减系数对轻集料混凝土的最大抗冲切应力进行折减,如下:

$$v_{Ed} = \frac{V_{Ed}}{u_0 d} \leq v_{lRd,max} = 0.5\nu_1 f_{lcd} \qquad \text{2-1-1/(11.6.53)}$$

局部承载面(2-1-1/条款11.6.5)

本指南的 6.7 讨论了在局部承载面承压能力提高的机理。最大承压能力取决于混凝土的抗拉强度(对承压区域提供约束)和存在约束的混凝土抗压强度。*2-1-1/条款 11.6.5(1)* 而轻集料混凝土在上述两个方面的性能均低于普通混凝土。因此,***2-1-1/条款11.6.5(1)***对 2-1-1/条款 6.7 中的公式进行了如下修改:

$$F_{Rdu} = A_{c0} f_{lcd}[A_{c1}/A_{c0}]^{\rho/4400} \leq 3.1 f_{lcd} A_{c0}\left(\frac{\rho}{2200}\right) \qquad \text{2-1-1/(11.6.63)}$$

拉压杆模型

2-1-1/条款 11 并未对混凝土压杆的承载力(2-1-1/条款 6.5.2)进行修改。但

是,与 2-1-1/条款 11.6.3.1(1)对轻集料混凝土抗剪承载能力的修改一致,此处推荐将 2-1-1/条款 6.5.2(2)中给出的有横向拉力作用下的压杆设计强度由$0.6\nu' f_{cd}$降低为$0.5\eta_1\nu' f_{cd}$,式中$\nu' = (1 - f_{lck}/250)$。由于存在横向拉力,2-1-1/条款 6.5.4 中(b)与(c)类节点的承载力应考虑抗拉承载力折减系数η_1。

实例 11.1:轻集料钢筋混凝土桥面板

厚度为 250mm 的钢筋混凝土桥面板的抗弯与抗剪承载力在实例 6.1-1 与实例 6.2-1 中已经给出。直径 20mm 的钢筋沿中心间距 150mm 布置,其保护层厚度为 40mm。混凝土采用轻集料混凝土 LC35/38,采用集料为 1.6 级。

根据 2-1-1/表 11.1,1.6 级的轻集料混凝土其干密度上限值为$\rho = 1600\text{kg/m}^3$,因此根据 2-1-1/式(11.1):

$$\eta_1 = 0.40 + 0.60\rho/2200 = 0.40 + 0.60 \times 1600/2200 = 0.836$$

首先,抗弯承载力计算时采用抛物线-矩形的应力-应变图块(与矩形图块相比不经济):

根据 2-1-1/表 11.3.1,对于轻集料混凝土 LC35/38,$f_{lck} = 35\text{MPa}$。

根据 2-1-1/式(11.3.15):$f_{lcd} = \alpha_{lcc} f_{lck}/\gamma_c$;根据推荐值$\alpha_{lcc} = 0.85$,$\gamma_c = 1.5$,得:$f_{lcd} = 0.85 \times 35/1.5 = 19.833\text{MPa}$。

根据 2-1-1/表 11.3.1:$\varepsilon_{lcu2} = 3.5\eta_1 = 3.5 \times 0.836 = 2.927‰$,$\varepsilon_{lc2} = 2.0‰$,$n = 2$。将这些值代入式(D3.1-4)和式(D3.1-5),可以得到混凝土的平均应力为$f_{av} = 15.316\text{MPa}$,相对受压区高度$\beta = 0.403$(如果采用普通混凝土,$f_{av} = 16.056\text{MPa}$和$\beta = 0.416$):

$$d = 250 - 40 - 10 = 200\text{mm}, b = 1000\text{mm}, A_s = \pi \times 10^2 \times \frac{1000}{150} = 2094.4\text{mm}^2$$

因此,根据式(D6.1-4):

$$\rho = \frac{A_s}{bd} = \frac{2094.4}{1000 \times 195} = 0.0105$$

根据式(D6.1-3):

$$\frac{x}{d} = \frac{f_{yk}}{f_{av}\gamma_s}\rho = \frac{500}{15.316 \times 1.15} \times 0.0105 = 0.297$$

利用式(D6.1-8)校核界限受压区高度,以确保钢筋屈服:

$$\frac{1}{\dfrac{f_{yk}}{\gamma_s E_s \varepsilon_{1cu2}} + 1} = \frac{1}{\dfrac{500}{1.15 \times 200 \times 10^3 \times 0.002927} + 1} = 0.574 \geqslant \frac{x}{d}$$

因此,钢筋屈服。

因此,$x = 0.297 \times 200 = 59.5\text{mm}$;根据式(D6.1-5),$Z = 200 - 0.403 \times 59.5 = 176\text{mm}$;根据式(D6.1-1):

$$M = \frac{f_{yk}}{\gamma_s}A_s z = \frac{500}{1.15} \times 2094.4 \times 176 \times 10^{-6} = \mathbf{160.2kN \cdot m}$$

与对应的普通混凝土的抗弯强度 160.6kN · m/m 相比,轻集料混凝土的抗弯承载力降低了 0.2%。

第二步,计算抗剪承载力:

同样 $\rho_1 = \frac{A_s}{bd} = \frac{2094.4}{1000 \times 200} = 0.0105 < 0.02$ 满足要求

取 $\gamma_c = 1.5$,$C_{1Rd,c} = 0.15/\gamma_c = 0.15/1.5 = 0.10$。

根据式(D6.2-1):$k = 1 + \sqrt{200/200} = 2.0$(极限)。

2-1-1/式(11.6.2)给出抗剪承载力:

不考虑轴向荷载时,$V_{1Rd,c} = C_{1Rd,c}\eta_1 k(100\rho_1 f_{1ck})^{1/3}b_w d$,因此:

$$V_{1Rd,c} = 0.10 \times 0.836 \times 2.0 \times (100 \times 0.0105 \times 35)^{1/3} \times 1000 \times 200 \times 10^{-3}$$
$$= \mathbf{111.2kN/m}$$

经验算,这超过了轻集料混凝土的最小剪切强度:

$$v_{1,\min} = 0.030k^{3/2} f_{1ck}^{1/2} = 0.030 \times 2.0^{3/2} \times 35^{1/2} = 0.502\text{MPa}$$

所以根据 2-1-1/式(11.6.2),最小承载力值为:

$$v_{1,\min} b_w d = 0.502 \times 1000 \times 200 \times 10^{-3} = 100\text{kN/m} < 111.2\text{kN/m}$$

(参阅正文中关于缺少参数 η_1 的注释)。

相比于实例 6.2-1 计算出的正常混凝土抗剪承载力 159.9kN/m,此处的轻集料混凝土抗剪承载力为 111.2kN/m,比前者减小了 30%。

11.7　正常使用极限状态

2-1-1/条款 11.7(1)

2-1-1/条款11.7(1) 修改了 2-1-1/条款 7.4.2(2)中被视为满足变形要求的跨高比。由于轻集料混凝土弹性模量降低,这种修改是十分必要的。但 2-1-1/条款 7.4.2(2)主要用在建筑结构的设计。

11.8　钢筋细部设计——一般规定

2-1-1/条款 11.8.1(1)

2-1-1/条款11.8.1(1) 要求 2-1-1/表 8.1N 中的最小弯曲尺寸应增加 50%。这是必要的,因为与普通混凝土相比,轻集料混凝土的抗拉强度较低,在弯曲作用下,钢筋内包裹的混凝土更容易发生劈裂。

2-1-1/条款 11.8.2(1)

2-1-1/条款11.8.2(1) 要求计算极限粘结应力时用f_{lctd}代替f_{ctd},因为粘结应力很大程度上取决于混凝土抗拉强度。似乎没有必要使用这一条款,因为 2-1-1/条款 11.1.1(1)规定,除非条款 11 另有规定,当相关强度参数按 2-1-1/表 11.3.1 取值时,所有普通集料混凝土表达式都适用于轻集料混凝土。因此,类似的修改应

适用于 2-1-1/条款 8.10.2 中的先张预应力束的锚固和传递长度，但这在 2-1-1/条款 11.8.2(1) 中没有具体说明。

11.9　构件细部设计和特殊规定

2-2/条款11.9(101) 规定：钢筋直径通常不应超过 32mm，并且采用钢筋束配筋时不应超过两根钢筋（最大等效直径为 45mm）。这是因为目前在轻集料混凝土研究中，缺乏大直径钢筋的实测数据。 ***2-2/条款 11.9(101)***

第 12 章 素混凝土和少筋混凝土结构

本章涉及 EN 1992-2 第 12 章关于素混凝土和少筋混凝土结构的设计(配筋率小于钢筋混凝土最小钢筋率)的以下条款:

- 一般规定 *条款12.1*
- 材料 *条款12.3*
- 结构分析:承载能力极限状态 *条款12.5*
- 承载能力极限状态 *条款12.6*
- 正常使用极限状态 *条款12.7*
- 构件细部设计和特殊规定 *条款12.9*

EN 1992-2 第 1 ~ 11 章中的条款通常适用于素混凝土和少筋混凝土结构,除非它们由第 12 章中的特定条款替代或修改。EN 1992-1-1 第 12 章中的标题编号为 12,12 的小数点后是相关部分的编号。本指南的此部分未遵循此格式。

2-1-1/条款 12.1(2) 在桥梁设计中使用素混凝土并不常见,而且 EN 1992-2 中没有专门针对桥梁的规定,因此本章中对该部分的解释是有限的。***2-1-1/条款12.1(2)***声明第 12 章的条款不适用于抵抗机械旋转和交通荷载的构件。显然第 12 章的条款不适用于直接承受交通荷载的构件,但其对于支撑构件的限制并不明确。第 12 章的条款适用于不直接受交通荷载作用影响的构件,例如翼墙;也可能适用于其他受交通荷载动力作用影响很小的基础构件。

材料和结构分析

2-1-1/条款 12.3.1(1) 因为没有任何钢筋约束,素混凝土的延性远小于钢筋混凝土。因此,***2-1-1/条款12.3.1(1)***中,对于素混凝土构件(相关系数为 $\alpha_{cc,pl}$ 和 $\alpha_{ct,pl}$)要求 α_{cc} 与 α_{ct} 取值更小。素混凝土的延性限制也意味着 EN 1992-2 的第 5 章中结构分析的大量假定不再成立。考虑应力重分布的线弹性分析方法已经不再适用,这是因为素混凝土开裂前的真实性能近似于线弹性,但开裂后弯矩还未重分布,结构就已经破坏。

2-1-1/条款 12.5(1) 同样的,塑性分析方法也不再适用。***2-1-1/条款12.5(1)***规定,这些方法只有当能够验证可行时才可以使用。这种验证过程应该包括变形能力的验算。

当有轴向压力作用时,混凝土的开裂并不会引发构件的失效。对于墙而言,当荷载偏离中心轴 1/3 时,墙体会出现消压现象。但考虑到塑性应力发展,截面的容许偏心距可以适当放大。这也是 2-1-1/条款 12.6.1 中抗压承载力计算的基础。

2-1-1/条款12.5(2)规定结构分析可以采用线弹性理论(最简单)或非线性理论。在非线性分析中(如断裂力学方法),应校核构件的变形能力,确保其具有足够的延性以满足结构分析的基本假定。 *2-1-1/条款 12.5(2)*

有轴力作用的弯曲构件

2-1-1条款12.6.1(3)给出了偏心轴力作用下素混凝土短柱/墙的轴向承载能力计算表达式。混凝土的抗拉强度忽略不计,受压区混凝土的应力图块假定为矩形,如图 12.1 所示。由应力图块确定的轴向承载力 N_{Rd}为: *2-1-1/条款 12.6.1(3)*

$$N_{Rd} = \eta f_{cd} \times b \times 2(h_w/2 - e) \qquad (D12\text{-}1)$$

整理 2-1-1/条款 12.6.1(3)给出的表达式:

$$N_{Rd} = \eta f_{cd} b h_w (1 - 2e/h_w) \qquad 2\text{-}1\text{-}1/(12.2)$$

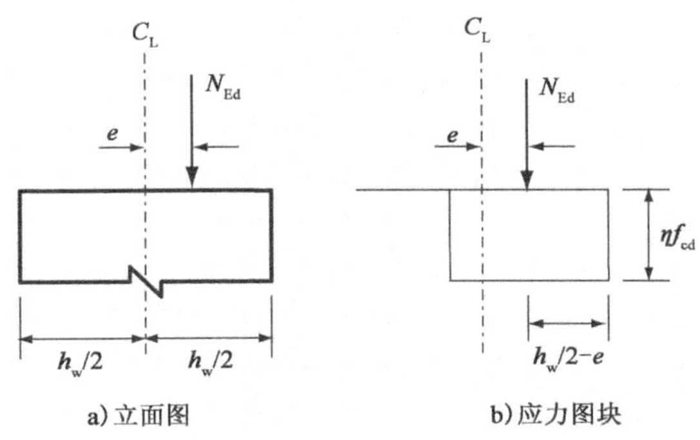

图 12.1　破坏阶段的偏心受力素混凝土墙

2-1-1/条款12.6.2(1)P要求限制作用力的偏心距,以避免形成更大的裂缝,除非采取其他措施能避免横截面的局部受拉破坏。EN 1992-2 没有给出关于限制偏心距或其他合适的控制方法的指导。根据本指南 6.7 中关于破裂应力的建议,可以通过限制支座压力来控制邻近荷载的破裂应力产生的开裂;素混凝土可以通过式(D6.7-4)考虑。然而,裂缝的控制通常涉及正常使用的问题,因此根据 2-1-1/条款 7.1(2),合适的方法可能是将正常使用状态计算中的总拉应力限制为$f_{ct,eff}$。***2-1-1/条款12.7(2)***支持这一方法,并建议将"混凝土拉应力限制到可接受的值"来控制裂缝。 *2-1-1/条款 12.6.2(1)P* *2-1-1/条款 12.7(2)*

剪切和扭转

2-1-1/条款12.6.3(1)允许在剪切极限状态下考虑混凝土的抗拉强度,前提是能避免脆性破坏,并保证足够的承载力。***2-1-1/条款12.6.3(2)***给出的计算方法是对主应力进行限制,令其小于混凝土设计抗拉强度f_{ctd}。如本指南 6.2.2.2 所述,预应力混凝土构件不开裂截面的剪切设计也采用类似方法。计算时,剪应力为: *2-1-1/条款 12.6.3(1)* *2-1-1/条款 12.6.3(2)*

$$\tau_{cp} = kV_{Ed}/A_{cc} \qquad 2\text{-}1\text{-}1/(12.4)$$

k 的取值在国家附件中给出,推荐值为 1.5。它考虑了截面剪应力分布的不均匀性。对于一个剪力弹性分布的矩形截面来说,1.5 是合适的值;对于其他截面形状来说,1.5 是保守的。

2-1-1/条款 12.6.4(1)

2-1-1/条款12.6.4(1)规定,开裂的素混凝土构件截面通常不应被设计用来承受扭矩,“除非可以证明它是合理的”。对于不开裂的构件,可以通过将主拉应力限制为设计抗拉强度来计算抗扭能力。

细长构件的屈曲

2-1-1/条款 12.6.5.1(1)

墙或柱的长细比是由 $\lambda = l_0/i$ 给出的,式中 i 是构件最小的回转半径,l_0 是构件有效长度。有效长度在 EN 1992-1-1 中被定义为 $l_0 = \beta l_w$,其中 l_w 是构件的净高度,β 是考虑端部约束条件的系数。***2-1-1/条款12.6.5.1(1)***和 2-1-1/表 12.1 提供了具有不同边界条件的构件的 β 值。2-1-1/条款 16.5.1(5)通常限制素混凝土中墙体的长细比为 $l_0/h_w \leqslant 25$。

2-1-1/条款 12.6.5.2(1)

确定了长细比之后,***2-1-1/条款12.6.5(1)***给出了轴压承载力的简化表达式:

$$N_{Rd} = b h_w f_{cd} \Phi \qquad \text{2-1-1/(12.10)}$$

式中,系数 Φ 考虑了一阶和二阶偏心以及徐变系数的影响。

$$\Phi = 1.14(1 - 2e_{tot}/h_w) - 0.02 l_0/h_w \leqslant (1 - 2e_{tot}/h_w) \qquad \text{2-1-1/(12.11)}$$

式中,e_{tot}是荷载的一阶偏心距与几何缺陷导致的附加偏心距的总和。2-1-1/式(12.11)中 Φ 的上限值隐含于针对短柱的 2-1-1/式(12.2)中。

第 13 章　施工阶段设计

本章讨论了 EN 1992-2 第 113 章所述的施工阶段的设计,涉及以下条款

- 一般规定　*条款 13.1*
- 施工荷载　*条款 13.2*
- 检验标准　*条款 13.3*

13.1　一般规定

第 113 章给出了结构在建造(在 Eurocodes 中称为"施工")过程中的设计规定。对于分阶段施工建造的桥梁,有必要考虑施工过程中力和应力的逐步累积。***2-2/条款 113.1(101)*** 明确设计中应考虑施工顺序的 4 种情况分别是: *2-2/条款 113.1(101)*

- 构件承受临时荷载,例如:桥面板在安装期间在桥墩处承受支座摩阻力或在平衡悬臂施工过程中桥墩承受不平衡力;
- 由于徐变、收缩或钢筋的松弛,在整个结构或局部横截面上可能发生应力重分布;
- 施工顺序会影响应力的积累和结构最终的几何形状;
- 施工顺序会影响结构的临时稳定性。

通常情况下,某些桥梁构件的设计是由施工期间的作用组合而不是已完成的结构来控制的,例如在平衡悬臂施工期间的桥墩。因此 ***2-2/条款 113.1(102)*** 规定,在每一个施工阶段,都需要验算承载能力极限状态和正常使用极限状态。 *2-2/条款 113.1(102)*

徐变可以显著地改变分阶段施工建造的桥梁的应力状态。徐变效应将使分阶段施工中桥梁的最终累计效应,趋向于与整体一次施工(一次落架)所产生的作用效应相一致(在本指南的附录 KK 中讨论了徐变重分布)。这是 ***2-2/条款 113.1(103)*** 的基础,它要求设计人员在整体分析和局部截面设计中考虑徐变的影响——例如,其在梁-板结构的设计中尤其重要。 *2-2/条款 113.1(103)*

2-2/条款 113.1(104) 提醒人们,如果施工过程对施工期间结构的稳定性(例如平衡悬臂施工)或设计中考虑的力的大小有显著影响,则应通过图纸详细说明设计中假定的施工顺序。 *2-2/条款 113.1(104)*

条款 113.1 并非详尽无遗,设计人员应始终考虑施工顺序以及临时施工可能发生的相互作用。如,应考虑施工中灵活的脚手架在永久性工程中产生的应力,这是一个需要考虑的特殊情况。

13.2　施工荷载

EN 1991-1-6 中介绍了施工期间结构设计中应考虑的作用。这些作用包括以下内容:

- 自重;
- 土运动和土压力;
- 预应力作用;
- 预变形(例如拉索或支承的松弛);
- 温度效应;
- 收缩和水化效应;
- 风荷载;
- 雪荷载;
- 水和冰的作用;
- 偶然荷载(比如施工附属设备的失效);
- 地震荷载;

以及由以下原因导致的附加临时施工荷载作用:

- 人群荷载;
- 由储藏的可移动物品引起的作用;
- 在原位或在移动中的可移动重型设备引起的作用(例如挂篮、龙门架或者导梁);
- 其他可以自由移动的设备(例如起重机);
- 来自部分结构的可变作用(例如湿混凝土);
- 来自厂房的冲击作用。

EN 1991-1-5 是为承包商和设计人员使用而编写的,在设计阶段,应就相关厂房荷载问题与建议的施工承包商达成一致。EN 1991-1-6 中建议了施工荷载的标准值,并可在其相应的国家附件中进行修改。

2-2/条款 113.2(102)

条款 113.2 给出了附加的要求。***2-2/条款113.2(102)*** 建议在对称悬臂施工中,对单侧悬臂梁最小应考虑 200N/m² 的水平或上升风压。上述建议值是最小值,如果一个结构容易受到紊流风的激励(自振频率越低,越容易被激励)或产生涡振,荷载就会大大超过建议值。可以采用动力分析来考虑风荷载或采用更加保守的静压力。

2-2/条款 113.2(103)

2-2/条款113.2(103) 要求设计考虑在对称悬臂施工中挂篮意外掉落的情况。这是一个偶然作用。失去一个移动挂篮运行机构(连同一起放置的所有混凝土)将会使悬臂丧失平衡,并将在桥墩或临时支承装置上产生额外的弯矩。该条款并没有明确要求考虑整个挂篮运行机构的掉落,但如果不考虑这一问题,就必须通过其他方式来处理挂篮掉落的风险,比如在挂篮运行机构的设计中添加安全系

统。***2-2/条款113.2(104)***要求对预制构件的坠落进行类似考虑。 2-2/条款 113.2(104)

2-2/条款113.2(105)提醒我们要考虑因为桥面施工产生的变形。 2-2/条款 113.2(105)

对于平衡悬臂施工,另一个需要重点考虑的是由梁体自重在桥墩上产生的不平衡弯矩,包括浇筑顺序不同步和施工误差(由于尺寸误差和混凝土密度变化)引起的不平衡力矩。对于后者,在一个桥墩的任意一侧调整名义自重是很常见的(比如,一边 +3%,另一边 -2%)。还需要考虑由施工荷载和挂篮移动的顺序引起的不平衡弯矩。在设计中假定的任何限制都需要与承包商达成一致,并在施工图上清楚地标明。

EN 1990 的总则中涵盖了不同作用的组合,结构设计应该适当地考虑永久作用、短暂作用、偶然作用和地震作用对应的设计状况。

根据 EN 1991-1-6 的规定,任何短暂设计状况的名义持续时间都应大于或等于施工阶段的预计持续时间。设计状况可以通过减小作用重现期来考虑降低任何可变作用(如风或温度效应)发生的可能性。EN 1991-1-6 表 3-1 给出了对这类气候作用的标准值进行评估时采用的重现期推荐值,并为了方便在表 13.2-1 中进行了总结。关于荷载的 Eurocode(例如 EN 1991-4 风荷载和 EN 1991-5 温度荷载)的附录中通常涵盖了使用折减后的重现期来考虑短暂设计状况的内容。

气候作用标准值重现期的推荐值　　表 13.2-1

持续时间	重现期
≤3d	2 年
≤3 个月	5 年
≤1 年	10 年
>1 年	50 年

13.3 检验标准

13.3.1 承载能力极限状态

在施工过程中 EC2 所要求的承载能力极限状态验算与第 6 章中给出的完工后结构的验算是相同的。

13.3.2 正常使用极限状态

在施工过程中,正常使用极限状态的验算通常与 EN 1992-2 第 7 章中所规定的完工后结构的验算相同,但在 2-2/条款 113.3.2(102) ~ (104)中给出了一些例外情况。

通常,与正常使用极限状态相关的标准应考虑到已完工结构的要求,在结构施工期间不应对永久构件产生不利影响。应避免可能造成过大的开裂或早期变形的施工操作,这些施工操作可能会对已完工结构的耐久性、适用性或外观的美观造成不利影响。相反,不影响最终成桥状态的耐久性或外观的操作不需要评估,例如施工过程中的临时变形。这是***2-2/条款113.3.2(102)***的主要原则。 2-2/条款 113.3.2(102)

2-2/条款 113.3.2(103)
2-2/条款 113.3.2(104)

对于短暂出现的状况,***2-2/条款113.3.2(103)***和***2-2/条款113.3.2(104)***放宽了对某些特定混凝土构件的裂缝宽度的容许拉应力限制和标准。这样的放宽是基于小的拉应力不太可能导致开裂,而且当裂缝出现时,一旦移除临时作用,裂缝就会再次闭合。

附录 A
材料分项系数的修正
(资料性)

A1 一般规定

条款 2.4 中所定义的材料分项系数对应于 ENV 13670-1 允许的 1 级几何公差以及正常制作工艺与检验标准等级(相当于 ENV 13670-1 中的检验等级 2)。如果在项目说明书中收紧了这些公差,在某些情况下这些分项系数可能会根据 EC2-1-1 的附录 A 减小。

A2 现浇混凝土结构

对于现浇混凝土或预应力混凝土结构,2-1-1/条款 A.2 允许通过以下任何一种方法来减小钢筋的材料分项系数:

- 减小测设公差以满足 2-1-1/表 A.1(条款 A.2.1)中的指定要求;
- 在设计计算中明确地考虑尺寸公差,例如在有效高度计算中(条款 A.2.2);
- 使用完工后的实测尺寸(条款 A.2.2)。

混凝土的材料分项系数可以通过以下任何一种方法来减小:

- 减小测设公差到 2-1-1/表 A.1 中的指定要求,并限制混凝土强度的变化系数(条款 A.2.1);
- 在设计计算中考虑尺寸公差,限制或不限制混凝土强度的变化系数(条款 A.2.2);
- 利用完工后的实测尺寸,限制或不限制混凝土强度的变化系数(条款 A.2.2);
- 使用完工后的实测混凝土强度(条款 A.2.3),这可以与上面的内容一起考虑。

在上述条件下,国家附件给出了降低后的材料分项系数值。任何上述依赖于实测尺寸和强度的方法(而不是通过加强项目规范中的偏差控制),只能用于复核是否符合设计预期;这些方法显然不能用在设计阶段。

A3　预制构件和产品

在有适当的质量控制和保证措施情况下,上述规定也可适用于预制构件。在相关的产品标准中给出了减小材料分项系数所需的工厂生产控制的具体建议,但是一般的建议可以在 EN 13369 中获得。

附录 B
徐变和收缩应变
(资料性)

EC2-2 中的附录 B 包含了 EC2-1-1 中的所有规定,并添加了一些额外的章节。对于徐变和收缩的处理涵盖了以下 4 个方面:

(1)EC2-1-1 的 B.1 和 B.2 在 2-1-1 /条款 3.1.4 中徐变和收缩图表后提供了数学公式,以及徐变比率随时间变化的信息。

(2)B.103 为采用 R 级水泥的高强混凝土提供了备选公式,并对混凝土中是否含硅灰进行了区分;

(3)B.104 提供了一种通过试验确定徐变和收缩参数的方法;

(4)B.105 推荐了长期徐变和收缩应变的计算中附加材料分项系数的值,以考虑由于缺乏可用的长期试验数据而导致公式中存在不确定性因素的情况。

B1　徐变

2-1-1/条款 B.1 提供了 2-1-1/条款 3.1.4 图表后的公式,并给出了一个用于计算徐变应变发展速率的公式,这个公式在 EC2 中并没有被给出。本指南 3.1.4.1 实例 3.1-1 中复制了一些公式并阐明了这些公式的使用方法。附录 B 的这一部分也给出了一种考虑升温作用的徐变计算方法。 ***2-1-1/条款 B.1***

B2　收缩

2-1-1/条款 B.2 给出了名义干燥收缩应变的公式,它是 2-1-1/条款 3.1.4 中简化表格的基础。这是无须解释的,在这里不再进一步讨论。 ***2-1-1/条款 B.2***

B3　高强混凝土中的徐变和收缩

对于强度等级大于或等于 C55/67 的高强混凝土而言,***2-2/条款 B.103*** 为徐变和收缩计算给出了备选规定,EC2 起草人员认为它们比 EC2-1-1 更精确。然而,这些规定在相对湿度超过 70% 时会导致结果失真,这可能是由于该规定考虑的相对湿度较低。因此,英国国家附件不允许使用 2-2/附录 B,而坚持使用 2-1-1/附录 B 中更完善的规定。添加或没有添加硅灰的混凝土是分开处理的。使用这些公式 ***2-2/条款 B.103***

计算硅灰混凝土有很大好处,因为硅灰混凝土可以显著减小徐变应变。相反,没有添加硅灰的混凝土会带来更大的徐变应变。

硅灰混凝土中硅灰质量至少占胶凝材料的5%。徐变应变被认为是由两种作用机理产生。基本徐变只取决于加载时混凝土的强度和28d 抗压强度,而不受水分从截面中转移出去的影响。干燥徐变取决于混凝强度、相对湿度和截面有效厚度,其机理受混凝土中水分被挤压出去的情况控制。收缩应变也类似被分为自收缩和干燥收缩。自收缩发生在混凝土的硬化过程中,与水分从截面转移出去无关,而干燥收缩主要与水分从截面转移出去有关。这些计算应变的公式无须解释,不再进一步讨论。

B4 由试验确定的徐变和收缩参数

通常,附录 B 公式的预测结果与试验结果的离散程度很容易达到 ±30%。为

2-2/条款B.104 了获得更好的准确性,***2-2/条款B. 104*** 提供了一种通过试验来确定徐变参数的方法,用于条款 B. 1、B. 2 和 B. 103 中的公式。当需要更高精度时,这种方法可以用于特定的混凝土混合料的徐变和收缩的预测。

本指南并未给出上述试验的指导。当加载时混凝土的平均强度小于 28d 平均强度的60% [2-2/条款 B. 100(103)],B. 1 ~ B. 103 的公式不适用于这种早期加载。在这种情况下,很显然 2-2/条款 B. 104 适用。大多数预应力结构对假定的徐变和收缩应变都是相当敏感的,因为这会导致预应力损失。与其他预应力桥梁相比,采用无粘结后张体外预应力的桥梁对预计的长期应变更敏感,因为它们的极限抗弯承载力会由于预应力损失的增大而降低。因此在这种情况下,进行试验是有益的。

进行试验仍然不能减小与试验结果外推相关的不确定性,因为这些试验通常在几个月的时间内进行,而得到长期应变需要将时间延长至桥梁的设计使用年限。在 2-2/条款 B. 105 中会解决这个问题。

B5 徐变和收缩长期值

2-2/条款 B. 105 解决了 B. 1、B. 2 和 B. 103 中用于确定长期徐变和收缩应变的公式使用的不确定性。这种不确定性的出现,是因为这些公式所基于的试验通常都是在相对较短的几年时间内进行的。为了考虑外推长期值的不确定性,

2-2/条款 B. 105(102) ***2-2/条款B. 105(102)*** 建议,当项目具有一定相关性且因过高估计应变导致安全性提高时,应当在得到的应变值中添加附加安全系数。

上述系数的适用条件尚不清楚。在 ***2-2/条款B. 105(102)*** 中使用“安全”一词意味着对承载能力极限状态的考虑。对于有粘结预应力混凝土桥梁,抗弯承载力受预应力筋的预拉应变的影响很小,因此受徐变长期效应影响也很小。当部分剪力由倾斜的预应力承担时,抗剪承载力受徐变应变增加的影响较大。然而,如前

面 B4 中讨论的,采用无粘结体外后张预应力的桥梁可能会更大程度上受到长期徐变的影响。由于附录是资料性的,商业压力往往会阻碍系统且保守的方法的采用,因此,可能需要就具体项目与业主进行协商,对何时采用这个分项系数做出决定。

2-2/条款 B. 105(103) 建议在 2-2/表 B. 101 中给出安全系数的合理取值。这些计算应变值从 1 年(被认为试验已经充分涵盖)龄期取值 1.0 到 300 年(由于缺乏试验数据而存在更大的不确定性)龄期取值 1. 25 不等。 ***2-2/条款 B. 105(103)***

附录 C
钢筋特性
(规范性)

EN 10080 中规定的钢筋性能与 EN 1992 的设计假定是兼容的。对于其他的钢筋以及一些补充的要求,2-1-1/条款 3.2.1(3)P 要求根据 2-1-1/条款 3.2.2 ~ 3.2.6和 2-1-1/附录 C 来检查钢筋性能。因此,附录 C 给出了适用于 EN 1992 的钢筋机械性能和几何性能的要求,它是 EN 1992 唯一的规范性附录。其中一些特

2-1-1/条款 C.1(1)

性被[***2-1-1/条款 C.1(1)*** 表明这些特性在温度为 -40 ~ 100℃ 是有效的]总结在 2-1/表 C.1 中,并且与 EN 10080 中的描述一致。EN 1992-1-1 中对这些内容的重现主要改变的是格式,一般不需要在设计时考虑。因此,此处不对附录 C 的条款进行详细讨论。然而,在计算中可以使用一些如抗拉强度标准值和最大力时对应的应变等信息。

在 2-1-1/表 C.1 中,A、B 和 C 级是指钢筋的延性特征。A 级和 B 级已经为英国设计人员所熟悉,并且与 BS 4449:1997 的规定相同。EN 1992-1-1 中 C 级对应更好的钢筋延性,允许更大的转动能力,见 2-1-1/图 5.6N。转动能力对于塑性整体分析方法的合理性和忽略外加变形是很重要的,见本指南的 5.6。前者仅限于桥梁设计,后者通常可以通过 B 级钢筋来实现。因此,在桥梁设计时使用 C 级钢筋将不会带来太多的经济效益,除了使配筋不足的截面抗弯强度有很小的潜在增加。2-2/条款 3.2.4(101)P 建议,只有延性等级为 B 级或 C 级的钢筋才能用于桥梁设计,具体的国家选择体现在国家附件中。

国家附件中规定了钢筋的疲劳性能和相对侧肋面积的附加要求,并在 2-1-1/表 C.2 中给出了相应推荐值。疲劳标准应与 2-1-1/表 6.3N 中的应力幅相容,这也是国家附件中由国家选择的条款。给出保证粘结需要的最小相对侧肋面积,是为了保证第 8 章中给出的最小粘结强度有效。EN 10080 给出了钢筋的表面几何形状的定义,以及对侧肋几何形状和侧肋面积的测量和计算要求。

2-1-1/条款 C.3(1)P

2-1-1/条款 C3(1)P 要求按照 EN 10080 通过弯折试验来验算高屈服强度钢筋的弯曲性能。这就要求钢筋试件按照规定的弯曲直径弯曲到接近 90°,然后再折回至少 20°。在试验后,试件必须显示没有断裂或开裂的迹象。

附录 D
预应力筋松弛损失的详细计算方法
(资料性)

D1　一般规定

2-1-1/条款 3.3.2 给出了用于计算预应力筋松弛损失的公式,这些公式旨在确定预应力筋的长期松弛损失。然而,如本指南 3.3.2 所讨论的,这些公式往往会得出较为保守的应力损失值。由于松弛损失本身受到预应力筋中随时间变化的应力的影响,因此可以通过考虑其他时变效应(如徐变和收缩)导致预应力筋应力随时间减小,来获得更准确的总松弛损失。这一损失值可以通过 2-1-1/式(5.46)中的系数0.8 来考虑,但使用2-1-1/附录 D 可获得更大的益处。在使用 2-1-1/式(5.46)时,附录 D 所计算的松弛损失不应与系数 0.8 一起使用。还应注意,如果由于其他影响而导致预应力筋应力随时间增加,那么 2-1-1/条款 2.3.2 预测的松弛损失也会增加。

2-1-1/条款D.1 提供了一种"等效时间"方法来确定预应力筋的松弛损失,这种松弛损失是由于某些效应(不仅限于预应力筋松弛)导致预应力筋的应力随时间变化而产生的。如实例 D-1 所示,这是一种迭代方法。它基于 2-1-1/式(3.28)~(3.30)设计,并引入一些符号(如图 D.1 所示)。 ***2-1-1/条款D.1***

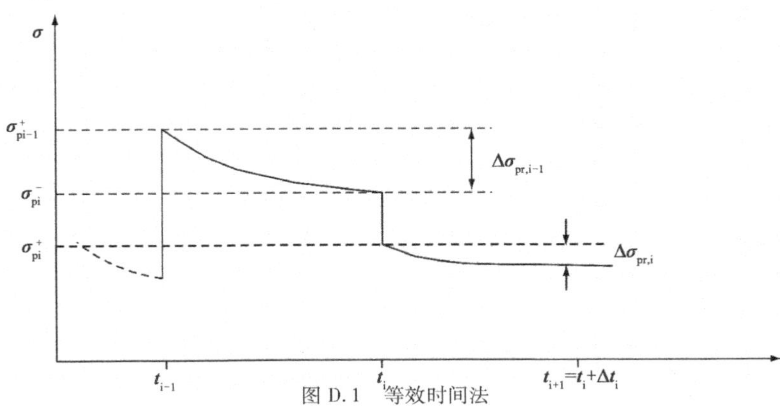

图 D.1　等效时间法

t_i-所考虑阶段开始的实际时间;

$\sigma_{p,i}^{-}$-t_i 之前预应力筋中的拉应力;

$\sigma_{p,i}^{+}$-t_i 之后预应力筋中的拉应力(考虑预应力的瞬时减少);

$\Delta\sigma_{pr,i}$-所考虑阶段松弛损失的绝对值;

$\sum_{1}^{i-1}\sigma_{pr,j}$-$t_i$ 之前所有阶段松弛损失的总和。

使用 2-1-1/式(3.28)~式(3.30)中合适的表达式,取时间t_i完成的全部松弛损失为$\sum_1^{i-1}\sigma_{pr,j}$,修正后的初始应力为$\sigma_{p,i}^{+}+\sum_1^{i-1}\sigma_{pr,j}$,可以计算等效时间$t_e$。这个修正的初始应力反映了这样一个事实:预应力筋的应力在其他因素(除了松弛)的影响下,随着时间的推移也会减少(或增加),进而减少松弛本身。使用此应力:

$$\mu=\left(\sigma_{p,i}^{+}+\sum_1^{i-1}\Delta\sigma_{pr,j}\right)\bigg/f_{pk} \tag{D.1}$$

例如,对于第二类预应力筋,2-1-1/式(3.29)变为:

$$\sum_1^{i-1}\Delta\sigma_{pr,j}=0.66\rho_{1000}e^{9.1\mu}\left(\frac{t_e}{1000}\right)^{0.75(1-\mu)}\left(\sigma_{p,i}^{+}+\sum_1^{i-1}\Delta\sigma_{pr,j}\right)\times10^{-5} \quad \text{2-1-1/(D.1)}$$

可以重新排列上式来找到等效时间。将等效时间与当前阶段所考虑的时间间隔(Δt_i)相加,可以得到所考虑阶段的松弛损失,因此:

$$\Delta\sigma_{pr,i}=0.66\rho_{1000}e^{9.1\mu}\left(\frac{t_e+\Delta t_i}{1000}\right)^{0.75(1-\mu)}\left(\sigma_{p,i}^{+}+\sum_1^{i-1}\Delta\sigma_{pr,j}\right)\times10^{-5}-\sum_1^{i-1}\Delta\sigma_{pr,j} \quad \text{2-1-1/(D.2)}$$

实例 D-1 表明,在计算应力损失时,应考虑具有代表性的徐变损失过程得出的松弛损失,其比 2-1/式(3.28)~(3.30)得出的长期松弛损失结果更小。考虑具有代表性的徐变损失过程得出的第二类预应力钢绞线长期损失的值非常接近ρ_{1000}小时的值,ρ_{1000}小时的预应力损失值是指根据英国以前的做法(BS 5400 第 4 分册[9])计算的长期损失值。

实例 D-1:使用等效时间法计算低松弛预应力筋的松弛损失

预应力筋有如下性质:

- 19 根直径 15.7mm 的低松弛预应力钢绞线(第二类),$\rho_{1000}=2.5\%$。
- 每根预应力筋的面积 $A_p=19\times150=2850\text{mm}^2$。
- 钢绞线的抗拉强度的标准值$f_{pk}=1860\text{MPa}$

桥上所有预应力束在同一个阶段安装。假定长期松弛损失开始时预应力筋的初始应力为 1339.2MPa(其中包括摩阻损失、锚头变形损失和张拉后混凝土弹性变形损失共计 10% 的应力损失)。根据假定的徐变收缩损失曲线,其中收缩徐变总损失的 50% 发生在前六个月。此处假定在没有其他损失的情况下,徐变和收缩将导致 15% 的预应力损失(显然应该根据桥梁具体情况来计算)。明显的是,收缩损失与徐变损失一样与具体的混凝土应力无关,但为了简化将这两种损失归结在一起。需要重点考虑的是在不同时间间隔内徐变和收缩的总损失。

时间 t		Δt_i 到下一个时间(h)	全部收缩和徐变完成的百分比(%)
(h)	(d)		
$t_1=0$	0	$\Delta t_1=24$	0
$t_2=24$	1	$\Delta t_2=144$	5
$t_3=168$	7(1 周)	$\Delta t_3=504$	10
$t_4=672$	28(1 个月)	$\Delta t_4=1344$	20
$t_5=2016$	84(3 个月)	$\Delta t_5=2016$	35
$t_6=4032$	168(6 个月)	$\Delta t_6=4728$	50
$t_7=8760$	365(1 年)	$\Delta t_7=491240$	65
$t_8=500000$	(大约 57 年)		100

现在按照 2-1-1/条款 2.3.3(8),长期松弛损失的迭代计算进行到 500000h。阶段 i 涵盖了从t_i到t_{i+1}的时间。

第 1 阶段:考虑第一个时间间隔从$t_1=0$ 到 $t_2=24\text{h}$,所以 $\Delta t_1=24\text{h}$。

在阶段开始时的预应力筋应力为 1339.2MPa。在这段时间内的徐变和收缩损失 $=15\%\times5\%=0.75\%$,对于初始应力为 1339.2MPa 的预应力筋其内力为 10MPa。在使用较高应力水平的预应力筋并考虑松弛损失时,偏保守的方法是在当前阶段结束时才计入该预应力损失。因此可以将预应力损失的增量看作如 2-1-1/图 D.1 形式的阶跃变化。

因此 $\sigma_{p,i}^{+}=\sigma_{p,1}^{+}=1339.2\text{MPa}$,且 $\sum_{1}^{i-1}\Delta\sigma_{pr,j}=0.0\text{MPa}$(因为 $t=0$ 之前没有任何阶段)。

由公式(D.D1)可得:

$$\mu=\left(\sigma_{p,i}^{+}+\sum_{1}^{i-1}\Delta\sigma_{pr,j}\right)/f_{pk}=(1339.2+0)/1860=0.72$$

2-1-1/式(D.1)可以如下重新化简,以给出仅在松弛损失下达到当前应力水平的等效时间:

$$t_e=1000\times\left(\frac{\sum_{1}^{i-1}\Delta\sigma_{pr,j}\times10^5}{\sigma_{p,i}^{+}+\sum_{1}^{i-1}\Delta\sigma_{pr,j}}\times\frac{1}{0.66\rho_{1000}e^{9.1\mu}}\right)^{1/[0.75(1-\mu)]}$$

可得:

$$t_e=1000\times\left(\frac{0\times10^5}{1339.2+0}\times\frac{1}{0.66\times2.5\times e^{9.1\times0.72}}\right)^{1/[0.75(1-0.72)]}=0.0\text{h}$$

正如预期的那样,因为在 $t_1=0$ 时没有徐变损失。

现在可以根据 2-1-1/式(D.2)和之前得出的等效时间计算当前阶段的松弛损失:

$$\Delta\sigma_{pr,i} = \Delta\sigma_{pr,1} = 0.66\rho_{1000}e^{9.1\mu}\left(\frac{t_e+\Delta t}{1000}\right)^{0.75(1-\mu)}\left(\sigma_{p,i}^{+}+\sum_{1}^{i-1}\Delta\sigma_{pr,j}\right)\times 10^{-5}-\sum_{1}^{i-1}\Delta\sigma_{pr,j}$$

可得:

$$\Delta\sigma_{pr,1} = 0.66\times 2.5\times e^{9.1\times 0.72}\left(\frac{0+24}{1000}\right)^{0.75(1-0.72)}\times(1339.2+0)\times 10^{-5}-0 = 7.1\text{MPa}$$

因此,在该阶段结束时考虑徐变、收缩和松弛损失后预应力束的拉应力为 1339.2 − 7.1 − 10.0 = 1322.1MPa。

第 2 阶段:考虑第 2 个时间间隔从 $t_2 = 24\text{h}$ 到 $t_3 = 168\text{h}$,所以 $\Delta t_2 = 144\text{h}$。

在最初的阶段,预应力筋的应力 = 1322.1MPa。

该时间间隔内的徐变和收缩损失 = 15% × 5% = 0.75%,当预应力筋应力为 1322.1MPa 时,考虑损失后内力相当于 9.9MPa(这种徐变和收缩损失基于前一阶段已经损失后的预应力筋应力,而不是初始的预应力筋应力,因此,相对总损失而言,计算出的徐变和收缩损失较小,偏于保守)。因此,这种损失直到当前阶段结束时才考虑在内,这样考虑是保守的。

因而:

$\sigma_{p,i}^{+} = \sigma_{p,2}^{+} = 1322.1\text{MPa}$ 且 $\sum_{1}^{i-1}\Delta\sigma_{pr,j} = \sum_{1}^{1}\Delta\sigma_{pr,j} = 7.1\text{MPa}$

(仅因松弛而导致的前期预应力损失的总和。)

由 2-1-1/式(D.D1)可得:

$$\mu = \left(\sigma_{p,i}^{+}+\sum_{1}^{i-1}\Delta\sigma_{pr,j}\right)\Big/f_{pk} = (1322.1+7.1)/1860 = 0.715$$

对于当前阶段的起始点的等效时间为:

$$t_e = 1000\times\left(\frac{7.1\times 10^5}{1322.1+7.1}\times\frac{1}{0.66\times 2.5\times e^{9.1\times 0.715}}\right)^{1/[0.75(1-0.715)]} = 33.6\text{h}$$

(与实际经过的 24h 相比。)

使用新的等效时间计算当前阶段的松弛损失为:

$$\Delta\sigma_{pr,2} = 0.66\times 2.5\times e^{9.1\times 0.715}\left(\frac{33.6+144}{1000}\right)^{0.75(1-0.715)}\times(1322.1+7.1)\times 10^{-5}-7.1 = 3.0\text{MPa}$$

因此,在该阶段结束时预应力束的拉应力(考虑徐变、收缩和松弛损失)为 1322.1 − 3.0 − 9.9 = 1309.1MPa。

可以通过类似方法评估其余时间间隔下的应力松弛,获得以下结果:

阶段	时间间隔(h)	μ	t_e(h)	松弛应力损失 $\Delta\sigma_{pr,i}$(MPa)	收缩和徐变应力损失 $\Delta\sigma_{pc,s,i}$(MPa)
1	0 ~ 24	0.72	0	7.1	10.0
2	24 ~ 168	0.715	33.6	3.0	9.9
3	168 ~ 672	0.709	236.9	2.9	19.6
4	672 ~ 2016	0.699	1224.1	2.4	28.9
5	2016 ~ 4032	0.683	4892.2	1.3	28.2
6	4032 ~ 8760	0.668	12 055.2	1.4	27.6
7	8760 ~ 500000	0.653	27 242.7	20.8	62.8

因此,应力松弛损失的总和是:

$$\sum_{1}^{i} \Delta\sigma_{pr,j} = \sum_{1}^{7} \Delta\sigma_{pr,j} = 38.9\text{MPa}$$

上述结果表示损失为 38.9/1339.2 = **2.9%** (可与实例 3.3-1 中使用 2-1-1/条款 3.3.2 计算的 4.3% 损失相比较)。

附录 E 耐久性的指示性强度等级 (资料性)

E1 一般规定

如本指南第4章所述,用于钢筋防腐和混凝土自身抗侵蚀的耐久性混凝土的选择取决于其混凝土的成分。这种考虑可能会导致混凝土的抗压强度高于结构设计所必需的强度,2-1-1/附件E根据不同环境等级为混凝土定义了“指示性”强度等级。实际上这是可接受的最低混凝土强度等级,这也是为保护层的评估提高基准(在第4章中讨论)。在国家附件中,指示性强度等级的推荐值可能有所不同。为了方便起见,在表E-1中总结了EC2的推荐值。

2-1-1/条款 E.1(2)

2-1-1/条款E.1(2)提醒设计人员,当选择的混凝土强度等级高于结构设计所要求的强度等级时,有必要使用较高强度的混凝土抗拉强度设计值f_{ctm}来检查最小钢筋用量。这是因为增加拉伸刚度会提高截面开裂弯矩,从而提高对钢筋的要求。其他情况也可能需要考虑采用更高强度的混凝土,例如,如果用非线性分析来确定无粘结预应力梁的极限抗弯承载力,远离临界截面的拉伸刚化会对钢筋应变的增加和强度的提高产生不利影响,见本指南5.10.8。

注:原文中“f_{ctm}”,可能为“f_{ctd}”。

指示性混凝土强度等级 表E-1

	暴露等级(见2-1-1/表4.1)									
腐蚀	碳化引发的腐蚀				氯离子引发的腐蚀			海盐中的氯离子引发的腐蚀		
	XC1	XC2	XC3	XC4	XD1	XD2	XD3	XS1	XS2	XS3
指示性强度等级	C20/25	C25/30	C30/37		C30/37		C35/45	C30/37	C35/45	

	环境暴露等级(见2-1-1/表4.1)						
对混凝土的破坏	没有风险	冻融作用			化学侵蚀		
	X0	XF1	XF2	XF3	XA1	XA2	XA3
指示性强度等级	C12/15	C30/37	C25/30	C30/37	C30/37		C35/45

附录 F
平面应力条件下的受拉钢筋表达式
（资料性）

本指南 6.9 讨论了附录 F 的规定，其中包括修改附录 F 中公式使用的符号规定，以匹配 2-2/条款 6.109 和附录 LL 和 MM。6.9 还包括一些推荐的弯起钢筋的设计公式。

附录 G
土体-结构相互作用

G1 一般规定

2-1-1/条款 G.1.1(1)
2-1-1/条款 G.1.1(2)

当土体-结构相互作用对结构有重大影响时,2-1-1/条款 5.1.1 和 ***2-1-1/条款 G.1.1(1)*** 两者都要求考虑土体-结构相互作用。2-1-1/附录 G 为浅基础和桩的土体-结构相互作用提供了资料性的指导。***2-1-1/条款 G.1.1(2)*** 的基本声明要求土和结构的位移和反力是相容的,而附录 G 的其余部分对此几乎没有什么补充。可以补充的是,结构和土体都应满足正常使用极限状态要求,并在分析中采用实际的刚度。在承载能力极限状态下,容许土压力不应被超过,所有构件都应具备足够强度,具有足够的转动能力,以保证所假定的力的分布是合理的。

由于缺乏规范性规定,对桥梁基础的土体-结构相互作用的考虑与以前的英国做法相同,其他一般要点也适用:

- 当分析中考虑土体-结构相互作用时,必须选择模型边界条件来模拟实际的土体刚度。如果结果对假定的土刚度非常敏感,则可能需要进行敏感性分析。
- 如果在施加荷载的情况下土体刚度为非线性的,则分析将需要一定程度的迭代才能获得加载条件下的“平均”刚度(如果无法直接模拟土体的非线性)。

对于桩基础而言,需要进一步考虑的是,简单的弹簧单元通常不足以模拟群桩,因为一个力矩作用在承台上会产生转角和位移(类似地,作用一个剪力也会产生转角和位移)。如果桩本身不与代表土体的弹簧一起建模,则应该在承台高程处采用相应的柔度(或刚度)矩阵或在承台下方使用等效悬臂来模拟正确的位移行为。在桥梁的整体设计中,桥梁产生的力和弯矩对基础刚度和建模假定的变化是敏感的,因此正确的模拟群桩行为特别重要。

(EN 1992-2 未涉及附录 H。)

附录 I
无梁楼盖分析
(资料性)

EN 1992-2 中附录 I 涵盖了平板的分析,其主要基于 EN 1992-1-1 中附录 I 的要求,删除了其中的一些规定,包括关于剪力墙的规定。

2-2/条款 I. 1. 1(2) 要求在平板的设计中使用经过验证的分析方法。这些方法包括基于弹性梁格或壳单元有限元模型的下限法,或上限法,如屈服线分析。如本指南 5.1 所述,后者是一个塑性分析示例,但在桥梁设计中受到限制。非线性分析(使用梁格或壳单元有限元模型)也是合适的。另一种备选方法是在 ***2-2/条款 I. 1. 2*** 中列出的简化的"等效框架分析",该方法将板划分为柱形条和中间条进行弯曲设计。这种方法更适用于建筑结构中经常采用重复柱布置的情况,但很少用于桥梁设计。

2-2/条款 I. 1. 1(2)

2-2/条款 I. 1. 2

无论弯曲设计采用何种方法,EN 1992-2 的 6.4 中的冲切规定均适用于弯曲剪切和弯矩的验算。

附录 J
特定状况下的具体规定
(资料性)

J1 表面钢筋

2-1-1/条款 J.1 给出了关于使用表面钢筋的资料性规定,见 2-1-1/条款 8.8 和 2-1-1/条款 9.2.4。配置表面钢筋有两个目的:

(1)通过压小的钢筋直径和配筋间距,减少裂缝宽度。当使用表面钢筋控制大直径钢筋(见 2-1-1/条款 8.8)梁裂缝时,2-1-1/条款 8.8(8)规定的最小表面钢筋面积适用。然而,表面钢筋并不一定要用来控制裂缝,因为仍然可以根据 2-1-1/条款 8.8(2)进行明确的裂缝宽度计算。

2-1-1/条款 J.1(1)

(2)当主筋由直径大于 32mm 的大直径钢筋组成时,***2-1-1/条款 J.1(1)*** 建议使用表面钢筋来防止混凝土剥落。"大"直径的定义由 2-1-1/条款 8.8 国家定义参数确定,推荐值为 32mm。英国国家附件可能选择 40mm 作为"大"直径的定义,目的是避免使用 40mm 钢筋时需要表面钢筋。表面钢筋应该布置在主筋外侧。

2-1-1/条款 J.1(2)

(3)如有规定,***2-1-1/条款 J.1(2)*** 要求表面钢筋面积不小于国家定义参数 $A_{s,surf}$,$A_{s,surf}$推荐值为 0.01 $A_{ct,ext}$,其中$A_{ct,ext}$为钢筋外侧的受拉混凝土面积。表面钢筋应布置在平行和垂直于主筋的两个方向上。如果配置有表面钢筋,在抗弯和抗剪承载力计算中可以考虑除主筋外的表面钢筋的作用,前提是应满足 EC2 中布置和锚固要求。(见本指南的第 8 章和第 9 章。)

2-1-1/条款 J.1(3)

当主筋保护层大于 70mm 时,***2-1-1/条款 J.1(3)*** 推荐使用表面钢筋,但表面钢筋必须满足 2-2/条款 4.4.1 给出的最小保护层厚度要求。在过去,即使使用了直径 40mm 的钢筋,例如在桩(可能使用直径 40mm 钢筋会比较难)和挡土墙中,英国桥梁设计人员也很少明确规定使用表面钢筋。附件 J 仅提供参考,这使得实践操作更灵活,而且即使使用了直径 40mm 的钢筋,英国国家附件也不要求配置表面钢筋,前提是进行了裂缝宽度计算。

J2 框架转角

2-1-1/条款 J.2

2-1-1/条款 J.2 给出了混凝土框架转角的例子,并提供了可能的拉压杆模型

来分析它们的性能,并根据分析推荐了合适的钢筋布置方法。混凝土强度$\sigma_{Rd,max}$应按照 2-1-1/条款 6.5.2 确定。

在桥梁设计中,框架转角最常出现于腹板-翼缘连接处和下部结构构件中。对于闭合力矩和不闭合力矩需要完全不同的拉压杆模型。值得注意的是,在桥梁设计中,典型的框架转角的力矩可能会反转,因此构件的设计和钢筋的布置必须能够同时满足两组拉压杆模型。2-1-1/图 J.2 展示了典型的闭口力矩,而 2-1-1/图 J.3 和 2-1-1/图 J.4 分别涵盖了适度的开口力矩和较大的开口弯矩(这些图片没有复制到此处)。

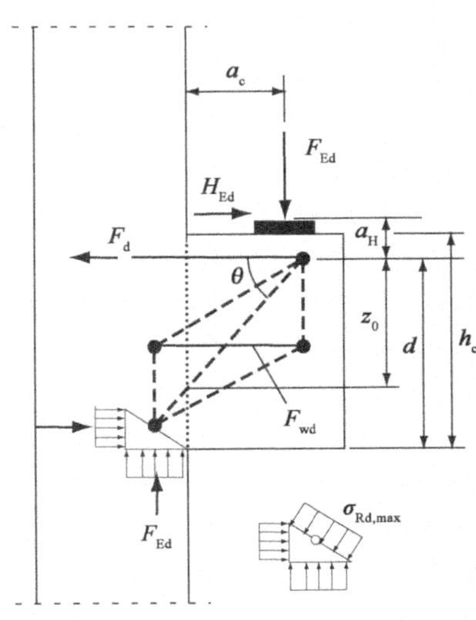

图 J.1　梁托拉压杆模型

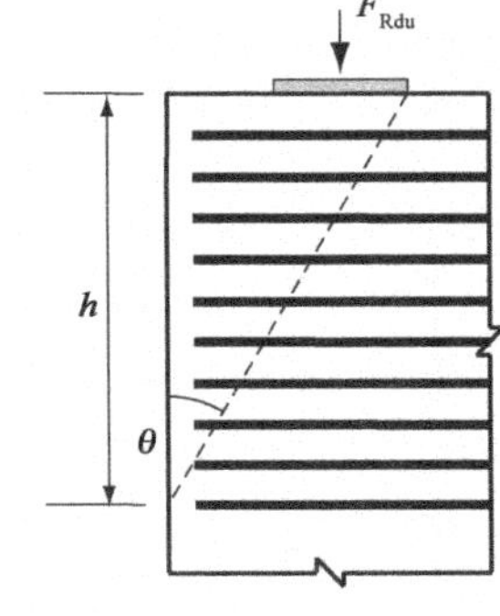

图 J.2　集中荷载作用下的滑动楔形机构

需要注意的是,图 J.2 所示为主要构件的一些连接钢筋,这不是框架转角模型作用的结果。而图 J.3 和图 J.4 则相反。这并不意味着对于开口力矩情况下不需要这种钢筋。进一步观察可知,图 J.4 中穿过对角的斜向钢筋在裂缝控制方面非常有效。因此,在有开口力矩作用下,应该始终考虑配置对角斜向钢筋,即使不配置也要能满足承载能力极限状态的性能要求(图 J.3)。这是 ***2-1-1/条款 J.2.3(2)*** 探讨的主题。应特别注意,如果使用 U 形搭接钢筋[见 EC2-1-1 图 J.3(b)]对转角区域进行加强时,必须确保能满足正常使用极限状态的性能要求。如果搭接不充分且未配置对角钢筋,在使用荷载作用下钢筋转动形成塑性铰,会出现很宽的裂缝。 *2-1-1/条款 J.2.3(2)*

附件 J 中没有提及还需要进一步考虑的是:弯曲钢筋的弯曲半径应符合 2-1-1/条款 8.3 的规定,以限制弯曲产生的应力。

J3　梁托

2-1-1/条款 J.3 给出了基于图 J.1 所示的拉压杆模型的混凝土牛腿设计的建议(见 EN 1992-1-1,图 J.5)。包括两种情况:

(a)$a_c \leq 0.5h_c$

除了在梁托顶部配置主筋(总面积为$A_{s,main}$),2-1-1/条款 J.3(2)要求设计人员在梁托的高度范围内提供分布的封闭水平或斜箍筋。这些箍筋应该以标有F_{wd}的拉杆为中心,箍筋最小总面积推荐取$k_1 A_{s,main}$,式中k_1为在国家附件中规定的国家定义参数,EC2-2 中推荐值为 0.25。取 0.5 将更符合英国之前的梁托设计做法。不管这种辅助钢筋的数量如何,进入顶部和底部节点的力都是相同的。因此,这种辅助连接的目的是加强顶部和底部节点之间的压杆,从而增加对应节点的承载力,见本指南的 6.5.2 和 6.7。在这方面,如果垂直于受压对角线布置钢筋将更有效。

通过 2-1-1/式(6.5)$F_{Ed} \leq 0.5\, b_W d\nu f_{cd}$对剪应力进行限制,可以有效地验算压杆。

压杆支柱的验算可以有效地通过限制剪切应力来实现,正如 2-1-1/条款(6.5)中$F_{Ed} \leq 0.5 b_w d\nu f_{cd}$所示。

(b)$a_c > 0.5h_c$

2-1-1/条款 J.3(3)

除了在梁托顶部配置主筋外(总面积为$A_{s,main}$),根据 2-1-1/条款 6.2.2,当剪力超过混凝土抗剪强度时,还需要配置竖向箍筋。***2-1-1/条款 J.3.(3)***将后一种情况表示为$F_{Ed} > V_{Rd,c}$,但根据 2-1-1/条款 6.2.2(6)将其解释为$\beta F_{Ed} > V_{Rd,c}$是合理的,式中β是考虑剪切放大的折减系数。在需要箍筋的地方,其规定显然不再与图 J.1 中的拉压杆模型有关。2-1-1/条款 J.3(3)要求提供的连接力至少为施加的竖向力的 50%。这应该被看作是绝对的最低要求,箍筋面积通常根据 2-1-1/条款 6.2.3(8)来确定。可以通过 2-1-1/式(6.5)$F_{Ed} \leq 0.5\, b_W d\nu f_{cd}$的限制,对压杆进行再次检查。

对于所有尺寸的梁托,应根据 EN 1992-2 第 8 章和第 9 章的规定检查构件中的主要钢筋的锚固是否充足。

J4 局部承载面

J4.1 桥梁支座区域

2-2/条款 J.104.1

本指南的 6.5 和 6.7 涵盖了桥梁容许支座压力和钢筋设计。***2-2/条款 J.104.1***给出了如下的一些附加要求:

- 承载区域的边缘与截面边缘之间的最小距离不应小于 50mm,或小于该承载区域相应尺寸的 1/6;
- 当混凝土强度等级超过 C55/67,需要使用$[0.46 f_{ck}^{2/3}/(1+0.1 f_{ck})]f_{cd}$替代$f_{cd}$。实际上,当混凝土强度等级不超过 C60/75 时,该表达式并不会减小混凝土强度设计值f_{cd}。
- 如图 J.2 所示,另一种滑动楔形失效机理也需要检查。“失效”平面定义为$\theta = 30°$,钢筋数量通过$A_s f_{yd} \geq F_{Rdu}/2$给出,钢筋必须沿着高度$h$均匀分布。所提供的钢筋应该适当地精细化布设,并按照 2-2/条款 9 的规定进行锚固,这通常需要使用封闭钢筋。

J4.2 后张构件的锚固区

2-2/条款J. 104. 2 为后张构件的锚固区提供规定,这些规定是对 2-1-1/条款 8. 10. 3 的补充。本指南 8. 10. 3 讨论了这些条款。 ***2-2/条款 J. 104. 2***

附录 K
时变行为的结构效应
(资料性)

EN 1992-2 附录 KK 主要关注分阶段施工的桥梁中发生的内部作用和应力重分布。例如,这包括逐跨施工的箱梁桥(在每个阶段拆除模板)以及在无支架施工的预制组合构件(在预制主梁架设后浇注桥面板)。本指南的这一部分不遵循 EN 1992 附录 KK 的条款标题格式,其结构如下:

K1 一般注意事项

在分阶段施工过程中,由于徐变作用结构会产生内力重分效应,其趋势是使得作用效应与一次落架施工的结构相同。

图 K.1 示意了一座三跨连续梁桥在恒载作用下的徐变重分布效应。这座桥是逐跨建造的,其恒载弯矩徐变趋向于从按施工阶段建造的恒载弯矩徐变到一次落架施工的恒载弯矩徐变分布。在预应力结构中,预应力次弯矩会发生类似的重分布。类似的徐变重分布也会发生在简支变连续的先张预应力梁中。

对于预应力构件(无论是后张法还是先张法),这种力矩和应力的重分布对于正常使用极限状态设计特别重要,如果不加以考虑,可能导致不可接受的应力和

2-2/条款 KK.2(101)

开裂,见 ***2/2/条款 KK. 2(101)***。在承载能力极限状态下,考虑重分布效应往往不那么重要,在有足够的转动能力来释放约束力矩的情况下,可以忽略重分布效应,除非桥梁结构构件都很容易受到二阶效应的影响,见 2-2/条款 KK. 2(101)。

2-2/条款 KK.2(102)

若在准永久荷载作用下混凝土应力不超过 $0.45f_{ck}(t)$,***2-2/条款 KK. 2(102)*** 假定徐变为线性徐变,即徐变应变随徐变线性变化。当混凝土应力超过 $0.45f_{ck}(t)$ 时,必须考虑非线性徐变,此时徐变应变随应力呈指数变化。

对于在早期受到大荷载的先张预应力梁,应考虑非线性徐变。本指南 3.1.4 对此进行了讨论。

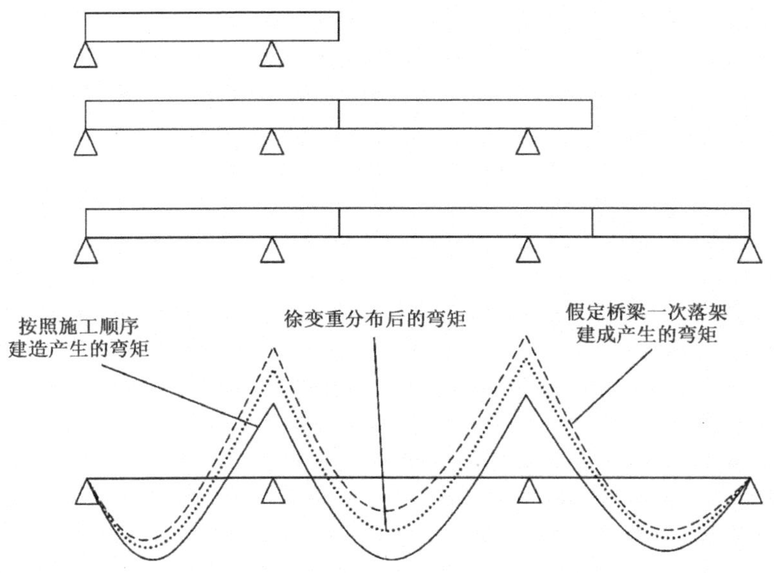

图 K.1　由于徐变导致的恒载的典型重分布

EC2-2 附录 KK 没有涵盖不均匀收缩的影响。本指南 K4.2 涵盖了该部分内容。

EN 1992-2 中给出了 5 种考虑徐变重分布效应的方法：

(a)一般的逐步分析，见 2-2/条款 KK.3；

(b)上述条款的不同版本，见 2-2/条款 KK.4；

(c)黏弹性定理的应用，见 2-2/条款 KK.5；

(d)老化系数方法，见 2-2/条款 KK.6；

(e)基于老化系数方法的简化方法，见 2-2/条款 KK.7。

通常，设计人员只需明确考虑方法(e)，因为这通常可以充分地预测长期效应，并且这是唯一适合简单手算的方法。如果在施工的中间阶段预测预应力损失和变形很重要，如平衡悬臂施工，通常必须使用基于方法(a)的专用计算机软件来计算。因此，下面仅考虑方法(a)和(e)，并讨论它们在组合梁和非组合梁中的应用。

K2　一般方法

一般方法是根据 2-2/式(KK.101)对应变进行逐步计算，这通常是通过迭代计算完成的。这种方法能考虑由于徐变和收缩主效应造成的预应力损失，也能考虑徐变重分布效应对预应力损失的影响：

$$\varepsilon_c(t)=\frac{\sigma_0}{E_c(t_0)}+\phi(t,t_0)\frac{\sigma_0}{E_c(28)}+\sum_{i=1}^{n}\left[\frac{1}{E_c(t_i)}+\frac{\phi(t,t_i)}{E_c(28)}\right]\Delta\sigma(t_i)+\varepsilon_{cs}(t,t_s)$$

2-2/(KK.101)

如图 K.2 所示，该公式适用于一系列外部轴力作用下的无约束混凝土(忽略收缩应变)。一般，对于实际的构件，混凝土的应力不会像图 K.2 所示那样离散地改变,由于外部约束或内部约束(来自钢筋或预加应力)的存在,应力本身会随着应变的变化而连续变化。因此,需要采用计算机分析,将分析过程分解成一系列的时间步,以便将不断变化的应力转化成类似于图 K.2 中小的离散步骤。2-2/条款 KK.4 提供了这个过程的另外一种版本。

还需要考虑预应力筋松弛的影响。采用计算机软件计算的方法通常还会采用类似于附录 D 中讨论的方法来考虑预应力筋松弛损失的影响。

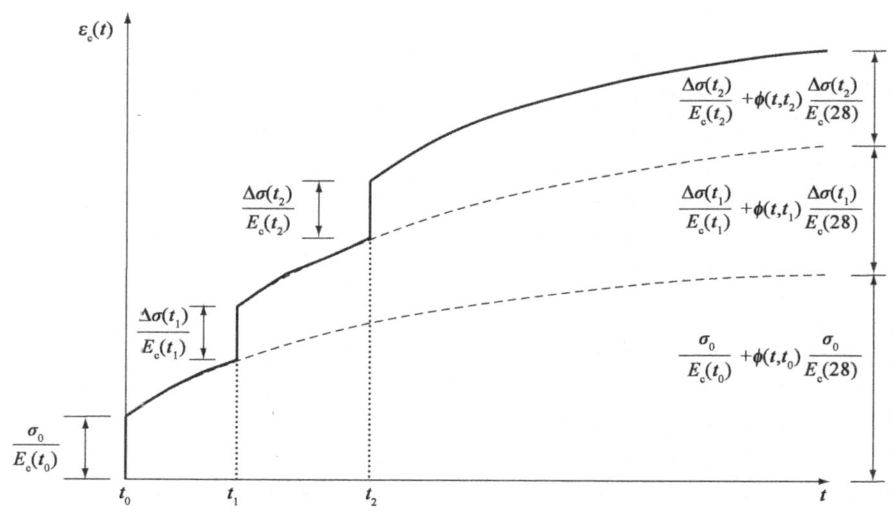

图 K.2 根据 2-2/条款 KK.101 得出的无约束混凝土在增量荷载作用下的徐变应变

K3 简化方法

2-2/条款
KK.7

基于老化系数法,***2-2/条款 KK.7*** 给出一种计算长期徐变重分布效应的简化方法。基本过程是首先完整地模拟结构施工过程,计算力矩(或其他内部作用)重分布;假定结构一次性建成,所有的静荷载、恒载和预应力都施加到最后的结构上,再重新计算力矩分布效应;根据 2-2 /表达式(KK.119)在这两组弯矩之间插值找到考虑徐变重分布的实际长期力矩,而不需根据时间步方法来计算。2-2/式(KK.119)也适用于应力:

$$S_\infty = S_0 + (S_c - S_0)\frac{\phi(\infty,t_0)-\phi(t_c,t_0)}{1+\chi\phi(\infty,t_c)} \qquad 2\text{-}2/(\text{KK}.119)$$

因此,由于徐变导致的作用重分布的表达式为:

$$\Delta S = (S_c - S_0)\frac{\phi(\infty,t_0)-\phi(t_c,t_0)}{1+\chi\phi(\infty,t_c)} \qquad (\text{DK}.1)$$

S_0——按施工顺序计算获得的内部作用;

S_c——假定结构一次落架建成,所有永久荷载都施加于结构上获得的内部作用。在 EN 1992-2 中使用“建立在拱架上”来表达结构整体在连续支架上施工,只有在整个结构完成之后才会拆除支架或“拱架”。严格地说,“拱架”这个词通常用来描述拱的临时支撑;

$\phi(\infty,t_0)$——加载龄期为t_0的混凝土徐变系数终极值;

$\phi(t_c,t_0)$ ——加载龄期为t_0、混凝土龄期为t_c时的徐变系数,式中t_c是结构系统发生变化的具体龄期,例如相邻跨的连接。徐变系数的大小是结构系统发生改变之前的大小。如果结构系统以这种方式多次改变,则应取每个阶段与下一阶段连接的平均龄期作为代表性的平均龄期。例如,如果每个阶段需要 30d 的时间来建造(包括拆除脚手架),然后立即进行相邻跨的连接,那么,$t_c = t_0 = 30\text{d}$ 将是一个合理的近似值,因为前面阶段混凝土龄期将超过 30d,但现阶段的一些混凝土龄期会更小一些;

$\phi(\infty,t_c)$ ——加载龄期为t_c时混凝土徐变系数终极值。

徐变系数可以按照本指南 3.1.4 的讨论计算。

老化系数χ可以被认为表示由于徐变的减小,因此刚度增加,在约束时间t_c后发生的变形的系数。它可以取 0.8,这对于大多数建筑来说是一个很合适的代表值,但实际上它随着加载龄期和徐变系数而变化。

式(DK-1)中的重分布可以进行如下考虑。如果一个结构中的初始弯矩 $M_{0,i}$ 是由时间 t_0 时施加的荷载产生,在时间 t_c 之后,这些弯矩的自由徐变曲率变为 $M_{0,i}/EI[\phi(\infty,t_0)-\phi(t_c,t_0)]$。如果在时间 t_c 时结构任何地方都被完全限制(纯粹是理论情况而不是实际情况),约束弯矩将会增大。这个荷载状况下有效的杨氏弹性模量为 $E/[1+\chi\phi(\infty, t_c)]$。因此,完全约束弯矩将发展为 $M_{0,i}[\phi(\infty, t_0)-\phi(t_c, t_0)]/[1+\chi\phi(\infty, t_c)]$。这些约束弯矩代表了结构系统这种特殊变化的重分布弯矩。式(DK-1)预测了同样的结果。在这种情况下,$S_0=M_{0,i}$,假定在初始加载之前结构处于其最终状态(在这种情况下结构任何地方都被完全约束),弯矩为 S_c。这就导致了 $S_0=M_{c,i}=0$,因此式(DK-1)给出了重分布的力矩 $-M_{0,i}[\phi(\infty,t_0)-\phi(t_c,t_0)]/[1+\chi\phi(\infty, t_c)]$。

对于非预应力混凝土桥,2-2/式(KK.119)的解释没有问题,而且符号“S”只包含恒载和二期恒载。内部作用重分布如图 K.1 所示。然而,对于预应力桥梁,预应力本身的大小在桥的使用过程中发生了变化,因此在插值中这些值需要仔细考虑。即使不改变结构体系,预应力的次效应会因徐变(由于预应力损失)而改变。

在插值中使用预应力有几种可能的解释。这是由于该方法结果不精确。其中四种解释(其他的也有可能)包括:

(a)推导S_c时,考虑了所有短期和长期时变损失;但在推导S_0时,仅考虑了在施工过程中发生的预应力损失。在每一种情况下,在计算S_0和S_c时都忽略了重分布效应的影响(除了由于预应力损失引起的预应力次效应的微小变化)。这似乎是 KK.7/式(101)中给出的对S_0和S_c定义的字面解释。然而,这不是预期的解释,因为S_∞不考虑所有预应力损失以及对预应力主弯矩减小的影响。这是因为最终应力状态是从考虑所有预应力损失的S_c和仅考虑瞬时损失和一小部分长期时变损失的S_0之间插值获得的。因此,这种方法是不合适的,因为它低估了损失并高估了最终实际的预应力。

(b)用考虑所有短期和长期时变损失的预应力来确定S_0和S_c。在每种情况下的长期预应力损失可以在施加初始预应力(考虑瞬时应力损失)之后由混凝土应力确定,包括直接损失。在每种情况下,都忽略了重分布效应的影响(除了由于预应力损失引起的预应力次效应的微小变化)。2-2/式(KK.119)中S_∞也考虑了全部长期预应力损失,也可以表示考虑所有长期预应力损失的内部作用终极值。

(c)用仅考虑短期损失的预应力(即不考虑时变效应)来确定S_0和S_c。根据式(DK.1)计算仅表示徐变重分布效应的表达式$(S_c-S_0)\dfrac{\phi(\infty,t_0)-\phi(t_c,t_0)}{1+\chi\phi(\infty,t_c)}$。根据累计的内部作用$S_0$计算长期的预应力损失,并对累积的内部作用进行修改以考虑长期的预应力损失。根据施工顺序,可以推导出一系列长期内部作用,记为$S_{0,\infty}$,但没有考虑重分布效应。上式$(S_c-S_0)\dfrac{\phi(\infty,t_0)-\phi(t_c,t_0)}{1+\chi\phi(\infty,t_c)}$加上$S_{0,\infty}$可得到一系列同时考虑了徐变重分布和所有长期预应力损失的内部作用$S_{0,\infty}+(S_c-S_0)\dfrac{\phi(\infty,t_0)-\phi(t_c,t_0)}{1+\chi\phi(\infty,t_c)}$。

(d)如(c)所述,但用于计算$(S_c-S_0)\dfrac{\phi(\infty,t_0)-\phi(t_c,t_0)}{1+\chi\phi(\infty,t_c)}$的预应力刚好是结构体系发生改变时的预应力,例如相邻跨的连接。$S_{0,\infty}$的推导考虑了应力的累积以及所有的长期徐变损失。

这些方法都是近似的,但是方法(d)给出的结果通常最接近于时间步分析的结果。这一方法在"后张法结构的应用"标题下进行了总结。只有方法(a)是完全不适合使用的。

考虑到徐变计算的内在不确定性,这种插值方法通常在预测长期重分布效应方面具有令人满意的准确性。当混凝土分阶段浇筑时,混凝土龄期不同(如平衡悬臂浇筑)或者当发生结构体系转变时(例如逐跨施工)就会存在一个问题,那就是确定唯一的徐变系数代表值$\phi(\infty,t_0)-\phi(t_c,t_0)$(这是结构体系转变后剩余的徐变)和$\phi(\infty,t_c)$。通常取结构的平均残余徐变值是足够的。对于后张预应力结构,在大多数情况下$\dfrac{\phi(\infty,t_0)-\phi(t_c,t_0)}{1+\chi\phi(\infty,t_c)}$取值一般在 0.65~0.8 之间。

通常使用 2-2/式(KK.119)的一个简化版本(在 BS 5400 第 4 分册[9] 中使用),即:

$$S_\infty=S_0+(S_c-S_0)(1-e^{-\phi}) \qquad \text{(DK.2)}$$

式(DK-2)只有一个徐变系数,可以取$\phi=\phi(\infty,t_0)-\phi(t_c,t_0)$,但它不包含老化系数。因此,它不像 2-2/式(KK.119)那么准确。在大多数情况下,对于后张预应力结构,系数ϕ介于 1.5~2.0 之间。

根据以上表达式,由于徐变而引起的重分布表达式为:

$$\Delta S = (S_c - S_0)(1 - e^{-\phi}) \qquad (DK.3)$$

式(DK-2)和式(DK-3)倾向于过高估计将要发生的重分布量,特别是在更新龄期很老的混凝土结构系统时(例如接缝连接结构)。

后张拉结构的应用

对于后张拉梁,建议的近似程序遵循 EC2-2 的公式,具体如下:

(1)只考虑瞬时损失对按顺序施工建设桥梁的内部作用,见 2-2/条款 5.10.5。

(2)使用 2-2/条款 5.1.6,根据从上文获得的混凝土应力计算预应力的长期损失。

(3)确定由于预应力损失导致的主弯矩和次弯矩的变化。

(4)根据(3)中损失的影响修改(1)中的内部作用,以给出不包括徐变重分布的长期影响。

(5)通过将式(DK.1)中的内部重分布效应与 S_0 和 S_c 相加,修改(4)中的内部作用。

通常可以使用计算机时间步分析方法作为备选方法。

实例 K.1:计算三跨桥梁的徐变系数

图 K.3 中的三跨后张法桥梁分两个阶段现场浇筑,每个阶段需要 30d 完成。用于考虑徐变重分布效应的徐变系数可以通过计算一次成桥方案和实际成桥方案相比,有多少内力参与了徐变来确定。相对湿度为 70%,混凝土强度等级为 C40/50,采用普通波特兰水泥,平均有效截面厚度为 500mm。

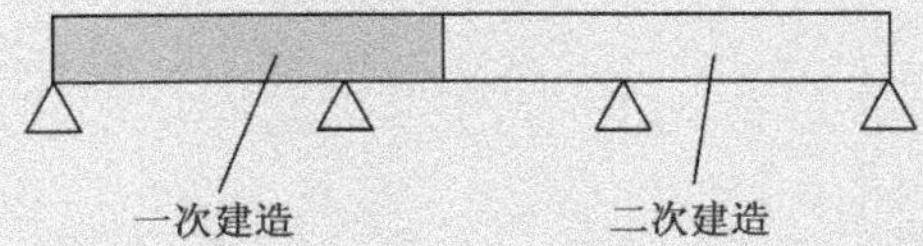

图 K.3　实例 K.1

对于每个阶段,加载的龄期(即预应力和搭脚手架)平均少于 30d,类似地,第二阶段混凝土的平均龄期在拼接到第一阶段时也少于 30d。然而,当第一阶段连接到第二阶段时,第一阶段混凝土的龄期将大于 30d,因此其对于徐变分布的影响将更加大。尽管这是个简单的例子,但也说明了计算一组徐变系数的困难。优点是结果对于具体混凝土龄期的假定不会非常敏感。因此可以假定 $t_c = t_0 = 30$d。

徐变系数很容易从 2-1-1/附录 B 计算,因为图 3.1 中没有给出 70% 的相对湿度,并且需要插值:

由 2-1-1/式(B.1)计算徐变系数 $\phi(t,t_0)$:

$$\phi(t,t_0) = \phi_0 \times \beta_c(t,t_0) \qquad 2\text{-}1\text{-}1/(B.1)$$

$\beta_c(t,t_0)$ 是描述徐变随着时间发生"多少"的系数,当 $t = \infty$ 时其取值为

1.0，因此总徐变 ϕ_0 通过 2-1-1/式(B.2)计算如下：

$$\phi_0 = \phi_{RH} \times \beta(f_{cm}) \times \beta(t_0) \qquad \text{2-1-1/(B.2)}$$

ϕ_{RH} 是考虑相对湿度对名义徐变系数影响的系数。

两个表达式均与给出的 f_{cm} 大小有关。

由表 3.1 得，$f_{cm} = f_{ck} + 8 = 40 + 8 = 48$MPa

对于 $f_{cm} > 35$MPa，ϕ_{RH} 在 2-1-1/式(B.3b)中给出：

$$\phi_{RH} = \left[1 + \frac{1 - RH/100}{0.1 \times \sqrt[3]{h_0}} \times \alpha_1\right] \times \alpha_2$$

RH 指环境中的相对湿度，用百分数表示，这里为 70%。

$\alpha_{1/2}$ 是考虑混凝土强度影响的系数，根据 2-1-1/式(B.8c)：

$$\alpha_1 = \left[\frac{35}{f_{cm}}\right]^{0.7} = \left[\frac{35}{48}\right]^{0.7} = 0.80$$

$$\alpha_2 = \left[\frac{35}{f_{cm}}\right]^{0.2} = \left[\frac{35}{48}\right]^{0.2} = 0.94$$

根据 2-1-1/式(B.3b)：

$$\phi_{RH} = \left[1 + \frac{1 - 70/100}{0.1 \times \sqrt[3]{500}} \times 0.80\right] \times 0.94 = 1.22$$

$\beta(f_{cm})$ 是考虑混凝土强度对名义徐变系数影响的系数，根据 2-1-1/式(B.4)确定：

$$\beta(f_{cm}) = \frac{16.8}{\sqrt{f_{cm}}} = \frac{16.8}{\sqrt{48}} = 2.42$$

混凝土加载龄期对名义徐变系数的影响通过系数 $\beta(t_0)$ 来考虑，根据 2-1-1/式(B.5)确定。当在第 30d 加载时：

$$\beta(t_0) = \frac{1}{0.1 + t_0^{0.20}} = \frac{1}{0.1 + 30^{0.20}} = 0.48$$

由 2-1-1/式(B.2)得徐变系数的终极值为：

$$\phi(\infty, t_0) = \phi_0 = 1.22 \times 2.42 \times 0.48 = \mathbf{1.43}$$

（注意桥面板各个部分的徐变系数通常明显大于此值，因为它们在首次加载时龄期将小于 30d。）

当假定 $t_c = t_0$ 时，徐变系数 $\phi(t_c, t_0)$ 等于 0，类似地 $\phi(\infty, t_c) = \phi(\infty, t_0) = 1.43$。

根据式(DK.1)，重分布系数为：

$$\frac{\phi(\infty, t_0) - \phi(t_c, t_0)}{1 + \chi\phi(\infty, t_c)} = \frac{1.43}{1 + 0.8 \times 1.43} = 0.67$$

与一次建造完成相比,采用实际的建造方法(二次建造),结构中的弯矩有67%参与了徐变。[根据式(DK.3),类似的重分布系数为$(1-e^{-\phi})=(1-e^{-1.423})=0.76$,这在现实中会被略微高估。]上述文字主要描述了如何确定重分布弯矩。

K4　在预拉伸组合构件中的应用

K4.1　组合梁中的差异徐变

当在一个先张法预应力梁上现浇混凝土板时,截面的变化仍然会使已经张拉的梁产生额外的约束应力。这是因为,由于徐变效应,先张法预应力梁会持续变形,该变形会被后浇混凝土板所约束。如果将恒载和预应力施加到最终组合截面上,应力将从累积值重分布。即使桥梁不是分阶段建造的,重分布也将发生在每个横截面的内部。

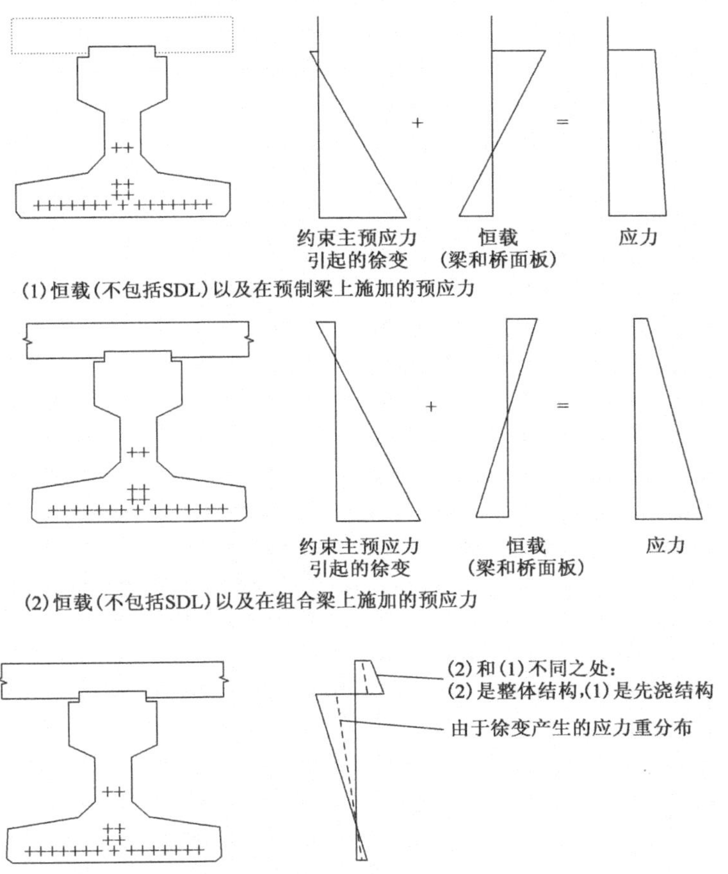

图 K.4　简支组合梁在徐变作用下产生的应力重分布

对于简支梁,重分布如图 K.4 所示。该图说明了应该计算一次落架和分阶段建造两种情况的内部作用和应力,然后使用式(DK.1)或式(DK.3)进行插值,以确定重分布的影响。如上所述,式(DK.3)可能会高估重分布的大小。在浇注板之后应该会立即施加预应力,因此必须对这个时间和已经发生了多少徐变做出假设。使用式(DK.1)或式(DK.3)来确定徐变系数也需要估计这个时间,见实例 K.2。

如果先张预应力简支梁随后转化为连续体系,通常是通过将相邻跨的简支梁连接在一起来实现的,结构体系和支座反力的改变会进一步约束徐变变形。恒荷载弯矩和预应力重分布导致了支承处弯矩的发展。由于支承条件的改变,连续梁弯矩的发展趋势与前面讨论的后张拉预应力梁相同。通常,支承处会产生正弯矩,需要额外配置穿过接头的钢筋以防止过度开裂。这个问题可以在一次落架(情况 1)和分阶段建造(情况 2)两种情况(所有荷载都施加在组合截面上)之间插值来解决,如图 K.4 所示,但是(情况 2)也将包含由于"连续性"引起的预应力次效应,并且恒载力矩也将通过"连续性"来修改。如图 K.5 所示,可以再次使用式(DK.1)或式(DK.3)。

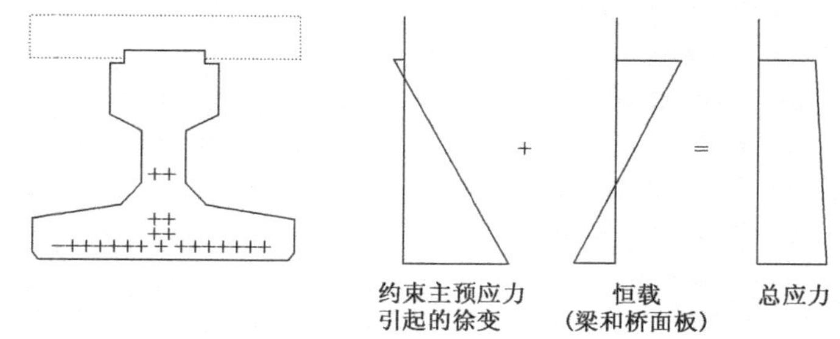

(1)恒载 (不包括SDL) 以及在预制梁上施加的预应力

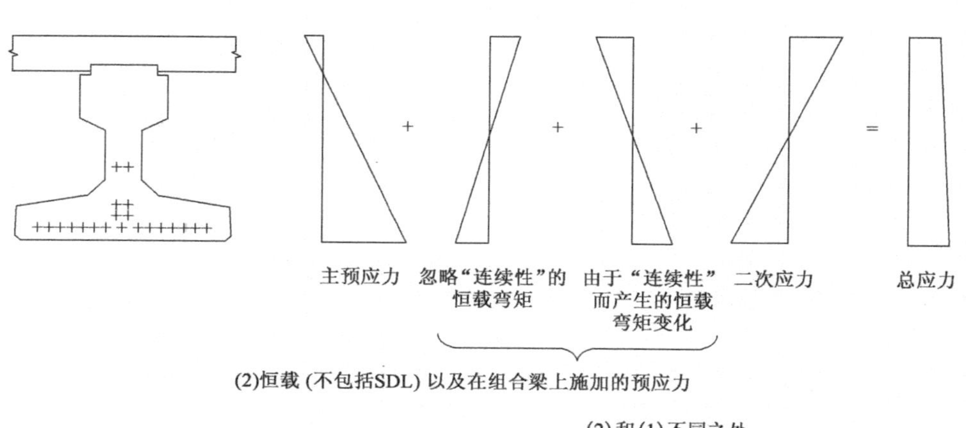

(2)恒载 (不包括SDL) 以及在组合梁上施加的预应力

(2)和(1)不同之处:
(2)是整体结构,(1)是先浇结构

由于徐变产生的应力重分布

(3) 表示从(1)到(2)的过程中,由于徐变、应力产生的重分布

图 K.5 先简支后连续的组合梁在徐变作用下的应力重分布

或者，可以先不考虑使桥梁连续而是如图 K.4 那样精确地确定内部自平衡应力。

预应力和恒载会导致支座处弯矩的增加。支座之间的这些约束力矩是线性的，并且支座处的徐变值可以通过式(DK.1)或式(DK.3)计算。在这种情况下，支座处$S_0=0$，S_c应该只考虑预应力次效应和连续梁恒载作用下支座处负弯矩，因为在初始步骤中考虑了其他效应。

对于梁而言，无论哪种情况，这些重分产生的应力都应该与考虑所有损失的累积应力相加。

实例 K.2：简支组合桥面板的徐变重分布

一跨包括现浇桥面板的先张预应力简支梁如图 K.6 所示。桥面板在预制梁龄期为 120d 时浇筑。在桥面板浇筑之后的残余徐变系数为 $\phi=\phi(\infty,t_0)-\phi(t_c,t_0)=0.90$。加载龄期为 120d 的徐变系数为 $\phi=\phi(\infty,t_c)=1.5$。在浇筑顶板时，预应力损失后跨中预应力为 3274kN。梁自重和混凝土桥面板湿重产生的跨中恒载弯矩(正弯矩)为 494kN·m。截面特性如下：

预制梁：

$A=349\times10^3\text{mm}^2$

$Z_{\text{bot}}=74.31\times10^6\text{mm}^3$

$Z_{\text{top}}=46.96\times10^6\text{mm}^3$

钢绞线相对中性轴的偏心 = 142mm。

组合梁：

$A=500\times10^3\text{mm}^2$

$Z_{\text{bot}}=114.9\times10^6\text{mm}^3$

$Z_{\text{top}}=119.6\times10^6\text{mm}^3$

钢绞线相对中性轴的偏心 = 306mm。

对于跨中截面，可以计算由于徐变重分布导致的应力。

首先确定在浇注完板后一次建成跨中应力

预应力引起的弯矩 = 3284 × 0.142 = 464.9kN·m

$$\text{由预应力引起的底部纤维的应力}=\frac{3274}{349}+\frac{464.9}{74.31}=15.64\text{MPa}$$

$$\text{由预应力引起的顶部纤维的应力}=\frac{3274}{349}-\frac{464.9}{74.31}=-0.52\text{MPa}$$

$$\text{由恒载引起的底部纤维的应力}=-\frac{494}{74.31}=-6.65\text{MPa}$$

$$\text{由恒载引起的顶部纤维的应力}=\frac{494}{46.96}=10.5\text{MPa}$$

预应力和恒载引起的底部纤维总应力 = 8.99MPa

预应力和恒载引起的顶部纤维总应力 = 9.98MPa

然后确定跨中截面应力,假定预应力、梁的自重和板的自重都加载在分阶段建成的梁

预应力引起的弯矩 = 3274 × 0.306 = 1001.8kN · m

由预应力引起的底部纤维的应力 $= \frac{3274}{500} + \frac{1001.8}{114.9} = 15.27\text{MPa}$

由预应力引起的顶部纤维的应力 $= \frac{3274}{500} - \frac{1001.8}{119.6} = -1.83\text{MPa}$

由恒载引起的底部纤维的应力 $= -\frac{494}{114.9} = -4.30\text{MPa}$

由恒载引起的顶部纤维的应力 $= \frac{494}{119.6} = 4.13\text{MPa}$

预应力和恒载引起的底部纤维总应力 = 10.97MPa

预应力和恒载引起的顶部纤维总应力 = 2.30MPa

然后在一次建成和分阶段建成之间插值

两种情况下应力的差异如图 K.6 所示。使用式(DK-1)计算出由于徐变重分布导致的跨中截面的应力:

$$\Delta\sigma_{\text{top,slab}} = 2.3 \times \left(\frac{0.9}{1 + 0.8 \times 1.5}\right) = 0.94\text{MPa}$$

$$\Delta\sigma_{\text{bot,slab}} = 3.51 \times \left(\frac{0.9}{1 + 0.8 \times 1.5}\right) = 1.44\text{MPa}$$

$$\Delta\sigma_{\text{top,precast}} = -6.47 \times \left(\frac{0.9}{1 + 0.8 \times 1.5}\right) = -2.65\text{MPa}$$

$$\Delta\sigma_{\text{bot,precast}} = 1.98 \times \left(\frac{0.9}{1 + 0.8 \times 1.5}\right) = 0.81\text{MPa}$$

当这些应力有利时,可以偏安全地忽略。差异收缩应力也需要计算。

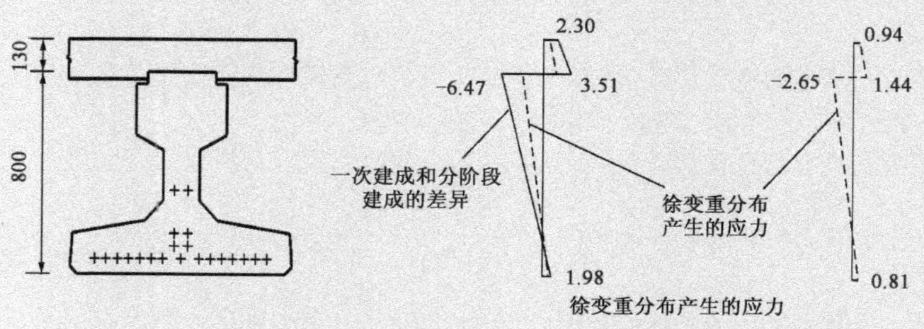

图 K.6 实例 K.2 中的组合梁

K4.2 不均匀收缩

EN 1992-2 没有明确涵盖不均匀收缩效应的计算,但对于组合梁,当板和预制梁的残余收缩应变不同时,必须在正常使用极限状态下考虑不均匀收缩效应。通常,在浇注板时,预制梁将会承受很大一部分的收缩应变,所以相对来说板将会收缩得更严重。这种相对收缩将挤压预制梁的顶部(产生轴力和正弯矩),同时板本身会产生拉力。

如果梁浇筑的大致龄期已知,则可以从 2-2/条款 3.1.4 估算出不均匀收缩应变。

$$\varepsilon_{diff} = \varepsilon_{sh,slab}(\infty) - [\varepsilon_{sh,beam}(\infty) - \varepsilon_{sh,beam}(t_1)] \quad (DK.4)$$

式中,$\varepsilon_{sh,beam}(\infty)$为预制梁的全部收缩应变;$\varepsilon_{sh,slab}(\infty)$为板的全部收缩应变;$\varepsilon_{sh,beam}(t_1)$为在浇筑板之后的预制梁的收缩应变。

如果梁受到完全约束,收缩会立即产生,板上的约束力 $F_{sh} = \varepsilon_{diff}EA_{slab}$。然而,随着收缩应变的缓慢发生,收缩力因徐变发生改变,因此从以下公式可以更实际地估算出完全约束力:

$$F_{sh} = \varepsilon_{diff}EA_{slab}\frac{(1-e^{-\phi})}{\phi} \quad (DK.5)$$

再一次,要估计一个适用于板和预制梁的徐变比并不容易。考虑到整个计算的不确定性,通常取 2.0 是足够的。这个约束力可以被分解成一个轴向约束力和力矩作用于整个横截面上,同时如图 K.7 所示钢筋与混凝土界面上还有一个自平衡应力。轴向应力和弯曲应力可以由作用在组合截面上的轴力通过式(DK-5)确定。

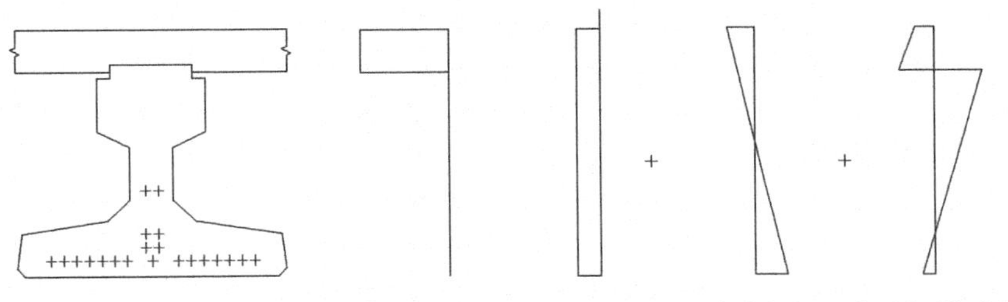

图 K.7 不均匀收缩约束应力的组成

对于静定结构的桥梁,这个约束力矩可以自由释放而不产生任何次力矩。同样的,如果板没有约束,约束力矩也可以被释放。

为了收缩,轴向构件同样可以在不产生任何约束力的情况下被释放。然而,对于超静定结构的桥梁,约束力矩的释放会产生次力矩。对于一个等截面的简单两跨连续梁,次力矩的确定见图 K.8。在图 K.8 中,约束力矩为负弯矩,所以要释

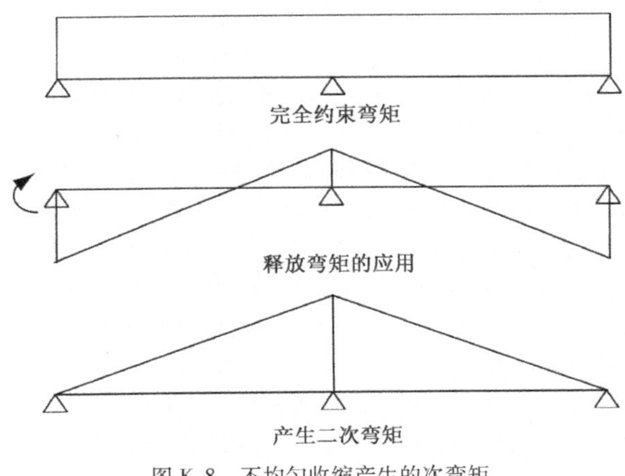

图 K.8 不均匀收缩产生的次弯矩

放这个弯矩必须在分析模型上施加一个大小相等的正弯矩。实例 5. 10-3 给出了不均匀收缩效应的计算。

K4.3 先张拉预应力组合梁计算步骤总结

对于先张拉预应力组合梁,使用 EC2-2 中公式的建议步骤大致如下:

(1)只考虑瞬时损失,根据施工顺序计算梁的内部作用,见 2-2/条款 5. 10. 4。

(2)使用上述累积应力,根据 2-2/条款 5. 10. 6 计算预应力长期损失。

(3)根据预应力损失确定预应力弯矩变化。预应力应该减去浇注板之前(只有预制梁)发生的那部分预应力损失。将剩下的预应力损失作为一系列的拉力沿着预应力筋重心施加在组合截面上可以估计浇注板后发生的那部分预应力损失。(如果钢绞线是直线,对于每根梁施加一个大小相等方向相反的力就足够了。)将所有预应力损失施加到预制梁是很常见的,不会产生什么差异。见本指南 5. 10 实例 5. 10. 3。

(4)通过(3)中的预应力损失来修正(1)中的内部作用。

(5)如本指南 K4. 1 所述,根据式(DK. 1)将浇注板时的预应力S_0和S_c加上重分布效应来修正(4)中的内部作用。

(6)加上不均匀收缩效应。

附录 L
混凝土壳单元
(资料性)

结合 2-2/附录 F 和 2-2/条款 6.109[引用 EN 1992-2 附录 LL 条款(112)],EN 1992-2 附录 LL 给出了一种设计混凝土构件的方法,该方法用于设计承受面内轴力和剪力以及面外弯矩和剪力的混凝土构件。尽管给出的方程是用应力合力(每米的力或弯矩)而不是应力来表示的,当有限元模型确定这种应力场后,此附录很有可能会被使用。如本指南附录 MM 所述,此附录也可用于一些简单分析,包括受弯剪作用的箱梁腹板设计。

采用夹层模型将平面外力矩和扭矩转化为作用于夹层模型每一外层中单个平面上的应力合力。外层还承受作用于单元平面上的正应力和剪应力。夹层模型的核心部分仅用于承受相对于构件厚度方向的横向剪切力。条款(109)和(110)要求通过 2-2/条款 6.2 中的梁受剪切规定单独验算核心中的主横向剪力。条款(110)式(LL.123)建议用于该验算的钢筋配筋率应基于主剪切方向上钢筋层的强度确定,而之前的做法(参考文献 6)是由该方向的刚度来确定配筋率。由于后者是公认的,因此建议根据此假定修改式(LL.123):

$$\rho_1 = \rho_x \cos^4\phi_0 + \rho_y \sin^4\phi_0 \qquad (DL.1)$$

确定各外层的应力后,可采用 2-2/条款 6.109 和 2-2/附录 F 中的膜规定进行正交配筋设计和混凝土应力场验算。EC2 中没有介绍弯起钢筋设计,但是本指南的 6.9 对此提供了一些指导。需要注意的是,夹层模型和膜规定在设计中并不允许截面上出现塑性重分布,所以其可能是非常保守的。因此,在适用的情况下,最好使用 EC2 中的构件抗力规定,因为这些规定中隐含了这种重分布。

附录 LL 第一部分是验算构件在所考虑的荷载作用下是否会开裂。如果预测构件没有开裂,唯一需要验算的就是主压应力应小于$\alpha_{cc}f_{ck}\gamma_c$或当三向受压时其应低于基于$f_{ck,c}$的更大限值。条款(107)用于验算裂缝的公式是一般的三轴表达式(基于主应力σ_1、σ_2和σ_3)。它只是现有几种可能的裂缝预测公式之一。更多关于这一内容的背景知识可由文献 29 获得。

如式(LL.101)所示,在验算中使用混凝土强度平均值是不合适的,因为计算涉及承载能力极限状态强度,使用混凝土强度设计值会更合适。因此,建议将式

(LL.101)和式(LL.112)中的f_{cm}和f_{ctm}分别用f_{cd}和f_{ctd}代替。对于双轴应力状态,一个更简单的备选方法是使用附录 QQ 的开裂验算,但在式(QQ.101)中用抗拉强度设计值代替抗拉强度标准值。

夹层模型及其公式不需要再加以说明,当假定一个层中每个方向上的钢筋都有相同的保护层时,模型和公式就变得非常简单。这种假定可能不适用于非常薄的构件。此处不再进一步讨论这些公式的使用,但在本指南附录 MM 中详细讨论了梁腹板受剪力和横向弯曲作用的特殊情况,并作了进一步简化。当钢筋不集中在各自夹层中心时,夹层模型的使用就会变得略微复杂。在面内压应力场高的地方有时可能需要选择夹层厚度。附录 LL 条款(115)给出考虑这种偏心的方法,这也会在本指南附录 M 中再次讨论。

附录 LL 的另一个用途是设计主要承受横向荷载的板。在以前的英国实践中,这种情况应该是使用伍德-阿默公式[19,20]或更常用的承载能力场方程[21]来设计的。结合附录 F、2-2/条款 6.109 和附录 LL 来设计板配筋并不一定会与这些方法产生冲突。除了由于力臂的假定会产生的微小差异,通常所计算出的钢筋是相同的。然而,2-2/条款 6.109 有时会通过$|\theta-\theta_{el}|=15°$来限制使用伍德-阿默公式或更常用的承载能力场方程。它还需要验算参考文献 19、20 和 21 不需要验算的塑性压力场。尽管忽略了这些要求,但伍德-阿默公式[19,20]在过去已经成功得到应用。

附录 M
剪切和横向弯曲
(资料性)

M1　夹层模型

虽然最大容许剪应力通过腹板斜压杆内混凝土被压溃来确定,但在 EN 1992 中使用的最大容许剪应力通常比以前在英国使用的大得多,有时会出现这种较大的限值不能被调用的情况。在箱梁腹板中,横向弯矩会显著降低同时存在的最大剪力容许值,因为剪切和横向弯曲产生的压应力场必须一起组合。然而这两个应力场并不是简单相加,因为它们作用角度不同。在英国,通常的做法是在腹板中设计钢筋抵抗横向弯曲和剪切的组合作用,而不是验算这种组合作用下的混凝土本身。在英国使用的剪切下限值是一个合理的近似值,但如果使用不那么保守的(和更实际的)压溃强度,可能存在潜在的风险。

2-2/条款 6.2.106 正式要求考虑上述剪力-弯矩的相互作用,但如果腹板剪力小于$V_{Rd,max}$的 20% 或者横向弯矩小于最大横向抗弯承载力的 10%,则无需考虑这种相互作用。箱梁可能不满足这些条件,但是共存力矩通常足以忽略对典型梁桥和板桥腹板的验算。在必须考虑相互作用的情况下,可以使用附录 MM。

2-2/附录 MM 使用 2-2/条款 6.109 中的膜规定和夹层模型(基于附录 LL),将腹板理想化为只受平面内力影响的两个独立外层。这样的计算可能很冗长,因为纵向正应力随梁的高度变化,而垂向正应力随厚度变化,使得弹性主压应力的角度在各处都不同。同样,2-2/条款 6.109 中的膜规定适用于从有限元分析中得到的具有一般应力场的板的设计。腹板横向弯曲和剪切的验算通常不需要进行有限元分析。因此,为了方便进行腹板设计,***2-2/条款 MM(101)*** 做了一些简化: ***2-2/条款 MM(101)***

- 单位高度上剪力可以认为是沿着图 M.1 中 Δy 的恒定值:

$$v_{Ed} = V_{Ed}/\Delta y$$

目的是使剪应力在单元的侧面上保持恒定。使用v_{Ed}作为剪力流是不可取的,因为它在 EC2 的其他部分被当作剪应力。此处也没有给出计算平均剪应力的长度 Δy 的指导。当剪切设计基于整体构件的性能确定时,剪力流可以合理地取为 $v_{Ed} = V_{Ed}/z$,其中 z 是条款 6.2 中的力臂长度,V_{Ed}是一个腹板中的剪力。这使得剪应力与主剪切面上的假定相适应。

单位长度上的横向弯矩被认为是沿着 Δy 的恒定值:$p_{Ed} = p_{Ed}/\Delta y$

这是一个保守的简化,是基于最大弯矩有效地使横向弯矩在整个腹板高度上均匀分布来确定的。

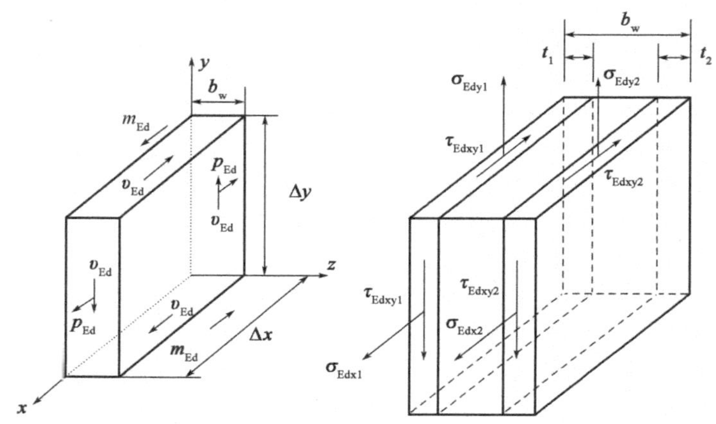

图 M.1　将应力合力转化为层应力

- 纵向轴力(例如来自预应力)可以被认为是在 Δy 上的恒定值:$p_{Ed} = p_{Ed}/\Delta y$

再次,没有给出长度 Δy 限值的指导。合理的解释是仅考虑预应力的均匀轴向分量,即截面重心的应力作用在腹板的重心线上。这与 2-2/条款 6.2.3 确定σ_{cp}的方法是一致的。

- 由于相应弯矩的变化,腹板内在 Δy 上的横向剪力可以忽略。

在任何情况下,横向弯矩的变化对应的横向剪力通常都很小。

EC2-2 中未明确提及的最后一种简化方法是合理的,因为它与构件剪切设计规定兼容,它忽略了主梁弯矩对腹板纵向力的影响。

2-2/条款M(102)

基于以上假定,可以使用如图 M.1 所示的夹层模型、2-2/条款 6.109 和附录 F 的膜规定来设计钢筋。设计人员可以自由决定层的厚度。用 2-2/条款 MM 中的式(MM.101)~式(MM.106)[***2-2/条款MM(102)***]来确定层的厚度,并将它们复制为式(DM1.1)~式(DM1.6)。σ_{Edy}的符号和符号概念,在下面等式和图 M.1 中进行了修改,以兼容条款 6.109 和 EC2-2 附录 LL。如果采用 EC2-2 附录 MM,必须注意其符号概念与 EC2-2 的其他部分不一致:

$$\tau_{Edxy1} = v_{Ed}\frac{b_w - t_2}{(2b_w - t_1 - t_2)t_1} \tag{DM.1}$$

$$\tau_{Edxy2} = v_{Ed}\frac{b_w - t_1}{(2b_w - t_1 - t_2)t_2} \tag{DM.2}$$

$$\sigma_{Edy1} = \frac{-m_{Ed}}{[b_w - (t_1 + t_2)/2]t_1} \tag{DM.3}$$

$$\sigma_{Edy2} = \frac{m_{Ed}}{[b_w - (t_1 + t_2)/2]t_2} \tag{DM.4}$$

$$\sigma_{\mathrm{Edx1}} = p_{\mathrm{Ed}} \frac{b_{\mathrm{w}} - t_2}{(2b_{\mathrm{w}} - t_1 - t_2)t_1} \tag{DM.5}$$

$$\sigma_{\mathrm{Edx2}} = p_{\mathrm{Ed}} \frac{b_{\mathrm{w}} - t_1}{(2b_{\mathrm{w}} - t_1 - t_2)t_2} \tag{DM.6}$$

剩下的一个问题是确定θ_{el}(定义见 2-2/条款 6.109),它在不开裂的弹性状态下随单元厚度变化。因此确定不开裂弯曲应力的大小至关重要。虽然略显武断,但是θ_{el}仍然可以通过夹层模型中不同层的应力得到。从段落顺序来看,这似乎是附录 MM 中所要求的,但是它并不严格与不开裂弹性截面的初始主压应力角度有关。

当层的厚度是保护层厚度的两倍时,钢筋刚好位于层的中心,此时这个规定能够得到最简单的应用。这通常会导致层间出现"未使用"的间隙,从而降低最大的抗剪承载力。在桥梁中,腹板通常在剪力作用下会承受很大的应力,所以通常需要利用腹板整个厚度。因此,通常有必要使层的厚度达到整个腹板的宽度或者腹板宽度的很大一部分。然而,这导致了另一个问题,即得出的层力与 2-2/条款 MM(103)中钢筋的实际作用力相比会产生偏心。在这种情况下,混凝土验算过程中忽略了该偏心作用,然后按照 ***2-2/条款 MM(103)*** 对钢筋作用力的计算结果进行修正。修正公式见附录 LL 式(LL.149)和式(LL.150)。这里对式(DM.7)和式(DM.8)的符号再次修改以适应图 M.1。 ***2-2/条款 MM(103)***

各层的应力合力如图 M.2 所示,n_{Ed}表达夹层模型中作用于层中心的力,n^*_{Ed}表示在钢筋设计中为了保持力平衡而使用的力。

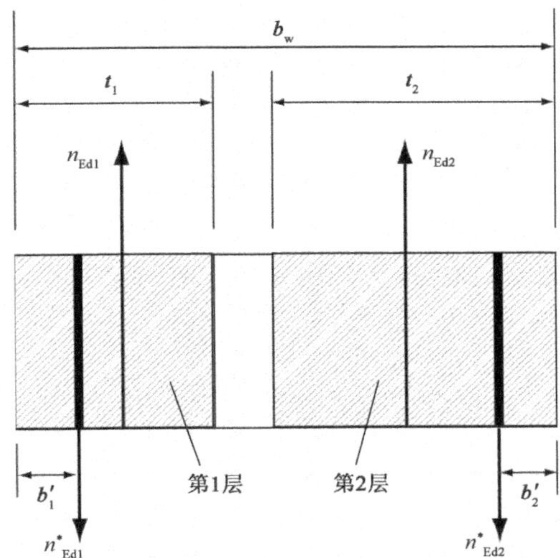

图 M.2　带有相对于层中心偏心的钢筋的内部力平衡

对第 2 层钢筋取矩得:

$$(b_{\mathrm{w}} - b'_1 - b'_2)n^*_{\mathrm{Ed1}} = n_{\mathrm{Ed1}}\left(b_{\mathrm{w}} - \frac{t_1}{2} - b'_2\right) + n_{\mathrm{Ed2}}\left(\frac{t_2}{2} - b'_2\right)$$

因此:

$$n^*_{\mathrm{Ed1}} = \frac{n_{\mathrm{Ed1}}\left(b_{\mathrm{w}} - \frac{t_1}{2} - b'_2\right) + n_{\mathrm{Ed2}}\left(\frac{t_2}{2} - b'_2\right)}{b_{\mathrm{w}} - b'_1 - b'_2} \tag{DM.7}$$

根据力平衡得:

$$n^*_{Ed2} = n_{Ed1} + n_{Ed2} - n^*_{Ed1} \quad (DM.8)$$

上述等式还允许两个面有不同的保护层,而式(LL.149)和式(LL.150)则不允许。使用本指南第 6.9 中的钢筋设计公式和轴约定,根据方程(DM.7)和(DM.8)计算的应力合力,y 方向上需要的钢筋n^*_{sy}为:

$$n^*_{sy1} = \frac{n_{sy1}\left(b_w - \frac{t_1}{2} - b'_2\right) + n_{sy2}\left(\frac{t_2}{2} - b'_2\right)}{b_w - b'_1 - b'_2} \quad (DM.9)$$

式中:

$$n^*_{sy2} = n_{sy1} + n_{sy2} - n^*_{sy1} \quad (DM.10)$$

类似的,x 方向需要的钢筋记为:

$n_{sx1} = |n_{Edxy1}|\cot\theta_1 + n_{Edx1}, n_{sx2} = |n_{Edxy2}|\cot\theta_2 + n_{Edx2}$

实例 M.1 说明了如何使用这些公式和夹层模型。也说明了钢筋在不位于层中心的情况下进行修正的过程。实例还表明当层厚大于保护层的两倍与等于保护层的两倍时,计算出的钢筋差别很小。通常,这是各层相等的时候会出现的情况,但当各层的尺寸不同时,进行修正就尤为重要,因为这样能避免破坏整个腹板应力合力与钢筋混凝土内部作用之间的平衡。

将膜规定应用于剪切和横向弯曲的情况下,往往会产生纵向拉力。对于纯剪切的情况,产生的纵向力为$V_{Ed}\cot\theta$,这与 6.2 剪切模型预测结果相同;它是拉杆和压杆"共享"的,拉力增加$0.5V_{Ed}\cot\theta$,压力将减小 $0.5V_{Ed}\cot\theta$。将膜规定应用于腹板的剪切和横向弯曲时,以同样的方式在拉压杆内分配钢筋(或力)是合理的,而不是在腹板上布置连续的纵向钢筋。这是 ***2-2/条款 MM(104)*** 的主要内容。

2-2/条款 MM(104)

M2 基于纵向剪切规定的备选方法

2-2/条款 MM(105)

2-2/条款 MM(105) 允许根据 2-2/条款 6.2.4 的纵向剪切规定,采用一种更简单的方法,考虑在没有轴力情况下横向弯曲和剪切的组合效应。如图 M.3 所示,首先可以确定横向弯曲所需的受压区深度 h_f,然后将宽度折减,以便计算最大容许剪力$V_{Rd,max}$。这对于混凝土的验算是保守的,因为弯曲应力场和剪切应力场并没有作用在相同的角度上,因此是矢量相加而不是代数相加。

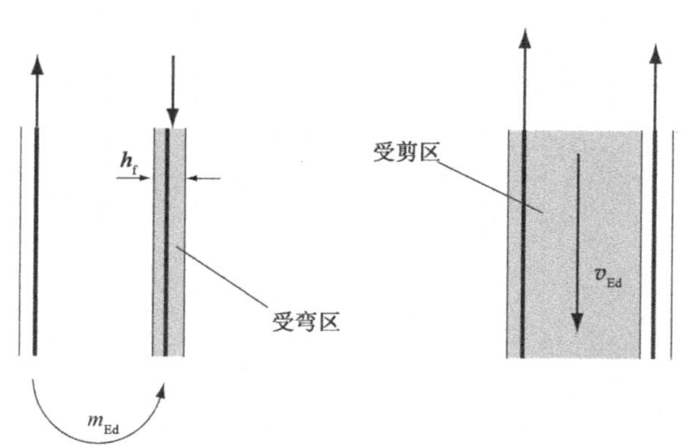

图 M.3 腹板弯曲和剪切的简化组合

图 M.3 表明,在这个简单模型中,抗剪承载力的重心从腹板的中心移开,因此,为了保持加载重心相同,抗剪钢筋将会有轻微的偏心。在 2-2/条款 6.2.4 纵向剪切规定中不需要考虑这种影响。在膜规定中,通过在腹板的每个面上设不同的压缩角,在弯曲受拉一侧设扁平桁架,可以将这种影响最小化。然后将所需的抗剪钢筋与弯曲受拉面上所需的钢筋相加。2-2/条款 6.2.4 中的纵向剪切规定在钢筋设计时不要求弯矩和剪力完全组合。有时在使用附录 MM 中的方法时,也完全不会将弯矩和剪力组合,但是计算结果减少幅度达不到 2-2 /条款 6.2.4 的要求。实例 M.1 说明了这一点。因此,对于腹板设计,2-2/附录 MM(105)要求受剪切和弯曲作用的钢筋完全组合。

EC2-2 的起草者有意将翼缘受纵向剪切和横向弯曲的规定不用于有轴力作用的腹板的设计。这是因为纵向剪切规定忽略了任何存在的轴向压力。一旦施加任何轴向荷载,2-2/条款 6.109 中的膜规定将考虑抗剪承载力的折减。相比之下,当腹板平均压应力超过设计圆柱体抗压强度 60% 时,2-1-1/条款 6.2.3(3) 中的腹板剪切规定允许乘以推荐系数δ_{cw}来增强混凝土抗剪强度。只有超过这个压应力值,抗剪承载力才会真正减小。在普通预应力梁中,轴力不会这么高,这种情况下忽略轴向荷载,并使用上述修正的纵向剪切规定来验算受剪切和横向弯曲组合作用的腹板是合理的。但是,这有悖于附录 MM 的建议。

值得注意的是,EC2 中的各条款可以应用于受剪切的构件,但与之不完全一致的是:

(1)在很大轴向压力作用下,根据 2-1-1/条款 6.2 腹板剪切设计规定得出的极限强度通过系数δ_{cw}作了折减。然而,当存在较低或中等的轴向压力时,允许增加其承载力。

(2)对于受较大压应力的翼缘,其容许扭转剪应力也通过系数 δ_{cw}作了类似的折减。

(3)然而,当翼缘受纵向剪切时,在相关公式(2-2/条款 6.2.4)中没有δ_{cw}项,所以容许强度不会因为高压应力而减小。

(4)当存在任何轴向荷载时,2-2/条款 6.109 的膜规定隐含了对最大抗剪强度的折减。压杆方向也受到更严格的限制。

然而,这些差异是不可避免的,因为对于特定的情况(例如腹板受剪切、板单元受剪切、翼缘受纵向剪切),每个规定只在特定的应用中得到验证。通常,根据试验结果,构件承载力允许考虑整个截面上的塑性重分布。更“常规”的膜规定则不然。

实例 M.1:箱梁腹板的剪切和横向弯矩

如图 M.4 所示,混凝土箱梁采用圆柱体强度为 40MPa 的混凝土,箍筋屈服强度标准值为 500MPa,每个腹板承受剪力 3021kN,同时还承受横向弯矩 122kNm/m,力臂为 z,对于受弯主梁 $z = 0.9 \times 1900 = 1710$mm。试确定所需的腹板箍筋数量,并验算混凝土压应力是否满足要求。将结果与 2-2/附录 MM 条款

(105)修改的 2-2/条款 6.2.4 中的纵向剪切规定的应用进行对比:

$$v_{\mathrm{Ed}}=\frac{V_{\mathrm{Ed}}}{z}=\frac{3021\times10^{3}}{1710}=1767\mathrm{Nmm}^{-1}$$

$$m_{\mathrm{Ed}}=122\times10^{3}\mathrm{Nmm/mm}$$

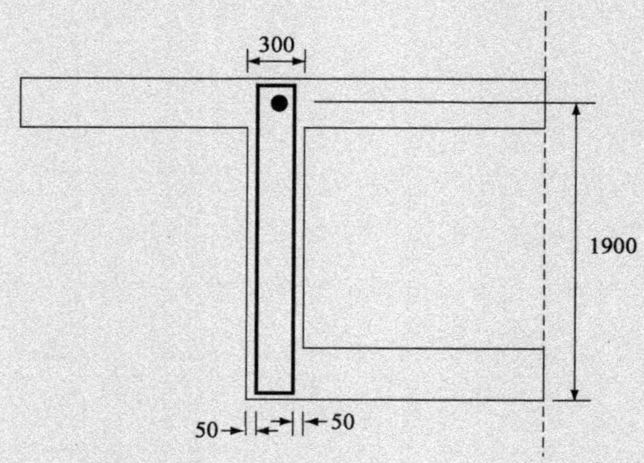

图 M.4　实例 M.1 中的箱梁(尺寸单位:mm)

(a)首先尝试在钢筋中心布置两个 100mm 厚的夹层,使用以上正文中的公式:

$$\tau_{\mathrm{Edxy1}}=v_{\mathrm{Ed}}\frac{b_{\mathrm{w}}-b_{2}}{(2b_{\mathrm{w}}-t_{1}-t_{2})t_{2}}=1767\times\frac{300-100}{(2\times300-100-100)\times100}=8.84\mathrm{MPa}$$

$$\tau_{\mathrm{Edxy2}}=8.84\mathrm{MPa}$$

已经很清楚,从剪应力的大小来看混凝土压应力是不可接受的,但是继续进行计算。

将第 1 层视为横向弯曲引起的压缩层:

$$\sigma_{\mathrm{Edy1}}=\frac{-m_{\mathrm{Ed}}}{b_{\mathrm{w}}-(t_{1}+t_{2})/2t_{1}}=\frac{-122\times10^{3}}{300-(100+100)/2\times100}=-6.1\mathrm{MPa}$$

$$\sigma_{\mathrm{Edy2}}=6.1\mathrm{MPa}$$

根据图 M.5 的莫尔圆,主压应力与 x 轴的弹性角度确定如下:

$$\phi_{1}=\tan^{-1}\frac{8.84}{6.1/2}=70.96^{\circ}$$

$$\theta_{\mathrm{el1}}=90^{\circ}-70.96^{\circ}/2=54.52^{\circ}$$

$$\phi_{2}=70.96^{\circ}$$

$$\theta_{\mathrm{el2}}=70.96^{\circ}/2=35.48^{\circ}$$

现在用本指南 6.9 中的式(D6.9-1)~式(D6.9-3)来验算每一层。取压应力场的角度等于弹性角。

第 1 层：

$\sigma_{cd1}=-|\tau_{Edxy1}|(\tan\theta_1+\cot\theta_1)=-8.84(\tan 54.52°+\cot 54.52°)=-18.7\text{MPa}$

假定钢筋完全承受应力，由 2-2/式(6.111)得容许应力：

$$\sigma_{cd\,max}=\nu f_{cd}=0.6(1-40/250)\times\frac{40}{1.5}=13.44\text{MPa}<18.7\text{MPa}$$

所以混凝土应力是不可接受的：

$\rho_{y1}\sigma_{sy1}=|\tau_{Edxy1}|\tan\theta_1+\sigma_{Edy1}=8.84\times\tan 54.52°-6.1=6.30\text{MPa}$

考虑钢筋达到设计强度 435MPa，得到钢筋面积为：

$$\frac{6.30\times100}{435}=\mathbf{1.45mm^2/mm}$$

第 2 层：

$$\sigma_{cd2}=-|\tau_{Edxy2}|(\tan\theta_2+\cot\theta_2)=-8.84(\tan 35.48°+\cot 35.48°)$$
$$=-18.7\text{MPa}$$

压应力大于 13.44MPa，*所以混凝土应力是不可接受的*：

$\rho_{y2}\sigma_{sy2}=|\tau_{Edxy2}|\tan\theta_2+\tau_{Edy2}=8.84\times\tan 35.48°+6.1=12.40\text{MPa}$

考虑钢筋达到设计强度 435MPa，得到钢筋面积为：

$$\frac{12.40\times100}{435}=\mathbf{2.85mm^2/mm}$$

(b)现在尝试采用 150mm 厚的两个夹层，不再置于钢筋中心，使用上文中公式：

$$\tau_{Edxy1}=v_{Ed}\frac{b_w-b_2}{(2b_w-t_1-t_2)t_2}=1767\times\frac{300-150}{(2\times300-150-150)\times150}=5.89\text{MPa}$$

$\tau_{Edxy2}=5.89\text{MPa}$

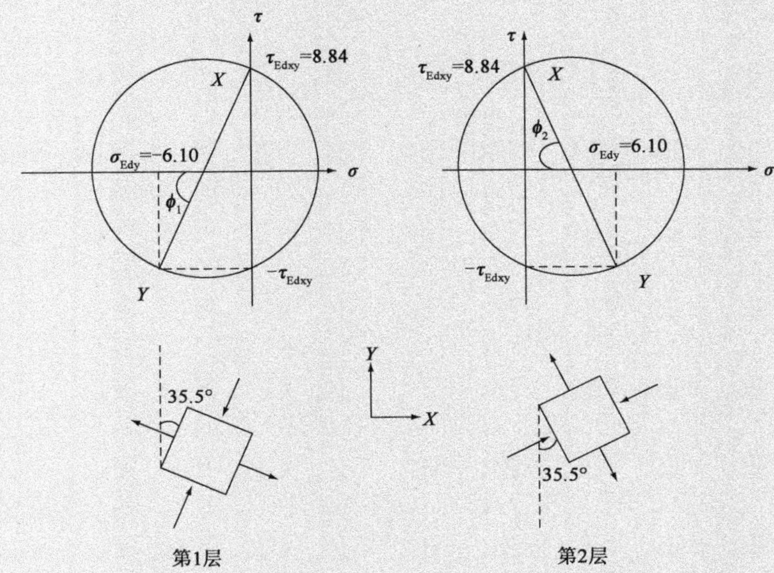

图 M.5　工况(a)中夹层厚度为 100mm 的莫尔圆

将第 1 层视为弯曲引起的压缩层:

$$\sigma_{\text{Edy1}}=\frac{-m_{\text{Ed}}}{b_{\text{v}}-(t_1+t_2)/2t_1}=\frac{-122\times10^3}{300-(150+150)/2\times150}=-5.42\text{MPa}$$

$$\sigma_{\text{Edy2}}=5.42\text{MPa}$$

根据图 M.6 的莫尔圆,主压应力与 x 轴的弹性角度计算如下:

$$\phi_1=\tan^{-1}\frac{5.89}{5.42/2}=65.28°$$

$$\theta_{\text{el1}}=90-65.48/2=57.36°$$

$$\phi_2=65.28°$$

$$\theta_{\text{el2}}=65.28/2=32.64°$$

取压应力场的角度等于弹性角。

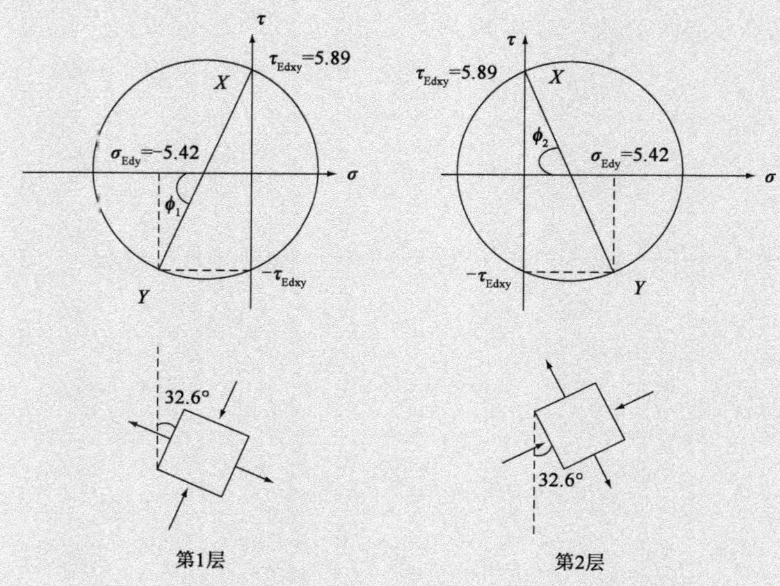

图 M.6 工况(b)中夹层厚度为 150mm 的莫尔圆

第 1 层:

$$\sigma_{\text{cd1}}=-\left|\tau_{\text{Edxy1}}\right|(\tan\theta_1+\cot\theta_1)=-5.89(\tan 57.36°+\cot 57.36°)$$
$$=-12.97\text{MPa}$$

假定钢筋设计完全承受应力,得容许应力:

$$\sigma_{\text{cd max}}=\nu f_{\text{cd}}=0.6(1-40/250)\times\frac{40}{1.5}=13.44\text{MPa}>12.97\text{MPa}$$

所以混凝土应力是可以接受的。

现在,钢筋设计不能直接使用附录 F 中公式(在本指南 6.9 中被修改),因为钢筋与层的中心不共面。需要使用附录 LL 式(LL:149)[复制为公式(DM.7)]来确定用于钢筋设计的应力合力。

应力合力为：

$n_{Edxy1}=\tau_{Edxy1}\times t_1=5.89\times150=883.5\text{Nmm}^{-1}$

$n_{Edxy2}=883.5\text{Nmm}^{-1}$

$n_{Edy1}=\sigma_{Edy1}\times t_1=-5.42\times150=-813.3\text{Nmm}^{-1}$

$n_{Edy2}=813.3\text{Nmm}^{-1}$

忽略任何初始偏心，本指南 6.9 中 y 方向的钢筋设计公式根据应力合力修改为：

第 1 层：$n_{sy1}=|n_{Edxy1}|\tan\theta_1+n_{Edy1}=883.5\times\tan57.36°-813.3=566.1\text{Nmm}^{-1}$

第 2 层：$n_{sy2}=|n_{Edxy2}|\tan\theta_2+n_{Edy2}=883.5\times\tan32.64°+813.3=1379.2\text{Nmm}^{-1}$

把上述值代入式(DM.9)：

$$n_{sy1}^{*}=\frac{n_{sy1}\left(b_w-\frac{t_1}{2}-b'_2\right)+n_{sy2}\left(\frac{t_2}{2}-b'_2\right)}{b_w-b'_1-b'_2}$$

$$=\frac{566.1\left(300-\frac{150}{2}-50\right)+1379.2\left(\frac{150}{2}-50\right)}{300-50-50}$$

$$=667.7\text{Nmm}^{-1}$$

考虑钢筋达到设计强度 435MPa，计算钢筋面积为：

$$\frac{667.7}{435}=\mathbf{1.53mm^2/mm}$$

第 2 层：

$\sigma_{cd2}=-|\tau_{Edxy2}|(\tan\theta_2+\cot\theta_2)=-5.89(\tan32.64°+\cot32.64°)=-12.97\text{MPa}$

压应力小于 13.44MPa，*所以混凝土应力是可以接受的*。

现在，钢筋设计不能直接使用附录 F 中公式，因为钢筋与层的中心不共面。需要使用附件 LL 式(LL:150)来确定用于钢筋设计的应力合力。

根据式(DM.10)：

$n_{sy2}^{*}=n_{sy1}+n_{sy2}-n_{sy1}^{*}=566.1+1379.2-667.7=1277.6\text{Nmm}^{-1}$

考虑钢筋达到设计强度 435MPa，计算钢筋面积为：

$$\frac{1277.6}{435}=\mathbf{2.94mm^2/mm}$$

钢筋与第一个夹层模型基本匹配(由于使用的压应力场角度不同而产生差异)，但混凝土应力场现在是可以接受的。现在还应按照附录 LL 条款(115)的规定对核心部分进行验算，以验算由层之间传递的力引起的剪应力。可以根据图 M.1 确定剪力，并使用附录 LL 条款(109)和条款(110)检查核心部分。但是，这种检查不是在普通剪切设计中进行的，在普通剪切设计中，每一层的对角压力通常也不会与钢筋共面。

(c)使用纵向剪切规定检查腹板。

假定横向弯曲力臂为 0.95d,受压区高度为:

$$h_f = \frac{1}{0.8} \times \frac{122 \times 10^6/225}{1000 \times 0.85 \times 40/1.5} = 29\text{mm}$$

因此,与 45°桁架上最大容许剪应力 13.44/2 = 6.72MPa 相比,折减宽度上的剪应力为 $3021 \times 10^3/1710 \times (300 - 29) = 6.52$MPa。即利用了 97% 的承载力。注意上述(b)利用了 96.5% 的承载力,所以在这种情况下纵向剪切规定是略微保守的。

弯曲受拉面所需的钢筋为:

$$\frac{122 \times 10^3}{0.95 \times 250 \times 435} = 1.18\text{mm}^2/\text{mm}$$

根据 2-2/条款 6.2.3 的 45°桁架假定,每个剪切面所需的钢筋为:

$$\frac{3021 \times 10^3}{0.90 \times 1900 \times 435} \times 0.50 = 2.03\text{mm}^2/\text{mm}$$

如果在受拉面上添加钢筋,则要求达到 3.21 mm^2/mm,略大于按膜规定计算出的值。受压面钢筋要求达到 2.03 mm^2/mm。这比膜规定稍微保守一些(注意,2-2/条款 6.2.4 可能允许只配置所需抗剪钢筋的一半,但对于腹板的设计是不允许的,因为它比膜单元法计算出的钢筋更少)。

附录 N
疲劳验算的损伤等效应力
(资料性)

N 1　一般规定

EN 1992-2 的附录 NN 与 2-2/条款 6.8.5 配合使用。附录 NN 基于 EN 1991-2 中的疲劳荷载模型给出了一种计算损伤等效应力的简化方法，这种损伤等效应力可用于计算混凝土路面和铁路桥梁桥面板中钢筋和预应力筋的疲劳验算。尽管本附录是资料性的，但是如本指南 6.8.4 所述，对于钢筋和预应力筋的疲劳验算没有其他简单的备选方法。实例 6.8-1 说明了公路桥梁的损伤等效应力的计算方法。附录 NN 还提供了一种用于铁路桥梁混凝土验算的等效应力计算方法，但该方法不适用于公路桥梁。

N 2　公路桥梁

公路桥梁的损伤等效应力计算方法基于 EN 1991-2 中 4.6.4 定义的疲劳荷载模型 3 确定。该模型如图 N.1 所示。每个轴重为 120kN。根据 EN 1991-2 及其国家附件的要求，应考虑在同一车道上有两辆车的情况。

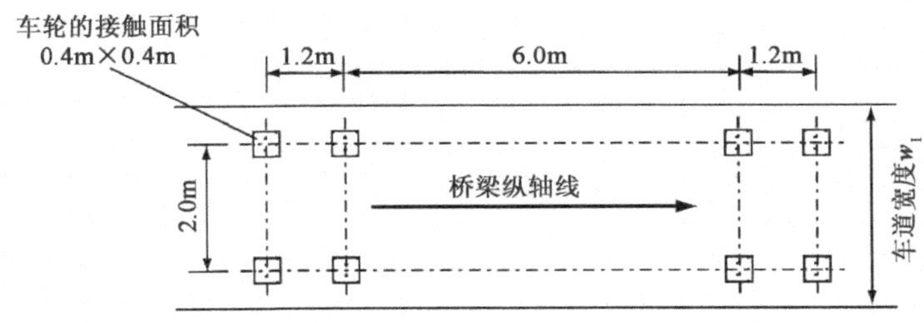

图 N.1　疲劳荷载模型 3

为了计算用于钢筋验算的损伤等效应力幅，***2-2/条款 NN.2.1(101)***要求用于疲劳荷载模型的轴重乘以下列系数： ***2-2/条款 NN.2.1(101)***

- 1.75，用于中间支承位置的验算时；
- 1.40，用于所有其他支承位置的验算时。

改进的车辆沿着每条名义车道通过桥梁，并确定每个应力波动周期的应力幅。

2-2/条款 NN.2.1(102)

2-2/条款NN.2.1(102)给出了下列计算损伤等效应力幅的表达式用于钢材疲劳验算:

$$\Delta\sigma_{s,equ} = \Delta\sigma_{s,Ec}\lambda_s \qquad 2\text{-}2/(NN.101)$$

式中:$\Delta\sigma_{s,Ec}$——疲劳荷载模型 3 得到的应力幅,按上述方法并按照 EN 1991-2 条款4.6.4的规定进行修改,假定荷载组合在 2-1-1/条款 6.8.3 中给出;

λ_s——利用修正疲劳荷载模型得到的应力幅来计算损伤等效应力幅的修正系数。

系数 λ_s 的影响因素为跨度、年交通量、使用年限、多车道、交通类型和表面粗糙度,计算公式为:

$$\lambda_s = \phi_{fat}\lambda_{s,1}\lambda_{s,2}\lambda_{s,3}\lambda_{s,4} \qquad 2\text{-}2/(NN.102)$$

下面依次说明这些参数:

ϕ_{fat}是受路面粗糙度影响的损伤等效冲击系数。该系数在 EN 1991-2 的附录 B 中定义,并附有合适的推荐值:

- $\phi_{fat}=1.2$,适用于具有较好粗糙度的路面(推荐用于新的和经过维护的道路面层,如沥青路面);
- $\phi_{fat}=1.4$,适用于具有中等粗糙度的路面(推荐用于旧的和未经过维护的路面)。

除上述因素外,如果所考虑的截面距伸缩缝 6.0m 以内,则应按 EN 1991-2 附录 B 的规定进一步对所有荷载施加冲击系数。该条款参考了 EN 1991-2 图 4.7(复制为图 N.2)。

系数$\lambda_{s,1}$从 2-2/图 NN.1(对于中间支承区域)或 2-2/图 NN.2(对于跨中和局部构件)获得。对于连续梁的主纵向钢筋,中间支座两侧 15% 跨径长度内使用2-2/图 NN.1 是合理的,其余部分应使用2-2/图 NN.2。这是 EN 1993-2 中的方法。抗剪钢筋的设计基于 2-2/图 NN.2 确定。

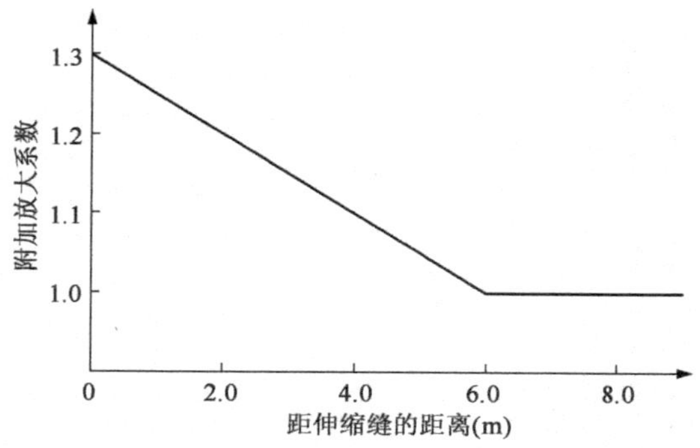

图 N.2　靠近伸缩缝的附加放大系数

$\lambda_{s,1}$考虑了影响线或影响面的临界长度以及 S-N 曲线的形状,因此其值取决于所考虑的构件的类型。在 ENV 1992-2[30]中提供了相同的图表,但横轴与跨径长度有关。后者通常是合适的,但并非总是如此。例如,对于在中间支承处承受负弯矩的连续梁,每个相邻跨径的影响线有两个正凸起,每个凸起都产生一个应力变化循环。因此,跨径长度是合适的,对于剪切也是如此。然而,对于反作用力,影响线的最大正凸起长度(定义应力变化的循环)涵盖两个跨度,在这种情况下两个跨度的总长度更合适。EN 1993-2 使用上述理论来确定在计算中使用的基本长度,条款 9.5.2(2)可用于指导确定适当的长度。

$\lambda_{s,2}$是考虑年交通量和交通类型(即载重)的修正系数。根据下式计算:

$$\lambda_{s,2}=\overline{Q}\times\sqrt[k_2]{N_{obs}/2.0} \qquad 2\text{-}2/(NN.103)$$

式中:$\overline{Q}$——取自 2-2/表 NN.1 的系数。与疲劳荷载模型相比,它考虑了实际混合交通载重所造成的破坏。但是,$\overline{Q}$不需要根据交通谱确定(如同 EN 1993-2 中需要的等效参数一样),因为它可以根据 EN 1991-2 条款 4.6.5(1)注 3 的规定,针对给定的“交通类型”从 2-2/表 NN.1 中得到。其给出的定义解释起来有难度:

- “长途”:数百公里;
- “中距离”:50~100km;
- “本地交通”:小于 50km。

“长途”通常适用于高速公路和主干道路,其他情况下需要征得用户同意才能使用。

k_2——所考虑构件的适当的 S-N 曲线斜率;

N_{obs}——根据 EN 1991-2 表 4.5 确定的每年货车的数量(以百万计),此处复制为表 N.1(这些值可能在国家附件修改)。

每个慢车道每年预计的重型车辆数量 表 N.1

车 辆 类 型	每个慢车道每年的 N_{obs}
(1)每个方向有两条或更多条车道,并且有高流量载货汽车通行的道路和高速公路	2.0×10^6
(2)有中等流量载货汽车通行的道路和高速公路	0.5×10^6
(3)有低流量载货汽车通行的主要道路	0.125×10^6
(4)有低流量载货汽车通行的地方道路	0.05×10^6

系数 $\lambda_{s,3}$考虑了所需的使用年限:

$$\lambda_{s,3}=\sqrt[k_2]{N_{Years}/100} \qquad 2\text{-}2/(NN.104)$$

式中,N_{Years}是桥梁的设计使用年限(以年为单位)。

修正系数$\lambda_{s,4}$考虑了来自相邻车道的交通影响。由于大多数桥面板能够横向分配荷载,因此,构件也会承受来自距离较远的车道上的疲劳荷载。$\lambda_{s,4}$由下式计算:

$$\lambda_{s,4}=\sqrt[k_2]{\frac{\sum N_{obs,i}}{N_{obs,1}}}\qquad 2\text{-}2/(NN.105)$$

式中:$N_{obs,i}$——车道 i 上每年预计的货车的数量;

$N_{obs,1}$——慢车道上每年预计的货车的数量。

该表达式与 EN 1993-2 中的等效参数计算公式不同,但非常近似,其不包含每个车道上交通量影响的直接度量。

N 3　铁路桥梁

铁路桥梁疲劳验算的损伤等效应力计算方法分为两部分:一部分是关于钢筋和预应力筋;另一部分是关于混凝土构件。下面将讨论这两者的关键方面。

N 3.1　钢筋和预应力筋

铁路桥梁中钢筋和预应力筋的损伤等效应力方法遵循与公路桥梁相似的模式,基于 EN 1991-2 中定义的常规轨道交通模型(荷载模型 71 和荷载模型 SW/0)确定,但并不包括其中的系数 α。荷载模型 71 的标准(静态)值由 4 个轴重 250kN 组成的列车荷载和 80kN/m 的均布荷载构成。该荷载模型的布载方式如图 N.3 所示。此外,对于连梁桥(包括带有整体式桥台的单跨简支梁),如果荷载模型 SW/0 的效应比荷载模型 71 更不利,则应该考虑荷载模型 SW/0 的效应。如图 N.4 所示,荷载模型 SW/0 的标准(静态)值由两个 133kN/m 的均布荷载组成。有关荷载模型的全部细节,包括垂直荷载的横向偏心,应参考 EN 1991-2 及其相关国家附件。

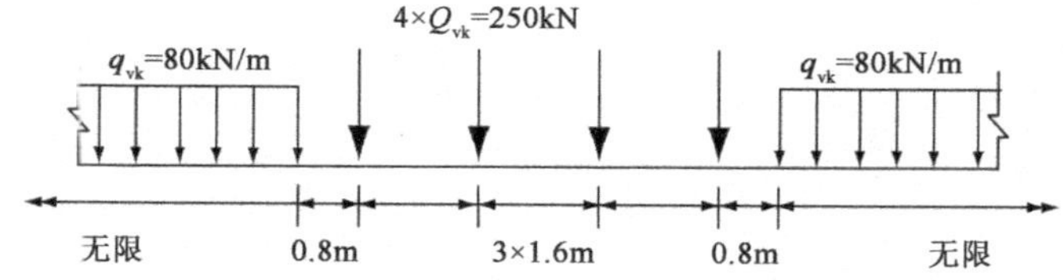

图 N.3　荷载模型 71 以及竖向荷载的标准(静态)值

2-2/条款 NN.3.1(101)

对于具有多个轨道的结构,***2-2/条款 NN.3.1(101)*** 要求在确定钢筋应力幅时,相关荷载模型最多应用于两个轨道上。用于钢筋验算的损伤等效应力幅计算如下:

$$\Delta\sigma_{s,equ}=\lambda_s\times\phi\times\Delta\sigma_{s,71}\qquad 2\text{-}2/(NN.106)$$

式中:$\Delta\sigma_{s,71}$——由上述荷载模型 71 或荷载 SW/0 引起的应力幅。应按 2-1-1/条款 6.8.3 给出的荷载组合计算;

ϕ——动力系数,它增强了上述荷载模型的静荷载效应的影响。该系数在 EN 1991-2 条款 6.4.5 中定义(如 Φ),对于经常维护的轨道应取为 Φ_2,对于标准维护的轨道应取为 Φ_3。根据 EN 1991-2 中定义的公式,Φ_2 的取值在1.0 ~ 1.67 的范围内,Φ_3 的取值在 1.0 ~

2.0 的范围内；

λ_s——利用上述荷载模型引起的应力幅来计算损伤等效应力幅的修正系数。

修正系数 λ_s 受跨度、年交通量、设计使用年限和多轨道的影响，其计算方法如下：

$$\lambda_s = \lambda_{s,1}\lambda_{s,2}\lambda_{s,3}\lambda_{s,4} \qquad \text{2-2/(NN.107)}$$

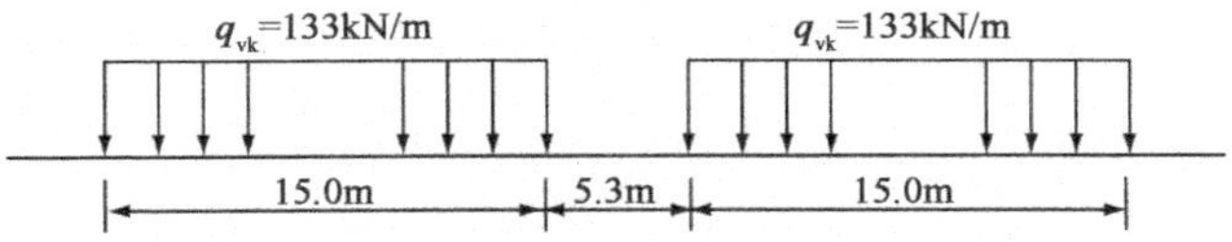

图 N.4　荷载模型 SW/0 以及竖向荷载的标准（静态）值

修正系数 $\lambda_{s,1}$ 考虑了影响线或影响面的长度或路面情况和混合交通的影响。标准或重型车辆组合（在 EN 1991-2 中定义）的 $\lambda_{s,1}$ 值在 2-2/表 NN.2 和 2-2/式（NN.108）中给出。与混合交通对应的列车组合的 $\lambda_{s,1}$ 值在 EN 1991-2 附录 F 中给出。没有给出轻度混合交通的取值。在这种情况下，$\lambda_{s,1}$ 值可以基于标准交通组合，或者可以基于实际交通谱进行计算。

修正系数 $\lambda_{s,2}$ 考虑了年度交通量的影响：

$$\lambda_{s,2} = \sqrt[k_2]{\frac{Vol}{25 \times 10^6}} \qquad \text{2-2/(NN.109)}$$

式中：Vol——交通量（每条轨道每年，单位为 t）；

k_2——所考虑构件的适当的 S-N 曲线斜率；

$\lambda_{s,2}$——考虑设计使用年限影响的修正系数，与前面公路桥梁的修正系数相同。

修正系数 $\lambda_{s,4}$ 用于考虑荷载来自多轨道的影响。***2-2/条款 NN.3.1(106)*** 给出的表达式包括轨道荷载产生的应力幅的影响，而不是轨道荷载产生的最大应力幅。因此，这个表达式比公路桥梁对应的表达式更合理，因为后者只考虑相邻车道的交通流量。 *2-2/条款 NN.3.1(106)*

N 3.2　混凝土受压

铁路桥梁受压区混凝土的损伤等效应力计算方法与上述钢筋和预应力筋的损伤等效应力计算方法相似，损伤等效应力基于使用荷载模型 71 进行分析得到的应力幅确定。

2-2/条款 NN.3.2(101) 规定，如果构件满足下列表达式，则可以假定受压的混凝土构件具有足够的抗疲劳性： *2-2/条款 NN.3.2(101)*

$$14 \times \frac{1 - E_{cd,max,equ}}{\sqrt{1 - R_{equ}}} \geq 6 \qquad \text{2-2/(NN.112)}$$

式中：

$$R_{equ} = \frac{E_{cd,min,equ}}{E_{cd,max,equ}}$$

$$E_{cd,min,equ} = \gamma_{sd}\frac{\sigma_{cd,min,equ}}{f_{cd,fat}}$$

$$E_{cd,max,equ} = \gamma_{sd}\frac{\sigma_{cd,max,equ}}{f_{cd,fat}}$$

式中: γ_{sd}——考虑模型不确定性的分项系数,该系数定义见 EN 1990 条款 6.3.2。其取值范围为 1.0 ~ 1.15,见 EN 1990 国家附件(除了 2-2/条款 5.7 外,EC2-2 未在其他章节给出定义);

$f_{cd,fat}$——混凝土设计疲劳抗压强度,见 2-2/条款 6.8.7;

$\sigma_{cd,max,equ}$、$\sigma_{cd,min,equ}$——采用循环次数为 10^6 得到的损失等效应力谱的最大值和最小值。这些最大值和最小值应该根据以下表达式计算:

$$\sigma_{cd,max,equ} = \sigma_{c,perm} + \lambda_c(\sigma_{c,max,71} - \sigma_{c,perm})$$

$$\sigma_{cd,min,equ} = \sigma_{c,perm} + \lambda_c(\sigma_{c,perm} - \sigma_{c,min,71}) \qquad 2\text{-}2/(\text{NN}.113)$$

其中:$\sigma_{c,perm}$——由永久作用的标准组合引起的混凝土压应力(不包括疲劳载荷模型的影响);

$\sigma_{c,max,71}$——根据 EN 1991-2(如上所述)的荷载模型 71 和适当的动力系数 ϕ 的标准组合得到的最大混凝土压应力;

$\sigma_{c,min,71}$——根据 EN 1991-2(如上所述)的荷载模型 71 和适当的动态系数 ϕ 的标准组合得到的最小混凝土压应力;

λ_c——利用疲劳荷载模型引起的应力幅来计算损伤等效应力谱最大应力和最小应力的修正系数。

修正系数λ_c涵盖了与用于钢筋验算的修正系数λ_s相同的效应,此外还包括系数$\lambda_{c,o}$考虑的永久压应力的影响。当进行钢筋验算时,系数$\lambda_{c,1}$、$\lambda_{c,2}$、$\lambda_{c,3}$和$\lambda_{c,4}$分别等于$\lambda_{s,1}$、$\lambda_{s,2}$、$\lambda_{s,3}$、$\lambda_{s,4}$。

General Rules and Rules for Buildings. CEN, Brussels, ENV 1992-1-1.

15. Leonhardt, F. and Walther, R. (1964) *The Stuttgart Shear Tests 1961*, C&CA Translation No. 111. Cement and Concrete Association, London.
16. Asin, M. (2000) *The Behaviour of Reinforced Concrete Deep Beams*. PhD Thesis, Delft University of Technology, the Netherlands.
17. Chalioris, C. E. (2003) *Cracking and Ultimate Torque Capacity of Reinforced Concrete Beams*, Role of concrete bridges in sustainable development. Thomas Telford, London.
18. Young, W. C. (1989) *Roark's Formulas for Stress and Strain*, 6th edition. McGraw-Hill International Editions, New York.
19. Wood, R. H. (1968) *The reinforcement of slabs in accordance with a pre-determined field of moment, concrete*, 2, February, pp. 69-76.
20. Armer, G. S. T. (1968) Correspondence. *Concrete*, 2, Aug., pp. 319-320.
21. Denton, S. R. and Burgoyne, C. J. (1996) The assessment of reinforced concrete slabs, *The Structural Engineer*, Vol. 74, No. 9, pp. 147-152.
22. American Association of State Highway and Transportation Officials(2004) *AASHTO LRFD Bridge Design Specifications*. 3rd edition.
23. CIRIA Guide 1(1976) *A Guide to the Design of Post-tensioned Prestressed Concrete Members*, CIRIA, London.
24. Oh, B. H. and Chae, S. T. (2003) *Stress Distribution Around Tendon Coupling Joints in Prestressed Concrete Girders*, *Role of Concrete Bridges in Sustainable Development*. Thomas Telford, London.
25. Schlaich, J. and Scheef, H. (1982) *Concrete Box Girder Bridges*. Structural engineering Documents 1st edtion, IABSE, Switzerland.
26. Highways Agency(1994) *The Design of Concrete Highway Bridge and Structures with External and Unbonded Prestressing*. London, BD 58/94.
27. Leonhardt, F., Koch, R. and Rosta' sy, F. S. (1971) Suspension reinforcement for indirect load application to prestressed concrete beams: test report and recommendations, *Beton und Stahlbetonbau*, Vol. 66, Issue 10, pp. 233-241.
28. International Organization for Standardization (1982) *Concrete - Determination of Static Modulus of Elasticity in Compression*. ISO, Geneva, ISO 6784.
29. *Concrete Under Multiaxial States of Stress-Constitutive Equations for Practical Design*, *CEB Bulletin*, 156, Lausanne.
30. ComitéEuropéen de Normalisation (1996) *Design of Concrete Structures. Part 2, Concrete Bridges*. CEN, Brussels, ENV 1992-2.

参考文献

1. Gulvanessian, H. , Calgaro, J. -A. and Holicky', M. (2002) *Designers' Guide to EN 1990-Eurocode: Basis of Structural Design*. Thomas Telford, London.

2. European Commission(2002) Guidance Paper L(*Concerning the Construction Products Directive-89/106/EEC*). *Application and Use of Eurocodes*. EC, Brussels.

3. International Organization for Standardization(1997) *Basis of Design for Structures-Notation-General symbols*. ISO, Geneva, ISO 3898.

4. Regan, P. E. , Kennedy-Reid, I. L. , Pullen, A. D. and Smith, D. A. (2005) *The influence of aggregate type on the shear resistance of reinforced concrete, structural engineer*, Vol. 83, No. 23/24, pp. 27-32.

5. Concrete Society(1996) *Durable Bonded Post-tensioned Concrete Bridges*. Technical Report No. 47.

6. CEB-FIP(1993) *Model Code* 90. Thomas Telford, London.

7. British Standards Institution(2000) Steel, *Concrete and Composite Bridges Part 3: Code of Practice for the Design of Steel Bridges*. London, BSI 5400.

8. Schlaich, J. , Schafer, K. and Jennewein, M. (1987) Toward a consistent design of structural concrete, *PCI journal* Vol. 32, No. 3, pp. 74-150.

9. British Standards Institution(1990) *Steel, Concrete and Composite Bridges Part 4: Code of Practice for the Design of Concrete Bridges*. London, BSI 5400.

10. Cranston, W. B. (1972) *Analysis and Design of Reinforced Concrete Columns*. Cement and Concrete Association, London, Research Report 20.

11. Leung, Y. W. , Cheung, C. B. and Regan, P. E. (1976) *Shear Strength of Various Shapes of Concrete Beams Without Shear Reinforcement*. Polytechnic of Central London.

12. Regan, P. E. (1971) *Shear in Reinforced Concrete-an Experimental Study*. CIRIA, London, Technical Note 45.

13. Hendy, C. R. and Johnson, R. P. (2006) *Designers' Guide to EN 1994-2-Eurocode 4, Design of Composite Steel and Concrete Structures. Part 2, General Rules and Rules for Bridges*. Thomas Telford, London.

14. Comité Europeén de Normalisation(1992) *Design of Concrete Structures. Part* 1-1,

使用的方法。根据 2-1-1/式(7.9),使用σ_s来计算应变,然后按照 2-1-1/式(7.8)进行裂缝计算。在应用 2-1-1/式(7.9)时,$\rho_{p,eff}$可以取为ρ_1,但是,鉴于钢筋方向偏向裂缝的拉伸刚化效应的不确定性,建议忽略拉伸刚化效应,并取$\varepsilon_{sm}-\varepsilon_{cm}=\sigma_s/E_s$。

在混凝土不开裂的情况下,由于剪应力和弯曲应力的改变,主拉应力的方向也会随腹板高度变化。为判断截面是否开裂,应验算所有这些点。但是,开裂后也应采取相似的措施对整个梁截面上所有位置进行裂缝验算。为避免这种情况,并且由于目的是计算剪切导致的开裂,因此当验算腹板裂缝宽度时,对于双翼缘梁可以采取一种简化方法,即忽略弯曲应力,并认为剪应力在截面高度 z 上均匀分布,其中 z 是一个合适的力臂,例如承载能力极限状态弯曲力臂。后一种假定对于剪应力来说不是保守的,但考虑到该方法的不确定性,这是一个合理的近似。在裂缝宽度计算时还应考虑任何预应力的轴向分量。

由于在开裂时,弯曲拉应力会传递到提供主要抗弯钢筋的翼缘上,因此对于双翼缘梁忽略上述弯曲应力是合理的。尽管应力较小,但在腹板中仍然会产生纵向应变,使得翼缘钢筋承受荷载。虽然严格来说该应变会增加由剪应力计算得到的应变,由于仍然必须单独验算弯曲裂缝宽度,因此忽略这个应变是合理的。但是,当构件处于受拉状态时,应谨慎采用这种方法进行 T 形梁验算。在这种情况下,由于没有包含离散抗弯钢筋的受拉翼缘,腹板中的弯曲应力不能通过开裂来传递。在这种情况下,验算腹板开裂时考虑完整的应力场更为保守。

实例 Q.1:验算箱梁腹板的剪切开裂

箱梁及其腹板的钢筋如图 Q.1 所示,在正常使用极限状态荷载组合作用下每个腹板剪力为 1800kN。抗剪钢筋保护层厚度为 50mm。分别在有预应力和无预应力情况下进行裂缝验算。

无预应力

力臂取两个翼缘之间的距离,腹板中的平均剪应力为:

$\tau_{yzEd}=1800\times10^3/(2000\times300)=3.0\text{MPa}$。

忽略腹板中的弯曲应力,主压应力为 $\sigma_3=3.0\text{MPa}$,主拉应力为 $\sigma_1=3.0\text{MPa}$,与水平方向成45°度角 θ(从 y 轴逆时针测量),这个与方向相关的混凝土抗拉强度在 2-2/式(QQ.101)给出:

$$f_{ctb}=\left(1-0.8\frac{\sigma_3}{f_{ck}}\right)f_{ctk,0.05}=\left(1-0.8\times\frac{2}{40}\right)2.5=2.4\text{MPa}$$

由于混凝土抗拉强度小于主拉应力,必须验算裂缝宽度。在使用 2-2/式(QQ.101)验算混凝土是否以这种方式开裂时,严格来说应该把弯曲应力考虑在内。然而,由于发现该部分仅在剪应力作用下就会开裂,因此不需要考虑弯曲应力来进行重复验算。

配筋率为:

$$\rho_y=\frac{2\times\pi\times12^2/4}{150\times300}=0.0050$$

附录 Q
腹板内剪切裂缝的控制
(资料性)

2-2/条款 7.3.1(110)规定,在某些情况下,可能需要验算和控制腹板剪切裂缝,2-2/附录 QQ 给出了参考。有关何时以及为何需要验算的一些建议见本指南 7.3.1。

2-2/附录 QQ 给出了一种验算剪切裂缝的方法,尽管它以"目前,腹板剪切裂缝的预测伴随着较大的模型不确定性"为开头,但也说明该验算对于预应力构件尤为必要。这可能是因为人们认为需要对涉及预应力筋的裂缝宽度进行更严格地控制,而不是因为预应力截面任何固有脆弱性导致腹板剪切开裂(尽管通常用于预应力截面腹板较薄,更容易开裂)。实例 Q-1 表明了预应力在减小剪切引起的腹板裂缝宽度方面的优势。

验算时,将梁腹板中较大的主拉应力(σ_1)与混凝土抗裂强度进行比较,并考虑双轴应力状态,计算如下:

$$f_{\mathrm{ctb}} = \left(1 - 0.8\frac{\sigma_3}{f_{\mathrm{ck}}}\right)f_{\mathrm{ctk},0.05} \qquad 2\text{-}2/(\mathrm{QQ}.101)$$

式中,σ_3 是较大的主压应力(压应力为正),但不大于 $0.6f_{\mathrm{ck}}$。

当最大主拉应力$\sigma_1 < f_{\mathrm{ctb}}$时(在该验算中,拉力为正),认为腹板不会开裂并且对裂缝宽度没有要求。然而,应该满足 2-2/条款 7.3.2 最小纵向钢筋面积要求。

当 $\sigma_1 \geq f_{\mathrm{ctb}}$,EC2 规定应采用 2-2/条款 7.3.3 给出的方法或 2-2/条款 7.3.4 的直接计算方法来控制腹板裂缝。在这两种情况下,都必须考虑主拉应力与钢筋方向之间的偏差角。由于钢筋方向一般与主拉应力方向不一致,并且两个正交方向上的钢筋可能不同,因此难以确定在 2-2/条款 7.3.3 给出的简化方法中使用的钢筋直径和钢筋间距。如果使用 2-2/条款 7.3.4 给出的方法,主拉应力和钢筋方向之间的偏差角对裂缝间距$S_{\mathrm{r,max}}$的影响可以用 2-1-1/式(7.15)计算:

$$s_{\mathrm{r,max}} = \left(\frac{\cos\theta}{s_{\mathrm{r,max,y}}} + \frac{\sin\theta}{s_{\mathrm{r,max,z}}}\right)^{-1} \qquad 2\text{-}1\text{-}1/(7.15)$$

EN 1992 中没有给出主拉应力和钢筋方向之间的偏差角对钢筋应力计算的影响。一种方法是通过将混凝土中的应力除以 $\rho_1 = \sum_{i=1}^{N}\rho_i\cos^4\alpha_i$ 和 ρ_i 来计算钢筋中的应力 σ_s。这种配筋率基于主应力方向上的等效刚度,这是 BS 5400 第 4 分册[9] 中

附录 P
非线性分析的安全形式
（资料性）

EN 1992-2 附录 PP 的规定已在本指南的 5.7 中进行了讨论。

附录 O
典型的桥梁不连续区域
(资料性)

EN 1992-2 附录 OO 为箱梁的横隔板设计提供了以下指导:

- 双支座;
- 单支座;
- 与桥墩整体连接。

同时也给出了双 T 形横截面横隔板设计的指导。

这些内容是在 EN 1992-2 的最后阶段起草的,它的样式和内容与欧洲标准的其他部分不同,因为它没有给出原则性规定和应用性规定,而是提供了适用于拉压杆理想化情况的指导,可供设计使用。因此,这里无需对材料进行进一步的说明,除非需考虑其他可能的理想化情况,以及有时可能受钢筋和/或预应力筋位置的限制情况。该附录提供了较好的示例。

7.24MPa,主拉应力减小到 $\sigma_1 = 1.243\text{MPa}$,与水平方向角度 θ 为 67.58°(从 y 轴逆时针测量)。这个与方向相关的混凝土抗拉强度计算如下:

$$f_{\text{ctb}} = \left(1 - 0.8\frac{\sigma_3}{f_{\text{ck}}}\right)f_{\text{ctk},0.05} = \left(1 - 0.8 \times \frac{7.24}{40}\right)2.5 = 2.1\text{MPa}$$

因此,在增加预应力的情况下,当忽略弯曲应力时,混凝土抗拉强度大于主拉应力。然而,为了验算混凝土是否开裂,计算时应该包括弯曲应力。对于本实例而言,当假定包含弯曲应力时,腹板顶部的法向应力减小到 0MPa,然后主拉应力增加到上述无预应力的值,即 3MPa,然后发现混凝土开裂,需要验算裂缝宽度。

y 和 z 方向的配筋率如上所述。主拉应力方向的有效配筋率为:

$$\rho_1 = \sum_{i=1}^{N}\rho_i\cos^4\alpha_i = 0.0050 \times \cos^4 67.5° + 0.0218 \times \cos^4 67.5° = 0.0160$$

忽略弯曲应力(如正文中所讨论的),此时钢筋中的应力大小为:

$$\sigma_s = \frac{\sigma_1}{\rho_1} = \frac{1.243}{0.0160} = 77\text{MPa}$$

y 和 z 方向上的最大裂缝间距如上。

根据 2-1-1/式(7.15):

$$s_{r,\max} = \left(\frac{\cos\theta}{s_{r,\max,y}} + \frac{\sin\theta}{s_{r,\max,z}}\right)^{-1} = \left(\frac{\cos 67.5°}{1071} + \frac{\sin 67.5°}{560}\right)^{-1} = 498\text{mm}$$

根据 2-1-1/式(7.9),忽略拉伸刚化效应:

$$\varepsilon_{\text{sm}} - \varepsilon_{\text{cm}} = \frac{\sigma_s}{E_s} = \frac{77}{210 \times 10^3} = 3.667 \times 10^{-4}$$

根据 2-1-1/式(7.8),裂缝宽度为:

$$w_k = s_{r,\max}(\varepsilon_{\text{sm}} - \varepsilon_{\text{cm}}) = 498 \times 3.667 \times 10^{-4} = 0.18\text{mm}$$

因此,当施加预应力时,由于主拉应力减小以及主拉应力向箍筋方向旋转,裂缝宽度减小。

$$\rho_z=\frac{2\times\pi\times25^2/4}{150\times300}=0.0218$$

主应力方向上的有效配筋率为:

$$\rho_1=\sum_{i=1}^{N}\rho_i\cos^4\alpha_i=0.0050\times\cos^4 45°+0.0218\times\cos^4 45°=0.0067$$

忽略弯曲应力(如正文中所讨论的),此时钢筋中的应力大小为:

$$\sigma_s=\frac{\sigma_1}{\rho_1}=\frac{3.0}{0.0067}=448\text{MPa}$$

根据 2-1-1/式(7.11):

$$s_{r,max,y}=k_3c+k_1k_2k_4\phi/\rho_{p,eff,y}=3.4\times75+0.8\times1.0\times0.425\times12/0.0050$$
$$=1071\text{mm}$$

$$s_{r,max,z}=k_3c+k_1k_2k_4\phi/\rho_{p,eff,z}=3.4\times50+0.8\times1.0\times0.425\times25/0.0218$$
$$=560\text{mm}$$

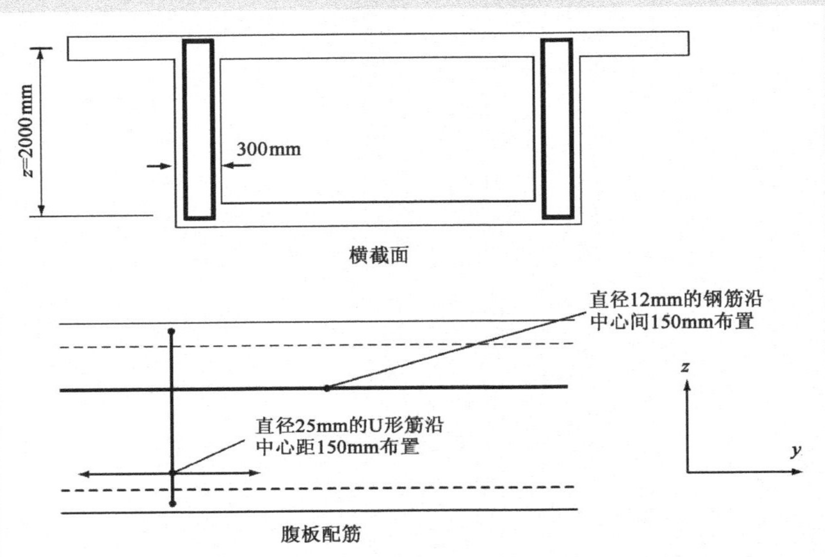

图 Q.1　实例 Q.1 的腹板配筋

根据 2-1-1/式(7.15):

$$s_{r,max}=\left(\frac{\cos\theta}{s_{r,max,y}}+\frac{\sin\theta}{s_{r,max,z}}\right)^{-1}=\left(\frac{\cos45°}{1071}+\frac{\sin45°}{560}\right)^{-1}=520\text{mm}$$

根据 2-1-1/式(7.9),忽略拉伸刚化:

$$\varepsilon_{sm}-\varepsilon_{cm}=\frac{\sigma_s}{E_s}=\frac{448}{210\times10^3}=2.133\times10^{-3}$$

根据 2-1-1/式(7.8),裂缝宽度为:

$$w_k=s_{r,max}(\varepsilon_{sm}-\varepsilon_{sm})=520\times2.133\times10^{-3}=1.1\text{mm}$$

有预应力的情况

因为现在增加预应力,使得腹板的平均压应力变为 6MPa。重复计算:

腹板中的平均剪应力仍为 $\tau_{yzEd}=3.0\text{MPa}$。

忽略腹板中的弯曲应力,但包括预应力的均匀轴向分量,主压应力则为 $\sigma_3=$